地势坤，君子以厚德载物。

哲学与人生

全新修订版

傅佩荣 | 著

北京联合出版公司
Beijing United Publishing Co.,Ltd.

图书在版编目（CIP）数据

哲学与人生 : 全新修订版 / 傅佩荣著. — 北京 : 北京联合出版公司，2019.8（2022.5重印）

ISBN 978-7-5596-2850-3

Ⅰ. ①哲… Ⅱ. ①傅… Ⅲ. ①人生哲学 Ⅳ. ①B821

中国版本图书馆CIP数据核字（2018）第295388号

著作权合同登记 图字：01-2019-2002号

哲学与人生：全新修订版

作　　者：傅佩荣

责任编辑：孙志文　管　文

北京联合出版公司出版

（北京市西城区德外大街83号楼9层　100088）

嘉业印刷（天津）有限公司印刷　新华书店经销

字数：517千字　710毫米×1000毫米　1/16　印张：37.5

2019年8月第1版　2022年5月第11次印刷

ISBN 978-7-5596-2850-3

定价：58.00元

如发现图书质量问题，可联系调换。质量投诉电话：010-82069336

新版序

每个人都是哲学家

五十年前我开始念哲学。

我的学习顺序是：先西方，再中国。这种顺序使我了解，一套高明的哲学必须兼顾三点，就是：澄清概念、设定判准、建构系统。这三点听起来像是专业术语，是少数哲学家才能做到的要求，事实上不然，每个人都是或隐或显、或大或小的哲学家。

“哲学”的原意是“爱好智慧”。凡有理性之人，无不希望知道多一点、深一点，到了最高层次，不正是爱好智慧吗？平常与人聊天，少不得要澄清概念：“我不是这个意思”“我的意思是”这一类的话可以减少误会，改善沟通效果，使彼此更为明白真实的状态。希腊时代的柏拉图留给世人一部《对话录》，其中大多数篇章没有明确的结论，因为对话过程即是思想的辩证过程，谁对谁错反而不那么重要了。

我们说的每一句话都是一个判断，像“今天很冷”“张三很勇敢”。任何判断都需要衡量的标准，称为判准。那么，判准要如何设定呢？到法院去旁听一场律师的辩论，就会明白庄子在《齐物论》所谓的：当两人辩论时，天下没有人可以担任裁判。哲学的任务在此更进一步了，要分辨“真假、善恶、美丑”等的判准。分辨的过程远比结果更具启发性，因为你由此知道双方的立场，是唯心论还是唯物论，有神论还是无神论，理性论还是经验论，生命哲学还是历程哲学，然后再往下细分。一个人不必争取天下人的认同，但至少要了解自己在说什么以及为何这么说。

澄清概念与设定判准之后，面对最大的挑战，就是建构系统。可以建构系统的，才是哲学家。所谓系统，是指能够回答一个问题：自然界与人类有没有“来源与归宿”？来源与归宿是一体之两面，从哪儿来的也回哪儿去，庄子在《大宗师》说“善吾生者乃所以善吾死也”，意即：那妥善安排我出生的，也将妥善安排我的死亡。我是如此，万物亦然。在庄子看来，答案即是“道”。在西方，则答案包括：柏拉图的“善之理型”，亚里士多德的“第一不动之推动者”，中世纪以来的“上帝”，或“存在本身”。这些名称都指向那唯一的来源与归宿。

能做到建构系统，才可以清楚回应“人生有无意义”的问题。哲学与人生的关系至此确立。由此不难理解为何要说：“没有哲学，人生是盲目的；脱离人生，哲学是空洞的。”我自一九八五年起，在台湾大学为全校同学开了一门通识课程，名称就是“哲学与人生”。这门课被同学们评选为最优通识课程，反映了年轻心灵对人生的关怀与对智慧的向往。以上课录音为底本，修订成书于二〇〇三年出版，又于二〇〇五年在大陆出版，印行的正版与非正版的总数约有八十万册以上。

二〇一六年秋，大陆开始流行在线课程，我受邀把“哲学与人生”重讲一遍，每集十分钟，共二六〇集。我珍惜这样的机缘，于是认真思考这些年的学习心得，在三个月内完成这个工作。由字数与篇幅看来，新版的材料比原版增加百分之五十以上。增加的部分有西方的也有中国的。对西方哲学，我努力做到选择重点与忠实介绍；对中国哲学，我的心得与新见就远远超出原版的范围了。我还在继续学习与思考中。

新版的完成，要特别感谢王喆先生与他的工作团队。王先生毕业于上海交通大学，是核工程方面的高才生。他事业有成而热衷求知，参加我在民间开设的一系列国学经典课程，熟悉我的哲学立场与人生观。最初他表示有意把“哲学与人生”的音频改写为文字时，我还有些疑虑，怕给他添麻烦，也担心工作成效未必理想。结果呢？只能用“喜出望外”来形容我的心情。他还为许多重要引文找到出处，方便读者参考。总结自己五十年来的哲学心路历程，这本书无疑是最贴近时代与社会的，希望与读友共勉。

傅佩荣

2018年1月9日

哲学与人生

先引一段简单的对话。

学生问："人生有什么意义？"

老师答："人生的意义就在于你可以不断地询问'人生有什么意义？'"

这也是一段真实的对话。人生无异于询问的过程，因为人有理性，所以要求解释，于是每个人在生命的某一阶段，总会浮现出一种深刻的愿望，想要了解"与自己有关的这一切"究竟是怎么回事。

"哲学"作为一门学问，原来只是一种生活态度，就是保持好奇的天性，探询一切事物的真相。这种态度被称为"爱智"。自从苏格拉底说："没有经过检查的人生，是不值得活的。"许多人开始觉醒，并且思考自己的人生应该何去何从。的确，哲学脱离人生，将是空洞的；人生缺少哲学，将是盲目的。方东美先生说，哲学不能烘面包，但是能使面包增加甜味。换言之，哲学不能当饭吃，但是能使人知道吃饭是为了什么。

我自 18 岁开始研习哲学，至今 30 多年。先由西方哲学入手，知道哲学家必须具备"澄清概念、设定判准、建构系统"的功力，否则难以形成一贯的见解，更谈不上引领时代的思潮。西方如此，中国亦然。我近年致力于解读儒家与道家的经典，发现其中所蕴含的人生智慧，可以与西方哲学家的最高境界并驾齐驱而相融互摄。经由合宜的诠释，我们可以同时品味及享用中西双方的成果，进而在回答自己"人生有什么意义"这个问题时，会觉得充实、圆满而喜悦。

我在台湾大学为全校同学所开的通识课程，名称即是"哲学与人生"，二十余年来选课学生超过一万人。我在设计课程内容时，兼顾西方与中国，侧重人生与文化，以哲学的思辨方法贯穿其间，以下稍作说明。

在开宗明义介绍“哲学是什么”之后，我以西方为焦点，探讨“思想方法”“人性的真相”“神话与悲剧”。这些是普遍的知识背景，提供了由人生省思走向哲学的途径。接着，西方哲学家之中对人生做过亲切考察的不在少数，我以希腊时代的“苏格拉底”与当代的“存在主义”为代表，并且以“荒谬之超越”为其压轴，由此显示现代人困于荒谬情境，仍可力图超越。

到了课程后半段，首先综述“中国哲学的起源与特质”“儒家的风格”与“道家的智慧”。许多同学至此忽然觉悟，原来自己的传统文化中也有哲学，也有体大思精的人生哲理，也有玄妙卓越的人生境界。只要心平气和，不存任何偏见，将会发现所有文化都有其安身立命的秘方。我们对自己的文化多加认识，取精用宏，使之再现生机与活力，不是十分恰当吗？

既然谈到人生，就不可忽略“艺术与审美”“宗教与永恒”“教育与自我”这三个题材。我们由哲学角度所作的解析与评论，是否较为周全？是否会比“见仁见智”稍好一些？最后的结论是“文化的视野”，这也是通识教育的目的所在，希望有助于拓展学生的眼界与心胸，使他们不仅培养独立思考的能力，也能在特定议题上采取合理的原则与立场。

这门课于1986年开始讲授，当年我即幸获《民生报》评选为校园热门教授。十年之后，竟又被台大学生的“终身学习网站”票选为全校最佳通识课程第一名。我在教学时“乐在其中”，而无意以此自满。

我从历年来每次上课之后的“问与答”中，学会了表达、答问与论辩的技巧，提升了与人分享心得的能力。我的讲义内容不断增订，并制成了CD，已付诸发行。此次将上课录音整理为文字，再经修订润饰而成此书。二十余年来的心血付梓，只有感恩与喜悦可说。

2003年10月

目 录

Contents

第八章 存在主义的发展

第九章 中国哲学的起源

第一章

哲学是什么？

第一节　欢迎来到哲学的世界

苹果电脑创始人乔布斯（Steve Jobs，1955—2011）晚年曾说："我愿用一生的成就与财富，换取同苏格拉底（Socrates，前469—前399）共处一个下午。"我们一定很好奇，作为成功企业家的乔布斯为什么会对古希腊哲学家如此崇拜？哲学究竟是什么呢？

如果把人生比作航海，哲学就是航海的罗盘，它会告诉我们现在在哪里，方向目标何在，以及为何要达到那个目标。

在现实生活中，常有人笑称，哲学家就是整天在一片漆黑的房子中寻找黑猫的人，他们的话令人难以捉摸又难以信服；也有人抱怨，哲学是把简单的东西说得复杂，把原本懂的事情说得让人迷惑不解。然而，果真如此吗？

我们到图书馆查看资料，都有图书编号。编号"0"代表总类，包括辞典、百科全书等工具书，编号"1"则是哲学类。在我40多年的哲学教学生涯中，听到许多同学抱怨，说接到台湾大学录取通知书后，全家人欢欣鼓舞，放榜后一看是哲学系，全家哭成一团。哲学系学生不仅就业困难，而且能否读懂专业书籍都是问题，怎么会排第一位呢？

这是因为在西方的学术传统中，哲学是"一"，代表它既是"开始"的学问（一切学问之基础），也是"最后"的学问（一切学问之统合）。所有专业的最高学位都是"博士学位"，英文为Ph.D.（Doctor of Philosophy），即"哲学博士"，表示任何一门专业学问所能抵达的最高境界都属于哲学层次。

哲学是"开始"的学问。任何专业学科都需要从最基础的定义开始，逐步构建学问的大厦，而定义就是哲学的思考方法，属于哲学的范畴。

哲学也是"最后"的学问。西方人称哲学为"学问中的学问"[1]（Scientia Scientiae），一般专业学科的特点是分而不合，哲学则具有统合性，能统合一切知识。人的生命是完整的，我们所学的知识能否对我们的人生有所启发才是关键。哲学恰好可以起到提纲挈领、指引人生的明显效果，是一切学问之母。

1 学问中的学问，拉丁文Scientia Scientiae，英文Science of Sciences。scientiae是所有格，即of sciences，代表各种专业学问。

哲学与人生有何关系？

我的老师方东美先生经常引用罗马文豪西塞罗（Marcus Tullius Cicero，前106—前43）的话："哲学，人生之导师，至善之良友，罪恶之劲敌，假如没有你，人生又值得什么！"说明哲学能帮助我们判断价值，明辨是非，指引人生的方向。

法国作家蒙田（Michel de Montaigne，1533—1592）说："没有比哲学更轻松愉快的科目了。"这表明哲学可以带领我们步入快乐的生活，前提是按照理性思考的规则，认真思考，步步深入，慢慢将会明白哲学就是"爱好智慧"。

古希腊神话中就有智慧女神雅典娜（Athena），"智慧"一词神奇而美妙，令人心生向往。爱好智慧正是一种理想的生活态度，让我们保持开放的心灵，一起迎接真理的曙光。

第二节 人的天性是爱好智慧

每个人，不管小孩还是成人，都渴望了解每一句话背后的真正含义，想要追求事件背后的真相是人的天性。哲学的英文为Philosophy，源于希腊文，由Philia和Sophia两词合成，意为"爱好智慧"。随着我们深入了解，会发现将哲学定义为"爱好智慧"，使得西方人才辈出并不断超越前人的成就。我们首先来谈什么是"爱好"。

"爱"这个字在希腊文中有三种不同的写法，分别为Eros、Philia和Agape，分别代表感性之爱、理性之爱和超性之爱。

Eros[1]，代表"情爱"，出于本能的感性冲动。Eros是古希腊众神之一，充满活力和追求的力量。其形容词为erotic，一般翻译为"情色"。这种爱过于热情，让人激动，不适合用于形容哲学上的"爱好"智慧。

Philia，代表"友爱"，常用来形容朋友间心平气和，彼此尊重，共同分享思想观念和人生经验。罗马文豪西塞罗曾说："朋友就像阳光一样，生活中若没有朋友，就像人生没有阳光。"友谊是温和而理性的，充满阳光与温暖。哲

1 Eros：在希腊神话中，Eros是爱欲之神厄洛斯，爱神阿芙洛狄忒（Aphrodite）之子。

学所讲的对智慧的追求，就像朋友之间的友谊，是一种温和、持久而理性的追求。

（一）智慧之“爱”，需要不断学习

一个人的经验有限，需要多多借鉴他人的经验。子曰：“学而时习之，不亦说乎？”[1]（《论语·学而篇》）《论语》一书开宗明义，首先强调了学习的重要性，人之所以区别于一般动物在于人有理性。理性的作用在于分辨，判断哪一种事物更好，好坏标准何在。保持好学之心，将使我们由近及远，对身边所有事物产生兴趣，并且认识得越来越深刻。爱好智慧的过程，就是不断学习的过程。

（二）智慧之“爱”，需要勇敢抉择

苏格拉底被人诬告判处死刑，临死前，学生们悲伤地问他：“老师，如果您走了，我们有问题该向谁请教呢？我们要选择什么作为生活的指导原则呢？”苏格拉底说：“今后你们要按照你们所知最善的方式去生活。”今天认为最善的生活方式，明天发现更好的选择该如何？苏格拉底的建议是：且知且行，不要等待。

柏拉图《对话录》谈到交友时，也曾举过一则生动的例子，一个人走过麦田，想选择一株最大的麦穗，开始时总以为后面会有更大的，到后来发现，后面的麦穗还没有前面的大，结果空手而归。

我们的人生好比入山寻宝，绝不能空手而归。生活从现在开始，你在什么地方，是什么身份角色，你认为自己今天该做什么，立刻去做；如果将来发现前面选错了，再及时改正。人活在世上，首先要真诚面对自己，对自己负责，勇敢抉择。

（三）智慧之“爱”，需要保持好奇心

古希腊时代有一句话说：“哲学起源于惊讶。”[2]看到花开花落、四季流转，世界充满变化，却能继续存在。这些变化的背后究竟有什么永恒不变的东西存在？小孩对世界充满好奇，提醒我们应保持开放的心灵，保持一颗热爱智慧、追求真理的好奇心。

---

1 译文：学了为人处世的道理，并在适当的时候印证练习，不也觉得高兴吗？时，为恰当时机。习，指印证练习。参考《傅佩荣译解论语》，东方出版社。

2 参考柏拉图的《泰阿泰德篇》（*Theaetetus*）。原文：“惊讶，这尤其是哲学家的一种情绪。除此之外，哲学没有别的开端。”

（四）智慧之“爱”，给人以力量

我年轻时听到老师说：“学西方哲学很困难，需要学习希腊文、拉丁文、英文、法文、德文五种语言。”正是因为困难，所以激发了我的斗志。对智慧的“爱”恰恰是一种力量，激励我们一直朝目标前行。

Agape，代表“博爱”，常指宗教中泛爱一切、没有差别的博爱。如佛教的“慈悲”，基督教的“博爱”，都是一种宗教性的无私的爱，层次非常高。

每一个人的生命都可以展现出上述三种爱。而哲学“爱好智慧”所指的“爱”，既不是如 Eros 般诉诸感性的激情之爱，也不是如 Agape 般无私的博爱，而是一种理性之爱，像交朋友一样，温和而持久，渐渐发展。最后我们会发现，通过学习哲学，慢慢接近智慧，真是人生一大幸福！

第三节　爱好而非拥有智慧

西方将哲学界定为爱好智慧，为什么不能说拥有智慧呢？因为智慧是“属灵的”（spiritual）。

何谓“属灵”？人可以分为身（Body）、心（Mind）、灵（Soul, Spirit）三个层次。一个人的年龄、外貌属于身的层面，可以被人直接看到而了解；一个人的内心想法、情感偏好和价值选择属于心的层面，可以通过交谈而了解；一个人的灵的层面，即精神的层面，却不易为他人所知。有些人明知会失败，却义无反顾；有些学生考试屡屡受挫，却坚持用功；有些老年人身心状态不好，却精神矍铄，展现出卓越的人生态度：支持这些人的动力正是来源于灵（精神）的层面。

古希腊人认为智慧是属灵的，是神明的特权。因此，人不能完全拥有智慧，只能爱好而不断追求智慧。所以我们应保持心灵开放，对一切有益于自己心灵的事物保持欢迎的态度。

苏格拉底在这方面为我们做了很好的示范。他每天上街与人聊天，当听到有人谈及高尚、勇敢、美丽、善良、虔诚等评价字眼时，都会上前请教这些词的真正含义。但几番对话下来，却没有人能真正说清楚。这说明大多数人都是人云亦云，以为自己了解而事实并非如此。因此，苏格拉底启发我们，爱好智慧应努力追寻事物背后的真相，掌握真正可靠的知识。

小孩是天生的哲学家，凡事喜欢刨根问底。一个朋友的孩子在幼儿园听到老师讲什么是民主，回家就问爸爸：“爸爸，没有经过我的同意，你们为什么把我生下来？”爸爸吓了一跳，回答说：“因为爸爸爱你。”小孩不满意，依然追问同样的问题。妈妈回来后，回答说：“因为爸爸妈妈都爱你。”孩子仍不满意，最后爸爸只得说：“爷爷奶奶也没经过我的同意，就生下了我。”

我建议这位朋友如此回答：“孩子，你问得很好，不过你先想想，我们生下你是为了什么？”“为什么”是针对现在的结果而追问过去的原因，而“为了什么”则是寻找将来的目的。这样的问题会让小孩陷于困惑而不再追问。

不光是孩子，我们每个人终将面对同样的问题：活着究竟是为了什么，即人生有什么意义？在我教书40余年的生涯中，不断有学生问我：人生有什么意义？面对繁重的课业、升学考试，人生似乎毫无乐趣，不知意义何在。

我的回答是：“人生的意义在于你可以不断地问‘人生有什么意义？’”这样回答并非逃避问题，因为我们年轻时有很多问题，长大后都自然而然地知道了答案。但是，人生要永远保持开放的态度，不断问自己意义何在。

所谓“意义”就是理解的可能性。我们每天这样生活，上学、上班、与人互动，请问：这样的行为可以被理解吗？如果能讲个道理出来便有了意义。

哲学就是讲道理。对于隐隐约约觉得对的事情，将其中蕴含的深刻道理清晰地表达出来，使之变得明明白白——化隐为显，这就是哲学的重要作用。

第四节　哲学是练习死亡吗？

柏拉图（Plato，前427—前347）曾说：“哲学就是练习死亡。”当然，这绝不是要我们去自杀。柏拉图受到古代奥菲斯（Orphism）教派思想的影响，认为人的灵魂不断轮回，身体只是灵魂的监狱，只有死亡才能使灵魂真正重获自由。因此，“练习死亡”是说人的一生应不断修炼，逐渐摆脱身体、心智对灵魂的束缚。

近代德国哲学家叔本华（Arthur Schopenhauer，1788—1860）也有类似的说法，他曾说：“最高的道德就是自杀。”叔本华的思想受印度教经典的影响，认为宇宙万物最后的基础是“求生存的意志”(the will to live)。生命的本质就是意志，这种意志就是活下去的欲望。

人的意志永远有所求。人生就像钟摆，摆荡在欲望与无聊之间。欲望尚未满足时，人会感到痛苦和烦恼；欲望满足后，便觉得厌烦和无聊。这种强烈的占有欲，使得个人生命的发展给别人造成了压力和伤害，人与人之间的关系变成“人为人是豺狼”[1]，每个人都要防范他人。因此，“最高的道德就是自杀”。

然而叔本华本人却没有自杀，因为他找到了两种解脱方法：一是发展艺术的审美情操（美感默观），二是宗教信仰。艺术的审美情操表现为无关心的(disinterested)态度，比如看到一幅画，画了一个苹果，观赏者既不想求知——了解产地，也不想拥有它——吃掉它，而只是静静地观赏；宗教信仰可发展出慈悲、博爱的高尚情操，使“我”与他人成为同胞、兄弟姐妹，融为一体。

哲学的爱好智慧，不仅仅是理性的追求，更重要的是自我的修炼，慢慢地摆脱本能的冲动和欲望的困扰。

孔子(前551—前479)在《论语》中提醒我们，要成为君子，必须戒惕三点：年轻时，血气还未稳定，应该戒惕的是好色；到了壮年，血气正当旺盛，应该戒惕的是好斗；到了老年，血气已经衰弱，应该戒惕的是贪求。[2]（《论语·季氏篇》）血气正是指身体本能的冲动欲望，我们应该不断修炼，化解欲望冲动的影响。

除此之外，更应进一步修炼自己的心思，不要胡思乱想。《论语·子罕篇》中提到孔子没有四种毛病：不凭空猜测，不坚持己见，不顽固拘泥，不自我膨胀。[3]孔子正是通过修炼，达到了这样的人生境界。

研究哲学家的理论，不能只了解一半，而应全盘通晓，千万不能误会。

有些学者花了十年的时间研究黑格尔（Hegel，1770—1831）早年的思想，好不容易研究到他晚年的思想，发现他说“我早期的思想不算，那时还不成熟”，让人白费了好多精力。与外国学者不同，中国先秦的儒家、道家的学者们，都是先形成一套完整、系统的思想后，再出来发表见解，如，子曰：“参乎！吾

1 叔本华。原文拉丁文：Homo homini lupus est。homo，人；homini，为人；lupus，狼。

2 原文：孔子曰：“君子有三戒：少之时，血气未定，戒之在色；及其壮也，血气方刚，戒之在斗；及其老也，血气既衰，戒之在得。”

3 原文：子绝四：毋意，毋必，毋固，毋我。

道一以贯之。”[1]（《论语·里仁篇》）

我们要了解每个哲学家的完整学说以及背后的根据，不能断章取义。

柏拉图说：“身体是灵魂的监狱，灵魂才是真正的自我。”最近有一种类似的说法颇有道理：“生活的步调要慢一些，以使灵魂能跟得上我们的脚步。”学习固然重要，但真正的人生智慧绝不能脱离实践，说一丈不如行一尺。比如，教育孩子身教胜于言教，自己亲身示范最具说服力，绝不能留给孩子一个“说说就算了”的印象。

《中庸》中提到：“别人一次就办到的，我就算做一百次也要办到；别人十次就办到的，我就算做一千次也要办到。”[2]但是，只要做到了，都是一样的做到。这恰恰说明了实践的困难。没有人一出生就具备良好的德行，任何人能有卓越的表现，都是经过长期艰苦的修炼得来的。因此，爱好智慧绝不能忽略修炼的重要性。

第五节　理性反省是关键

强调理性反省的重要性，在西方有其特殊的历史背景和意义。西方从罗马帝国开始，经过1300多年的中世纪，到15世纪出现文艺复兴，16世纪宗教改革，17世纪科学革命，18世纪启蒙运动，19世纪浪漫主义，由此一路发展，造就了西方文明领先世界的局面。

黑格尔说：“西方哲学经过漫长的中世纪，当看到法国的笛卡儿出现时，就像海上航行很久的人高呼：‘陆地到了，陆地到了！’”把笛卡儿比作陆地，是因为在长达1300多年的中世纪，人们有坚定的宗教信仰，普遍相信上帝的存在，认为所有真理都在《圣经》中，因而一般人很少用理性思考。而笛卡儿开始“以理性探讨真理”，可谓石破天惊，在当时西方世界具有革命性的意义。

笛卡儿（René Descartes，1596—1650），被誉为“近代哲学之父”。他是法国贵族子弟，虔诚的天主教徒，幼时受过良好的教育，在数学，特别是解析几何方面颇有天赋。他23岁从军，其间连续几个晚上做了三个梦，使他相信

1 译文：孔子说：“曾参啊！我的人生观是由一个中心思想贯穿起来的。”

2 原文：人一能之，己百之；人十能之，己千之。

自己具有特殊的使命——“以理性探讨真理”。

在笛卡儿之前，哥白尼（Nicolaus Copernicus，1473—1543）提出“日心说”，违反了《圣经》的说法，很多科学家亦因此遭到教会的迫害，然而追求理性的思潮逐渐由自然科学界蔓延到思想界。

笛卡儿的代表作是《方法导论》，完整翻译为：正确引导理性，在科学中追求真理的方法导论。之所以强调方法的重要性，是因为从古至今，每当出现方法的革新，都会引领人们对世界产生全新的认识。

西方哲学起源于古希腊。古希腊第一位哲学家泰勒斯（Thales，约前 624—约前 547）有两句名言：“宇宙的起源是水”“一切都充满神明”。他第一次走出古希腊的神话世界，回到人的世界，用人类可观察的现象解释万物的根源，试图用水的固、液、气三态的变化说明万物的变化。

近代心理学家弗洛伊德（Sigmund Freud，1856—1939）改变观察视角，发现人的意识之下有巨大的潜意识（the Unconscious）世界，从而为心理学研究开拓了新的天地。

笛卡儿不再遵循《圣经》的启示，而是用理智重新确立知识的基础。笛卡儿说：“每一个人在一生之中，至少要有一次，要去怀疑所有能被怀疑之物。”

人由感官获得的感觉是不可靠的。比如，把筷子放到水中，由于水的折射作用，使筷子看起来是弯的；两条铁轨延伸到远方，看起来似乎是交会在一起了；一个方塔，从远处看像是圆的。因此，视觉、听觉、触觉等一切感官所掌握的都可能使我们上当。

同时，人的理智也是不可靠的。比如数学推衍有可能出错，每年的诺贝尔奖得主正是由于他们推出前人推不出的原理而获奖，同时这些成果也一定会不断被后人超越。因此，科学家总是保持谦虚的态度。牛顿（I. Newton，1643—1727）说过：“我好像在海边玩耍的孩子，常常为捡到更美丽的贝壳沾沾自喜，而展现在我面前的是完全未探明的真理之海。”

现存的一切都可能是在睡梦中出现的。比如现在的虚拟现实技术（VR，Virtual Reality）能营造出逼真的环境，其实它并不存在。

那么究竟什么是真正存在的东西呢？当怀疑一切的时候，正在怀疑的这个“我”是必须存在的，否则是谁在怀疑呢？由此，笛卡儿提出“我思故我在”，从而拉开了西方近代哲学“以理性探讨真理”的序幕。

第六节　我思故我在

有人开玩笑说“我思故我在”应该倒过来说“我在故我思”，也有人说“我笑故我在”“我爱故我在”……这都不是笛卡儿的本意。如果说“我在故我思”，可是有很多人虽然存在，但并不思考。

笛卡儿怀疑一切，但那个正在怀疑的“我”是不能被怀疑的。怀疑属于思想的作用之一，“思想”包括怀疑、思考、感受、意愿等，因此可以说“我思故我在”（Cogito，ergo sum.）。这句话究竟应如何理解呢？

1. 我思＝我在。

这句话既不是假设命题“如果我思考，那么我存在”，也不是三段论的推论“凡思想者皆存在，因为我思想，所以我存在”，而是自明的直接判断：我思＝我在。

2. 我＝思。

笛卡儿认为：我就是“我的思想”，这开启了唯心论传统。“我”的本质就是“我的思想”，思想是理解的过程与作用，无形可见；而身体有形可见，具有长、宽、高三个维度。这样把人的身体与思想区分开来，成为“身心二元论”，或称“心物二元论”。

比如，一个人少了一只手、一条腿都还是人，而如果没有了头，就不是人了。一个人的外貌可通过整形而改变，但他的思想不会因此改变。中国人说的“知人知面不知心”，也表达了同样的道理。

笛卡儿的思想启发我们应该重视人的思想教育。年轻时，人们可以轻松用大脑控制身体，做出各种复杂的动作、丰富的表情，但年老后，身体的控制力明显下降，我们不得不承认思想才是真正的自我。

笛卡儿之所以被称为近代哲学之父，是因为他提出了新的方法，为哲学开创了新的格局。他提出，要找到知识的可靠基础，有四种方法：

1. 自明律：绝不承认任何事物为真，直到获得清晰而明白[1]的观念为止。

1 清晰而明白：拉丁文 clara et distincta，英文 clear and distinct。

清晰（clear）是指该物本身清晰可见；明白（distinct）是指该物与其他物体有明显的区分。

2. 分析律：化繁为简，了解复杂的东西，必须先分析它最基本的因素。

譬如，一位老师将一块钱硬币丢到一片草地上，让学生去找。如果毫无章法去找，不容易找到。如果把草地分成若干区块，每个同学负责一块，则很容易找到。

3. 综合律：由简而繁，把复杂事物分成简单成分，一一了解透彻后，还要重新组合成一个整体，形成复杂的知识系统。

无论分析还是综合，都要求精准，需要接受科学的训练。比如要了解一个国家的国民性，应从个体入手，深入了解后再设法综合形成完整的见解。

4. 枚举律：应用例证，做周详而全面的检查，确保没有遗漏。

比如，我们了解马的某种特性后，要检查是否对不同颜色、不同品种的马都适用。

笛卡儿的方法启发我们要从理性出发，怀疑一切可被怀疑之物。当找到可靠的基础时，则不再怀疑，而是要接受它，以此构建可靠的知识大厦。怀疑只是方法，不是我们的最终目的。

第七节　智慧要完整思考人生

哲学可用三句话来描述：1. 哲学就是培养智慧；2. 哲学就是发现真理；3. 哲学就是印证价值。“智慧”“真理”和“价值”是三个令人向往的名词，我们应设法了解它们的真正内涵。

培养智慧

诗人艾略特（Thomas Stearns Eliot，1888—1965）在《岩石》中写道：“我们在信息里面失去的知识，到哪里去了？我们在知识里面失去的智慧，到哪里去了？”这句话里面提到三个概念：信息、知识和智慧。

1. 信息。我们每天都会接触到，打开电视、手机、电脑，到处充满信息，但往往都是片段，不够完整，缺乏前因后果，没有系统性。

2. 知识。特色是针对某一专门领域或某一专业范围进行深入研究，进而形成相对完整的理论系统。当今大学分科分系，都属于专业分科的知识，但知识的特点是分而不合，可以造就专家，但难免比较狭隘。

爱因斯坦（Albert Einstein，1879—1955）曾说："专家只是训练有素的狗。"他不是骂人，而是提醒我们，要设法突破自己专业的局限，不断提升、拓展自己的视野。

子曰："君子不器。"（《论语·为政篇》）指立志成为君子的人，不能满足仅仅成为一个有特定用途的器具，而应当在掌握专业技能的同时，实现人格的全面发展，满足人在身、心、灵各层次的发展需求。比如欣赏艺术、了解宗教，特别是道德实践，更是生命中不可或缺，不能错过的。

3. 智慧。与人的生命完整性密切相关，不像知识分而不合，智慧有两个特征：一是完整性，二是根本性。

智慧的完整性

人的生命是完整的，思考人生问题，首先要考虑生命架构的完整性。人的问题应涵盖身、心、灵三个层次，灵指精神层次，包括看不到的人生观、价值观、人生理想等。

其次还要考虑生命历程的完整性。人的一生可用16个字概括：生老病死，喜怒哀乐，恩怨情仇，悲欢离合。"生老病死"是人生的完整历程，"喜怒哀乐"是人的丰富情感体验，"恩怨情仇"涉及复杂而多彩的人际互动，"悲欢离合"总是无情而循环往复。

能够了解人生的完整历程，就会对人生中的许多小事释然，也更容易理解人性的脆弱。人不同于其他动物之处在于人有自由，而自由恰恰意味着我们有一半的可能会选择错误，因此，我们应互相宽容，互相关怀，互相帮助。

有些话只关注了生命的某一层次，如"人生最重要的是保持健康"，这种说法失之偏颇，它只强调了身体的层次，而忽略了心和灵的层次，因此说"保持健康是必要的"较妥帖。何谓"必要"，就是"非有它不可，有它还不够"。比如吃饭是必要的，因为非吃饭不可，只吃饭不够。人与动物的区别不在于吃饭，而在于理性思考。

总之，智慧的完整性，要从人"身、心、灵"架构的完整性，以及整个生命历程在时间发展的完整性上综合考虑。

第八节 智慧探讨的根本问题

智慧的根本性

人生有三大根本问题：痛苦、罪恶和死亡。从古至今，没有人能用理性给出透彻的答案，这三个问题被称为“人生三大奥秘”。奥秘（mystery）与问题（problem）不同：问题预设了解答，一旦答案出现，问题就不存在了；奥秘则没有固定的答案，人必须亲身体验，与它一起生活，慢慢探索与发现。因此，智慧是无法传授的。

（一）痛苦是什么

人生病时，会体验到身体的痛苦；与相爱的人生离死别时，会经历心理的痛苦；还有些人，表面上一帆风顺，心想事成，却仍然感到痛苦。美国有个调查，有钱人的孩子到中年时特别容易感到人生乏味，父母为他们准备好了一切，但他们由于缺少与物质的内在联系，反而不会特别珍惜。相反的，我年轻时辛苦打工两个月才攒钱买了一双鞋，我会倍感珍惜和喜悦。有些重要纪念品的价值不在于价格，而在于人与人之间的情感联系。

谈痛苦最深刻的是佛陀释迦牟尼（Śākyamuni，约前560—约前480），他是古印度迦毗罗卫国的王子，出生后，国王担心他出家，让他16岁时就早早成婚，17岁生子，29岁才允许他第一次离开王城。释迦牟尼出城见到四种人：老态龙钟的老人、痛苦哀号的病人、令人毛骨悚然的死人和出家的僧人。他被深深震撼，发觉众生皆苦，于是决意出家修行，寻求解脱之道。佛教四大真理第一就是“苦谛”，说明痛苦是普遍存在的。

（二）罪恶是什么

世间很多人明知有些事不对却偏要做，犯下罪行，害人害己。有句话“好人不知道坏人有多坏，坏人也不知道好人有多好”，有人生阅历的人都会深有体会。好人常常从好的角度想象别人，对坏人缺少防备；坏人常常从坏的角度设想别人，以小人之心度君子之腹。最有名的故事是曹操为躲避董卓的追杀，投奔好友吕伯奢，吕伯奢上街买酒，命家人杀猪待客，曹操听到磨刀声，误认为要杀他，于是杀了吕伯奢全家。

罪恶让我们深深困惑，为什么人与人之间总是容易产生误解，散布仇恨?

坏人非存在不可吗？到底什么是人性？人性是善的还是恶的？是可善可恶的还是无善无恶的？

（三）死亡是人生最大的奥秘

俗话说："千古艰难唯一死。"古希腊史诗《伊利亚特》中的英雄阿喀琉斯，死后进入地狱，不禁感叹道："我宁可活在世间做别人的奴仆，也不愿意在死者的幽灵中称王。"把死亡描绘成阴影般的幽灵，没有阳光和希望。

死亡的问题一出现，人生意义的问题立刻浮现。20世纪，西方最重要的哲学家海德格尔（Martin Heidegger，1889—1976）认为人"向死而生"。人是所有生物中唯一知道自己的生命终将结束的。如果忘记这一点，人很容易过一天算一天，装出别人喜欢的样子，忘记生命的紧迫感。如果常把死亡问题拉到眼前，人会非常认真、非常真诚地选择要过什么样的生活，生命的每一刹那都不会轻易错过。

孔子的学生子路曾问老师什么是死亡，孔子回答："没有了解生的道理，怎么会了解死的道理？"[1]（《论语·先进篇》）孔子当然了解死亡的道理，只是对于子路这样的行动派，他不愿讲得更透彻。

痛苦、罪恶和死亡，是我们难以完全掌握的人生三大奥秘，我们只能慢慢了解和亲身体验。因此，智慧既非感官所得到的印象，也非理性所得到的知识，而是具备完整性与根本性的觉悟。

第九节　发现而非发明真理

发现真理

每个中国人都喜欢"真理"这个词，代表既真实可靠又有道理，让人感到神圣而不可侵犯。到底世界上有没有绝对真理？

与"绝对真理"相对应的是"相对真理"，即两人各说一套，听上去都有些道理，却无法确定究竟谁正确，因而谁也不服气，彼此怀疑。如此一来，建构普遍的知识系统就成了大问题。在探讨"有无绝对真理"之类的问题时，我

1 原文：季路问事鬼神。子曰："未能事人，焉能事鬼？"曰："敢问死。"曰："未知生，焉知死？"

们应按照哲学的要求，先界定每个字的意思。所谓“真理”究竟是什么意思？

在西方，“真理”就是真实（truth），一般有三种用法：

（一）指某句话（判断）与客观情况相符合（correspon dence）

这里的“真理”只适用在一句话上，该句话的描述有客观的根据，则为真。比如有人说：外面现在正在下雪。你可以马上走到室外去观察，验证这句话的真伪。如果现在果然在下雪，那么这句话就是真。

（二）指某句话（判断）在一个完整的系统中，圆融一致，没有矛盾

如，数学命题 1+1=2，只要先规定好数字的定义及运算定理，然后按规则推衍，那么推出的结论就是真的，即使到月球上也不例外。

又如，我认为孔子的主张是“人性向善”，因为这与孔子的所有言论都没有矛盾。孔子说：“只要我愿意行仁，立刻就可以行仁。”[1]（《论语·述而篇》）又说：“有德行的人是不会孤单的，他必定得到人们的亲近与支持。”[2]（《论语·里仁篇》）何以如此？因为人性向善。

（三）指相互间可以开显（manifestation）

别人说的一句话，通过开显，可以让我了解某些事的真相。如何判断别人说的是否正确？也许我目前的年纪无法了解，只有随着个人成长，有更多人生阅历后才能判断。

希腊文中的“真理”叫作 alētheia，即英文中的 discover，dis 表示揭开，cover 意为盖子，合起来，真理就是揭开盖子的遮蔽，发现真理。

我们从小遵从父母、老师的教导，未经反省就接受了许多观念，未曾怀疑这些观念的可靠性。比如，“应该做个好孩子”“善有善报，恶有恶报”“好好学习，将来一定有发展”等，虽然这些话都是好话，但是否可靠就不得而知了。我们一路成长，直到碰到教训时，才会反思自己以前接受的观念是否正确。

人活在世界上，不可能没有自己的问题、盲点和执着。人最难克服的就是个人的成见。不同的语言、生活习惯、宗教信仰都像盖子一样遮蔽真相，我们应该努力揭开盖子，去掉遮蔽，发现真理。

我们平常讨论的真理都是相对的。以“美”为例，美是一种评价，“美”这个词与“人”本来没什么关系，如果将“美”和“人”两个概念连在一起形

1 原文：子曰：“我欲仁，斯仁至矣。”

2 原文：子曰：“德不孤，必有邻。”

成判断，就要先规定美的标准是什么，但是不同文化背景的人对美的看法通常各不相同。

《Discovery探索频道》报道，缅甸有个民族认为女孩的脖子越长越美丽，所以小女孩从七八岁就开始戴脖环，拉长脖子。由于长期佩戴脖环摩擦，有些女孩脖子上的皮肤出现溃烂，但记者采访时，小女孩笑得十分灿烂，认为自己很美。

《庄子·德充符》中有一则寓言故事，说齐桓公非常欣赏前来游说的一个大臣，这个大臣由于得了大脖子病，脖子特别粗，齐桓公看到正常人，反而觉得他们的脖子太瘦长。[1]《韩非子》中记载："楚灵王好细腰而国中多饿人。"由于楚灵王喜欢细腰的女子，因此宫女们为了讨楚王的欢心，忍饥挨饿，甚至被饿死。

这些标准是由某地风俗而定或由某人爱好而定，缺乏普遍性。

那么到底有没有"绝对真理"呢？答案是：有。因为如果没有"绝对真理"，"相对真理"凭什么存在？

"绝对真理"就是"这个世界究竟是存在，还是虚无？"如果有人说："这一切都是虚幻的，因为一切充满变化，最后都不见了。"我们可以反驳："你说'这一切都是虚幻的'，请问'这一切'既是虚幻，你所谓的'这一切'指什么东西？"此外，既然说"虚幻"，一定是针对"真实"，如果不知道什么是"真实"，凭什么说"虚幻"呢？这里使用了辩论的技巧，通过语言分析，我们可以很容易地找到反驳的关键点。

"绝对真理"肯定是存在的，否则，我们现在都是在做梦，一切都不必谈了。

那么谁可以得到绝对真理？谁的话可以算作绝对真理？这是更大的问题。我们每个人都在表达自己的见解，都认为自己掌握了真理，事实上未必如此。

"发现"和"发明"不同，没有人可以发明真理，我们只能发现真理。因此，我们要保持开放的心胸，参考或接纳不同的观点，从不同的角度审视自己的情况，这是非常必要的。

---

1 原文：瓮盎（wèng àng）大瘿（yǐng）说齐桓公，桓公说（yuè）之，而视全人：其脰（dòu，脖子）肩肩。参考《傅佩荣译解庄子》，东方出版社。

第十节　人生价值需要印证

印证价值

什么是价值？

（一）价值需要人的选择才会呈现

没有人的选择，宇宙万物并无价值可言。这并不是说宇宙万物没有价值，而是说，不经人的选择，宇宙万物的价值不能呈现。

（二）价值的呈现是相对的

不同时代，不同地域，同一样东西可能呈现出不同价值。比如，在沙漠中行进、口干舌燥时，面对“钻石”还是“水”的选择，大部分人会选择水。此时此地，一杯水的价值远远超过钻石。古希腊哲学家赫拉克利特（Heraclitus，约前535—约前475）说：“驴子宁愿吃草，不要黄金。”也说明了价值呈现的相对性。

宇宙万物经过人的选择，才有了价值上的区分，这种区分有利有弊。因此，价值需要人的选择才能呈现。同样，人类社会中的价值，也需要人用行动来印证。

宇宙万物与人最基本的差别在于：宇宙万物是“实然”，人是“应然”。

“实然”指实实在在的样子。自然界四季轮转，昼夜更替，一切现象都按自然规律运转，“自然”的就是“必然”的，没有不同的可能。如有不同，科学家就会用新的理论，将其纳入原有的知识体系中，科学也因而不断进步。

对于人类世界，人的身体属于“自然”，饿了就要吃，渴了就要喝。但是，人区别于动物的最大特色是：人有“应然”的问题。“应然”就是“应该做什么”。比如，人应该孝顺，讲道义，守信用，尊重他人。然而，讲“应然”恰好反映出：很多人没有这样做却照样活着，有些还活得很开心。

人有自由可以选择。应不应该做，应该如何做，对错谁规定，这些是人类社会最重要的问题。古今中外，人类教育都从“应然”着手，希望让年轻人了解正确的行为规范，促进社会和谐。否则，人人为所欲为，后果不堪设想。

（三）实践是检验真理的标准

比如，一个学生听老师讲“为善最乐”，他只能了解这个观点，但缺乏实际的体验。有一天，他坐公交车，看到一个老太太上车，尽管坐着舒服，站着累，但是他勇敢站起来把座位让给老太太。当看到老太太充满感激的笑容的刹那，他感到心中的快乐由内而发，和得到钱、得到东西时的感觉完全不同。经过亲身实践，他真正体验到行善的快乐。这时“为善最乐”由一句空洞的话，转变为自己可具体实践的“真理”。

人在行动时有两种情况：

第一种是被动的，不得不做。比如，在公交车上遇到我的老师，由于担心不让座会影响老师给自己的分数，很不情愿地让座。因为不是发自内心的，所以基本无快乐可言。

第二种是主动的，觉得这是我应该做的，不谈任何条件。这需要我们慢慢练习，开始难免勉强，久而久之则习惯成自然。只有自发的、不讲条件的行善，才能发现真正的快乐。

儒家经典《中庸》提出“知、仁、勇”三种品德：“好学近乎知”，即多方学习才能接近智慧；“力行近乎仁”，即努力行善才是人生正途；“知耻近乎勇”，即知道羞耻才会勇于行善。实践之后才会发现，果然行善为快乐之本。如果希望行善达到最佳的效果，则需要不断地学习、思考和实践。

苏格拉底的母亲是一位助产士，受母亲启发，他说：“我只是个助产士，帮助别人生出智慧的胎儿。”[1]别人的智慧对自己而言只是可以参考的知识，一定要亲自印证后才能转变为自己的智慧。

智慧与行动有关，爱好智慧可以实际改善我们的行为，这才是哲学的真正目的所在。

第十一节　培养思考习惯

哲学需要生活经验的配合。离开人生，哲学是空洞的；离开哲学，人生是盲目的。为了提升哲学素养，我们需要从四方面着手：培养思考习惯，掌握整体观点，确立价值取向，力求知行合一。我们先谈如何培养思考习惯。

在事情发生时，一般人常凭本能的感觉做出反应。大多数人遇到自己喜欢的颜色会心情愉悦，遇到工作同行会感到亲切和易于沟通。

1 出自柏拉图的《泰阿泰德篇》。

我们常以为自己的思想前后一致，仔细反省却未必如此。

比如，在路上看到有人摔跤，我马上前去扶起他，那一瞬间觉得自己真是正人君子；可转念一想，前些日子风雨交加，同样看到有人摔跤，自己却无暇顾及，匆匆而过。难道自己是什么人竟受天气影响？

某天上班，同事夸我发型、衣服搭配得体，我心情愉快，对每个人都给予善意的帮助；又一天，同事对我评头论足，我就谁也不理，不去帮忙。难道自己的表现竟由别人决定？

由此可见，我们的生命需要一根主轴，需要“一以贯之”的思想系统。这需要我们从培养思考习惯入手。

（一）培养思考习惯，不要把一切视为理所当然

我们常认为，父母爱子女理所当然。然而社会上多少父母未尽到责任，多少孩子被抛弃被寄养。我们也许认为，帮助别人，别人一定知恩图报。事实则未必，无论身边周围还是戏剧小说，都不乏恩将仇报的例子。

不把周围的一切视为理所当然，我们就会思考：为什么别人会对我好？我们就会对“人与人之间的适当关系”思考得更加深刻。

（二）培养思考习惯，要在不疑处存疑

当我们被苹果砸到时，可能只会窃喜“有苹果可以吃”，而牛顿则思考“为什么苹果往下掉，而不往上飞？”从而发现了万有引力定律和运动三大定律。

20 世纪 80 年代，我在美国读书期间，看到一本《改变世界的 100 位名人》的书，排行榜的前 5 名中，有 4 位是宗教或学派创始人，分别是：排名第一位的穆罕默德（Muhammad，约 570—632），伊斯兰教的创始人；排名第三位的耶稣；排名第四位的释迦牟尼；排名第五位的孔子。排名第二位的居然是牛顿。

牛顿只是物理学家，没有众多信徒。但是，他打破了太阳东升西落的人类感官印象，用三大定律合理地解释了地球自转同时绕太阳公转。英国诗人亚历山大·蒲柏（Alexander Pope，1688—1744）这样赞美牛顿：“自然界和自然规律隐藏在黑暗中，上帝说：‘让牛顿诞生吧！’于是，一切都变得光明。”[1]

1999 年，同为科学家的爱因斯坦被美国《时代周刊》评选为 20 世纪的“世纪伟人”，他提出的“相对论”和普朗克（Max Planck，1858—1947）的“量

1　这是英国诗人亚历山大·蒲柏为牛顿写的墓志铭。原文：Nature and nature's laws lay hid in night; God said, “Let Newton be！” and all was light.

子论”以及海森伯（Werner Heisenberg，1901—1976）的“测不准原理”，使人类从牛顿的古典物理学时代跨入了现代物理学时代，深刻地改变了人类对宇宙的认识。纵观宇宙，我们的地球实在太渺小了，正是科学家极大拓展了人类的视野。

许多古希腊的哲学家同时也是科学家，他们对变化万千的世界充满兴趣，想找到不同于神话解说的宇宙起源。泰勒斯提出宇宙的起源是水，他的学生阿那克西曼德（Anaximander，约前611—前546）则认为宇宙的起源是“未定物”，他认为水的性质太确定，未定物没有形状，不受限制，才能演变成充满变化的世界万物。阿那克西曼德的学生阿那克西米尼（Anaximenes，约前588—约前525）则认为，“水”太过具体，“未定物”太过抽象，宇宙万物的本原是“气”。三代师徒的思想可以形容为“正”“反”“合”，这正是西方辩证思想的雏形。他们共同奠定了西方学者“长江后浪推前浪”的开拓精神，学生把超越老师、站在老师的肩膀上作为自己的责任。

培养思考习惯，不把一切视为理所当然，要在不疑处存疑，保持心灵开放，才能不断更新自己的观念。

第十二节　掌握整体观点

西方第一部系统完整的哲学著作是柏拉图的《对话录》。古希腊哲学在柏拉图时代（前427—前347）前两百年已经出现，由于当时著作不易保存，只留下断简残篇，不仅缺乏理论根据，更谈不上构建系统。《对话录》主要体例是记载了多人谈话的内容，代表不同观点正、反、合的思辨过程，这与中国哲学一开始就有明显的差异。

按司马迁记载，老子（约前571—前471）比孔子生活的年代早30年。因此，《道德经》[1]可以称为中国首部哲学著作，其特色是：不对话，自说自话。《道德经》中大量出现“我”“吾”“圣人”等字词，代表“悟道的统治者”，

1 有人认为中国最早的哲学著作是《易经》，伏羲氏画卦虽然年代久远，但只有符号，并没有任何的文字解释。周文王、周公为每一卦写卦辞、爻辞，只是简单的文字，不成系统。孔子及其学生作《易传》，将儒家思想与《易经》结合，形成系统。

但没有一处提到“你”，说明老子没有对话的愿望。老子代表年高资深、智慧圆满之人，他在书中说出自己一生的心得，这与西方哲学注重对话、思辨有明显的不同。

柏拉图《对话录》经专家考证，可靠的有 26 篇。早期的《对话录》都以苏格拉底作为主角。他与人谈话辩论，大多没有明确的结论，这表明对话重要的不在于结论，而在于论辩的过程。对话的正反双方不断吸收对方观点的可取之处，向上提升，进而达到更高层次的“合”的境界。对话就是辩证法[1]的起源。

要掌握整体观点，一定要有开放的心态，越多不同意见，越有利于全方位把握整体。西方哲学由此非常注重思辨的过程。思考就是辩证过程：先肯定，再否定，再综合。不断将认识提升到更高层次，从而掌握整体观点。

《庄子・秋水》用寓言生动地描写了如何以整体的眼光看问题。秋天雨水来临，千百条溪流一起注入黄河，河面水流顿时宽阔起来，连河对岸是牛是马都分不清。于是黄河之神河伯得意扬扬，认为自己最了不起。他顺流而下，东入大海，吓了一跳，看不到东边有尽头，河伯不禁赞叹海神的伟大。海神说自己在天地之间，就像小石头存在于大山之中，中国在四海之内，就像谷仓里的一粒米。庄子（约前 369—前 286 ）生活在战国中期，眼光却能如此开阔，好似从太空中看地球一般，实在令人惊叹。

法国作家雨果（Victor Hugo，1802—1885）说：“比陆地更广阔的是海洋，比海洋更广阔的是天空，比天空更广阔的是人的心灵。”人作为万物之灵，最大的特色是，人的心灵可以不受时代、地域的限制，超越可见的范围之外而了解无穷的宇宙。

西方谚语说：“牛羊只会低头吃草，人却可以抬头看天。”有篇国外的研究报告很有趣，指出人与动物的不同之处在于：人是所有动物中，唯一可直立行走的；人是所有动物中，唯一头生长在脊椎上方的。

动物的头生长在脊椎前面，自然低头，方便寻找食物。人的头生长在脊椎上方，可以抬头看天。人与动物身体结构的差异，造成心灵上的无限差距，只有人，才有能力开创属于人类自身的文化。

孔子是中国古代第一个说“吾道一以贯之”的学者。古代很多人像孔子一

---

1 辩证法，英文 dialectics；对话，英文 dialogue。两字字头相同。

样，学不厌，教不倦，但孔子能够用一个核心理念把整个学问贯穿起来，形成完整的系统，界定人生的价值。了解孔子思想的关键是：掌握人的本性是什么？有何依据？这样的人性会开展出什么样的适当行为？西方大哲学家柏拉图同样也提出“一以贯之”的完整系统。掌握伟大哲学家的整体观点，是我们学习哲学的重要目标。

第十三节　确立价值取向

“取向”的英文是 orientation，指“定位”和“方向”。人活在世上要有一套价值观，以决定什么是重要的，如何选择，明确人生的定位和方向。年轻人容易被某些话感动，从而发现这一生的奋斗方向。

柏拉图出身雅典贵族世家，父母的亲友都有良好的政治背景。他自幼接受雅典最完备的教育，在政界有光明的前途。古希腊时代，个人成就与城邦发展紧密相连，有为青年通过为城邦服务实现人生价值。柏拉图曾是文艺青年，热衷于悲剧创作，希望通过参加比赛摘得“桂冠”。

20 岁一次偶然的机会，柏拉图上街听到苏格拉底与人谈话后，回家一把火烧掉了自己的文学作品。从此每天上街寻找苏格拉底，听他与人谈话。苏格拉底谈话的方式震撼了柏拉图的心灵，让他知道通过辩证思考，可以慢慢了解宇宙万物的真相，特别是可以将人类世界的真、善、美、勇敢、谦虚、爱等价值一一呈现。柏拉图勇敢地选择将爱好智慧作为一生的奋斗方向，最终成为伟大的哲学家。

子路是孔子的学生，比孔子小 9 岁，年轻时是个热血青年，到处行侠仗义。古书形容他“头上插着公鸡毛，身上披着野猪皮，身佩利剑，路见不平，拔刀相助”。孔子很欣赏这个同乡的年轻人，问子路：“为什么不来跟我学习？”子路回答：“南山有竹，生下来就很挺直，砍下来当箭，可以射穿犀牛皮。”[1]（《孔子家语》）他认为自己是天生英雄，像南山的竹子一样，天资卓越，无须学习。孔子的话更令人佩服，他说：“若在竹子前面装上箭头，后面插上羽毛，不

1 原文：南山有竹，不揉自直，斩而用之，达于犀革。以此言之，何学之有？

是可以射得更深吗?”[1](《孔子家语》)这句话启发了子路，通过学习修炼，可使自己的才华实现更大价值，于是立刻决定跟随孔子学习。

因此，人在年轻时要懂得分辨什么才是更好的生活，一旦分辨则要勇于抉择。

柏拉图在《对话录·理想国》一篇中曾说：“哲学者，择善之学，与善择之学也。”择善，就是要选择正确的；善择，就是善于选择。两者配合，才能明确价值取向。人生没有侥幸，不劳而获只是幻想，现在追求什么，将来就会得到什么结果。

《孟子·告子下》中有一个故事。曹交问孟子：“周文王身高十尺，商汤身高九尺，我曹交身高九尺四寸，介于他们两个之间，但是为何他们都当了帝王，我只会吃饭?”[2]孟子回答：“如果你穿上尧穿过的衣服，说尧说的话，做尧做的事，那么久而久之就会变成尧。”反之，学习桀就会变成桀。尧是古代贤明之君，代表善人；桀是夏朝的亡国之君，代表恶人。人要行善还是为恶，全在自己的价值取向。

我们学习前辈，要从其外在言行学起，老老实实地加以效法。

《庄子·田子方》[3]中有一则资料，记载颜渊如何效法孔子。颜渊是孔子最好的学生，他说：“夫子步亦步，夫子趋亦趋，夫子驰亦驰，夫子奔逸绝尘，而回瞠若乎后矣！”意思是：老师慢行，我也慢行；老师快走，我也快走；老师奔跑，我也奔跑；但是老师奔走如飞，绝尘而去，我却干瞪着眼，落在后面了。颜渊正是跟着孔子亦步亦趋，由外在的言行模仿而逐渐内化到改变心灵，化被动为主动，成就了自己的人格修养。

学习没有侥幸，人生中最好的学习机会是在年轻时代，年轻人容易看到前辈的成就而心生向往。有本书叫《英雄与英雄崇拜》，书中指出每一位英雄在年轻时都会崇拜另一位英雄。孔子年轻时崇拜周公，孟子年轻时崇拜孔子。这样，人类社会才有希望在一代又一代的发展中保存前辈的风范。孟子比孔子晚

---

1 原文：括而羽之，镞而砺之，其入之不亦深乎?

2 原文：“交闻文王十尺，汤九尺，今交九尺四寸以长，食粟而已，如何则可?”参考《傅佩荣译解孟子》，东方出版社。

3 司马迁《史记》中描写庄子“其学无所不窥”，说明庄子博学多识，遍观古代书籍。《庄子》书中保留了不少古代的珍贵资料。

出生179年，没有机会向孔子当面请教，但他搜集所有与孔子相关的资料，从书中学习，“私淑”[1]这样杰出的老师。这表明学习完全在于自己，确定价值取向，越年轻越容易有成效。

第十四节　力求知行合一

“知行合一”是明朝中叶学者王阳明（1472—1529）倡导的，如今已成为中国人熟知的格言。古今中外的哲学家无不强调，学习不能离开行为和实践。长期实践展现的效果就是卓越的德行。

孔子晚年时，鲁国国君鲁哀公问孔子：“你的学生里面，谁爱好学习？”孔子回答说：“有一个叫颜回的爱好学习，不迁怒，不贰过，可算是好学的。”[2]（《论语·雍也篇》）可见，孔子认可的“好学”，绝不是书呆子，而是将学习的成效表现在行为上。

什么是不迁怒？就是对张三的怒气不发泄到李四身上。我教书40多年，总算学会了颜渊的一半，即“不迁怒”，却还做不到“不贰过”。记得我年轻时，有时会在上课途中与出租车司机发生口角，到教室时余怒未消，先把学生教训一通，学生们都感到很冤枉。可见，当时我的个人修养还不够。经过多年努力，我现在总算可以不迁怒于人了。

什么是不贰过？就是不犯相同的错误。做到这点真的很难。人容易犯的过错，往往来自一个人的性格特征。人活在世上，生下来受到种种限制，我们应该慢慢摆脱各种内在和外在的束缚，让自己走向完美。

孔子三千弟子，精通六艺的有七十二人，孔子只认可颜渊为好学之人，德行修养达到较高境界。可惜的是，颜渊比孔子还早两年去世，这无疑给中国文化发展及儒家学术传承造成了不可弥补的损失。但令人欣慰的是，“知行合一”的要求被一代代传承下来。

---

1 《孟子·尽心上》提出五种教育方法，第五种为“私淑艾者”，即靠品德学问使别人私下受到教诲。

2 原文：哀公问：“弟子孰为好学？”孔子对曰：“有颜回者好学，不迁怒，不贰过。不幸短命死矣。今也则亡，未闻好学者也。”

要准确理解王阳明提出的“知行合一”，首先要分辨“知”的三种含义：

1. 专业的知。比如，大学分科系，每个领域都有专门的知识，必须经过专门训练才能掌握。这种专业知识，与日常生活中的行为关系不大。

2. 日常生活的知。是指每个人可掌握的生活技能，如，怎么坐飞机，如何使用手机查找地图等。

3. 道德的知。这才是王阳明“知行合一”的关键点。

比如讲“孝顺”，我们就不可能完全做到。《孟子·万章上》提出“大孝终身慕父母”，《孝经》中认为孝顺就是“光宗耀祖”，让自己立身处世走在人生正路上，不断提升自己的德行，让父母分享自己的成就和荣耀。

王阳明说：“知是行之始，行是知之成。”说明知是行动的开始，行动才是知的完成，知与行必须密切配合，不分先后。

譬如，一开始只是在书中看到“行善最乐”这句话，没有行动则没有真切的体会。当真的行善时，快乐会由内而发，这是一种言语无法形容的内心体验。它完全不同于吃饱喝足、朋友聚会、心想事成的快乐，而是行动顺应了内心的要求后，自己对自己感到满意，觉得自己有了长进的自我肯定。

有人环游世界，知识渊博，见多识广，但行为表现却依然故我，这并不值得效法。相反，“己所不欲，勿施于人”属于德行之知，它可以付诸行动，具有真正的价值，但真的做起来却十分不易。

《圣经》中有句话叫作“爱人如己”，但从来没有人真正做到过。全世界70亿人，仅凭一己之力，如何爱70亿人？退一步，就算只关爱身边的亲友，依然会发现“爱人如己”难以做到。这是宗教的无限要求，目的不在于让人立刻做到，而是说明人生需要志向，只有立定志向，才能集中全部的精神和力量朝目标前进。

因此，人生不能没有哲学，就像航海不能没有罗盘。不管别人的船驶向何方，我们应该对自己的船的定位和方向负责，力求知行合一，努力朝目标前进。经过一段时间，我们就会有自己的心得，知道人的真正使命何在。我们会深切感受到古今中外的哲学家在爱好智慧之路上取得的伟大成就，以及他们对后辈的无限期许。

第十五节　哲学天地，任我遨游

学习哲学，会让我们感受到天地无限宽广。判断自己是否在进行哲学思考有三个标准，这是我多年研究的重要心得：1. 澄清概念；2. 设定判准；3. 建构系统。

（一）澄清概念

在开始阶段，应分辨哲学家提出的重要概念。这些概念往往字面意思与真实含义不同，与一般人的理解有区别。

比如，苏格拉底的学生去德尔斐神殿求签，女祭司告诉他："在雅典，没有人比苏格拉底更明智。"但苏格拉底却说："我只知道一件事，就是我是无知的。"我们要分辨苏格拉底所谓的"知"是什么意思？苏格拉底声称自己"无知"，是为了强调保持心灵开放、不断学习的过程最重要。认知的结果和心得都可能不断被超越，但保持好奇心，将使人永远可以发现世界新奇的另一面。

儒家的重要理念是"仁"，孔子的弟子都想了解究竟什么是"仁"，孔子则因材施教，给每个学生各不相同的答案。孔子的回答正是在澄清概念。

老子的《道德经》共 81 章，第 1 ～ 37 章称为道经，第 38 ～ 81 章为德经，其关键概念是"道"和"德"。这里的"道"和"德"与仁义道德无关。"道"指万物的来源及归宿；"德"即"得"，指万物从"道"获得的加持，即万物的本性与禀赋。因此，"道"和"德"是《道德经》中指涉根源的基本概念，与行善无关。

（二）设定判准

我们常用的关于价值判断的词有：漂亮、善良、谦虚、勇敢等。我们不禁要问：判断的标准何在？标准是谁定的？为什么这样定？

最常见的判断是，张三是好人，李四是坏人，但好坏如何判断？如果不加思考，人云亦云，别人判断改变，我也随着变，这种办法不可取。

（三）建构系统

伟大哲学家区别于一般哲学家的关键在于：伟大的哲学家能够建构完整的系统。他们能将宇宙和人生连在一起，说出一套完整的道理。自然界充满变化，而人生却十分短暂，人生的意义究竟何在？

中国古代的经典中，《诗经》是文学，《尚书》是历史，《易经》是哲学。

用一句话说明《易经》即“观察天之道，来安排人之道”。它将自然界的规律与人的生命相结合，使人趋利避害，趋吉避凶。

如何判断系统是否完美，关键是要找到自然界与人类的共同来源和归宿。《易经・系辞上传》指出“易有太极，是生两仪，两仪生四象，四象生八卦”，“太极”正是自然界和人类的共同根源。

不讲根源的哲学是片面的，只能从人生特定的角度加以分析，或悲观，或乐观，都有其局限性；不如达观，实实在在看清悲乐两面，客观加以认识。

学习哲学除了保持开放的心灵，还要进行基本的哲学训练。第二章将介绍思考的方法：如何思考——逻辑是思维的规则；如何使用语言——语言是表达的艺术；如何辨别一个东西的真假——通过现象学掌握对象的真相和本质；如何读懂一本书——通过诠释学正确理解作者的本意。

我多年读书学习的心得是：保持高度的好奇心，每天学点新东西，越学越觉得不够，越学越发现人生充满乐趣。

古籍《博物志・异草木》中有一段有趣的描述：尧帝时，庭院中长了一种草叫“屈轶”，有信口开河、谗佞的人进来，草就指向他。[1]听上去很可怕，这说明人的生命与植物是相通的。

尧舜时代的大臣皋陶（gāo yáo）审案，每当遇到是非难断的案件时，他就找一只羊来，羊去碰谁，就判谁有罪。我们一定奇怪这怎么可能。有趣的是，现在国外对于足球赛、总统大选的胜负，也用动物来预测，如“章鱼哥”，有些竟然很准。我们固然可以把它当成笑话来看，但从中也可以体会到，人的生命与动物是相通的。

学习哲学将使人的生命变得非常开阔。人常有疑惑，我们当然可以集思广益，或采用当前流行的“头脑风暴”等方法，但由于我们同处一个时代、一个社会，信息渠道类似，所以很难突破自身的局限，难以把握未来的趋势。

中国古代有许多预测未来的方法，古代国家在面临重大决策时，最常用的方法是用龟甲和兽骨占卜[2]，请示鬼神结果如何；另一种《易经》介绍的占卜方

1 原文：尧时有屈轶草，生于庭，佞人入朝，则屈而指之。

2 商朝后期王室占卜吉凶时会在龟甲或兽骨上刻文字，内容一般是占问之事或结果，形成甲骨文。商朝灭亡、周朝兴起之后，甲骨文继续使用了一段时期，它是研究商周时期社会历史的重要资料。

法是用蓍草（被称为“天生神物”），通过基本的运算来掌握未来发展的可能性。蓍草这种植物在今天的河南省还能找到。

中国人相信中医，服用中药，中药配方中包含植物、动物、矿物等，说明人的生命与万物相通，整个宇宙是一个整体。由此可见，古代的资料是取之不尽、用之不竭的智慧宝库。

学习哲学，天地无限宽广，任我尽情遨游。让我们一起开始哲学的探索之旅吧！

第二章

思想方法

第一节　从逻辑思考入手

研究任何学问，掌握正确的方法是入门的关键。使用理性进行思考，首先要掌握思考的方法，本章介绍四种重要的哲学思想方法。

1. 逻辑。介绍思考的规则。

2. 语言分析。介绍如何使用语言进行有效沟通，准确表达。

3. 现象学。介绍如何准确描述现象，并透过现象认识事物的本质。

4. 诠释学。介绍如何对经典文本作出最适合的解释。

逻辑一词来自希腊文 logos，最原始的意思是“言说”，人说话时会自然地有前提、推论和结论，因此 logos 后来引申出“合理的表达方式、人的理性、规律和规则”等多种含义，应用广泛。

如社会学“sociology”的后缀“logy”，即是 logos 演变的，意即用合理的方式将关于社会的学问表达出来。心理学“psychology”的前缀“psyche”源于希腊文，指人的心灵状态，心理学就是对人的心灵状态加以研究的学问。

在西方有两套逻辑，一是传统逻辑，一是数理逻辑。

传统逻辑的奠基人是亚里士多德（Aristotle，前 384—前 322），他是柏拉图最出色的学生，17 岁进入柏拉图学园[1]学习，共 20 年，直至柏拉图去世才回到家乡马其顿。他的父亲是马其顿国王的御医，亚里士多德凭借卓越才识受聘为马其顿王子的老师，这个年仅 13 岁的王子就是后来赫赫有名的亚历山大大帝（Alexander the Great，前 356—前 323）。亚里士多德以“帝王师”的身份，对人类历史产生了重大影响。

亚里士多德是古代西方学问的集大成者，逻辑学就是其重要的一门学问。现代西方发展出一套数理逻辑，又叫符号逻辑，推理十分困难，只有数学系毕业的学生才能掌握。这里只谈亚里士多德的传统逻辑，包含三个重要内容：1. 概念；2. 判断；3. 推论。

1　公元前 387 年，柏拉图 40 岁时，在雅典近郊纪念英雄阿卡得摩斯（Academus）的神殿附近建立了学园（Academy），这是欧洲第一所大学，存在了九百余年，直到 529 年才关闭。

概念（Concept）

“概念”是指我们日常用的名词，如太阳、月亮、桌子、椅子等任何可以想象出的名词。谈到概念，须区分“意象”（主观的意象）和“意义”（客观的意义）。

意象是主观的感受及印象，受个人生活经验的影响。谈到“农村”，从小在农村长大的人，既会想到风景优美的一面，也会想到农村工作辛苦的一面；而在城市长大的人，可能只会想到欧洲诗意的田园风光。每个人有不同的生活经验，会对同一概念形成不同的主观意象，沟通中应尽量减少主观的意象成分，增加客观的意义成分。

意义是客观的。翻查字典，每个字根据上下文的脉络有不同的意义，需通过举例来说明。对意义把握准确，可以改善沟通效果。

提到“龙”这个字，外国人会想到两种龙：一种是电影《侏罗纪公园》中的恐龙（dinosaur），体形庞大，现在已经灭绝了；另一种是 dragon，让外国人感到很恐怖。在《圣经》中，蛇诱惑夏娃违反上帝的命令偷吃伊甸园的果子，上帝让蛇与夏娃的后裔世世为敌[1]（《创世记》3：14～15）[2]，称其为龙（dragon）。西方人认为龙是恶魔的化身（《启示录》12：9；20：2～3），这属于主观的意象。

中国人提到“龙”则十分兴奋。《易经·乾卦》中提到“潜龙勿用”“见龙在田”“飞龙在天”，将“龙”当作帝王权威的象征和祥瑞的象征，与西方人的意象完全不同。因此，谈话沟通，首先要把概念的意义做清楚的界定。

谈到意义，有个虚拟的故事很有趣。有一天，一个年轻人到美术馆看到一幅很美的画，不禁脱口而出：“这幅画真美。”一位老人走过来说：“年轻人且慢，我叫苏格拉底，你说这幅画真美，代表你知道‘美’的意义是什么，我这把年纪了还不知道‘美’的意义，请你启发我，告诉我什么是美？”年轻人觉得这个问题太简单了，可真要开口，却不知道从何说起。

---

1 原文：上主天主对蛇说：“你要用肚子爬行，毕生日日吃土。我要把仇恨放在你和女人、你的后裔和她的后裔之间，她的后裔要踏碎你的头颅，你要伤害他的脚跟。”

2 本书所引用的《圣经》原文均采用天主教思高译本，为便于理解，修订了某些关键用语，如将“天主”改为“上帝”，人名均采用和合译本。“《创世记》3：14～15”是指《圣经·旧约·创世记》第三章第 14 至 15 节，以下均如此。

简单说来，美是客观的，还是主观的？如果说美是客观的，任何画只要满足某种条件（如布局、背景、色调满足一定标准）就可以称为美的，但天下没有这样的画；如果说美是主观的，只代表个人的审美品位，则不能用“美”来形容以求取别人的认同。年轻人本来以为自己懂得什么是美，追问之下发现其实不懂，心里十分沮丧。

过了几天，年轻人又去美术馆，发现苏格拉底先到一步，站在一幅画前赞叹：“这幅画真美！”年轻人心想机会来了，上次被问到说不出话，今天倒要看他怎么回答：“请问，您所谓的‘美’的意义是什么？”苏格拉底说：“很好，你问我‘美’的意义，请先告诉我‘意义’是什么意义？”天啊，这是什么问题！但千万不要认为这个问题不能成立。

一位西方学者出版了一本名叫《意义》的书，对“意义”一词给出了26种不同的含义。这说明进行逻辑思考首先应澄清概念，清楚分辨概念的主观意象与客观意义，尽可能排除主观的意象成分，而用客观的意义进行沟通。思考从起步就要非常谨慎。

第二节　说话即是判断

针对认识对象（如猫、狗、桌子、人……）提出概念，应“名实相符”。对于人类社会，更要注重“名分相符”。人在社会中扮演着不同的角色，人有自由，如何表现才算适当，这涉及“名”“分”相符的问题。

孔子35岁时到过齐国[1]，齐景公向孔子请教治国方法，孔子回答八个字：“君君，臣臣，父父，子子。”（《论语·颜渊篇》）很多人因此批评孔子思想封建落后，这实属冤枉。先不说“君君，臣臣”，只看“父父，子子”，是说父亲要像父亲，儿子要像儿子。第一个“父”是指“现在当父亲的人”，是“名”；第二个“父”是“分”，有父亲之“名”就该有做父亲的适当表现，

1 孔子适齐：鲁昭公二十五年（公元前517年），鲁国内乱，鲁昭公兵败出奔齐国，孔子当时35岁，为了避乱前往齐国。齐景公数次向孔子请教治国方略，本打算给他封赏，却因晏婴的阻拦而作罢。孔子见齐景公不肯重用，于鲁昭公二十七年返回鲁国。参考《孔子辞典》，傅佩荣主编，东方出版社。

这有什么不对呢？

判断（Judgment）

将两个概念联系在一起，用“是”或“不是”连接，称为判断，又称为命题（Proposition）。

如“中国人是友善的”，其中“中国人”称为主词（Subject），简称S；“友善的”称为谓词或述词（Predicate），简称P；中间用系词（Copula）“是”连接，即是标准的判断。通常我们说的话不够完整，这里“中国人”是指所有的中国人。

判断有以下四种，分别举例说明：

全称肯定（A命题）：所有中国人是友善的。“所有”为全称，“是”为肯定。

特称肯定（I命题）：有些中国人是友善的。“有些”为特称，“是”为肯定。

全称否定（E命题）：所有中国人都不是友善的。“所有”为全称，“不是”为否定。

特称否定（O命题）：有些中国人不是友善的。“有些”为特称，“不是”为否定。

拉丁文“肯定”为Affirmo，“否定”为Nego。各取其中两个元音，A、I、E、O分别代表全称肯定、特称肯定、全称否定、特称否定，为国际通用符号。

所有语言的表达，都可以还原到上述四种基本判断。

我们平时易受情绪影响，不恰当地使用全称判断。比如，有朋友从法国旅游回来，感觉非常好，说：“法国的风景很美。”这句话完整的表达是指所有法国的风景都很美，显然夸大其词。另一位朋友去泰国旅游遇到小偷，回来后余怒未消，说：“泰国都是小偷。”这显然也受到情绪的干扰，以偏概全。事实上，全称肯定或全称否定命题能够成立非常不容易。

有位作家到台湾省旅游，手机落在出租车上，司机很热心，将手机送回旅馆，作家深受感动，创作一文《台湾最美的风景是人》。任何社会都有好人坏人，这名作家恰好看到了台湾人友善的一面，用文学的笔调抒发情感，却难免以偏概全了。

推论

推论是从已有的判断推出新的判断。如何推论才是合理的？

我们先介绍直接推论的规则。将命题的主词、述词互换，应遵循以下规则：

（一）全称肯定命题只能推论出特称肯定命题（A→I）

如，“所有中国人是友善的”，不能推出“所有友善的人是中国人”，因为第一句中的述词“友善的”不周延，即友善的人不是只有中国人，还可能有美国人、法国人、俄罗斯人等，因此只能推出特称肯定命题“有些友善的人是中国人”。

周延就是涵盖全部的意思。“所有中国人是友善的”中，主词“所有中国人”是周延的，它涵盖了全部中国人；述词“友善的”不周延，因为它只涵盖了友善的人中的一部分（即中国人），无法涵盖世界上所有友善的人。

（二）特称肯定命题可以推论出特称肯定命题（I→I）

如，由“有些中国人是友善的”可推出“有些友善的是中国人”。

（三）全称否定命题可以推论出全称否定命题（E→E）

如，由“所有中国人都不是友善的”可推出“所有友善的都不是中国人”。

（四）特称否定命题无法直接推论

如，由“有些中国人不是友善的”无法推出“有些友善的不是中国人”，此推论看似合理，但并不能由前面一句话直接推出。有一个更明显的例子，如将“有些人不是美国人”推论为“有些美国人不是人”，显然很荒谬。逻辑的规则必须适用于所有情况，只要举出一个反例使其不成立，则该情况无效。

直接推论看似无用，其实不然。比如《论语・述而篇》中记载：“子于是日哭，则不歌。”即孔子在这天哭过，他就不再唱歌了。按逻辑规则[1]，只能推出“老师今天唱歌，则他今天没有哭”。如果老师今天没哭，会不会唱歌呢？也可能唱，也可能不唱，这无法由“子于是日哭，则不歌”的记载而直接推出。

《论语・述而篇》中还记载了“孔子与别人一起唱歌，唱得很开心，一定坚持别人再唱一遍，自己也跟着附和”[2]，说明孔子虽然生活在春秋末年的乱世中，照样自得其乐，闲暇时与朋友、学生一起唱歌来调节生活的趣味。他的情感真挚，如果因伤心难过之事而哭泣，则这天情绪延续发展，不再唱歌。但等到第二天，又是全新的一天，一切重新开始。

我们如果把逻辑推论的方法用于解读中国的经典，会得到更加全面深入的理解。

1 若P则Q，非Q则非P，即否定后件才能否定前件。

2 原文：子与人歌而善，必使反之，而后和之。

第三节　三段论法

所谓三段论，就是三句话：第一句为大前提，第二句为小前提，第三句为结论。比如，大前提“人是会死的”，小前提“苏格拉底是人”，结论“苏格拉底会死”。在大前提、小前提两句中都提到同一个概念——“人”。以“人”作为中介（中词），目的是把“苏格拉底”与“死”联系在一起。苏格拉底既然是“人”，不是某种动物、某种现象，则可推论出苏格拉底与所有人一样，最终都是会死的。

逻辑推论应撇开个人主观的意愿或情绪，符合逻辑的规则。三段论的规则共有八条，下面分别举例说明：

（一）名词只能有三个，概念不能有歧义（ambiguous）

例：“黄牛吃草”（大前提），“张三是黄牛”（小前提），推论出“张三吃草”（结论），显然荒谬。第二句中“黄牛”是指倒卖电影票的黄牛，与大前提中真正的“黄牛”是有歧义的，所以实际出现了四个名词，无法得出有效的结论。

（二）在结论里周延的名词，在前提里也必须周延

主词是否周延，要看是全称命题还是特称命题：全称命题中的主词周延，特称命题中的主词不周延；

述词是否周延，要看是否定命题还是肯定命题：否定命题中的述词周延，肯定命题中的述词不周延。

例：“一切人是动物”（大前提），“牛不是人”（小前提），推论出“牛不是动物”（结论）。结论中的“动物”是述词，否定命题中的述词周延；大前提中的“动物”是述词，肯定命题中的述词不周延，结论里周延的名词在前提里不周延，因此推论错误。

（三）结论里不可以有中词

例：“有的图形是方形”（大前提），“有的图形是圆形”（小前提），推论出“有的图形是方形与圆形”（结论）。结论中有中词“图形”，中词应为联系方形与圆形的中介，不能出现在结论中，因此推论错误。

（四）中词至少周延一次

例：“一切人都会死”（大前提），“一切黑人都会死”（小前提），推论出“一切人都是黑人”（结论）。大小前提中的“会死”是述词，均为肯定判断，因此都不周延。所以，“会死”作为中词没有周延过，结论错误。

（五）两前提皆为否定，没有结论

例：“美国人不是好战的”（大前提），“有些人不是美国人”（小前提），不能推出“有些人不是好战的”（结论）。因为两前提均为否定，所以“美国人”作为中词，在两前提中未与“好战的”“有些人”发生联系，因而无法形成有效推论。

（六）两前提皆为肯定，结论肯定

例：“所有乌鸦都是黑的”（大前提），“有些鸟是乌鸦”（小前提），不能推出否定的结论“有些鸟不是黑的”（结论）。

（七）结论较弱的前提

“较弱的”是指：

如果两前提中的命题，一个是肯定，一个是否定，则结论应是否定；

如果两前提中的命题，一个是全称，一个是特称，则结论应是特称。

例：“黄牛是会拉车的”（大前提），“有些牛是黄牛”（小前提），可推出“有些牛会拉车”（结论），不能推出“所有牛会拉车”。

（八）两前提皆为特称，没有结论

例：“有些牛是黄色的”（大前提），“有些动物是牛”（小前提），不能推出“有些动物是黄色的”（结论）。结论好像正确，但“牛”作为中词，在大小前提均不周延，违反了第四条规则“中词至少周延一次”，因而推论错误。

不一定非要学过西方逻辑才有精密的思考，任何有理性的人经过认真思考，均可推出合理的结论。比如孔子在《论语・子路篇》中有一段精彩的六步推论，证明“名分相符”的重要性。

孔子周游列国，到了卫国，卫国太子蒯聩（kuǎi kuì）与卫灵公夫人南子不和，逃往晋国，卫灵公死后，蒯聩的儿子辄继位，作为父亲的蒯聩从晋国借兵打回卫国，形成父子争国的乱局。[1]

1 参考《孔子辞典・孔子适卫》。

子路请教孔子："假如卫君请您去治理国政，你要先做什么？"一般人可能从发展经济入手，孔子则回答："一定要我做的话，就是纠正名分了！"[1]父亲要像父亲，儿子要像儿子，一个国家不能有两个国君，理不顺君臣父子关系，其他方面根本无从下手。

接着孔子推论不能正名的后果：名分不纠正，言语就不顺当；言语不顺当，公务就办不成；公务办不成，礼乐就不上轨道；礼乐不上轨道，刑罚就失去一定标准；刑罚失去一定标准，百姓就惶惶然不知所措了。所以不解决父子争国的局面，一切政事都无从开展，国家将会大乱。

做推论时要有根据，应避免出现循环论证。在美国发生过一个有趣的故事，美国西北部华盛顿州首府西雅图，冬天通常很冷，当地气象预报员播报"今年冬天很冷"；一周后，他提高预警级别，"今年冬天非常冷"；再过一周，他再次提高预警级别，"今年冬天冷得不得了"。有位记者听到寒潮预警不断升级，于是采访预报员是如何预测的。预报员说，他观察当地土著印第安酋长捡木柴，捡的越多代表冬天越冷。记者又去采访这位酋长，问他为什么木柴越捡越多，酋长说因为气象预报员不断提升寒潮预警级别，所以捡更多木柴以备寒冬。这个笑话说明，在日常生活中，要避免因循环论证而推出不正确的结论。

第四节　双刀论证

双刀论证（Dilemma）是指一个论证提出来后，正反双方的立场都可以找到有效的理由。简单来说双刀论证就是：或这样选择，或那样选择，两种选择会产生两个结果，而两个结果都让人无法接受，或者两个结果都必须照我的方法来做。举例说明会更清晰。

1 原文：子路曰："卫君待子而为政，子将奚先？"子曰："必也正名乎！"子路曰："有是哉，子之迂也！奚其正？"子曰："野哉，由也！君子于其所不知，盖阙如也。名不正，则言不顺；言不顺，则事不成；事不成，则礼乐不兴；礼乐不兴，则刑罚不中；刑罚不中，则民无所措手足。故君子名之必可言也，言之必可行也。君子于其言，无所苟而已矣。"

古希腊辩士学派[1]（the sophists）代表人物普罗塔哥拉[2]（Protagoras，前481—约前411）专门教人如何辩论，学费十分昂贵。有一次他碰到一个有才华的年轻人，希望他能够跟着自己学习，将自己的辩论术发扬光大。这个年轻人家境贫寒，没有钱交学费。普罗塔哥拉同他达成一项协议：等到年轻人学成辩论术后，替别人打官司，如果打赢了，代表学会了，就必须交学费；如果打输了，代表没学会，就免交学费。

这个学生学成之后替人打官司都能打赢，但不再理老师，也不交学费。最后普罗塔哥拉对他说："我现在去法院告你违背我们以前的协议，没有付我学费。如果法官判你输，你就要按照法官的判决付我学费；如果法官判你赢，按照我们的协议，打赢官司必须付学费，你也要付学费。因此，无论法官判你输或是赢，你都必须付我学费。"

学生听后却说："老师到法院告我，如果法官判我输，根据我们的协议，如果我打输了官司，就不用付学费；如果法官判我赢，那么按照法官的判决，我还是不用付学费。因此，无论法官判我输或是赢，我都不用付学费。"这个学生可谓青出于蓝而胜于蓝，熟练运用双刀论证找到了老师的破绽。

秦始皇焚书坑儒[3]也利用了类似的论证。他以法家思想为标准，认为其他书籍如果观点与法家思想一致，只保留法家书籍就够了，其他书籍可以统统烧掉；如果其他书籍的观点与法家思想不一致，则违背标准，更应该烧掉。因此，除了三种具有实用价值的书没有被烧（医药、种树、卜筮），民间书籍被大量销毁，造成文化浩劫。

有些宗教徒也有类似思维，认为真理只有一个，如果别的书籍与自己的宗教经典符合，则保留宗教经典就够了，其他书籍都可以烧掉；如果与本派宗教经典不合，就是异端邪说，更要烧掉。这些思想未免太过武断。在辩论中，我们应对不同观点保持宽容的态度。

---

1 辩士学派：一般译为智者学派，此派学者擅长辩论，故译为辩士学派更合理。辩士一词在《庄子》中多次出现。

2 普罗塔哥拉：辩士学派代表人物，最有名的话是"人是万物的尺度"，这里的"人"若指人类，则无法找到共同的标准；若指个人，则难以建立共识。

3 坑儒，实则为坑术士。学者研究发现遭坑杀的400多人大多为方士，他们炼药寻丹，求长生不老之术，后来秦始皇认为方士们在耍弄自己，将他们坑杀。

学习逻辑后，说话要设法避免违反逻辑规则。我有一个朋友结婚十年，有一天他的太太跟大家抱怨，说他结婚十年从来不洗碗。这个朋友慢条斯理地拿了一个笔记本出来，说："某年某月某日，我洗过一次碗。"从逻辑来看，他的反驳是有效的，"从来不洗碗"是全称否定命题，只要有一次例外，就不能成立。

由此看来，逻辑与真实的人生是有落差的。有些学者，如笛卡儿，并不喜欢逻辑，他认为逻辑只能告诉我们早就知道的事，如"凡人皆有死"，并没有告诉我们任何新东西。因此，逻辑思维训练本身并不是目的。我们说话时要保留弹性，适当加一些限制词，如大概、或许、差不多、好像、似乎等，可以缓和说话的语气，既让别人听起来不太刺耳，也让自己不至于陷入困境，这样才能恰当地表达自己真实的意思。

辩士学派的另一代表高尔吉亚（Gorgias，约前483—约前375）留下三句话："没有任何东西存在；即使有东西存在，我也不能认识；即使我认识的东西，也不能告诉你。"如此一来，人与人之间完全无法沟通。的确，人与人之间的沟通非常不容易，但既然我们生活在同一个世界，还是应该设法加强沟通，建立共识。

第五节　诡辩的陷阱

中国古代有一派专门研究辩论的学者，称为名家。司马迁的父亲司马谈写的《论六家要旨》一文，将先秦诸子百家归纳为六家学派，即儒家、道家、墨家、法家、阴阳家和名家，名家的代表人物是惠施和公孙龙。

惠施是庄子的好朋友。在《庄子》一书中，庄子只提到一个好朋友的名字，即惠施。他当过战国时期魏国的宰相，认为自己辩论天下无敌，经常与庄子辩论，却屡战屡败。

名家提出许多奇怪的论题，《庄子·天下篇》提到"卵有毛；鸡三足；白狗黑"[1]。惠施认为，鸡蛋里有毛，如果没有毛，为什么孵出的小鸡有毛？这个

1 "卵有毛，鸡三足，白狗黑"等论题，是好辩的人与惠施之间辩论的题目。

说法混淆了“潜能”与“实现”的差别。鸡蛋是“潜能”，有毛的小鸡是“实现”，把时间的过程去掉，推论当然不能成立。

鸡三足[1]，是说木头鸡有两只脚却不能动，真正的鸡有第三只脚，称为神足，即精神上的脚，所以才能走动。白狗是黑的，因为白狗的眼睛是黑的。

惠施还曾与人辩论说：一尺长的木棍，每天截一半，万世不竭。[2]（《庄子·天下篇》）一世为三十年，万世是三十万年，即经过三十万年，木棍也不会被切光。理论上的确如此。

西方也出现过类似的学派，如古希腊的埃利亚（Elea）学派，其代表人物巴门尼德（Parmenides，约前515—约前445）提出“凡存在之物存在”。这代表没有变动的可能，一物不能由存在变成不存在，也不能由不存在变成存在。他的学生芝诺（Zeno of Elea，约前490—约前436）提出不少论证支持老师，说明“变动”不可能。

如，阿喀琉斯（Achilles）只要让乌龟先走一步，则永远追不上乌龟。理由是：如果认为空间无限可分，则任何一段距离都由无数的点构成，在有限的时间里不可能通过无限点构成的距离。

又如，“飞箭不动”。如果认为空间由不可分的微小点所组成，飞箭每一刹那都在空间的定点上，所以是不动的。好比电影中一支飞箭射来，实际上每张电影胶片中的箭都是不动的。

芝诺的两个论证想要证明：无论认为空间无限可分，还是认为空间是由不可分的微小点所组成，都会推出荒谬的结论，因此变动是不可能的。

芝诺提出一斗米掉到地上会发出声音，但其中一粒米落地时有声音吗？若一粒米落地没有声音，那么一斗米是由一粒粒米构成的，从哪一粒米开始有声？如果从第101粒米开始有声音，那么第100粒米与第101粒米不同吗？这与惠施的说法类似。惠施认为将木棍一直切割下去，一定有东西存在；芝诺认为一斗米落地有声音，那么一粒米落地也应该有声音。这两个观点都有逻辑的合理性。

另一位名家代表人物公孙龙，最著名的观点有两个：“白马非马”和“坚白石”。

1 “鸡三足”在《公孙龙·通辩论》中是指：鸡有两足，加上“鸡足”这个概念，一共有三足。

2 原文：一尺之棰，日取其半，万世不竭。

“坚白石”是说：一块石头，看到它是白色的，却不能看出它坚硬；摸出它坚硬，却摸不出它是白色的；即使看到白色，摸出坚硬，也无法知道它是石头。这个论断肯定了对于同一个物体，人可以由不同的感官掌握其不同的属性，却忽略了人的理性具有统合能力。

“白马非马”的观点值得深入思考。古代文字简单，用“是”“非”表示肯定和否定，我们应当细致区分两种不同的用法：“等于”或“属于”。说“白马不等于马”是对的，因为如果白马 = 马，黑马 = 马，那么白马 = 黑马，显然荒谬；说“白马不属于马”则是错的，因为无论白马、黄马、黑马，都属于马的一种。

任何概念都有内涵和外延，内涵是构成一个概念要素之总和，即概念的定义；外延则是一个概念所代表的个体与群体之总和。内涵与外延成反比，即内涵越小，则外延越大；内涵越大，外延越小。比如，“白马”与“马”相比，内涵中多了一项要素“白色”，因此“白马”比“马”的外延小。“白马”仅包括白色的马，而“马”则包括黑马、白马、红马等所有颜色的马。

阅读古代书籍应特别注意“是”“非”的两种不同用法，究竟是“等于”还是“属于”，准确分辨，不要混淆。

逻辑训练将使我们思维精确，不被似是而非的诡辩所迷惑，并能正确表达自己的见解。

第六节　有用无用之间的智慧

《庄子》一书中记载了庄子与惠施之间的多次辩论。惠施是名家的代表，头脑聪明，口才出众，但他与庄子辩论从来没有占到过便宜，庄子在辩论中展现出道家卓越的智慧。他们的辩论有何题材，对我们的人生态度有何启发呢？

有一次庄子说，人应该无情；惠施说，人如果无情，怎么可以称为人？庄子说：“你说的不是我所谓的‘无情’。我所谓的‘无情’是说人不要让好恶之情伤害到自己的天性。”[1]（《庄子·德充符》）庄子在这里对“无情”做了

1　原文：庄子曰：“是非吾所谓情也。吾所谓无情者，言人之不以好恶内伤其身，常因自然而不益生也。”

清晰的界定。

儒家也有类似的观点，《中庸》中记载："喜怒哀乐之未发，谓之中，发而皆中节，谓之和。"是说人要练习控制自己的情绪，不要任情绪过度发展。孔子的学生高柴因母亲去世而过度伤心，哭到眼睛流血。[1]（《晋书·王祥传》）孔子劝他不应过度伤心，对父母真正的孝顺是保养好自己，教育下一代。

庄子与惠施常常辩论"有用"还是"无用"的问题。惠施主张"有用"，因此他官至梁国宰相；庄子则主张"无用"，他认为身处战国乱世，做官稍有不慎就会失去性命，最好明哲保身。

《庄子·杂篇·外物》中说："譬如地，不能不说是既广且大，人所用的只是立足之地而已。但如果把立足之地以外的地方都挖掘到黄泉，那么人的立足之地还有用处吗？"[2]同样地，学生在学校读书，对他有用的只有校园和周边的商店，但如果除此之外看似无用的世界全部消失，那么学生在学校受教育就变得毫无意义。这提醒我们，不能目光短浅，急功近利，只以眼前的有用、无用来权衡评断。

庄子认为，太过"有用"则易陷于危险。《庄子·山木》说："直木先伐，甘井先竭。"即长得笔直的树木总是先被砍伐，因为不需要太多的加工就可作为房屋的栋梁；味道甜美的水井总是先被汲取枯竭。庄子并非反对服务他人、奉献社会，而是提醒人们不要刻意表现自己的优秀。年轻时各种条件不具备，无法充分施展，即便胜出往往代价太高，得不偿失，倒不如慢慢积聚实力，厚积薄发，大器晚成。

常有人说学哲学没什么用，人到中年才能发现哲学的用处。古代印度将人生分为四个阶段[3]：

一、学徒期（8～20岁），学生住在老师家中，接受老师的言传身教，学习如何做人处事；二、家居期（20～40岁），成家立业，养儿育女，进入社会奋斗；三、林栖期（40～60岁），孩子成熟后，自己到森林里好好思考人生的意义和存在的奥秘；四、云游期（60～80岁），这个时期又重新回到

---

1 原文：高柴泣血三年，夫子谓之愚。闵子除丧出见，援琴切切而哀，仲尼谓之孝。

2 原文：庄子曰："夫地非不广且大耶？人之所用容足耳。然则厕足而垫之致黄泉，人尚有用乎？"

3 参见美国学者休斯顿·史密斯（Huston Smith）的著作《人的宗教》（*The World's Religions*）。

人间，设法让自己从大人物（somebody）回归到平凡人（nobody）。

其中最富启发性的是40岁以后的两个阶段，人进入树林或云游四方的目的是让自己安静思考：我是谁？我的人生有什么意义？年轻人通常只会考虑：我有什么用？如何在社会中施展才华以取得财富、名声和地位等成就？后来慢慢发现，得到的一切都要放下。人生更重要的是成就自己，让真正的人格得以发展完成。这时，看似无用的哲学就变得非常有用，它能给我们指明方向。

《庄子·山木》有一则庄子本人的故事。一天，庄子带着学生上山，看到伐木工人坐在一棵大树下休息，庄子好奇地问："这棵树这么大，为什么不砍呢？"伐木工人说这棵树没有任何用处。这棵树因为"无用"而得以保全。

庄子与学生下山后来到老朋友家，朋友非常开心，嘱咐仆人杀一只鹅招待大家。仆人问："一只鹅会叫，另一只不会叫，杀哪只？"朋友说："杀不会叫那只。"鹅因为"无用"而被杀。学生很迷惑，到底"有用"好还是"无用"好？庄子的回答显示了道家的智慧：要处在有用、无用之间[1]。

真正的道家不是让人隐居，与世隔绝，而是深谙人情世故，透彻地了解人间的复杂情况，无论何时，发生何种情况，都能准确判断"有用""无用"是否安全。准确判断依据的是道家完整的思想系统，不是表面看到的几句对话而已。

庄子与惠施辩论为何总能获胜？因为庄子看问题不是只看一面，而是同时看到两面，见"利"而思"害"。儒家讲"见利思义"，看到有利就想应不应该做。道家认为做不做取决于当时的条件，但看到"有利"就要想到会"付出代价"。庄子看问题完整而深刻，名家惠施只注意辩论的技巧，当然不是庄子的对手。

第七节　语言的有效表达

说话是人类最重要的沟通方式。人是会说话的动物。中国古代"声""音""乐"三个字各有不同的含义[2]："声"指声响，动物也可以发出各种声响；"音"则只有人类才能发出，"音"加"心"为"意"，人可以使用不同的声音组合，表达人类特别的意思；"乐"则是把声音拉长，表达内心的情感，就是音乐。

1 原文：庄子笑曰："周将处夫材与不材之间。"

2 参考《礼记·乐记》。

语言若要有效表达，需具备三个条件：明确、一致和普遍。

（一）明确

使用语言进行沟通，意思应尽量明确，使对方没有猜疑的空间。如“请把工具拿来”不够明确，应说明工具的类型（如螺丝刀）、大小、型号等关键信息。又如“下周我们上课”也不够明确，应说明下周哪天、哪个时段、在哪里、上什么课。

（二）一致

使用语言应前后一致，避免出现不同的规则。有些著作不易理解，因为同一句话中的同一个字的意思可能不同。如《老子》第一句话“道可道，非常道”，第一个、第三个“道”指“究竟真实”，第二个“道”指“言语表述”，如此当然难于理解。准确翻译应为：道，可以用言语表述的，就不是永恒的道。

（三）普遍

使用语言，除意思前后一致之外，还要对同一地区的所有人都普遍适用，使大家有相同的理解。以开车为例，有一名印度人准备到英国留学，心里非常兴奋。在印度开车靠右边，而在英国靠左边，他想要先适应一下英国的开车方式，于是开始在印度靠左边开车，最后发生车祸，连英国都去不成了。

不同国家的语言反映了不同的思维模式和文化特色。比如德文将否定词放在最后，只有听完别人完整的一句话，才能知道他表达的究竟是肯定还是否定。

有些学习西方哲学的人认为，中国的语言文字不适合做哲学推论和逻辑思考，这种说法难以成立。西方的语言是从古希腊传承发展而来，由主词、系词、述词构成判断，与中文习惯的表达方式不同，但不代表只有西方的思维模式才是正确的。

中国古代有九流十家，每一家都有自己的一套思想，也都能清晰地表达见解，准确地进行逻辑推论。因此，不同国家或地区的语言没有好坏之分，都是在反映各自的文化特色。

语言需要经过学习和训练才能恰当运用，否则容易产生问题。佛教讲“三业”[1]，包括身业、口业、意业。其中“口业”包括说话缺乏依据、搬弄是非、

1 业（karma）的概念在《奥义书》已经出现，字面意思是“行为”。这种行为及其后果以某种形式存在于人的身心之中，不随人的死亡而消失；同时这种业能束缚，也能解放人的身心。口说的一切善恶言语为口业，起心动念为意业。参考《四大圣哲》，雅斯贝尔斯著，傅佩荣译，立绪文化。

花言巧语、虚张声势、前后矛盾等各种问题，应通过不断修行逐渐去除这些毛病[1]。

孔子一向重视语言表达。如，子曰："君子不以言举人，不以人废言。"（《论语·卫灵公篇》）即，君子不因为一个人话说得好就提拔他，也不因为一个人操守不好就漠视他的话。这要求我们将人的德行和说话是否有道理，分别加以判断。

孔子的学生分为四科，分别是：德行、言语、政事、文学。德行，是指品德修养突出；言语，是指思想通达，见解过人，精于言语；政事，是指善于处理政治和事务；文学，指对古代文献知识掌握得好，不是指文章写得好。其中言语科排第二位，足见孔子对言语表达的重视。从政做官只有清晰地表达政令，说出令人信服的道理，才能实现有效的领导。

孔子非常重视《诗经》在语言表达上的应用。一日，孔子问儿子孔鲤："学习《诗经》了吗？"孔鲤回答说："没有。"孔子说："不学诗，无以言。"（《论语·季氏篇》）古人在与人往来时，常引用《诗经》来委婉地表达自己的心意，既高雅又得体。

司马迁在《史记·孔子世家》中记载了孔子与三个学生讨论《诗经》中的一句话"匪兕（sì）匪虎，率彼旷野"，十分精彩。孔子周游列国，在陈国受困绝粮，他知道学生们不高兴，便问子路："《诗经》上说：'不是犀牛也不是老虎，然而它却徘徊在旷野上。'我们为什么会落到这种地步？"子路说："大概是老师的德行和智慧还不够吧。"孔子不认可，认为自己的德行、智慧再好，关键也要看别人是否相信和采纳。子贡说："老师的道太大，不如降低标准。"孔子当然不会降格迁就。颜渊说："老师的道博大精深，别人不用是别人的损失，不被接受才更凸显君子的本色。"师生们对于同一诗句的讨论，表达出了不同的人生境界和理想。

孔子要求学生说话要谨慎，做事要勤快，讷于言而敏于行。人正是通过自己的言语和行动，展现出自己的心意。子曰："听其言而观其行。"无论观察、了解别人，还是提高自身，都要从"言"和"行"两方面入手。

---

1 佛教"八正道"的第三为"正语"，针对口业，要做到不妄言、不绮语、不两舌、不恶口，说话合乎规矩。

第八节　说话的几种类型

我们经常使用的语言表达有四种类型：直述语句、价值语句、恒真语句和比喻语句。

（一）直述语句

直述就是直接叙述，不带有任何比喻或个人主观意见。例如，“外面在下雨”就是一句直述语句，只要到屋外看看就可立刻验证真伪。又如，到餐厅要点什么菜、现在外面温度多少摄氏度都需要直接叙述。直述语句清晰准确，但枯燥乏味，在日常生活中应用有限。

（二）价值语句

人的选择构成判断，最常见的是真、美、善的判断：人有理性，因而分辨真伪；人有情感，需表达审美感受；人有意志，需在分辨善恶之后行善避恶。任何判断都离不开主体的选择，由于判断的标准不一定相同，因此一个人形成的判断，他人未必认同。

价值语句的真实含义常因交谈双方的关系而定。比如，同一句“你好吗”，不同人之间就可能存在不同的理解。遇到一位失业的朋友问“你好吗”，是关心他是否找到工作，生活有无着落；遇到生病的朋友问“你好吗”，是关心他是否恢复健康。可见，价值语句比直述语句更丰富有趣。

（三）恒真语句

一句话的主词与述词相同称为恒真语句，也叫套套逻辑（Tautology）。譬如英文中有一句话“Business is business”（公事公办），就是恒真语句。

恒真语句并非简单重复，在不同的情况下，同一句话可能有不同的含义。比如，外国人参加中国的节日庆典，看到具有中国特色的戏剧、音乐、雕刻等展示时，说“中国人就是中国人”，这是对中国文化博大精深的由衷赞叹；当看到中国人乱丢垃圾等不良表现时，说“中国人就是中国人”，则是一种批评。

（四）比喻语句

比喻语句就是使用象征来表达意义，生动而形象。最常用的比喻是“母亲像月亮一样”，可以让人立刻感受到母亲的圣洁美丽。第一个使用这个比喻的人是天才，用久了也难免乏味。

比喻可以婉转表达意思，比直接叙述更易于被人接受。比如，“国家像一艘船，需要有力的舵手”，表明国家需要贤明的领导人。大家对此都心领神会，不会让人误以为在歌功颂德。伟大的哲学家、宗教家、教育家都善用比喻，使听众不分老幼都能有所领悟，而且随着听众年龄不断增长，阅历不断丰富，对同一个比喻的理解也会更加深刻。

佛教经典《百喻经》[1]用一百个比喻，生动形象地阐释了佛教深刻的教义。《法华经·第三譬喻品》[2]中，释迦牟尼将人间比喻为火宅，孩子在火宅里玩耍，危在旦夕都浑然不觉，为了拯救他们，长者就告诉孩子外面有新奇的玩具车（羊车、鹿车、牛车），孩子们于是纷纷从火宅里跑出，发现没有所谓的玩具车，长者却给孩子们每人一辆华美的大牛车，孩子们因而脱离苦海。

也有人问释迦牟尼：“宇宙从哪里来？”他用比喻回答：有人被毒箭所伤，命悬一线，却追问射箭人的姓名和住址，弄清楚时已经毒发身亡了。他用比喻启发人们，追问宇宙的起源无助于人走向涅槃，相反，往往它们还构成阻碍[3]。

孔子说：“岁寒，然后知松柏之后凋也。”（《论语·子罕篇》）孔子用比喻说明，只有在艰难困苦中，才能展现君子的节操，“君子固穷”，君子应在困难中坚持人生理想。

苏格拉底的母亲是助产士，他比喻说：“我只是个助产士，帮助别人生出智慧的胎儿。”说明智慧不能传授，只有靠自己不断修炼才能觉悟。

西方人最熟悉的是《圣经》中耶稣使用的比喻，他说：“有一个牧羊人有一百只羊，走失了一只，牧羊人把九十九只羊丢在荒野，到处去寻找那只走失的羊，找到后就欢喜地把它放在肩膀上带回来。”（《路加福音》15：3—5）听众无不感动，都认为自己就是那只迷失的羊。人生在世，谁没有过错？谁不希望得到原谅而有重新出发的机会？这样生动的比喻让人觉得“于我心有戚戚焉”[4]。

1 《百喻经》由印度尊者僧伽斯那从修多罗藏“十二部经”中，抄出一百则譬喻集合而成。

2 该比喻是说佛先以声闻、缘觉、菩萨三乘引导众生，然后以大乘——《法华经》妙义来救度解脱众生。

3 参见《四大圣哲》。

4 出自《孟子·梁惠王上》。译文：使我内心怦然相应。

孟子最有名的比喻当数“揠苗助长”[1]的故事。宋国有个农夫担心禾苗不长而去拔高，他十分疲困地回去，对家人说：“今天累坏了，我帮助禾苗长高了。”他儿子跑到田里一看，禾苗全枯萎了。说明人的修养不能急于求成，要循序渐进，最终才有可能开花结果。

第九节　打破常见的假象

现象学（Phenomenology）是透过对现象的描述，找到现象背后的本质。在进入现象学之前，首先介绍英国哲学家弗朗西斯·培根（Francis Bacon，1561—1626）的方法。培根的年代早于笛卡儿，其代表作《新工具》中探讨了如何以合理的思维方式和归纳法来认识自然界。首先，要破除先入为主的观念与偏见，必须打破四种假象（idols）。

（一）种族假象

人通常从人类自身的角度来评判宇宙万物，认为万物都是为了人而存在的。太阳之所以存在是为了给人以光明，苹果之所以是红的是为了引起人的食欲，猪之所以肥是为了给人以营养。这样的思考模式会带来问题，如蚊子为什么存在，有人说因为蚊子让我们承受失眠的痛苦，我们才会在安稳睡眠时心存感恩，这样的说法未免牵强。

西方不少学者认为，人类生活的地球是宇宙的中心，人是上帝特别创造的，是万物之灵。德国哲学家莱布尼茨（G. W. Leibniz，1646—1716）曾说：“我们所在的世界是所有可能世界中最好的世界。”法国哲学家伏尔泰（Voltaire，1694—1778）主张宇宙乐观主义，宣称“对你而言是恶的，在整体里都是善的”，直到1755年发生葡萄牙里斯本大地震，死伤惨重，他才反思不能这么乐观，要正视“恶”的问题。

中国道家在打破人类中心的视角方面有杰出的表现。道家认为，道是万物和人类共同的来源和归宿，像万物和人类的母亲。因此，万物和人是平等的。

---

1 出自《孟子·公孙丑上》。原文：宋人有悯其苗之不长而揠之者，芒芒然归，谓其人曰：“今日病矣！予助苗长矣！”其子趋而往视之，苗则槁矣。

（二）洞穴假象

我们每个人都像生活在洞穴中，在成长过程中接受了许多固定的观念，形成了各自的人生观和价值观，但千万不要以为自己的观念是判断善恶是非的唯一标准。

柏拉图的《理想国》第七卷（Republic 514a）中有一个生动的洞穴比喻：人们生活在一个洞穴中，双手双脚和头颈被捆住，只能目视前方，看到许多影子晃动，以为是真实的。有一个人努力挣脱绳索的束缚，回头一看，发现背后还有一堵矮墙，矮墙后面有许多人举着道具走来走去，矮墙后面有一堆火，火光将道具的影子投射到人们面前的墙上，他发觉原来人们以为真实的全是投影。

他再往前面走，发现洞口隐隐约约有光亮，顺着光源爬出洞口，突然眼前一片光明，让人眼睛都快瞎了。慢慢适应后才发现，原来洞口上面才是真实的世界，在洞穴里看到的只是道具，地上有各种作为道具原型的真实的东西。这个人发现了真理，十分快乐，但不忍心自己的同伴们仍在阴暗的地下受苦，他要将真相告诉他们。

于是他返回洞穴，可是从光明中回到洞穴，眼睛一时间看不清而跌跌撞撞。他想带同伴们走出黑暗的洞穴，同伴们却笑话他说，你连这里都看不清，还骗我们说有光明的世界。人最怕做梦时被唤醒，最怕自己的愚昧无知被揭穿，于是他们恼羞成怒，将这个人痛打了一顿，并将他杀死了。

这个人就是苏格拉底，这个故事反讽地描述了苏格拉底在雅典的不幸遭遇。当时的雅典就像一匹倦怠发福、只想睡觉的千里马，失去了前行的动力。苏格拉底将自己比喻为牛蝇，试图唤醒雅典这匹千里马，让它继续前行，开创文化的新高峰，最终却激怒了雅典人而被杀。柏拉图的洞穴比喻背后的丰富内涵，值得每一个人深思。

第十节 不受干扰与影响

（三）市场假象

人们常被错误的信息所误导，有如在市场上，人多口杂，人们以讹传讹，完全掩盖了事实真相。古代流传着一则“吐出一只鹅”的趣闻：有人因咳嗽吐出几丝“像鹅毛一样”的痰来，经过多人转述，逐渐变成“吐出鹅毛”，最后竟变成“吐出一只鹅”来。

因此，我们应记得信息、知识、智慧的区分，就某一领域进行系统的了解和说明，才能构成知识，而只有具备完整性与根本性的才是智慧。要想得到智慧，需先破再立，先破除假象才能有效建构。

不同时代有各自的热点话题。现代社会，人们非常关心社会制度、人权、福利的话题，说法不一而同，俨如热闹的市场，我们应深入分析，谨慎取舍，做出自己的判断。比如中国古代社会虽是帝王专制，但与西方的专制制度有明显的不同，其中科举制、监察制有其独到之处。

科举制演变到后期确实葬送了不少优秀人才，牺牲了许多人的青春，但是它向社会开放政权，用统一考试的形式给平凡百姓以公平的机会。监察制则构建了以御史大夫为首的监察系统，最具特色的是设立专门向皇帝谏言的官员，尽管忠言逆耳，但皇帝仍需尊重清议，此举使皇权受到了一定的制约。这两项制度使得中国古代虽是帝王专制，但仍可维持相对稳定的局面，历代只有朝代更迭，并无真正意义上的国家灭亡，中华文明得以长期延续发展。西方从罗马帝国时代逐渐演变，形成不同的政治架构。究竟孰优孰劣，应自己分析利弊，取长补短，好中求优。

（四）剧场假象

“人生如戏”的说法十分生动，我们每一个人现在扮演什么角色就要努力做好，但上场不忘下场时，该下场就潇洒让位，让别人继续出演。

剧场假象是说，某种思想或宗教犹如一出戏剧，描绘了美好的人生蓝图，但缺乏系统论证。由于场景逼真，常使人不假思索而完全接受，就像看电视、电影，不知不觉我们就会将自己置身其中。

我年轻时读金庸的小说，可以分为以下三个阶段。

第一阶段，很想知道究竟谁是好人，谁是坏人，希望善有善报、恶有恶报，结果发现好人不全好，坏人不全坏。比如说某人像“岳不群”，没看过小说的人听说“岳不群”是华山派掌门人，以为夸奖他；实则“岳不群”是“伪君子”的代称，是在讽刺他。每个人开始读武侠小说，都天真幼稚，希望自己能进入武侠世界，成为故事的主角。小学时常听一位同学抱怨“没希望当大侠了”，原因是他的父母健在，而武侠小说中的男主角大都父母双亡，在艰难困苦中才奋斗有成。武侠小说让孩子以为人生只有一个版本、一种模式。

第二阶段，是在武侠小说中寻找人性的逻辑，善恶判断的标准何在，标准由谁而定？亚里士多德谈到“诗学”（主要是悲剧创作）时，提出创作的原则是“诗的正义”（poetic justice），即善有善报，恶有恶报。人类世界缺乏正义，在戏剧创作中则应善恶有报，让人心里愉快，这是古今中外人类共同的心愿。再读金庸的小说则发现，每个人的善行、恶行与他承受的报应未必对称，有的人遭受到比所犯过错更严重的惩罚，宛如悲剧英雄；有的人身行不义，却侥幸逃过一劫。

第三阶段，自己才真正看懂金庸的小说。我把自己想象成剧中人物，从来不设想自己是大侠，而是设想为小说中不起眼的小人物，边看边问自己，如果我是他会怎么做，会做得像他一样好吗？于是，金庸小说成为一部人生启发书。

无论小说还是戏剧，无不营造出逼真的情境，让我们不知不觉融入其中。但如果以为那是人生的唯一版本，则可能限制了自己一生的发展。重要的是，我们要思考故事背后有何根据，是否有合乎逻辑的论证，能否与自身情况相匹配，努力寻找适合自己的人生之路。

第十一节 由描述找到真相

认识外在的世界或一个人的本质，重点在于合理有效的思想方法。近代西方哲学发展出一套现象学的方法，有其独特的历史背景。自笛卡儿提出“我思故我在”，将所有一切事物纳入“我的思想和观念”之中，西方哲学逐渐走入唯心论系统。我所认识的是能被我认识的世界，未必等于世界本身，至康德将唯心论系统发展完成。但问题随之而来，如果我所认识的只是我的思想可以掌握的部分，如何保证我可以认识外界事物？

19 世纪后期，胡塞尔（Husserl，1859—1938）发起“现象学”运动，希望借鉴科学研究的方法，把哲学塑造为一门“严谨的学问”。现象学的目的是跳出笛卡儿唯心论的困境，提出人不能只在自我的认知能力里打转，而要回到事物本身，掌握事物呈现的现象，进而掌握事物的本质。

所谓“现象”是指，任何事物，不论是想象中的（如虚拟现实 VR 中呈现）

或确实存在的，只要能呈现给我的意识被我掌握的，都属于现象。现象学建构了一种独特的方法，目的在于使现象不受曲解，并在它出现时予以正确描述。

比如，人走到旷野上，将视野所能看到的边界称为“地平线”，当看到远方有一个尖尖的东西出现时，我们无法立即分辨出它究竟是犀牛角还是教堂的塔尖，慢慢接近直到某个临界点，刹那间发现原来是犀牛角，西方形象地称之为“啊哈经验”。

我们可能认识一个人很多年，忽然有一天发现这个人有问题，“啊哈，发现了真相”，代表之前的主观认识与客观事实存在偏差。因此，现象学的目的就是排除主观意识干扰，让对象自行呈现。这需要回到事物本身，包含两个重点：一是直接看到对象的一切可能的情况；二是当我直接看到对象时，我无法想象它是别的东西。亦即，既要将对象本身看清楚，又要将它与别的对象区分明白。

现象学的方法简单来说，就是透过对现象的描述掌握现象的本质。中国人常说“知人知面不知心”，“知面”就是认识一个人的外貌，“不知心”是不了解一个人内心的真正想法。孔子在教学中常常让学生谈谈自己的“志向”，人们交朋友也都希望“志同道合”。所谓“志”，“士心”为志，即一个人心中的目标方向。认识一个人不能只看现在的情况，而要看他心中的志向目标何在，努力奋斗的动力何在，人生的理想何在，这样才能认识一个人的本质。

佛教修行有三个阶段：开始修行时，看山是山，看水是水；修行了一段时间后，看山不是山，看水不是水；修行多年觉悟后，看山还是山，看水还是水。从开始阶段的“看山是山”到最后阶段觉悟到“山还是山”，并非回到原点，而是通过修行认识到山的本质。

山的本质并非绿色，有些山没有花草树木仍然是山，如火焰山；山的本质不是石头，也不是泥土。水也一样，水的本质不是流动，湖水不动也是水，如《易经》中的“兑卦”所代表的“泽”；水的本质并非清凉，温泉水就是热的，这些描述都不是水的本质。

通过对现象的描述，人不再执着于现象，最终会掌握“山之所以为山”的本质。觉悟后，仍要正常与人来往，因此仍要按约定俗成的名称来与人沟通。但未修行的人会执着于山的样子，修行开悟的人则知道山不是什么。

佛教认为“万法皆空”，“空”是指每一样东西是由各种条件配合而形成的，人未必能掌握它的本质，甚至它根本无本质可言。

现象学的应用十分广泛。每个人的认知范围称为“地平线”，我认识的地平线会与另一个人所认识的或另一本书所描写的地平线相融合。这表明通过学习，我的认识可以得到不断地扩展和深化。

第十二节 自由想象法

下面说明现象学的两种重要方法。

（一）存而不论

为了让现象不受主观干扰而自行呈现，要将外在的、次要的因素“放入括号”，存而不论。这就像数学四则运算中“括号”的作用，使括号内的部分与外面暂时分开，先不做肯定或否定。然后再选择某种特定焦点，全方位地“描述”该对象，使其本质得以呈现。

我的老师方东美先生曾讲述他第一次到北京天坛的经历。他先绕天坛一圈，又由近及远，但是无论从哪个角度都无法看到天坛的全貌。突然听到一阵鸟叫，只见一行大雁从天空飞过，他顿悟，从大雁的角度俯瞰才可掌握天坛的全貌。因此，认识一样东西不能只站在自己的角度，而要跳开自己的角度，从更高、更远的视角来看，才能把握全面。

（二）自由想象法

如何才能全方位“描述”对象？这需要运用“自由想象法”。下面通过举例具体说明。比如想真正了解一个人，需综合考虑以下四个方面：

1. 天生条件：年龄、外表、健康和聪明。

其中哪一项比较重要？所谓“重要”是说“少了这项条件，他就不是他了”。一般人常常认为“外表”重要。

我在美国留学期间，一位电机系的同学回台湾省相亲，在三个女孩中犹豫不决，征求我的意见。我先让他描述一下三个女孩的特点，他归纳为：第一个聪明，第二个能干，第三个漂亮。我建议他选择聪明的，因为聪明的女孩知道如何让自己能干和漂亮。

然而言者谆谆，听者藐藐，他最终还是选择了漂亮的女孩。结婚生活了一段时间后，我在大学里见到他们，俩人在马路上各走一边，看样子感情出了问题。

这位同学忽略了一点：漂亮的女孩未必聪明，她不见得能与你共患难，因为她没法判断该如何做才好。

2. 后天培养或具备的条件：家庭、教育、专长和职业。

家庭属于背景条件，有些孩子含着金汤匙出生，但那是他父母取得的成就，跟他本身未必有内在关联。教育情况是指学什么科系，受过何种程度的教育，有什么水平。专长较特别，社会上每个人都需要有一技之长，所谓“万贯家财不如一技在身”。职业方面，有调查显示，在现代社会中，人一生至少换三到五种职业。四项条件中，专长比较重要，能凸显出个人的特色。

3. 社会成就：财富、名声、地位和权力。

这四项条件常紧密相连，难以取舍。拥有权力，则财富、地位、名声往往随之而来，但权力是由他人或百姓赋予的，一旦有权力更迭，其他条件也将随之消失，因而权力不可靠。名声是由别人给的，地位需要经过长期积累。人到中年会发现，在现代自由开放的社会中，财富比较实在，个人可以把握和运用。

4. 个人的选择：志趣、交友、社团和信仰。

每个人的志趣各不相同，择友和参与社团与个人志趣紧密相连。信仰则需要机缘，每个人都有自己独特的心路历程，有些人信仰宗教并甘愿为之牺牲，如果没有信仰，他就不是他了。

想要真正了解一个人，可以将上述 16 项条件逐一列出，然后问：“如果少了这一项，他还是他吗？”

我们常被一个人的外表所迷惑，哪个人不曾年轻过，哪个人不会老，要保持外表只好整形。有一个韩国选美比赛，初选入围的 10 位选手中竟有 6 位长得一样，原来都是整形后才来参赛的，这样的比赛让人难以理解。长相是父母所赐，我们应当珍惜和尊重。人到一定阶段应当觉悟，人生绝不能全靠外表。健康固然不可或缺，但健康是让人活着去做更有意义的事，如果活到一两百岁却无所事事，人生有什么意义？

要认识一人或一物，就要运用自由想象法，将内在与外在的条件全部列出，逐一追问：如果少了这一项，他还是他吗？对任何人、任何东西，我们都要经常运用上述方法，慢慢将学会如何透过现象掌握人或事物的本质。

第十三节　阅读的立足点

日常工作和生活离不开阅读。现代社会流行手机阅读，虽然篇幅简短，但我们仍希望准确理解文字背后的意思，这就需要接受科学阅读方法的基本训练。

西方最新的诠释学（Hermeneutics）为我们提供了阅读的可靠方法。所谓“诠释”，就是合理地解释一句话、一段文字的意思，让我们更好地理解。

阅读文本首先应有“立足点”，即选择某个特定角度切入文本，避免只在文字表面打转。阅读一般有三个立足点：传统、个人和文本（text）。

（一）传统

每种文化都有其独特的社会环境和历史背景，我们使用的语言文字、表达方式均受到自身传统的影响。

中国文化与孝顺密切相关，而西方并没有专门一个词可以准确表达“孝顺”的内涵，一般使用两个词来形容：一是强调子女对父母的“顺从”，但中国人心目中的“孝顺”，除了顺从还有尊敬、爱慕和保护父母的意思；二是类似宗教信仰的“虔诚”，然而在中国，子女与父母之间有亲密的情感，完全不同于宗教的虔诚。

同样的文本，由于阅读者自身的文化传统不同，会产生不同的理解。阅读古代经典，“传统”是很好的切入点。

（二）个人

每个人都会从个人经验的角度去理解文本。前文介绍了英国哲学家培根打破四种假象，第二种为“洞穴假象”，即每个人都像生活在洞穴中，受到环境、风俗和教育的制约，习惯从自己的角度看世界，好似井底之蛙，无法看到事物的全貌。如果能认识到自身的局限，则会尊重他人的不同经验，这样反而可以将缺点转化为优点。

在学校开会时，当有两派因不同意见争论时，我的一位同事常说：“你们听我说，我最客观。”大家都笑了，说自己最客观，这句话本身就不太客观。我们每个人都认为自己最客观，最公平，但每个人的意见一定有自己的立场，不可能完全客观。

西方人非常崇拜苏格拉底，柏拉图在《对话录》中记载了不少苏格拉底与别人的讨论，但很少有结论。他常常从追问“勇敢”之类的词的定义开始，请大家分别谈谈自己的理解。在对话中，一定会出现正反不同的意见，综合各方意见的合理之处，可以向上提升到“合”的更高境界，由此发展出辩证法。

（三）文本

“文本”即文章本身，也就是中国传统学术研究中“以经解经”的原则。

比如，如何准确理解《论语》中“学而时习之，不亦说乎”这句话呢？“学而时习之”涉及“学”“时”“习”三个概念。现在我们常把“学习”两字连用，然而古代“学”是“学习”，“习”则指实践，属于行为范畴。

最重要的是对“时”应当如何理解？很多学生不喜欢孔子，是因为老师教书时常按照朱熹的解释，将“时”解释为“时常”，全句解释为“学习之后时常复习”，再加上要考试，学生们肯定高兴不起来。

正确的方法是“以经解经”，将《论语》中出现“时”的地方全部汇总，共 11 处，可分为两种用法：一指“适当的时候”，无论说话还是做事，都要考虑时机是否恰当，这涉及判断时机的智慧；二指“春夏秋冬，四季四时”。没有任何一处指“时常”。

因此，将“学而时习之，不亦说乎？”解释为“学习任何东西并在适当的时候印证练习，不也觉得高兴吗？”较为合理。无论是学习文学艺术、科学知识还是为人处世，学习之后，遇到合适的机会，就要亲身实践，这会让我们理解得更加深刻，应用得更加娴熟，能力不断提升，心中自然充满喜悦。

阅读要有立足点，传统、个人、文本三者不可偏废，如此阅读才可能减少误解。

第十四节　它究竟说了什么？

诠释学是关于如何有效阅读的学问。阅读一篇文章分四个阶段：1. 它究竟说了什么；2. 它想要说什么；3. 它能够说什么；4. 它应该说什么。

（一）它究竟说了什么（What did it say？）

读书，尤其是读古代经典，首先应该尊重原文，弄清楚它究竟说了什么，文章中的每个字是否正确。如果读了半天，发现字都印错了，则不仅白费力气还易产生误解。为确保文本的可靠，应参考文字训诂专家的意见，先做一番考证功夫。对于传统经典的文本历来存在不少争议，专家意见各不相同，让我们无所适从。

然而，中国文化源远流长，不断从地下出土文物，最有名的是甲骨文的出土。在1899年前后，河南安阳的小屯村（殷墟）出土了大量的龟甲和兽骨，许多被当地老百姓当作中药（龙骨）吃掉了，而学者发现上面竟有字迹，于是收集研究，累计发掘近20万片，随后涌现出不少甲骨文研究专家。这对我们了解商周时期的历史和文化，提供了极大的帮助。

对道家代表作《老子》（又称《道德经》）的研究最具意义的是1973年湖南长沙马王堆3号汉墓出土的甲乙两种帛书抄本的《老子》。在帛书《老子》出土之前的千余年的《老子》研究中，所有人参考的都是魏晋时代王弼（226—249）的注本。王弼是中国古代的天才，只活到了23岁，他的注本成为后代学者研究《老子》和《易经》必须参考的经典著作。

所谓“帛书”是将文字写在绢帛上，帛书本《老子》[1]比王弼注本早400多年，年代在汉高祖刘邦之前，据此可以修订王弼注本《老子》原文的一些错字。1993年湖北荆门郭店村战国楚墓又出土了竹简本《老子》，可惜残缺不全，没法深入研究。

阅读第一件事就是要将原文搞清楚。古代的书都刻在竹简上，刻字工人可能出错，可能多刻一字、少刻一字，或两字字形接近而刻错，我们应借鉴专家的研究成果。

《论语·为政篇》中有一句话大家耳熟能详，子曰：“吾十有五而志于学，三十而立，四十而不惑，五十而知天命，六十而耳顺，七十而从心所欲不逾矩。”其中“六十而耳顺”很难理解，一般认为“耳顺”是说耳朵听到任何东西都可以理解，很容易理解别人说话的意思，别人批评我也不放在心上。但与孔子生平对照就会发现，“耳顺”与他的生平没什么关系。

孔子“五十而知天命”，知道自己的使命是从政服务社会，造福百姓。因此他51岁出来做官，五年之内，政绩突出，从县长（中都宰）一路升到鲁国代理总理（司寇、摄相事），这是当时平民百姓所能做到的最高官位。

然而他发现，鲁国当时的政治格局限制了他的发展空间，国家权力分为

1 帛书本《老子》中，有“治大邦如烹小鲜”等语句，王弼注本为避讳汉高祖刘邦，将“邦”改为“国”。

四块，鲁国国君只占四分之一，三家大夫势力很大，瓜分了其他的四分之三，孔子无法施展自己的抱负。于是孔子去国离乡，从 55 岁到 68 岁，开始了长达十四年的周游列国的生涯。这些经历明显与耳顺无关。

对于古代经典原文的每一个字，任何人都不能随意更改，否则每个人都可以改，古籍将面目全非。然而，万一真刻错了怎么办？《孟子·尽心下》说："尽信《书》，则不如无《书》。"完全相信《尚书》所记的，还不如没有《尚书》这本书。《尚书·武城篇》记载，周武王伐纣时，血流成河，很重的舂米木棍都漂浮起来，但孟子认为太过夸张。孟子并未见过当时的情况，他通过合理思考做出了自己的判断。

受历代专家研究的启发，我认为"耳顺"中的"耳"是衍文，是多出来的字，应为"六十而顺"，即孔子 60 岁顺天命。《论语·八佾篇》记载仪城的封疆官员见过孔子之后，认为天将会以孔子作为教化百姓的木铎[1]，这就是孔子的天命，孔子周游列国正是顺应天命。

我在欧洲荷兰莱顿大学教书期间，召开学术研讨会，向一位外国学者说明上述观点，他表示同意，但说："我们外国人读中国经典觉得'耳顺'听起来比较神秘。"外国人固然可以这样想，中国人却不能如此。

阅读文章第一步就是搞清楚原文究竟说了什么。古书可能偶有错别字，我们应大胆假设，小心求证，否则以讹传讹，没有真正理解古代思想的精华，甚为可惜。在此过程中，文字训诂专家的意见和地下出土的材料均值得参考，由此入手研究才较为妥当。

第十五节　它想要说什么？

（二）它想要说什么（What would it say？）

人们说话常"意在言外"，这是因为每个时代均有其特定的历史背景，对很多事情形成集体共识，不用解释大家也心知肚明。但随着时间的推移，后人可能完全搞不清楚为什么前人要讨论那样的问题。因此阅读古代经典，要深入

1 原文：天将以夫子为木铎。木铎，木舌的铜铃，古代宣布政教法令时，巡行振鸣以引起众人注意。用以比喻宣扬教化。

研究当时的时代背景，设法了解古人在当时的历史条件下“想要”说什么。

比如《论语》中多次记载了孔子与学生讨论有关“仁”[1]的问题，这代表“仁”是孔子最为重视的关键概念。学生们也很想透彻了解，却很难完全掌握。孔子为什么如此重视“仁”？他想要表达什么？这就要回溯到孔子所处的春秋时代的历史背景。

春秋时代（约前770—约前476）天子失德，礼坏乐崩，天下大乱，社会价值观瓦解，这样的社会有两个特色：1. 善恶不分，人人流于虚伪，无法分辨善恶；2. 善恶无报应，好人吃亏受苦，坏人缺少报应。平民百姓没有人愿意行善避恶，整个社会趋于崩溃。孔子正是在这样的时代背景下提出并强调“仁”的重要性。他越强调“仁”的重要，越说明当时的社会缺乏“仁”，需要以“仁”来重建价值。

劝人行善避恶有三种可能途径：

1. 依靠社会规范和舆论压力。春秋时代礼坏乐崩，社会规范和舆论压力已失去效力。

2. 诉诸宗教信仰。宗教徒不修今生修来世，为了有福报而积极行善。但很多人没有宗教信仰，而且宗教不止一种，不同宗教之间常常斗争甚至引发战争。

3. 诉诸个人良心。儒家就是选择了这条路，让每个人自己发现良心的可贵。

如果用一个词概括儒家学说，其核心就是“真诚”二字。如果缺乏真诚，别人无法知道我的真实想法，人与人之间无法形成良好互动，无法长期交往。同时，一个人长期虚伪的后果是迷失自我，到最后自己也不知道内心有何真实想法。

一旦内心真诚，将会有以下表现：

1. 不安。《论语·阳货篇》中，学生宰我觉得为父母守丧三年[2]时间未免太长了，一年就够了。孔子问：“守丧未满三年，就吃白米饭，穿锦缎衣，你心里安不安呢？”这里展现了孔子启发式教学的特色。他启发学生回到内心，真诚思考。每个人的人生经历不同，不可能有标准答案，儒家只提供思考的出发点。

2. 不忍。《孟子·公孙丑上》中，孟子说，有人看见小孩爬到井边，心中

---

1 《论语》共记载了13则弟子“问仁”。其中，樊迟与子贡各3次，子张2次，宰我、颜渊、仲弓、司马牛、原宪各1次。

2 三年之丧：按《荀子》记载，三年之丧指二十五个月。

一定惊恐怜悯，并非与小孩的父母有什么交情，并非想要在乡亲朋友中获得声誉，也并非不喜欢小孩的哭声。这表明人只要真诚，不计较利害，一定心生不忍。孟子正是希望人们真诚，使力量由内而发，要求自己行善。

3. 快乐。孔子认为只要真诚凭良心做事，由于有了向善的人性，因此快乐由内而发，源源不绝，快乐是行善当下的直接效果。

因此，了解孔子所处春秋时代礼坏乐崩、价值瓦解的时代背景，才能体会孔子的良苦用心，他试图通过“真诚”引发每个人的良心，让人们重建价值的基础，从而维系社会的稳定。这就是儒家教育的基本策略。

前文提到笛卡儿最广为人知的话是“我思故我在”，了解笛卡儿“想要”说什么，必须了解他所处的时代背景。笛卡儿之前的1300多年是西方的中世纪时期，人们虔诚信仰天主教[1]，相信《圣经》就是全部真理。笛卡儿大胆提出，先不要盲目接受《圣经》的说法，而要“用理性探讨真理”，这在西方社会无异于石破天惊。

理性思考第一步是要怀疑一切可以被怀疑的东西，目的是找到知识的可靠基础。而在怀疑过程中发现，唯一不能怀疑的就是“自我”，因为如果自我不存在，是谁在怀疑呢？同时怀疑又是思想的一种作用，因此笛卡儿提出“我思故我在”。

了解西方的历史背景后，不难理解为什么黑格尔对笛卡儿如此推崇，说“经过漫长的中世纪，当笛卡儿出现时，就像海上航行很久的人高呼，陆地到了，陆地到了”。

如何理解19世纪德国哲学家尼采（F. W. Nietzsche，1844—1900）宣称的“上帝死了”[2]？19世纪西方社会价值观瓦解，而西方的价值观是以宗教信仰作为基础的，价值观瓦解代表上帝失去了作用，因此尼采才宣称“上帝死了”。

要了解前代哲学家的话，需要先了解当时特定的时代和社会背景，否则脱离特定时空背景，只看单纯的文字，可做各种解释，却未必是作者的本意。我们应尊重前辈哲人的思想，设法了解他们内心的真实想法，因此要问：他们想要说什么？

---

1 参见本书第三章，关于天主教与基督教的分辨。

2 出自《查拉图斯特拉如是说》。

第十六节　它能够说什么？

（三）它能够说什么（What could it say？）

“能够”代表“可能性”。任何一句话让不同时代、不同社会的人来理解，会有各不相同的解释。这说明，每一句话都有独立的生命，读者根据自己的人生经验可以有不同的体会。比如在研究《论语》的过程中，我参考了历代四百多位学者的注解，《论语》的每句话都好像有无限的生命力，可以让大家充分引申发挥。

有趣的是，有时作者写作时都不清楚的意思，却能被读者阐发。台湾省有一位知名作家写了不少言情小说，经常以圣诞舞会作为开场，男女主角在舞会中相识，由此发展出曲折离奇的爱情故事。多年后，有学者研究这位作家的小说，将其特色归纳为以圣洁的宗教情怀出发，有着宗教的仪式，其后渐渐发展出复杂的关系，分析得十分深刻，连作者本人看了都十分惊讶，不知道自己的文字可以如此解读。

古希腊时代有一则类似的故事。苏格拉底不相信德尔斐神殿女祭司的预言——说他是雅典最明智的人。于是他带领年轻人一起拜访了雅典的三种人：一是政治家，二是畅销书作家，三是科技专家。其中畅销书作家是指雅典的悲剧和诗歌的创作者，当时雅典文艺风气盛行，每年举办创作比赛，为获奖作家颁发桂冠，给予“桂冠诗人”的荣誉称号。

苏格拉底问作家其著作当中一段话的意思，结果周围每个人的解释都比作家本人的解释更合理、更深刻。这让作家十分尴尬，无地自容，只好承认创作前先喝醉才有了灵感，自己并不知道究竟写了什么。苏格拉底最终发现，雅典社会名流其实并不知道自己的无知。他的行为激怒了雅典权贵，埋下了日后被诬告受审的祸根。

阅读的难点在于每个人都有自己的看法，都认为自己掌握了作者的意思，众说纷纭，而作者本人不在现场，因而无法形成定论。

清朝著名学者颜元（号习斋，1635—1704）60多岁时谈了自己读《论语》的三个阶段。

第一阶段（20 岁之前）：字字是文字。字是字，我是我，只是为了科举功名而读《论语》。

第二阶段（20 岁～ 40 岁）：字字是习行。《论语》中的每一句话都在教如何做人处事，每一句话都需要认真实践。《论语》不再只是文字，而是对人生有深刻启发意义的指导书。

第三阶段（40 岁～ 60 岁）：字字是经济。“经济”指“经国济世”。《论语》字字珠玑，处处蕴含着治平天下的方略。

颜元以刘邦、项羽楚汉争霸为例。刘邦之所以取胜，因为践行了孔子“惠则足以使人”[1]的方针，即施惠就能够领导别人。韩信破齐后，在刘、项之间观望而按兵不动，派人给刘邦上书，希望刘邦封他为“齐假王”（代理齐王），刘邦审时度势，说：“大丈夫要当就当真王，当什么假王。”立即封韩信为齐王[2]，于是韩信发兵围攻项羽，取得了“垓下之战”的决定性胜利。

而项羽则缺乏宏图大略，韩信说项羽每当部下有功劳应当封赏时，项羽把官印拿在手里摩挲，把官印棱角磨掉了，仍舍不得颁发[3]。颜元用《论语·尧曰篇》中的“出纳之吝，谓之有司”形容项羽，说他如同地位卑微的官吏，按规定分发钱财时，好像自己出钱似的舍不得。颜元借此事说明《论语》有经国济世的作用。宋朝开国重臣赵普曾说：“吾以半部《论语》佐太祖定天下。”[4]这句话也表明了同样的道理。

研究古代经典要参考历代学者的研究心得，这是很繁重的工作。只有经过这一关，才能全面了解经典“能够”说什么，也才有信心进入最后的阶段——它“应该”说什么。

---

1 出自《论语·阳货篇》，子张问仁于孔子，孔子提出“恭、宽、信、敏、惠”五点要求。

2 出自《史记·田儋列传》。原文：韩信遂平齐，乞自立为齐假王，汉因而立之。

3 出自《史记·淮阴侯列传》。原文：至使人有功当封爵者，印刓（wán）敝，忍不能予。

4 南宋罗大经所撰《鹤林玉露》中记载：“赵普再相，人言普山东人，所读者止《论语》……太宗尝以此语问普，普略不隐，对曰：‘臣平生所知，诚不出此。昔以其半辅太祖定天下，今欲以其半辅陛下致太平。’”

第十七节　它应该说什么?

（四）它应该说什么（What should it say？）

“应该”代表个人的主观看法。阅读同样的文本，每个人都有自己的主观看法。专家权威的看法之所以较为可靠，是因为他们的研究经过了前面三个阶段：1. 它究竟说了什么，充分考证了文本的准确可靠性；2. 它想要说什么，充分了解作者所处时代的社会背景，把握作者提出观念所针对的时代需求；3. 它能够说什么，充分参考历代学者的不同诠释。最后一步还要结合自己的经验背景，表明自己所赞成的立场。

比如《论语》经过两千五百多年的研究，每一句话都有不同的解读，唐宋八大家之一、“文起八代之衰”的韩愈也研究过《论语》，在下面这句话的理解上，与朱熹的观点不同。

祭如在，祭神如神在。子曰：“吾不与祭如不祭。”（《论语·八佾篇》）

前半句意为：祭祀时有如受祭者真的存在，祭鬼神时有如鬼神真的存在，描写了孔子祭祀时态度庄严肃穆，好像祖先、神明真在面前一般。

后半句孔子说：“吾不与祭如不祭。”对此韩愈与朱熹的理解完全不同。古文无标点断句，朱熹将此句断为“吾不与祭，如不祭”，解释为“我没有参加祭祀，就好像我没有亲自祭祀”，听上去同语重复，让人难以理解，而且也与前半句描写孔子祭祀时的表现缺乏关联。

韩愈则认为孔子“讥祭如不祭者”，即孔子讥笑那些“祭祀时态度散漫随便，好像不在祭祀”的人。对照朱熹和韩愈的不同观点，我们应该做出自己的判断，这句话“应该”说什么。

我可以接受韩愈的说法。“与”表示“赞成”，全句完整的意思是：孔子祭祀时非常虔诚，好像祖先和鬼神真的在面前一样，稍后孔子说“我不赞成那种祭祀时有如不在祭祀的态度”。这样的解释前后连贯，意义明确。

几十年前，许多学者共同编纂了《古史辨》，重新辨析中国古代历史。有学者认为夏朝历史缺乏证据，“禹”这个人不存在，根据《说文》“禹，虫[1]也”，猜测“禹或是九鼎上铸的一种动物”。这只是代表他个人认为“应该”

1 古代“虫”并非单指昆虫，实为动物的总称，包括老虎、蛇等。

如此。之后的考古发掘则提供了不少证据，证明夏朝的存在。考古发掘与研究工作的不断开展，使我们可以掌握更多资料，做出自己的判断，这样学术才能不断进步。

朱熹的《四书章句集注》在元、明、清三朝长达六百余年的时间里，均被奉为学官教科书和科举考试的标准答案，但问题是朱熹注的《四书》真的合乎孔子、孟子的原意吗？

朱熹认为“人性本善”，经过我几十年的认真研究发现，孔子、孟子并不这样认为。有两个明显的证据：

孔子在《论语·季氏篇》说，君子有三戒[1]：年轻时，血气还未稳定，小心不要好色；到了壮年，血气正当旺盛，小心不要好斗；到了老年，血气已经衰弱，小心不要贪得无厌。所谓“血气”是指，人有身体，随着身体而有本能的冲动和欲望。人一辈子有身体，因此一辈子要小心，一辈子不能停止德行修养，以化解随身体而来的本能的冲动和欲望。孔子怎么会认为“人性本善”呢？

孟子说“性善”，但并没有说“性本善”。《孟子·滕文公上》中，孟子说：“人们吃饱穿暖，生活安逸而没有受教育，就会和禽兽差不多。”[2]从尧舜时代就是如此，因此历代社会都十分重视教育，否则一般百姓与禽兽差不多，只有本能的冲动和欲望。因而，我们要根据古代资料，自己判断“性善”是什么意思。

我认为孔子、孟子并非认为“人性本善”，而是认为“人性向善”。“向”代表“真诚”，人只要真诚，力量由内而发，如果不去行善，则心里会觉得不安或不忍。整个儒家的理论系统就是从“人性向善”出发的。

在21世纪研究古代思想，必须经过上述四个阶段：它究竟说了什么，它想要说什么，它能够说什么，以及它应该说什么。它“应该”说什么，要求我们做出自己的判断，是自己要负责的个人研究心得。提出个人观点后，要接受讨论、检验和质疑。我们读书要保持开放的心态，不断扩展自己的视野，提升知识的地平线。诠释学的四个阶段都能兼顾，才可算是认真读了一本书。

1 原文：君子有三戒：少之时，血气未定，戒之在色；及其壮也，血气方刚，戒之在斗；及其老也，血气既衰，戒之在得。

2 原文：人之有道也，饱食暖衣，逸居而无教，则近于禽兽。

第三章

人性的真相

第一节　为什么要谈人性

世界上有七十亿人，人与人各不相同，由此构成了复杂的人类社会。自古以来，人类的表现千差万别，有些人善良而高贵，有些人丑恶而低俗，处在是非善恶、成王败寇的复杂情况中间，我们每一个人一定会问：究竟人性是什么？

这个问题众说纷纭，从来未有定论。很多人认为，不管有什么样的哲学思想和宗教信仰，每个社会照样有好人、有坏人，就像天下分久必合，合久必分，一治一乱，人类在大趋势面前永远束手无策。然而，哲学家总是前赴后继、不遗余力地试图阐明人性的真相。因为只有清楚界定人性，才能以此为出发点，合理地安排人类的生活，为人类找到一条通往幸福的康庄大道。

人类面对着两个世界：自然界和自由界。

（一）所谓“自然界”就是人类身处的宇宙大自然

中文中，“四方上下”谓之“宇”，是空间范畴；“往古来今”谓之“宙”，是时间范畴，“宇宙”就是时间和空间的总和。宇宙万物的共同特色是“实然”，即实实在在的样子。宇宙万物的运动变化都符合客观规律，昼夜交替，四季更迭，“自然”的就是“必然”的。一块手表一松手自然会掉到地上，也必然掉到地上，如果手表往上飞，一定是变魔术。

科学家一向致力于探索自然界背后的科学规律。古代科学萌芽时期，人类只能解释很小范围的自然现象，大量无法解释的现象让人觉得十分神秘。随着科技的不断进步，如今科学理论已经能够广泛而深入地解释各类复杂现象。

然而最好的科学家也承认，人类可见的物质只占宇宙[1]的5%，还有95%的暗物质和暗能量人类根本无法了解。这让我们每个人都大为惊讶，原来所谓的科学进步也只能掌握5%的物质。人类在面对自然界时，仍是相当无知的。

（二）所谓“自由界”就是人类世界

人类处在自然界之中，人的身体属于自然界，受自然规律制约，不吃饭会饿，不休息会累；但人与万物最大的不同是——人有自由可以选择。因此人类除了

1　天文学家推测，宇宙中最重要的成分是暗物质和暗能量，暗物质占宇宙质量的25%左右，暗能量占70%，通常所观测到的普通物质只占宇宙质量的4.9%左右。

有“实然”外，还有“应然”的问题，就是“应该怎样做”的问题。

说“应然”就代表不是“实然”。人有理性可以学习，人有自由可以选择，选择之后还要承担责任。比如人应该孝顺，代表小孩孝顺父母并非生来就有的状态，需要先教育孩子为什么要孝顺：父母之恩，山高水长，孝顺之心，由内而发。孩子懂得道理后，可以自由选择。如果不能选择，只能称为客观规律，不能称为“应该”，说“应该”就意味着有自由选择的余地。既然是选择，就有选对、选错的可能，每个人都要为自己的选择所造成的后果承担责任。

只有人类才有“应然”的问题。人究竟应该怎么生活？心理学家把这个问题看得比较简单，他们把人性比作一张白纸，认为一个人行善还是为恶是由社会环境决定的，“染于苍则苍，染于黄则黄”（《墨子·所染》）。但是这样一来，人不再需要为自己的恶行负责，人类的自由和价值也无从谈起了。

心理学、社会学、法学、人类学等人文学科都称为经验的学问，它们只能就已经发生的事件做分析研究和归纳总结，以做出合理的解释，但无法在经验出现之前，提早预测和干预。这种情形下，人除了适应社会的挑战之外，并无特别的价值可言。行善或为恶是由社会环境决定的，人类自由的价值荡然无存，这让人难以接受。

哲学思考是先验的，先验就是先于经验并作为经验的基础。

哲学思考的特色是：在人的经验出现之前，先去探寻人的生命有何特定结构和特殊驱动力，会使人做出经验中的各种事件。但困难的是，先于经验的特性如何能够被人们了解和掌握？因此，哲学家需要有洞见（insight），不能只看事物的表象，更要深入到人性深处，洞察人性的真相。由此，才可能设计教育方针和政治架构，引领人类走向理想的未来。这就是哲学与其他学科的最大不同之处。

第二节 打遍天下无敌手

本章探讨人性的真相，分为三个阶段：1. 由古希腊的经典出发，认识人的现状；2. 由中世纪的宗教信仰出发，探索人的起源；3. 由欧洲近代“进化论”

出发，思考人的未来。西方文化的发展从古希腊、罗马到近代欧洲一脉相承，是本章参考的主要材料，后面会有专门章节探讨中国文化对人性的看法，以儒家、道家思想为主轴，并与西方文化进行对照。

就人的现状看人性（古希腊思想）

谈到古希腊思想，我们要参考三种观点：荷马（Homer）史诗、德尔斐（Delphi）神殿以及亚里士多德哲学。

（一）荷马史诗：能够 = 应该 = 必然

荷马是古希腊盲眼诗人，生前四处吟唱，著有《伊利亚特》《奥德赛》等著名史诗，其中对于人性的界定，可概括为“能够 = 应该 = 必然”的公式。

《伊利亚特》的故事与古希腊神话有关。公元前 12 世纪，特洛伊城王子帕里斯（Paris）诱走了斯巴达[1]国王的妻子海伦（Helen），是可忍孰不可忍，于是希腊城邦组织联军，渡海远征特洛伊城[2]。战争延续十年之久，最后希腊人以“木马计”攻破城池，焚毁特洛伊城。

特洛伊战争中表现最为勇敢杰出的当数阿喀琉斯（Achilles），可谓“打遍天下无敌手”，颇像金庸小说《雪山飞狐》里的苗人凤。这反映了远古社会“能够 = 应该”的思维模式，即我有能力做到，就代表我应该去做，天生我材必有用，否则上天何必赋予我超凡的能力呢？因此，史诗塑造的英雄都是人高马大，武艺超群，靠赤裸裸的力量取得胜利。

“应该 = 必然”，必然代表命运。一座城池应该被毁灭，所以必然被毁灭，最后都是命运的安排，人们不需要抱怨，只能接受现实。“应该”也意味着“正确”，代表着“权力”[3]，由此衍生出“强权就是公理”的可怕论断，这种想法毫无正义可言，对人类文明构成了重大挑战，至今仍深深影响着西方人的思想。

人们常常好奇特洛伊城在历史上真的存在吗？它真如史诗中描绘的那般美丽和富饶吗？ 1870 年，从小为特洛伊故事着迷的德国考古学家海因里希·施里曼（Heinrich Schliemann，1822—1890）按照《荷马史诗》的描述，成功找到特洛伊城的位置。地下挖掘显示特洛伊城有九个地层，其中第七层与《荷马史诗》描述的时代相仿。施里曼从中挖出了大量金银珠宝，更重要的是证明特洛伊城

---

1 斯巴达，古希腊城邦之一。

2 特洛伊城，位于小亚细亚半岛西端，即现在的土耳其靠近爱琴海一侧的希萨利克（Hisarlik）。

3 权力、正确的英文都是 right。

确实存在过。

没有人希望重新回到“强权就是公理”的时代，但是“能力 = 应该 = 必然”的思考模式对后代产生了重要影响。黑格尔曾说：“实在的就是合理的，合理的就是实在的。”[1] 希腊人打下特洛伊城是事实，代表这种行动是合理的，这与古代思想类似。一件事能够做成，一定有其成功的理由，每个人都可以为自己找借口，如此一来，大家都不择手段，先下手为强。手段不关乎好坏，只看能否达成效果，这种观念对西方人有相当深远的影响。

然而我们也应看到，人生是完整的历程。当我们年轻力壮时，即使为所欲为，别人也无可奈何；但人终究会衰老，到那时我们会不会后悔当初的行为太过分呢?

这种以能力决定权力的思想，最后常常演变为暴力，使人类得到惨痛的教训。这样界定人性显然不够理想，由此演进到德尔斐神殿阶段。

第三节　认识你自己

（二）德尔斐神殿：认识你自己，凡事勿过度

德尔斐神殿是著名的古希腊神庙，位于雅典西北方帕尔索纳斯山麓，其中供奉的是阿波罗神（Apollo）。阿波罗是希腊神话中的太阳神，天神宙斯之子，代表着光明和理性。任何人对人生问题感到疑惑，都可向神殿女祭司献上一只羊，来求签解惑。通常女祭司的话含混不清，需要另外的祭司解释。

德尔斐神殿上刻了两句话：“认识你自己”和“凡事勿过度”。古代社会教育并不普及，除少数人受到完整的教育外，大多数人遇到人生困惑时，仍需要信仰的神明来解惑开示。在神殿上刻字就是一种普遍的全民教育方法。

“认识你自己”这句话至今对西方社会还产生着重要影响。心理治疗专家将它奉为格言，每当有心理疾病的患者前来就诊时，心理医师都会先问病人：“你了解自己，知道自己究竟想要什么吗?”

我们每个人在成长过程中都容易受他人影响，被各种广告宣传所打动，执

1 出自黑格尔的《法哲学原理》，原意指宇宙和人类的历史乃是绝对者的自我展现，实在界是绝对者（绝对精神）实现它自己所必须经过的历程。

着于许多东西，非要得到不可；真的得到之后常常发现，那并非我想要的。心理医师的治疗就是设法让人真正认识自己，了解自己的目标，不要轻易受他人干扰。

孔子说："富与贵，是人之所欲也。"（《论语·里仁篇》）每个人都希望得到财富和地位，但是在正当获取财富和地位的同时，也意味着必须承担相应的社会责任。财富越多，地位越高，相应的社会责任越大，否则财富和地位均难以为继。人们常常以为财富和地位重要，但真的得到才发现，为此失去的东西可能更多。

美国拍摄了不少电影、电视，描写家族成员之间为了追逐财富而钩心斗角，最后形同陌路，彼此仇视。当年纪大了，回首往事，才发觉得不偿失，追悔莫及，但是人生不能重来。因此我们首先要认识自己，究竟什么东西是我们特别想要的，为了它，我们甘心努力奋斗。

金庸小说《射雕英雄传》描写西毒欧阳锋为了"武功天下第一"的称号，练习"九阴真经"而走火入魔，最后忘了自己是谁，逢人就问"我是谁？"黄蓉告诉他："你是欧阳锋啊！"他又问："欧阳锋是谁？"忘了自己是谁，即使练成上乘武功又有什么意义！

我们偶尔也会在忙碌中怅然若失，不禁自问：我是谁，我在做什么，这些是我想要的吗？为了这个目标付出这么多究竟值得吗？与其更多地了解世界，不如更多地了解自我。

"认识你自己"属于"知"，"凡事勿过度"则属于"行"，两句话兼顾"知"与"行"，可谓相得益彰。"凡事勿过度"即行动适可而止，这需要高度的智慧和修养。我们常常话到嘴边脱口而出，本以为自己一片好意，结果反而造成更多的误会与隔阂。

子曰："人而不仁，疾之已甚，乱也。"（《论语·泰伯篇》）孔子说，一个人不行仁义，人们如果过分厌恨他，会使他作乱生事。因此，给别人留有余地，让别人有改过迁善的机会，一来一往之间，会对社会产生巨大的帮助。

孟子曰："仲尼不为已甚者也。"（《孟子·离娄下》）意为孔子是做什么事都不过分的人，这正说明孔子做人处事的分寸把握得当，凡事适可而止，表现出高度的人文修养和处世智慧。

荷马时代"能够＝应该＝必然"的思想，使人们误以为能力即是权力，从而演变为暴力，社会毫无正义可言，人类为此遭到惨痛的教训；到德尔斐神殿刻出“认识你自己”“凡事勿过度”两句话，西方社会逐渐懂得收敛。

这两句话说来容易做来难，只有念兹在兹，长期修炼，才能产生明显的效果。而对于大部分人来说，这两句话只是警示格言，由于缺乏系统完整的说明，人们并不清楚背后的道理何在，因而无法产生深刻的作用，效果终究有限。

第四节 善用理性的力量

（三）亚里士多德哲学：人是理性的动物

古希腊时期对人性看法的第三个阶段，是以亚里士多德为代表的哲学家的思想。

苏格拉底、柏拉图和亚里士多德为三代师徒，被称为古希腊三大哲学家。亚里士多德是马其顿人，马其顿地处希腊东北边缘，是巴尔干半岛上一个内陆城邦。柏拉图年轻时跟随苏格拉底学习，在柏拉图 28 岁时，苏格拉底遭人诬告而被判处死刑，柏拉图于是离开雅典，开始了长达十二年的周游列国生涯。他曾到过埃及、意大利等国家，40 岁时回到雅典建立学园，这是欧洲第一所大学。亚里士多德从 17 岁进入柏拉图学园学习，长达二十年，是柏拉图最出色的学生。

柏拉图去世后，亚里士多德回到家乡马其顿，因其父亲为马其顿国王的御医而受聘为马其顿太子的老师。这个太子就是后来的亚历山大大帝，当时年仅 13 岁，由于受到亚里士多德的教导，开阔了视野和心胸，日后建立了横跨欧、亚、非三洲的帝国。

亚里士多德为古代希腊学问集大成者，现代西方的各种学问，如逻辑学、形而上学、植物学、动物学、气象学，几乎都可以追本溯源到亚里士多德建立的方法和体系中。

现代流行的《EQ》[1]（*Emotion Intelligence*）这本书（译为情绪智商，简称情商）在第一页即引用亚里士多德的话：“任何人都会生气，这没什么难的。但是要能适时适所，以适当的方式对适当的对象恰如其分地生气，可就难上加难。”

1 作者丹尼尔·戈尔曼（Daniel Goleman，1946 —），于 1995 年出版。

生气谁都会，如何管理自己的情绪则是一门艺术。喜怒哀乐四种常见的情绪中，愤怒是最难控制的，也是最容易造成严重后果的。《易经·损卦》曰："君子以惩忿窒欲。"即君子由损卦领悟要戒惕愤怒，杜绝嗜欲，这对每个人都是非常重要的修养。

亚里士多德对人性有一个简单的说法："人是有理性的动物。"并且解释说，人的特征在于"灵魂根据 logos 来运作"。"logos"是希腊文，直译为逻各斯，最原始的含义是"言说"。说话的目的是与别人沟通，因此说话时应遵循理性的规律，避免出现前后矛盾，因而 logos 也表示人的理性。

"灵魂根据 logos 来运作"即代表人使用理性进行思考和沟通，从而发展出逻辑这门学问。逻辑就是思维的规则，不按规则思考容易产生矛盾，与人说话沟通也达不到良好的效果。后来 logos 又引申出非常丰富的含义，现代各门学科都以"-logy"为后缀，也是从 logos 一词衍生而来，代表以合理的方式表达某种专业学问，如 Biology（生物学）、Psychology（心理学）、Sociology（社会学）。

亚里士多德将人界定为有理性的动物，进而提出人生幸福的方法，使他的哲学构成完整的系统。他认为，人生的最大幸福在于将理性发挥到极致，即幸福在于理性的观想（theoria，或译为沉思、思索）。

观想最为自给自足，一有行动就代表有所不足，譬如之所以喝水是因为口渴，之所以锻炼身体是希望身体健康。观想不需要太多物质条件，不需要别人帮助，就可达到内在的满足，它的过程即是目的，本身即是结果，当下即是一切。

然而，人除了有理性，还有情绪、意志和各种复杂的欲望。为什么有理性的人经常做出非理性的事？为什么人们常常对自己的所作所为深感后悔？英文有句话"Never say never"，永远不要说"我永远不怎样"。自己发誓再也不做的事，都是我们最常犯的过错，它根源于我们的性格。除非彻底改变自己的思维方式和气质，否则一定会重犯，但要改变性格谈何容易！

由此可知，亚里士多德对人性的定义只注意到人与动物的差别，却忽略了人类本身并未完全排除动物的特性。接下来将要介绍的是欧洲中世纪基督教关于人性的看法。

第五节 信徒最多的宗教

就人的起源看人性（基督宗教）

从古希腊时代进入罗马时代，社会的主流思想并非来自罗马自身的文化传统。在罗马时代，影响最为深远的是由耶稣创立的、依托犹太教传统发展而成的基督宗教。

凡是相信耶稣是基督的人，都称为基督徒，他们组成的宗教团体都称为“基督宗教”（Christianity）。所谓“基督”就是弥塞亚（Messiah），即犹太教中的救世主。

基督宗教“一教三系”，按成立时间先后，分为天主教（Catholic）、东正教（Orthodox）和基督教（Protestant，又称“新教”）三大系统。

天主教（Catholic）历史最悠久，由耶稣创立，任命首席弟子彼得（Peter）为教会领袖。天主教以罗马梵蒂冈为中心，从古至今一脉相承，均以罗马教宗为主，全世界实行统一的一元化领导。罗马帝国在公元395年分裂为东、西罗马帝国，西罗马帝国于公元476年被当时开化程度不高的日耳曼人所灭。欧洲西部行政上陷于分裂，但是在宗教信仰上仍奉天主教为共同信仰，接受罗马教宗的统一领导。

东正教（Orthodox）始于1054年，当时西罗马帝国早已灭亡，东罗马帝国[1]仍然存在，因此东罗马帝国不再承认罗马天主教的权威，而以君士坦丁堡（今土耳其伊斯坦布尔）为中心建立教会，自居正统（orthodox意为正统），由于其地理位置在罗马东侧，故译为“东正教”。它的影响范围从巴尔干半岛到东欧、俄罗斯，一直延伸到中国的哈尔滨，哈尔滨至今仍保留着多座传统的东正教教堂。天主教为了与东正教争夺正统地位，历史上发生过多次战争。

基督教（Protestant，新教）始于1517年德国马丁·路德（Martin Luther，1483—1546）的宗教改革，至今有五百年历史，是三个系统中最晚出现的。Protestant具有“抗议”“反对”的意义，初衷是为了反抗天主教的腐败，但中文翻译为“基督教”，造成了不少理解上的困扰。因相对于原本的天主教（旧教），故又称为“新教”。

1 东罗马帝国于公元1453年被奥斯曼土耳其人所灭，比西罗马帝国多存在约一千年。

天主教、东正教、基督教（新教）都属于基督宗教，信徒都称为基督徒，他们相信同一个耶稣、同一本《圣经》、同一个上帝。三个系统的信徒加起来超过二十亿，在世界各大宗教中排名第一。

天主教目前仍由罗马教宗统一领导，而基督教（新教）则各自分立。20 世纪 80 年代美国登记的基督教（新教）已有两千多派，只要经济独立，有自己的教堂，对《圣经》有自己独特的解释方式，都可自成一体，建立新的教派。

罗马帝国初期所信奉的神明是从古希腊神话中继承而来的，仅仅改了名称。为什么罗马帝国会接受与自己传统信仰完全不同的基督教？

罗马帝国依靠强大的军事力量控制了犹太人，将帝国划分为十个省，犹太人占其中的 1/10。耶稣按犹太教传统创教之后，被犹太人当权派出卖，由罗马总督彼拉多审判而被钉死在十字架上，年仅 33 岁。然而基督徒相信，耶稣死后第三天复活了，于是信徒们重新集结，开始传教。

在开始传教的阶段，基督徒遭到罗马帝国的残酷迫害，当时罗马鼓励人们检举基督徒，被抓到的信徒要公开宣誓放弃信仰，否则其全部财产将被没收送给检举人，而信徒本人将被送进斗兽场喂狮子。然而信徒们高唱凯歌，视死如归，甚至拥抱狮子，这极大地震撼了罗马民众：究竟是什么信仰使得基督徒完全不惧怕死亡？经过三百年的流血牺牲，公元 313 年罗马皇帝君士坦丁大帝终于公开承认宗教信仰自由，并成为第一位加入基督教的罗马皇帝。

谈西方文化无法避开基督教，如果不谈宗教信仰，则无法理解为什么西方近现代哲学家仍念念不忘“上帝”这一概念，并在建构哲学系统时，一定要提出与“上帝”同样位阶的概念。这些表现都源于中世纪基督教的历史背景。

第六节　人是神的形象吗？

基督教的基本教义

上帝创造了世界和人类，人犯了罪，得罪了上帝，上帝让自己的儿子耶稣降临人间替人赎罪。耶稣由圣母马利亚童贞所生。耶稣劝人为善，爱人如己，后被罗马总督彼拉多钉死在十字架上，被埋葬后第三天复活，复活后第四十天升天，复活后的第五十天圣灵降临人间。他一生共收了十二个门徒，死后由门徒继续传福音。

耶稣对人说："不要抵抗恶人；而且，若有人掌击你的右颊，你把另一面也转给他。那愿与你争讼，拿你的内衣的，你连外衣也让给他。"（《玛窦福音》5：39）

无论耶稣的身世还是训诫，从理性上看都是荒谬而不可理解的。但基督徒普遍相信两点：

1. 我相信，因为那是荒谬的；

2. 我相信，是为了可以理解。[1]

如果理性上可以理解，人不需要借助于信仰。比如对于"地球绕太阳转"这一知识，无论是科学观测还是理论解释，都可以被人的理性所掌握，因而不用"相信"。但是所有宗教的教义都有不可理解、荒谬矛盾之处，无法用理性掌握，只能"相信"它是真的。

人有理性，为什么还会"相信"理性之外荒谬的东西？这是因为人虽然号称是"理性的动物"，但仍会做出许许多多非理性之事。人对自己的理性缺乏信心，面对人生的复杂现象仍觉得十分困惑。

更重要的是第二句话。第一句话解释了人"为什么"要相信，是针对过去。第二句"为了什么"则解释了相信的目的，是针对将来，相信了才会理解人生的意义何在。

人活在世上，身体难免生病受苦，饱受折磨；世上的善恶报应的不合理更让人觉得荒谬；最令人迷惑不解的是死亡：死后人还有灵魂吗？灵魂会去什么地方？灵魂还会回到人间吗？一旦相信宗教给出的解释，我们就会觉得人生是合理的而不再困惑。

基督教对人性的解释有两个重点：人有神的形象和人有原罪。

人有神的形象

人是上帝按照神的形象造出的。神没有身体，因此，神的"形象"不是指神的外形，而是指神是完美的、理想的典型。《圣经·旧约·创世记》[2]中，上帝在第六天造出了人，第七天是安息日[3]，上帝停止了一切创造工作，在这天

1 拉丁文：1. Gredo, quia absurdum est；2. Gredo, ut intelligam.

2《圣经·旧约》是犹太人的历史故事和信仰经验。

3 基督宗教将星期日定为礼拜日，因为耶稣星期日复活；犹太教则将星期六定为安息日。

休息。上帝创造了万物，觉得一切都很好。上帝用地上的泥土造人，在他鼻孔内吹了一口生气，人就成了有灵性的生物（《创世记》2：7）。正是这一口气，让人具有了良心。良心给人以道德要求，让人行善避恶，追求人生正确的归宿，因此人具备了神的完美形象。

神创造出的人类后来没有通过检验，犯了“原罪”，但不管原罪有多深，人始终有良心，可以向上追溯根源，回到神的世界。

基督徒相信“信耶稣，得永生”。但不相信基督教的人们就没有机会得救了吗？我中学上的是天主教教会学校，有些老师是天主教神父。我曾问老师：耶稣生活在公元前 4 年到公元 29 年[1]，而中国的孔子和孟子均早于耶稣的年代，他们是中国的圣人，难道没有机会升天堂吗？神父不知如何回答，只好说：“不要想太多。”

1962 年，罗马天主教会召集全球主教共同召开第二次梵蒂冈大公会议，宣称：“不信耶稣，一生凭良心做事，死后同样可以升天堂。”这说明人是按照神的形象造出的，人人皆有良心，良心的要求是一致的。只要行善避恶，终生按照良心的要求做事，任何宗教都会接纳你。但终生按照良心要求做事，又谈何容易！

第七节　人有原罪吗？

基督教认为人有原罪，这一观点成为基督教传入中国的绊脚石。明朝末年，西方天主教传教士来中国传教[2]，中国人很难接受人有原罪的说法。

中国宋朝学者将儒家思想解释为“人性本善”：朱熹（1130—1200）编纂的《四书章句集注》被列为科举考试的标准答案；王应麟（1223—1296）将“人

1 有关耶稣的年代有两种说法，一是以他为公元的起点（公元 1—30）；二是（公元前 4 —公元 29）。以耶稣的年代为历史纪年，始自公元 731 年，英国学者彼得编纂《英国人的教会史》一书。参考《四大圣哲》。

2 公元 1583 年，意大利天主教传教士利玛窦（Matteo Ricci）作为罗明坚（P.M. Ruggieri）的助手到肇庆传教建堂，此为近代天主教在中国内地传教的真正开端。

之初，性本善”编入童蒙读物《三字经》[1]。

社会大众虽然未必行善，但已普遍相信“人性本善”的观点，对于基督教“人有原罪”的说法只觉得十分刺耳，并未深入思考现实存在的情况：为什么西方宗教讲“人有原罪”仍有人行善，而中国讲“人性本善”却不少人做坏事？东西方文化刚一接触就产生了严重冲突。

对于原罪，我们可以换一个角度来理解。原罪不是说人生下来就有罪，而是问人间罪恶的来源是什么。人类世界从古至今就有罪恶，即使是好人也不大可能一辈子没做过坏事，所谓做坏事就是“明知故犯”。人性很脆弱，经不起检验。

人类社会罪恶的来源不能归因于上帝，只能归因于人类的祖先。《圣经》正是用神话的方式解释人类罪恶的来源。有些人认为《圣经》是神的启示，每一个字都不能更改。但《圣经·旧约》成书于公元前12世纪到公元前2世纪，当时的人们普遍认为宇宙分三个层次，上有天堂，下有地狱，地球是宇宙的中心，太阳绕地球运转。这样的描述在《圣经》中屡见不鲜，古人不可能超越当时人们对宇宙和人生的认知水平。

神按照自己的形象造了亚当和夏娃，让他们生活在伊甸园中，让地面生出各种好看好吃的果树。生命树和知善恶树在乐园中央，神给人下令说：“乐园中各树上的果子，你都可吃，只有知善恶树上的果子，你不可以吃。因为哪一天你吃了，必定要死。”（《创世记》2：16）由此可知，最初的人类并不能区分善恶。

但由魔鬼变身的蛇诱惑夏娃，说：“你们绝不会死！因为神知道你们哪天吃了这果子，你们的眼就会开了，将如同神一样知道善恶。”（《创世记》3：4）于是，亚当和夏娃偷吃了知善恶树的果子，破坏了与神的约定，得罪了神。神是无限存在的，人只是由泥土所造，因此人有了原罪，被逐出伊甸园。人类祖先犯了罪，后代的子孙也跟着受苦，这正是为了说明人性不够圆满。

人性不圆满是因为人有自由，人常常误用自由而犯罪，最明显的是在人生选择中弄错了次序，把重要的事情放在脑后而去追逐次要的事。人活在世上，财富、地位都是次要的，重要的是追求神的公义，行善避恶，照顾他人。

1 《三字经》，作者王应麟，南宋官员，经史学家。

原罪的说法可以解释为何人类历史上充斥着罪恶、不义、痛苦和战争，这些都来源于人性的不圆满。但丁的《神曲》（*Divina Commedia*）将人间罪恶归为“七宗罪”，排在第一位的是骄傲。人类本来由神所造，来自泥土，一无所是；但人类居然认为自己和神一样伟大，僭越了人应该有的身份，这就犯了“骄傲”的罪行。

宗教固然可以解释人类世界的种种问题，但却无法预测人类未来发展的不同境界。

第八节　怎样才可得救

我们习惯称西方中世纪为黑暗时代，然而基督教为中世纪的欧洲民众提供了安顿身心的途径。基督教的目标是让人可以得救，类似于佛教所谓的“解脱”境界。

在长达一千三百多年的中世纪里，天主教作为人们的精神支柱和教化来源，稳定了欧洲的局势。特别是在公元476年西罗马帝国灭亡后，文化上落后的部族（当时称为蛮族），如盎格鲁－撒克逊（Anglo-Saxon）、法兰克、日耳曼等民族掌握了西欧政权，但在宗教上仍接受罗马天主教的领导。这对于教育未普及、科技未发展的历史阶段是十分必要的，否则又会回到古希腊“能够＝应该＝必然”的强权时代，使地区陷于混战，文明难以传承和发展。

基督教中，一个人如果要得救，必须具备信、望、爱三种德行。

（一）“信”就是“信仰”，即“信耶稣得永生”

信仰对于人生好比定海神针，人生有如航海，先不要说要到哪里去，恐怕现在身处何方都是问题，而宗教信仰可以帮助人们找到人生的定位和方向。

现在到欧洲旅游，各城市的大教堂是一定要参观的景点，如举世闻名的巴黎圣母院大教堂（Cathédrale Notre-Dame de Paris），不仅建筑本身极富特色，而且内部的图案、布置也保留了中世纪天主教的主要特征，成为珍贵的文化遗产。

哲学与宗教的关系是：两者方向一致，方法不同。

宗教的方法是依靠信仰；哲学的方法是依靠理性思考，不断质疑，注重辩证思考。

宗教与哲学方向一致，都是追求最后的真相，希望了解最后的真理。哲学定义为爱好智慧，智慧不能脱离完整而根本的真相；宗教的方向是了解宇宙万物真实的本体。

在教育尚未普及、普通民众不懂什么是哲学思考的时代，依靠宗教信仰可以起到稳定社会的作用。宗教有明确的戒律，可以约束民众谨守规矩，要求信徒定期忏悔，给人改过迁善的机会，使人们在生命过程中不断调整自身的言行表现，从而使社会趋于稳定。

信仰与知识不同。宗教认为一般所谓的“知识”是向外的，比如了解自然界的变化规律，或了解人类的行为表现，这些都无法向内让自己安身立命。

宗教信仰要靠个人的机缘。有调查显示，80%以上的宗教信仰与家庭传统有关，子女大都会传承父母的宗教信仰。为了抵达共同的目的地，每个人会选择不同的交通工具，不同的宗教信仰恰似不同的交通工具。

相对于信什么宗教而言，如何信更为重要。

有些人信教之后，三心二意，心不在焉，信了和没信一样，言行没有任何改变。真正的信仰是相信之后，生命随之改变。

（二）“望”指“希望”

人活在世上，有希望不容易。人有生老病死，当一个人垂垂老矣、濒临死亡之际，还谈什么希望？宗教给人的希望一定在来世，将希望放在死后的世界，使信徒对于死亡不再有孤独无助和恐惧之感，反而充满希望。

“希望”还有更深一层意义。但丁《神曲》分为三部分：《地狱》、《炼狱》和《天堂》，在地狱篇第三首的《地狱之门》结尾处写道：入此门者，当放弃一切希望。地狱就是没有希望的地方，因此我们绝不能剥夺别人的希望，否则就好比置人于地狱之中。

（三）“爱”，源于希腊文 Agape，是一种不设限制的博爱

这种爱不能只爱自己的家人，而要推广到身边的每一个人。当有人在我身边出现且正好需要我帮助时，此刻我能帮助他，这才是博爱的表现。

中世纪基督教倡导信、望、爱三德，并通过教义使人们相信，只要坚持不懈，死后可以升天堂，得福报。中世纪的民众受到宗教的约束和限制，固然有其局

限性，然而另一方面，人们也化解了无谓的烦恼和困惑。借助信、望、爱三德，基督教对于中世纪的欧洲社会产生了积极的正面作用。

第九节　这个时代黑暗吗?

西方的罗马帝国时代是以基督教信仰为主导的时代，一般人称之为“黑暗时代”。欧洲 15 世纪开始文艺复兴，18 世纪出现启蒙运动，启蒙运动主要针对的是中世纪以来长期影响西方人的基督教信仰。启蒙运动的思想主调是无神论，目的就是要与中世纪划清界限。

因此，之所以称中世纪为“黑暗时代”，主要原因是近代欧洲开始注重理性思考，而中世纪则限制理性思考，以确保不会违背宗教教义。要完整理解中世纪的时代特色，还应注意以下几个方面。

首先，教会承担了中世纪人才教育的职责。西方第一所大学是由柏拉图于公元前 387 年在雅典建立的，存在了 916 年，于公元 529 年关闭。任何时代与社会，都必须有人接受教育，才能担负起管理社会的重要职责，否则人群像一盘散沙，无法形成正常秩序。

西方中世纪的教育资源掌握在宫廷与教会手中。教育内容为“七艺”[1]，即七种主要科目，包括：1. 实用的学问：算术、几何、天文、音乐；2. 思辨的学问：文法、修辞、辩证法（含逻辑）。

哲学只剩下辩证法或逻辑这一门科目。在柏拉图《对话录》中，苏格拉底与人辩论的正、反、合的过程，后来演变为辩证法。辩证法只是一种方法，哲学的根本关怀是爱好智慧，但中世纪的人们认为，《圣经》已经给人以明明白白的智慧，不需要做进一步的理性思考。

《圣经》中有一句著名的箴言“敬畏上帝是智慧的开端”。只要相信上帝创造世界，相信耶稣是救世主，就能得救。人活在世上如果一直向外追求，可能一辈子也寻觅不到根本答案，反而错过了真正重要的问题。

佛教创始人释迦牟尼也有类似的风格，他对宇宙和人类的来源之类的问题

1 全称为“七种自由艺术”，是西欧中世纪早期学校中的七种主要学科。

保持缄默。因为这些问题讨论起来并无明确的证据，大家各说各话，反而让人迷惑，错过生命中真正的重点。

在中世纪的一千三百多年中，哲学成为神学的女仆。哲学并无独立地位，只是提供逻辑思辨的方法，用来帮助神学定义和细分问题。

中世纪的哲学研究者大多数有宗教背景，主要任务是证明上帝的存在。对于虔诚的信徒，这一点并不需要证明，因为他们早就相信上帝的存在。这类证明主要是要说服那些不信上帝或信仰不坚定的人。然而各种理性途径证明的上帝，与信仰中的上帝完全是两个范畴。

亚里士多德比耶稣的年代早三百多年，他用哲学思考推论出“神”[1]的存在。这样的“神”是理性思维的最高境界，它既不倾听人类的祷告，也不受人类祭献所影响，这是哲学史上第一次清晰呈现的“哲学家的神”，它是宇宙起源的象征。

中国的《老子》一书中“道”就代表宇宙万物的来源。“道生一，一生二，二生三，三生万物”[2]，说明万物由“道”而来。同时，“道”本来没有名字，只能勉强称之为“道”[3]，这正体现了老子的智慧。基督教把勉强称之为“道”的宇宙来源落实化，从而限制了人的理性思考。

然而不能忽略的是，对于生活在中世纪的人们来说，因为有基督教作为信仰，人们生活得比较安适，从出生、受洗、结婚到死亡，生命中的每个重要时刻都有宗教仪式的配合，这使人们很清楚地知道：人活着是为了什么？人生的归宿何在？一生的所作所为到死亡时刻要对神明有所交代，神明会公正地做出审判，个人要接受善恶的报应。

因此，历史上称中世纪为“黑暗时代”，是针对当时人的理性被忽略这一点而言。但生活在那个时代也有其优点，人们无须为“宇宙何时消失”“人生意义何在”之类的问题而烦恼。这些问题难以回答，常常让现代人深感困惑。只有完整了解中世纪的时代特色，才能对所谓的“黑暗时代”有更为准确的理解。

1 亚里士多德将“神”定义为“第一个不被推动的推动者”（the first unmoved mover）。

2 译文：道展现为统一的整体，统一的整体展现为阴阳二气，阴阳二气交流形成阴、阳、和三气，这三气再产生万物。参考《傅佩荣译解老子》，东方出版社。

3 原文：吾不知其名，强字之曰道，强为之名曰大。

第十节　天翻地覆的近代

人类的生命特色与未来发展（近代世界）

心理学家弗洛伊德综观近代思潮的发展，提出三重革命说：1. 天文学革命（哥白尼的日心说）；2. 生物学革命（达尔文的进化论）；3. 心理学革命（弗洛伊德的深度心理学）。

西方在 15 世纪出现文艺复兴运动，文艺复兴的基本目标是希望回归古希腊的人文精神，这是因为欧洲一千三百多年的中世纪是以天主教为主导的时代，不能满足人类用理性认识世界的要求。

14 世纪中叶，欧洲发生了几次大瘟疫，死亡人数超过总人口的 1/3，宗教界的主教、神父、修女亦不能幸免，人们于是醒悟，仅靠信仰并不足以应付人间的全部事物。瘟疫的另一个后果是，由于死者众多，幸存者一下子拥有了较多的土地、房产和财富。于是，人们开始大力筹建大学，支持学术研究，以理性探寻人生问题的新答案。如始建于 1257 年的巴黎大学[1]（Université de Paris），即是欧洲最古老的大学之一。

除了天灾之外，宗教腐化亦构成人祸。天主教的权力和财富在 13 世纪达到了极盛，教皇积极干预欧洲各国的政治。14 世纪末期，甚至同时出现了三位教皇（1378—1417），他们各自有其支持的国家，相互争战不休。

天灾和人祸共同促成了 15 世纪的文艺复兴运动，并演进到 16 世纪的宗教改革和 17 世纪的科学革命。

（一）天文学革命

天文学革命即哥白尼革命。哥白尼推翻托勒密（Claudius Ptolemaeus，约 90—168）的“地心说”，提出“日心说”。基督教认为地球是宇宙的中心，人类是上帝在地球上用心造出的；而哥白尼指出，地球只是围绕太阳运转的小行星，这明显违背了《圣经》的说法。因此，哥白尼及其后起的科学家伽利略（Galileo Galilei，1564—1642）等人遭到了宗教势力的打压和迫害。

牛顿于 1687 年发表的《自然哲学的数学原理》（*Philosophiae Naturalis*

1 巴黎大学的前身索邦神学院（Collège de Sorbonne），始建于 1257 年，1261 年更名为“巴黎大学”。

Principia Mathematica），为古典物理学奠定了坚实的基础，完全改变了人类对宇宙的看法，成为科学革命的代表事件。牛顿在苹果树下被苹果砸到，因而思考“苹果为什么往下掉落而不向天上飞”，由此发现万有引力定律和运动三大定律（惯性定律、加速度定律、作用力与反作用力定律），使人类眼界大开，跳出以地球为宇宙中心的格局，放眼无限宽广的宇宙星系。夜晚群星闪烁，其中某一颗闪烁的星星可能早已消失，我们看到的只是它几百万年前发出的光线而已。

科学的巨大发展使西方人产生了强烈的自信和科技进步的观念，认为人类文明一直在进步发展之中。同时人们更加实事求是，试图了解真实的世界，不再去考虑是否符合《圣经》的描述，从而削弱了宗教的影响力。

（二）生物学革命

与天文学革命相比，对宗教信仰构成更大打击的是生物学革命。

达尔文（Darwin，1809—1882）于1859年发表《物种起源》，提出“进化论”，英文evolution指“演化”，演化不同于进化。“进化论”的翻译使人产生“进步”的联想，认为越来越好；“演化论”则不存在价值判断，更符合达尔文学说的原意。

进化论认为生物世界以“自然选择”与“机体突变”的方式演化，其过程是由无机物到有机物，由低等生物到高等生物，连人类也在其中。这完全颠覆了人们长期以来相信的“上帝用泥土按照自己的肖像造人”“人是万物之灵”的观念，其惊天动地的影响远远超过了天文学革命，对宗教信仰构成更大的挑战。

第十一节　进化论在说什么

1831年年底，生物学专家达尔文跟随英国皇家军舰“小猎犬号”出发，展开为期五年的科学考察之旅。其间，他四次横渡大西洋，探访南美大陆及其周边岛屿，深入南太平洋，远赴印度洋，亲历了丰富多变的自然与人文生态环境。比如他到过几个孤岛进行研究，发现某座岛上的蜥蜴全是绿色的，与另一座岛上的蜥蜴的颜色不同，他推测应该是蜥蜴为了保存自身不被天敌消灭，慢慢演化以适应环境的挑战。

达尔文用严谨的科学态度和实证考察，提出了具有高可信度的“进化论”，试图说明人类是怎么出现的。但达尔文也承认，在准人（Pre-human）到人的演化过程中，有一个“失落的环节”（the missing link）一直没有办法找到。

演化的过程遵循“物竞天择，适者生存”的规律。“物竞天择”强调自然的选择，不适应环境挑战的物种会被自然淘汰；“适者生存”说明生物必须慢慢演化、调整以适应环境。这种理论完全推翻了“上帝按自己的肖像造人”的宗教信仰，人由“万物之灵”的地位一落千丈。

多年来，西方学术界一直在思考、反省进化论，有四个方面的观点值得参考。

（一）是否所有生物像一条鞭一样演化发展，所有生物彼此关联

一切有机体都是由上一代有机体以胚胎、胚芽的方式繁衍出现的，不可能来自无机体。最初的有机体如何产生，仍需专家解答。如果按照进化论的观点，所有生物像一条鞭一样发展，那为什么有些生物会发展得更加复杂、精密？

即使基因突变可使生物适应环境挑战，但时间上也是以亿万年为单位计算的，无法重现。因此，“所有生物是进化而来的”这一说法既不是假设，也不是事实。

进化论不是假设，因为人类无法为复杂多样的生物界找到第二种更好的解释。在科学上为解释某种现象，科学家通常先提出某种假设，经由实验验证而不断修订假设，当假设可以圆满解释现象时，便成为新的理论，重大理论突破还可获得诺贝尔奖。但除了进化论，人们无法更好地解释为何复杂多样的生物彼此既相似、又不同，或者同一种生物在不同时空条件下会呈现出不同的样态。

进化论不是事实，因为生物演化过程动辄亿万年，不可能重现验证。有的科学家希望在实验室中模拟重现宇宙大爆炸，却难以完全成功。大爆炸发生在距今 137 亿年之前，复现的难度太高，且万一成功，恐怕会给我们小小的地球带来无法弥补的灾难。

（二）“进化是如何发生的”与“进化的方向”二者并不矛盾

至今没有人能说清原始单细胞有机物如何一步步演化到人类，但人们不能否认，进化成就了人类这种复杂的高等生物。

（三）进化的原因是什么，无法说清楚

物竞天择、自然淘汰的说法似乎很有道理，但很多原始单细胞生物现在依

然存在，也能适应环境的挑战。

（四）进化的意义是什么

这需要从整个进化过程达成的目标来评价。简单说来，进化的意义是造就了人类这样身体和意识合二为一、具有人类特有尊严的高等生物。

充分了解进化论之后，我们会发现进化论并不可怕，它不像上帝造人的说法那么简单清晰，易于理解。但借助科学研究的充足资料，我们也可以理解，人类的出现与生物的进化并不矛盾。

有趣的是，有些宗教神学家后来也接受了进化论，认为上帝创造人与上帝让人类以进化的方式出现并不矛盾，这代表宗教界也开始敞开心胸，接受科学研究的可靠成果。这样才能让人类的知识逐渐走向圆满的境界。

第十二节　人是猴子变的吗？

1859 年，达尔文发表《物种起源》（*The Origin of Species*），提出进化论。同年，西方诞生了三位著名的哲学家，包括法国的柏格森（Henri Bergson，1859—1941）、美国的杜威（John Dewey，1859—1952）和奥地利的胡塞尔。

柏格森反对进化论“物竞天择，适者生存”的思想，提出演化有三条途径——植物生命、本能生命和理性生命，强调了人的生命与其他生物的不同特色，建构了一套生命哲学体系；杜威是美国实用主义的代表人物；胡塞尔则发起了风起云涌的现象学运动。

在西方科学大力发展、人才辈出之际，中国则处于战乱状态。1840 年，中国与英国爆发了第一次鸦片战争，中国最终落败；1851 年，咸丰皇帝登基，同年太平天国起义，历经十四年至 1864 年结束；1894 年，中日甲午战争爆发。此消彼长，中西方力量对比的形势完全转化。

英国科学家李约瑟（Joseph Needham，1900—1995）编著 15 卷的《中国科学技术史》，专门研究了中国科技和文明的发展历史，该书指出：16 世纪之前（公元 1500 年之前），中国科技领先世界；在此之后，以欧洲为代表的西方世界则全面超越了中国。原因何在？因为西方的文化特色，造就了西方人实事求是的心态，即不带入主观情感，只就事实本身加以研究，从而引发了科学革命和科技迅猛发展。

进化论出现后，有两个问题始终困扰着后人：

1. 假如人真的是由其他低级生物演化而来，为什么人类出现之后没有继续演化出其他的高级生物？未来可能出现更高级的“超人”吗？

宇宙演化100多亿年之后出现了人类，目前地球人口超过70亿，但看不出有任何地区、任何人有演化进步的明显迹象。

尼采受进化论启发，提出“超人观念”。但尼采的“超人”不是生物学意义上的“超人”，而是指一个人将身体、心智方面的潜能发挥到极致而成为“超人”[1]。

2. 假如人是由低等生物演化而来，人的灵魂是什么？

灵魂可定义为生命原理。

树具有光合作用，能够生长，具有生命力，“向阳花木易为春”，植物为了生长而自然朝向阳光，可称为树之魂。动物除了生命活动，还具有知觉能力，能够觉察安危，对食物有本能的获取能力，称为动物之魂。如果按进化论“一条鞭”的演化方式，由于其他生物没有类似人的灵魂，因此在演化中无法加上人的特质。

人具有区别于其他生物的特质吗？人需要道德吗？人的道德是什么？按进化论的观点，只能用适应能力来评判高下，越适应时代挑战，越值得肯定。如此一来，复杂的人生问题被大大简化了，人类存在的意义都成了问题。难道人只是万物发展的一个环节吗？难道人“万物之灵”的地位最终会被新兴的高级物种所取代？

谈人性问题不能忽略进化论学说的重要发现，但紧接着我们就要思考如何为人的下一步发展找到方向。这是为什么现代人一方面认同以科学发现为支撑的进化论，另一方面仍愿意相信某种宗教，并以之作为人生信仰。

美国南方较为保守的得克萨斯州，几年前仍在讨论在小学阶段到底要教孩子们什么观点来说明人类的起源。上帝创造人类的说法，使人类保有高贵的尊严，而进化论有更多证据的支持，两派意见相左，吵得不可开交。如果只教一种，当学生长大面对真实人生的挑战时，又该何去何从？

1 尼采所说的“超人”，德文Übermensch，英文为Overman，意为“走过去的人”，尼采将人类比喻为一条绳索，是介于动物与超人之间的一条绳索。

第十三节　人与动物有何不同?

1859年，法国诞生了柏格森。柏格森继承了法国“文哲兼修”的精神主义传统，文采斐然。他于1928年获得诺贝尔文学奖，是哲学家中获得诺贝尔文学奖的第一人。这也激励后起的哲学家，如加缪、萨特、罗素等人陆续获得诺贝尔文学奖。

柏格森的代表作是《创造进化论》（*Creative Evolution*）。人们一般认为“创造论”和达尔文的“进化论”两者矛盾对立，但柏格森很好地融合了两种观点。一方面，不能否认人类与灵长类动物存在诸多相似。另一方面，按达尔文进化论的观点，进化为“一条鞭”式发展，人与动物有共同的祖先，这实在让人难以接受。如此一来，人的生命有何特别之处？柏格森认为人类生命演化中存在着与创造有关的成分。

有一次我去参观德国的动物园，专程找到黑猩猩馆，趁猩猩靠在玻璃窗边，我也将头紧紧贴在玻璃上，发现黑猩猩的头是我的头的四倍大小。专家研究指出，当黑猩猩与人类的体形相似时，黑猩猩的力量是人的四倍大。更重要的是，体形相似时，人的大脑容量是黑猩猩的四倍。这意味着，尽管动物园中黑猩猩的头是我的四倍大小，但其大脑容量和我一样，可见人类的神经系统更为复杂和精密，由此造成人与动物完全不同的生命结构特色。

马克思曾说：“再好的蜘蛛所结的网，也比不上一个最差的工人所造的房子。”这是因为蜘蛛结网依靠本能，永远都结一样的网而无法改善；工人造房子则可通过学习和思考而改良，多盖几次会越来越漂亮。这是人与其他生物的根本差别。

有一个狼人的故事更凸显了人类的特别。有一个小孩从小被狼叼走，十余年后被猎人救回，人们试图教他如何直立行走和说话，却发现对于常人来说最普通的两种能力，他无论如何也学不会。他只能四肢着地奔跑，无法起身直立行走。他的叫声与狼类似，教了半年也只能发出简单的“妈”的声音，也不一定清楚究竟是什么意思。

其他生物则不同。有一只狮子从小在羊群中长大，因为它的叫声和羊的叫声不同，所以常感到自卑。有一天，这只狮子忽然听到对面山上一头狮子大吼一声，猛然间觉悟自己原来是狮子，于是它也大吼一声，重新回到狮群之中。

这说明除了人类以外的任何动物，无论处于何种环境，其本能不会改变，狮子不会因为被羊养大而变成羊。只有人完全不同，如果从小没有生活在人类社会中，则会丧失直立行走和语言的能力。孩子能直立行走看似简单，却需要大人的帮助和长期训练，说话更是如此。中国人长大后再学英文，旁人一听就知道不是地道的英语或美语发音，有明显的中国腔。

柏格森认为人类与动物有不同的生命特色，动物只有种性却缺乏个性，人类除了有种性之外还具有个体性。古代原始部落均有图腾象征，如山边的部落用熊作为图腾，旷野中的部落用鹰作为图腾，古代中国人用龙作为图腾。为什么图腾不用人的形象？因为人具有个体性，再伟大的部落领袖都会过世，而用动物作为图腾则不会区分是哪一只动物。动物的种族不会灭绝，人类部落亦生生不息，于是动物图案成为部落的象征。

柏格森认为演化有三条途径，彼此不能混淆：1. 植物生命；2. 本能生命（动物）；3. 人类生命。人与其他动物的差别在于，动物用身体器官作为谋生工具来保障自身的延续存在，比如狮子牙齿锋利，而羚羊跑得快且耐力强。人类的特别之处在于，可以使用身体以外的东西作为谋生工具，进而可以创造属于人类的文明。

第十四节　人有自由吗?

法国哲学家柏格森的哲学被称为“生命哲学”，主要观点是创造进化论，认为整个宇宙的基础是“生命冲力”（élan vital，vital impetus），即宇宙背后有一股生命力量在发展。他提出的学说主要目的是反对决定论。

决定论否认人的自由，认为人类的表现是由身体条件、外在环境决定的，如许多心理学家所描述的：人通常以为自己是自由的，但被许多先天条件和后天因素所控制，只是本人不知道而已。

柏格森指出人与其他动物的不同在于：其他动物使用身体本身的器官（如手、牙、足）作为工具谋生，而人类可使用身体器官以外的东西作为工具，来实现个体的生存和发展，从而开创了人类的文化。

有人研究黑猩猩，发现它们懂得用竹竿、树枝挖出洞内的蚂蚁作为食物，但这与人类的创造、改善和推广工具的能力相比，差距十分明显。

有专家实验，将一个孩子与一只猴子同时放进栅栏，外面放上香蕉，里面放上竹竿，小孩子会用竹竿把外面的香蕉拨弄到栅栏里面，猴子模仿小孩，同样可吃到香蕉，但吃完后就把竹竿丢掉，而小孩则会保留竹竿，以待将来再用或加以改善。这正是人类的独特之处。

谈到“文化”，“文”字在中国古代造字时用两条线交错而画，在宇宙万物中，只有人类知道把万物交错使用，不断利用自然万物，实现自身的目标。

柏格森认为人的理性有两种作用：1. 理智；2. 直觉（intuition，即直观）。

1. 理智，能够制作和使用工具，这是出于实际需要的考虑，关注物质。

这种能力在带给人类方便和福利的同时，也带来了灾难。人为了用理智把握万物，发明了概念，如桌子、石头，从而建构了文字表述的世界。通过文字认识世界，使人类逐渐与真实的世界脱节，无法领悟生命真相。

2. 直觉，是对实在界的直接意识。

作为真正的人，不能只靠理智，还需要靠直觉来掌握宇宙真实的本体。

一般人常以空间来理解“时间”，但是空间与时间的特性完全不同。空间具有同质性，比如在不同的教室都可以上课，差别不大。时间则不同，今天因故推迟半小时上课，好像无甚差别。但半小时之内，可能突然发生地震、海啸等灾难；半小时内有许多人离开世间，又有许多人降临人间。因此时间不具有同质性，每一刹那都是独一无二的。

时间其实是一种绵延（duration），我们的生命就像川流不息的河流，绵延不断。一个人说的一句话、做的一件事，不能分割开来单独去看，而应看到这是他整个生命长河里展现出的一种力量。如此才有真正意义上的自由，否则人类没有自由可言，更遑论责任。

真实存在的是绵延不绝的生命冲力，只有靠直觉才能看到整体。如何能认识一个人？通常用概念描述讲不清楚，但一见到真人就知道他是谁，这就是直觉能力。我们可以根据一部分图案的线索就能猜出完整图案的样子，在心理学上称之为完形心理学（Gestalt psychology），这也借助了人类的直觉能力。

柏格森反对为自由下定义，因为定义是分析之后的结果，任何定义都会导致决定论的胜利，他认为“自由就是人与行动之间不可定义的关系”，自由行动源自更深的自我或整个人格。由此可以发现柏格森思想的重要。达尔文的进化论主张决定论，前面的条件决定后面的发展；而柏格森的创造进化论则展现出人类的生命特色。

人的生命源自“生命冲力”，如绵延的河流，融为一个整体。人使用语言和思考，以理智取代直观，以致无法领悟生命真相。人的自由不可割裂为某一时间的某种行动，而是更深的自我或整体人格的完整展现。如此可摆脱进化论对人性问题的负面干扰，为推崇科技的现代人提供了理解人性的又一途径。

第十五节　人的出现与任务

德日进（Pierre T. de Chardin，1881—1955）是法国人，柏格森的学生。他的名字是中国朋友帮他挑选的，中国古籍中常出现，意为道德每天进步。他 18 岁参加天主教耶稣会[1]，曾在中国居住 20 年。

德日进是第一流的地质学家、考古学家，曾经参加周口店北京智人的考古发掘工作。他年轻时受过神学、哲学训练，后来又深入研究地质学、考古学、物理学、天文学等学问，具有一般人难以企及的开阔视野，能够贯通物质与精神的相关领域。他对人类问题的思考，无论在广度与深度上均有其独到之处。

他的代表作《人的现象》和《神的氛围》都是在中国居住期间完成的。他是天主教耶稣会的神父，因为对原罪的见解与教会不同，被禁止发表自己的哲学见解，其著作直到去世后才被允许出版。他爱好智慧，追求真理，认为真正的信仰不能违背理性所掌握的真理，信仰与理性应相辅相成。

达尔文进化论有两个困难：1. 没有人能够还原进化的完整历程；2. 没有人能够把握进化何时停止。对此，德日进认为整个宇宙一直在朝一个方向演化，演化均经过三个阶段：发散、收敛和突显。

第一步发散（Divergency），宇宙最初由大爆炸而发散出一大堆粒子，有

1 耶稣会，是天主教系统内许多修会之一，重视学术研究，如果一个人名字后面加 S.J. 代表耶稣会神父。

原子、中子、正子、介子等，然后形成各种原子核及同位素；第二步收敛（Convergency），各种异质的原子收敛；第三步突显（Emergency），收敛集中的原子突显成为分子，分子经发散、收敛、突显演化成为细胞，细胞经同样三个阶段演化成为植物与动物。

人的出现是宇宙本身的觉醒，这是德日进思想最为重要的一点。宇宙不断演化，直到人类出现才发现演化的意义。意义即理解的可能性，没有人类的理性，宇宙如何演化将无法被理解也不需要被理解。譬如恐龙曾在地球上称霸，但恐龙存在了多久？6500 万年前为何灭绝？如果没有人类的思考，根本不存在这些问题。人类的出现，标志着宇宙演化取得了初步成果。

下面分别介绍德日进的主要观点。

（一）演化之能

演化是一种变化，在宇宙演化过程中，宇宙能量的总和是不变的（热力学第一定律）。演化过程中会产生两种能：切线能（tangential energy）和辐射能（radial energy）。

切线能又称为结合能，把同类物体组合在一起，建立外在联系，从简单变复杂；辐射能又称为向心能，它指导物体向更高层次发展，使物体内在精密程度提高，出现生命或意识。如植物自然向光生长，动物具有捕食和避难的直接意识。身体结构越精密，意识程度越提升。

（二）热力学第二定律

任何能量转变成热量之后，热量不能完全转回成能量（即一部分热量无法再做功），因此一个封闭系统中的能量会慢慢消耗掉，这称为熵增原理。熵（entropy），又译为“能趋疲”，亦即能量会趋于疲乏。

经科学家计算，80 亿年后，宇宙的能量将耗尽而归于沉寂。如此一来，宇宙的希望何在？按照当前人类的表现，根本等不到 80 亿年，单是温室效应导致的冰川融化、海平面上升，就会使未来的人们遭遇巨大灾难，更何况现有核武器的巨大破坏力能使地球毁灭 7 次。

人类的出现使宇宙本身意识到演化的目的，面对热力学第二定律的危机和挑战，每个人都要思考，人类应如何尽到责任，让宇宙能够继续存在和发展。

第十六节 跨过反省的门槛

（三）复构意识定律

有机体复杂的结构会孕生意识能力。生物在演化中结构从简单到复杂，在同样体形下，人类的大脑容量是黑猩猩的四倍，神经系统的复杂精密带来意识能力的提升。

意识有两种：

1. 直接意识[1]（consciousness），属于动物的本能。

一般动物只有直接意识，它们只能意识到外界，无法意识到自己，如牛渴了就会喝水。

2. 反省意识（reflection），只有人类跨过反省的门槛，出现反省意识。

人的“意识”能够意识到自身，像照镜子一样看到自己，发现自己与其他生物不同，与其他人也不同，自己是独特的个体，由此出现自我意识（self-consciousness）。

《旧约・创世记》中记载，上帝创造了亚当、夏娃，让他们在伊甸园生活，并规定不允许吃生命树和知善恶树的果子，夏娃经不住恶魔化身的蛇的诱惑，和亚当一起吃了知善恶树的果子，“于是二人的眼立即开了，发觉自己赤身裸体”（《创世记》3：7）。

我们不禁要问：难道亚当、夏娃原来没有睁开眼睛吗？其实他们原来与其他生物一样，只有直接意识，只能向外看，饿了就找果子吃，没有意识到自己的存在。吃完知善恶树的果子的一刹那，真正的人类出现了。

他们觉得害羞，于是用无花果树叶编了个裙子围身，这也标志着人类文明的开端。上帝到伊甸园散步，问亚当：“你在哪里？”亚当回答说：“我在园中听到你的脚步声，就害怕起来，因为我赤着身子，就躲藏起来了。”上帝于是知道亚当、夏娃偷吃了禁果。

动物没有自我意识，不会因为自己赤身裸体而觉得不好意思，而小孩到两三岁时不穿衣服就会觉得不好意思。这正是因为人能发觉自我是独特的生命，与团体中的其他人不同，在相互对比中发觉自身的差距。

---

1 直接意识是凭感觉接受信息后作出反应；反省意识则是指可以把自己本身当作观察和思考的对象，亦即，“意识”可以意识到自己。

除了人以外，其他动物会自杀吗？

有报道称，南极洲有几万只老鼠一起游到海里自杀。老鼠的集体行动一定是由于某种本能决定的，不是个体自己决定的，因而不能称为自杀。

有的地方出现成群鲸鱼上岸的现象，即使人们好心将它们推回海中，它们仍会再度游到岸上而死去。类似现象在古籍中早有记载，《淮南子》中两次提到："鲸鱼死而彗星出。"古人观察到彗星出现时，鲸鱼会上岸而死，这是因为彗星的出现会影响地球磁场，使鲸鱼的本能判断受到干扰。还好彗星影响很快就过去了，如果磁场干扰持续存在，可以想象地球生态会完全改变。

还有一些狗在主人过世后，不吃不喝，守在主人的坟墓旁，最后竟然饿死了，人们感动地称之为"义犬"。其实可能的原因是，主人生前用某种方法让狗不吃别人的喂食，长期训练形成狗的条件反射；主人去世后，狗仍按习惯守在主人坟墓旁，等到快饿死了，凭本能想去找吃的，却已经饿过极限而动弹不得了，称之为"义犬"，只是人类的善意而已。

德日进的复构意识定律代表西方哲学界已经可以更深刻地认识人性，人类跨过反省的门槛，出现自我意识，如此人类才可能自由选择自己的未来。

第十七节　人的未来何在？

德日进的思想让我们知道，宇宙经过 100 多亿年的演化，迎来了自身的觉醒。宇宙演化的目的是让人类出现。"在这个大牌局中，我们既是玩牌的人，又是被玩的牌。我们一放手，什么也没有了。"如果人类自暴自弃、自我毁灭，那么人类所认识和掌握的宇宙、地球的历史，以及人类文明都会变成一场空。

对于未来的生存之道，德日进有三点建议：

（一）人类应该携手合作，形成大综合。由认知开始，大家同心同德

人类应共同去了解宇宙演化的规律，除此之外没有第二种选择，因为"我们只有一个地球"。

（二）人要走向"超级位格"，由爱来统合万物及提升人格

位格代表具有知、情、意能力的主体，即具有认知能力、审美感受能力和意志抉择能力的主体。中文里"位"代表"你我他"，不能用于形容狮子、老

虎等动物。

在宗教信仰中，神、佛都是具有位格的。人跨过反省的门槛，具有自我意识，因此人也是具有位格的。“超级位格”是指打破个人的局限，形成超越个人生命的人类共同生命。

谈到“爱”没有人反对，但说来容易，从哪里着手才是关键。个人的欲望和执着会造成对他人的威胁和伤害，因此以“爱”提升人格，要从化解个人的欲望和执着入手。

（三）化解心物的隔阂，抛开物质的束缚以投向宇宙精神结局

德日进认为 α=Ω。α 和 Ω 是希腊字母的第一个和最后一个，分别代表宇宙的开始和结束。开始和结束相同，意味着宇宙从哪里开始，结束时又回到相同的地方。这可以理解为：一方面宇宙生生不息，周而复始；另一方面，结束回到开始代表圆满的结局，好像每个人生命终将结束，但如果结束后可升天堂或到西方极乐世界，则为圆满的结局。是否能达到圆满的结局，取决于人类自身，人类要自己决定自己的未来。

现代人类的情况，可用《易经·乾卦》九四[1]的文言传来描述：“上不在天，下不在田，中不在人。”“上不在天”，象征现代人失去了宗教信仰和对超越界的信念；“下不在田”，象征人类发展经济科技，造成与自然界的疏离，对自然界的过度开发利用导致自然界的报复；“中不在人”，象征现代人与群体产生深深的隔阂，彼此难以沟通理解。

同时还应加上一句“内不在己”，现代人向内已经忘记自己是谁。面对科技发展的浪潮，在天文学、生物学、心理学革命之后，信息革命带来了资讯爆炸，克隆技术带来了伦理困惑，现代人面临着诸多挑战，茫然不知所措。只有遭遇诸如科幻电影中的外星人威胁，不同的国家才有可能放下历史的恩怨情仇，团结一致成为“地球人”。没有外来威胁，人类世界只会四分五裂，彼此竞争、斗争以至于战争，希望人类团结一致似乎遥不可及。

但是人跨过反省的门槛，每一个人都可以自己思考自我的生命价值该如何安顿。一个人的力量不可能改变整个地球演化的走向和人类的命运，但我们至

1 《易经》中每一卦均有六爻，自下而上称为初爻、二爻、三爻、四爻、五爻、上爻。阳爻称“九”，阴爻称“六”。因为六爻配合天、地、人三才，所以，初、二两爻代表地，三、四两爻代表人，五、上两爻代表天。

少可以调整自己的心态，以正确的态度把握自己的未来。自我的改善会对身边的人产生影响，当越来越多的人朝向正确的目标前进，就可迸发出更大的力量。

人的未来在哪里？德日进说："在我看来，地球的整个前途，正如宗教，系于唤醒我们对未来的信念。"我们应该对未来抱有希望，相信自己可以决定自己的未来走向，并由近及远推扩发展，影响更多的人共同走向人类美好的未来。

第十八节　我该何去何从？

了解了西方关于"人性的真相"的观点之后，我们该如何把握人生的方向？

古希腊哲学家苏格拉底被人诬告判处死刑，临死前学生问他："老师，您如果走了，我们今后该怎么办？"苏格拉底的回答时至今日仍有启发性："今后你们要像以前一样，按照你们所知最善的方式去生活。"他所说的最善的方式不是升官发财、扬名立万等世俗利益，而是要我们思考，什么样的人生才是有价值的，如何做才是正确的选择。也许几年之后由于大师启发或个人觉悟，我们会发现原先的认知存在偏差，发现之后就立刻按照新的方式去调整。人只能对现在负责，真诚面对现在的自我。

就算有人能描绘出一条人生的光明大道，不同年龄、不同阅历的人的理解也各不相同。哲学是爱好智慧，别人的智慧对我而言只是认知的对象，智慧无法直接传授，因而苏格拉底常说"我只是帮助别人生出智慧的胎儿"。

对于人性的真相，《荷马史诗》中描写的人性原始而野蛮，"能够 = 应该 = 必然"，人有什么能力就应该做什么事情，即使对别人造成伤害也属于命运的必然。

德尔斐神殿的刻字，在古代教育尚未普及的阶段起到教育民众的目的，它的作用类似于座右铭。子贡曾请教孔子："有没有一个字可以终身奉行呢？"孔子说："应该是'恕'吧，己所不欲，勿施于人。"[1]（《论语·卫灵公篇》）孔子明确指出，终身奉行一句格言也可达到理想的效果。

1 原文：子贡问曰："有一言而可以终身行之者乎？"子曰："其恕乎！己所不欲，勿施于人。"

对于一千三百多年的欧洲中世纪，不能简单地认为那是没有公理和正义的“黑暗时代”。这期间欧洲一直动荡不安，发生过几次毁灭性的战争，正是宗教修道院保存了历史文物。许多隐修士祷告之余，将古代经典刻在羊皮上，大量关于农业、水利、工程、哲学、文学、神学的著作因此得以保存，否则西方文明将无法传承和发展。基督宗教演化为天主教、东正教、基督（新）教三个系统，信仰使当时的人们有明确的人生方向，知道自己应该何去何从。可惜的是，哲学没有得到充分发展，哲学成为神学的女仆，仅为宗教提供思辨的方法，用以证明上帝存在和教义合理，理性本身失去了独立地位。然而，这期间探讨的问题仍有价值，不能完全抹杀。

近代以来，西方发生了多次科学革命，以进化论为代表的生物学革命显著地改变了人们对人性的看法。我们无法反驳进化论的观点，即所有生命有机体从简单到复杂一路演化发展，现代人相信上帝用泥土造人只属于信仰范畴。但进化论的问题是，认为人是由其他生物演化而来的，因而人只是高级生物，这种观点让人无法接受。

以今日的科技水平，人类作为生物活着并不难，但作为人，我们还是要思考人生意义的问题。如果无法回答，代表人生是不可理解的，因而是荒谬的。20 世纪中叶，存在主义哲学家们普遍探讨“荒谬”的观念，不断追问人生的意义何在。

针对进化论的缺陷，两位现代哲学家分别提出自己的观点：

柏格森提出创造进化论，认为宇宙的基础是“生命冲力”，有一种挡不住的力量在推动宇宙的演化发展。演化分为三个方向：植物、动物和人。柏格森将人类与其他生物区隔，认为这种分隔是“质”的差别，不是“量”的差别。

德日进融会贯通了自然、人文、哲学与神学等学科知识，清晰地展现了人类意识跨过反省的门槛，具有与其他生物完全不同的特色：只有人能够认知过去，针对现在做出抉择，并面向未来承担责任。个人生命如此，人类共同的未来也如此。

后续章节会介绍中国传统的儒家、道家思想，我们届时将进一步阐明人性究竟是什么。

第四章

神话与悲剧

第一节　神话是迷思吗?

本章介绍西方文化中的神话与悲剧。

电影《泰坦尼克号》妇孺皆知，讲述的是一艘豪华巨轮“泰坦尼克号”在首航途中撞上冰山而不幸沉没的故事，这场海难被认为是20世纪人类十大灾难之一。船名泰坦尼克（Titanic）源自古希腊神话第一阶段的“泰坦族”（Titans，又称巨人族）。

当泰坦尼克号巨轮撞上冰山即将沉没之际，甲板上的四位音乐师共同演奏了一首小提琴曲《更近我主》[1]（*Nearer My God To Thee*），其旋律在西方耳熟能详，家喻户晓，广受基督徒的喜爱。最终由于泰坦尼克号配备的救生艇不足，妇女儿童优先登船，几位乐师不幸罹难。

欣赏这部电影，需要具备两种背景：一要熟悉希腊神话元素，二要了解自犹太教发展而来的基督宗教的背景。西方文化从古希腊到罗马，一路演进到近代欧洲和现代欧美文化，成为当今世界的主流文化，又被称为现代化或西化。作为中国人，为了更好地认识和弘扬中国传统文化，参考和借鉴作为现代社会主流思潮的西方文化是很有必要的。

神话：神界故事，民族的梦，不自觉的虚构

神话是有关神的故事，是一个民族的梦，是这个民族不自觉的产物。

神话大多没有明确的作者，同时流传着多个不同的版本，它是一个民族早期口耳相传留下的文化产物。当代美国神话学家纽瑟夫·坎贝尔（Joseph Campbell，1904—1987）说：神话是众人的梦，梦是个人的神话。每个人都会做梦，代表每个人都有神话。

为了更好地理解神话的特色，需要与童话进行对照。童话有明确的作者，是讲给小孩听的故事，如丹麦作家安徒生（Hans Christian Andersen，1805—1875）所写的童话：童话的开头一般为“很久很久以前”，它不涉及具体年代，

1 *Nearer My God To Thee*（《更近我主》）是19世纪由莎拉·亚当斯（Sarah Flower Adams）与她的妹妹共同创作，中文版收录在中国基督教新编赞美诗374首，也翻译作《与主接近歌》。

因为它不是历史事件；童话有赏善罚恶的规则，且结局通常很完美，“从此以后，王子与公主过上了幸福快乐的生活”。而现实人生很少有明确的结果，因为人生还在不断继续向前发展。因此，童话的特点是：作者明确，内容清晰，可实现预期的教育效果。

神话一般没有明确的作者，通常始于创造世界。

《圣经·创世记》第一句即为“起初，神创造天地”，有研究《圣经》的学者认为，“起初”指距今6000—7000年前[1]，这与现代科学公认的宇宙形成于距今约137亿年前的说法相距甚远。

远古时代，人类无法按照现代科学的方式说明宇宙的起源；但人类有理解的需求，因此，只能靠想象去描写神的故事，以此来解释宇宙和人类的起源及发展。人活在世上，要活下去并不难，但更重要的是要理解人类为什么而活，活着有什么意义。

所有历史悠久的民族均保留了丰富的神话，讲述了本民族的祖先与神明之间的特殊约定或特殊关系。正是这些神话树立的信念，使得今日许多少数民族在世界主流文化面前，依然保留了本民族的传统，保持自身的独立地位，安心接受自己作为少数民族的命运。

奥地利与德国接壤，两国同文同种，德国在近代一度成为世界强国，为什么奥地利人没有到德国去谋求更好的发展，反而长期维持其独立地位？一位曾留学奥地利的老师介绍，当地每晚11点全天电视节目结束后，所有频道同时播放一句话：没有奥地利就没有欧洲，没有欧洲就没有世界。孩子在这样的环境中长大，自然以奥地利为荣。对于近代欧洲，正是由于奥匈帝国[2]的强大，才奠定了今日欧洲的格局。

每一个国家或民族都有类似的神话，说明本民族顶天立地，不同凡响，与神明关系特殊，否则后代子孙如何了解自己生命具有的独特价值，并将民族文化发扬光大呢？

弗洛伊德曾写信给爱因斯坦说：“对你而言，我们的理论好像是某种神话

---

1 根据1654年爱尔兰大主教詹姆斯·厄舍尔悉心研究《圣经》后推算得出的结果，世界始于公元前4004年的3月23日，也就是说，地球仅有6000年的历史。

2 奥匈帝国：1867年匈牙利自治，奥地利帝国正式更名为奥匈帝国。1918年第一次世界大战后，奥匈帝国解体。

学，但物理学和所有科学，不都是与此类似的某种神话学吗？”弗洛伊德的心理学名著《梦的解析》（*The Interpretation of Dreams*），在爱因斯坦等物理学家看来像是神话。然而，物理学家突破人类的认识极限，得到对世界更深刻的认识，使人生豁然开朗而充满意义，这不也是一种神话学吗？

第二节　万物互相转化

神话的基本信念可概括为四点：天人无间、万物有生、情感主导、戏剧性格。

天人无间

天代表大自然，人代表人类，天人无间是指大自然与人类之间没有隔阂，是一个生命共同体。人的生命如何与万物相通？

中国传统的中医蕴含了宇宙万物相通的观念，中药当中有动物、植物和矿物，比如植物类的甘草，动物类的蛋壳、蝉壳，均可用于人的喉咙保养。人的生命需要从自然界的动物、植物、矿物中摄取养分，以保持自身的良好状态。

前文提及，尧帝时庭院中生长着一种名叫“屈轶”的草，有谗佞的奸臣进来，草就指向他。《说文解字》中提到一种名叫“獬（xiè）豸（zhì）”的动物，体形大者如牛，小者如羊，额上长一角，能分辨是非曲直，专门撞向邪恶之人。在古籍中至少出现过三次类似记载。

这些记载在现代人看来不仅不合常理，甚至难以想象，植物和动物怎么可能分辨人类的是非善恶呢？但透过神话式的描述，却能使人们认识到宇宙万物与人类之间没有区隔，宇宙是一个完整的生命有机体，日月山川，草木虫鱼，每一样东西都在整体之中。

在古希腊人看来，神等同于力量，力量即是诸神。神（theos）与力量（theoi）的字根相同，两词同出一源。

太阳光芒万丈，因而有太阳神（阿波罗）；狂风力量惊人，因而有风神（Aeolos 埃俄罗斯）；海上波涛汹涌，因而有海神（Poseidon 波塞冬）；人死会下地狱，因而有地狱之神[1]（Hades 哈得斯）。如果神明无法展现力量，那

1 又被称为“地府之神”“冥王”“冥神”。

么它存在与否对人类没有影响。

古希腊神话与童话相仿，树木会讲话，动物会思考，这可以使蒙昧的先民了解自身的生命状态，认识到宇宙与人类是彼此互通的。

早期神话常与自然界有关。在古代，人的生命完全暴露于大自然的威力之下，风动草偃，任何东西背后似乎都有神明存在，抑或是神明的化身。中国古籍亦不乏对山神、海神的描写，《庄子·秋水》描写秋天雨水很大，各条小河一起灌入黄河，黄河之神“河伯”以为自己了不起，东流至海见到北海之神“北海若”而倍感惭愧，两神之间于是展开了一段精彩对话。

一般认为中国古代最早的神话是《山海经》。专家指出，《山海经》成书于战国中期到汉初，并一度成为当时的显学，达官贵族人人研究[1]。《山海经》的“经”并非指古代“经典”，而是指“经历”，描写山脉的绵延走势与河海的流经灌注。该书的背景是大禹治水期间，沿途考察各地的山川水土，记载了各种奇闻逸事，内容光怪陆离，超乎人的想象。《山海经》可以看作神话，不必问真假，而要看到神话背后的“天人无间，万物有生”的信念。

万物有生

万物有生是指万物都有生命，可以相互转化。

几乎每个民族都有大地之母（Mother Earth）的神话，一切植物由大地生养，动物和人类从食物链向上回溯，也都能找到大地作为其根源，就像自己的母亲一般。

神话中，所有生命可以相互转化（Everything can become everything），人可变成鸟，鸟亦可变成人，十分有趣。《山海经》中有的动物人首马身，与西方射手座的形象有几分相似；有的动物龙首人身或鸟首龙身。最常见的还是人面兽身的形象，显示人们希望可以与之沟通，以避免完全的无知和恐惧。

通过神话的描述，整个宇宙变得豁然开朗，由神秘莫测变成可以理解和沟通的世界。这样才使得我们的祖先活得安稳，进而不断开创出灿烂多姿的文化。

---

1 参见《国学与人生》，傅佩荣著，东方出版社。

第三节　神的恩怨情仇

情感主导

神话发展并非依靠理性思维，不像现代小说那样有明确的前因后果。神话通常以情感为线索，以喜怒哀乐爱恶欲等七情六欲为主导，神明往往拥有与人相似的强烈情感表现，反映出未经文化陶冶修饰、情感不受理性节制的人性原始面貌。

戏剧性格

神话的故事情节就像戏剧或电影，充满了张力，以戏剧的方式重现了宇宙的起源与奥秘。随着文明的发展，希腊神话一方面演绎出希腊悲剧，另一方面走向理性之路，演变为希腊哲学。著名荷马史诗《伊利亚特》[1]（*Iliad*）描写了希腊联军攻打特洛伊城的故事，其背景即与神话有关。

古希腊神分为两个阶段：第一阶段为巨人族（Titans，泰坦族）；第二阶段为奥林匹斯山上的诸神，以天神宙斯（Zeus）为主，天后是宙斯的妹妹赫拉（Hera）。

珀琉斯（Peleus）和海洋女神忒提丝[2]（Thetis）结婚时，奥林匹斯山诸神都应邀前来祝贺，唯独忘记邀请纷争女神厄里斯（Eris）。厄里斯心中充满怨恨，设计报复。她在宴会席上丢下一颗金苹果，上面写着：送给最美丽的女神。可谁是最美丽的女神呢？天后赫拉、战神雅典娜和爱神阿芙洛狄忒当即为此争吵起来，最后找到人间最英俊的男子——特洛伊城王子帕里斯[3]当裁判。

神像人类一样充满嫉妒，她们纷纷设法贿赂帕里斯。赫拉许诺："只要选我是最美女神，就给你权力和财富。"雅典娜是雅典城的守护神和战神，也是智慧女神，但此刻显然未表现出智慧，她许诺："如果选我，就让你战无不胜，攻无不克，威名远扬。"爱神阿芙洛狄忒许诺："如果选我，则让你拥有完美的爱情，让天下最美的女子爱上你。"

帕里斯年轻俊美，想拥有一份美好的爱情，他不假思索，选择阿芙洛狄忒为"最美女神"，由此得到了天下最美丽的女子——斯巴达国王的王后海伦，

1 伊利亚特：Iliad，是特洛伊的希腊文音译。

2 珀琉斯和忒提丝是神话英雄阿喀琉斯的父母。

3 即今日法国首都巴黎的名字来源。

但因此引发了希腊联军讨伐特洛伊城。希腊联军历经十年苦战，最后上演“木马计”，取得了战争胜利。希腊联军攻打特洛伊城是客观存在的史实，可见古代神话与历史纠缠不清。没有神话作为背景，人们很难解释为什么希腊联军要坚持十年围攻特洛伊城，并最终将其付之一炬。

另一部荷马史诗《奥德赛》（*Odyssey*）讲述伊萨卡（Ithaca）城邦国君奥德修斯（Odysseus，或称尤利西斯）在结束特洛伊战争后，如何历经艰险，花了十年时间才得以返国的故事。《荷马史诗》中最英勇的英雄当数阿喀琉斯，因为他的母亲是海洋女神忒提丝[1]；最聪明的英雄则是奥德修斯，正是他献的木马计攻破特洛伊城。

特洛伊战争结束后，奥德修斯在海上漂流，到了一座小岛，被凶残成性的独眼巨人波吕斐摩斯（Polyphemus）困在山洞中，独眼巨人吃人就像吃一块肉，他吃掉了奥德修斯的许多同伴。独眼巨人问奥德修斯叫什么名字，他机智地回答：“我叫‘无人’。”

后来奥德修斯和同伴用烧红的尖木棍刺瞎了独眼巨人的眼睛，独眼巨人痛苦地大声求救，其他巨人问他：“是谁把你的眼睛弄瞎的？”独眼巨人说：“无人。”巨人们很纳闷，纷纷回去了。奥德修斯和同伴们藏在羊的肚子下，躲过独眼巨人的检查，总算逃离了小岛。但是独眼巨人的父亲是海神波塞冬，于是海神要为儿子报仇，制造了海上灾难和妖女，最后只有奥德修斯一个人勉强活着回到了自己的国家。

这些神话故事以情感为主导，具有戏剧式的情节，表面上是在讲述神话故事，实际上都是在讲述人类自己的故事。时至今日，当我们阅读这些神话故事时，还会从中发现自己的心路历程，使我们深受启发。

第四节　由神话而理解

为什么人类需要神话？神话有哪些作用？

有人认为，远古时期人类的理性能力有限，当人类文明出现后，人可以逐

1 忒提丝：海洋女神，海神涅柔斯（Nereus）和海洋女神多丽斯（Doris）的女儿。

步掌握自然规律，成为自然的主人。因此对现代文明社会而言，没有继续探讨神话的必要。其实未必如此。“神话是众人的梦，梦是个人的神话”，今天我们每个人仍会做梦，都会想象未来的不同境遇，对未来充满希望，这恰恰反映了神话存在的作用。

中国古代用四个阶段说明文明的发展：有巢氏、燧人氏、伏羲氏和神农氏。

第一阶段为有巢氏阶段。有巢氏并非特指某一个人，而是代表古代社会发展的一个阶段。远古时代的人类穴居野处，野兽众多，充满危险，《庄子》[1]和《孟子》书中均有记载。《孟子·滕文公下》[2]记载夏桀、商纣为了个人享乐，圈占了大量民宅农田，聚集了大量的虎豹犀象。说明古代中原地区体形庞大的野兽众多，人民生命毫无保障。有巢氏时期就由穴居改为在树上结巢而居，以躲避危险的野兽。

第二阶段为燧人氏阶段。燧人氏学会了取火，可以用火取暖和对付野兽，这对人类意义重大。希腊神话中，普罗米修斯（Prometheus）为维护人类而欺骗了天神宙斯，使得宙斯拒绝向人类提供生活必需的最后一样东西——火，于是普罗米修斯到天上盗取了火种，使人类得以征服自然。由此可见，无论东方还是西方，都认为火的制取使人类得以掌握优越的生存条件，从而使人的生活逐步稳定下来。

第三阶段为伏羲氏阶段。传说伏羲氏发明了易经八卦，是中华民族的人文始祖，位居三皇之首，但将其看作一个时代更为合适。“伏”代表驯服，“羲”代表野兽，伏羲氏把野兽驯服成家畜，为人所用。《易经·系辞下传》中又称其为“包牺氏”[3]，“包”同“庖”，即伏羲氏教人烧菜做饭，使人们的饮食更加安全卫生。

第四阶段为神农氏阶段。神农氏又称炎帝，为农业和医药的发明者，有“神农尝百草”的传说。神农氏之后又出现“黄帝”，为五帝之首，因此中国人自

1 参见《庄子·盗跖》。原文：古者禽兽多而人少，于是民皆巢居以避之，昼拾橡栗，暮栖木上，故命之曰“有巢氏之民”。

2 原文：坏宫室以为污池，民无所安息；弃田以为园囿，使民不得衣食。邪说暴行又作，园囿、污池、沛泽多而禽兽至。

3 原文：古者包牺氏之王天下也，仰则观象于天，俯则观法于地，观鸟兽之文与地之宜，近取诸身，远取诸物，于是始作八卦，以通神明之德，以类万物之情。

称是“炎黄子孙”。

神话可以帮助我们了解祖先如何在上古洪荒时代，一步步开拓出适合人类生活的世界。

神话的目的是用神的故事来说明宇宙如何由混沌进入秩序。混沌即混成一团，无法区分时间与空间。“上下四方曰宇，往古来今曰宙”[1]，“宇宙”是时间与空间构成的整体，希腊文中“宇宙”为 cosmos，代表秩序。人在有时空秩序的宇宙中生活，才能更好地思考人生意义的问题。如果没有神话，则无法解释人类如何由洪荒时代过渡到文明社会，为何出现社会分工，为何人的欲望如此复杂?

印度最早的经典《吠陀经》主要由奉献给众神的颂歌构成，包括四部分[2]，其中就有“鸡子神话”这种创世神话的类型。中国盘古开天辟地有两个版本，最早记载于三国时期吴国徐整所著的《三五历纪》，描写天地混沌如鸡子（鸡蛋），盘古生在其中，每天长大，天地因而慢慢撑开。《吠陀经》在公元前1500 年已经出现，三国时期（220—280）佛教早已传入中国，因此专家认为盘古开天辟地的神话原型可能来自印度的“鸡子神话”。

另一个版本的盘古开天辟地记载盘古累倒后，他的双眼、四肢、肌肤、血液变成了太阳月亮、江河大地，这种说法也有其来源。由此可见，古代各国神话有相似的基本类型，很难分清神话最早起源于哪个国家。古代各个民族面对相同的自然界挑战，人们的认识和理解十分相似。

远古时代，在人类理性尚未充分发展、知识尚未形成系统的情况下，神话使人们可以理解自己的生存状况，进而安定下来谋求更好的发展。

第五节　比历史更真实

神话有以下四种作用：1. 掌握真实；2. 建立原型；3. 为世界带来意义与结构；4. 说明自然现象、社会分工和人的欲望。下面将分别加以介绍。

---

1 出自《尸子》，作者尸佼。

2 《吠陀经》包括四部分，分别是《梨俱吠陀》《娑摩吠陀》《耶柔吠陀》和《阿闼婆吠陀》。

掌握真实

神话可以帮助人们掌握真实，这令人难以置信。神话明明是虚构的，如何能掌握真实呢？神话的英文为myth，发音与“迷思”类似，所以有人戏称“神话就是迷思”，是胡思乱想而已。然而，事实未必如此。

何谓“真实”？一般人会认为，只有历史记录才是真实的。历史是有关真实的记载，只能按照特定作者的特定角度，记述真实的一个侧面，没有人能全部还原真实的历史。意大利历史学家克罗齐（Benedetto Croce，1866—1952）认为：“一切历史都是当代史。”（《历史学的理论和实际》）历史就是现在活着的人解释过去发生的事，历史被不断重写或重新解读，有时甚至出现完全相反的解释。

中国古代著名史学家司马迁在《史记》中为帝王所作的传记称为“本纪”，其中包括《项羽本纪》和《吕后本纪》，引发后人不少争议。司马迁有自己的判断标准，他认为刘邦死后，吕后号令天下，莫敢不从；同样地，项羽有五年时间号令诸侯，其间刘邦也向项羽称臣，项羽是当时天下的实际统治者，自然可以写“本纪”来记载。

后代的人却不一定接受这样的说法。项羽虽然“力拔山兮气盖世”，但在“楚汉争霸”中最终还是输给了刘邦，成者为王，败者为寇，自然不能尊项羽为帝王。可见，历史写作者本人的人生观决定了其解读历史的角度，如此一来，哪里有真实可言？

历史在时间长河中一去不复返，就像我们今天生活在21世纪，同样也是时光飞逝，一去不返，将来的人们看今天的我们也不过是一个历史片段而已。既然历史一去不复返，那么了解历史又有什么意义？我们能从历史中学到什么？

也有人认为历史是不断重复。“不断重复”是指“类型接近”。黑格尔曾说：“人类从历史中学到的唯一教训就是，人类无法从历史中学到任何教训。”（《历史哲学》）人类所犯的过错一再出现，这是因为人性相同，人们对于环境的反应模式是类似的：有人得意，就有人失意；有人成功，就有人失败；有人号令天下、称王称霸，就有人卑躬屈膝、俯首称臣。相似的历史类型不断上演。

神话的“真实”是指“类型”上的真实。神话通过神的故事来展现真实的人生历程，帮助人类了解“生老病死、喜怒哀乐、恩怨情仇、悲欢离合”的人生完整历程，这是永远存在而无法逃避的“真实”类型。阅读神话是发现自我的过程，是回归自我心灵深处的旅程。我们在神话中会发现内心对永恒的向往：希望“善有善报，恶有恶报”，希望一个人有什么样的行为，就会有与之相应的结果。

历史中的善恶报应，不会如想象中那样对称和公平。世上很少有人认为自己受到了公平的待遇。与命运坎坷的人相比，我们不禁自觉幸运；但与春风得意的人相比，我们难免心生委屈。纵观历史，我们很难从中发现生命的基本类型。

神话是永恒的循环，永远回归到普遍的事实；神话是人们不自觉的虚构，是一个民族对理想的投射；神话通过情感主导和戏剧情节，使人恍然大悟，彻底理解人生。这不就是我们要求的真实吗?

古希腊神话中神明众多，每个神明背后都有一段故事，他们的遭遇和感受是常人放大几倍后的呈现，人们在口耳相传的过程中，逐渐发现了自己的真实处境，体会了内心的真实感受，了解了人际互动的基本形式，掌握了“善有善报，恶有恶报”的真实类型。

历史在时间长河中一去不复返，难有真实可言。神话的真实是类型的真实，是永恒的回归，它帮助每一个人重新回到内心深处的根源。

第六节　跨过生命缺口

建立原型

神话的第二个作用是建立原型，即建立原始的模型。

人活在世界上，无论生在什么时代，长在什么地方，总会经历生命中四个重要断裂：出生、成年、结婚、死亡。经过这四个关卡，生命状态将发生明显改变。神话通过描写神明经过类似生命关卡时的遭遇和表现，建立原型，供人参考。如果没有神话，人在经历断裂时，难免觉得困惑而不知所从。

出生。意味着新生命的诞生，每个人都欢迎新生命的到来，并准备让一个位置给他。新生命的降临好似宇宙从混沌进入秩序，开始时难免造成混乱。新的生命需要立足点，我们出生时别人给了我们机会，我们的下一代同样也需要生存空间。对于新生命的降临，每种文化都有独特的风俗：中国有的地方在小孩出生后，父母要送亲朋好友红蛋，表示新生命到来，请大家多多关照；孩子满周岁时要抓周[1]，预测小孩未来事业的发展方向。

成年。成年礼在古代是十分重要的礼仪，在现代社会则只保留了某种外在形式。澳大利亚某些原住民在男孩满 15 岁后，会给他一把小刀，让他独自一人进入森林生活一周。如果通过考验，代表他有资格进入成年人的社会，可以与大人一起抽烟喝酒，并承担狩猎、作战等保护部落的责任。

结婚。代表两人天地相合，阴阳相配，可以组成家庭，传宗接代。其中的礼仪繁复而重要。

死亡。死亡对人的生命特别重要。死亡是结束吗？或是死亡只是一个通道，是通往另一个世界、另一种生命的通道？《西藏生死书》[2]中描述，人死后到下次投胎转世需要经过七轮世界，七七四十九天。濒死之人需经过喇嘛的教导，这一过程将带给陪同的亲友们强烈而切身的经验。喇嘛并非只是回顾死者生前美好的一面，而是对死亡进行一种冥想。人的生命来自大地母亲，死亡后要回归母亲的光明，回归到原始状态，由此自我意识与宇宙意识之间没有任何障碍而完全融合。

天主教十分重视宗教仪式。婴儿出生后要"受洗"，代表洗去与生俱来的原罪；孩子成年时要举行坚振礼（confirmation），要坚定其信仰，从此自己负责；结婚、死亡都有相应的礼仪。各种宗教都有类似的礼仪。

礼仪是一套完整的行为模式，如穿着特制的礼服，在特定时间举行特殊的仪式，每一个信徒都要模仿古代原始的生命状态。经过这些仪式，信徒的生命进入不同的阶段。整套仪式背后有完整的神话作为解释，否则人们只是参加仪式，无法理解仪式背后的深刻内涵。

不同民族都有神话建立的原型。当人们面临生命的关卡时，通过神话故事建立的原型，人们会发觉，自己的生命要进入不同的阶段，与其他人的关系需要重新调整，有全新的责任需要自己承担。

心理学认为"原型"就是完整而正确的模型，每个人可以从中体悟出生命的正确状态。借助这样的原型，个人生命可以恢复与整体的和谐关系，可以获

1 抓周：新生儿周岁时，将各种物品摆在孩子面前任其抓取，常见的有笔、墨、纸、砚、算盘、钱币、书籍等，此风俗魏晋南北朝时已存在。

2 《西藏生死书》：作者索甲仁波切，1947 年出生于西藏，西藏宁玛派大圆满喇嘛。

得担当的勇气和前行的力量。否则，面对生命的一去不返，人会感到茫然无助，无法回归生命的原始状态。

很多人并非基督徒，每年也会过圣诞节、复活节[1]，这些节日正是基督教通过完整的神话故事构建的原型。佛教的浴佛节[2]和各种斋戒仪式，背后也有神话故事，帮助人们进入生命的新境界。

神话通过讲述神明和英雄的生命历程，为人们提供了参考借鉴。人们将会意识到，我们今天面对的生命困境和挑战，以往的神明和英雄都曾经面对过，今后的人们也一样会经历类似的挑战，于是人们不再担惊受怕，可以从容以对。

第七节　世界有意义吗？

为世界带来意义与结构

意义即理解的可能性。别人说希腊文而我无法听懂，表示这句话对我来说没有意义，也就是不可理解。我们生活在世界上，世界可以被我们理解吗？神话可以用来说明世界的意义和结构。

创世神话通常描写的是，世界如何由开始的混沌（chaos）进入有秩序的宇宙（cosmos）。秩序是指时间、空间具有明确结构。神话可以让人清楚地知道上下四方、前后左右的空间方位，准确地把握过去、现在和未来的时间顺序。神话的宇宙观一般包括三层世界：上有天堂，下有地狱，人在中间，海洋是陆地的延伸，人的生命在这样特定的时空结构中可以安稳地发展。

世界上许多文明都会找到某种特定的东西代表生命的核心，最常见的是通过山和树的接引，与最高神明建立关系，称之为“圣山”“灵树”。

《庄子》书中描写古代大树的树荫可以遮蔽几千头牛，甚至一千辆马车[3]，

1 复活节：Easter Day，纪念耶稣复活的节日，在西方教会传统里，为春分满月后的第一个星期日。

2 浴佛节：每年农历四月初八，是佛祖释迦牟尼诞辰。

3 出自《庄子·人间世》。原文：南伯子綦（qí）游乎商之丘，见大木焉有异，结驷千乘（shèng），隐将芘（bǐ）其所藾（lài）。译文：南伯子綦到商丘游玩，看见一棵大树与众不同。一千辆四马共拉的大车，都可以隐蔽在它的树荫下。

树之高大让人难以想象。澳大利亚有个原始部落以一根枯槁的树干为圣树，他们相信部落的祖先从这棵树上得到生命，不管部落迁徙到何方，都会带上这根树干，这会使他们心中安稳。这根树干象征了部落生命的来源，是他们生命的核心。

中国的“中”字也有深刻的内涵。“中”字在古代指一面旗帜。原始社会为图腾社会，每个部落都会选取某种动物作为部落图腾，象征部落的生命来源，并将其绘制在旗帜上。通常部落首领所在地插旗为号，以此作为部落中心，区分东南西北四方。每当旗帜升起，部落百姓要迅速向中间集聚，迟到的人还有可能被杀。旗帜只有一面，但风一吹两面飘扬，由此构成“中”字的原始形态。

我们的祖先称自己为中国，带有神话的特别含义，体现了中国人以本民族为文化中心的优越感。《左传·成公十三年》中记载“民受天地之中以生”，说明中国百姓在天地中间得到生命，可见“中”这个字对中国人来说意义重大。

印度文化以恒河[1]作为圣河。对一般人而言，恒河只是一条普通的河流，似乎不太卫生，河面上漂浮着动物死尸，以及人死后焚化的骨灰；但对印度人来说，恒河是生命之源，是印度人生命的核心。印度人还认为牛是神圣的。这些神话或神圣之物意在让人与永恒接上关系。

犹太人认为自己是上帝的选民，为了这一信念，犹太民族在几千年的历史发展中饱受摧残。但也正是这样的信念，使得犹太民族在艰难困苦中得以延续发展，宗教背后的神话是犹太民族生命的基础。

古希腊神话中，混沌初开，出现了大地女神盖娅（Gaea）和深渊神塔尔塔洛斯（Tartarus）。大地女神演变出天神乌拉诺斯（Uranus）与山神乌瑞亚（Ourea）、海神蓬托斯（Pontus）。然后大地女神盖娅与天神乌拉诺斯搭配，天地相合，生下了泰坦族，其中克洛诺斯（Cronus）后来推翻了天神父亲乌拉诺斯。

天神 Uranus 的前缀“Ur”在德语中意为“根源”，克洛诺斯 Cronus 与 chronicle（编年史）字源相同，象征“时间”，代表时间的出现使根源消失。

克洛诺斯与妹妹瑞娅（Rhea）生育了六个子女，由于担心子女叛变，克洛诺斯吞噬了自己的孩子，这代表时间吞噬一切。人的生命经验是，时间一去不复返，不管是荣耀还是屈辱，过去就没有了，好似船过水无痕，了然无踪迹。

1 恒河，发源于喜马拉雅山南麓，流经印度、孟加拉国，注入孟加拉湾。

瑞娅把最小的孩子宙斯换成石头包在襁褓中，克洛诺斯吞下石头并未发觉异常。宙斯成年后迫使父亲吐出了其他五个兄姐。于是宙斯自立门户，由此进入希腊神话的第二阶段——奥林匹斯山诸神阶段。

神话表明世界由原始的根源进入到时间，又由具有统治意志的宙斯主宰，象征着权威和力量。但宙斯的权力有限，并非全能，他的哥哥海神波塞冬掌管海洋，另一个哥哥地狱之神哈得斯掌管地府。希腊神话帮助古希腊人了解了世界的意义与结构。

在科技不发达、教育不普及的古代社会，人类仍需要理解生命的意义和世界的结构，神话正可以起到帮助人类理解世界的作用。

第八节　都是神的问题吗？

神话可用来说明自然现象、社会分工、人的欲望

（一）神话可用来说明自然现象

为什么一年分为春夏秋冬四季，春夏秋三季万物生长，冬季则万物凋零？希腊神话中，宙斯与德墨忒尔（Demeter）的女儿珀尔塞福涅（Persephone）被冥王哈得斯[1]劫走，成为冥后。德墨忒尔是丰收女神，她十分悲痛和愤恨，使得大地寸草不生，四处饥荒。宙斯于是找到哈得斯，希望让女儿回到母亲身边，否则人类将统统死光，没有人类献祭和顶礼膜拜，神明也将失去其尊贵。于是，哈得斯同意一年中三分之二的时间珀尔塞福涅可以回到地上，此时万物生长，欣欣向荣；三分之一的时间留在地府，此时万物凋敝，一片衰杀。希腊神话解释了季节变换的节律，是古人理解自然现象的重要渠道。

（二）神话可用来说明社会分工

人在社会中生活需要分工合作，每种行业都有其独特价值。希腊神话的众神有各自的分工，天神、海神、地府之神分别掌管天、海、地府三大领域。天神宙斯子女众多，他的儿子太阳神阿波罗负责艺术和音乐，阿波罗的儿子医神阿斯克勒庇俄斯（Asclepius）管医药，阿波罗的孪生妹妹月亮女神[2]阿特米

1 罗马神话称为普略同（Pluto）。

2 又称“狩猎女神”。

斯（Artemis）管狩猎（古人常在月光下打猎）。宙斯的另一个儿子赫淮斯托斯（Hephaestus）是火神和建筑神。赫尔墨斯（Hermes）是传讯神，他的形象是一个鞋上有翅膀的俊美男孩。另外还有战神阿瑞斯（Ares）、法律神忒弥斯（Themis），人间每种行业几乎都可以找到其守护神。

古希腊城邦雅典的守护神是智慧女神雅典娜，传说从宙斯的头部出生。雅典娜是宙斯亲生的女神，在母亲墨提斯（Metis）怀孕期间，命运女神摩伊拉（Moira）告诉宙斯，墨提斯将生下一儿一女，儿子将来会推翻宙斯的统治，宙斯害怕了，于是把墨提斯吞进肚子。过了一阵子，宙斯头痛欲裂，就让儿子火神赫淮斯托斯用斧子劈开自己的头颅，雅典娜便从宙斯的头颅里出生了。她头戴发光的战盔，手持长枪盾牌，眼睛中闪烁着智慧的光芒，战无不胜，攻无不克，成为雅典城邦的守护神。

酒神狄俄尼索斯（Dionysus）促进了希腊悲剧的产生。负责牧羊的是潘神（Pan），专门照顾牧人和猎人。英文 Panic（惊慌失措）正是由 Pan 衍生而来的，形容羊群受到惊吓而四散奔逃的慌乱场面。西方文化正是从神明的互动中演化发展而来的。

电影《雷神索尔》一再重拍，其故事情节源于北欧神话。索尔（Thor）的父亲是北欧最高神明奥丁（Odin），索尔拥有三样宝物：腰带、手套和雷神之锤。

阅读神话最大的困难是没有统一的版本，每个神话中都有许多神明的互动，这些神明有的来自其他文化，如两河流域[1]神话、埃及神话等。现在看到的希腊神话于公元前 1000 年左右出现，当时已经有其他文化进入这个系统。

（三）神话可用来说明人的欲望

人的欲望无穷，欲望得不到满足就使用各种阴谋诡计，做出各种不道德的行为。希腊神话后来被一些哲学家批判，神明的许多作为在人类社会上是不允许的，用神话教导百姓岂不成了反面教材？这些哲学家恰恰忽略了神话可以起到说明人的欲望的作用。

希腊神话中每个神都表现出了人类的复杂情感和欲望。天神宙斯与众多女神、凡人女子生了许多孩子，他的儿子太阳神阿波罗继承了乃父之风，私生子众多。人的情感欲望非常复杂，人在面对自己内心的欲望时，常感到可怕甚至

1 两河流域：指底格里斯河和幼发拉底河之间的美索不达米亚平原。主要由苏美尔、阿卡德、古巴比伦、亚述等文明组成。

绝望。神话用神的故事说明，神也会做出这类行为，人们不用担心，不管做任何事情都是可以理解和原谅的。否则人一旦犯错，容易丧失前进的勇气。

总之，神话有四种作用：1. 掌握真实，真实不是在时间中发展的历史真实，而是类型的真实，是永恒的回归原始状态；2. 建立原型，帮助人们跨过生命的关卡，使人们不因为生命类型转变而放弃奋斗意志；3. 为世界带来意义与结构，使人们可以理解世界的结构，发现生命的意义；4. 说明自然现象、社会分工和人的欲望，使人们身心安顿。

现代人是否仍旧需要神话？答案是毋庸置疑的。但是现代人需要的神话类型应该与古代神话有所不同，后面章节将进一步讨论这个问题。

第九节　谁创造了世界?

神话的主题可大致分为六种类型：创世、造人、灾难、救世、文化超人以及英雄典型。以下分别加以介绍。

创世

人活在世界上会对宇宙的起源充满好奇，因为起源亦会影响未来的归宿。人们最熟悉的创世神话是犹太教《圣经·旧约·创世记》中描写的：起初，神创造天地。神说要有光，就有了光。神一共花了六天时间创造了万物，第六天造出了人类。上帝说要有什么，什么东西就会出现，人的理性很难理解这种从虚无中创造万物的方式。

一般说来，创世神话有五种类型。

第一种，由至高创世主直接创造。即《旧约·创世记》中记载的，创世过程从无到有，上帝说有什么，什么就出现。

第二种，通过生成。由地球上某种内在力量支配，像胚胎一样孕育成功。

第三种，世界父母。以太阳、月亮或中国传统的一阴一阳为原始的二元力量，生出各种生命。

第四种，宇宙蛋。如鸡子神话，宇宙像鸡蛋孵化，蛋壳分为两半，上面是天，下面是地，中间出现人类。

第五种，陆地潜水者。一切生命由水而来，水是生命和大地的来源。

不同类型的创世神话都要说明宇宙如何由混沌进入秩序，混沌有两个特点：空间上无法区分前后左右、上下四方；时间上没有前后的连续发展。

“混沌”在《庄子》书中就曾出现过，庄子所讲的寓言显然有神话背景。《庄子·应帝王》记载，南海的帝王叫倏（shū），北海的帝王叫忽，中央的帝王是混沌。倏与忽经常在混沌的土地上相会，混沌待他们非常和善。倏与忽想要报答混沌的美意，就商量说：“人都有七窍，用来看、听、饮食、呼吸，唯独混沌什么都没有，我们试着为他凿开。”于是，一天凿开一窍，七天之后混沌就死了。[1]说明人有七窍可以看、听、饮食、呼吸，从而由混沌进入人类的世界。

前文谈到盘古开天辟地的神话有两个版本，一个为三国时期徐整所著的《三五历纪》，其中记载：天地混沌如同鸡蛋，盘古在其中出生了，过了一万八千年天地开辟。盘古每天变化九次，天每天高一丈，地每天厚一丈，盘古每天长高一丈。经过一万八千年后，天变得极高，地变得极深，由此才出现了人类。[2]按时间推测，这种鸡子神话类型很可能是由印度《吠陀经》演变而来。

另有“盘古化万物”一说，最早见于南朝梁人任昉（460—508）所著的《述异记》。盘古死后，头变成四岳，眼睛变成日月，肌肉血液变成江海，毛发变成草木，呼吸变成刮风，声音变成打雷。[3]

盘古神话的记载时间较晚，中国创世神话也有更早的版本记载，但均语焉不详。

造人

《圣经·旧约》记载，上帝在第六天用泥土造人，并吹了一口气，这构成了人类的两个关键元素：泥土造人说明人的生命来自自然界，吹一口气代表注

1 原文：南海之帝为倏，北海之帝为忽，中央之帝为混沌。倏与忽时相遇于混沌之地，混沌待之甚善。倏与忽谋报混沌之德，曰：“人皆有七窍以视听食息，此独无有，尝试凿之。”日凿一窍，七日而混沌死。

2 原文：天地混沌如鸡子。盘古生其中，万八千岁，天地开辟。阳清为天，阴浊为地。盘古在其中，一日九变。神于天，圣于地。天日高一丈，地日厚一丈，盘古日长一丈，如此万八千岁。天数极高，地数极深，盘古极长。后乃有三皇。

3 原文：昔盘古之死也，头为四岳，目为日月，脂膏为江海，毛发为草木。秦汉间俗说：盘古头为东岳，腹为中岳，左臂为南岳，右臂为北岳，足为西岳。先儒说：盘古氏泣为江河，气为风，声为雷，目瞳为电。

入了神的力量。这两种力量的结合，使人的生命比自然界万物更为高级，成为万物之灵。古人发现人类的特性后，用神话来说明人性的根源。

中国神话女娲造人的详细记载也出现在三国时代[1]，更早期的记载较为模糊，屈原的《楚辞·天问》是战国后期的作品，里面提到“女娲有体谁能匠之”。女娲抟土造人的过程与犹太教《圣经·创世记》中的记载相似。古人由此相信，人的生命来自伟大神明的创造。

西方现代存在主义哲学家海德格尔引述过一则中世纪的拉丁文寓言，讲述了造人的过程，并揭示了人的本质是“挂念”，人终其一生都处在挂念之中：

挂念过河的时候
看到一块黏土
他思念着
拿起黏土开始塑造
他正在想自己做了什么东西
精神来了
挂念就请求精神把精神赐给这块土
他轻易地得到他所求的
当挂念要取它的名字时
挂念说取为“挂念”
精神不肯
他说你应该取我的名字
因为我把精神给了这块土
挂念与精神在争论不休时
大地起来了
他说应该取名为“大地”
因为是他提供了肉体
于是
他们邀请时间来做法官

1 应劭（约153—196年），东汉学者，著有《风俗通义》，记载了女娲抟土造人之说：“俗说天地开辟，未有人民，女娲抟黄土作人，剧务，力不暇供，乃引绳于泥中，举以为人。”

法官作这样的公正判决
精神既然给了精神
死了之后你取回精神
大地既然给了肉体
死了之后你取回肉体
挂念既然最先塑造
有生之日
就让他来掌握
但是
现在因为名字而发生争执
可以称它为 homo
因为它似乎是由泥土（humus）所造成的

第十节　谁来拯救人类?

灾难

为什么人类出现后会造成灾难？因为人有理性，会通过人为设计改变自然界的状态，创造对自己有利的生活条件，久而久之就演变为自然界的灾难。古代一再出现的灾难题材是洪水灭世的神话。

最著名的洪水灭世神话当数犹太民族的诺亚方舟的故事(《旧约·创世记》)。诺亚奉神的命令建造方舟，带上自己的家人以及各种飞鸟、牲畜、爬虫各一对进入方舟，随后天降大雨，连续下了四十个昼夜，洪水淹没了所有土地。除了诺亚一家人和方舟内的动物以外，其他生物和人类都灭亡了。

中国大禹治水的故事与诺亚方舟类似，都不约而同地选择了洪水作为背景。人类在利用自然界谋求生存的过程中，不加节制，乱砍滥伐，使得水土流失，生态平衡遭到破坏，从而形成巨大的灾难。

现今的澳大利亚沙漠面积广阔，然而，几百年前并非如此。当初英国人刚到澳大利亚，看到澳大利亚中部有很多树木既不开花又不结果，不够美观，于是把它们砍伐殆尽，大面积种植从英国运来的树种。然而英国的树木无法适应澳大利亚四面环海的特殊气候环境，大片土地逐渐沙化，最后竟变成沙漠。这是近代有记录的生态破坏事件。人类自古至今不断制造着各种生态灾难，史不绝书，但人类并未从中吸取教训，反而变本加厉地不断上演。

救世

中国家喻户晓的救世神话当数女娲炼石补天的故事。水神共工和火神祝融交战，共工战败，生气地用头撞倒了撑天的立柱不周山，天塌了半边，天河之水注入人间。于是，女娲炼出五色石补好天空，折断神鳌的四足撑起天地四方，平洪水杀猛兽，拯救了世人。

1973 年马王堆汉墓出土的帛画为 T 字形，自上而下把世界描绘成天上、人间和水下三个层次。最下面有裸身巨人撑着大地，巨人脚下踩着两只像龟又像鱼的海底生物。这幅画展现了古人对宇宙结构的理解，古人认为天地是被某种力量撑起来的。

大禹治水的不同版本中，多次提到“息壤”。“息”并非“停止”，而是由“气息”引申为“生长”“生命力”之意。“息壤”是古代传说中一种能够自己生长、永不减耗的土壤。原来的大地被洪水淹没，大禹用息壤填洪水，使土地重新不断生长，二度创造了世界。许多神话正是从灾难后如何拯救世界和人类开始说起的，灾难之前的原始世界已经无从了解。大禹治水的故事流传甚广，人们称赞大禹“八年在外，三过家门而不入”，该故事背后很可能具有神话背景。

犹太人称救世主为弥赛亚（Messiah），并将亚伯拉罕（Abraham）奉为共同的祖先。在遇到饥荒的年份，由亚伯拉罕的孙子雅各（Jacob）带领子孙迁往埃及。开始由雅各的小儿子约瑟[1]（Joseph，当时身为埃及宰相）照顾，约瑟死后，犹太人沦为奴隶，在埃及做了 430 年的苦役。后来在摩西[2]（Moses）的率领下离开埃及，迁回迦南地[3]（今巴勒斯坦）。后代人将历史事实、英雄事迹与神话

1 约瑟：雅各与拉结所生的小儿子，因聪颖得其父偏爱，遭众兄嫉恨将其卖到埃及。因给埃及法老释梦得到重用，被任为宰相。预见灾荒，建仓储粮，使埃及仓满粮足。其故乡遇饥荒，与前来埃及买粮的弟兄相认和解，接全家前往埃及。与其兄弟一起被视为以色列十二列祖之一。

2 摩西：是公元前 13 世纪时犹太人的民族领袖。史学界认为他是犹太教（Judaism）的创始者。《圣经・旧约・出谷记》中记载，摩西受耶和华（神）之命，率领被奴役的犹太人逃离古埃及，前往迦南地。经历 40 多年的艰难跋涉，他在就要到达目的地的时候去世了。

3 参考《圣经・旧约・出谷记》（和合本译为《出埃及记》）。

信仰相融合，创造了摩西这一救世典型。

中国的关公与之类似。关羽是历史上的真实人物，他过五关、斩六将等忠烈事迹令后人感动，于是人们便将各种神话附会在他身上，将关公塑造成一个让人顶礼膜拜的英雄典型。人们崇拜的正是人类心中永远的光明典型。如果没有英雄典型，人类要何去何从？

犹太人自称是上帝的选民，饱经患难，终于由大卫（David）于公元前1004年建立以色列国，但不久，公元前933年即分裂为北部的以色列国和南部的犹大国，并于公元前722年和公元前586年分别被亚述人征服和被巴比伦人灭亡。犹太人一直期待救世主弥赛亚的出现，曾有许多人自称弥赛亚，最后都归于失败，直到耶稣[1]出现。耶稣到底是真是假？耶稣继承了犹太人的传统信仰，具有宗教背景，符合神话的典型。

创世、造人、灾难和救世，是神话最原始的题材类型，不同文化背景的神话都有类似的故事。罗马神话完全继承了希腊神话，只是改变了神明的名字，如希腊神话的宙斯在罗马神话中被称为朱庇特（Jupiter），神明的事迹基本类似。

神话并非异想天开，纯属虚构，而是人类祖先在原始洪荒状态下的真实需求。今天虽已进入21世纪，科技发展，知识进步，但仍然无法完全替代神话的作用。

第十一节　文化超人来了

文化超人

所谓“文化超人”是指，人类生活所需的各项产品，在这个人所处的时期大量出现，后代人把这些文化发明归功于这一个人。中国最著名的文化超人就是黄帝，在他统治期间发明了许多文化产品，譬如文字、指南车、纺织等，这些不可能是黄帝一个人发明的，而是那个时代人类共同的智慧结晶。

黄帝是谁？历史上是否真有其人？古代神话和历史常常结合在一起，使人难以分辨。

1 基督宗教认为耶稣就是基督也即弥赛亚，所指皆为救世主。犹太教信徒则予以否认，仍然期待他们心中的弥赛亚来临。

《太平御览》记载子贡曾请教孔子，说："古代黄帝有四面，是真的吗？"大概古代传说中黄帝有四张面孔，像泰国的四面佛。孔子说："黄帝选拔了四个与自己想法接近的人治理四方。"孔子将"四面"解释为东西南北四方，黄帝居中治理天下百姓。[1]

1997年长沙马王堆汉墓出土战国帛书《十六经·立命篇》云："昔者黄帝质始好信，作自为象，方四面，傅一心。"司马迁《史记·五帝本纪》记载，黄帝选拔风后、力牧、常先、大鸿四人治理百姓。历史与神话结合在一起，令人真假难辨。

关于"黄帝四面"的另一种解释是黄帝建造了明堂，面向四方。明堂在黄帝时期称为合宫，用于祭祀、朝见诸侯和发布政令。《孟子》书中记载"夫明堂者，王者之堂也"（《孟子·梁惠王下》）。明堂有四面，伸向东西南北四个方向，每面有三间，共十二间，象征十二个月，中间是核心部分。

人类文化上的许多资料，可在古代神话中找到线索。

譬如一周工作六天，第七天休息，西方称为主日，这是从犹太教的神话中演变而来的。《旧约·创世记》中记载，上帝创造世界和人类一共花了六天时间，第七天休息，定为安息日[2]（《创世记》2：3）；西方学者教授，教书第七年为安息年，可以带薪休假或进修；犹太人的灯台有七支蜡烛（《出谷记》25：37）。

亚伯拉罕的孙子雅各（Jacob）为了迎娶舅舅的小女儿，服侍舅舅七年，结果舅舅却把大女儿嫁给了雅各，雅各真心喜欢舅舅的小女儿，于是舅舅让雅各再服侍他七年，才将小女儿许配给他（《创世记》29：30）。

诺亚方舟的故事中，上帝让诺亚"由一切洁净牲畜中，各取公母七对"（《创世记》7：2），诺亚为了验证洪水是否退去，先放了一只乌鸦，洪水没退，乌鸦飞回来，后面每过七天，诺亚放一只鸽子，直到鸽子飞走不再回来（《创世记》8：7）。

最早关于"七"的记载是亚当和夏娃生了两个儿子，后来哥哥该隐（Cain）杀了弟弟亚伯（Abel），上帝惩罚该隐。该隐认为自己罪孽深重，遇见他的人

---

1 《太平御览》卷七九引《尸子》：子贡云："古者黄帝四面，信乎？"孔子曰："黄帝取合己者四人，使治四方，不计而耦，不约而成，此之谓四面。"

2 犹太人的安息日是星期六。

会杀掉他。上帝说："凡杀该隐的，一定要受七倍的罚。"上帝就给该隐一个记号，以免遇见他的人击杀他。（《创世记》4：15）"七"对于犹太人具有十分特殊的意义。

中国也有类似说法：《易经》复卦卦辞即有"七日来复"之说；前文提到《西藏生死书》中记载人死后要经过七七四十九日才会投胎转世；《庄子·应帝王》记载七窍开而混沌死。

我们现在使用的星期一到星期日的英文名称均来自希腊、罗马或北欧诸神的名字[1]。现今的年月日和星期的计算也均有其文化背景，让现代人可以有节律地安排自己的生活。

今日生活中使用的文化产品、风俗禁忌、行业分工等都有神话故事作为背景。今天社会各行各业都有自己的鼻祖或守护神，以他们作为最早的原型，如教师以孔子为至圣先师，木匠以鲁班为开山祖师，这使人们认识到自己的工作具有神圣价值。

现代人为何需要了解古代神话？因为神话里蕴含的思想弥足珍贵。美国历史上开发华盛顿州时，有人找到当地名叫"西雅图"的部落酋长，与他商量，希望购买部落土地。酋长说："我们怎么可能买卖土地？是我们属于土地，而不是土地属于我们。"

原住民依然认为人的生命与自然界是不可分割的整体，没有对于天空、海洋、陆地的主权意识。的确，人的生命来自大地，属于大地，这些由神话塑成的观念，时至今日仍有宝贵的借鉴意义。

第十二节　英雄不死

英雄典型

一个人若要成为被社会大众崇拜模仿的英雄，必须经历三个阶段：退出、考验和复返。

1 Sunday 来自 sun，太阳神；Monday 来自 Moon，月亮神；Tuesday 来源于 Tiw，北欧战神；Wednesday 来源于 Woden，北欧最高主神；Thursday 来源于 Thor，北欧雷神；Friday 来源于 Frigg，北欧爱情女神；Saturday 来源于 Saturn，罗马农神。

退出指一个人背井离乡，到外面的世界打拼，孤身一人闯入不同时空、不同文化背景中，前途不明，语言不通，独自接受生存考验。好比将一棵树连根拔起，很多人无法通过试炼而失败。但大浪淘沙，最后通过考验的人荣归故里，成为人们崇拜的英雄。

退出、考验和复返称为“英雄三部曲”。如果一个人一辈子未曾离开家乡，没有经历过外面世界的磨炼，即使成功，也只能被看作运气好而已。英雄神话的重点是，每个人都有丰富的潜能等待开发，必须离开温暖的母体到陌生而黑暗的环境中接受考验，好比树苗若想长成参天大树，必须向下深深扎根于黑暗的土壤中。

学者荣获诺贝尔奖[1]（The Nobel Prize）将成为英雄。诺贝尔奖自 1901 年首次颁发以来，每年每个专业领域评选一人获奖，因此获奖意味着成为该领域最杰出的人物，会被全世界奉为英雄。每个社会都需要英雄作为人们学习的楷模。

英雄的诞生，在宗教创始人的经历中表现得更为明显。

释迦牟尼原为古代印度迦毗罗卫国的王子，属于武士阶层。古代印度战乱频仍，权力掌握在武士阶层手中。释迦牟尼从小坐享荣华富贵，直至 29 岁才第一次出城。他看到老人、病人、死人和僧人，发觉众生皆苦，于是决意出家苦修。他进入森林，避开世人，选择了孤独清苦的修行生活。六年后，他在菩提树下证悟佛法后重回人间。人们重新见到他时，发现他已经不再是那个不识民间疾苦的王子。只见他神采奕奕，内心好似充满无限的喜悦、和平，遂成为人们心目中的英雄典型。

犹太教中率领犹太人离开埃及的英雄是摩西（Moses），他曾离开众人，独自一人上西奈山祷告四十天，山下百姓等得不耐烦，便用大家的耳环、手镯铸了一只金牛犊，对其顶礼膜拜，求取现实利益。上帝愤怒地要毁灭这些民众，摩西为百姓求情，带上写着律法的石版下山，并怒摔法版。后来上帝又给了百姓一次机会，再造了刻有“十诫”的法版。

宗教塑造的英雄一定离开过他熟悉的生活环境，再次归来时显示出截然不同的风貌。这种不同并非是人的“身”与“心”层次的变化，而是开发出生命中“灵”的层次，展现出精神的世界。人活在世上都要经历生老病死，生命似乎黯淡无光，

1 诺贝尔奖，1901 年 12 月 10 日首次颁发，共设物理、化学、生理学或医学、文学、和平、经济学六个奖项。

而宗教英雄的出现，给人类带来光明，照亮了黑暗的大地。

耶稣在传教前最后一次出场是在 12 岁时与父母一同去耶路撒冷圣殿，之后了无踪迹，找不到任何资料记载。直到 18 年之后，耶稣 30 岁时才再度出现在众人的视野中，他与大家简单照面后，又独自一人到旷野中祷告 40 天，与世隔绝，接受魔鬼的试炼，通过检验后才正式开始了传教生涯。

伊斯兰教创始人穆罕默德年轻时饱经患难，后与富商赫帝彻结婚后生活得到改善。婚后的穆罕默德常到麦加郊区希拉山一个山洞里隐居潜修，沉思冥想，在他 40 岁时得到真主安拉的启示，以口述方式记录下伊斯兰教的经典——《古兰经》。

宗教英雄不约而同地离群索居，一个人孤独地回到内心世界，与信仰的神明沟通，再次返回人群时宛若重生。一个人降生世间只是身体的出生，能够觉悟人生正道，意味着精神生命的诞生 。

基督教的受洗仪式最早是把人完全浸入河水中，当再次将人从水中拉出时，象征着全新的生命降临。宗教仪式的背后，常有神话英雄作为典型。

每个时代的人都需要效法英雄典型，每个国家或宗教团体都会把历史英雄和神话人物不断加以诠释和弘扬，让百姓能够清楚地了解：人生的目标何在，什么才是值得珍惜的价值，怎样的人生才是有意义的人生。

神话这一题材使人感觉古老而遥远，却与每个现代人息息相关。现代人常常觉得孤独无助，无法与他人互信和沟通，透过神话可让人们回归原始的完整世界，使每个人与自然界、与其他人重新融为一体。当时间跨入 21 世纪的现代社会，还会有神话产生吗？

第十三节　今天需要神话吗？

神话，现代人听起来觉得遥远而古老，在 21 世纪的今天，神话还有存在的必要吗？答案是肯定的。

1927 年，美国飞行家林白（Charles Lindbergh，1902—1974）驾驶双翼飞机成为第一个穿越大西洋的英雄人物。他的成功鼓励了众多平凡人勇敢地走出属于自己的人生之路。

现代人已经不太可能相信创世、造人、灾难、救世以及文化超人这样类型的神话，现代人最常见的神话题材是英雄典型，将英雄人物渲染上神话色彩，使平凡的人们相信：只要朝目标努力奋斗，日后一定会出类拔萃。

史怀哲（Albert Schweitzer，1875—1965）是现代人崇拜的英雄，他是德国著名的哲学家、医学家、神学家和音乐家，38 岁时放弃了优越的生活条件迁往非洲行医，90 岁时安息在那里。近代欧美白人疯狂掠夺非洲的资源，使非洲陷于苦难，史怀哲认为自己的行为是在为白人赎罪，史怀哲被称为“20 世纪最伟大的人道主义者”。

特蕾莎修女（Blessed Teresa of Calcutta，1910—1997）于 20 世纪后半叶在印度帮助穷苦之人，被天主教封为“圣人”[1]，成为现代人心目中希望效法的英雄典型。

瑞士心理学家荣格（Carl Gustav Jung，1875—1961）说过，一个没有神话的人“就像被连根拔起一样，与过去、与自己身上延续的祖先生活、与他所处的人类社会皆失去联结”。生活在今日社会，每个人都在过着自己的生活，难免觉得孤单寂寞，神话可以使我们与历史、祖先以及同时代的其他领域的人，重新联结成为生命共同体。

名人与英雄不同，名人是一般人崇拜的明星、歌星或运动员，他们只在特定领域有杰出表现，借助声光效果的包装让人目眩神迷，但名人对于我们充实内心世界、提振勇气、活出自己的生命特色方面帮助有限。崇拜名人只是找到心理上的依附对象，让自己与名人之间好像存在某种特别关系，名人本身可能亦有其追随崇拜的偶像。

《英雄与英雄崇拜》一书指出，每一位英雄年轻时都会崇拜另一位英雄。中国古代最明显的例子是孔子，孔子以周公为偶像，并感慨：“我实在太衰老了，竟然很久都没有梦见周公了。”[2]（《论语·述而篇》）周公在武王伐纣革命成功后，吸收夏商两代的礼乐精华，与时俱进，制礼作乐，使国家重新安定。孔子希望有机会可以像周公一样实现自己的抱负。

周公崇拜自己的父亲周文王，认为他的德行、智慧、能力都达到巅峰；周文王则崇拜先王尧舜禹；而孟子崇拜孔子。通过对前代英雄的崇拜，后代人得

1 2003 年 10 月被教皇列入天主教宣福名单 Beatification，名字变为 Blessed Teresa。

2 原文：子曰：“甚矣吾衰也！久矣吾不复梦见周公。”

以在前辈成就的基础上，不断超越，发掘生命的潜能。

共产主义在20世纪中叶风起云涌，它倡导人人自由平等，没有私产，使人类回归到原始的平等和谐状态，每个年轻人听到共产主义理论无不心生向往。共产主义绘制了一幅未来理想社会的画卷。如果没有理想，人生又该向哪里奋斗？

政治人物常成为人人崇拜的英雄，因为他们在竞选中提出的口号回应了大多数人内心的愿望，然而当选后能否真正实现，则另当别论。

在现代社会中保存最为完整的神话还是存在于宗教之中，从受洗、皈依到各类宗教活动，每项宗教仪式背后都以神话故事作为背景。

现代人应如何面对宗教中的神话题材？应当去掉宗教神话的神秘性，保持神话特质。

宗教中含有非理性的神秘部分，使人难以想象，并与日常生活经验相矛盾。在教育普及的现代社会，应去掉诸如世界分三个层次的过时宇宙观，去掉上帝造人等不合时宜的人类学观念。

与此同时，应保留神话元素，为每个人提供可参照的生命原型。通过神话英雄的启发，使人们领悟攸关生死的智慧，成功需要先承受考验。面对历史上英雄人物的杰出表现，每个人都会觉得自己并不孤单，我们正像历史上的英雄一样，都在挫折中努力奋斗，共同走在人生的光明大道之上。

第十四节　悲剧并不悲哀

悲剧（以希腊悲剧为代表）

本章介绍的悲剧特指希腊悲剧。

希腊悲剧是一种公元前6世纪至公元前5世纪在雅典盛行的文学体裁。当时的雅典兴起了文艺创作竞赛的风潮，获胜者被授予“桂冠诗人”的荣誉称号。“诗”在希腊文中指广义的文学创作，包括悲剧、喜剧、诗歌、小说、历史剧等。希腊悲剧如同一般戏剧一样，讲述一个内容丰富而完整的故事，但并非仅仅通过讲述悲惨的故事来引发观众的同情、恻隐之心。

一般戏剧故事有以下四种可能：

1. 善有善报：主人公是好人，做了好事得到好的结果。

2. 恶有恶报：一个人做坏事得到坏结果。

3. 善有恶报：一个好人做了一辈子好事，竟落得悲惨下场。

4. 恶有善报：一个坏人做了很多坏事，竟然得到好的报应。

善有善报与恶有恶报符合人们的普遍心愿，这两种类型可称为“道德剧”，具有教化的意义，但艺术成就一般有限；善有恶报或恶有善报违背人们心中的愿望，让人反感厌恶。然而，这些都不算真正意义上的希腊悲剧。

希腊悲剧的基本架构是：一个平凡人，既不算好也不算坏，因为命运的安排或自身的性格特质，无意中犯下滔天大罪，陷入悲惨境遇，让观众觉得十分同情与不忍。剧情中含有“遽（jù）变”和“发现”两种特色。“遽变”指一个平凡人在平凡的生活中，忽然经历犹如天崩地裂般的可怕遭遇；“发现”是指剧情演变到最后，真相大白，观众瞬间恍然大悟。如果缺乏这两种特色，则无法吸引观众的兴趣。

古希腊哲学家亚里士多德在《诗学》一书中谈到悲剧的定义：“悲剧是模仿一个严肃而本身完整的行动。行动的范围相当广泛，剧中使用的言语，应依不同情节加上愉悦的伴奏；其形式应是戏剧性的而不是叙述性的；最后，以其剧情引起怜悯与恐惧之感，借以达成此等情绪之净化。”

其中，行动即“Action”。电影拍摄开始时导演都要喊“Action”，表示开演。悲剧首先应有好的故事情节，通过完整的故事使人得到启发。行动的范围相当广泛，包括生活的方方面面。悲剧应通过角色扮演的形式，以人物的言语配上音乐伴奏来展开情节，不能以一个人讲故事的方式平铺直叙。

悲剧的重点是通过剧情引发观众“怜悯”和“恐惧”两种情绪，然后加以净化（purify）。当主人公遭遇不幸时，如同在岸上看到一艘船在波涛汹涌的海面上行将倾覆，不免心生“怜悯”之情；与此同时，也会产生深深的“恐惧”，因为发生在别人身上的不幸遭遇也可能会发生在自己身上。欣赏完整部悲剧后，观众的内心好像被清洗了一遍，心灵回归原点，生命可以重新开始。

人活在世界上，常常按照前辈的模式循规蹈矩地生活，与别人渐渐产生隔阂。特别是在现代信息社会，新闻中不断播报世界各地人们的不幸遭遇，久而久之，心中的怜悯和恐惧之情逐渐被淡忘，看见别人的灾难和不幸遭遇，大家只会安慰自己：还好不幸没发生在自己身上，天下这么大，什么事情都有可能发生。

悲剧对社会教化具有积极的作用，透过悲剧的形式，我们内心会产生怜悯和恐惧的情绪。对于别人的灾难，如果我们不能心生怜悯，就有加害别人的嫌疑。心灵经过洗涤变得纯粹，每个人可以重新恢复孩童般单纯易感的心。既然大家都是人，就有可能面临同样的不幸遭遇，我们应携起手来，共同面对人生的挑战。

第十五节　希腊悲剧之父

希腊悲剧的三位代表作家分别是：埃斯库罗斯（Aeschylus，约前525—前456）、索福克勒斯（Sophocles，约前496—前406）和欧里庇得斯（Euripides，约前480—约前406）。

埃斯库罗斯

埃斯库罗斯被誉为“希腊悲剧之父”。古希腊本来没有悲剧这一艺术形式，悲剧（tragedy）一词源自希腊文“山羊”（tragos），“山羊神”是葡萄园里最重要的神明，最早的希腊悲剧被称为“山羊剧”。歌舞队在队长的带领下，围绕着葡萄园载歌载舞，用以祭祀酒神狄俄尼索斯，一人戴着山羊面具与歌舞队长对话，讲述一段故事，这是希腊悲剧的最初形式。

埃斯库罗斯认为一个人讲话所表达的意思有限，于是在剧中增加了一个角色，变成两个人都戴着面具对话，面具可以更换以扮演不同的角色。如此一来，悲剧形式发生改变，由原来的以歌舞队唱歌跳舞为主、说话为辅，转变成以对话为主、歌舞为辅，两人分饰不同角色，演绎一个完整的故事。

不少古希腊悲剧的剧本在流传过程中遗失，埃斯库罗斯流传下来的最重要的一部悲剧是《普罗米修斯》（*Prometheus*），讲述人类出现后，世界没有火，地面泥泞不堪，人类无法抵御野兽侵袭，普罗米修斯于是到天上盗取火种。火带给人类光明和希望，可用于驱逐猛兽，冶炼金属，制作器物，西方人将普罗米修斯盗火视为西方文明的开端。

中国的《易经·系辞下传》中提及，最早出现的卦为离卦。离卦象征“火”，卦的形状像一张网，可以用来捕捉鱼类和野兽。相传，伏羲氏驯服野兽就与网的发明有关。当然，火的发明更为重要，火可以显著改变自然的面貌，是文明之源。

普罗米修斯因为盗火得罪了天神宙斯，宙斯为了惩罚他，将他绑在高加索山上，让老鹰每天啄食他的肝脏。如果普罗米修斯为了人类的光明而牺牲，可谓“求仁而得仁，又何怨？”但后果并非如此简单。普罗米修斯死不了，每到第二天早上，他的肝脏又会重新长出来，又要继续忍受老鹰啄食的折磨。这代表只要活着，痛苦就不会消失。

这部悲剧表达的意义相当深刻，后来西方人常以普罗米修斯作为艺术家的原型，来说明艺术创作的特色。无论从事绘画还是音乐创作，艺术家常有灵感枯竭、江郎才尽之感。艺术家专心于艺术创作，缺乏谋生的专长，在现实人生中常常穷困潦倒。

近代荷兰印象派画家凡·高（Van Gogh，1853—1890），一生中只卖出过两幅画作，穷困失意，最终自杀身亡，年仅37岁。凡·高的经历正像普罗米修斯，他终日埋头创作却无人欣赏，夜深人静时感到生命枯竭，心里想着明天老老实实做个小伙计，好歹有固定收入可以维生；但是第二天天一亮，“肝脏又长出来了”，他又下定决心要努力创作。对凡·高而言，世上谋生赚钱算什么，只有艺术是永恒的，正像带给人类光明和希望的圣火，值得继续奋斗。

《普罗米修斯》这部剧有三部曲：《盗火的普罗米修斯》《被缚的普罗米修斯》和《解脱的普罗米修斯》，最终大力士赫拉克勒斯（Heracles）设法帮助他从困境中解脱。这出悲剧想要表达的核心思想是：做一件事要付出代价，活着的过程就等于痛苦的过程，人生不能没有痛苦。埃斯库罗斯由此开创了悲剧这一崭新的艺术类型。

埃斯库罗斯的去世也极富悲剧色彩。法国作家蒙田曾写道，有人预言某日埃斯库罗斯会被压死，他在那天一早便离开自己的家到旷野上散步，设法避免被可能倒塌的房屋压死。令人意想不到的是，一只老鹰抓到一只乌龟，本想将乌龟丢到石头上方砸碎龟壳，但由于乌龟太重而松开爪子，正好砸中伟大的悲剧作家埃斯库罗斯。我们听后不禁要问：难道真的有难以避开的宿命？人们试图避开命运的安排，但阴差阳错，最后还是常常应验。

无论如何，埃斯库罗斯将他的悲剧作品作为宝贵的精神遗产留给了后人，他开创了希腊的悲剧时代。他的年代早于苏格拉底，后上场的两位悲剧作家则与苏格拉底的时代几乎重叠。

第十六节　俄狄浦斯王

索福克勒斯

希腊悲剧三位代表作家中，最具影响力的当数索福克勒斯，他所著的《俄狄浦斯王》（*Oedipus the King*）是希腊悲剧中最典型的代表。近代著名心理学家弗洛伊德根据《俄狄浦斯王》的故事提出“俄狄浦斯情结”（Oedipus complex，恋母情结），指出每个男孩子心中都有一个打不开的情结，在 4 岁左右会喜欢妈妈，讨厌爸爸。

这部悲剧的剧情简述如下：

希腊是城邦社会，有个城邦叫底比斯城（Thebes），另一个叫科林斯城（Corinth）。底比斯国王拉伊俄斯（Laius）和王后伊奥卡斯特（Jocasta）生下一个儿子，他就是后来的俄狄浦斯王。国王拉伊俄斯得到神示，这个孩子将来会弑父娶母，这是人类所能想到的最可怕的恶行，国王无法接受，就把小孩的左右脚跟钉住，叫仆人将孩子丢到基泰戎山里。

仆人奉命带着襁褓中的孩子上山，不忍心下手。此时恰逢科林斯城国王的仆人经过，科林斯城的国王和王后一直没有孩子，于是林斯城国王的仆人把这个孩子带回科林斯城，取名为俄狄浦斯（脚后跟肿起来的意思），由国王和王后抚养长大成人。

俄狄浦斯成年后一表人才，高大英武，但在他 20 岁时，又有人预言他将来会弑父娶母。他以为科林斯国王和王后是他的亲生父母，为了避免此事发生，他离开科林斯城，走向他命中注定的底比斯城。

当俄狄浦斯走到一个三岔路口，正在考虑要走哪条路时，迎面一辆马车飞驰而来，马车上一个中年男子态度粗鲁，挥舞着双尖头的刺棍打向俄狄浦斯。但俄狄浦斯人高马大，用棍子将中年男子打翻在地并杀死了他。这位中年男子就是底比斯城的国王，俄狄浦斯的亲生父亲拉伊俄斯。车上的仆人见势不妙，慌忙逃走了。

俄狄浦斯继续前行，到底比斯城门口时，发现山丘上有一只人面狮身、背上长着老鹰翅膀的怪物，名为斯芬克斯（Sphinx）。往来的路人必须回答斯芬克斯的谜语，若是答错就被吃掉，若是答对，斯芬克斯就自杀，相当于今天的零和游戏。

没有人可以回答斯芬克斯的谜语，全城被围困多时。国王拉伊俄斯带着仆人从城后的山中绕出去寻找救兵，结果在途中被俄狄浦斯打死，仆人回到城中报告，全城哀悼。最后大伙决定，谁能解开斯芬克斯的谜题，就选他当底比斯的国王，并娶王后为妻。

怪物斯芬克斯拦住俄狄浦斯，问道："哪一种动物早上四只脚，中午两只脚，晚上三只脚？"俄狄浦斯回答道："这是人类，人生下来在地上爬，是四只脚；长大之后双脚走路；老年之后撑拐杖，是三只脚。"这个问题显示出很多人缺乏自我反省的能力，从未就自己的一生做完整思考，只能看到自己现在的情况，向外去寻找答案，而忘记了人类本身即是答案所在。

俄狄浦斯说出正确答案后，斯芬克斯跃下山谷自杀身亡。底比斯全城解围，大家拥戴俄狄浦斯成为国王，并娶了他的母亲，生下两男两女。

大约十年之后，底比斯城发生了瘟疫，死亡人数众多。俄狄浦斯派人到德尔斐神殿求得神谕："谁杀死了前任国王，谁就是罪魁祸首，只有把他清除，瘟疫才会结束。"大家想起以前的预言，前任国王的儿子会弑父娶母，于是找来当初奉命丢弃孩子的仆人一问究竟。

仆人只好坦白说，自己当初不忍心丢弃那个脚后跟被钉在一起的孩子，就把他送给了科林斯国王的仆人。俄狄浦斯听后大惊失色，想到自己从小脚后跟有一个伤疤，至此真相大白，他无意中犯下了滔天大罪。

《俄狄浦斯王》在雅典能容纳五千名观众的露天广场上公开演出时，所有观众都很激动，而呼喊"不要，不要这样做"。但希腊悲剧的主角不是人类，不是帝王将相，而是命运。不管你是谁，不管愿不愿意，都不可能改变命运的安排。

真相大白后，俄狄浦斯的母亲上吊自杀了，俄狄浦斯用母亲衣服上佩戴的金别针刺瞎了自己的双眼，他不要再看到这个世界。后来，他牵着小女儿的手流浪四方，临终前回顾此生时只说了一句话："这一切发生的事都没有问题。"

人活在世界上，不管遭受了多大的委屈，承受了多大的苦难，最后了解之后都可以化解和放下，并说出"一切都没有问题"，这就是人类理性的力量。

怜悯与恐惧的情绪在《俄狄浦斯王》一剧中表现得淋漓尽致。希腊悲剧到底有什么样的特色？悲剧会给西方人的心理带来什么样的力量？我们将在下面章节中阐述。

第十七节　命运使人伟大

欧里庇得斯

欧里庇得斯与苏格拉底年代接近。当时希腊流行文艺竞赛，每年选出一位桂冠诗人，受到社会大众的推崇，其剧作也会被公开演出。索福克勒斯与欧里庇得斯都曾多年蝉联桂冠诗人的奖项。欧里庇得斯是后起之秀，他在创作上开始注意观众的需要，受到了更广泛的欢迎，但在艺术成就上无法超越索福克勒斯的巅峰。

希腊悲剧的最大特色是：命运是剧中的主角，它不可预测，无法改变，人们面对命运时只能接受。如果一个人的对手是命运，而命运非常伟大能控制一切，一个人会因对手的伟大而使自己变得伟大。

悲剧带给观众怜悯和恐惧的情绪，长期下来给观众造成压力。欧里庇得斯注意到观众的需求，他创造的悲剧开始出现“快乐的结局”，使希腊悲剧这一文学体裁无法向前发展而走向终点。

欧里庇得斯的代表作为《伊翁》（*Ion*），“伊翁”是剧中小男孩的名字。太阳神阿波罗风流倜傥，一次遇到美丽女子克瑞乌萨（Creusa），两人发生关系生下一个儿子。克瑞乌萨将儿子丢在供奉阿波罗神的德尔斐神殿。德尔斐神殿的女祭司于是抚养了这个孩子，并给他取名为伊翁。

后来克瑞乌萨结婚了，好几年都没有生小孩，于是与先生到德尔斐神殿求子。先生得到神谕，女祭司告诉他，神殿外第一眼看到的小孩就可作为他的孩子。先生于是到神殿外，一眼看到了可爱的伊翁，与孩子聊天也很投缘。

妻子克瑞乌萨出来后看见先生和小孩玩得很愉快，心中不禁猜忌，认为这个小孩一定是先生的私生子。事实上，这个小孩恰恰是她自己的私生子。这里巧妙地表现了人类自然的心态，即一个人很容易以自己曾经的过错来衡量别人。于是她横下心准备谋杀这个孩子。

克瑞乌萨倒了杯水给伊翁，并在其中下了毒。但在神庙中喝任何东西之前，都必须先倒一点在地上祭神，这时恰好有一只鸽子飞来，喝了水之后立即死掉了，克瑞乌斯的阴谋由此败露。

有人问她为何要杀这个孩子，她把心中的疑惑说了出来。神庙的女祭司告诉她，伊翁不是她丈夫的私生子，而是她自己的私生子。至此真相大白，险些酿成悲剧，于是夫妻俩把伊翁带回家，由此演变为“快乐的结局”。

从此悲剧引发的怜悯和恐惧慢慢消失，观众不再深入思考我与别人的关系，看完戏剧后依然故我。欧里庇得斯连续多次摘得桂冠诗人的荣耀，但也为希腊悲剧画上了句点。

希腊悲剧到底在表达什么？悲剧的主要角色不是人，而是命运。

希腊神话中有三大主神分别为天神宙斯、海神波塞冬和地府之神哈得斯，另有两位女神不受三大主神的节制，一个为命运女神摩伊拉（Moira），另一个为爱神阿芙洛狄忒。除了智慧女神雅典娜、灶神赫斯提亚（Hestia）和月亮女神阿特米斯之外，没有人能挡住爱神阿芙洛狄忒的诱惑，连宙斯也不例外。

但更厉害的是命运女神摩伊拉，她现身时所向披靡，威力无人能敌。任何东西都有其命运的限定，命运何时出现、何时转变，没有人能了解和抵挡。希腊悲剧以命运为主角，人类生命原本平凡卑微，因为与命运这样伟大的对手对抗，反而凸显出人类的伟大情操，这就是希腊悲剧的重要作用。

人活在世界上常觉得生活琐碎，日复一日，年复一年，周而复始。久而久之，觉得自己平凡而庸俗。人们在欣赏希腊悲剧时，会发觉生命具有伟大的潜能，生命虽然短暂，人类虽然仍有卑微之处，但人类可与伟大的命运进行较量，展现不屈不挠的精神，这就是希腊悲剧的最大贡献，并影响了后来西方科学文明的发展。

第十八节　近代欧洲的悲剧

希腊时代结束之后，欧洲跨过一千三百多年的中世纪，迎来了天翻地覆的文艺复兴、宗教改革和科学革命的时代。

近代欧洲的悲剧作家有三位代表：英国的莎士比亚（Shakespeare，1564—1616）、西班牙的塞万提斯（Miguel de Cervantes Saavedra，1547—1616）和德

国的歌德（J. W. von Goethe，1749—1832）。莎士比亚的悲剧有四大代表作，分别是：《哈姆雷特》（*Hamlet*）、《李尔王》（*King Lear*）、《麦克白》（*Macbeth*）、《奥赛罗》（*Othello*）。

莎士比亚生活在16世纪后期，那个时代的人们不再被宗教信仰所束缚，不再以《圣经》作为唯一的真理来源，人类的理性开始自由伸展，要以理性探索新的天地和人类的潜能。

人类理性的特色是把所有事物化为概念，并加以分类，试图认识其本质。然而人类的生命有超越理性的成分，如盲目的情感、偏差的认知以及随之而来的狂妄的冲动。莎士比亚的悲剧说明，人类如果只依靠有限的理性去发展自身的潜能，追逐无穷的欲望，最后的结局往往归于幻灭，从而演变为虚无主义。

以经常上演的《麦克白》为例，“野心”是该剧的重点。麦克白是苏格兰的大将，由于女巫预言他会当国王，加上妻子一再怂恿，终于弑君称王。麦克白最后受到报复，被前王之子复仇所杀，表明野心会招致覆灭的结局。

《哈姆雷特》最著名的是他的猜疑，该做还是不该做？这样做结局如何？哈姆雷特本来要报仇，但犹豫不决的性格导致了失败的结局。《哈姆雷特》最经典的台词是“To be or not to be，that is the question”，有人将之译为“要活下去还是要死亡，这才是最重要的问题”，但如果译为生与死，原文直接写“To live or to die”则更加清晰。

西方文字中，be作为动词可以有多层含义。“To be or not to be”含义丰富，可以理解为“要做你自己，还是不要做自己”“要真诚还是违背良心做人”，最广义的还可理解为“要存在还是不存在”，不宜直接译为“要生存还是要死亡”。

西班牙作家塞万提斯的代表作是《堂吉诃德》（*Don Quijote*）。在小说描写的时代，骑士早已绝迹了一个多世纪，但男主角却因沉迷于骑士小说，常幻想自己是中世纪骑士，自封为堂吉诃德。他把风车当作巨人，把羊群当作军队，把乡间女子当作骑士夫人，做出种种匪夷所思之事，但是四处碰壁，最终从梦幻中醒来。

更能体现欧洲近代悲剧特色的作品是《浮士德》，前后有三个版本。最早的版本是英国剧作家马洛（Christopher Marlowe，1564—1593）所著的《浮士德博士的悲剧》。浮士德是真实存在的德国学者，学识过人。他通过咒语认识魔鬼梅菲斯特，在24年中，魔鬼满足他的所有愿望，于是浮士德尽情施展魔术，甚至在梦里与古希腊绝代佳人海伦幽会；24 年结束后，浮士德的灵魂被劫往地狱。该剧说明了 16 世纪后期，不少欧洲人在知识上觉醒后，开始测试自己的底线。科学发展摆脱了中世纪“黑暗时代”的束缚，摆脱了宗教教条的限制，人能否随心所欲，为所欲为呢？浮士德的想法反映了当时欧洲人的心态。

第二个版本是歌德的代表作《浮士德》（*Faust*），分上下两卷。《浮士德》的写作贯穿歌德的一生，1768 年开始创作，1790 年歌德 41 岁时发表了片段，1808 年发表上卷，1831 年歌德逝世前一年完成下卷，前后历时 64 年。

歌德塑造的“浮士德”形象广为人知。浮士德与魔鬼梅菲斯特交换条件，只要魔鬼满足浮士德生前所有的欲望，浮士德死后就把灵魂卖给魔鬼，象征了当时欧洲人为了得到欲求之物，不惜出卖生命中最为珍贵的灵魂。浮士德每索求一样东西，魔鬼都可以满足他的欲望，从财富、名声、地位，到引起古代特洛伊战争的绝代美人海伦，浮士德一旦得到，就觉得“好像还不够好”。该剧反映了人类为了满足自身的无限欲望，竟然可与魔鬼联手来对付自然界，对付其他人，甚至对付神明。

第三个版本是德国作家托马斯·曼[1]（Thomas Mann，1875—1955）于 1947 年创作的长篇小说《浮士德博士》（*Doktor Faustus*）。小说主人公莱韦屈恩代表德国现代的浮士德，他是一位音乐家，为了追求“真正伟大的成功”，获得创作的灵感而与魔鬼交易，最终堕落直至疯癫。小说影射了当时纳粹德国拥有无限欲望，妄图控制整个世界和人类，但最终走向覆灭。

与希腊时代不同，近代欧洲是理性昌明的时代。人类希望以有限的理性指导欲望和情感，挑战生命的限度，发展到极限则演变为悲惨的结局，均以真正的悲剧收场。这些剧作反映出人类在努力寻求完整生命过程中，无法克服人性的软弱和限制。

人到最后还是要回溯自己的来源，体认人类生命的局限性。如何开发生命的潜能，让生命达到应有的高度？人不能一味向外追寻，而应向内回到自己的内心世界，以及向上与超越界保持联系。中国有悲剧吗？

中国并没有严格意义上的希腊式悲剧。希腊悲剧的特色是以命运为主角和对手，充分展示了人类的潜能。中国戏剧常见的类型是历史剧和道德剧，历史

1 托马斯·曼：1929 年曾获得诺贝尔文学奖，第二次世界大战时由德国移居美国。

剧以某个历史故事为题材，改编成戏剧，用以教化百姓；道德剧主要描写善恶报应。

结局悲惨的就是悲剧吗？中国著名元曲作家关汉卿[1]（约1219—约1301）的代表作《窦娥冤》，取材自东汉“东海孝妇”的故事，描写了窦娥被无赖诬陷，又被官府错判误斩。窦娥死后，誓言应验，血溅素练，六月飞雪，大旱三年，代表了人间的重大冤情和不公不义，反映了统治阶级的腐败黑暗和百姓遭到的压迫。最终窦娥托梦于父亲，使沉冤昭雪，正义得到伸张。

《窦娥冤》针对元朝特定的历史背景，希望解决当时异族入侵、官场腐败、民不聊生等社会问题，并不具有类型上的普遍性，对现代人的生活很难有借鉴意义。我们只会同情剧中人物的悲惨遭遇，并庆幸自己生活在现代文明社会，却不会因此受到启发，体会到人类生存的普遍状态。

《红楼梦》算中国的悲剧吗？《红楼梦》之所以受到广泛关注，是因为它融合了中国传统的儒、释、道的各种思想元素，构成了中国社会的缩影。《红楼梦》的艺术特色在于人物塑造，剧中人物众多，每一个人物的言谈举止都刻画得恰如其分，符合其身份和特点。

《红楼梦》有儒家背景，元春一旦选妃受宠，整个家族受到封赏而兴建大观园，这对平民百姓来说是难以企及的。其中描写的祭祀和消灾祈福等各种宗教活动，属于道教的仪式。最后结局一僧一道架着宝玉离开，具有佛教的情操，让人看穿人间的富贵荣华其实是一场空。

《红楼梦》作为小说非常生动，人物繁多，各具特色，我们很容易在身边的人与事中找到剧中对应的原型。如果去掉儒释道的元素，《红楼梦》好似一场梦，我们只能通过它了解到古代社会是帝王专制的时代，很难对整个人类的处境有深刻的启示。

金庸的武侠小说也算不上悲剧。金庸的武侠小说受到广泛欢迎，是因为它符合亚里士多德提出的“诗的正义”。“诗”指包括戏剧在内的广义的文学创作。“诗的正义”是指，在真实的人生中并没有善恶报应，所以很多人创作戏剧、小说，让善恶有报应，以满足人们的心理需求。金庸的小说在结局时都会安排妥当的善恶报应。

1 关汉卿与白朴、马致远、郑光祖并称为“元曲四大家”。

金庸的小说中有一部比较深刻的是《侠客行》。金庸在《侠客行》不断再版时写过一段后记，说他当初写作《侠客行》时并不了解什么是佛教的禅宗，后来学习了一些禅宗思想后，发现《侠客行》的构思与禅宗的境界不谋而合。

《侠客行》描写很多人到了侠客岛，看到岛上一面很大的墙壁上刻着李白的诗作《侠客行》，每个人都想从中参悟武功秘籍。男主角不识字，却因此注意到刻字的力道，悟出武功的运气方法，从而练成上乘武功。禅宗讲究"不立文字，教外别传"，一般人认识文字却迷惑于表象，文字反而成了障碍。《侠客行》表达了人具有直接领悟真实本体的能力。

中国戏剧与希腊悲剧有明显的差异，这种差异并没有高下之分，东西方文明在不同时空背景下，呈现出各具特色的文化产品，很难照搬和复制。

第十九节 神话与悲剧的启示

西方文化传统中，神话与悲剧的题材丰富，保存也较为完整。古希腊悲剧以希腊神话作为背景演化而来，给人类带来很大启发。当今时代还有必要阅读神话和悲剧吗?

中国最早的神话题材书籍为《山海经》，成书时间在战国后期至西汉初期，里面提到种种奇怪的动植物都可与人类相通，对人类生活大有帮助。其中夸父逐日和精卫填海的故事较富有启发性。

夸父逐日[1]的故事（《山海经·海外北经》）体现了人与自然界的竞争。夸父与太阳赛跑，一直追赶到太阳落下的地方，他口渴难耐，喝干了黄河和渭水而未解渴，在去大湖寻找水源的途中口渴而死。夸父虽败犹荣，人活在世界上不正是"知其不可而为之"[2]（《论语·宪问篇》），明知理想无法实现却依然坚持奋斗，并非外在的力量敦促我们行动，而是内心的呼唤要求自己对生命负责。

精卫填海（《山海经·北山经》）的故事是，炎帝女儿叫女娃，一日在东

1 原文：夸父与日逐走，入日；渴，欲得饮，饮于河、渭，河、渭不足，北饮大泽。未至，道渴而死。弃其杖，化为邓林。

2 原文：子路宿于石门。晨门曰："奚自？"子路曰："自孔氏。"曰："是知其不可而为之者与？"

海边游玩，不幸溺水身亡，化为精卫鸟，每天衔树枝或石块决心把海填平。这个故事表明，人的力量虽然渺小，但经过长期不懈的努力，可以征服自然。愚公移山的故事与之类似。可见，古代人与自然界之间，除了和谐共存之外，也存在着互相竞争的关系。

希腊悲剧与近代西方科学革命亦有关联。近代科学的突飞猛进为何会在西欧出现？中国的科技水平在公元1500年前领先世界，进入16世纪后，西方的科学水平逐渐超越中国，17世纪被称为科学革命的世纪。

西方现代重要的哲学家怀特海（A. N. Whitehead，1861—1947）于1925年出版的《科学与近代世界》一书回答了上述问题。怀特海早先在英国教授数学和自然科学，1927年他以63岁高龄受聘哈佛大学教授哲学，他将早年对自然界的深入研究转向自然科学的哲学基础。对于科学革命为何在西方出现，怀特海提出了三个理由：

1. 希腊的悲剧；2. 罗马的法律；3. 中世纪长期的宗教信仰。

这三点听起来与科学似乎毫无关系，但怀特海认为，希腊悲剧的主要角色是命运而不是人类，命运超越了人的理智、情感和意志，不以人的意愿为转移。自然界的规律扮演了与命运相同的角色。比如我们要举办奥运会总希望举办期间天公作美，风和日丽，但不管诚心祷告还是人工干预都收效甚微。不要说浩瀚的宇宙和太阳系，就是在地球范围内的自然规律，人类都难以改变。希腊悲剧使西欧人相信命运不以人的意志为转移，同样地，自然规律也不以人的意志为转移。

中国由于较早实现了国家统一，各种实用技术得以持续发展，而西方国家长期分裂，战乱频仍，常造成文明中断或彻底毁灭。但促成近代科学革命最重要的因素是科学精神，要求人的主观意愿降到最低，面对客观世界时保持实事求是的超然态度。

罗马法律的特色是规定基本原则后使用演绎法，王子犯法与庶民同罪，任何人犯法都要承担相应的罪责，不因个人的身份、地位而改变，法律好似天罗地网，人完全无法干预。

基督教相信上帝掌管一切，耶稣说："两只麻雀不是卖一个铜钱吗？但若没有你们天父的许可，它们中连一只也不会掉在地上。就是你们的头发，也都一一数过了。"（《玛窦福音》10：29—30）说明所有一切都在神的掌控之中。

在希腊悲剧、罗马法律和基督教信仰三者近两千年的熏陶之下，塑成了西欧人对世界实事求是的态度，形成了冷静客观的科学心态。人们可以清楚地分辨哪些事情可由人的意志所掌控，哪些事情遵循客观规律，不以人的意志为转移。

科学心态由西方独特的人文环境培育而成，中国则缺乏这样的文化背景。中国戏剧大多是历史剧、道德剧，结局大都是善恶有报。对于现实社会不公不义的愤慨，通过观赏戏剧，非但没有深化加强，反而得以平衡纾解。久而久之，人会遗忘现实世界的苦难和罪恶，不再愿意用实际行动去改善现状。中国人对于现实世界寄托了主观的美好愿望，却不再注意客观世界的严肃性。

西方文化积累了丰富的素材，有明确的发展线索，参照西方文化的发展历程，可以深入了解中国文化的特色。人活在世界上，若希望得到救赎或解脱，首先要恢复生命的完整面貌，找到生命的根源。我们可以回到自己的内心去寻找，但更好的途径是由文化的源头找到线索。因此，神话与悲剧的题材时至今日仍值得我们认真学习和思索。

第五章

苏格拉底

第一节　从神话走向理性

本章将介绍古希腊哲学家苏格拉底。首先介绍苏格拉底所处的时代背景。

古希腊并非统一的国家，而是城邦（polis，city-state）林立。这些城邦环绕于爱琴海周围，爱琴海位于地中海的东部。希腊哲学的发源地是爱奥尼亚（Ionia），位于小亚细亚的爱琴海边，在今日土耳其境内。爱奥尼亚被希腊武力征服，成为希腊的殖民地。

爱奥尼亚地处亚、欧、非三洲交界，是古代的交通要冲，与巴比伦、埃及贸易往来频繁，逐渐产生了有钱又有闲暇的富人阶层。埃及的数学和巴比伦的天文学开阔了这些富人的眼界，使他们对变化万千的自然界产生了强烈的好奇心，想要对宇宙的起源一探究竟。同时，希腊宗教中的弱势祭司无法约束人的思想，社会上开始盛行公开讨论的风气，以求取公开的认同。这些条件促成了希腊哲学的兴起。

用一句话来描述希腊哲学的起源，即“从神话（muthos）走向理性（logos）”。从前人们用神话解释宇宙的起源，用神的故事说明世界如何由混沌（chaos）演变为有秩序的宇宙（cosmos）。哲学家开始使用理性思考，设法从经验的材料中找寻宇宙起源问题的答案。

古希腊第一位哲学家是泰勒斯，他曾预言公元前585年5月28日的日食，是希腊最早的自然科学家。通过对自然界的长期观察和研究，他发现自然界有其自身的规律，探索宇宙的起源不必依靠荒诞不经的神话故事。

泰勒斯留下两句最重要的话：“宇宙的起源是水”“一切都充满神明”。两句话合而观之，泰勒斯所谓的“水”并非指单纯的物质 H_2O，不是日常生活中可看到、可饮用的水。希腊文中，神明（theos）象征着力量（theoi），力量即是诸神。因此，泰勒斯所谓的“水”是指一种充满活力、具有神性力量的万物始源，可以变化生成万物。泰勒斯观察到，水是液体，烧开变为气体，结冰又变为固体，水的三态可以说明大部分的具体事物。

阿那克西曼德是泰勒斯的学生兼助手，他认为以水作为万物的起源有问题，水太过明确具体，宇宙起源应为“未限定之物”（apeiron），因为不受限定，所以可以生成水、火、土、气等各种自然界元素。这种说法比老师泰勒斯的说法更进一步，但“未限定之物”太过抽象，令人难以捉摸。

第三位上场的是阿那克西曼德的学生兼助手阿那克西米尼，他认为宇宙的本原是“气”，“气”不像水那么具体，也不像“未限定之物”那么模糊，“气”可被人类感知，却没有明确的形状和样式。

由此可见，西方哲学在开始阶段就展开了辩证思考，不盲目以老师为权威，而是以其为思考的出发点，不断探讨老师的说法是否正确，尝试提出更为合理的解释。

爱奥尼亚的哲学家们所关心的主要是自然界，但当时自然科学尚处于初期发展阶段，对自然科学的认识受到很大限制。

“自然界”希腊文为physis，与physics（物理学）为同一字根。古希腊对自然界的定义是“有形可见，充满变化”，哲学则要探讨自然界背后“无形可见，永不变化”的本体，这使得人们的思考更有深度。人们每天看到的一切事物都在变化之中，一切变化现象的背后应该有作为本体的存在。本体能否掌握，如何掌握，永远都是值得思考和探讨的问题。

希腊早期的哲学家几乎都是研究自然界的科学家。泰勒斯有一则逸事，他曾在夜间边走边观察天象，不慎失足掉入浅井中，跟随的女仆嘲笑他说：“我们的主人连地上的情况都没看清楚，却去关心天上的情况。”后起哲学家一直遭到类似的嘲讽，然而如果没有这些哲学家，人类只能活在变化的现象世界中，始终无法掌握变化背后不变的规律和力量。

第二节　灵魂是一种精巧的“原子”？

哲学在古希腊并非一门学科，而被界定为“爱好智慧”，即透过事物的表面现象，发现事物背后的本质究竟是什么。

古希腊哲学发展出的第一派为自然学派，研究的焦点在自然界，古希腊哲学家几乎都是自然科学家。自然学派将宇宙起源归结为水、火、土、气等质料（类似于印度哲学将地、水、火、风——“四大”作为基本质料）；将变化背后的动力归结为吸引力和排斥力，吸引力是爱，排斥力是恨，由此贴近人的生命。

毕达哥拉斯（Pythagoras，约前571—约前497）是数学家，发现并阐明了“毕氏定理”（直角三角形斜边的平方，为两直角边平方之和）。他同时也是宗教家，主张人的灵魂不死，并不断轮回，影响了苏格拉底和柏拉图的思想。他认为宇宙的起源不是物质，而是形式，万物的存在都有一定形状，而有形之物都可用“数”来计算。因此，宇宙的起源是数字，用数字作为万物起源可使宇宙万物具有根本的统合性。

埃利亚学派的代表人物巴门尼德认为，宇宙万物的变化并非真实。人的感觉不可靠，由感官而感受到的万物变化会受到事物表象的迷惑，只是俗见而已；用理性认识宇宙万物将会发现，没有任何东西在变化。

古希腊哲学早期最有影响力的学派被称为“原子论”（Atomism），代表人物是德谟克利特（Democritus，约前460—约前371）。“原子”希腊文为Atom，“A-”作为前缀表示“否定”，“tom”代表切割，“Atom”即表示不可分割的最基本的单位。（现代科学发展认为，原子是由质子、中子、电子等更基本的粒子构成的）

原子论是古代最早的唯物论，德谟克利特认为宇宙万物由原子组合而成，“虚空”存在，原子在虚空中活动。原子的性质完全相同，物体的千差万别是由原子的数量、形状及排列不同所决定的。

人之所以有理性会思考，是因为人有灵魂。灵魂是一种比较精巧的球形原子，因为球形最能动也最有穿透力。人与人之间的沟通，即是各自派出的球形原子的交流碰撞。

植物、动物和人类的生命结束时都归于大地或空气，即“尘归尘，土归土”。原子论可以较好地解释这一现象，说明人与万物可以相通；但对于人的思想、精神层面则较难解释清楚。

任何流派的哲学主张，最后都要回归到实际生活中，说明人应该如何为人处世，如何界定人生的幸福所在。原子论主张人应该过一种节制而宁静的生活，让自己走在正义、合法的路上。

譬如人使用理性反省，饮食过量不舒服，因此应该节制自己吃到七分饱即可。人际交往中产生的冲突是原子间产生的碰撞摩擦，树敌太多将使人防不胜防，可谓“明枪易躲，暗箭难防”，因此应该多交朋友，广结善缘，从而减少世间的干扰。原子论通过对人生经验的观察总结，试图指导人们如何生活得更加轻松愉快。

原子论的基本观点是宇宙万物均由原子构成，原子在虚空中活动碰撞，原子只有形状与大小的不同，没有本质的差别。人的灵魂是由最为圆滑的球形原子构成，最具活力和穿透力。原子论的观点指导人们选择最基本的平安生活，却无法帮助人们树立高尚的人生目标，对于人与人之间的深刻情感也不易说明。苏格拉底之前，希腊哲学中的自然学派发展到“原子论”阶段后，达到了顶峰。

第三节　人是万物的尺度吗?

苏格拉底之前，古希腊哲学发展出两个派别，苏格拉底曾被人误会属于这两个派别。

第一派是以原子论为代表的“自然学派”。苏格拉底曾说：“太阳是个火球，月亮是一堆土。”因而被认为属于自然学派。苏格拉底为自己辩护道：“请你们不要冤枉我，我只是转述某些哲学家的观点，这并非我的创见。”

第二派为“辩士学派”。这个名称的字源是“智慧”（sophia），因此这派哲学常被译为“智者学派”。但哲学的原意为爱好智慧，任何人都不可能真正拥有智慧，因而将其译为“辩士学派”更为合理。

《庄子》书中多次使用“辩士”一词来形容当时擅长辩论的“名家”，希腊辩士学派的性质与之类似。他们口才出众，见多识广，游历于希腊不同城邦之间。

亚里士多德曾对希腊 158 个城邦进行研究后指出，每个城邦都好像是独立的部落，中心有城堡，外围是农田，各城邦在经济上独立，一旦发生战争，百姓就会撤回城堡中。各城邦在法律制度和宗教信仰方面皆有明显差异。

这些辩士在游历中发现，没有所谓的客观标准，对同一行为是否有罪的判定，在不同城邦可能大相径庭。他们眼界开阔，精通辩论，以教授修辞、演说、辩论为业，并收取高额学费。他们教人如何鼓动人心以赢得广泛的支持。

辩士学派的代表人物之一是普罗塔哥拉（Protagoras，约公元前 490 或 480 年—前 420 或 410 年），他最常被人引用的名言是“人是万物的尺度”（Man is the measure of all things）。对这句话的解释歧义百出，句中的“人”指“人类”还是“个人”？若指人类则过于空泛，即使两三个人也很难建立共识，更何况整个人类；若指个人，一个人与他人看法不同时，又该以谁为准？

如此一来，哲学演变为“相对主义”，每个人都以个人感觉为主，每个人都是真理的标准，大家各说各话，这样的哲学难以传授和普遍推广。

普罗塔哥拉对神明的看法很到位：“关于神明，我们一无所知。既不知他们是否存在，也不知他们形象如何，阻碍我们获得这类知识的因素很多，比如对象太过模糊，人生太过短暂。”由此保留了宗教信仰的空间。对于神明不必说清楚，人生短暂，人们无法真正了解信仰的神明究竟是什么。

辩士学派的另一位代表人物是高尔吉亚（Gorgias，约公元前483—前375），他提出三句论断：1. 无物存在；2. 即使有物存在，也无法被人认识；3. 即使可以被人认识，也无法告诉别人。这样一来，人与人之间无法沟通，人们无法通过对话增进彼此的理解，整个社会也难以维系和发展。

辩士学派对古希腊社会造成了不小的负面影响。他们教出的学生在政治活动和法律辩论中无人能敌，他们收取相当于半座房子的高额学费，受到苏格拉底和柏拉图的严厉批评。

柏拉图《对话录》中有一篇《普罗塔哥拉》，形容这些辩士是“贩卖精神杂货的掌柜”，他们无法告诉人们精神有何价值，人生该向何处发展。柏拉图借苏格拉底之口说：“让希腊人知道你是一个辩士，难道不觉得可耻吗？”

由此可见，当时社会对辩士学派深怀戒心，此派哲学的发展将导致社会价值的瓦解。辩士学派由相对的观点引发人与人之间的相互怀疑，一切都不可靠，人人我行我素，人际互动无法开展，社会的稳定和谐亦无从谈起。

在自然学派和辩士学派的基础上，苏格拉底将开创希腊哲学的全新格局。

第四节　第一位街头哲学家

苏格拉底在孔子去世后10年诞生，他走上历史舞台时已是年逾50的中年人，关于他前半生事迹的历史资料很有限。他曾参加过著名的伯罗奔尼撒战争（the Peloponnesian War，前431—前404）。

古希腊经历过两场著名的战争。

一是波希战争。公元前 490 与公元前 480 年，希腊城邦联军两度成功抵抗波斯大军的入侵，电影《斯巴达 300 勇士》记录了第二次波希战争中斯巴达国王领导的温泉关战役，即他们如何以 300 勇士抵抗波斯王克塞瑟斯（Xerxes）的百万大军。

二是伯罗奔尼撒战争。希腊联军打败波斯大军之后，斯巴达与雅典两大城邦各组联盟，开始内战，内战地点是伯罗奔尼撒半岛，双方时打时停，战争绵延了 27 年。

苏格拉底曾参加旷日持久的伯罗奔尼撒战争，以勇敢知名。当时作战需自购装备，苏格拉底是全副武装的步兵，可见其家境小康。

希腊哲学自诞生之日起，经过一两百年的发展终于传入雅典。首先传入的是自然哲学，人们逐渐意识到，仅靠物质不足以解释自然界和人类的种种现象。宇宙万物显示出秩序和规律，日月星辰斗转星移，春夏秋冬四季更迭，这一切的背后似乎有一种力量在操控。

阿那克萨哥拉（Anaxagoras，约前 500—约前 428）是把哲学引进雅典的第一人，他认为宇宙万物背后有一个伟大的心智（nous， mind）在控制。苏格拉底满怀希望，但自然哲学家并未进一步说明“心智”究竟是什么，以及它如何运作，这让苏格拉底感到失望，于是转而研究人类社会。

苏格拉底说：“我的朋友不是城外的树木，而是城内的居民。”城外的树木代表大自然，城内的居民代表人类，不管对自然界了解得多么透彻，最后还是要回到“人应该如何生活”这个问题上来。人的生活如果没有客观的道德标准，则法律规范就成了外在的装饰品。

为研究人类社会，苏格拉底开始转向辩士学派。他熟知辩士学派的观点，因为他每天上街与人辩论而被人误会为辩士之一，实则不然。

一般认为，西方民主制度始于雅典。雅典全盛时期经常在对外战争中获胜，按当时的惯例，获胜方会将失败方的成年壮丁全部处死，将有学问的老人和妇女掳掠为奴，老人负责教育孩子，妇女负责承担家务。雅典男子在家无事可做，时间充足，于是可以上街开展选举投票之类的民主活动。

值得注意的是，雅典的民主并非今天所谓的全面民主，只有雅典公民才享有民主权利，而公民人数比例极低，约占 15%，奴隶和妇女无法成为公民。男子 20 岁成为有投票权的公民，30 岁可承担城邦义务，如轮流担任陪审团法官。

雅典分为10个区，每个区每年选举50人组成陪审团，后来苏格拉底被诬告，就由五百人陪审团审判。

苏格拉底每天到街头、体育馆、市场附近与人聊天对话，从不做公开演讲，因为他认为公开演讲无法达到相互交流的目的。当苏格拉底听到有人提到勇敢、虔诚、谦虚、美、善等价值评价字眼时，就会兴奋地上前请教："你刚才提到勇敢，真是太好了，我到现在仍不知道什么是勇敢，既然你提到勇敢，代表你知道勇敢的意思，请你告诉我，勇敢到底是什么意思？"

通常人们未经深入思考就使用这些评价词语，在苏格拉底追问之下，人们发现自己其实并不了解这些词语的真正含义。苏格拉底弄得雅典人心惶惶，他正是以这种方式刺激大家思考道德的相关概念，使人觉悟德行的真谛，找到人生的幸福。

苏格拉底说："没有经过反省检验的人生，是不值得活的。"这句话成了千古名言。一个人若不知何谓德行，如何可能实践德行？真知才有恒久的德行表现。我们从小听从父母和老师的教导，却从未省察为何应该这样做。

苏格拉底代表了哲学的重要转捩点，在苏格拉底与人对话的过程中，逐渐形成了"归纳法"与"辩证法"，目的是帮助人们找到"人生应该何去何从"这一问题的答案。

第五节　雅典谁最聪明

了解了苏格拉底的相关背景后，我们可能会诧异，为何这样一位年逾半百、喜欢与人聊天的长者，最终竟然被诬告而判死刑？这中间发生了这样一段故事。

苏格拉底每天上街与人交谈，久而久之，身边聚集了一批朋友和追随者。苏格拉底从未正式收学生，但有心上进的青年自愿追随效法。苏格拉底的话语令人震撼，这使习惯于装腔作势的雅典权贵们感觉受到了挑战。

一天，苏格拉底的朋友查勒丰（Chaerephon）到德尔斐（Delphi）神殿求签[1]，希望知道在雅典有谁比苏格拉底更明智。查勒丰得到的神谕（the

1　德尔斐神殿位于距雅典150公里的帕纳索斯山上，供奉着象征光明和理性的阿波罗神。雅典人遇到困惑之事就带一只山羊到德尔斐神殿献祭，由女祭司为其解签。

Pythian）是：索福克勒斯（Sophocles）很聪明，欧里庇得斯（Euripides）更聪明，但在雅典没有人比苏格拉底更聪明。索福克勒斯与欧里庇得斯是希腊悲剧三大代表中的两位，是家喻户晓的桂冠诗人。苏格拉底既无悲剧作品，也没有知名著作，居然仅凭每日上街聊天，就被神认为是雅典最聪明的人，这使得查勒丰欣喜异常，觉得自己追随苏格拉底是正确的决定。

当听说查勒丰得到的神谕，苏格拉底谦虚地认为那不可能。为了证明神谕有错，他带着年轻人四处拜访大众心目中的三类聪明人。

首先拜访的是政治家，作为城邦领袖应当了解人生的幸福所在，否则要将城邦带向何方？政治家们的答案无非是发展经济和加强国防，然而幸福绝不仅仅是经济繁荣、富国强兵，人开始赚钱时会有快乐，但久而久之则重复而乏味。大家发现政治领袖并不了解人生幸福何在，这让政治家们大为恼火。

拜访的第二种人是文艺作家，即现代所谓的畅销书作家。每逢他们的作品出版面世，一时洛阳纸贵。但令人尴尬的是，周围每一个人对作品的诠释都比原作者更加合理与深刻，最后，作家只好承认酒醉之后才有创作灵感。

第三种人是工艺专家，包括修筑城墙、雕塑造型和军舰制造方面的专家，令人失望的是，他们不过是按照师傅留下的蓝图修建，并不了解其中的原理。

最后苏格拉底下结论说："神说我最明智，因为只有我知道自己无知，其他人连自己无知都不知道。"这句话听上去很反讽，却也是显见的事实。每个人通过长期努力，可能在某一专业领域取得过人成就，但这并不代表对于其他领域也具有同样权威，可以随意发表意见。这就是中国人常说的"强不知以为知"。

然而，一般人常产生错觉，认为诺贝尔化学奖得主对宗教、教育等方面的看法应该同样专业，或认为成功企业家一定可以给年轻人合理的人生建议，其实未必如此。一般所谓的"成功者"只是知道"如何将一件事做好"，却不一定知道活着是为了什么，人生的意义何在，为什么要有德行。

苏格拉底承认自己的无知。哲学是爱好智慧，智慧是属灵的，只有神才能拥有智慧。人有身体的限制，必须透过感官接触外在世界，理性思考亦无法摆脱个人的有限经验。因此，人只要活在世上，就不可能真的拥有智慧。这种想法后来进一步发展出"身体是灵魂的监狱，死亡之后才有解脱可言"的思想。

苏格拉底在四处访谈过程中，得罪了社会上最有权势的三种人，于是他们联合起来找了三个人[1]出面控告70岁的苏格拉底，罗列了两个主要罪名：第一个罪名说苏格拉底“腐化雅典青年”，使雅典青年不再迷信权威，不再对长辈毕恭毕敬；第二个罪名说“他不信奉城邦所信的神明，而自立新神”。苏格拉底究竟引进了什么新神，我们后面再做详细说明。

第六节 谁对神不敬

苏格拉底被控告的罪名之一是对神不敬。“敬”指宗教的虔敬（piety），柏拉图《对话录》中有一篇名为《尤息弗罗》（*Euthyphro*）专门探讨了这个问题。

苏格拉底接到法院传票后，一大早就到法院门口等待开庭，碰到对神学颇有研究的尤息弗罗。尤息弗罗问苏格拉底：“先生你怎么跑到法院来了？你平日待人温和，应该不是来告人的吧？”苏氏回答说：“我是被告，你又是来做什么的呢？”尤氏说：“我是来告人的啊！”苏氏问：“你要告谁？”尤氏答道：“我要告我爸爸。”苏格拉底十分惊讶，说：“这么特别的行为，一定有非常的理由，愿闻其详。”尤氏回答道：“因为我爸爸侵犯了神的权力。”

原来尤息弗罗的父亲是农场主，夏天农忙时，从外地请了工人来做工，外来工人喝醉了酒，与家中长工发生争执，打死了家中的长工。尤息弗罗的父亲身为主人，命人将外来工人捆绑起来，丢到山沟里，再派人到雅典向神巫请教如何处理。当时希腊人认为只有神有权处置犯错之人，但接到神的旨意之前，这个工人就被冻死了。尤息弗罗认为，父亲由于疏忽而侵犯了神的权力。

苏格拉底听到后说：“太好了，我被人控告的罪状之一就是对神不敬，既然你认为自己对神非常虔敬，要维护他的权力，那么请你做我的老师，教我什么叫作‘敬’。”尤息弗罗看到已经70岁的苏格拉底还如此谦虚，于是回答：“‘敬’就是做的事情让神喜欢。”苏格拉底追问：“可是神有那么多位，应该让哪个神喜欢？”天神乌拉诺斯被儿子克洛诺斯（Cronus）推翻，克洛诺斯又被儿子宙斯推翻，神明之间相互斗争，意见不一。尤息弗罗没想过这个问题。

苏格拉底接着说：“一件事被称为善事，是因为神喜欢才被称为善事，还

---

1 指控苏格拉底的三个人：代表诗人的美勒托（Meletus）、代表手工艺者与政界人物的安尼多（Anytus）和代表演说家的莱孔（Lycon）。

是这件事本身是善事，所以神非喜欢不可？”苏格拉底认为答案是后者，一件事若是因为神喜欢才被称为善事，由于神明众多，意见不一，所以无法确定其善恶。反之，一件事本身是善的，如果神不喜欢则违背了神的本性。

如此一来，一件事被称为善事，因为这件事本身是善的，不用配合神的意愿，回应神的要求。这意味着善行本身就有其内在的价值，善的判断不以神的意志为转移。

苏格拉底的这个说法是善恶判断的重要转折点，时至今日，仍有许多人自己无法判断事情的是非善恶，一定要去求神拜佛。是非善恶的判断应做到自己心中有数，只要出于诚心，按照规则，对别人有益，就可以判定为善行。

在苏格拉底的一再追问下，尤息弗罗难以招架，于是干脆说：“敬就是对神很好。”苏格拉底继续问：“一般人为什么要对神好，事事考虑神的要求？是不是像照顾马一样，每天让马吃饱喝足，替它刷背洗澡，目的是让马替你拉车。那么，对神好也是想利用神吗？”

苏格拉底话锋犀利，如果对神好是为了利用神以达成自己的目的，岂不是大不敬？

可见，苏格拉底对许多问题早有定见，他心中清楚地知道敬神是怎么回事，神与人的关系如何。但有些人自以为知识丰富，见解高明，苏格拉底便施展他特有的反诘法，一面耐心倾听别人的问题，一面不断诘问“你说的是这个意思吗？”打破砂锅问到底。这后来演变成一种教学方法，帮助别人澄清模糊的概念，最后达到对话双方的相互理解。

尤息弗罗最后哑口无言，发现自己原来根本不知道什么是敬，又怎能以此为由状告自己的父亲？于是他借口家中有事，告辞离去。这篇对话十分有趣，苏格拉底以其特有的反诘法让尤息弗罗觉悟到自己的问题，从而化解了一场家庭纠纷。苏格拉底明知自己将要受审，却好似没什么事情要发生一样，从容地与人交谈。他只有一个目标，就是追求真理。

第七节 听到精灵说“不”

苏格拉底受审的罪状之一是不信奉雅典的神祇而自立新神。为何会有如此说法呢？

柏拉图《对话录》中有一篇著名的《飨宴篇》（*The Symposi um*，或译作《会饮篇》），描写悲剧作家阿伽通（Agathon）为了庆祝自己的剧本获奖，邀请苏格拉底等朋友到家中吃饭庆祝。席间深刻地讨论了爱与美的主题，大家喝到拂晓才散场回家。

苏格拉底的行为有时也非常古怪，他与朋友走在路上，忽然止步不前，陷入深思，他能这样两眼凝视空中站一整夜。到了第二天清晨，“他向太阳祷告之后，这才举步离开”。当时人们都知道苏格拉底有这个习惯，好像心神不在当下。苏格拉底的身体和精神正常，为何有这么古怪的行为？

苏格拉底为自己辩护时说：“大家怎么能说我不信神明。”雅典人最喜爱和崇拜的神是太阳神阿波罗和他的孪生妹妹月亮女神阿特米斯，而自然学派哲学家认为：“太阳就是一块炽热的石头，月亮则是一堆土。”这让雅典人觉得神明受到亵渎，令人难以接受。苏格拉底首先分辩，这是自然学派安纳萨哥拉的观点，年轻人可以从社会上轻松得到这些观点，这并非苏氏的原创。

希腊人所谓的“神”除了神祇之外，还可指介于神、人之间的代蒙[1]（Daimon，可译为精灵），或者指神的子女，如特洛伊战争中的英雄阿喀琉斯（Achilles）的母亲就是海洋女神忒提丝。希腊人所谓的“神”包含上述三种含义，涵盖范围较为宽泛。

苏格拉底说自己能听到精灵的声音，如果不相信神的存在，怎会听到神的声音？他进一步解释什么是精灵之声：“我心中有一种神圣的与超自然的感应，这种感应从我童年时代已经开始，像是一个声音，每次听到时，它总是阻拦我去做我准备要做的事，而从来没有一次怂恿我去做任何事。无论是年轻时坚守阵地，面对死亡，还是担任法官，坚持正义的审判，精灵从未发出过阻止的声音。今早来法庭为自己辩护，精灵也未加阻止。这意味着来法庭接受审判不是坏事，对于任何可怕的刑罚，精灵并未叫我逃避，可见这也许就是我的宿命，我可能得到意想不到的好结果。”

苏格拉底的精灵之声听上去很神秘，其实就是中国儒家所谓的“良知”的

1　希腊民间宗教认为有一种超自然的精灵（daimon）存在，人出生时，就有精灵附在身上，决定他一生命运的好坏。希腊文“幸福”（eudaimonia）一词，字源上即是“得到一位好的精灵”。这样看苏格拉底的精灵之声，则不会觉得他故弄玄虚。参见《四大圣哲》。

声音。

《论语·阳货篇》中，当宰我问孔子为何要行“三年之丧”，孔子说：“守丧未满三年，就吃白米饭，穿锦缎衣，你心里安不安呢？”[1]如果正常孝顺父母，结交朋友，则内心平静，不会不安；如果对父母不孝，欺骗别人，以强凌弱，则心里就会不安。

孟子更直接指出“人皆有不忍之心”（《孟子·公孙丑上》），当别人需要帮助而自己不伸出援手，内心就会不忍。儒家用“不安”“不忍”说明人在真诚时，内心会要求自己做该做之事，不做不义之事。

可见，古今中外的人都同样具有良知。那为何只有苏格拉底能够听到内心的精灵之声呢？那是因为他特别真诚。

苏格拉底年轻时仅担任过一次公职，他在民主政治（democracy）时期做过轮值审判员。法庭要审判在一次海战中放弃死难者尸体的十位将军，只有苏格拉底投反对票，因而险些被捕。后来寡头政体（oligarchy）时期[2]，三十人执政团要求苏格拉底与另外四人去抓捕作战指挥官列昂（Leon）以将其处死。苏格拉底认为此事不义，离开市政厅后就独自一人回家了。这等于临阵脱逃，会因此而丧命，幸好寡头政权不久便倒台，才使他幸免于难。

苏格拉底绝不做任何不义之事。人人都有良心，良心自发的要求会胜过外在的一切考虑。当然人不能太过主观，如果每个人都认为自己是在凭良心做事而随心所欲，肯定天下大乱。

为何苏格拉底听从良心的呼唤会有正面的效果？这是因为他真诚到了极点。看到别人有难，内心不安而出手救援；看到别人蒙冤，内心不忍而打抱不平。苏格拉底内心真诚，就会听到精灵之声（即良心）的呼唤，这就是对精灵之声的合理解释。

---

1 原文：宰我问：“三年之丧，期已久矣。君子三年不为礼，礼必坏；三年不为乐，乐必崩。旧谷既没，新谷既升，钻燧改火，期可已矣。”子曰：“食夫稻，衣夫锦，于女安乎？”曰：“安。”

2 伯罗奔尼撒战后，雅典内部随即出现动乱，民主政体被废，开始了“三十僭主”的专政时期，只维持了8个月便垮台。参见《柏拉图哲学》，傅佩荣著，东方出版社。

第八节　人死之后呢？

苏格拉底终于走上法庭为自己展开辩护。希腊的法院是露天广场，可容纳五百人的陪审团。苏格拉底已经 70 岁了，放眼四顾，法官中有不少是他的后生晚辈。柏拉图《对话录》第一篇为《自诉篇》（*The Apology*），详细记录了苏格拉底为自己申辩及审判的全过程。

苏格拉底被控告的罪名有二：一是腐化雅典青年；二是不信奉城邦的神而自立新神。这两个指控实属冤枉。苏格拉底有一段关于腐化雅典青年的申辩十分精彩。

苏格拉底问原告之一的美勒托（Meletus）："请问，谁可以促成青年进步？"在苏氏引导下，美勒托回答："在座的陪审团成员，一旁的听审者，所有的议员，以及参加市民大会的群众。"苏氏接着说："你是说任何一个雅典人都会促成青年进步，只有我苏格拉底一个人腐化青年？"美勒托回答："正是如此。"苏格拉底说："如果雅典人都会促成青年进步，我苏格拉底一个人何德何能，哪有力量使雅典青年腐化呢？"雅典全盛时期人口有 40 多万，成年人有 10 多万，如果大家都教导青年人走向人生正路，又何必担心苏格拉底一个人腐化青年呢？这是整个审判过程中的一段精彩的插曲。

苏格拉底作为被告，在法庭上展开如此犀利的辩论，不难想象会触怒陪审团法官。他们感到像被苏格拉底教训了一通。古希腊的审判分为两个阶段，现在美国法院仍在效法这种形式。美国法院审判的第一阶段，由 12 人组成的陪审团必须取得一致意见，判定被告是否有罪（guilty or not guilty），陪审团由来自各行各业的普通百姓组成，达成一致意见并非易事；第二阶段则由专业法官对罪犯予以量刑，最高可判死刑。

苏格拉底进行了自我辩护和慷慨陈词后，开始第一阶段投票，结果是 280 票比 220 票，以 60 票之差判他有罪。当时雅典较为民主，苏氏仍可提议一种惩罚作为代替方案，苏格拉底真可谓语不惊人死不休，他说："你们一定以为我会提议驱逐出境，但我这么大年纪被流放异乡，活着又有什么意思？我不会离开自己的城邦。你们给我最公正的惩罚是把我送到国家英雄馆（Prytaneum），让我不能与别人交谈。"雅典的国家英雄馆是由政府出资专门供养奥林匹克金牌得主的场馆。这个提议进一步激怒了陪审团，从而以更大差额判处苏格拉底死刑。

为何苏格拉底完全漠视死亡？死亡究竟是什么？人死后究竟是怎么回事？当得知自己被判死刑，苏格拉底在结案陈词中说："一个人若为了活命不惜做任何事情，总会想到办法。但困难的不是逃避死亡，而是逃避邪恶，邪恶比死亡跑得更快。我已老迈，动作迟缓，所以死亡追上了我。但是邪恶追上了你们。"诚然，相较于邪恶，死亡更像是好事，人一生光明磊落，死亡对他而言可谓善终。相反，活着却成为邪恶之人更为可怕。

苏格拉底进一步说：死亡只有两种可能的情况，一是死后没有知觉，好似无梦的安眠，永恒不过有如一个夜晚，连波斯王都羡慕这样的幸福；二是死后人的灵魂终于摆脱身体这个监狱，自由飞去另一个世界，如果真是这样，我将要见到历史上的英雄、正义的法官和含冤而死的人们，和他们共同探讨何为智慧、公平和正义。这将是一件十分幸福快乐的事。

苏格拉底的话自有其道理。人生在世受到身体的诸多限制，难以心想事成；即使事事如意，欲望也不会满足。如果活着追求什么，死后可以得偿夙愿，死后灵魂会去哪里？生前追求财富，死后将会发现，古往今来有钱之人不可胜数。生前追求荣耀，死后将会发现，历史上享有尊荣之人比比皆是。苏格拉底一辈子爱好智慧，重视德行，死后能与往圣先贤相互切磋，那种快乐难以想象。

审判之后，恰逢雅典一年一度的"圣船节"[1]，一个月期间不准杀人。苏格拉底在狱中度过了生命中最后的时光，每天都有朋友和包括柏拉图在内的学生前来探望。苏格拉底非但没有伤心沮丧，反而安慰朋友和学生，展现了视死如归的精神风貌。

第九节　德行可以教吗？

苏格拉底最关心的是有关德行的问题。人活在世上，有理性可以思考，有自由可以选择，为什么一定要选择行善避恶？德行可以教导吗？

1　相传阿波罗神曾帮助雅典王子忒修斯（Theseus）杀死牛神（Minotauros），救回雅典奉献为牺牲品的七童男七童女。因此，每年五月雅典人派船在海上祭祀阿波罗神。在圣船来回的三十天期间，城中保持绝对洁净，不许有刑杀之事发生。

希腊当时的辩士学派专门教人言语技巧，使人在辩论中获胜，达成世俗的目的，但他们并不教人为何要有德行。一般人从小听从父母、老师的教导，遵从社会行为规范，行善的压力从外而来，能否经得起检验是个大问题。

柏拉图《对话录》谈到著名的居盖斯戒指（Ring of Gyges）的故事（《理想国》第二卷，359d）。居盖斯是个牧羊人，无意中发现一枚戒指，当戒面转向自己就可以隐身。于是他谋杀了国王，将王位据为己有。当一个人无论做什么都不会被人发现时，人还需要守规矩吗？当没有外在的约束力量时，人还需要行善避恶吗？

行善通常需要损己利人，可谓“行善如登”。为恶一般损人利己，可谓“从恶如崩”。是否可以通过教导使人们具有德行？答案是没那么容易。如果教育就能让人有德行，那么学校认真教导孩子，天下早就太平了；反之，如果认为教育没用，停止一切教育举措，后果恐怕更是不堪设想。

苏格拉底的一个基本观念是：“知识就是德行”。这与“德行不能教”的观点是否矛盾？

假如有两个人，一个人对德行一无所知，既不知何谓好事，也不知为何要做好事，他也会偶然应别人的要求做好事；另一人则清楚地知道什么是德行而去做。同样是做好事，两人的差别在于，第一个人经不起检验。

譬如，有人不知道为什么要孝顺，在别人鼓励或要求下也可孝顺父母，但当某天孝顺需要做出牺牲，要放弃休闲娱乐、耗费精力钱财时，这个人很难坚持下去。另一个人清楚地知道孝顺的本质和意义，遇到考验时，可以一如既往地坚持。人生就是充满各种考验的过程，孝顺父母，诚实守信，做事负责，良好的德行无不需要通过漫长人生的重重考验。

苏格拉底的“知识就是德行”意味着：人只有真正了解德行对人生的重要意义，才有可能具有真正的德行；当面临各种考验时，才能一如既往地坚持走在人生的正路上。有真知，才有经得起检验的德行。

“知识就是德行”的说法，使人容易联想到我国明代学者王阳明的“知行合一”的思想。王阳明“知行合一”的“知”并非指专业知识或日常生活中诸如开车、游泳之类的技能，而是指孝顺父母、遵守信用等“道德的知”。王阳明说“知是行之始，行是知之成”，即知识是行动的开始，行动才是知识的完成。知与行融为一体，不可分割。配合行动实践的知识才是真知，具备真知的行动才不会成为无源之水。苏格拉底“知识就是德行”之说的目的也是让人觉悟：

能够实践的知识才算真正的知识。

苏格拉底进而提出“无知是最大的罪过”。一个人不孝顺要怪他对孝顺完全无知，不知道孝顺是一个人真正的快乐所在。孟子说人生有三件事的快乐胜过当帝王[1]，第一就是“父母俱存，兄弟无故”（《孟子·尽心上》）。父母健在，兄弟平安，我们就可以孝顺父母，友爱兄弟。这种快乐由内而发，不受外在条件限制，可由自己掌控。这是真正的快乐，远胜于外在的成就。

由此可见，苏格拉底的观点相当精准，德行不能靠一般教书的方式传授，而要设法使人了解为何一定要有德行，并在实践中使认识不断深化，达到知识与德行的合一。

第十节　灵魂存在吗?

苏格拉底“知识就是德行”的思想，一方面体现了“知德合一”，类似于中国明朝王阳明的“知行合一”；另一方面，这一思想的背后有一个重要的观念作为基础，即人的灵魂存在，且不断轮回，因而知识就是回忆。

灵魂存在且不断轮回的观念来自古希腊数学家、宗教家毕达哥拉斯，他的思想或许受到古代奥菲斯教派（Orphism）的启发。他曾制止一人鞭打小狗，因为他从小狗的嗷叫声中听到已故朋友的声音，他相信过世的朋友轮回变成了这只小狗。灵魂轮回不只会转生为动物，甚至变成植物（如桂冠叶、豆子）。轮回的想法有些神秘，也很难检验。

苏格拉底和柏拉图作为哲学家，为何要谈灵魂轮回的问题？因为他们有一种基本的思想：知识就是回忆。

人的知识难道不是通过后天学习得到的吗？人们对世界的认识往往通过归纳法，即由后天经验积累形成知识。归纳法的问题在于缺乏普遍性，只对目前的经验有效，不能涵盖可能的将来和个人认识范围之外。譬如，一个人见过100只北极熊，可归纳出北极熊是白色的，但并不能保证明天不会发现黑色的

1　原文：孟子曰：“君子有三乐，而王天下不与存焉。父母俱存，兄弟无故，一乐也；仰不愧于天，俯不怍于人，二乐也；得天下英才而教育之，三乐也。君子有三乐，而王天下不与存焉。”

北极熊。我们小时候也曾认为天鹅是白色的，但长大后发现黑天鹅其实也不少。

人的知识需要普遍性，譬如，关于圆形的数学定理，一定要适用于所有场合才有普遍的指导意义。事实上，世界上没有严格意义上的圆形存在，存在的只是圆形的东西，经过数学抽象才能形成具有普遍性的数学定理，哲学上的知识更需要具备普遍性。

比如我们要判定张三是否勇敢，首先要知道勇敢的定义是什么，张三的行为符合勇敢的标准才能判定张三是勇敢的。如果没有普遍的标准，则无法判断个别事件。人要想得到有效的知识，使用的概念必须具备普遍性。

然而人生经验都有其局限性，如何能认识到普遍性的知识？为解决这一难题，苏格拉底提出普遍性不能来自此世，人的灵魂必须存在，而且不断轮回，灵魂在前世已经见过有普遍性的原版的东西（柏拉图称之为“理型”，eidos，idea）。今生见到的东西都是原版的模仿，可能与原版有差距，有缺陷，会消失，但原版是完美的，恒存的。

灵魂既然在出生前就已经存在于理型界，并且认识具有普遍性的理型，为什么人出生后仍一无所知？中国也有与西方类似的神话故事，认为灵魂转世投胎前先喝了孟婆汤，从而忘记了前世。因而知识就是回忆。在这个世界上，当机缘成熟，灵魂可“回忆”起前世见过的原版，得到具有普遍性的知识。正因为灵魂在前世见过“勇敢”的普遍原型，所以才能评价某人勇敢。

“灵魂”希腊文为 psyche，代表生命原理。一样东西只要存在生命表现，内在就有生命原理，可称为魂。如树有树魂，使其自动朝向阳光；动物有动物魂，会主动觅食、活动；人的魂层次最高，最为神秘，称为灵魂。

柏拉图发现人的内在灵魂常处于挣扎冲突中，很多事明知该做却不去做，明知不该做却偏偏去做。柏拉图哲学的特别之处是将灵魂分为三部分：一为理性，二为意气（或感受），三为激情（情感和欲望）。

苏格拉底和柏拉图是如何证明灵魂不死而一直存在的呢？苏氏提出三个灵魂不死的论证，其中之一是：身体是个别的组合物，有生有灭，一直变化；而灵魂可领悟纯然永恒而不变的理型，因而灵魂肖似理型，接近神性，必须是单纯的而非组合的，不可分解，不会消亡（《对话录·斐多篇》，*Phaedo*）。柏拉图在《对话录·理想国》第十卷谈到另一个灵魂不死的论证：疾病是身体的恶，可使身体死亡；灵魂的恶是不义，但做坏事的人照样活着，因而灵魂不死。

人作为万物之灵，能够思考、选择，有情感表现。人与万物的不同之处究竟在哪里？应该在于人有灵魂，如此解释较为单纯。既然人具有如此特别的灵魂，灵魂会不会要求一个人向某一特定方向发展？

第十一节　一心追求真理

苏格拉底的生命有何特质和内涵？最明显的一点就是以纯真的心追求真理。

为什么需要纯真的心？人活在世界上，并不清楚自己为何生而为人，每一个人都在懵懂中长大，接受父母、老师的教导。人有理性可以思考，为何应该行善避恶、见义勇为？人有自由可以选择，究竟应该何去何从？这些问题都需要以纯真的心态来探讨。

纯真的心从哪里出发？首先应回归自己本身，把自己视作单纯的人，撇开时代、地域和特定文化的限制。

每个人都被要求行善避恶，但问题是不同时代、不同社会对善恶的看法不尽相同，一味按当时的要求为准，会使自身陷入狭隘的格局。比如，古希腊时代，各城邦经常结盟，结盟后就要承担同盟的义务，为抵抗外来侵略或侵略别的城邦而发动战争，战争双方都会认定对方是敌人，是邪恶的。因此，必须跳开相对的立场，超越时代的限制，不可盲目接受城邦的善恶判断标准。

进一步避开特定文化的局限。苏格拉底反对只站在雅典文化的视角上故步自封，他曾说："我是雅典人，也是希腊人，也是世界人。"这类似于今天的"地球村"的说法。雅典人在文化上有相当的自信，认为自己的文明最为先进，理性最为清明，堪为希腊各城邦的老师。雅典诞生了三大悲剧家和一大批文学家、历史学家，哲学在其他城邦只是昙花一现，到雅典却开花结果。对此，雅典人深以为傲，并把周围的城邦视为野蛮人。如此一来，则难以回归纯真的心态。

纯真的心，不但要去除上述限制，还应向内进行理性的反省。人有理性可以质疑一切，但质疑时还应相信，任何质疑一定会有答案。虽然我们暂时未必可以得到答案，但只要诚心以求，将来就可能以某种方式寻获真理。人不可能提出理论上完全无法解答的问题。

自古以来，人们不断追问宇宙和人类的来源，不断讨论人生是否有其归宿，死后世界究竟如何？世界各大宗教为这些问题提供了不同的答案。我们可能认为宗教教义并非理性解答，而仅属于信仰范畴。然而，信仰正是在理性尚且无法回答之际，为人们提供了答案。

我们个人也许觉得将信将疑，但怎么知道别人不会有更高的境界呢？也许今天我们觉得疑惑，但经过十年二十年后也可能会有全新的感悟和发现，从而认定事实真的如此。人生在世，关键看自己是否有颗纯真的心，愿意开放自己的心胸而不断探索真理。

苏格拉底在狱中等待接受死刑之际，学生悲伤地问："老师，您如果走了，我们就成了无父的孤儿，有问题该向谁请教呢？"与之类似，孔子的学生也常请教老师：如何走上人生的正路，从政该如何去做，怎样才算守信？释迦牟尼的弟子经常问老师：怎样修行才能成佛？老师好似指路的明灯，没有老师的指点，学生不免觉得世界一片黑暗。

苏格拉底的回答十分精彩：今后你们仍要一如往昔，按照你们所知最善的方式去生活。人在生命的不同阶段，会对最善的生活方式有不同的体认，如果现在认为"应该真诚待人，只求付出不求回报"，就应该按照现在的认识去勇敢实践。将来发现更好的、更善的方式，再勇于改进。如果一味等待，寄希望于发现最善的方式再去行动，那么永远也不会迈开脚步。

柏拉图《对话录》提到交朋友时，有一则生动的譬喻。一个人走过麦田想选择一株最大的麦子，开始总认为后面会有更大的，后来发现后面的麦子还没有前面的大，结果空手而归。人只能对自己的当下负责，当下只要觉得该做就勇敢去做。

我们要坚信精诚所至，金石为开，只要保持真诚的心，不断追求真理，人生不同阶段一定会得到不同的启发。追求真理之路永无止境，这就是苏格拉底的生命特质。

第十二节　传统是立足点

苏格拉底思想中有个常被忽略的立足点，即肯定传统，这一点似乎与苏格拉底喜欢质疑的形象相矛盾。然而事实上，苏格拉底对传统中的两件事给予了充分的肯定：一是信仰，二是法律。

苏格拉底被告的罪名之一是不信奉城邦之神而自立新神，即相信内心的精灵之声。但苏格拉底相信，仁慈而公正的神明是存在的，神会赏善罚恶，不让好人受委屈，也不让坏人太嚣张。

雅典习俗宗教中神明众多，他们不但与人相似，还会做出各种不道德的行为。埃利亚学派的创始人色诺芬尼（Xenophanes，约前 565—约前 473 ）曾批判说："荷马与赫西俄德（Hesiod）笔下的神明，会偷窃、通奸和相互欺骗，这些是在人间都被视为耻辱及应该谴责的行为。"

在第四章"神话与悲剧"中曾指出，神话的作用之一是用来说明人的欲望。人生在世，为了满足欲望，有时会做出可怕的事，甚至让人无法面对自己，失去活下去的勇气。阅读神话时会发现，神明也会做出可怕的事，人就可以原谅自己，让自己有勇气改过迁善。但如果将这些描写与真诚的信仰相混淆，则会出现诸多问题。

色诺芬尼精准地描述了人们的普遍心理："埃塞俄比亚人说他们的神是鼻似狮鼻，皮肤黝黑；色雷斯人说他们的神是眼珠深蓝，头发火红。"每个民族心中的神明都肖似本民族，这种现象直至今日仍然存在。

释迦牟尼是印度人，印度人经过苦修后一般都会显得瘦弱，但佛教传入中国后，释迦牟尼的画像变成像唐朝人一般，具有丰盈的外表。基督教传入非洲后，十字架上的耶稣也变成了黑人。其实耶稣既不是白人，也不是黑人，而是犹太人，类似亚洲人的黄皮肤、黑头发。如果一定要还原宗教创始人出生时的真实情况，会给众多信徒带来很大的压力。

可见，色诺芬尼对宗教信仰的见解十分精准。"如果牛、马、狮子有手，则马将绘其神如马状，牛将绘其神如牛状，并各自使神的身躯肖似自己的身躯。"因此，设立宗教，信仰神明，神可能被拟人化。一方面神话故事成为人间故事的翻版；另一方面，把人的复杂欲望投射到神的身上，则信仰不够纯粹，无法经受挑战。

苏格拉底接受传统的信仰，他相信公正的神明存在，一定会有善恶报应，因而死亡并不意味着灾难，死后应有另外的世界。苏氏的信仰使他一直保持着虔诚、开放的心态。

苏格拉底肯定传统的第二点是法律。苏氏被判死刑，在狱中等待服刑的这段时间里，有许多次机会可由朋友凑钱买通狱卒而越狱出逃，对于苏格拉底这样已经 70 岁的老翁，雅典人也不会非要将他绳之以法，但苏氏绝不越狱。

在《对话录・克利托篇》（*Crito*）中显示了苏氏对法律的态度：是法律使他诞生在一个合法组成的家庭，使他成为雅典公民，也使他被父亲抚养长大。现在他虽不曾犯罪，但经过合法程序被公开审判而判处死刑，法律使他遭受不义的迫害。然而他坚持的原则是宁愿受苦也不违背正义，这正是苏氏的智慧所在。

世上没有完美的法律，人间没有完美的判决。人生自古谁无死，接受符合“程序正义”的判决，即使遭受不义也不反抗法律，可谓“求仁而得仁，又何怨？”

如果苏氏怕死，诚如他在《自诉篇》所说，他可以像很多人曾经做过的那样，带上太太和三个孩子到法庭上哭哭啼啼，博取陪审团法官的同情，只要当庭承认自己有错，大家一定会放他一马。后面当他提议对自己的处罚方式时，也仍有许多方式可以避开死刑，他的行为使许多西方学者认为，苏氏是自己寻求死亡。

苏格拉底在法庭上以被告的身份慷慨陈词，使法官觉得受到侮辱，但苏格拉底的教训绝不是仅仅为了当时的雅典人，他是为了西方人，甚至是为了全人类。他使人们认识到：没有完美的法律审判，每个人都有可能受到委屈，但绝不要为了避开灾难而做出可耻的行为。一个人可能受到不公正的对待，受尽委屈，但不要担心，神明一定会还你公道。

我们如果在世界上追求绝对正义，恐怕难以找到让所有人都接受的标准答案。苏格拉底上有信仰，下有法律，中间则是自己负责的人生发展空间，他以真诚之心坦然面对不幸的遭遇，即使遭受不义的迫害，也绝不以不义之举来还击。这就是苏格拉底为世人做出的伟大示范。

第十三节　人格的魅力

关于苏格拉底的人格表现，可分三点加以说明：1. 理性与自由；2. 信念与尊严；3. 生死与超越。

苏格拉底在与人对话的过程中，逐渐形成了“归纳法”和“辩证法”。归纳法是由个别事例推广到普遍定义，譬如由某些正义的行为可以推知正义的本质。

辩证法（dialectics）则是由对话（dialogue）发展而来，两字字头相同。对话双方具有不同观点，有如正方与反方，正反双方观点未必针锋相对，有时各自看到问题的不同侧面，经过相互补充、修正而向上提升，获得更完美的综合看法，亦即合方。一旦形成综合，马上又变成正方，相对地又有反方。通过对话可以不断地提升认识的高度。

苏格拉底最常见的教学方法是“反诘法”，请谈话对方界定他使用的“概念”究竟是什么意思。苏氏使人意识到，只用约定俗成的方式使用常见概念是不够的。探讨过程中，先不要急于找到答案，应保持开放的心态，不断推敲，以便更透彻地了解“德行”相关概念，唯有如此，才可能真的去实践。

理性对人来说十分重要，希腊三大悲剧家之一的欧里庇得斯曾说：“一个人如果无法说出自己的思想，他就是奴隶。”因此我们绝不能人云亦云，直接转述每天手机、新闻中的观点来取代自己的思想。但一个人怎么可能每天想出许多与众不同的观点呢？因此，我们可以与别人有类似的观点，但要运用自己的理性，找到自己的理由。

理性并不排斥信仰，在理性发展到完美之前，人需要信念作为行动的基础和根据。我们也许并不清楚自己的信念来自何处，有时来自家庭的潜移默化，有时也会受到名人传记的影响，但只有以信念作为生命的基础，才能显示自己的尊严。一个有尊严的人会坚持立场，前后一致，不会轻易为外界所改变。

信念不可能像知识一样拥有确证，坚持信念有时意味着要付出代价，甚至像苏氏一样要以死亡为代价。苏格拉底坚信城邦有其存在的基础和价值，法律对于维系城邦有重要意义。因此，当城邦以合法程序审判并判处他死刑时，尽管对他个人是莫大的冤枉和不义，但他仍甘心接受，苏格拉底为了自己的信念，不惜用死亡来验证。

对哲学家而言，死亡从不是让人深陷恐惧的题材，反而是在实践上要去严肃以对的问题。柏拉图说：“哲学就是练习死亡。”这传承了苏氏的思想。身体是灵魂的监狱，死亡意味着灵魂逃脱了身体这座监狱的束缚，得以自在解脱。哲学是爱好智慧，智慧是属灵的，阻止我们得到智慧的是身体，因为身体产生的感觉会妨碍我们接触到真正的智慧。

从一个人面对死亡的态度能够看出其生命的真正特色。终于到了苏氏被执刑的日子，狱卒拿来毒酒让苏氏服用，苏氏仍是一贯的轻松态度，向狱卒询问喝下毒酒的反应。服下毒酒后，苏氏说；“我感到脚麻了，这反应正常吗？”狱卒回答说：“是的。”然后渐渐地大腿麻了，肚子麻了。在毒酒就要侵入心脏之际，苏氏对好友克利托（Crito）说：“别忘了，我还欠医神一只鸡。”说完闭上双目，与世长辞。

医神阿斯克勒庇俄斯是太阳神阿波罗的儿子，掌管医药和健康。按雅典当时的习俗，人生病时会到医神庙中祈祷献祭，病痊愈后献一只鸡作为还愿。苏氏的说法表示，人活在世界上都是在病中，死亡就是病的痊愈。苏格拉底的观念让人倍感震撼，他以实际行动来验证死亡是灵魂的解脱。

苏格拉底相信：正义之人虽受苦难，但终将得福，不在生前，就在死后。一个人一生全力实践德行，努力肖似神明，神明绝对不会对他置之不理。人生自古谁无死，只要生前全力行善，死后不必担心。柏拉图《对话录》中多次记载了苏氏类似的观点。

第十四节　柏拉图这样的学生

苏格拉底对柏拉图的思想产生了深远的影响。柏拉图比苏格拉底小42岁，年轻时有良好的家庭背景。他的母亲有贵族派的血缘关系，他的继父有民主派的优越人脉，他自幼接受雅典最完备的教育，熟悉各类文化知识，诸如悲剧、喜剧、诗歌、科学知识、社会思潮等。这为他日后撰写《对话录》奠定了坚实的基础。

柏拉图年轻时曾希望从政，报效城邦，为民服务。直到20岁某天，他上街听到苏格拉底与人谈话，内心受到震撼，回家一把火烧掉自己的文学作品，从此每天只有一件事，即上街找苏格拉底听他与人聊天谈话。

如此8年后，苏格拉底受审被判死刑，柏拉图与几个好友怕受牵连，为避风头而离开雅典。柏拉图到意大利、埃及等地周游12年，在他40岁时重回雅典，在雅典近郊纪念英雄阿卡得摩斯的神殿附近建立了学园，这是欧洲第一所大学。

《柏拉图学园》

画中地点是罗马圣彼得教堂梵蒂冈教皇宫，该画以古希腊哲学家柏拉图所建的柏拉图学园为题。

苏氏之死对柏拉图影响至深。我们一般认为民主政治较为开明，柏拉图则深受其害，称民主政治就是暴民政治，不讲道理，凭人多势众而胡作非为。他一生始终对民主政治抱持怀疑态度。

苏格拉底死后，柏拉图说："苏格拉底是我们所知同时代的一切人之中最善良、最明智、最正直的人。"又说："老师死了，我们成了无父的孤儿。"柏拉图如此描述自己的幸运："生为雅典人而非蛮族人，生为公民而非奴隶，生为男人而非女人；以及最重要的，生于苏格拉底同一时代，能够与他相识。"

苏格拉底的方法启发柏拉图建构了"理型论"（the theory of Ideas）。"理型"就是人的理性所能了解的不变的原型，特别是"真善美"的原始典型。感官所见的世界万物皆在变化之中，缺乏真实性；只有理性所了解的理型是真实的存在。

柏拉图在《理想国》第七卷用生动的洞穴比喻[1]阐释了理型论的观点，并表明自己如何看待苏格拉底的杰出贡献和不幸遭遇，苏氏发现"使人眼瞎的光明"，并透过他的方法，希望雅典人能够了解真相；但人最怕做梦时被唤醒，人们生气地把吵醒他们的苏格拉底杀掉，继续过以前的生活。

柏拉图的理型论认为：人只能"发现"理型，而不能"发明"理型。"发明"意味着无中生有的创造，"发现"则代表一样东西本来存在，人们只是发现它而已。世界上所谓的"发明"只代表人的创意，并非真的创造。

很多人误以为柏拉图思想是唯心论，这种观点失之偏颇。"唯心论"一般用于近代康德以后的哲学思想，涉及人的认知能力的分析。柏拉图的"发现理型"的说法代表"理型"客观存在。人的身体制造了障碍，遮蔽了理型；人要设法去掉遮蔽，使用理性，才可发现早已存在的理型。

柏拉图认为理型是各种价值的原型，由一个最高理型来统合。最高的理型是绝对的真实，同时也是绝对的美与绝对的善，是真、善、美三者的合体。人在世界上追求各种价值，要设法从有限的生命中走出，从感觉、认识逐步向上

1 参见本书第二章，"洞穴假象"的相关描述。

跳跃提升，最后达到“光天化日”的世界，那就是真、善、美合体的世界。人在短暂的生命中应不断求知和修炼，知德配合，以实现人生最高的目标，达成人生最高的幸福。

西方学者对柏拉图推崇备至，论及西方文化有一句名言：“谈起希腊文化，转头必见柏拉图。”可见其影响既深且广。至于西方哲学，则如英国哲学家怀特海所云：“西方两千多年的哲学，只不过是柏拉图思想的一系列注解而已。”两千多年来，西方哲学所探讨的各类问题都曾在柏拉图《对话录》中出现过，并做了适当的探讨。

第十五节　不能没有苏格拉底

苏格拉底所树立的典范和传统对后代产生了深远的影响。

苏氏去世之后，他的学生分为几派，除了最有影响力的柏拉图之外，有一派学者由苏氏对话的示范，发展出逻辑、辩论术和辩证方法，属于治学方法的研究。

第二派为犬儒学派（Cynicism），代表人物是安提斯泰尼（Antisthenes，前445—前365），该派学者秉承了苏氏超然独立的内在精神，将人世间的荣华富贵视为浮云。他的学生是著名的迪奥真尼斯（Diogenes，约前412—前324），他住在木桶中，亚历山大大帝听闻他富有智慧，专程拜访他，请教治国方法，他只说：“请你走开，不要挡住我的阳光。”他在河边看到狗在喝水，于是干脆丢掉唯一的木碗，学狗的样子直接喝水，因而被人称为“犬儒”。

另有施勒尼学派（The Cyrenaic School）从本性与快乐的观念出发，强调人无待于外，要追求自己希望的快乐生活，该派也被称为“享乐主义”。

中世纪是宗教主导的时代，早期基督徒希望将希腊哲学与基督教相结合，联合苏格拉底与基督，共同对抗希腊宗教和希腊化宗教。由古希腊进入罗马帝国时代，希腊文化凭借其较高的文明程度，被罗马帝国直接继承并普遍传播，产生了“希腊化的宗教”。苏氏坦诚自己的无知，基督教充分肯定这一点，并宣称只有信仰宗教才能获致真理，《圣经》中包含着真正的智慧。

文艺复兴时期的基本思潮是希望文化重返古希腊、罗马的本源。1300多年的中世纪是神本时代，人的理性仅限于证明宗教的价值，如此难免陷入狭隘的格局。文艺复兴希望反本溯源，重新找回古希腊、罗马初期的人文精神，独立的哲学得以重见天日。

这期间荷兰学者伊拉斯谟（Erasmus，1466—1536）写下了“圣苏格拉底，请为我们祈祷”，有如“圣母马利亚，请为我们祷告”。“圣”即Saint（拉丁文为Sanctus），天主教对于殉道的信徒，或德高望重、一生功德圆满的信徒，在其死后封为圣人，并在他们的名字前加“St.”。

法国著名作家蒙田在其代表作《随笔集》中对当时社会的思想和制度进行了广泛的批判，书中经常提及苏格拉底质疑的精神，认为苏氏追求伦理自由，道德高尚，苏氏的言行充分显示出，人不一定非要信仰宗教才能成就高尚的道德。以上两人的看法反映出西方人文主义学者对苏氏的特别推崇。

苏格拉底使我们认识到：人天生具有理性，生命中应充分发挥理性的思考和怀疑能力，对无法确信的事情应予以质疑，不断追求真理；然而，质疑应有终点，一旦发现不能再怀疑的事实就要勇敢地接受，不能一辈子怀疑而陷入“怀疑主义”的困境。

古希腊怀疑主义的代表人物是皮浪（Pyrrho，约前360—约前275），他能活到90岁高龄，全赖几位机警弟子的及时相救，因为他看到马车迎面冲来时，总是怀疑所见是否真实。由此可见他的弟子并未得到“真传”。苏格拉底不是怀疑主义者，而是具有怀疑的精神，一旦确定自己的发现是真实的则不再怀疑，而是虚心接受，并以之作为个人的生命信念。

近代西方哲学界同样深受苏格拉底的启发。被称为“存在主义之父”的丹麦哲学家克尔恺郭尔（Kierkegaard，1813—1855）希望每个人自己去追寻真理，他认为“主体性才是真理的判断标准”，这一说法让人联想到“实践是检验真理的标准”的观点。真理具有主体性而非主观性，否则大家各说各话，难免沦为“辩士学派”。“如果某一真理不触及或不改变人的存在状态，则它是否为真理并无意义”，可见，真正的真理可以提升个人的生命品质。

德国著名的哲学家尼采则苛责苏格拉底是希腊悲剧精神的大对头，他认为苏氏偏重理性思考，对希腊悲剧精神造成大的破坏。尼采早期代表作《悲剧的诞生》推崇希腊神话中的酒神狄俄尼索斯，他认为太阳神阿波罗代表理性、形式与限制，而酒神突破一切形式规范的束缚，象征无限奔放的生命力，两者搭配才形成希腊悲剧。尼采也承认“苏格拉底与我的关系太密切了”，他的一生都在与苏格拉底搏斗。

如今人们普遍承认，没有苏格拉底就没有今日西方哲学的发展。一个人对待苏格拉底的态度，能反映出他思想的基调。真正的真理只能孕生于自己思想的内在觉悟。一个人一旦认识了苏格拉底，就会立刻展现出理性与自由的精神，因为“未经反省的人生是不值得活的”。

另一方面，苏格拉底为世人保留了神秘的探索空间，“知识就是回忆”，人的生命到最后仍要回溯最高的来源，这就是后起哲学家们一再探讨的“存在本身”[1]（Being），宇宙万物的来源和归宿都可以在“存在本身”之中找到答案。

1 “存在本身”（Being）一词代表哲学家所探究的核心概念。宇宙万物皆为存在之物（beings），恒在变化生灭之中。哲学即是探寻存在之物（beings）的来源与基础，探寻在“有形可见、充满变化”的宇宙万物背后的“无形可见、永不变化”的本体。“存在本身”（Being）并无名称，后人称之为神、上帝、道、天等。

第六章

西方伦理学

第一节　为什么要谈价值?

西方哲学分为三个主要部分：

1. 逻辑与知识论，探讨如何通过理性方法来认识世界，及认识可以达到何种程度；

2. 宇宙论和形而上学，其中形而上学主要探讨“本体”的学问；

3. 伦理学与美学。

其中，与人生密切相关的是伦理学，主要探讨善恶相关的问题。本章将对西方伦理学的三大派别分别加以说明。

“伦理”一词在中文里侧重人与人之间的适当规范，即我与别人来往过程中，应该做什么事才能尽到我的责任；“道德”一词在中文里侧重于个人修养，“内在有德，外在有行”就是修养上取得的成果。“伦理”与“道德”紧密相连，无法分开。

西方伦理学为 Ethics，其字根为 Ethos，原意为风俗习惯。任何社会在远古阶段都有特定的风俗和禁忌，规定了应做之事与禁忌之事，个人如若违背，则受到大家的排斥。后来就演变成人与人之间的适当规范，这当然也需要个人具有道德修养。

伦理学主要研究：为什么人要有道德？什么是善，什么是恶？为什么人要行善避恶？

为了清楚地回答上述问题，首先应区分“事实”与“价值”的不同。

什么是“事实”？人活在世界上，可观察到四季流转、昼夜更迭、花开花落，自然界的变化符合规律，可以预测，属于“事实”范畴。广泛深入地了解其规律，可以更好地安排人类的生活。

什么是“价值”？在事实之外有所谓“价值的世界”，其核心问题是：作为一个人，应该做什么？每个人根据身份、角色的不同，在人生的不同阶段都有应做之事，这是每个人都要面对的挑战。

宇宙万物之中，只有人类才有“应该”的问题，应该做的事称为“善”，反之则称为“恶”。动物属于“事实”的范畴，没有“应不应该”的问题。我们不能说狗“应该”看门，狗看门是人为训练的结果，狗在自然界里完全可以正常生存发展。

一般社会把“善”定义为“大家所欲望的”，但在不同时空条件下，善恶的界定不会恒久不变，“善”的定义永远是个开放的问题。

我们年轻的时候可能认为赚钱是“善”，因为大家都希望赚钱。后来逐渐发现赚钱并不重要，真正重要的可能是朋友间的道义。孔子的学生子路说：“我希望做到把自己的车子、马匹、衣服、棉袍与朋友共用，即使用坏了也没有一点遗憾。”[1]（《论语·公冶长篇》）表明子路对朋友的重视远远超过财物，这是一种选择，而所有“价值”均来自人的选择。

是否存在能被社会所有成员普遍接受的选择？答案是肯定的。从古至今，任何社会都会区分善恶，不同民族、不同时代对善恶的具体界定则不尽相同。我们进一步要问：有没有什么行为始终被认为是善的？“善恶”是纯粹的外在规定，还是与人的本性有关？

“事实”与“价值”有何关系？所有价值判断（即人应该做什么）能否从事实中直接派生出来？

譬如，“张三是儿子，所以张三应该孝顺”，该推论中，“张三是儿子”为客观事实，“张三应该孝顺”是价值选择，推论成立需要一个前提——“凡是儿子皆应孝顺”。

“凡是儿子皆应孝顺”能否成立？它究竟来自外在的规定抑或人性内在的要求？从古至今，许多子女未必孝顺，很多时候不孝顺也没有什么后果。“善有善报，恶有恶报”永远属于宗教信仰或个人信念的范畴，不可能得到验证。“善恶如何精准判断”本身就是个大问题。

因此，不能由“事实”直接推论到“价值”，因为我们永远无法找到联系二者的前提。由单纯的“事实”直接推论到“价值”，犯了“自然主义者的谬误”[2]。比如由“人都有人性”这一事实，无法推出“人性本善”这一价值判断，“人性本善”无法解释许多人不做善事甚至为恶的社会现象。

我们一开始学习西方伦理学，就应当把“事实”与“价值”的区别放在心中，

1 原文：子路曰：“愿车马衣裘，与朋友共敝之而无憾。”

2 Naturalistic fallacy，1903年由英国哲学家乔治·爱德华·摩尔（G.E.Moore，1873—1958）提出。

这是个严肃的问题。如果未经深入辨析，我们可能一辈子按照社会规范和他人要求去生活，却从未认真思考过，真正的价值应该由内而发，是真诚的内心对自我的期许和要求。

第二节　什么是道德判断？

之所以存在伦理道德的要求，是因为人有自由，可以自由选择做任何事。然而自由有无限制？自由是否意味着可以为所欲为？

有些人为所欲为似乎也没有什么后果，比如中国历代皇帝每每恣意妄为，别人也无可奈何，一般人为所欲为则可能受到法律的制裁或道德的指摘。

任何社会都会对人的行为做出三种判断。

1. 违反法律

上一章谈到苏格拉底肯定传统中的两点：上有信仰，下有法律。法律是行为的最低标准，违法行为会对社会和谐造成危害，将受到法律的制裁。

2. 不合礼仪

礼仪是社会中约定俗成的标准规范，规定了人们在特定场合的着装要求及言谈举止的标准，未达到标准会被认为举止粗鲁。

3. 道德用于人格评价

一个乡下人进城，由于缺乏教育，不明礼仪，我们会认为他举止粗鲁，但不会因此认为他的人格有缺陷。只有在道德问题上犯错，才会牵涉人格评价。

为什么要有道德？道德需要一个人自由、主动地遵守某些规范，使得人与人、人与社会之间保持和谐状态。因此，社会中的每个成员都应该有道德。

道德要求（善恶判断）具有以下四点特色：

1. 道德要求一定以命令的方式对人提出要求（或禁止），而非商量的口吻

如，要孝顺父母，不可说谎。

2. 道德要求具有优先性，先于法律、政治、宗教的要求

即不论有何法律背景、参加何种党派、信仰何种宗教，道德要求始终应被优先考虑。

3. 道德要求具有普遍性

古往今来，人们都会对道德高尚的人给予肯定，反之则加以批评。谦虚、善良、公正、尊重他人是道德对人的普遍要求。

4. 道德涉及人类整体的安全与发展

如果整个社会的道德水准较高，每个人都会顾及他人的福利，而不单纯考虑自己的利害，那么社会冲突将大为缓和，社会将向更安全的方向良性发展。

一个社会如果没有道德，每个人只肯定自我的欲望，则极易瓦解。人都会考虑怎样做对自己有利，对自己有利并不等于自私自利。一个人的时间、力量、金钱都是有限的，面对需要帮助的人，我们只能由近及远，从照顾家人到照顾亲戚朋友，却无法兼顾到更广的范围。因此，利己如何不损人，利己如何兼顾利他？这些问题显然需要社会形成共识，并通过教育让人们能够理解和实践。

如何进行道德判断？哪些行为可被认为是善行（道德行为）？西方伦理学对此有不同的说法，主要分为三大派别。有些非主流的派别认为道德只是情绪表现，只表现自己对某人、某行为的态度，行为本身并无对错之分。譬如说张三做的是坏事，只表明我不喜欢那些事情，只属于个人的情绪反应。这种学说的价值不高，本章不予讨论。

我们也会发现，即使坏人也有道德反省的可能。《世说新语》[1]中有这样一个故事，荀巨伯去看望城中一位生病的朋友，恰逢一伙儿强盗打家劫舍，全城人都跑光了。强盗问荀巨伯："你怎么敢留下来？"荀说："我的朋友生病，我不忍心把他抛下，独自活命。如果要杀就杀我好了，我代朋友受死。"强盗深为感动，说："我辈无义之人，而入有义之国。"于是惭愧地走了，从而保全了全城的生命财产。

强盗杀人越货，无恶不作，遇见道义之人竟被其义行感动，可见每个人的内心都有"良心"这样的力量。之所以隐而不发，是因为人在利害得失面前，往往会把良心放在一旁。

道德的问题相当复杂，我们不能未加深思就简单断定"人都应该行善避恶"，这样的说法没有太大意义，因为很多人反其道而行，也照样活得逍遥自在。下

1 出自《世说新语·德行》。原文：荀巨伯远看友人疾，值胡贼攻郡，友人语巨伯曰："吾今死矣，子可去。"巨伯曰："远来相视，子令吾去，败义以求生，岂荀巨伯所行邪！"贼既至，谓巨伯曰："大军至，一郡尽空，汝何男子，而敢独止？"巨伯曰："友人有疾，不忍委之，宁以我身代友人命。"贼相谓曰："我辈无义之人，而入有义之国。"遂班军而还，一郡并获全。

面将介绍西方伦理学的具体内容，我们将会从中得到更多启发。

第三节　怎么做道德判断?

人生在世，不可能随心所欲，自行其是。每个人都有自己的人生理想，追求不同的人生幸福，由此形成错综复杂的人际互动。人应该如何做出选择？我们的选择会不会损人利己，抑或损己利人？

为什么需要做道德判断呢？这是因为：1. 人的理性有限；2. 人的同情心有限。

1. 人的理性有限

我们都清楚地知道，如果整个社会和睦融洽，大家都会过得轻松愉快。但知易行难，明知善意待人，别人也会感恩图报，然而实际却未必做得到。人的自然倾向是，希望满足眼前的需求，使欲望在当下得到满足。

譬如，人们都知道年轻时应节俭，以备衰老后的不时之需，但年轻人很少会考虑得如此长远。《易经·坤卦·文言传》中说："积善之家，必有余庆。"因此应该多积德行善，但问题是需要几代人积德行善，才会泽及子孙？一般人很难考虑如此长远。

2. 人的同情心有限

个人生活实现温饱之后，我们会关心别人，但人的同情心有限，最多关心到亲朋好友和身边之人，怎能顾及遥远的国度，甚至贫苦的非洲大陆呢？

由于人的理性和同情心有限，因此我们需要做道德判断，使善行得到及时肯定，罪恶受到严厉批判。人天生有幸灾乐祸的自然倾向，看到别人受苦受难，自己相对觉得幸福，这是出于人的天性。道德判断可以约束人的自私自利的行为，使每个人考虑自身的有限条件，勇于走上人生的正路。

道德判断有四点应予注意：

1. 道德判断不可心存偏见

不能因为性别、种族、语言、宗教背景的不同，对他人有道德偏见。如不能因为自己没有黑人朋友，就认为黑人的道德水准一定有问题。古人认为女性在获得智慧方面存在障碍，这亦属于明显的偏见。

2. 道德判断不可掺杂个人情绪

道德判断中不能掺入个人喜怒哀乐的情绪。比如，小时候被身形瘦高的学长欺负后，长大后看到瘦高之人就觉得不是好人，不能因为童年的情感创伤影响成年后对他人的道德判断。

3. 道德判断不可采用实用的观点

譬如，关于同性恋的议题，不能因为同性恋无法生育子女，没有实用效果，就断定其道德低下。现代医学发现同性恋有遗传基因方面的因素[1]，不可做普遍的道德判断。

4. 道德判断不可依靠宗教权威

不能因为一个人不信仰任何宗教，就判断其道德有问题。

俄国著名作家陀思妥耶夫斯基[2]（Fyodor Dostoevsky，1821—1881）书中有两个观点一再被人提及：一是如果上帝不存在，人为何不能为所欲为？二是如果灵魂在死后不能继续存在，人为何要有道德？

经过 1300 多年基督教的熏陶，西方人普遍认为，人之所以守规矩是因为相信上帝存在。如果有人不信上帝，就会认为他的道德恐有瑕疵。

这两个说法与康德的伦理学有直接关联。假如人死如灯灭，那么一生行善积德与作恶多端究竟有何差别？如果只是死后名声有差别，对死者而言也无所谓。

世界上不同的人群有不同的道德规范，我们应尊重不同文化的各自特色。有的文化认为尊重老人有道德，有的文化则不然。比如，美国印第安原住民的某部落，相信人死后会不断轮回，轮回转世的身体状态与死亡时的状态密切相关。因此该部落的习俗是，人到老年，在身体仍然健康之际，希望有人帮他结束生命，否则带病而死会影响转世再生时的身体状态。可见，不能只从表面判断善恶。

与道德相关的问题很多，且存在各种争议，伦理学的问题确实值得我们多加费心。

---

1 美国遗传学家迪恩·哈默（Dean Hamer,1951—）在 1993 年 7 月发表的研究报告中首次提出人类性取向受基因影响，他认为该基因位于X染色体上，由母亲遗传。2014 年 6 月 5 日，《华盛顿邮报》报道的一项新研究发现确实存在同性恋基因，而且这样的基因有两个，甚至更多。

2 代表作《卡拉马佐夫兄弟》（或译作《卡拉马助夫兄弟们》）、《白痴》等。

第四节　人是利己的吗？

西方伦理学以“利己主义”作为伦理学的出发点，“利己”就是“对自己有利”。每个人都从自己的角度观察世界，面临选择时都会以改善自我处境为目的。譬如，我之所以选择这家餐厅，是因为它的菜肴味道鲜美，使我身体健康，心情愉悦。

利己主义有两种：一是心理上的利己主义，认为人总是去做令自己快乐的事；二是伦理上的利己主义，认为一个人的道德有义务促使自己的福祉超过别人的福祉，道德行为的目的是自己的福利。

关于利己主义有一则有趣的故事。一位美国教授上课时一再强调，人都是利己的，没有利他的。有一天，这位教授掏了五美元送给路边的乞丐，恰好被学生看到，学生赶忙上前请教：“老师上课讲利己，为什么给乞丐钱呢？”教授说：“我还是利己啊，我走在街上，本来心情愉快，乞丐拼命喊‘可怜我吧，帮帮我吧’，让我心情变糟。为了恢复愉快的心情，设法让他闭嘴，我才给他五美元。”可见，教授并没有违背自己的立场。

由此可见，利己与利他未必矛盾。我们都希望自己每天快乐，但邻居或路人每天哭泣，我们也快乐不起来，最好全乡、全国、全世界都快乐，我们的快乐才有保障。

利己主义最有名的故事当数柏拉图《对话录》提到的吕底亚（Lydia）城邦国王的故事（《理想国》第二卷，359d）。这个国王曾经是牧羊人，有一天在郊外牧羊时发生地震，大地开裂，露出一具尘封已久的豪华棺材，牧羊人下去撬开棺材，发现里面有一具骷髅，身高超过常人，手上戴有一枚戒指，可见墓主人曾经身份不凡。牧羊人取下戒指戴在自己手上，继续牧羊。

后来，国王召开牧羊人大会，这个牧羊人在台下闲极无聊，玩起了戒指。当他将戒面转向自己时，忽然发现大家对他视而不见，向好友挥手也无人应答。他想：难道我隐身了吗？他又跑到广场中间跳舞，居然无人阻止。他回到座位，将戒面朝外，一切又恢复了正常。他知道如何隐身的秘密后，不再甘心做一个牧羊人，于是设法谋杀了国王，自己取而代之。

这个例子引发我们思考，如果一个人做事不会被发现或被惩罚，人会不会为所欲为？利己如果朝这个方向发展，人要怎样生活？人性到底是什么？

美国伦理学教科书中有一则“利他”的案例。1970 年 11 月 11 日，《华盛顿邮报》刊载了一个故事，美国五月花旅馆有一名服务生名叫麦克曼（Mickelman），他在该旅馆工作了 42 年，去世时留下 10 万美元，分别捐给了 10 个慈善机构。这个人没有结婚，没有子女继承问题，与亲戚朋友也很少联络，一个人省吃俭用，却把攒下的钱捐给慈善团体。他不信仰任何宗教，没有“不修今生修来世”的想法，对身后名声似乎也并不在意。这个故事引起了广泛的讨论，他究竟为了什么？人难道可以完全利他？如果他能够做到，表明其他人也有可能做到，只是程度上有差别而已。

利己并非坏事。如果人不替自己考虑（self-regarding），又该以谁作为考虑的出发点？每个人谨守规矩，把自己的生活安顿好，对整个社会来说也有正面意义。

利己主义一般有下面六种考虑：

1. 自我保全。保存自己，让自己安全地活在世上。

2. 让自己快乐。

3. 让自己成为某种人。如年轻人常希望自己成为科学家、飞行员、工程师或警察等。

4. 自我尊重。

5. 获得并维持某些资源。如拥有财产会让人觉得生活较有保障。

6. 满足自己情感方面的欲望。如与亲人、朋友情感互动，抒发感情。

每个人都会考虑上面的六点，让情况变得对自己有利，这没有人反对。但如果为了自己的利益而伤害别人，则会出现问题。

谈到西方伦理学中的利己主义，英国哲学家霍布斯（Thomas Hobbes，1588—1679）强调，一个人快乐就是善，痛苦就是恶。因而欲望得以实现代表善，反之欲望受到阻碍代表恶。如果每个人都追求个人利益，社会也会变得更好，比如每个人都希望赚钱，社会也会因此越来越富裕。这样看来，人应该有道德，因为道德不仅符合个人的长远利益，也符合社会的长远利益。

我们前面讨论了：

1. “事实”与“价值”的分辨。

2. 在道德问题上，有哪些问题应予以优先考虑。

3. 每个人为自己考虑，以利己主义作为伦理学的出发点是合理的。

以此为基础，下面我们将进一步讨论西方伦理学三大派别各自的主张，分析三派之间存在哪些不同。

第五节　使德行成为习惯

西方伦理学有三大派别，其中“效益论”与“义务论”针锋相对，另一派“德行论”则与前两派视角不同。

效益论（Utilitarianism）曾被译为“功利主义”，中文里“功利”用于形容某人仅关注个人利益而不注意他人需求，有批评之意。“效”为“效果”，“益”为“利益”，该派学说中判断一事该做，是因为这件事对大家有正面的效果和利益，因而译为“效益论”较妥当。

与效益论针锋相对的是康德的“义务论”（Deontology），即判断一事是否该做，不能考虑效果，而仅考虑动机是否纯正。

一个完整的行动，必定先有动机，然后希望未来取得良好效果，两派对此各有主张，下面通过举例来说明两派的不同。

两人做生意同样在门上贴“童叟无欺”，第一个人遵循“效益论”，认为诚实是最好的经营策略，童叟无欺的目的是希望口碑渐好，生意日渐兴隆；第二个人服膺“义务论”，认为做生意本该诚实守信，诚实不是策略，而是应尽的义务。

两人“童叟无欺”，平日难分伯仲，但遇到经济萧条、生意凋敝，遵循效益论的人会认为“童叟无欺”使效益下滑，于是调整策略为“专欺童叟”，以谋取利益；而认可义务论的人，则无论生意如何，仍保持童叟无欺，不考虑效果如何。

请大家先不要忙着下判断，认为第一派现实，第二派高尚，哲学的理论探讨要先将道理说清楚，尽量不牵涉对具体行为的评价。

在此首先介绍“德行论”（Virtue Theory）。德行论源远流长，最早由古希腊哲学家亚里士多德提出。效益论与义务论的焦点是我们应该“做”什么，德行论将焦点转向我们应该“成为”什么样的人，即关注焦点由行为之结果（效益论）或动机（义务论）转向行为者（人）。

“应该‘做’什么事”是行动，“应该”意味着道德要求；“德行论”则认为更重要的是我们应该“成为”什么样的人。一个人可以做很多有德之事，但并不保证下次行动一定满足道德的要求；而一旦成为“有德之人”，所做的每件事都将符合道德的要求，不必每次都去计算效益或规定义务。

亚氏在德行论中有两点基本的考虑：

1. 没有任何道德是由我们的本性而在我们身上产生，即人绝不会生下来就具有道德。

中国《三字经》第一句“人之初，性本善”的观点即与之相悖。人生而为人是“事实”，“人生下来是善的”是“价值”判断，“人性本善”的说法混淆了事实与价值。如果主张人性本善，天下每个人生下来都是善的，无人是恶，则无法对“善”下定义，“善”也就失去了评价作用。“每个人都善”与“每个人都有头、有眼、有耳”一样，成为事实描述，说了等于没说。亚氏在这么早的年代就有如此清晰的判断，值得我们详加参考。

2. 凡是具有某种自然性质之物，都不能经由训练而得到不同性质。

我们不能训练石头违反自然性质而往上掉，不能训练火往下烧。人之所以可以经由训练而行善避恶，是因为人的自然性质具有道德倾向，人的本性中存在行善避恶的根源。

由此得出结论：

1. 人的道德并非天生固有。

2. 人的道德亦非违反本性。

道德之所以可以逐渐形成，在于我们的本性适宜接受道德，但只有经由训练而形成习惯，我们才可使它完善。

亚氏的德行论闻之有理：有德之人可以为了朋友与城邦的利益而行动；可以为了自身的高贵气质而放弃金钱、荣誉等各种利益，甚至可为之牺牲；他们践行高贵之事，耻为卑劣之行。亚氏的观点显示出古希腊时代雅典人的高贵人格特性。

由此定义“德行”（arete，杰出品行）是个人固有的气质，经由培养训练，使德行的活动成为习惯。因而德行是长期培养训练形成的一种习惯，这样的说法令我们倍感亲切，它与中国儒家提倡的“修德行善”的观点不谋而合。谈论儒家思想要注意避免“人性本善”的谬误。

第六节　如何培养德行？

时至今日，亚里士多德的“德行论”仍受到广泛肯定，“德行论”关注的焦点由“我们应该做什么事”转向“我们应该成为什么样的人”。生而为人并不代表完成，还需长期修炼才能日臻完美。人生下来具有固有的气质，在人的禀赋中具有德行的种子，这种气质或禀赋可以经由培养训练，使德行活动成为习惯。

这种说法类似于中国人常说的“陶冶气质”，使人看起来“文质彬彬”[1]。一个人经常做好事，不断实践有德行的活动，久而久之，德行成为一种习惯，潜移默化成为第二天性。“习惯是第二天性”的说法即发端于此。

亚氏认为应考虑两点德行实践的智慧：1. 应该选择什么目的；2. 如何达成这个目的。

（一）应该选择什么目的

人生下来有固定的气质，有七情六欲，我们应该选择的目的是：调节自己的气质，使之符合中庸之道，养成行善的习惯，让自己具有德行。

既然选择行善为目的，“善”应如何界定？任何社会对“善”均有规定，重点应考虑两个界限：上为信仰，下为法律，中间是修养德行的广大天地。

（二）如何达成这个目的

亚氏认为要使自己成为城邦的好公民，就要养成行善的气质和习惯。

我们进一步分析“圣人”与“英雄”有何差别。

英雄是在关键时刻做了一件正确的事；圣人则具有高贵的品质，终身奉行高尚之事。

古往今来，英雄辈出：国家兴亡之际，他们挺身而出；社会危急关头，他

---

1 出自《论语·雍也篇》：子曰：“质胜文则野，文胜质则史。文质彬彬，然后君子。”意为：质朴多于文饰，就会显得粗野；文饰多于质朴，就会流于虚浮。文饰与质朴搭配得宜，才是君子的修养。参考《傅佩荣译解论语》，东方出版社。

们起身示范；朋友有难之时，他们鼎力相助。英雄敢于在非常之时，行非常之事，为了大家不惜牺牲自我。

然而，英雄在关键时刻做了一件正确的事，并不能保证在每件事上都能做出正确的选择。只有把德行“内化”到自己的天性中，才有可能成为圣人。一旦超凡入圣，所行之事都有极高品质，无论何时何地，都会展现英雄的光彩。

人可能永远行善吗？恐怕不太可能。即使是圣人与英雄，也偶尔会做错事，无法达到习惯所立之标准。人生在世，不能唱高调，不能好高骛远。

以孔子为例，司马迁奉孔子为“至圣”，后人尊奉其为“至圣先师”，成为德行完美的典型。孔子则自述生平：“我十五岁时，立志求学；三十岁时，可以立身处世；四十岁时，可以免于迷惑；五十岁时，可以领悟天命；六十岁时，可以顺从天命；七十岁时，可以随心所欲都不越出规矩。”[1]（《论语·为政篇》）

孔子坦诚讲述了自己的心路历程，从中可见：在孔子 40 岁之前，他对人间问题仍会偶有迷惑；50 岁之前，他亦不知自己的天命何在；55 到 68 岁，他领悟天命后要顺从天命，于是周游列国；直到 70 岁时，才可以随心所欲，不会违背规矩。这证明孔子经过长期修炼，德行臻于化境，抵达圣人境界。

孔子自然去做的事都是应该的，应该做的事都做得很自然。反省我们自身，自然去做的事都不太应该，一旦从心所欲，往往违背规矩；反之，应该做的事都做得不太自然，如应该孝敬父母，善尽责任，但往往勉强为之，不够自然。

孔子的生平用“德行论”解释甚为吻合。孔子并非天生圣人，而是一辈子努力奋斗，不断超越。他年幼时家境贫寒，通过勤奋学习、刻苦训练，不断拓展知识、提升人格。孔子曾说：“让我多活几年，到五十岁时专心研究《易经》，以后就不会有大的过错了。”[2]（《论语·述而篇》）可见他念兹在兹，经长期修炼，养成行善的习惯，最终抵达生命的至高境界。

孔子很少谈及人性，他仅说：“性相近也，习相远也。”（《论语·阳货篇》）即人与人的本性是相近的，使人与人变得差别很大的是“习”，即后天养成的习惯，也称为“习性”。

---

1 原文：吾十有五而志于学，三十而立，四十而不惑，五十而知天命，六十而〔耳〕顺，七十而从心所欲不逾矩。其中“耳”字为衍文，详见《傅佩荣译解论语》，东方出版社。

2 原文：加我数年，五十以学《易》，可以无大过矣。

我们可能不会欣赏一个人“出于义务”而宽容别人，按康德“义务论”的说法，宽以待人是我尊重义务的要求，不得已而为之。我们可能更欣赏一个人具有高尚的德行修养，将善行变成自身的习惯，发自内心地宽容别人，自己收获快乐的同时也会帮助别人快乐。

亚氏建议，培养善良气质应做到仁慈与公正。要做到仁慈，则不要心存恶意；要做到公正，则不能自欺欺人。仁慈与公正是普遍的行善要求，我们可将亚氏的德行论与儒家思想进行对照理解。

第七节 大多数人的利益

本节介绍效益论（Utilitarianism，旧译为“功利主义”）。

效益论的问题是：是否有一种最高的道德原则，可以规定我们的全部义务，并延伸出所有的道德标准？以一个行为的目的和效果来衡量行为的价值就是效益论，即判断一个行为是否为“善”，要以行为的效果来衡量。

譬如，为什么应该排队上车（“应该”代表道德要求），因为排队上车对大家都有利，否则挤作一团，没人上得了车。

效益论在社会生活中被广泛应用。民主社会中的投票选举都遵循效益论原则，竞选中只要比对手多一票就意味着大多数，即可当选。

效益论考虑一个行为对社会大众的影响，行为的对错不在其本身，而在于行为产生的总体的善（或恶）。譬如有人要在公寓一楼开餐馆，对高层居民的影响有限，但对二楼的居民来说，烟熏火燎，气味刺鼻，令人难以忍受。如果一楼的商户愿意承担更多的公共清洁费用，高层居民可因少摊费用而同意，底层居民则宁可多摊费用也坚决反对。此时采用“效益论”召集全部居民投票，一人一票，提案很可能通过。然而，对二楼居民来说，这样公平吗？

从上述案例中可看到效益论的优点与缺点。

效益论的优点在于可反映大多数人的要求。比如，每个人都希望新建的高速公路能绕开自家菜园，大家都可以表达自己的诉求。但如此一来，高速公路则难以兴建，社会生活无法发展。

效益论的缺点是：在确保大多数人的最大幸福时，少数人可能会被牺牲。

我们当然可以调整计算方法，在上述开餐馆的案例中，可调整不同楼层的权重，如规定二楼的 1 票相当于 10 票，三楼的 1 票相当于 3 票，但如此一来，结果往往在规则中就被决定了，将使事情变得更加复杂而难以计算。

效益论需要精密的计算。“多数人”如何定义？今天“多数人”的需求，也可能随着时空条件的改变而不断变化。

效益论的基本原则是合理的，因而得以广泛应用，通常也易为大众所接受。但需要考虑的是：对于少数受到损失的人，如何采取必要的补救措施。

效益论的三位代表人物均为英国人，分别是“经验论”的代表休谟（Hume，1711—1776）、边沁（Bentham，1748—1832）以及“效益论”最重要的代表约翰·斯图尔特·密尔（或称穆勒，John Stuart Mill，1806—1873）。

密尔是一位天才人物，3 岁学习希腊文，12 岁具备了丰富的古典知识，13 岁开始研究政治经济学，15 岁研究罗马法律，阅读了亚当·斯密（Adam Smith，1723—1790）的《国富论》和边沁的全部著作。

密尔特别关注人类社会的结构和发展，认为社会中每个人都有获得效益的基本欲望，同时每个人也都希望与他人和谐相处。这种情况下，到底需要什么样的社会规范，人们应该如何做？

他的学说可归结为：你对现在的生活满意吗？能接受目前的情况吗？是否需要不断改善现状？他留下一句有趣的名言：宁愿做一个不满足的人，也不愿做一只满足的猪；宁愿做一个不满足的苏格拉底，也不愿做一个满足的傻子。

正因为人永不满足，所以才会不断改善现状，追求更大的效益。苏格拉底永不满足，然而他不断追寻的是事物的真相，以及变化现象背后不变的本体。

效益论在实际社会生活中受到普遍肯定，其基本原则是：一个行为本身无所谓对错，行为的价值与它所增进的幸福成正比。判断行为对错，要看它对所有相关人员的普遍福利。

效益论的问题在于，不同时空条件下，同一行动可能具有相反的效果，使人不知何去何从。效益论忽略了行为本身应该有其价值，如果行为的好坏全看结果，全凭精确计算，显然与个人的道德水准关系不大。

第八节　如何计算利益？

如何将“效益论”应用在社会生活中？

首先，人只需对自愿采取（或自愿避免）的行为负责，而不必对被迫的行为负责。

其次，每个人都有追求幸福的平等权利，先进国家的宪法中均会确立一条主要原则：人人生而平等，都可以追求幸福，都有权利为了实现自身幸福而付诸行动。[1]

效益论认为，每个人都设法趋乐避苦，苦乐是从行为中得到的结果，可以精准计算。

将效益论应用到社会生活中，需要两方面的配合。

（一）法律与社会结构，应尽可能把每个人的幸福与整体利益相协调

法律应该公平公正，一视同仁，不能偏向某些特殊阶层、种族或宗教信仰，不能仅对一部分人有利而牺牲其他人的利益。比如建设水库沟渠，不能只造福一部分人，而应使大家普遍受益。

（二）教育与舆论应该努力使每个人把自己的幸福与整体利益相协调

我们应该教育孩子在追求自己利益的同时，不能罔顾社会整体利益，不能损人利己。

效益论可分为两派：1. 规则效益论；2. 行为效益论。两派立场不同，不易协调。

从“规则效益论”的观点来看，人应该说真话是普遍的规则，没有任何商量的余地，接近康德“义务论”的说法。而“行为效益论”则充满弹性，认为人是否应该说真话要视情况而定。

譬如，孩子生病，如果父母要他吃药，孩子一定不肯吃，因而可能耽误病情；如果告诉孩子“这是糖”，孩子可能吃下而得以康复。当一个人被确诊患上癌症时，家属通常希望医生不要告知病人实情，医生往往也会配合。这些都属于“行为效益论”的表现，判断一个行为的好坏，只考虑其对相关人员的最大利益，针对不同情况，行为可能有各种变通。

1　1776年，美国发表《独立宣言》，其中提出：人人生而平等，造物者赋予他们若干不可剥夺的权利，其中包括生命权、自由权和追求幸福的权利。

然而问题是，为了对方好而不说真话，可以在多大程度上被允许？如果社会中人人如此，将使我们真假难辨，误会百出，难有真诚互信。每一次行动，每一份感情，每一次讲话都是权宜之计，这样的人生也着实辛苦。

与人交往中，如果每说一句话都要考虑对方的接受程度，我们不是心理医师，如何准确判断对方的心理状态和可能反应？如果为了对方好而不说实情，对方发现后会认为我是为他好吗？多少误会由此而来。我们无法精准计算每一句话对别人的影响，仅仅关注结果好坏无法使我们的言行恰到好处。行为效益论可能带来严重的信任危机。

比较而言，我们可以接受“规则效益论”的说法，认为“说真话对大家都好”是普遍的规则。我们应该说真话，不能因为有些人无法接受现实而放弃这一普遍的规则。

效益论的困难在于过分依赖对结果的精准计算。开始认为“童叟无欺”是最佳策略，后面由于达不到预期效果而放弃诚信，这样的思考模式让人无法接受。但在商业领域，有多少企业秉持此道，为达目的不择手段？出发点是为了大家普遍的利益，但那些莫名其妙做出牺牲的人又当何去何从？

效益论是西方社会普遍采用的伦理学原理，优点是把每个人都视为独立个体而加以尊重，希望达到人人幸福的结果，大多数人可以有机会表达自己的意见，在法律、社会结构、教育和舆论的配合下，个人利益与整体利益可以相互协调。

效益论的主要问题是，对提升个人道德的作用有限。如果一个人行动时只计算结果，而不出于善良的动机，我们如何教育下一代？难道只是培养他们成为精明的计算师吗？

任何一种学说能被普遍接受，一定有其特定的时代背景和社会需求。然而我们亦不能忽略该学说可能带来的后遗症。

第九节　康德迎向挑战

西方伦理学第三派为“义务论”，其代表人物为德国哲学家康德（Immanuel Kant，1724—1804）。历数西方两千六百多年的哲学史中最具影响力的人物，可谓前有柏拉图，后有康德。两人的共同点是：都享年 80 岁；都终身未婚。康德的思想为何如此重要？我们需要先了解其时代背景。

笛卡儿被誉为“近代哲学之父”，他的出现标志着西方进入近代哲学的历史阶段。近代哲学分为两大派别：一派是以法国、德国为代表的欧陆理性论（又称理性主义，Rationalism），一派是以英伦三岛为代表的经验论（又称经验主义，Empiricism）。

两派的主要分歧在于“知识的来源是什么？”人类如何认识世界，怎样建构普遍有效的知识？简单来说，知识的基础是概念。我们如何获得概念？比如关于自然界的“天”“宇宙”“行星”等概念，或者关于人类的“喜怒哀乐”等概念。

理性论认为，人的知识来自天生，每个人生下来就有“天生本具”的观念；经验论则认为，人生下来心灵像一张白纸，所有知识均来自后天的经验和学习。两派说法各有道理，因为任何人类知识均应具备两个基本条件：1. 普遍性；2. 扩展性。

按照理性论的观点，知识只能来自天生；然而不可否认的是，后天经验有利于扩展我们的知识。譬如，“美国人是具有美国身份证的人”一定成立，因为它通过分析主词（美国人）得到述词（具有美国身份证的人），但该判断对我们了解美国人的特性则没有实质的帮助。如果加上后天经验，如“美国人在 20 世纪打过越战”，则可加深我们对美国人的了解。

按照经验论的观点，知识只能来自后天经验，因而只能采用归纳法来建构知识。归纳法缺乏普遍性，我们只能就经验事实归纳其共同特性，知识的有效性只能到此为止，对未来并无把握。譬如，我们见过 100 只北极熊都是白色的，由此归纳出“北极熊是白色的”的知识，但并不能保证将来发现的北极熊一定是白色的。

理性论的三位代表人物分别是法国的笛卡儿、荷兰籍犹太人斯宾诺莎（Spinoza，1632—1677）和德国的莱布尼茨。

笛卡儿认为，我思故我在（Cogito, ergo sum），即“我 = 思”，“我”的本质即是思想。我的思想中有与生俱来的“先天观念”，这些观念清晰而明白，可以让人以逻辑的方式建构有效的知识体系。心智的主要属性是思想，而身体则属于物质，具有长、宽、高的广延性。自笛卡儿开始，鲜明的身心二元论上场了，身体与心智有明显的区分，将两者整合为一个整体变得相当困难。

笛卡儿开启了西方唯心论的传统，此后不断发展，至康德建构了完整的唯心论（Idealism）系统，认为人无法认识世界本身，我所认识的世界仅是“能够”被我认识的世界。

斯宾诺莎将宇宙视为一个整体，提出“神即实体，即自然界”的观点。他扬弃了笛卡儿“心智与身体为两种实体”的看法，主张这两者是一物的两面，人是一个整体。莱布尼茨提出“单子”是构成万物的基本单位，宇宙具有“预定的和谐”。理性论描绘的世界和谐有序，但秩序从何而来却缺乏明确的事实依据，最终容易流于独断论（Dogmatism[1]）。

经验论的三位代表人物分别是英国的洛克（Locke，1632—1704）、贝克莱（Berkeley，1685—1753）和休谟。

洛克认为，人没有“先天本具观念”，经验是一切观念的来源，人的心智只是一块“白板”（tabula rasa）。人只能看到事物的表象，只能通过眼、耳、鼻、舌等感官掌握外界事物的次级性质，而非其本性。

贝克莱提出“存在就是被知觉”，物体如果不能被感知，则不能说它存在。深山里有一朵百合花，如果没有被任何人看到过，感知过，它存在吗？贝克莱认为它存在，因为它被上帝感知。世界不能独立自存，必须依赖精神体（人或上帝）的感知才能存在。

休谟更为极端，他认为“自我只是一束知觉”，如果将自我的知觉统统去掉，则没有纯粹的自我存在。经验论发展到最后变成怀疑论（Scepticism）。

理性论肯定人具有天生本具的观念，由此建构出完美的理论系统，但常由于缺乏充分论证而演变为独断论。经验论认为人生下来心灵像一张白纸，通过后天经验不断累积印象，再抽象形成观念，从而建构出有效的知识；问题是每个人经验各不相同，这样得到的知识缺乏普遍性，最后连自我是否存在都要怀疑，从而演变为怀疑论。

康德面对理性论与经验论的困境，提出“先天综合判断”以保障人类知识的有效性。知识由判断构成，先天判断（或称分析判断）由分析主词得到述词，如“人是有理性的动物”，是普遍的与必然的，却无法扩展我们的知识；综合

1 Dogma 为宗教教义，Dogmatism 为独断论，两者共同的特点是只给出结论，不讲理由。

判断（或称后天判断）是综合后天经验所得到的结果，虽缺乏普遍性，却可使我们知道得更多。康德设法将两者结合，为人类的知识找到稳定的基础，从而化解了哲学界的重大危机。

第十节　人生四大问题

康德一生始终关心四个问题：

1. 我能够知道什么？（Was kann Ich wissen？）
2. 我应该做什么？（Was soll Ich tun？）
3. 我可以希望什么？（Was darf Ich hoffen？）
4. 人是什么？（Was ist der Mensch？）

康德认为自己的探讨是哲学上的“哥白尼革命”。哥白尼革命是指从“地心说”到“日心说”的观念飞跃。传统哲学均以人的理性为工具，“向外”去认识外在世界；康德反其道而行之，“向内”回到自身，对人的“理性”加以考察，探讨人的理性具有怎样的结构，进而了解人究竟“能够”知道什么。研究方向从“向外”认识世界转变为“向内”认识自身，正好比哥白尼革命造成的主客易位的效果。

康德的哲学之所以重要，是因为他提出了“先验”的方法。“先验”就是先于经验并作为经验的基础者。针对我们的经验，要问为什么会有这样的经验，即找出使一切经验成立的先决条件。当我们看到一张桌子为长方形，这是一种经验，但是一只狗看这一张桌子是否也是长方形呢？恐怕不一定。由此要问：

1. 外在事物的真相到底是什么？我们不能主观地以人类的感官为标准。
2. 人类真能认识外在事物吗？能认识到什么程度？

我们应先回头认识自己的理性认知能力。康德在此显示出高明的看法，将人类的认知问题思考得非常深刻。

康德认为，人在认识外在世界时，首先通过“感性”与外界接触。“感性”是指人具有的视觉、听觉、嗅觉等感官能力。感性有直观能力，可以直接掌握外在对象。感性之所以具有直观能力，是因为它具有两个先天形式：时间与空间。

我们会产生疑问，时间、空间难道不是外在的吗？怎么会成为人先天具有的呢？

以空间为例，假设你面前有一张桌子，把桌子搬开就出现了空间，请问：是先有空间才可放置桌子，还是先有桌子才能在搬开后出现空间？答案是前者，先有空间。不但如此，空间（前后左右、上下四方）其实是人的感性所提供的一种框架，外在事物只是在那儿，本身没有空间的问题。

时间是指一样东西具有延续性，刚才桌子在，现在桌子在，等一下还在吗？物体的存在和延续，也是人的感性提供的先天形式。

时间、空间都是人的感性所具有的先天形式（框架），外界事物本身无所谓时间与空间，而只是混沌一片。人在认识外在事物时，使用自身的感性能力，把时间与空间这两个先天形式“加在”混沌之上，才使它成为某一“对象”，有前后左右的方位区分，并能够延续存在。

因此，人所能够认识的永远是“现象”（phenomenon）而不是本体（或物自体，noumenon）。由此推出三大本体不可知：1. 自我不可知；2. 世界不可知；3. 上帝不可知。

针对第二个问题“我应该做什么？”康德认为虽然“自我”这一本体不可知，但人活在世界上仍要做出选择，“应该”一词指向道德领域。在此处，康德发挥了他的天才，他摒弃了西方传统的形而上学的研究路线（即试图通过研究自然界找到背后永不变化的本体），开拓了“道德形而上学”的新领域，这就是我们后面要详细介绍的康德的“义务论”伦理学。

第三个问题是“我可以希望什么？”前三个问题刚好配合人的心灵在“知、情、意”三方面的要求。人有理性，因而要问“我能够知道什么”；人有意志，因而要问“我应该做什么”，康德认为应该追求善；人有情感，因而要问“我可以希望什么”，康德由此探讨了美学，也颇具特色。

最后的问题是“人是什么？”经过前面的细致探讨，最终仍要回归人的完整生命，问人性究竟是什么。康德是基督（新）教敬虔派（Pietism）信徒，该派以信仰虔诚著称。康德认为人有原罪，具有“根本恶”，人不是完美的。他的贡献是将西方传统的“以宗教作为道德的基础”转变为“以道德作为宗教的基础”。

康德哲学的重点是第二个问题“我应该做什么？”人活在世界上，以理性追求知识，到最后会发现我们只能认识现象，物自体不可知，自我不可知。但我们在生活中仍要与他人互动，在意志上做道德行为的抉择时，人必须如此行动，“宛如”（as if，德文 als ob）自我存在一般。如果否认这一点，则究竟是谁在行动？道德也就无从谈起了。“宛如”的说法体现了康德的智慧，他以此为出发点建构了独具特色的“义务论”伦理学。

第十一节　严谨的生活态度

针对理性论与经验论陷入的困境，康德设法建构一种既有先天形式又有后天材料（质料）的知识，使知识兼具普遍性与扩展性。

康德有如此深邃的思想，归功于他超强的自制力，他生活极有规律，言行一丝不苟。他一生未曾离开过家乡哥尼斯堡[1]（Koenigsburg）。他在哥尼斯堡大学教书，每天清晨 5 点起床，晚上 10 点就寝，上午授课、写作，下午到好朋友格林家，约两三好友聊天、沉思或者打瞌睡，晚上 7 点准时循原路回家。街上居民常说：“现在应该不到 7 点吧，因为康德教授还没经过这里。”他经过时，如果家里的时钟不到 7 点，就应该校准时钟。他每天走过的路被命名为“哲学家之路”，至今仍然保留着。

康德家中的物品摆放有精确的秩序，如果剪刀移动了位置，椅子移到了其他角落，都会令他焦虑不安，甚至陷入绝望。康德传记的作者说：“这个世界上似乎没有任何东西可以让他偏离自己的准则。”一般人恐怕难以忍受如此单调乏味的生活，但康德就是如此，将所有的时间和力量都用在了哲学思考上。

有一次邻居家的公鸡不时发出噪声，使康德无法集中精神，他向邻居提议购买这只公鸡却遭到拒绝，于是只好搬家到市立监狱附近。恰逢监狱为感化囚犯而组织大家高唱圣歌，康德为此一再向市长抱怨，这令他无法清静思考。

康德的饮食极有节制，生病靠意念克服，不管医生如何嘱咐，他同一天绝不会服用两颗以上的药丸。当他获得教授职位、生活稳定之后，也曾考虑结婚，但第一次在他开口之前，心仪的女生就已搬走，第二次又是开口太晚，与意中人失之交臂。

1 即今俄罗斯加里宁格勒。

康德是虔诚的基督徒，他生平只有一次没有准时在下午 3 点去朋友家聚会，那天他收到了卢梭的著作《爱弥儿》有（Émile:ou De l'éducation），他热切地希望了解卢梭作为一个无神论者如何谈论“爱”这个主题。卢梭（Jean-Jacques Rousseau，1712—1778）是著名学者，有丰沛的创作能量，但他患有忧郁症，觉得无法照顾自己的孩子，于是将孩子们全部送入孤儿院，这样的作者能够写出《爱弥儿》这样以爱为主题的书，令康德倍感惊讶。

卢梭对康德产生了重大影响。康德说：“我天生就是一个追求真理的人，对知识感到热切渴望。曾一度认为只有这种知识与渴望才是人的荣耀所在，我鄙视一般无知的人。但是卢梭更正了我的盲目偏见，使我懂得了尊重人性。人性足以使所有人具有生命价值，足以确立他们作为人的权利。如果我不能抱持这种观点，就连一般工人也不如。”

康德分析了卢梭的性格，称其为“忧郁型”，“卢梭很少在意别人的评论，他尊敬自己并认为人是值得敬重的生物。他不肯卑躬屈膝，而要呼吸自由的高贵空气……他对自己是严厉的裁判者，对世界亦然。”康德认为卢梭与自己的性格截然不同，但可相反相成，相互弥补。卢梭的生命特质给予康德很大启发。

康德也承认，经验论的代表休谟使他从独断论的迷梦中惊醒。康德是西方唯心论的代表，认同笛卡儿以来“人有天生本具观念”的立场。休谟认为“自我只是一束知觉”，如果把人的所有知觉去掉，无法想象有一个“纯粹自我”的存在。康德愿意接受不同学派的观点，用以扩充自己学问的深度和广度。

康德的著作以晦涩难懂著称。我在大学时曾读过康德著作的英译本，一个学期也念不了 10 页，能否看懂差别不大，即使看懂字面意思也不理解他为何要这样说。

为什么康德的伦理学会对我们有重要启发？因为他彻底改变了西方形而上学的传统研究路线。

形而上学（Metaphysics）是由古希腊亚里士多德建构的学问，“Meta”表示“在某物之后”，“physics”即自然学（今天称为物理学）。亚氏后代弟子在整理亚氏遗著时，在《自然学》一书之后发现一本没有名字的书，于是为其命名 Metaphysics，中文译为“形而上学”[1]。

---

1 出自《易经·系辞上传》。原文：形而上者谓之道，形而下者谓之器。

康德认为，西方传统上通过研究自然界找寻背后本体的路线走不通。人受到感官的限制，永远只能看到“现象”，而无法看到“物自体”，因此自我、世界与上帝三大本体不可知。康德转向另一条路，提出“道德形而上学”，他认为当一个人决定行善避恶、从事道德行动时，人的意志发挥了重大作用，康德称之为“实践理性”，即理性在实践上（亦即道德上）的功能。

康德希望借由人类普遍的道德经验，说明其所以可能的条件，再肯定某种本体的存在。由此与西方哲学的传统路线分道扬镳，另辟蹊径。

第十二节　善意超过一切

康德伦理学又被称为“义务论”（Deontology）。“效益论”（Utilitarianism）伦理学认为，一个行为只要能产生最大的正面效果则是善的，以效益（结果）决定行为的善恶。康德的“义务论”恰恰与之相反，认为判断一个行为的善恶完全不应考虑其结果，如果行为完全出于我的义务就是善的，行为的价值在于动机而不在于结果。

譬如，三个人同样把粮食送到发生灾荒的国家，动机各不相同：第一个人是政府官员，动机是获得良好政绩，以期日后升官；第二个人是商人，动机是获取经济利益；第三个人是出于义务，不是为了升官发财等自身利益，而只是为了这件事是我应该做的。我们会认为第三个人更为高尚。如果为了自身利益，当遇到阻碍时，很可能半途而废；如果完全出于义务，为兑现承诺，往往会坚持到底。

义务论有三派：第一派以神的意志为最终标准，基督徒通常有这样的观点，认为人之所以行善是要服从神的意志，奉行神的命令是我的义务；第二派认为人有理性，人的理性要求自己应该行善，康德即属于此派；第三派以在绝对公平条件下达成的社会契约为基础，为了大家的义务，去做该做之事。

人有理性，可以通过理性来思考应该做什么事。理性人人都有，没有任何一个有理性的人能够拒绝“道德的规则”。

康德认为，世间所谓的善皆为相对而有条件的。有些人具有良好的天赋，聪明过人，睿智果敢，坚韧不拔；有些人拥有丰富的后天资源，拥有权力、财富、荣誉和健康，但这些都可用于恶的目的，而不是本身即为善的。

世界上唯一的、无条件的、在其自身可以称为善的，只有“善的意志”（即善意，good will）；每个人都有理性，当理性让自己完全出于义务（for the sake of duty）而采取行动时，该行为就是善的。

善的意志之所以为善，并不是因为它可实现某些外在目的。行为的道德价值不在于行为的目的能否实现，而在于行为的动机是否出于我们的善意。

譬如，当我看到一个人走得太过接近公路，此时有车开过来使他面临危险时，我完全出于善意去救他，结果不小心摔了一跤，反而把他推向公路而酿成车祸。表面看来，我的行为产生了恶果，但我内心纯粹出于善意。以康德的眼光来看，我非但没有任何过失，反而实践了道德行为。

这个例子凸显了康德哲学的特色，判断行为之善恶完全不看结果，而只看其动机。如果关注行为的结果，会有各种变数，需要精准计算，使人斤斤计较。善的行为应完全出于义务，仅仅关注我是否有义务而应该去做。

“最高的、绝对的善只能在有理性的人的意志中被发现，道德的至善只在法则本身的概念中。”换句话说，有理性的人都会清醒地意识到，自己的行为是否出于善良动机，如有善良的动机，不论结果如何，都合乎道德的要求。

康德“出于义务而行动”的观点极为高尚，一个人如果根据“善的意志”来行动，就有了“自律”的意志。

义务论也可分为两种：1. 规则义务论；2. 行为义务论。

规则义务论认为规则不能改变，不去考虑行动时的特定情况和条件，譬如“应该说真话”是普遍的规则。行为义务论则在每一次行动时，直接诉诸良心进行善恶判断，只要当下出于善意，则不问结果如何。

人有理性，可用于反思和思考，善意就是一个人的动机，动机完全由自己负责，不必考虑外在情况，只就自己本身做真诚的反省与抉择，甚至连情绪反应都不予考虑。比如朋友生病我之所以去看他，因为他是我的朋友，我出于义务去看他，而不是基于交情。康德认为基于交情去探望朋友会使自己快乐，这样将来就有可能为了快乐而行善，就变成效益论了。因此，义务论对人的要求相当苛刻，甚至让人觉得不近人情。

第十三节　目的与手段

康德“义务论”有两个基本公式。

我应该永远如此行动，使我的行为准则（maxim）成为一个普遍的法则（principle）。

这个公式中，行为准则（maxim）是个人的，普遍的法则（principle）是大家的、普遍的。这句话的含义是：如果我要做一件事，就要允许任何人在同样情况下都可以这样做；否则，如果一件事只许我自己做，而别人不许做，表明这件事只符合我个人的行为准则，却不能成为普遍的法则，那么我就不应该做这件事。

譬如，我在情况危急之际能否说谎？按照康德的公式，我要问自己是否愿意把我个人的行为准则变成普遍的法则，允许任何人在类似情况下都可以说谎，并承受别人的谎言给自己带来的伤害？

又比如一个学生认为自己处于危急时刻而作弊，如果我作为老师可以接受他的行为，那么意味着这将成为一个普遍的法则，我要接受所有学生在危急时刻的作弊行为。这样一来，将来我要如何公平地给学生打分呢？

康德的说法让人感到心胸坦荡，他认为所有道德的核心概念与起源完全在于“先验理性”。“先验”是先于经验并作为经验的基础者，即人的理性不是由后天经验归纳而来，而是根据人类普遍的道德经验，提出道德经验之所以可能的预设条件。康德的公式可换一种方式来表达：除非我愿意我的行为准则成为普遍的法则，否则我绝不做这件事。

康德的观点与基督教的“黄金律”类似：己之所欲，施之于人。耶稣说：“无论何事，你们愿意别人怎么待你们，你们也要怎样待人，因为这就是律法和先知的道理。”（《玛窦福音》7：12）这句话中含有对人性的普遍肯定，只有从“每个人都具有理性”出发，才能肯定人与人是平等的。

每个人都具有理性，连小孩也会有样学样，效法大人的行为，更何况大人会质问：为什么这件事只允许你做，而不允许我做？只许州官放火，不许百姓点灯，这不公平。因此，任何人在决定做一件事的时候，他的理性都应设想：是否允许别人在同样的情况下也可以这样做？假如我在危难关头出卖朋友，我就应该同意朋友可以在危难关头出卖我。但如果允许出卖朋友，社会将无法维持而分崩离析。

康德认为公式一是“绝对命令”（或称“无上命令”，categori cal imperative），即：1. 它有绝对的约束力，不允许例外；2. 它是命令，命令人们应该如此行动。

公式二：你应该如此行动，把每一个人当作目的，而绝不仅仅把他当作手段来使用。

譬如，我坐出租车，司机是使我到达目的地的手段（工具），但我绝不能只把他当作工具来使用，而应尊重他是个完整的人。当看到他眉头紧锁、表情难过时，我应关切地问：“你是否感冒了？是否不太舒服？”

同样，对出租车司机而言，我是他赚钱的手段（工具），但他亦应尊重我是一个完整的生命，他的耐心等候、安全确认和嘘寒问暖会使我感到人性的关怀。如此一来，人与人之间均以平等、尊重的方式相互对待，这正是康德哲学的闪光点。

问题地，当面对两种或多种应尽义务时，我们该如何排定先后顺序？

一般在社会中，我们应尽以下义务：

1. 对自己的行为应坚持诚信原则，敢作敢当，对不良后果承担赔偿责任；

2. 如果受到别人的帮助，应当感恩图报；

3. 如果得到一直向往的幸福，应当与人分享，分配中要合乎正义；

4. 要积极行善，尽自己的力量让别人过得更好；

5. 要追求自我改善，同时不要伤害他人。

以上是一些明显的义务，既然是义务，就不能打折扣，不能谈条件。

康德的观点蕴含了人文精神。“人文主义”可以借用康德的话而表述为“尊重每一个人都是目的，而绝不把别人只当作手段来利用”。

从这个角度看，儒家思想也属于“义务论”，是典型的人文主义。儒家绝不会为达目的，不择手段，把别人当成自己向上爬的阶梯。儒家认为每个人都与“我”一样，是值得尊重的目的。孔子说“己所不欲，勿施于人”，同样表达了“尊重别人如同尊重自己”的道理。

康德的“义务论”公式体现了人与人之间互相尊重、彼此平等、相互关怀的心态。在实际社会生活中，由于社会分工的普遍存在，每个人都需要借助别人的力量，才能形成分工合作的局面；但利用别人的专长时，我们要始终保持“尊重每一个人都是目的”的心态，因为别人也是有理性的生命，人与人之间是平等的。

第十四节　人与人互相尊重

康德“义务论”中，关于人与人之间为何应该互相尊重的阐释颇具说服力。一般的观点认为，人与人之间互相尊重可促进社会的和谐安定，这样的解释难免流于空泛。

康德“义务论”的基本观念如下：

康德认为，人间唯一的、无条件的、在其自身可以称为善的是“善的意志”（即善意）。“善的意志”是出于义务而行动的意志，我做一件事只考虑我的动机是否出于义务，出于义务就是我应该做的，则我的动机是善的，而绝不考虑这件事的结果如何。

我们在第三章讨论过古希腊时代《荷马史诗》中反映的“能够 = 应该 = 必然”的逻辑，由此衍生出“强权就是公理”的思想，这给世人留下了诸多后遗症，造成了恶劣的影响。

康德的“义务论”将其完全翻转，变成“我应该，所以我能够”。“应该”代表义务，我的能力伴随着“应该”而呈现，展现了全新的人生格局。我应该孝顺，所以我能够孝顺；我是公务员，应该尽职尽责，所以我能够善尽我的责任。我的身份、角色、位置决定了我应尽的义务，我因而具备相应的行动能力。

康德的观点肯定了人所具有的特殊价值，只有人具有“无条件”的价值。每一个人都有理性的意志，如果只把别人当成工具或手段，等于忽略了他人具有的理性意志，抹杀了他人的人格价值。人是具有绝对价值的行动者，具有独立判断、选择行动的自由。

我有理性，可以自主选择我要的东西，也许别人认为我要的东西不对或不好，但是我自己选择的，我自己负责。这种自己负责的意愿，肯定了自我在道德上的尊严。我做任何事，经过理性思考和自由选择，其结果无论好坏都是我的命运。如此一来，我就是自己命运的主宰者。

理性的意志有两点特征：

1. 自我决定。人永远采用可以萌生积极的同情的行动原则。人在行动时会萌生积极的同情心，使得我们可以理解和帮助他人，与苦难进行斗争，这些行动都可由我自己决定。

2. 尊重原则。我们把人当作本质上的规则遵循者，设想他人是有理性的行为者，我们能够明白他的理由。当自己与他人对同一行为的看法不同时，只要说明道理，别人应该会理解，因为人的理性是相同的。从“人人具有相同的理性”这一点来看，我们应该尊重每一个人。

我们在语言上应强调合理性，行为上应强调正当性，合理性与正当性是每个有理性的人的共同要求。孟子说：“理义之悦我心，犹刍豢之悦我口。”（《孟子·告子上》）意为：道理与义行使我的心觉得愉悦，正如牛羊猪狗的肉使我的口觉得愉悦一样。当我们遇到别人言之有理、行为正当时，都会心生喜悦。

当一个人的言论前有前提，后有结论，中间推论合乎逻辑时，意味着他的言论合乎人的理性，虽然其中难免会结合个人的生活经验，但听后会令人觉得客观而不带偏见。当一个人的行为准则具有普遍性，可以成为所有人的行动法则时，会被认为是正当行为。正因为人皆有理性，才可形成普遍共识。

康德思想对人的尊重达到前所未有的高度，他的说法也易于为大家所接受。

康德强调“自律”的概念，即理性可以为自己立法，使个人的行为准则可以变成普遍的法则。如果我的理性告诉自己应该做什么，并且我能够自我约束，则属于自律；如果我做一件善事是应别人的要求才做的，则我只是他人实践道德的工具而已，属于他律。

如果我们告诫年轻人“你应该有自律的道德行为”，他如果照做则代表他听从了我的建议，因而属于他律而非自律。这是康德“自律说”中隐含的矛盾之处。

一个人可以自我支配就是自律的，自律者往往有内在的信仰、价值观或信念。自律者具有以下特征：

1. 我是自我道德原则的创立者。

2. 我自主选择了我的道德原则。

3. 我的意志是我的道德原则最终的根据。

4. 我的意志自己决定要做什么事，我愿接受自己的道德原则并以之约束自己。

5. 我能够为自己的道德原则负责。

6. 我拒绝承认别人作为道德权威。

道德自律的要求是理性为自己立法，这听起来很理想，但在现实生活中不切实际。没有一个人是完全自律的。从小到大，我们受到许多人的教育和影响，很多观念已经内化到我们心灵深处，我们做一件事以为是自己决定的，其实早就受到了别人或深或浅的影响，接受了别人的明示或暗示。康德忽略了这些实际情况，对于人的后天经验可能造成的影响都加以忽略或排斥。因此“义务论”虽有其优点，但推到极端，难免会产生理论上的困难。

第十五节　对行善的省思

下面对亚里士多德的“德行论”、密尔的“效益论”与康德的“义务论”这三派思想做一总结。

（一）德行论

德行论关注的不是我们应该“做”什么，而是我们应该“成为”什么样的人，通过修养品德，使德行的活动成为习惯，从而不断行善避恶，做该做之事。

德行论存在的问题是：修养的品德与标准由谁来定？修养可能倒退吗？在古希腊城邦时代，个人德行应与城邦的要求相配合。很多人德行修养不错却晚节不保，因此修养也有可能倒退。

德行论的优点在于强调人生是不断发展的过程，希望我们能变成孝顺的、谦虚的、有爱心的、善良的人，而不仅仅是做出一些有道德的事。一旦成为有德之人，做事自然合乎规矩；如果仅仅做几件有德之事，有朝一日我们也可能反其道而行之。

德行论的目标和立意符合人们的实际生活状况。在现实生活中，大家眼中公认的“好人”也会偶尔做“坏”事，这启发我们，成为有德之人需要一辈子不断修炼。

（二）效益论

效益论存在的问题是：计算效益太困难。以修建高速公路为例，也许对大多数人有利而获得支持，但可能给少数人造成相当大的困扰和利益损失。且时空条件改变后，是否仍对大多数人有利也不好确定，需要精准的计算。

美国当代哲学家约翰·罗尔斯（John Rawls，1921—2002）提出“无知的帷幕”，当我们要制定法律时，必须对所有与法律相关的人完全“无知”。譬如，规划高速公路的线路时，设计者不能考虑自己的亲朋好友的损失，必须对相关信息完全“无知”，就像被帷幕遮蔽一样，如此才能消除自然的偶然赐予与社会环境的机遇。

“自然的偶然赐予”如人出生具有不同的性别；“社会环境的机遇”如人有穷困、显达之分。因此，立法中应对男性、女性、富人、穷人一视同仁，不能有偏私之心。

“无知的帷幕”是一种理想，现实社会中，很多少数民族具有独特的传统，不可能无视其种族、语言、信仰和生活习惯而为其规划，否则会忽略少数民族的特殊要求。

（三）义务论

义务论存在四个问题：

1. 若道德自律的要求是“为自己立法”，则在经验上与理论上皆不可能。

在实际生活中，人不可能完全自行其是而不考虑社会上大多数人的意见。同时，理性为自己立法，完全不承认其他任何权威，这在理论上也做不到。

2. “道德行动者为自律的”，如接受此说，已非自律；不接受此说，方为自律；其中有矛盾。

3. 人生充满矛盾、挣扎，并非仅靠善良意志可以一言而决。

我们不可能抛开人生的一切现实条件，仅凭自己具有善意就认为自己完全正确。这使我们联想到明朝学者王阳明的“致良知”之说，“致良知”更清楚的说法为“完全凭善良的动机”，但这样能保证做出的行为一定全对吗？如果两人都出于善良的动机，当两人有矛盾和冲突时，究竟谁的行为是正确的而具有道德意义呢？

将善良意志作为唯一的善，很可能流入主观唯心论。一个人会自以为是，认为自己做事纯粹出于善良动机，绝不考虑利害关系，这样的想法未免太过冒险。

4. 一个人因义务而行善，可以完全不考虑效果吗？

讨论伦理学的问题，如行为善恶的判定、行善避恶的理由、道德问题的来源等，不宜采用排除法，在德行论、效益论、义务论中只选一种；而应综合三派之优点，合理运用。譬如，在自我要求方面采用德行论，不断修养自己，孔子亦如此主张；与人来往时，因为自身的时间与资源有限，不能不考虑行为的效益；同时要注意自身的义务，使行动出于善良的动机。

13 世纪苏格兰经院哲学家司各脱（John Duns Scotus，1265—1308）对“善”的定义颇具参考价值，他认为一个行为是善的，必须具备以下四个条件：

1. 行为是自由的，而非被迫的。

2. 在客观上是善的，即合乎礼仪与法律，为众人所认可。

3. 出于正当的意图，即出于真诚之心。

4. 以正当的方法来做，不可不择手段。

该定义显示出人间问题的复杂性，判断一个行为的善恶绝不是那么简单的。行动必须出于善良的动机（真诚由内而发），必须采取正当的手段，兼顾社会的通行规范，最后还应设法追求对大家都有利的结果。司各脱对“善”的定义是对本章讨论的补充，可以使我们对道德问题的认识更加完整。

第七章

存在主义的形成

第一节　浪漫主义之后

存在主义（Existentialism）是20世纪西方风起云涌的哲学思潮，对人类社会产生了重大影响，反映了人类在这一历史阶段的特有心态。

在西方哲学的发展史中，一般以黑格尔去世的1831年作为近代哲学结束的标志。西方文化有明确的发展阶段：15世纪文艺复兴，16世纪宗教改革，17世纪科学革命，18世纪启蒙运动，19世纪浪漫主义运动。

浪漫主义运动的出现有三个背景：

1. 唯物论浪潮席卷整个欧洲，从费尔巴哈（L. A. Feuerbach，1804—1872）到马克思（Karl Marx，1818—1883）主义，造成物质化观念。

2. 科技发展造成整齐化结果。

3. 宗教信仰依然存在，但影响外在化。

18世纪的启蒙运动以理性至上，19世纪的浪漫主义运动是针对启蒙运动而发起的反动思潮，有三点特色：

1. 以丰富的生命整体取代单调的理性分析与概念架构。

2. 要重视人的整体生命。人有理性与意志，但也有感受力与想象力，诗歌与艺术更能表达人的生命特质。

3. 个人的独特性脱颖而出。开始注意到出类拔萃的"天才"人物，进而探索人类的内心世界。浪漫主义代表人物歌德说："即使科学家所构想的实在界，也是出于他的心灵，归根结底也是象征性的。"科学研究虽以物质为基础，但对宇宙或人生的认识，仍是透过人的理性思考配合人的情感表现而得来的。

黑格尔之后，思想界形成左右两派：左派将黑格尔的"绝对唯心论"完全翻转为"辩证唯物论"，不再以"绝对精神"解释宇宙万物的发展，而是倒过来以物质基础、经济条件作为人类思想发展的基础；右派则继续追求精神层次的表现。

与黑格尔同时代却与其针锋相对的，是比他年轻的德国哲学家叔本华，他的思想受到印度宗教的影响，有创意地提出"求生存的意志"（the will to live）作为本体。传统的西方哲学讲究理性，至叔本华开始强调"意志"（Will）。

“意志”代表生命力，“我要什么，我要做什么”都属于意志的表现。“求生存的意志”是生命的本质，无论动物、植物还是人类，都要设法生存，都有求生本能。万物为了自身生存而不惜牺牲其他事物，不同生命之间将一直存在紧张、冲突、矛盾和竞争的关系。这种思想与达尔文的演化论相配合，极大地改变了当时思想界的观念。

叔本华被称为“悲观哲学家”，他认为人的本质是“意志”，是无尽的欲望和追求，欲望得不到满足令人痛苦，一旦满足又倍感无聊。人生如钟摆，来回摆荡于痛苦和无聊之间。

叔本华为人生解脱提出两个方案：一是美感默观，二是禁欲苦修。

第一种方法是发展审美的直观。康德之后，审美中强调不应带有个人利益，而要保持“无私趣”（disinterested）的态度。当欣赏风景、绘画时，只有排除想要了解的求知欲和想要得到的占有欲，化解生命意志，才会展现审美情操。第二种方法是宗教信仰，自我收敛、克制欲望，进而修德行善。

叔本华的思想对后代学者，特别是尼采产生了重大影响。

与浪漫主义思潮同时出现的还有心理学革命，以弗洛伊德的深度心理学为标志。从前的心理学，通过观察人的外在行为来认识人的内心状态，把人视为平面，仅有内外之分，而无深浅之分。在美国发展的“行为科学心理学”，通过研究动物（如鸽子、白鼠）对刺激的应激反应，试图了解人类的内心状况，难免浅显而粗糙。

弗洛伊德在《梦的解析》一书中，由人的梦境探知潜意识、无意识的存在。人的正常意识仅如冰山一角，让我们清醒地意识到自己的身份、角色，以及与人相处时如何善尽责任。然而，在冰山的水面以下还有 5/6 的体积是我们看不到的潜意识。对于该理论，我们将在审美相关的章节做进一步说明。

进入 20 世纪，人类遭遇了空前惨烈的两次世界大战，人的生命岌岌可危。在群体性杀戮面前，人只剩下一个作战编号，死亡仅被统计成一个数字，个人被群体所埋没，个人生命不知所归。“存在主义”风潮在此时出现，契合了社会的需要。

谈到存在主义的起源，首先要介绍的是被称为“存在主义之父”的丹麦哲学家克尔恺郭尔。丹麦的安徒生童话家喻户晓，丹麦的哲学家则很少见，克氏的著作在他死后半个多世纪才在西方引起重视。另一位是德国哲学家尼采，他凸显出人的生命精神。以他们二人为源头，西方开展出蔚为壮观的“存在主义”思潮。

第二节　丹麦一哲人

克尔恺郭尔是丹麦人，只活了 42 岁，他是存在主义的首位代表。克氏的父亲患有忧郁症，年轻时非常穷困，11 岁起就靠替人牧羊为生，曾在冰天雪地中诅咒上帝的不公，不久却意外得到远房姑母的遗产赠予，一下子成了有钱人。这使他的内心常感到惴惴不安，怀疑上帝是否在跟他开玩笑。他结婚后所生的 7 个孩子都夭折了，只有克尔恺郭尔活了下来。

克尔恺郭尔从小受到特别的栽培，接受了最好的古典教育，精通神学、哲学、文学与历史等人文学科。他的思想早熟而深刻，年轻时热衷社交活动，由于天资聪颖、口才出众而广受欢迎。但他却经历了心灵的挣扎与冲突，越是受到欢迎，他心中越是焦虑不安，感觉背离了生命的本质，觉得自己十分可耻，23 岁时曾出现自杀念头，后来经历道德及宗教的觉醒。

当时最热门的思想是德国唯心论，以费希特（J. G. Fichte，1762—1814）、谢林（F. W. J. Schelling，1775—1854）和黑格尔三人为代表。克尔恺郭尔听过谢林和黑格尔的课，对唯心论哲学非常不满，认为其尽管建构了系统完整的理论体系，却忽略了人存在的特殊价值，无法引发生活的热情。

克氏还大力抨击丹麦的基督教（新教）。16 世纪欧洲宗教改革后，基督教（新教）教派林立，丹麦的基督教属于新教中的一派，成为丹麦国教，与国家政治密切结合。克氏的父亲当过牧师，克氏对宗教非常熟悉，他认为丹麦的基督教已失去了宗教精神，沦为高雅的人文主义。信仰宗教使人谈吐优雅，举止高贵，但与真诚的人生毫不相干。

克氏从小患忧郁症，“从小蚊子到耶稣的诞生都让我害怕，对我而言，一切都是无法解释的，而最无法解释的是我自己。”人活在世上常常会问，这一切究竟是怎么回事？我现在真的活着吗？或者人生如梦，醒来发现一切皆空。很多敏感的心灵都会有类似体验。

克氏说：“我的生命不能离开神，我就像是为神服务的特务，我必须调查存在与认识是否一致，基督王国与基督教是否一致。”人用理性认识的人生与实际的存在状况未必一致。譬如，有人将“人生以服务为目的”作为自己的口号与理想，但实际生活中却不一定做得到，对人生的认识与实际生活脱节，说一套做一套。

“基督王国”指丹麦将基督教定为国教，成为信仰基督教的国家，但其是否为真正意义上的基督教，是否具备宗教应有的超越世俗的表现？如果两者不一致，将产生宗教世俗化的问题。

譬如，天主教总部设在梵蒂冈，位于意大利首都罗马西北角高地，千余年来，意大利一直以天主教为国教。20 世纪后期[1]，时任教宗宣布天主教不再作为意大利国教，理由是以天主教为国教并未使意大利人的道德明显高于他国、犯罪率明显低于他国。因此，宗教应与政治分开。

基督教创始人耶稣曾说：“恺撒的，就应归还恺撒；上帝的，就应归还上帝。”[2]（《玛窦福音》22：21）“恺撒”指国家的政治活动，应依照法律维持社会秩序，使百姓安居乐业，国泰民安。但除了世俗世界之外，人还有精神世界，宗教信仰使人对自己的生命负责，刻苦修行，朝向生命的完美境界发展。人生本来就由两部分组成：一方面是在世界上与他人共同生活，尽自己的力量为社会服务；另一方面还要照顾自己的灵魂。

克尔恺郭尔希望重返宗教的原始状态。天主教创立伊始并未与社会政治产生冲突，作为国家公民，人应善尽义务；作为宗教信徒，人应好好修炼。两者并行不悖。

克氏强调在面对上帝时，每一个人都是个人，人们可以一起上教堂，却不能一起得救。若要得救，每个人必须为自己的行为负责，与神明建立直接的亲密关系。否则，宗教就成为一种社会活动，与组织俱乐部、合唱团无甚分别。

---

1 1978 年，意大利政府取消天主教作为国教的地位。1984 年，意大利政府与梵蒂冈教廷又签署新协定：天主教不再作为意大利国教，相关规定（如教育、婚姻）也做了相应修改。但绝大多数意大利人仍信仰天主教。

2 法利赛人设计陷害耶稣，问他：“可否给恺撒纳税？”若耶稣说不可以，他们就要在罗马人前控告他；若说可以，必得罪百姓和法利赛人。耶稣识破他们的恶意，让他们拿一个银钱，问：“这肖像和这名是谁的？”他们回答是恺撒的。于是耶稣说出：“恺撒的，就应归还恺撒；上帝的，就应归还上帝。”

克尔恺郭尔的说法凸显出生命的个体性，真正存在的是每一个人。他开启了存在主义思潮，“存在”一词从此成为哲学术语，“存在”不是名词，而是动词。每个人必须借一连串的抉择来塑造自己，选择有自我特色的生活方式，否则等于“存而不在”，等于放弃了自我存在的价值。这种观念对后继学者产生了深远影响。

西方哲学中固然有学院派，自康德之后，不少学者在大学任教，他们高谈阔论，建立了伟大的理论架构，却脱离了真实的人生处境，对现实人生帮助有限。然而，存在主义特别关注人的存在处境，可以给人生以深刻启发，特别值得我们加以重视。

第三节　绝望是致死之疾

克尔恺郭尔的思想对现代人深富启发性，他非常清醒地意识到，人生在各种世俗价值的冲击下会产生“绝望”的心态。

13 世纪意大利作家但丁（Dante，1265—1321）的代表作《神曲》分为三个部分：《天堂》、《地狱》和《炼狱》。其中地狱的门上写着“进入此门者，当放弃一切希望”，地狱就是没有希望的地方。

人活着应该抱有希望，但如果一个人聪颖敏感，目光长远，将会发现人生岂止缺少希望，简直是令人绝望。克氏认为“绝望是致死之疾”，绝望有三种：

（一）不知道有自我

即随俗浮沉，从小到大完全听从他人安排，从未想过自己是什么样的人，容易羡慕或崇拜他人。人在年轻阶段极易崇拜偶像，看着偶像在舞台上光彩夺目，梦想自己也能如此成功。这在心理学上称为“心理投射作用”，即把偶像作为自己的依靠，把自己的生命投向他。

不久之后就会发现，再怎么羡慕别人，自己都不可能变成所羡慕之人。人的生命最可贵之处是我与别人不同，要找寻自己的人生之路，勇敢活出自我。

（二）不愿意有自我

人由于内在自我反省，发现了自我与别人不同。然而在找寻自我之路上，因为人的软弱，努力半天也无法取得成功，于是选择逃避。

人生最简单的愿望是永恒，我现在存在，就希望一直存在；目前拥有，就希望一直拥有。得而复失会让人心生彷徨，无所适从。人生好像飞速旋转的陀螺，我们终生忙碌，飞快旋转，最后发现仍然停在原地。如果无法掌握永恒与普遍，则自我的真正价值亦无法把握。

（三）不能够有自我

生命中的成就终将瓦解，过去的一切终将消散。我们在小学阶段拿了许多奖状，每一次领奖都很得意，上了中学就会发现，这一切如过眼云烟。长大后几次搬家，什么都找不到了。这些荣誉都是别人给的，是外在的，可有可无，与我的本质没有直接关联。要想真正成为自我，避免绝望，必须为自己的生命找到可靠基础。

第一种可能的基础是德行。然而修德行善，帮助他人，成为好人，这一切的基础何在？如何保证自己能够坚持到底？儒家强调“择善固执”，当“固执”需要用生命来交换，还能坚持下去吗？付出高昂代价后，如何保证能获得更有价值的东西？

另一种基础是对人生的信念。我是否相信有永恒的力量作为一切的基础？人活在变化生灭之中，很容易发现所有的东西都靠不住，一切东西逝去就不再回来，没有什么可以把握。

克氏说：“所有的绝望都有一个公式，即对自己绝望，并在绝望中想要摆脱自己。”为何会对自己绝望？我们不论取得多大成就，只要对比就会发现，历史上成就超过自己的人何止千百。曾经沾沾自喜的成功，很快就会在时间中褪色，化成一场春梦。人生的一切好似奠基于流沙之上，极易被外来的浪潮席卷吞没。

想在绝望中摆脱自己，又能去哪里？应设法找到稳固的基础。克氏说：“要取消绝望，要设法联系真正的自我，同时使自己得以立足于信仰之上。”由此，信仰成为了重要题材。对于克氏来说，宗教信仰，特别是他认为最纯正的基督教，永远是他的最后一线希望。

人生自古谁无死，面对死亡这一关，人生所有的勇气和热情都要放下。奋斗究竟是为了什么？人只能把握可能性，而可能性一旦实现，又出现了无限的可能性。因此，人生有无可靠基础就成为关键所在。

克氏形容自己常有眩晕之感，好比面临无尽的深渊，心中不知何去何从。

是向前跳跃，还是站在悬崖边慢慢等待？等待固然也是一种选择，却不会有结果。克氏身处剧变的时代，反映了那个时代的普遍心态。

他在《地下室手记》一书中描述，人有如住在“地下室”中，不见天日，只能在身体与心智的有限范围内打转，想往上走，却不能肯定上面是否另有一个世界。人并未察觉在地下室之上，还有一间完整的房子，那是精神提升后的世界，因而难免陷于忧郁和绝望：不知有自我、不愿有自我、不能有自我。接下来，克氏将进一步描述人生三种不同的层次。

第四节　勇敢地跃过去

克尔恺郭尔所有著作背后的基本预设是，人生有三个层次：1. 感性层次；2. 道德层次；3. 宗教层次。

（一）感性层次

感性层次常被误译为“审美层次”，希腊文中“感受”与“审美”（aesthetics）的字根相同，任何审美感受都不能脱离人的感性能力，人如果没有视觉、听觉、触觉等感性能力，则不可能有艺术上美的创作。

克氏真正的意思是指“感性层次”，即“今朝有酒今朝醉”的生活态度，只求当下满足，不谈道德要求与宗教信仰。此阶段的特色是“外驰”，即：

1. 没有责任感。只活在当下，无法连接过去、现在和未来。

2. 没有反省性。反省必须向内，以自我为基础，感性层次则消解自我，不做内向反省。

3. 只有瞬间存在。不做任何选择，现在有什么就是什么。

感性阶段的人生态度以享乐为主，当下开心快乐最为重要，只有“量”而没有“质”的问题。在饱尝一切又厌倦一切之后，依然觉得饥饿，最后难免陷入莫名其妙的不安和忧郁。

人在年轻阶段常活在感性层次，无法建立人与人之间的责任，只要快乐就去做，想要什么立刻就要得到，最后难免觉得忧郁和绝望。此刻面临绝望，好比在弥天大雾中站在悬崖边上，犹豫是否要跳过去。也许前面就是万丈深渊，跳下去会粉身碎骨。

（二）道德层次

一旦进入道德层次，将突破个人的封闭世界，进入与他人互动的世界。人可以接受责任与义务，昨天的承诺今天要兑现，今天的行动明天要负责。人不再活在当下，而是在过去、现在、未来的时间之流中连续发展。

此阶段的特点为“内求”，“自我”开始出现，生命变得完整而有目的性。人要设法超越“自我”的执着，懂得别人与我一样也是值得尊敬的主体。此阶段不再以感受来决定好恶，而是以理性来判断道德责任，这显然是更深刻的存在领域。

道德阶段的主要问题是“自以为义”，即相信自己是正义的，肯定道德的无上价值，但忽略了人的根本软弱，没有能力达到完全的道德要求。我们不应嘲笑别人失足犯错，因为我们可能没有受到真正的诱惑。当别人拥有相同的教育资源和生存环境时，可能表现得更加优异。

进入道德阶段，一方面我们可以与他人合作建构有道德的社会生活；另一方面我们虽没有犯法，却无法自觉无罪。在社会上看到有人犯罪，总感觉与自己有关，我们在社会上占据了好的位置和生存环境，别人则失去了相应机会，此刻又面临“跳跃”的关头。

（三）宗教层次

克氏将宗教层次分为宗教 A 和宗教 B，此阶段的特点是“依他”。

1. 宗教 A 为内在的宗教

人自觉生命有限，需要寻找无限的基础，于是设法与神明建立关系，但神明的基础是人的内在性。代表人物是苏格拉底，他通过思考发现了自己的无知，于是从自我主体出发，设法寻找永恒，但问题是没有问永恒是什么。

很多人不信仰宗教，却有类似情怀，当发觉自己的生命并非永恒时，会以宇宙的力量或意识为基础。对克氏来说，这仍不够理想。

2. 宗教 B 指基督教

两种宗教的差别是：内在宗教的重点在人，由人界定人神关系；基督教的重点是永恒的神，核心在于吊诡（paradox），即自相矛盾的人或事，似是而非，似非而是。譬如，耶稣是人还是神？基督教中将人与神这一矛盾概念置于耶稣一个主体身上。又如，耶稣死而复活，又将死与活放在一起。

信仰是违背理性的，是接受荒谬的行动。任何一种信仰中总有冒险成分，要接受与理性相悖的成分。然而，吊诡使不可能变为可能，能够协调矛盾，属于信仰中最深刻的部分。

克氏将人的生命分为三个层次：处于感性层次的人顺着自然生命的要求，只求耳目的愉悦，满足当下的快乐，没有过去与未来；处于道德层次的人可以联系过去、现在和未来，经营人类共同的生活，具有道德意识，但容易“自以为义”，且这种正义缺乏最后的基础；处于宗教 A，即内在宗教层次，从自我的需求出发，去寻找外在的力量；而最高层次为宗教 B，即基督教层次。

克氏认为，一个人如果不信仰宗教，则与死亡无甚分别，作为一个人，就要做一个宗教的信徒。我们可以将“宗教”做更广义的理解，宗教是与人的力量不同的层次，是人类生命的来源与归宿，由此可获得更为开阔的视野。

第五节　选择做自己

克尔恺郭尔十分强调“主体性真理”。

“真理”一词在古希腊文中的意思为“揭开来”，好比真相被盖子盖住，只有揭开盖子才能发现真相。我们从小接受了很多先入为主的观念，好比盖子遮蔽了我们，只有揭开盖子，才能发现真理。

后来“真理”（truth）一词也用于客观事物的真假判断上。如“外面正在下雨”是真是假，只要到屋外看一下，很容易得到验证。又如，究竟是太阳绕地球转还是地球绕太阳转，哥白尼和牛顿改变了人类的观点并得到了验证。这种真理被称为“客观真理”，与人的实际生活关系不大。

与“客观真理”相对的是“主观真理”，译为“主体性真理”则不易引起误解。主体性真理与个人生命直接相关，它的力量可以改变人的整个生命形态。克氏认为“真理是一个人愿意为它而活、为它而死的理念”。

人最容易忘记自己，我们按照广告宣传和时尚风潮，选择吃什么、去哪里玩、看什么电影、关注哪些新闻，从早到晚有多少时间能够注意自己真正需要的是什么？如果不知道自己在追求什么，有什么东西值得付出代价、值得牺牲，怎可声称自己发现了真理？

对克氏来说，真理无异于信仰，“你怎样信仰，就怎样生活”。克氏反对当时的丹麦基督教，他看到基督教牧师、信徒的外在表现与世俗之人并无二致，一样钩心斗角、贪赃枉法，差别只是每周日到教堂忏悔，离开教堂则依然故我。他认为，一个宗教徒不能靠言语，而应靠行动表现内心的虔诚，展现宗教的力量，否则信与不信无甚分别。

信什么并不重要，如何信才真正重要。一个人是相信上帝，还是相信宇宙的力量、涅槃的境界，这是个人的选择，拥有信仰后可以真正改变个人的生命才是关键。

克氏对"存在"一词重新加以界定。太阳、月亮、桌椅等外在事物只是在那儿，它们没有选择的可能性，因而是"存而不在"的。克氏所谓的"存在"是个动词，只针对个人而言，"存在"是选择成为自己的可能性。

如果一个人自己不做选择，只按照别人的要求生活，等于存而不在，多一个我，少一个我没有差别。"我"有三种选择：设法选择成为自己，选择不成为自己，或不选择成为自己。只有选择成为自己才是真正的"存在"。

如果明知非己所愿，按老板、老师、父母的要求，心不甘、情不愿地做事，就是"选择不成为自己"，自己只是别人的工具而已，本身没有存在的价值；或者发现选择成为自己要负责任，让人胆战心惊、身心疲惫，于是"不选择成为自己"，即克氏所述三种绝望中的"不愿意有自我"。这些都属于"存而不在"。

选择成为自己会令人感到忧惧，忧惧并非害怕，因为它没有明确对象，而是面对可能性的忧惧。选择成为自己意味着多种可能性，人生不能重来，一旦选错，又该如何是好？

克氏说："个人向着一个无法完全理解，也不能一劳永逸实现的目标前进，因而一直处于变化之中，必须借一连串的抉择来塑造自己。"因此，选择成为自己不是一次性、一劳永逸的，必须持续选择，坚持下去，任何一个选择均会有连带的后续选择出现。

如此等于把自己"投入"我的选择中，让我对某一目标托付自己（self-commitment），即献身于某一目标，而目标能否达成则不得而知。这样的目标不是外在的，世界一向如此，太阳东升西落，但当我做出每一个选择时，真正改变的是内在的自我。

当选择成为自己，会发觉自己面对无限的可能性，可能性越多，越让人感到忧惧。存在永远是个挑战，我们必须一直保持高度警觉，随时注意自己是否受到别人的影响，是否忽略了自我的责任，是否向现实妥协而放弃了原则。这一系列问题始终会令一个真诚的人感到困扰。

克氏用毕生的著作希望让人知道，人的生命与万物不同，个人的生命是独特的，个人生命的价值在于可以选择成为自己，可以“存在”，只有主体性真理才会改变人的存在状态。

“存在”“真理”“信念”“忧惧”等词语逐渐连成一套思想架构，后继学者由此出发，发展出各具特色的思想，称为“存在主义”。

第六节　小牧师不信神

尼采是一位极具个性的哲学家，他面对生命的态度对后代“存在主义”启发甚大。

尼采是一位著名的无神论者，曾宣称“上帝死了”，但对照他的生平会发现巨大反差。他出生于德国新教（路德教派）的牧师家庭，其曾祖父、祖父、外祖父、父亲皆为牧师。他从小非常虔诚，绰号是“小牧师”，可以用让人感动落泪的表达方式背诵《圣经·箴言》与《圣咏》。

尼采念中学时，希腊文极佳，但数学不及格。在他25岁尚未取得博士学位时，他的希腊文学老师就推荐他到瑞士巴塞尔（Basel）大学担任古典语言学教授。欧洲大学教授职位设置极少，一个系只设两三位教授，尼采的希腊文功底可见一斑。然而他的教学并不成功，35岁就因病辞职，45岁精神失常，56岁去世，生命的最后十年都在精神病的折磨中度过。

尼采对人类思想的影响之大，跨越百余年而未曾褪色，至今仍被广泛讨论和研究。尼采的第一部作品为《悲剧的诞生》（*The Birth of Tragedy*），原名为《从音乐精神诞生的悲剧》。

影响尼采思想的背景因素有：

1. 希腊悲剧。希腊悲剧启发尼采：要对生命说“是”，肯定生命的一切能量，“要对大地忠诚”。希腊悲剧中，当人的生命面对命运的挑战时，不管世俗的规范如何，人都要采取对自己负责的态度。尼采深入发掘希腊悲剧精神，并以其作为出发点，着实令人赞叹。

2. 达尔文的进化论。尼采批判“物竞天择，适者生存”之说，他认为在现实中，低劣平庸者为多数，会团结起来淘汰优秀者，这在人类社会中表现得尤为明显，多数的平凡人用各种规定约束杰出之人，让他们无法成为真正的强者。达尔文的进化论启发尼采提出其标志性的“超人”[1]观念。

3. 叔本华“求生存的意志”。叔本华肯定“世界的本体是求生存的意志”，万物都在努力设法活下去，人可以用审美的无私趣态度和宗教的禁欲苦修作为补救。尼采认为这样做是对生命说“不”，生物往往冒着生命危险而采取行动，因此更根本的东西是“求力量的意志”（the will to power）。“力量”（power）并非指政治权力，而是指人的生命力在努力扩张自己的影响力。

4. 尼采对基督教的强烈批判。他认为基督教推广的是“奴隶道德”，让人谦卑顺从、等待恩赐。他要弘扬的是古希腊时代的“主人道德”，由肯定自己开始，以高贵为善，以卑鄙为恶，别人对我好，我对别人更好，绝不占人便宜。别人送我铁制的生日礼物，我一定回送铜制的；别人送我银制礼物，我一定回送金制的。

尼采的思想与时代格格不入，他教学亦不顺利，在希腊文和哲学两个领域都备受打击，上课时班上的学生跑光了，他生气地说：“听众是到教室中来吃糖的，真正的哲学家只有在死后才会诞生。”对于柏拉图、康德等生前即声名鹊起的哲学家来说，这句话也许并不适用，但对于尼采本人倒很适合，他的思想在其死后才产生了广泛的影响。

尼采年轻时崇拜戏剧作曲家瓦格纳（W.R. Wagner，1813—1883），视其为德国的埃斯库罗斯，是振兴文艺的希望所在。尼采曾在其第一部著作《悲剧的诞生》的序言中特别向瓦格纳致辞，但最终二人彻底决裂。尼采发现，瓦格纳晚年时渐趋保守，与王权妥协，与宗教妥协，成为虔诚的基督徒和禁欲主义者，后来还走哗众取宠路线，使 1876 年的音乐节变质为嘉年华会。他认为，真正的悲剧精神应引发个人内心对生命影响力的强烈追求，为生命打上个人的烙印，与世俗的风气彻底决裂。

尼采 4 岁丧父，家中全为女性，包括祖母、母亲、两位姑母和妹妹。他的妹妹对他帮助很大，曾帮助编辑出版他的作品，但也有人批评她改变了不少原

1 超人，德文 Übermensch，英文 Overman。

始材料。

尼采由于情感受挫，所以对于女性的许多言论令人无法忍受，但我们更应关注尼采提出了哪些值得我们深思的精彩观点。

第七节　上帝死了

尼采宣称“上帝死了”，从表面看来像是在开玩笑，他真正想要表达的是：欧洲人的道德已腐化而趋于瓦解。欧洲人的道德原本奠基于宗教信仰之上，而此时宗教已名存实亡。

西方经历一千三百余年的中世纪，一向以基督教作为道德的基础。一个人之所以行善避恶，是因为信仰基督教，相信人死后会受到上帝的公平审判，善恶有报。

著名的天主教传教士利玛窦（Matteo Ricci，1552—1610）在四百多年前来中国传教，曾写信给罗马教宗：“中国许多读书人不信仰我们的上帝，但有很高的道德水平。”西方人如果不信仰上帝则谈不上道德问题，西方社会至今仍面临一项重大挑战：如果不信仰上帝，死后一片虚无，人为何不可为所欲为？

中国人不信仰全知、全能、全善的上帝而有道德，是因为中国有儒家思想。但是，儒家思想也可能变成一种教条，人们遵守一套固定的行为规范，彼此礼尚往来，内心却缺乏真诚的情感，从而演变成一种高雅的人文主义。

尼采生活的19世纪后期，西方世界一片漆黑。一般认为中世纪是西方的“黑暗时代”，但如果从人的生命是否展现精神层次的光辉、人是否拥有灵性探索来看，中世纪有明确的宗教信仰，人们可从事灵修活动，并非一般人想象的一片黑暗。

近代欧洲经历了18世纪的启蒙运动、19世纪的浪漫主义运动，至20世纪上半叶，两次世界大战均发源于欧洲，整个欧洲陷入了虚无主义的困境。尼采早在19世纪后半叶已经预感到欧洲的虚无主义危机，他说“哲学家是文化的医生”，哲学家可像医生一样提早诊断文化的病症，否则一旦发作则回天乏术。

“上帝死了”，因此需要“重新估定一切价值”（Transvaluation），人类社会生活所依赖的真、善、美等价值，都需要重新予以估定。

从前的价值建立在宗教信仰的基础上，现在价值瓦解，上帝只是一个虚构的名称而已。尼采在《快乐的科学》[1]一书中写道：有一个人大清早提着灯笼到市场上，别人笑他："怎么大白天的提着灯笼？"他说："怎么是白天呢？上帝死了，你不觉得一片漆黑吗？"

上帝死了，整个地球失去了重心，人类无法了解生而为人有何意义。从前人们靠信仰《圣经》上的真理来理解人生的意义，如今人们失去了信仰，眼睛虽看到阳光，心灵却一片黑暗，一切都漂浮不定。

尼采的话让人震撼，上帝究竟是怎么死的？他说："是我们把上帝杀死的。"人们信仰上帝后，却把上帝关在教堂里，依旧过着世俗的生活，甚至比没有信仰的人表现得更坏，因为信徒可以利用忏悔为自己的恶行留下后路。

西方以黑手党为题材的电影（如《教父》）常会提及意大利西西里岛，岛上居民全部信仰天主教，但黑手党实施有组织的犯罪，杀人越货而毫不在意，因为宗教给人们忏悔的机会，做坏事后只要及时忏悔就可高枕无忧。宗教忏悔的本意是给人们改过迁善的机会，结果反被坏人所利用，令人性的弱点肆无忌惮地表现出来。

尼采的话很刺耳："教堂难道不是上帝的墓碑吗？我们听到的不是上帝的安息曲吗？"世上多是虚伪的信徒，真正背叛基督教的就是基督徒，真正背叛佛教的就是佛教徒。

"真正的基督徒只有一个，就是死在十字架上的。"尼采所指的就是耶稣，他认为欧洲其他的基督徒都是假的信徒、虚伪的信徒。尼采以一己之力向整个时代和整个社会宣战，我们难以想象这需要多么大的勇气。他清楚地看到：人性的弱点扭曲了信仰宗教的正确态度。

成为真正的信徒绝非易事，真正的佛教徒若效法释迦牟尼，则应抛弃世间的荣华富贵，沿门托钵，乞讨为生。至少也应保持原则：要有施舍的精神，在世而不属于世。

耶稣曾对门徒说："骆驼穿过针孔，比富人进天国还容易。"（玛窦福音19：24）他的说法未免过于夸张，如果说"骆驼毛穿过针孔"，至少还有可能，否则富人根本不可能进天国，这样的宗教就只有穷人相信了。

---

1 《快乐的科学》卷三，第125节，1882年出版。

“上帝死了”并非尼采的特别发现，这句话说明欧洲的价值观瓦解了，需要重估一切价值。人们诚然可以有这样的觉悟，但之后也不知道该怎样做才能符合尼采的要求。

哲学史上有一个笑话：“尼采说上帝死了，上帝说尼采疯了。”尼采确实疯了，他的生命最后10年都是在精神病中度过。时至今日，尼采的思想依旧充满了震撼人心的力量，其中更值得我们注意的是他的“超人思想”。

第八节　超人是大地的意义

尼采所谓的“超人”[1]，并非美国电影中的Superman。“超人”的德文为Übermensch，英文译为Overman，意为“走过去的人”，这是一种象征的说法。

尼采受到达尔文进化论的启发。进化论认为“物竞天择，适者生存”，宇宙万物都在缓慢演化中，所有生物之间都有关联性，生物由简单趋于复杂，以“机体突变”的方式演化。

真正具有目前人类理智表现的人种，有据可考的历史仅两万年左右，两万年前的人类远祖能否被称为“人”仍是个问题。然而，宇宙已存在了100多亿年，两万年前出现的人类绝不是演化的终点，现有人类可能进一步演化而出现“超人”，这是合理的思维。

从实际演化过程来看，从前称霸地球的恐龙现今早已灭绝，同属灵长类的猩猩被人类关在动物园里，或被限制在野生动物保护区中。几万年后，现有人类也有可能被更高级的物种所超越，可能也会像猩猩一样被关在某个地方。

尼采的“超人”不是一个进化论概念，他受进化论的启发，强调人类是尚未完成的生命。“人是悬挂在深渊之上的绳索，是介于动物与超人之间的一条绳索”，必须从绳索这头走到另一头。人已经走过了动物阶段，未来要靠不断修炼，走过绳索而成为超人。前进的过程充满危险，可能中途坠入深渊而粉身碎骨，能否走过去也不得而知；然而止步不前同样是一种危险。

我们每天都要做出选择，我们应该问自己：今天是否比昨天增加了一点属

1 “超人”一词出自古希腊讽刺作家路西安（Lucian，约120—约180）的《超级人种》（*Hyperanthropos*），以及歌德的《浮士德》卷一。

于自己的生命特色？如果每天都在循环往复，都在按他人的指示生活，我们何时能够决定前行？

“超人”的概念有些抽象，尼采举例，超人就是“带着基督心灵的罗马恺撒”（恺撒的世间成就加上耶稣的精神境界），或者歌德与拿破仑的合体。

拿破仑（Napoléon Bonaparte，1769—1821）在1810年前后征服德国，引发了德国人对法国文化的崇拜，不少德国人都想学习法语。德国哲学家费希特发表了14篇《告德意志国民书》，提醒德国民众：如果法国人有什么荣耀，我们德国人一样也有，德国人的祖先日耳曼人与法兰克人一样伟大；法语的高明处，德语一样也有。他鼓励德国人要有自我革新的精神，充分展示内在的自我，从而提振了德国人的精神。

歌德的智慧和才华在当时的欧洲是无与伦比的，是德国人的光荣和骄傲。拿破仑武功盖世，歌德文采斐然，世界上怎会出现完美结合二人优点的人物？可见尼采心目中的“超人”是个极高的目标。

“超人是大地的意义”是尼采的标志性格言。“大地”指“地球”，“意义”指“理解的可能性”，大地上的万物与人类为何存在？当超人诞生之际，我们才会理解，原来地球上芸芸众生的存在只是为了让超人能够出现。

今日社会中，世界级影星、歌星、运动员或诺贝尔奖得主常被喻为“X国之光”。“光”代表光明，可以照亮黑暗，如果没有他们的杰出表现，众人好似生活在黑暗之中；当他们表现出世界级的水准时，我们才能理解：原来我们平凡人几十年默默无闻，辛勤耕耘，让社会正常运转、教育不断发展，目的就是这些杰出人物的出现。他们的出现，就像光明照亮了我们。

这种想法不免可怕而残忍，难道一般人的生活就没有意义吗？难道我们不能照亮自己的内心和生活吗？难道平凡人只能作为陪衬和背景而已吗？我们将目光聚焦在少数杰出人物身上，难道他们真的值得作为光明吗？以运动员为例，运动生涯充其量不过10到20年，巅峰过后，他们终会回归平凡人生，晚年生活还可能极为不堪，明星、歌星更是如此。现代社会推崇的人物，显然不是尼采所谓的“超人”，但尼采的“超人”思想很容易被人如此误解。

尼采认为“每个人都可以成为超人”，一个人应该充分发挥身体和心智两方面的潜能：身体方面，体能卓越，要对生命说“是”，展现强者姿态，有本事尽力争取，手段如何是次要的；心智方面，要有高贵的道德，真正的“超人”

是自己的主宰，自己给自己下命令。

“超人”思想是相当复杂的观念，尼采的真正用意是：鼓励每一个人不要虚度此生，要展现生命的特色，发挥身心的潜能，最终脱胎换骨，成就超凡自我。这给“存在主义”哲学家以极大启发。

第九节　求力量的意志

尼采思想中的一个重要观念是“求权力的意志”（the will to power），常被译为“权力意志”，使人误以为“在政治上谋求权力”。Power 指的是“力量”“影响力”，“意志”一词来自叔本华“求生存的意志”（the will to live）。

人行横道上种植的树木，树根会慢慢突破砖块的压力而隆起；平日弱不禁风的小草，常常顽强地从墙壁的石缝中长出，让人不禁感慨生命力的顽强。宇宙万物无时无刻不在表现其生命力，扩充其影响力。

叔本华认为世界的本体即是“求生存的意志”，尼采则不以为然。很多生物为繁衍下一代可能牺牲自己，它们并非求生存，而是求力量的延伸，表现其生命力的延续，因而“求力量的意志”更为合理。

宇宙万物，特别是人的生命，普遍表现出追求力量的现象，很多人依附强者，目的正是对弱者显示力量。“求力量的意志”可用于说明许多人生经验。

然而人也极易忽略“求力量的意志”，造成个人生命的萎缩，表现为以下几种现象：

1. 语言。在语言中喜欢使用普遍概念，如形容自己或别人“勇敢”，但没有两个人的“勇敢”是一样的，抽象的概念无法精确表达个人生命的特色。当然，不使用语言，人与人之间亦无法沟通。

2. 规则。根据星座、属相、生辰八字或血型等通用规则去界定自我，亦将流于空泛而忽略个人的独特性。

3. 成功。由外在成就来肯定自我的内在价值，即“用价格决定价值”，仅关注外在的头衔、身份、地位，而忘记内在自我的特色。

4. 回忆。回忆中通常会过滤不好的东西，好比舍弃不满意的照片，只保留自己最光鲜亮丽的一面，其实真正的自己未必如此美好。每个人在回忆录中都会描绘自己的丰功伟绩，好像这个领域离开自己就不能独自存在一般。

5. 认识自己的途径。透过别人了解自己，常询问别人对自己的看法，你觉得我外表美吗？表现得谦虚吗？念书够用功吗？别人出于礼貌而客套应答，未必是别人的真实想法。

尼采通过上述五点说明人的自欺是普遍现象，人们忘记自己，造成“个人的消解”，使原本“独特的自我”成为某一类人、某一群体、某一种人。

也有人将“求力量的意志”理解为：一旦得到某种政治权力，就以为自己可以纵横捭阖、得君行道。尼采认为这些都是偏差的想法。

真正的“求力量的意志”是要不断超越自我，使“现在的我”与“过去的我”不同。尼采说：“我只喜欢用血来书写的作品。”只有自己有深刻的体会，才会有用心良苦的作品问世。古人在艰难困苦中铸成的作品与春风得意、一挥而就的作品，其分量截然不同。纵然是天纵英才，亦需要不懈的努力。

真正的“求力量的意志”是要扩充自我的影响力。每个人在人际交往中都会有意无意地表现这样的本性。这样的意志是否有进一步的发展？尼采恐怕会给你浇一盆冷水。尼采作为无神论者，认为宇宙是封闭的系统，系统中能量不灭，由此提出“永恒复现”（Eternal Recurrence）的观念，即现在所经历的一切，每隔一段时间（可能上千年、上万年之久）会重新出现。

这种观点令人窒息，难道今生辛苦困顿，过几万年还要重来一次，面对一样的人，做一样的事，说一样的话？你并不知道过去发生过同样的事，也很难想象未来如何发展。尼采真正想要表达的是：在封闭的宇宙中，只能接受“永恒复现”之说。

尼采有一句话很生动：“爱你的命运。”我们一生都希望自由选择，总以为自己是自由的，其实一切都是被决定的，一切皆在重现过程中，这就是人的命运。对于重复循环的命运，即使讨厌它，它仍会发生；还不如肯定当下，接受命运，除了爱自己的命运，别无他法。

尼采思想中有内在的矛盾，他一方面鼓励每个人发挥身心的一切潜能，让自己告别过去，不断创新，走过绳索，成为超人；另一方面他又指出，在封闭的世界中，你不可能有别的可能性。如此一来，人到底该何去何从？

面对虚无主义的浪潮，如果不甘心被吞没，我们唯一能够把握的只有热情。我们必须始终保持警觉的态度，充分发挥自身的潜能，不断探寻生命的可能性。

这是尼采思想给我们的启发。

第十节　精神有三变

尼采最广为人知的作品是《查拉图斯特拉如是说》[1]（*Also sprach Zarathustra*），该书为哲理散文。

查拉图斯特拉 30 岁时，觉得世界无聊而污浊，便一个人上山修行。修行 10 年，得到很多启发和觉悟，有一天他对太阳说："你伟大的天体啊，如果没有你所照耀的人们，你有何幸福可言？"说完他就下山了，要将他的心得与人类分享。

书中富有启发性地提出"精神有三种变化"：第一变成为骆驼，第二变成为狮子，第三变成为婴儿。

一变为骆驼，就是听别人对你说："你应该如何！"

骆驼是"沙漠之舟"，可以接受传统的要求，忍辱负重，默默前行。骆驼的特点是听别人对你说："你应该如何，你应该如何！"这与年轻人的情况类似。我们从小接受父母和老师的教导，遵守家庭和社会的规范，不断被人要求"你应该如何"：做人应该循规蹈矩、开车应该遵守规则、走路应该靠右、见到长辈应该鞠躬问候……我们只能接受才能融入社会。

二变为狮子，就是你对自己说："我要如何！"

狮子是"万兽之王"，显示出大雄无畏的精神，成为狮子就是对自己说："我要如何，我要如何！"年轻人到大学阶段不再愿意接受别人的单向灌输，开始独立思考自己的人生方向。"我要如何"代表自己负责，并愿意承担随之而来的责任。

很多人不愿负责，宁可放弃选择的权利。譬如在填报大学志愿时让父母决定，父母出于好意和对社会的认识，往往愿意代劳，孩子将来成绩不好就会抱怨，"是你们非让我念这个专业的"。

即便父母真的尊重孩子的个人意愿，一个 18 岁的高中毕业生并不一定知

1　查拉图斯特拉是古代波斯先知，拜火教创始人，他的名字也常被译为苏鲁支或琐罗亚斯德。

道自己的兴趣所在。通常孩子只是偶遇一个出色的人，眼睛一亮便起而效法，真正就读后才发现自己对这个领域并不感兴趣，这无异于浪费生命。然而统计发现，大学科系合乎个人志愿的很少超过一半，毕业后工作符合个人兴趣和能力的也不到一半，人生往往就是阴错阳差。

因此说“我要如何”之前，一定要先了解自己，即古希腊德尔斐神殿上的话——“认识你自己”。处于骆驼阶段反而轻松，别人要求“你应该如何”，我们只需遵令行事，出了问题可以推卸责任。而成为狮子，说“我要如何”，则必须了解自我，谨慎选择，自主负责，因为时间一去不复返，很多机会一旦错失则不再重现，很多选择一旦确定就无法回头。

美国诗人罗伯特·弗罗斯特（Robert Frost，1874—1963）在其诗作《未选择的路》[1]（*The Road Not Taken*）中，将人生的选择比作进入森林的两条路：一条路很多人走，光鲜亮丽；一条则少人问津。请问，你会选择哪条路?

很多人会想，先选很多人走过的路，至少比较容易和安全，哪天发现不适合，再回头也不迟。然而，一旦迈开脚步，会发现路前还有路，只能不断选择，一路前行，永远无法回头。人生很多时候没有重来一次的机会，人生的抉择对每个人来说都是很大的挑战。

三变为婴儿，就是肯定：“我是！”

婴儿对自己说：“我是！”（德文为 Ich bin，英文为 I am），英文、德文中用“现在式”表示“永恒的现在[2]”，表明婴儿永远是新的开始，永远充满希望，充分肯定当下的一刹那。

事实上，除了当下这一刹那，我们还能肯定什么？过去的早已过去，回忆追思也于事无补；未来的还未到来，幻想憧憬也无济于事。人所能掌握的只有现在，每一刹那都是全新的开始，这种想法给人以无穷的力量。

很多古圣先贤都对婴儿加以肯定。孟子说：“大人者，不失其赤子之心者

1 作于 1915 年，最初收录于他的第三本诗集《山间》(1916) 中。

2 《圣经·旧约·出谷记》第 3 章第 14 节中，摩西问上帝的名字，上帝回答：“I AM WHO I AM”，我是自有永有者，即用“现在式”表示“永恒的现在”。

也。”[1]（《孟子·离娄下》）老子说：“为天下溪，常德不离，复归于婴儿。[2]”（《老子》第二十八章）耶稣说：“让孩子们到我这里来！不要阻挡他们，因为天国正是属于这样的人。”（《玛窦福音》19：14）

《查拉图斯特拉如是说》中这篇简短的寓言极富启发性，人的精神可能有这样三种变化。我们一生无法避免成为骆驼，总有人告诉你“你应该如何！”譬如，生病时就要听医生说“你应该如何”，而不能一意孤行。很多时候我们可以变成狮子，说：“我要如何！”自己选择道路，人生亦将随之改变。但记得最后要回归婴儿，人生每一刹那都是全新的开始，永远都有希望和无限的可能性。

《庄子·逍遥游》中描写北冥之鱼“鲲”如何化身为“鹏”，扶摇而上九万里，于高空自在翱翔，所指正是人的精神可以提升转变而臻于化境，这与尼采的说法有异曲同工之妙。

未选择的路

罗伯特·弗罗斯特

黄色的树林里分出两条路，
可惜我不能同时去涉足，
我在那路口久久伫立，
我向着一条路极目望去，
直到它消失在丛林深处。

但我却选择了另外一条路，
它荒草萋萋，十分幽寂，
显得更诱人，更美丽；
虽然在这条小路上，

1 译文：孟子说：“德行完备的人，不会失去他婴儿般纯真的心思。”参见《傅佩荣译解孟子》，东方出版社。

2 译文：作为天下的仆役，就不会离开恒久的德，再由此回归婴儿的状态。参见《傅佩荣译解老子》，东方出版社。

很少留下旅人的足迹。
那天清晨落叶满地，
两条路都未经脚印污染。
啊，留下一条路等改日再见！
但我知道路径延绵无尽头，
恐怕我难以再回返。

也许多少年后在某个地方，
我将轻声叹息将往事回顾：
一片树林里分出两条路，
而我选择了人迹更少的一条，
从此决定了我一生的道路。

第十一节　忧患生智慧

1946年法国哲学家萨特[1]（Jean Paul Sartre，1905—1980）撰文《存在主义是一种人文主义》（*Existentialism Is a Humanism*），意在澄清大众对存在主义的误解，存在主义并非离经叛道，而是一种人文主义。

在西方语境中，“人文主义”一词使人感觉温暖而正派，基本立场是以人为中心思考万物的价值，一般遵循康德设立的标准：不能只把别人当手段来利用，同时也要尊重别人是一个目的。

萨特将“存在主义”划分为两派：一派为有神论，以德国的雅斯贝尔斯[2]（Karl Jaspers，1883—1969）和法国的马塞尔（Gabriel Marcel，1889—1973）为代表；另一派为无神论，以德国的海德格尔和萨特本人为代表。

文章甫一发表，另外三人立刻与萨特划清界限，声称自己不是存在主义，至少不是萨特所谓的“存在主义”。因为“存在”是“选择成为自己的可能性”，

1 又译为：沙特。

2 又译为：雅士培。

每个人要各说各话，绝不可能有共同立场而成为某种学派。将某人列入“存在主义”，正好否定了其作为存在主义哲学家的身份。

本节先介绍年代稍早的雅斯贝尔斯，他是德国人，一生经历三大考验：

（一）自幼即患“先天性心脏病”，一生都处在死亡的阴影下

雅斯贝尔斯身体孱弱，必须规律作息，极少出席社交场合。他在瑞士巴塞尔大学教书的20年间，仅参加过一次课外活动，即观看学生演出的一场话剧。然而他对教育的热忱非比寻常，一有机会就演讲教学，被尊称为“日耳曼导师”。他一生处于死亡的阴影下，不知生命何时结束，这让他体会到活着是一种机会。

（二）受哲学系同事排挤

雅斯贝尔斯在海德堡大学先学法律，后念医学，也旁听哲学课程，对大学的哲学教授心生反感，认为他们讲的都是学院派的教条，知识建构、宇宙形成和形而上学等学问与实际生命完全脱节。他在其代表作《大哲学家》（*Die grossen Philosophen*）中分别介绍了中国、印度和西方的多位哲学家，他非常重视哲学家如何把他的思想与实际生活相结合，进而产生特别的言行表现。

（三）受纳粹迫害险些丧命

纳粹统治期间（1933—1945）有计划地迫害犹太人，第一批先抓捕杀害夫妻都是犹太人的家庭，第二批迫害丈夫是犹太人的家庭，第三批则是妻子是犹太人的家庭。雅斯贝尔斯因为妻子是犹太人而上了黑名单，所幸纳粹败亡，“二战”结束，他才逃过一劫。

上述人生遭遇使雅斯贝尔斯体会到“界限状况”，即人生中碰到某种临界点，一旦越过这些临界点，生命状态将完全不同。

哲学家探讨问题，一般注意三个方面：自我、世界以及作为两者基础的上帝。雅斯贝尔斯的哲学受到康德的启发，他说：“我的生活受《圣经》与康德的指导，使我与超越界可以保持关系。”

《圣经》在西方家喻户晓，是每个基督徒的必读之书，它通过各种故事描绘的图像画面，使人受到熏陶和指导，了解为人处世的基本原则。

康德哲学通过四个问题步步深入。康德的第一个问题是“我能够知道什么”，他发现人的理性只能认识现象，不能认识本体，自我、世界和上帝不可知，但不可知不代表不存在。他通过第二个问题“我应该做什么”，为本体问题的解决留下了后路。

“应该”与道德抉择有关，当我从事道德行为时，必须肯定：1. 我是自由的；2. 灵魂不死；3. 上帝存在。

生前的善恶报应不可能圆满完成，这是客观事实，因此灵魂在死后必须继续存在以接受适当的报应。同时，只有全知与全善的上帝才能做出公正的裁决，故上帝必须存在。

康德的思想使我们认识到：人无法从理性上了解上帝是否存在，然而一旦从事道德行为，则必须肯定上帝的存在，否则“德福一致”、善恶圆满报应就不可能实现。人的生命之外有更高层次的存在。

雅斯贝尔斯生平遭遇非常独特，同时他受到了正统哲学教育的影响，使得他的思想极具特色。有趣的是，雅斯贝尔斯与德国另一位著名的存在主义哲学家海德格尔都十分推崇中国的《老子》。雅斯贝尔斯从小身体柔弱，非常喜欢《老子》中“坚强者死之徒，柔弱者生之徒”[1]（第 76 章）这句话，认为像水一样柔弱才能流动不已，符合生命的特色。他通过中国典籍的德文译本，较好地理解了孔子和老子的思想，并将研究心得写入《大哲学家》一书。

上述就是雅斯贝尔斯的生命和思想的背景。

第十二节　向上提升之力

雅斯贝尔斯的思想除了受到康德的指导外，还受到克尔恺郭尔和尼采的启发，他宣称自己的思想是“存在哲学”。雅斯贝尔斯认为：

1. 人若仅以理性寻找安身立命之道，最后难免陷入虚无主义的深渊

人类使用理性思考，最终将会发现没人可以回答“人从哪里来，要到哪里去”的问题。如果诉诸科学，人类至今仍无法确定宇宙起源究竟符合“黑洞说”还是“爆炸说”。即便发现了宇宙起源的秘密，也依然无法告诉人们，生命究竟该往哪里去。

2. 人的生命特色决定了人不能只靠“理性”，还要注意到“存在”

“理性”与“存在”是两个对立的概念。一方面，人具有“纯粹理性”，

1 译文：坚强的东西属于死亡的一类，柔弱的东西属于生存的一类。参见《傅佩荣译解老子》，东方出版社。

可通过抽象思辨获得概念，从而建构知识；另一方面，人必须注意“存在”的特色，“存在”是个动词，需要主体的投入，即选择成为自己。今天如何生活、如何与他人互动就是存在的抉择。

3. 克氏与尼采体现出奋斗不懈、追求最后真理的勇气

克尔恺郭尔最后投入基督教的怀抱，这启发雅斯贝尔斯：不管是否信仰宗教，宗教都明确指出了什么是“超越界”。尼采肯定“永恒复现”，体现了生命面临抉择时所需要的勇气。

雅斯贝尔斯的思想显示出明确的形而上学倾向，即探讨所有问题时一定要问：最后的本体（根源）是什么？人从哪里来，要到哪里去？宇宙从哪里来，要往哪里去？这些问题的答案就是最后的本体。

雅斯贝尔斯建构的哲学有三重任务：世界定向、存在照明以及对超越界的追求，与康德的世界、自我和上帝这三大本体完全对应。

（一）世界定向

“世界定向”就是将世界定位，将世界和人联系在一起，有人类存在的世界才是真正的世界。如果从纯粹客观的科学角度观察世界，这个世界难以捉摸。科学家承认：我们能观测到的物质仅占世界总质量的5%，暗物质和暗能量占世界的95%，人类迄今对世界的了解仍相当有限。然而，人是“在世存在者”，有人类存在的世界才有意义，这种想法并非主观，因为在浩瀚宇宙中，没有人类存在的星球，谈不上意义的问题。

（二）存在照明

“存在照明”所针对的是人的自我，雅斯贝尔斯要用哲学照亮真实生命的特色。人的生命可分为三个层次，可以不断自我提升。

1. 人的生命是可经验之物。人与桌子、椅子、猫、狗没有什么差别，人也是宇宙万物之一，有本能、冲动和欲望，可作为客观研究的对象。

2. 人除了作为可经验之物以外，还有意识本身。意识本身使我们从个人特色提升到人群、人类的特色。每个人有其个性，一个群体则有其共性。个性与共性有时混在一起，但至少表明人的存在兼具个性与群体共性两部分。

3. 更高的层次是人的精神。精神的特色是每个人都追求与整个人类合为一个整体。

雅斯贝尔斯亦强调人的自由，并将自由分为以下四种：

1. 认知的自由。在自由选择之前，必须先了解有哪些选项可供选择。认识得越多，自由的可能性越广泛。

2. 任意的自由。即随心所欲，不可预测。如别人猜我吃面，我偏要去吃水饺。

3. 自主性的自由。自由本身也等于法则，即康德强调的“自律”，理性为自己立法，行事有自己的原则，不受他人的控制和支配，只有“自主的法则”才具有道德意义。

4. 抉择的自由。存在主义所强调的“自由”就是抉择，并承担随之而来的责任。

雅斯贝尔斯说：“当我自由对一样东西采取态度时，就是对自己采取同样的态度。”譬如，对人友善就是对自己友善。这与康德的观念一脉相承——“做任何事情，必须愿意使我的个人行为准则成为一个普遍的法则时，我才去做。”如果侮辱别人的同时不准别人侮辱自己，就不合理。

这种观念类似于中国儒家经典《大学》中的“絜（xié）矩之道”[1]，我不喜欢我的老板、长官如何待我，我就不用同样的方式对待下属；我不喜欢前面的人如何待我，我就不用同样的方式对待后面的人。中国哲学虽然缺少康德般深入的探讨，但很多观点仍不谋而合。

（三）超越的追求

雅斯贝尔斯的思想中经常出现又很难翻译的一个词叫“统摄者”。在“现象学”[2]部分，我们谈到了认识的“地平线”（horizon）。我们认识的世界有一定范围，范围之外的部分我们无从了解，但可通过学习不断扩展认识的地平线。

人生在世，不管掌握多少知识，拥有多少生活体验，自己的生命仍然局限在小小的地平线范围之内，地平线之外一定有更为广阔的世界。所谓“学然后知不足”，世界之外一定存在着超越一切、包围一切的“统摄者”作为基础，称为“超越的境界”（简称“超越界”，Transcendence）。

雅斯贝尔斯的思想十分深刻，呈现出令人向往的境界。

1 原文：所恶于上，毋以使下；所恶于下，毋以事上；所恶于前，毋以先后；所恶于后，毋以从前；所恶于右，毋以交于左；所恶于左，毋以交于右；此之谓絜矩之道。

2 参见本书第二章，“现象学”的相关部分。

第十三节　人生的界限

我们在日常生活中，按部就班，规律作息，与人互动，一切事情好似平淡无奇。只有当遇到“界限状况”时，我们才会注意到个人生命的存在问题。雅斯贝尔斯认为，人会面临以下四种界限状况。

（一）生理上的界限（老、病、死）

当一个人衰老、生病、性命垂危之际，便会明显体验到生理上的界限状况。有一位同学在考试前发生车祸，在医院的病榻前写信给我说：“到了医院我才开始思考人生意义的问题。”单凭这封信就可以给他打 90 分。

对年轻人来说，精力充沛、生机无限、开心度日，何必去想痛苦、罪恶、死亡的问题，既提不起兴趣，又缺乏经验。一旦遇到生病、受伤等界限状况，我们很容易感觉到生命的脆弱和有限，这时就会问自己：这一生到底是怎么一回事？

有些人很了不起，生理上可以承受一般人难以忍受的痛苦。《三国演义》中，关公为毒箭所伤，刮骨疗毒，面不改色，谈笑风生，旁人为之惊骇不已。法国作家蒙田《随笔集》中记载，罗马时代两军交战，一个士兵去刺杀敌军将领，行动失败而被捕。当被押至敌军营帐刑讯逼供时，他二话不说，将手放到取暖的炉火中，直到别人求他，他才收回烤焦的手。敌军被他的勇敢所折服，于是两军展开和谈。

历史上有诸多类似故事，都说明人的身体可忍受生理上的痛苦，但不能忽略的是：没有人可以超越最后的死亡。死亡之后的问题则是宗教探讨的范畴。

（二）心理上的界限（生离死别和罪恶）

我们常说：“黯然销魂者，唯别而已矣。”[1] 风平浪静的生活中，突然遭遇生离死别，往往让人伤痛不已，这种痛苦甚至超过生理上的痛。

另一种心理界限则是面对罪恶时人性的软弱。《圣经·新约》中，保罗（St. Paul）说：“我所愿意的善，我不去行；而我所不愿意的恶，我却去做。”（罗马书，7：19）说明人是非常软弱的，根本经不起诱惑，极易陷于罪恶的渊薮。

---

1 出自南朝文学家江淹的《别赋》。译文：最使人心神沮丧、失魂落魄的，莫过于别离啊。

譬如，很多学生平日表现得积极而阳光，考试时则鬼鬼祟祟，总想通过作弊多得几分。我们时常会遭遇心理上的界限状况，使自己的内心蒙上阴影：平日认定自己道德高尚，为什么关键时刻每每心怀不轨？我们到底算不算正人君子？到底能承受多大诱惑？我们并非比别人意志更坚定，只是尚未面对难以抗拒的诱惑而已。我们不仅根本无法达到对自我的期许，而且还相距甚远。

（三）伦理上的界限（善恶报应）

善恶有无报应是最基本的问题，如果没有报应，人为何要行善避恶？人生在世，行善避恶是因为相信：善恶到头终有报，不是不报，时候未到。但何时会报、报应是否公平则不得而知。很多人信仰宗教就是希望得到圆满的答案，获得至高无上的正义。

在人间维持伦理价值实属不易，“从善如登，从恶如崩”[1]，行善避恶等于选择了一条艰难的道路，即便无人发现，仍要坚持前行。道德问题是对自我负责，是自我内在的期许，是自己必须面对的，能考虑他人是否了解和关注。

（四）灵性上的界限（人生意义问题）

西班牙哲学家乌纳穆诺（Miguel de Unamuno，1864—1936）说：从小就有人吓我，说死亡之后要接受审判，地狱多么可怕，可听久了就习惯了；真正令我感到害怕的是：死亡之后是完全的虚无。

如果人死如灯灭，什么都没有，那么一生拼搏奋斗、牺牲各种享乐、努力实现价值就都是一场梦，是一场骗局。

在灵性层面上“这一切到底是有还是无？”一百年前没有我，一百年后没有我，一百年在宇宙的历史长河中也只是弹指一瞬。如此，我对个人的修养，对人生的理解，对未来的信念，这一切都是真的吗？

这四种界限状况，使人意识到界限之外“统摄者”的存在。雅斯贝尔斯说：“人体认到自己虽是有限的，但他的可能性却似乎伸展到无限，这一点使他自己成为一切奥秘中最伟大的。”

人是一个极其特别的“奥秘”，古希腊三大悲剧家之一的索福克勒斯曾说：“宇宙万物之中，没有比人的存在更值得令人惊讶的。”

人是身体与心灵的复杂结合，宇宙万物中只有人类具有这样的条件。雅斯

1 出自《国语·周语下》。译文：顺从良善如登山一样艰难，屈从邪恶如山崩一般迅速。

贝尔斯的“可能性”是指“选择成为自己”，每一个人都可以选择让自己成为好人或是坏人，二者之间的差距，不可以道里计。

第十四节　解开密码

如何理解雅斯贝尔斯所谓的“密码”？密码需要解码，譬如一组数字我们无法理解，但以之为密码则可打开保险柜或大门。密码是一种媒介，我们可将万物作为媒介，领悟到自身之外的统摄者。

人活在世界上，成败得失是相对的，得而复失，失而复得，恒处于变化之中。但刹那之间，可能因为某人、某事、某句话、某个画面让我深受感动，从而发现真正的自我，这意味着我连通了自身的根源——统摄者。

“众里寻他千百度，蓦然回首，那人却在灯火阑珊处”[1]很好地表达了这种意境，不经意地回首，猛然发现自己寻寻觅觅一直向外追寻，却忘记向内探寻自己的根源何在。

世界上所有的东西都可能成为密码。譬如印度诗人泰戈尔[2]（Rabindranath Tagore，1861—1941）在诗中写道：“上帝在哪里？天空里找不到，深海里找不到，结果在路边的小孩哭着呼唤母亲时，找到了上帝。”上帝代表爱和盼望。

英国诗人威廉·布莱克（William Blake，1757—1827）在《天真的预言》中写道：“一粒沙里看世界，一朵花里见天堂。”一粒沙和一朵花都是平凡之物，但都可以作为媒介与密码，一旦解开密码，就可领悟到其背后无限开阔的境界。

历史上有许多类似的故事，透过密码，人体验到整个生命态度的转变。

奥古斯丁（Augustinus，354—430）是中世纪拉丁教父的代表和最重要的哲学家。他年轻时学习文法修辞，成绩优异但生活放荡不羁，后来矢志追求真理，希望找到人生正途。

386 年夏季某天，他在花园中散步，内心摇摆不定，忽然听到隔壁一个小孩不断喊着：“拿起来读！拿起来读！”于是他翻开《圣经》，恰好读到：“行

1　出自南宋词人辛弃疾的《青玉案·元夕》。

2　泰戈尔于 1913 年凭借宗教抒情诗《吉檀迦利》（英文版 *Gitanjaei*，即《牲之颂》，1911 年出版）获得诺贝尔文学奖，是首位获得诺贝尔文学奖的印度人（也是首位亚洲人）。

事为人要端正，好像行在白昼；不可荒宴醉酒，不可好色邪荡，不可争竞嫉妒。总要披戴主耶稣基督，不要为肉体安排，去放纵私欲。”（罗马书，13：13—14）他顿悟：生活只有保持清静，内心才会找到皈依，于是痛改前非，重新做人，最终成为伟大的圣徒。

在奥古斯丁内心彷徨无归之际，重复乏味的生活不知何时改变，当听到孩子呼喊的一刹那，他从同时发生的事中体会到内在的关联，从而产生觉悟。

16世纪欧洲宗教改革由德国的马丁·路德首倡，他原是天主教神父，并担任神学教授。此时天主教严重腐化，教皇利奥十世为筹建圣彼得大教堂而公然贩卖赎罪券，这令马丁·路德难以忍受，他苦苦思索：到底宗教要将我们带向何方？

有一天，马丁·路德读到《圣经》中的一句话“我相信罪过可以得到赦免”，忽然之间深受启发，“因信称义”（justification through faith）成为他思想的基础。因信称义是指：对于信仰神明来说，相信就可得救，是否捐钱行善是次要的，如果没有信仰，捐钱不过是一种慈善事业。

基督（新）教的改革由此出发，提出三个“只要”（three onlys）：

1. 只要相信就可得救（faith only）；

2. 只要《圣经》就可得救（scripure only）；

3. 只要恩典就可得救（grace only）。

从此，基督（新）教[1]与天主教分道扬镳。马丁·路德的经历表明：关键的一瞬间，通过解码，人们张开了心灵的眼睛，看到了真正的光天化日。

电影中的一个画面也可构成密码。有部电影片尾引用了莎士比亚《理查三世》的话：“再凶猛的野兽也有一丝怜悯，我没有丝毫怜悯，所以我不是野兽。”闻之令人悚然心惊。人不是野兽，却比野兽还可怕，虎毒尚不食子，人间罪恶却史不绝书。作为万物之灵的人类，到底是什么样的生命？我们只能称之为“奥秘”。

雅斯贝尔斯强调，在解开密码的一刹那，时间接上了永恒。“永恒”是与“时间”相对的概念，永恒即永远处于现在的当下。我们活在时间之流里，时间一去不复返，每一刹那都不同，每一刹那之间难以联系，只有透过理性与存在抉

1 基督教（Protestant）又称为反对派或更正宗，即更正天主教的错误。

择的配合才能设法建立联系。

刹那间接上永恒，意味着我们在刹那间接通了生命的能源，了解了生命存在的意义。人生在世，各种行为都是生命能量的表现，能量用完时就要接上能源——“统摄者”。我们可以用道家的“道”来类比“统摄者”，“道”是万物的来源与归宿，只要人生可以悟道，生命的力量源源不绝，因为我们不曾离开自己的母体和根源。

人的生命变化生灭，看似渺小，如果透过适当的接引，接通了生命的根源，则可显示出近乎无限的力量。

第十五节　四大圣哲

雅斯贝尔斯在其代表作《大哲学家》的开头部分，介绍了人类历史上四位堪称典范的人物[1]，依序为苏格拉底、佛陀、孔子和耶稣。

将苏格拉底列于首位，对西方读者来说十分合理，因为西方人非常了解苏格拉底的基本立场和行事风格。最能体现苏氏特色的是“反诘法”，当一个人谈论与价值有关的字眼，如勇敢、虔诚、真、善、美等词语时，苏氏就会不断反问：“你说的这个词是什么意思？”通过反诘，让对方不断澄清概念，逐步发现自己其实并不了解所用词语的真正含义，从而触碰到理性认知的底线，意识到自己的无知。真正的智慧不能得自传授，必须来自主体内在的觉悟。

真正震撼人心的是苏格拉底之死，苏氏以 70 岁高龄被人诬告，接受五百人公审，被判死刑。对西方人来说，苏氏受审和从容就死堪称经典性画面。苏氏之死拷问我们：当面临死亡的威胁时，还要不要坚持真理？是迎合法官、群众的要求，还是坚持内心对神明和法律的信念？面临生死抉择时，我们应当何去何从？死亡究竟是怎么一回事？在苏格拉底的遭遇中，个人的生命被推到极限，逼迫你面对平日不曾深思的问题。

第二位佛陀（Buddha），即佛教创始人释迦牟尼[2]，他的生平高潮迭起。他本是古印度迦毗罗卫国王子，坐享富贵荣华，29 岁第一次出城，看到老人、病

1 译为《四大圣哲》。

2 意即“释迦族的沉默圣人”。

人、死人和僧人，内心受到强烈震撼而立刻决意出家。他希望为人类解答，生老病死的背后，一切痛苦的根源究竟何在？他在菩提树下证悟，并将心得与众人分享。

“佛陀”是梵语的音译，意为“觉者”。每个人都可能觉悟，觉悟的能力在内不在外。佛陀善于通过各种譬喻来宣扬佛教思想，45 年间四处说法，最后却说：“我没有说过一个字，所有的语言都是方便法门，都是为了引渡众人看到真相。”真相就是轮回的世界，一旦觉悟后则不再轮回而证入涅槃。佛陀的话令人感到平静安详，体现了佛教与世无争的特色。他把世间百态当作人的幻觉，去掉个人的执着，所有问题都会迎刃而解。

第三位介绍了中国的孔子。雅斯贝尔斯是德国人，他通过西方汉学家的翻译来解读东方的经典，反而旁观者清。中国自元朝开始，便以朱熹的《四书章句集注》作为科举考试的标准答案，所有读书人了解孔子都要经过朱熹僵化教条的注释。孔子于是被奉为“万世师表”，成为高高在上的雕像，所有言论都是不容置疑的教条。

雅斯贝尔斯认为，中国历史上的帝王专制能够维持统一王朝与儒家思想有关，因为孔子之后的儒家学者掌握了国家教育工作。司马迁在《史记·孔子世家》中说：“中国言六艺[1]者，折中于夫子。”孔子“删诗书、定礼乐、赞周易、修春秋”[2]，保留了古代文献的精华，编撰了教育的基本材料，后代人通过学习这些经典，共同塑造了中国文化的特色。

雅斯贝尔斯对孔子的言论做出深刻阐发。他认为，孔子有自己的理想，他招收学生并不断施以教化，希望从修养自身开始，最终实现社会的安定。雅斯贝尔斯以全新视角重塑了孔子的鲜活形象，使我们重新认识了有血有肉、有情有义的孔子。

第四位介绍的耶稣是天主教的创始人。自他开始，2000 多年的西方宗教史都是以基督教（包括天主教、东正教、基督教）为主线展开的。

耶稣被人冤枉诬告，年仅 33 岁就被钉死在十字架上。他带来了重要信息：世界末日即将来临，人们必须马上悔改，是否悔改必须立刻抉择。古代的传教者、隐居的先知也曾有过类似言论，耶稣的话之所以受人重视，是因为信徒相信他

1 即六经，《诗》《书》《礼》《乐》《易》《春秋》。

2 出自《论语集注》，朱熹。

死而复活。如果耶稣未能死而复活，则一切都无从验证。

四大圣哲的共同特色在于，他们面对痛苦、罪恶和死亡时所采取的态度。如何克服痛苦与死亡的问题，如何面对罪恶的挑战，其实正是我们与世界的关系问题。如果人生逃避痛苦、害怕罪恶、回避死亡，那么很多事我们无法勇敢面对，我们对世界的态度亦会不同。

在四大圣哲身上，人类的经验与理想被表达到最大限度。在遇到痛苦、罪恶、死亡三大挑战时，他们共同展示了人的可能性，充分显示了人格的尊严和价值。四大圣哲的生命核心在于体验了根本的人类处境，并且发现了人类的在世任务。

年轻时读到《四大圣哲》实属幸运，它将使我们认识到：人生可能达到何等高度，人生如何面对不幸遭遇。雅斯贝尔斯将四大圣哲列为《大哲学家》之首，显示了他的独到眼光，四大圣哲为后代人树立了生命的典范，值得我们深入学习和效法。

下一章将介绍存在主义发展过程中的几位重要的哲学家，包括海德格尔、马塞尔、萨特和加缪。

第八章

存在主义的发展

第一节　海德格尔上场

上一章介绍了克尔恺郭尔和尼采，由于他们生平的特殊遭遇，因而对“存在”有独特体验。雅斯贝尔斯通过对中国、印度和西方哲学史上的伟大哲学家进行研究，启发我们应该如何掌握自身的存在。

海德格尔堪称20世纪西方哲学界最具影响力的人物，他在现代哲学界的地位可谓无出其右者。他是德国人，生于乡下的天主教家庭，先念神学，后改习哲学，年轻时师从现象学大师胡塞尔，后来取得令人瞩目的学术成就。

所有存在主义哲学家对现象学都有自己的体会。现象学是对现象加以描述，以掌握现象背后的本质，其后缀“-logy”代表某种学科，来自希腊文 logos，原意指“用言语照亮光明”。现象学就是用现象描述的方式，使现象背后的本质自动呈现。

譬如，若想认识一个人的本质，可对其表现出来的现象加以描述。在众多现象之中，一个人往往具有两三点个人特色，譬如他对人生的认识，他拥有的“可以为之生、可以为之死”的人生信念，这些就是他的本质。

海德格尔曾长期担任胡塞尔的助教，将现象学方法应用得炉火纯青。他在学术上何以取得巨大的成就？因为他掌握到根本的问题：“存在本身”（Being）是怎么回事。

“存在本身”这一概念较难理解。我们平常说桌子存在、椅子存在、太阳存在、月亮存在，这种“存在”与存在主义所谓的“存在”是两码事。存在主义的“存在”针对的是个人，强调“选择成为自己”。

然而个人生命是有限的，终究会结束，需要以“存在本身”作为最后的基础。我们可将“存在本身”对照道家的“道”来理解。“道”与万物不同，万物从“道”而来，万物恒处于变化之中，可多可少，可有可无，然而“道”永远不变。由此不难理解为什么海德格尔对中国的老子特别崇拜，晚年曾尝试将《老子》一书重新翻译为德文版本。

海德格尔38岁时（1927年）出版其代表作《存在与时间》（*Sein und Zeit*；*Being and Time*），该书甫一出版便成为哲学界的经典之一。海德格尔44

岁时（1933 年）接受纳粹政府任命，出任弗莱堡（Freiburg）大学校长，任职期间发现纳粹伤天害理，迫害犹太人，第二年便辞职。然而，这一年的校长生涯成为海德格尔一生中最大的污点，饱受各界批评。此后他被禁止参加国际会议及出版著作，直到晚年才获解禁。这样的遭遇使他埋头于学术，将存在主义发展到高深境界。海氏这样描述古希腊哲学家亚里士多德的生平："他出生，他工作，他死了。"这也反映了海氏一生平凡而枯燥的教学生活。

他的教学极富特色，在课堂上常常为了一个词、一句话思考三五分钟，台下的学生屏息以待，认为令如此重要的哲学家沉思良久的话一定非常深刻。有教书经验的人都知道，说话大多是废话，真正与思想本质相关的，往往只有几句关键的话。但如果只讲关键的话，别人也不知所云。比如，《老子》全书 81 章 5000 余言，几乎没人看得懂，以致世界上注释《老子》的书多如牛毛。

海德格尔肯定人的本质是"挂念"。人有意识能力，意识好比张开的网，始终要去把握一些东西，意识从一个焦点切换到另一个焦点，从不止歇，即使晚上睡觉还常因挂念而做梦，一觉醒来立刻就开始了挂念。

他说："人这个受造物对于世界要照顾，对于别人要关心，对于自己则常有忧虑。"他用精练的词语表达了人与世界、他人、自己三方面的关系：人是万物之灵，因此对于世界要照顾；别人与我一样是人，因此对别人要关心；对自己则常要警觉，我的存在是怎么回事，我是"存而不在"还是真正"存在"的。

海德格尔晚年隐居在德国南部的黑森林区，世界各地的学者和访客纷纷慕名而来，络绎不绝，令他不堪其扰。后来只要有人按门铃，海德格尔的夫人就会开门说道："请你们不要打扰，我先生在思考。"

海德格尔是一位标准的哲学家，对许多事情都有明确见解。有一次一位教授带一个比丘尼[1]去拜访他，他说："很快就接受宗教的话，未免有点懒惰。"他提醒人们：人天生具有理性思考能力，应充分加以运用。海德格尔小时候信仰宗教，后来则与宗教保持一定距离，但他对神学、哲学的研究均有极高造诣。

海德格尔在存在主义发展中侧重于根源部分，他对于人的实际存在状况亦有深刻的把握。他对于萨特将他归为"无神论"的存在主义深表不满，他认为自己既不属于有神论，也不属于无神论，这两个称谓都不足以准确表达他的立场。

1 俗称尼姑。满 20 岁出家，受了具足戒的女子，称为比丘尼。

第二节　从时间看人

海德格尔的代表作是《存在与时间》(*Sein und Zeit; Being and Time*)。“存在”与“时间”二者究竟有何关系？海德格尔一针见血地指出：“从古希腊亚里士多德以来，西方人遗忘了存在本身。”

亚里士多德是西方重要哲学科目“形而上学”的创始者，全世界哲学系的学生都无法绕开这一课题。“形而上”的说法出自《易经·系辞上》：“形而上者谓之道，形而下者谓之器。”[1]“形而下”指有形可见的物体，如桌子、椅子；“形而上”指有形可见物体背后的原理。如果没有“形而上”的原理，不可能造出“形而下”的东西。

亚里士多德生前著述颇丰，他死后一两百年，后代学生整理他的遗著时发现在《自然学》之后，有一本书没有命名，于是取名为 Metaphysics，就是指“放在自然学之后”的一本书。Meta 表示在……之后；physics 古代指自然学（现代指物理学），包括对自然界的物理、化学、生物学等各种现象进行的观察和研究。

古希腊对“自然”的定义是“有形可见、充满变化”，在自然界背后则是“无形可见、永不变化”的本体。亚氏哲学的特色是从研究自然界存在的万物着手，寻找背后作为万物基础的本体。亚氏认为自己找到了[2]。

但是这种途径受到后代学者的质疑。康德认为：人不可能通过研究万物而找到背后的本体。人由于感官的限制，只能认识现象而无法认识本体。一谈到形而上学，大家普遍感到晦涩难懂，这是因为“存在本身”（Being）是指万物背后的东西，十分抽象，不易理解。

与之类似，《老子》第一句话“道，可道，非常道”同样难以理解。不能用言语描述的“道”，才是真正永恒的“道”；可以用言语描述的，都不是永恒的“道”。但不能用言语描述，又怎样沟通，怎样让别人理解？这是很大的问题。

---

1 译文：超越在形体之上的就称为道，落实在形体之下的就称为器物。参见《傅佩荣译解易经》。

2 亚里士多德认为本体是“第一个不动的推动者”（the first unmoved mover）。

海德格尔思维敏锐，他说：“按照亚里士多德的方法，人类找到的不是‘存在本身’（Being），而是存在物（beings）的本性。”“本身”与“本性”差别极大。“本性”是一种性质，在探讨有形可见、充满变化的万物之后，人们想要明白这一切背后的原理或原因[1]。然而，万物充满变化，有生有灭，有来有去，最后会发现万物的本质是虚幻的，万物是0，再多的0加起来仍然是0。真正的“存在本身”是1，一旦存在，永远是1，它在本质上与万物完全不同，无法用言语加以描述。如此一来，海德格尔完全颠覆了西方传统“形而上学”的研究路线。

海德格尔特别提及当代科技（Technique）发展的影响，人类使用技术本来意在扩展人的能力，以便更好地了解和掌握这个世界，结果科技的发展反过来宰制了人类。科技本是人类能力的延伸，现在科技好像有独立的生命，倒过来支配人类的存在。

《庄子》中提出真正悟道的人“物物而不物于物”（《庄子·山木》），即掌握万物而不被万物所掌握。人作为万物之灵，可凭借理性的认知能力掌握万物的抽象性质，但人误以为这些抽象性质是普遍的，可以用来掌握整个世界。结果事与愿违，人类反而忘记了自己的根源。

海氏为何要从“存在与时间”出发？因为研究“存在本身”不能再从存在的万物着手，而要从“提出存在问题的存在者的存在状态”着手。万物之中，只有“人”才能提出存在问题。因此首先要了解，人类为什么会提出存在问题？提出问题后又预设了如何寻找答案？

海氏发现：人类存在的特色是具有“时间性”。人在时间中成长发展，时间飞逝，一去不返，最后生命必将结束，人在面对时间时有种紧张感。海氏的名言“向死而生[2]”给人以深刻启发。人在面对死亡这个最后界限时，不得不认真地问自己：我到底活得够不够真诚？我的一生是受人支配、随俗浮沉，还是真正属于自己，选择合乎“存在本身”要求的生活？

由此可见，海氏的构思极为精准，要研究“存在本身”，不再从万物出发去研究背后的本体，而从“提出存在问题的存在者的存在特色”着手，就是要

1 亚氏提出著名的“四因说”，面对物体时，必须考虑它的四因：一、形式因；二、质料因；三、动力因；四、目的因。

2 向死而生，das sein zum tode，是指人是“走向死亡的存在者”。

从“人”的生命特质着手来展开研究。研究人的生命，碰到的第一个问题就是“时间性”。人绝不能忘记时间，忘记时间就是忘记人类自己的真相。人与时间有紧张的关系，时间会逼迫自己想要了解：人与“存在本身”到底有什么关系？这是核心问题。

人是万物之一，有开始有结束，这是事实。但是只有人会问：“什么是存在本身？”这表明人的生命具有某种特殊状态或能力。如果一个人能够充分把握人类生命的特色，就必然会面对与“存在本身”的关系问题。你和“存在本身”的关系，决定了你这一生对待自己、对待别人、对待世界的态度。如果这一关系未建立好，你的一生只是飘浮在社会的表面而已。

不幸的是，的确有很多人飘浮在表面。他们的生活受到别人的指导，受到广告、电视、手机资讯的引导，过一天算一天，以为自己的生活充满乐趣，事实上恐怕早已遗忘了自己，遗忘了自己的根源，也就是遗忘了存在本身。海氏的出发点很有哲学思考的特色。

第三节　向死而生

在学习西方哲学的过程中，对同一个概念，每位哲学家都有自己独特的界定和理解。譬如，从古代到笛卡儿、康德，一直使用“理性”一词，但对“理性”的界定各不相同。想要学习黑格尔哲学，首先需要《黑格尔字典》。如果只看黑格尔的著作，以为他使用的词语是普遍的用法，则会错过重点。

德国哲学之所以难念，是因为德国哲学家喜欢发明新字，这与德文的特点有关。德文中，可以将几个字连起来构成一个有明确含义的新字。法国哲学家则不同，从蒙田、笛卡儿、帕斯卡（Pascal，1623—1662）一路下来，形成“文哲兼修”的法国精神主义传统。法国哲学家普遍具有深厚的文学素养，自柏格森以后，多位法国哲学家获得了诺贝尔文学奖。

海德格尔是典型的德国哲学家，他发明了一个新词叫“此在”（德文Dasein），用以形容人的特色。宇宙万物虽然存在，但只是“在那儿”而已；人的生命与万物不同，每个人都是“此在”。“此”代表在“这里”，意为“开放”。人处在特定的时空之中，万物之中只有人是开放的，可以做选择。

人的开放性与人的意识特色有关，存在主义哲学家对于人的意识特色都很感兴趣。人的意识具有特殊的能力，随时可以肯定它要掌握的东西，肯定的同时就否定了其他东西。譬如，我先想到张三，一会儿又想到李四，想到李四的同时就把张三“存而不论”了；过一会儿又想到了咖啡，这时又把别的东西“存而不论”了。每个人都具有这样的意识能力，海氏称之为“挂念”（德文Sorge）。“挂念”的特色是：人总是“挂念”一样东西，即使发呆也不例外。

海氏在著作中提到“此在的丧失”，即人丧失了自我，原因有三点：闲谈、好奇心和模棱两可。

（一）闲谈

朋友聚会闲谈，捕风捉影，谈论影星、歌星、运动员的八卦消息，大家津津乐道，添油加醋，难辨真假，这正是孔子所批评的“道听而途说，德之弃也。”[1]（《论语·阳货篇》）《圣经·新约》中保罗说：“人不接受健全的道理，反而耳朵发痒……偏去听那无稽的传说。”（弟茂德后书，4：3～4）。

闲谈让人将焦点放在他人身上，最容易使人忘记对自己的关怀，摆脱自我的责任，造成“此在的丧失”。

（二）好奇心

人都有好奇心，小孩睁开眼就会东张西望，留心观察就会发现，小孩特别容易受到广告的吸引。一般的谈话或戏剧节目有连续性，小孩很难看懂。但广告是片段，配上悦耳的音乐、动听的声音和夸张的表情，特别吸引孩子的眼球。大人也有强烈的好奇心，总想了解今天发生的事件，关注别人身上的新闻，很少反思自己今天过得如何，感觉每天大同小异。

我小学有段时间写日记，记了一个月便无话可说，后面就写“同上”。事实上没有两天是一样的。人步入社会后就会发现时间的可贵，过了“今天”就没有同样的“今天”。更重要的是，时光飞逝中我是否依然故我？是否还在好奇心的驱使下一路向外，眼睛想去看，耳朵想去听，好似无根之木，好似水上浮萍？当然，人不能完全没有好奇心，好奇心也会促成创意。

（三）模棱两可

我们时常会在不同立场中举棋不定，不知何去何从。人生在世无论如何选

1 译文：听到传闻就到处散布，正是背离德行修养的做法。《傅佩荣译解论语》，东方出版社。

择，最后都会发现：早有人走过同样的路，做过类似的示范，最终结果相差无几。如果自身没有改变，怎样选择都差别不大。这种模棱两可的态度，白白消磨了人生的大好时光。

海氏强调，每个人都是此在（dasein），由“此在”变成“存在”（eksistence，原意是走出来）必须选择成为自己。如何成为自己？他发明了一个词，叫“属己性”（eigentlichkeit）。

我们平时都喜欢讲“真诚”，但泛泛地谈“真诚”，怎样证明自己是否真诚？“属己性”一词则更为贴切：我做出选择不是为了别人，“真诚”就是属于自己，为自己负责，把自己开放，让“存在本身”透过我来彰显“存在本身”的力量。

我们都听过安徒生童话中《皇帝的新装》的故事。皇帝被两个骗子愚弄，明明没穿衣服，大家都奉承新衣服漂亮，只有小孩敢说皇帝没穿衣服。小孩十分真诚，好像开放的管道，让“存在本身”透过小孩之口说出事实真相，这就是“属己性”，即让自己成为开放的管道，对“存在本身”开显，让“存在本身”透过自己显示出真理或真相。

人活在世界上，与人相处时很难判断对方的话是真是假，究竟对方是出于客套，表现自己的风度；还是由内而发，拥有真诚的心意？往往真假难辨。

海德格尔提醒我们，不能再稀里糊涂、莫名其妙地过一天算一天，而要认真面对自己生命的特色，不断扪心自问：我是否属于自己，怎样由“此在”变成真正的“存在”？

第四节　推崇老子的西方哲人

海德格尔于1976年过世，那年我刚硕士生毕业，有幸听到肖师毅教授讲述了他与海德格尔交往的一段亲身经历。肖教授在抗日战争期间前往德国，负责收集资料，编辑百科全书。他的德文非常好，夫人是德国人。有一天，肖教授在德国南部的森木市场巧遇海德格尔，两人一见如故，交谈甚欢。海氏于是提出，希望与肖教授合作，重新翻译中国的《老子》一书。

海德格尔读过《老子》的德文、法文、英文等多种译本，发现其中蕴含了珍贵的思想，但这些译本都不够理想。海氏认为自己与老子虽跨越两千年，但彼此之间深有默契。肖教授当时是年轻学者，遇到与海德格尔这位国际一流学者合作的机会，更是欢欣鼓舞。于是二人约好，每周六下午到海德格尔家中，在一张大书桌前落座，两人各坐一边，边讨论，边翻译。

从第一章“道，可道，非常道”开始，到第八章“上善若水”，两个人就因意见不合而发生争吵。学者都有自己的坚持，最后海德格尔生气地对肖教授说：“你不懂老子。”肖教授也生气地说：“你不懂中文。”懂中文的中国人有十几亿，不一定真正懂老子；但有趣的是，为什么海德格尔不懂中文，却坚持认为自己懂得老子的思想呢？

宇宙万物虽然存在，却恒处于变化生灭之中，宇宙万物的根源究竟何在？海德格尔一生的关怀是要找到作为万物基础的“存在本身”（Being），他认为老子的“道”就是他一直寻找的关键。“道生一，一生二，二生三，三生万物”[1]（《老子》第四十二章）说明万物由“道”而来；“反者道之动”[2]（《老子》第四十章）说明回归是道的运作方式，万物最后都会回归于“道”。一言以蔽之，“道”是万物的来源以及万物的归宿。海德格尔对老子心悦诚服，认为老子的思想非常精妙，表现了古人最根本的智慧。

令人遗憾的是，海德格尔仅翻译了前八章，不及《老子》全书八十一章的1/10，如果译毕全书，一定颇有精彩之处。海德格尔与肖师毅交往时，请肖教授用毛笔为他书写一副对联挂在书房中，内容是《老子》第十五章中的两句话：“孰能浊以静之徐清？孰能安以动之徐生？”天下纷乱，一片浑浊，谁能在浑浊中安静下来，使它渐渐澄清？谁能在安定中活动起来，使它慢慢展现生机？

很多人学习道家，都认为要虚静无为、顺其自然，最后什么都不做，这并不符合真正的道家思想。道家强调智慧开悟和修炼过程，绝不是无所作为、全部放开就能得道。海德格尔以敏锐的眼光发现，真正的道家思想兼顾动静。

真正的智慧不受时空限制，不受语言文字的制约。庄子说：“如果在万世之后才遇到一位大圣人能明白这个道理，就好像早上说了，晚上有人了解一样。”[3]

1 译文：道展现为统一的整体，统一的整体展现为阴阳二气，阴阳二气交流形成阴、阳、和三气，这三气再产生万物。

2 译文：道的活动，表现在返回上。

3 原文：“万世之后，而一遇大圣知其解者，是旦暮遇之也。”一世30年，万世为30万年，这是庄子夸张的说法。

（《庄子·齐物论》）真正的智慧一说出口，就会得到人们的普遍感应，正如《易经·系辞上传》引用孔子的话："出其言善，则千里之外应之……出其言不善，则千里之外违之……"说出的话有道理，那么千里之外的人也会呼应他；说出的话没道理，那么千里之外的人也会违背他。

海德格尔晚年特别推崇老子的思想，这令我们备感欣慰；许多中国学者到晚年也会特别推崇某位西方哲学家（如柏拉图、康德）：这说明不同文化可以相互欣赏。所谓"当局者迷，旁观者清"，我们从小生活在特定的文化环境中，对自己的文化特色习以为常，习焉不察[1]，外国人也一样。海德格尔指出，西方长期以来在了解"存在本身"（Being）时把它当作抽象性质，试图从存在的万物中将其抽象出来。然而万物的本质为虚幻，万物是0，无论多少个0相加仍然是0。"存在本身"是永远的1，它永远存在，不会改变和消失。

海德格尔对"真理"的阐释回到了古希腊的定义 al ē theia，英文为discover，意为"揭开盖子"。真理就是"发现"，必须揭开盖子，才能发现真理。"真理"不是人类的发明创造，因为它一直在那儿，人们先接受了各种成见，使得真理被遮蔽了。

海德格尔有一句名言："语言是存在的居所。"（Language is the house of Being.）"存在本身"就在语言之中，如果希望别人了解"存在本身"就要通过说话。然而说话在开显的同时也在遮蔽，话说得越多，可能遮蔽越多。庄子提到真正的好朋友之间"相视而笑，莫逆于心"（《庄子·大宗师》），因为他们了解的是"道"，是"存在本身"，彼此相视而笑就有足够默契。这正是海德格尔抵达的境界。

海德格尔强调，真正形而上学所探讨的不是你们所谓的"存在"，反而是你们所谓的"虚无"。这句话很有启发性，你认为不存在的东西（即"存在本身"），反而不受你所谓的"存在"（即宇宙万物）的限制。它是人的语言文字不能掌握的东西，这完全符合"道，可道，非常道；名，可名，非常名"[2]的说法。

20世纪重要的存在主义哲学家海德格尔的思想与中国的道家思想相通，再次证明了人类的智慧超越时空。

---

1 出自《孟子·尽心上》。原文：行之而不著焉，习矣而不察焉，终身由之而不知其道者，众也。

2 译文：道，可以用言语表述的，就不是永恒的道。名，可以用名称界定的，就不是恒久的名。

第五节　孤独是唯一的痛苦

本节我们要介绍法国存在主义的代表人物马塞尔,他的父亲是位外交官。马塞尔 4 岁丧母，从小就有孤独的体验，他说：“我在一生中，母亲似乎一直神秘地留在我的身边。”马塞尔虽是哲学家，也在大学教书，但研究范围十分开阔，他热衷于心理学相关的心电感应的研究，参加过不少有神秘色彩的招魂或灵媒活动。马塞尔在孤独、战争和信仰三方面的独特体验，形成了他思想的出发点。

孤独

马塞尔认为：“人间只有一种痛苦，就是孤独无依。”母亲去世后，父亲娶了马塞尔的姨妈。虽然继母对他关爱有加，但他仍然无法感受到母爱的温暖。他从 8 岁起就开始创作剧本，人物、对话、场景、情节等戏剧元素一应俱全。后来他的文学创作达到极高造诣，与获得诺贝尔文学奖的法国哲学家加缪和萨特相比，马塞尔的作品毫不逊色。为了克服孤独的压力，他终其一生都在思考解决之道。

战争

马塞尔一生经历了两次世界大战。一战期间，由于他身体欠佳，无法出征作战，只能参加红十字会，负责回答失踪士兵家属的询问。每天都有人焦急地询问：“我的儿子一个月没来信，他现在情况如何？”对于部队来说，士兵只是一个编号；而对于家属来说，他们询问的每一个人都是有血有肉、活生生的人，无论是丈夫、儿子还是兄弟，都是他们最关心的亲人。这种经历使马塞尔受到深深的震撼。他认为，只有提问题的人可以给出问题的答案，如果被问询的人毫无同情心，只是例行公事般地作出回答，将忽略人的生命尊严和亲人的殷切期许。由此，马塞尔体会到人与人之间存在一种特殊的亲密关系，使他不再局限于自我的孤独经验之中。

信仰

马塞尔的宗教启蒙老师是巴赫（J. S. Bach，1685—1750）的音乐《受难曲》（*Passions*）。西方伟大的音乐家大多有深刻的宗教情操，其作品使人感受到神圣的情怀，体悟到生命的根源。马塞尔在 40 岁时加入天主教，他后期的作品呈现出深刻的宗教情操。宗教信仰，使人的生命可以超越痛苦、罪恶和死亡。

马塞尔的思想背景有以下三点：

（一）现象学运动

现象学是一种方法，通过描述事物的现象，使其本质得以自行呈现。譬如，想了解什么是“痛苦”，可以通过描述人在痛苦时表现出的现象，如哭喊的声音、扭曲的表情或反常的动作，使痛苦的本质慢慢自行呈现。

（二）存在主义风潮

马塞尔与海德格尔同年出生，但背景完全不同。“二战”期间，德国是侵略国，法国是被侵略国，法国首都巴黎曾一度被德军占领。

马塞尔的存在主义主要关注的问题是：人的生命本质到底是什么？中国哲学注重人际互动的实践和效果，马塞尔作为法国哲学家，非常重视人与人之间情感的交流互动，令中国读者倍感亲切。马塞尔不愿去研究纯粹的哲学理论，比如探讨知识有效性的知识论和探讨本体的形而上学，他擅长以戏剧及随笔体裁表达他的哲学观念，内容生动而发人深省。

马塞尔的代表作《形上日记》并非一般的日记，他在日记中除了记录生活中观察到的现象之外，还在不断探讨现象的背后是什么，即“存在本身”（Being）是什么。他发现人的存在有以下特色：

1. *在世界上的存在*。人与世界的关系非常密切，即使世界很难被了解，但是人不能脱离世界而独立存在。

2. *同别人一起存在*。这也成为了马塞尔的哲学术语。一个人不可能独自存在，只有团结合作才能使一个人的生命不断成长，人的发展不能脱离人与人之间的相互关系。存在主义强调个人生命的抉择，但绝不能因此而忽略了世界和他人。

（三）宗教信仰

西方自罗马时代开始，一千多年来，基督教一直作为西方文化的基础，相当于西方的“国学”。西方文化一向以宗教信仰作为道德的基础，这也给西方社会留下很大的隐患，正如陀思妥耶夫斯基所言：“如果没有上帝，人为何不可以为所欲为？”如果道德成为某种抽象概念，人们做坏事时只考虑不要被抓就好，整个社会将面临崩溃瓦解。

马塞尔关于宗教信仰的观念非常积极，他认为，我与“你”来往，“你”

不只是你，你背后有一个“绝对的你”，即上帝。上帝的存在是彼此真诚互动、互相期许、信守承诺的基础。如果没有上帝，人与人之间只是个别相处，无法保障彼此之间的理解和信任。

马塞尔的思想特别关注人际互动的品质，为人际关系的良性发展提供了可能途径。

第六节　为什么不重要

谈到马塞尔的思想，有两组相互对照的词颇能体现他的思想特色。

（一）是与有

“有”代表拥有、占有。与人来往中，我们常常关注别人“有”什么，会问别人“有”什么头衔、身份、资产或权力；也喜欢炫耀自己“有”什么，我有房子、车子……人活在世界上，都在设法拥有更多，以为只要我“有”更多东西，别人就会尊重我、肯定我，我“有”的东西代表我的价值。

但是人们普遍忽略了一点，“有”什么不等于“是”什么。“是”代表内在，即我有的东西与我的内在本质有什么关系。“有”代表外在，外在越多，内在往往越少；拥有的越多，真正“是”的越少。

譬如，我拥有很多财富，有房子、车子等各种资产，每天必然花费大量精力关注我“有”的东西，哪里还有时间关心真正的自我，恐怕根本忘了自己“是”谁。有的人的名片要折两折，上面写满了自己的头衔和履历。然而，拥有再多的头衔和伟大的经历，也无法表明你“是”什么样的人，你的人品如何，是否值得交往。

存在主义有句名言：“拥有就是被拥有。”（To possess is to be possessed.）拥有的越多，越难以摆脱外在的束缚，拥有财产如此，拥有名声权位亦然。一个人享有声誉，他会随时注意自己的名声，希望得到他人的肯定和称赞。如此一来，生活像是作秀，难有片刻时光真正属于自己。久而久之，甚至以为我就是我“有”的东西，反而忘记了自己“是”什么样的人。

我们和拥有的东西之间，关系有深有浅。譬如，我有一张刚买的书桌，如果朋友喜欢，我会毫不犹豫地送给他；如果是一张用了十年的书桌，则难以割舍而倍感珍惜，因为它与我之间有了更深的关系。我在拥有一样东西的过程中，慢慢与它产生了深刻的关系，使它不再是一个普通的物件，而成为对我有特殊意义的纪念品。

某人有一块手表是祖先留下的传家宝，如果小偷把它偷走，对于小偷来说就是一块旧表，两百块钱就卖掉了；但对于手表的主人来说，可能愿意花更多的钱将之赎回，因为这块表与他之间有特殊的关系，对他而言意义非凡。

人活在世界上，要不断问自己：我拥有的东西与我内在的本质是否有关联？如果有关联，那么这件东西对我来说就有特殊意义。人性的特色在于，如果未经内在的付出，对任何外在的东西都不会建立深刻的关系。如果别人送我一辆名车，由于是别人给的，我不会特别珍惜；但如果是自己辛勤工作三年才攒钱买的车，肯定视若珍宝。

（二）问题与奥秘

什么是问题（problem）？当一辆车有问题，我们会找人来修，修好之后问题消失。“问题”一定预设了某种合理的解答，答案一旦出现，问题就消失了。

然而人不一样，属于人类的问题永远不会消失，人本身就是问题的制造者，没有任何现成的解决方案，因此人永远是一个奥秘（mystery）。

我们常说“老年问题”“青少年问题”“孤儿问题”，这样的表述并不准确。拿“老年问题”来说，每一位老人都是独特的生命，我们很快也会变成老人，怎能将老人视为“问题”呢？即使大量兴建养老院，也无法通盘解决老年人之间和谐相处等复杂问题，因此只能称之为“奥秘”。

对于“奥秘”，我们无法彻底解决，只能与它一起生活。譬如，我得了某种慢性疾病，无法彻底治愈；然而慢性疾病往往和个人生活习惯有关，既然是自己造成的，就要安心接受，与疾病一起生活。有些人长期为失眠问题所困扰，如果可以继续工作、社交和生活，说明这个问题已经不再是问题，它已经变成个人生命的一部分。

对于“青少年问题”也一样，若想达到教育的效果，只能与青少年一起生活，把他当作一位和你有内在联系的主体来对待。

马塞尔说，每个人都是奥秘，你永远不知道这个奥秘会有哪些令你惊讶的表现，最大的奥秘就是爱。生活中最常见的是父母对子女的爱。有人烟瘾很大，父母、妻子怎么劝也没用，可女儿一劝，他立刻戒烟，因为他对女儿充满爱心，不忍心女儿吸二手烟。一个人顽固了一辈子，到某个阶段居然会突然转变，常令人难以想象。

人只要有生命就有爱的能量，这种能量何时表现则是一个奥秘。想要一个人走上人生的正路，只有和他一起生活，对方就会受到潜移默化的影响。你的一言一行，现在看似无用，实际上任何力量都有反作用，有朝一日，这种作用会突然显现。

本节探讨了“是”与“有”的区分，我“是”什么绝不能以我“有”什么来取代。谈到“问题”与“奥秘”的不同，这个世界上固然有许多物理、化学方面的复杂问题，但任何问题都预设了答案，一旦答案出现，问题就会消失。然而，在人的世界里，人际互动绝不是可以彻底解决的“问题”，而是永远不会消失的“奥秘”，值得我们不断深入探究。

第七节　走出自我的框架

马塞尔从小就有很深刻的孤独体验，他一生都在关注“如何化解孤独”。他有一个很好的观念，即“我与你”[1]。

与“我与你”相对的是“我与他（它）”，“它”代表一样东西。譬如我在街头徘徊，不知该往哪里走，恰好有人在附近，于是上前问他：“你知道这条路怎么走吗？”这个路人此时被我视为纯粹的消息来源，没有主体性，他的角色与一张地图或一个路标相差无几。但交谈之后发现，这个路人和我一样是人，也有他自己的问题。于是他就由“它”（地图）变成“他”。然而，如果他不能回答我的问题，我就不去管他，马上转身去寻找其他人的帮助。

我们与人交往时，经常有此种心态，把别人当作“他”来对待，这里涉及马塞尔的哲学术语“临在”（presence）。如果一位同学没来上课，称之为缺席（absence）；如果一位同学来到教室，表示他在现场，则称之为临在（presence）。所谓的“他”是不在眼前、缺席的，如果一个人在现场，我们

1 犹太哲学家马丁·布伯（Martin Buber，1878—1965）使用了 I and Thou，即“我与你”，用 Thou 指“你”，表示尊敬。

会用“你”“我”来交流沟通。譬如说：“你好吗？”对方回答：“我很好，你呢？”代表“我”和“你”是平等的，彼此互相尊重。

对于不在现场的人，我们会用“他”来描述。批评不在现场的“他”，我们毫不留情，反正“他”没有机会替自己反驳。但如果“他”后来来到现场，我们的语气会与前面完全不同，表现得婉转而尊重，许多批评的话无法直接说出口。

谈到个人修养，有一个简单原则：当你要批评一个人的时候，要想象这个人在现场。他在现场时我们不会说的话，他不在现场时也不要说，这才是对一个人真正的尊重，才符合孔子所说的“己所不欲，勿施于人”的原则。否则，当你不在现场时，别人也会肆意批评你。

所谓“朋友”就是“在背后替你辩护的人”，如果听到别人的无端批评而不替你起而辩护，怎能称为你的朋友？此时保持沉默无异于赞成别人的批评。对于有事实根据的话，当然应该虚心接受；但对于凭空猜测，作为朋友就要勇敢地为之辩护。

在与人来往过程中，每个“他”都可能在某种情况下转变成“你”。马塞尔讲述了自己的亲身经历。有一次在前往法国南部的火车上，马塞尔遇到一位又瘦又小的老人，开始只是言不由衷地客套，后来逐渐发现彼此有共同的背景：他们俩是同乡，老人的女儿是马塞尔的小学同学。一个看似与自己无关的人，经过沟通后发现，二人之间竟有如此复杂和亲密的关系。由此马塞尔认为，我与世界上的任何人都可能因机缘巧合而成为朋友，我们应设法将“我与他”的关系提升转变为“我与你”的关系。这种想法很有参考价值。

“我与你”代表我们都是主体，都具有位格(person，拉丁文persona)。“位格”一词来自拉丁文，原意为“面具”，好比在演戏时戴上面具，扮演相应的角色。平时与人来往中，我遇到学生，就变成老师；遇到孩子，变成父亲；遇到父母，变成儿子。“位格”后来引申为具有“知、情、意”能力的主体。“知”指“理性的认知”，“情”指“情感的交流”，“意”指“意志的选择”。

“我与你”的互动，就是将对方视为有位格（有知、情、意能力）的主体，马塞尔将这种人与人之间的互动称为“主体际性”(Intersubjectivity)。“我与你”都把对方视为主体，彼此尊重和融合，逐渐进入到“一元化”状态，好像我们的生命被一个统一的大生命所包容，如此与人互动更容易打破隔阂，亲密往来。

马塞尔有一个很好的观念“我就是我的身体”。这并非唯物论，而是想表达：我的生命是一个整体，不要把身体当作与自己无关的东西或完成目的的工具。自笛卡儿提出“我就是我的思想”以来，很容易陷入“身心二元论”，将身体视为外在的、与心灵割裂的存在。马塞尔则强调“我就是我的身体”。当有人需要帮助时，我们不会以自己的“手”为工具，我让“手”去帮助他；而是在决定帮助他的同时，我的手已经伸出来帮忙了，这称为“身体语言”（Body language）。很多时候语言不通，但挥挥手，微笑一下就能让对方感到善意。我与别人握手、拥抱并非单纯的身体互动，而是两个主体间的互动。马塞尔对生命的观察和体验使人倍感亲切。

人与人交往为何要信守承诺？马塞尔认为每一个“你”的背后都有“绝对的你”存在，也就是宗教信仰中的上帝。我的承诺不仅是对自己的承诺，也是对“超越的你”“绝对的你”的承诺。如果不以“绝对的你”为最后的基础，则人们很容易以“彼一时也，此一时也”为爽约的借口。

马塞尔也是法国现代重要的剧作家、小说家，他的思想富于创造性，他说：“存在就是存在得更多。”（To be is to be more.）生命就是要不断创造新的可能性。他最喜欢贝多芬（Ludwig van Beethoven，1770—1827）的第九交响曲《欢乐颂》，每当旋律响起，所有人都忘记了烦恼，感受到我与别人拥有共同的命运。我们既然是“命运共同体”，为什么不能互相珍惜，互相关怀？我们要放下自我的执着，敞开心扉，让彼此的生命实现和谐与共融，一同接受命运的欢乐和考验。

第八节 最讨厌伪善

萨特是法国存在主义的另一位代表人物，生于巴黎，幼年丧父，家中长辈都是女性，全都信仰天主教。

萨特从小每逢周日就跟随女性长辈上教堂。在教堂里，大家念经祈祷，高唱圣歌，一片庄严肃穆，彼此亲切和善。一离开教堂，就和平凡人一般，在背后批评别人，吵架记仇。这让小萨特对宗教十分反感，认为信徒都是伪善的，后来他成为无神论者。

萨特未免强人所难，不管信仰什么宗教，信徒都是平凡人。高尚的德行修养谈何容易，那绝非一日之功，而是毕生努力的方向。宗教和人们的日常生活密切结合，容易使人习以为常，失去虔诚之心。正如早期丹麦哲学家克尔恺郭尔的批评：丹麦的基督教（新教）已变成一种高雅的人文主义，早已丧失了宗教情操，在神明面前痛下决心、与过去一刀两断的勇气早已不复存在。这样的要求使宗教信仰的压力陡然增大，要么全有，要么全无，对于一般信徒来说，未免过于苛刻。

萨特小时因病右眼失明，自小养成自由思考的习惯及叛逆性格。他曾就学于现象学大师胡塞尔门下，深受启发。萨特早年推崇海德格尔，在萨特撰写的《存在主义是一种人文主义》（*Existentialism Is a Humanism*）一文中，他将自己与海德格尔划归为“无神论的存在主义”，此说法遭到海德格尔的驳斥。萨特的代表作名为《存在与虚无》（*L'Être et le N é ant；Being and Nothingness*），海德格尔的代表作名为《存在与时间》（*Sein und Zeit；Being and Time*），萨特对海德格尔的推崇和效法由此可见一斑。

萨特个性叛逆，不愿屈从于既成的社会规范。他年轻时结识著名的女性运动代表人物西蒙·波娃瓦[1]（Simone de Beauvoir，1908—1986），两人约定交往两年，之后男婚女嫁各不相干。萨特虽有几次外遇，但西蒙·波娃瓦并不介意，两人没有续约，亦未结婚，却厮守终身。1980 年萨特过世，西蒙·波娃瓦为他料理后事，巴黎数以万计的民众为他送葬。

萨特是法国当代重要的文学家，获得 1964 年诺贝尔文学奖。获得诺贝尔奖对任何人来说都是极大的荣耀，但萨特却拒绝领奖，因为他始终无法打开自己的心结。早在 7 年之前的 1957 年，比萨特年轻 8 岁的法国作家加缪（Albert Camus，1913—1960）摘得了诺贝尔文学奖。对萨特来说，加缪属于文学后辈，加缪年轻时的第一本小说《异乡人》（*L' Étranger*）就是受到萨特的大力推荐才一炮而红的。由于诺贝尔奖不可能在短时间内颁给同一国籍的作家，所以时隔 7 年之久，萨特才如愿以偿。

萨特对于拒绝领奖公开宣称的理由是：对于存在主义者，要选择成为自己，不能接受任何官方给予的荣誉。面对蜂拥而至的记者，他公开说：“告

1 《第二性》的作者。

诉你们一个消息，上帝已经死了。”这其实是尼采早就说过的话。

尼采说“上帝已死”的目的是“要重新估定一切价值”。在尼采看来，西方社会传统上都以宗教信仰的上帝作为价值的基础，但西方慢慢步入了虚无主义时代，世界上的价值全都虚伪化、表面化、外在化，上帝只是挂名而已，名存实亡，所以尼采宣称“上帝死了”。如今萨特也同样宣称“上帝死了”，但他有一套自己的理由证明上帝不可能存在，他请大家到他的哲学里去寻找。上帝死了，人类该何去何从？尼采倡导人要努力成为超人，而萨特则说：“我们自己要成为上帝。”他希望人们认识到人有“绝对的自由”。

人是否有“绝对的自由”？这个问题需要通过萨特和加缪交往的一个故事来说明。加缪是法国文坛的后起之秀，早期受到萨特的赏识和提拔。1940 年 6 月 14 日法国巴黎被德军占领，1942 年加缪前往巴黎参加地下抗德运动，成为地下刊物《战斗报》的主编，同年加缪结识了萨特，两人成为亲密的朋友，共同写作，对抗德军。

有一天两人在咖啡馆辩论“人有无绝对自由”，萨特认为上帝不存在，因此人有绝对的自由。加缪反对，二人的辩论针锋相对，不分胜负。最后加缪说：“萨特先生，如果人有绝对自由，请问你能否向纳粹检举我是抗德分子？”萨特沉吟良久，然后说：“不行，我做不出这样的事。”加缪说：“因此，人没有绝对自由。”友情、道义都是比自由更重要的人性价值。

从这个小插曲可知，加缪虽比萨特年轻，但显然更胜一筹。加缪年仅 47 岁就不幸遭遇车祸而身亡，如果加缪活得更久，思想一直发展，将会达到更高境界。

萨特哲学有哪些主要的观点？为何会对法国乃至当代文坛产生重大影响？我们将在下节继续介绍。

第九节 人被判决为自由

萨特有一句重要的格言：“人被判决为自由。”使用“被判决”一词，好比人有罪而被判处终身监禁的刑罚，难道“自由”是对人类的一种诅咒？“自由”是萨特哲学中一个极富特色的概念，要了解什么是自由，首先须了解萨特如何探讨人的意识。

萨特认为存在之物可分为两种：在己（en-soi；being-in-itself）与为己（pour-soi；being-for-itself）。所谓“在己存在物”，是指意识所意识到的某物。“在己”本身没有意识、没有本质、没有价值，是完全偶然而荒谬的，它只是“在那儿”。宇宙万物除人类之外，都是“在己”，比如桌子、椅子只是“在那儿”，既偶存又无目的。

所谓“为己存在物”，是指人的意识本身而言。人的意识特色是随时可以转移焦点，并可以赋予意义给“在己”。桌子上有盆花无人关注，我将注意力聚焦在这盆花上，欣赏花的美丽，于是这盆花被我赋予了意义。人的意识好像一面张开的网，不断捕捉它的猎物，它抓到什么东西，就将它凸显为价值的核心，这就是“为己”（人的意识）的特色。

萨特为何宣称“上帝死了”？上帝必须是“在己”，因为上帝永远存在，是比桌子、椅子更伟大的“在己”；上帝又是“为己”，因为上帝每一刹那都要有新的焦点，不断肯定与否定。如此上帝是“在己兼为己”，是存在物与意识合二为一，而这是矛盾的概念，所以结论是：上帝不可能存在。他以这样的方式说明他的无神论立场。

我们可以将讨论范围缩小到个人身上。如果把一个人当作“在己”，则好比给他一个编号而不考虑他的名字，我只需要知道今天几号负责擦黑板、倒垃圾，具体是谁负责并不重要。一个人“在己”相当于没有自主意识，等于他“存而不在”。如果一个人要凸显自己的“存在”，则必须选择成为自己，如此则成为“为己”而不再是“在己”。上帝既“在己”又“为己”，显然自相矛盾。

上帝不存在，人类该何去何从？萨特认为，人要变成神，充分运用自身意识的特色，不断肯定或否定一样东西。萨特举过一个生动的例子来说明意识的虚无化作用。我到一间咖啡馆找彼得，我找彼得的时候，我的意识中对彼得有一个清晰的形象。我用这个形象去对照咖啡馆中的客人，只要不是彼得，就会被我化为虚无，这是意识的第一度虚无。如果找到最后发现彼得不在这里，这时就会产生意识的第二度虚无，此刻连我脑海中对彼得的形象也不见了。

这样的描述十分生动。当我们专心做一件事的时候，会对身边的事物视而不见，听而不闻，食而不知其味。萨特认为人的意识具有虚无化作用，可将万物化为虚无，这是人类得天独厚的特色，人应充分运用意识的肯定和否定能力。

但以这种想法与人交往会遇到不小的麻烦。当我遇到陌生人或与别人话不投机时，我用“为己”的意识把他化为虚无，但别人也具有“为己”的能力，因此人与人之间难以沟通，误会丛生。萨特有句名言：“别人都是我的地狱。[1]”这与马塞尔的思想简直南辕北辙。

萨特说：“别人是另一个不是我的我，是我所不是的人，别人可以把我当成对象或客体，使我的自由消失，使我感到羞愧。”我在学校曾观察到类似的情况，一位学生在一间空教室里吃午餐，教室里只有他一个人，这令他感到轻松愉快。吃完之后回头，猛然发现有人注视他，也不知道注视了多久。他立刻会觉得愤怒，因为感到自己被当作一个物件（a thing），像是动物园的动物，而不是被当作一个人（a person）。

有些年轻人在街上走路，你看他一眼，他马上就瞪你一眼，甚至要跟你大打出手。别人看他未必是恶意，可能只是出于好奇，甚至可能认为他长得帅。但他会认为被别人注视等于被人当成没有生命的物件，自己的主体消失了，个人的自由被压制，因此马上以反注视作为报复。人与人之间的误会很多都是因此而来。

不能否认萨特对人与人互动的细节观察入微，刻画细腻，但是“人被判决为自由”好似对人的诅咒。萨特的思想很难在生活中实践，按照他的想法，我们不敢敞开心扉与人互动，无法消除隔阂而实现沟通，无法想象甘愿为朋友牺牲的深情厚谊。萨特的思想有其特色和困难，我们在学习中应予以批判地吸收。

第十节　存在先于本质

谈到存在主义，无论提到海德格尔、雅斯贝尔斯、马塞尔还是加缪，最后都会引用萨特的名言“存在先于本质”，这句话几乎变成存在主义的标签。

人活在世界上，所见的万物都是“本质先于存在”。譬如对于猫、狗、雀等动物，我们要先了解它们的本质，才能界定一只动物到底是什么动物。如果发现一种新的动物，一定会先为其命名，名字确定就等于其本质也确定了。对

1 出自萨特戏剧作品《间隔》（或译《密室》）的台词：“他人，就是地狱。”

于人造物亦然。比如与人沟通时，我说买了一面“镜子”、今天坐“轮船”来的，无须多做解释，别人也能理解“镜子”“轮船”的本质是什么。这些都属于“本质先于存在”。

甚至有些东西只有本质而并不存在。比如我们都知道“恐龙”的本质是什么，但是恐龙在距今6500万年前的白垩（è）纪结束的时候就已经灭绝了。人类了解恐龙的本质，因而可以在电影中使其生动再现，或者在展厅中制成恐龙的模型，但是恐龙现在并不存在。

人的情况与万物相反，人是“存在先于本质”。人的本质不能被简单界定为“有理性的动物”，因为有理性之人会做出许多非理性之事，这岂不是自相矛盾？

人的本质是什么？如果一个年轻人希望自己有朝一日成为工程师，他在考大学时就要填报工程师相关的科系，接受成为工程师所要求的专业训练，将来才会获得工程师的本质，这称作“存在先于本质”。此处的“存在”是一个动词，是一个抉择，要选择成为自己，选择就是“存在”的刹那。

“存在先于本质”的说法显然优于“人是有理性的动物”的定义。在人的世界我们会发现，人与人之间千差万别，这种差别不仅仅是从事何种职业的外在差别，更关键的是人有好坏之分，人格有高贵和卑劣之别。

人与人之间的巨大差别来自“存在”的抉择，你先前如何选择成为自己，会决定未来你具有什么样的本质。有时我们会说一个人具有“个性”，代表其行为模式的特色被辨别出来，他所处的行业、身份或处事态度都源于他很久之前所做的选择。与人格有关的本质需要不断做出选择，而不能一劳永逸。我们只有经常做好事，才会慢慢成为大家公认的“好人”，好人正是与本质有关的判断。

“存在先于本质”真正实践起来会发现十分困难。我们介绍过克尔恺郭尔的观点，他认为，面对人生的抉择，一个人选择成为真正的自己绝非易事。萨特也认为人会“自欺”，具有很多“坏的信念”，主要有三种：

（一）否定自己的自由，认为自己只能按既定的要求行动

譬如我在这样的家庭环境中成长，遇到这样的老师和朋友，我已被决定而无法改变，只能按老师、家长的要求按部就班地生活。萨特认为这样的想法就是借口，使你不肯改变自己，不肯做出重大抉择。很多人和你有一样的遭遇，

但发展结果却完全不同。

（二）信奉一种决定论

譬如相信自己的性格是由星座、生肖等因素所决定，以天生注定的理由为借口，轻松度日，不去选择成为自己。萨特认为应该去掉上述“坏的信念”，不再自欺欺人，勇敢地向过去的自己挑战。

（三）该选择而不选择，把自己混同于无意识之物

比如你习惯了某种生活模式，固定跟某些人来往，固定做某些事，每天浑浑噩噩度日。别人希望你选择成为自己，你会以习惯为借口，不愿去改变。许多人都以习惯为借口。

萨特的思想虽然偏于悲观消极甚至虚无主义，但他并非不关心别人。他说：“当我选择时，我是在为全人类做选择。价值全由自己创造，所以要为自己也为全人类负责。”这句话显得唯我独尊，豪气干云，但不易成立。如果需要你为全人类做选择，全人类就变成“在己”，而失去自身“存在”的价值。这句话积极的一面是：它肯定了自我生命的意义完全由自己选择，为自己选择等于为人类选择，意味着把自己与人类视为平等，因此要尊重别人，不凌驾于别人之上。

萨特强调“人不是已经做成的东西，而是不断在造就自己”。他提醒人们，千万不要故步自封，认为自己无法改变，而要不断做出抉择。人生的每个刹那都是唯一的，人要不断造就自己。

这并不是要人完全否定自我，而是要“以今日之我与昨日之我战”。面对今天，每一刹那都要提醒自己是“为己”，不断运用我的“自由”，为自己选择，不能稍有松懈。萨特启发我们：“存在”需要勇气，要不断超越自我，创造生命新的格局。

第十一节　《异乡人》的作者

存在主义哲学家生活的年代距离今天并不久远，他们的思想对现代人的影响可谓深远。如果深入了解，将会给我们的生命以深刻的启发。

本节介绍法国作家加缪，他不幸因车祸身亡，享年 47 岁。加缪生于法属

北非阿尔及利亚，属于法国文化的边缘地带，看他的照片显得面色黝黑，与萨特给人的感觉完全不同。萨特是在法国文学的核心地区——巴黎成长的文艺分子，常在沙龙里与人高谈阔论，很少晒太阳而面色苍白。

加缪从小家境贫寒，1岁的时候父亲参加第一次世界大战而阵亡，加缪和他的哥哥由母亲带大。母亲是文盲，只能靠替别人洗衣服、干粗活来维持生计。加缪小学毕业后，靠老师的推荐申请到中学奖学金才得以继续学业，后就读于阿尔及尔（Algiers）大学哲学系。大学期间开始组织剧团，撰写散文与小说，毕业后担任过报社记者，从小的贫困生活给予加缪深刻的人生体验。

与物质生活匮乏形成鲜明对比的是大自然的丰盛壮丽。阿尔及利亚地处地中海畔，那里终年阳光明媚，海面波澜壮阔。他后来说："在我作品的核心，总有一颗不灭的太阳。"尽管生活遭遇诸多不幸，加缪心中总有不灭的太阳，始终对生命充满希望。物质生活的匮乏与大自然的无私馈赠之间的巨大反差，对年轻加缪的心灵产生了何种影响，我们实难想象。

加缪在28岁时发表了他的第一部小说《异乡人》[1]（*L' Étranger*），得到萨特的大力推荐，认为这本书是探讨荒谬的经典之作。加缪从此声名鹊起，后来陆续写作出版了多部文学作品。

《异乡人》的故事情节并不复杂。小说主人公叫莫尔索（Meursault），小说开头第一句话就是："今天妈妈死了，或许是昨天，我不清楚。养老院寄来一张通知，说：'令堂病逝，请来料理后事。'""妈妈死了"意味着生命的来源消失了。莫尔索后来去办理母亲的后事，内心一片茫然，他照样饮酒作乐，周末带女友出去过夜。莫尔索这个角色颇能反映现代人的生活特色，每天上下班，周末放假，日子循环往复，心中茫然不知所归。

莫尔索和朋友聚会，参加了朋友和一个阿拉伯人的决斗，朋友把枪交给他，太阳光照在阿拉伯人的刀上然后反射到莫尔索眼里，他觉得十分刺眼，于是便向阿拉伯人开了枪，而且连开五枪，使其当场毙命。当时阿尔及利亚是法属领地，一个白人杀了阿拉伯人，只要有正当理由，罪名不会太重。但是莫尔索杀人之后没什么感觉，他觉得开枪与否结果都一样，开一枪和开五枪也一样，反正人都会死。莫尔索的想法是典型的虚无主义，令读者悚然心惊，内心受到强烈震撼。

1 又译为《局外人》。根据加缪1941年2月21日的日记，《异乡人》于1940年杀青，1942年出版。

加缪年仅28岁就写出《异乡人》这样的作品，很可能反映了他当时的心境和他对世界的观察。他觉得很多人活在世界上都是一种满不在乎的态度，过一天算一天，似乎也没有别的选择。莫尔索生活的小镇上，人们彼此之间都很熟悉，到养老院除了和母亲生前的熟人讲两句话，其他人都好像在等待死亡的来临。

莫尔索被判死刑，在监狱等待服刑期间来了一位牧师，希望他真心忏悔。但对莫尔索来说，忏悔与否也没什么差别，宗教信仰对很多人来说已变成可有可无的装饰品而已。《异乡人》对当代西方人心中的荒谬感受做出了深刻的描绘和探讨。

加缪人生中的一段重要经历是参加地下抗德运动。他于1942年前往巴黎，负责主编《战斗报》，与萨特等朋友共同用文字对抗德军。抗德运动使加缪认识到：他不是为了自己，而是为了同胞，甚至是为了整个人类的人格尊严和生命价值而反抗。加缪在巴黎亲身经历了纳粹德军对反抗者的血腥镇压，对人格的践踏以及对自由的压迫，这使他深深体会到人与人之间有特别深刻的关联。

地下抗德运动成为加缪思想转变的契机，他此后的作品逐渐走出个人的“荒谬”感受，开始注意到人与人之间的互动关系。1947年加缪出版《鼠疫》[1]（*La Peste*）一书，描写奥兰城鼠疫蔓延（黑死病），为防止瘟疫扩散，该城被外界隔离，城中人设法自救。城中有两个象征性的人物生平第一次合作：一个是医生，代表科学，救治人的身体；一个是牧师，代表宗教，拯救人的灵魂。科学与宗教平日势不两立，在面对灾难时却携手合作。医生握着牧师的手说：“就连上帝本身，如今也不能把我们分开了。”当人类面对共同的命运时，要通力合作，设法自己解决。这篇作品展现了非常积极的人文主义情怀。

1957年，年仅44岁的加缪获得诺贝尔文学奖，成为最年轻的诺贝尔奖得主，获奖理由是他的作品“对现代人类良知的问题，实有极为清晰恳挚的阐明”[2]。“二战”之后世界进入“冷战”时期，各地纷争不断，加缪的作品却由荒谬逐渐走向更为开阔的境界。令人惋惜的是，1960年1月4日，大家仍在庆祝新年之际，加缪买了火车票打算去法国南部，临时决定搭一位朋友的便车前往，结果途中因车祸身亡，身上还带着那张没有退的火车票。他的命运确实非常荒谬，

1 该书于1947年完成。

2 参考《荒谬之外——加缪思想研究》，傅佩荣著，东方出版社。

如果不是这次意外，假以时日，加缪的发展将前途无量。

从加缪的著作中可明显看出他成长的三个阶段：早期为“荒谬期”，第二期为“反抗期”，第三期为“新的人”，只可惜第三期的作品仅有写作计划却未及完成。加缪仅活了 47 岁，在我们心中永远是位年轻的作家。他的作品到底有哪些内涵，值得我们进一步探讨。

第十二节　以荒谬为方法

谈到“上帝死了”，可以用简单的三句话反映尼采、萨特和加缪三人不同的人生态度：尼采说：“上帝死了，人类要设法成为超人。”萨特说：“上帝死了，我们人类变成了上帝，有绝对的自由。”加缪说：“上帝死了，我们人类的责任更重了。”

本节特别介绍什么是“荒谬”。加缪早期作品以“荒谬”作为其探讨的核心问题，萨特推荐加缪的《异乡人》也说“这是一本探讨荒谬的经典之作”。然而加缪的思想绝不荒谬，他强调以“荒谬”为方法，“方法上的荒谬”与“结果上的荒谬”完全不同。

回顾笛卡儿的思想，笛卡儿“怀疑一切”，但他从事的是“方法上的怀疑”，与“结果上的怀疑”完全不同。“结果上的怀疑”认为一切都不可靠，会演变为古希腊到罗马时代的“怀疑主义”[1]；“方法上的怀疑”则以怀疑为方法，目的是找到知识的可靠基础，在此之上建构知识的大厦。

加缪意在效法笛卡儿。“结果上的荒谬”意味着最后只有一个结论“人生是荒谬的”，如此一来，除了自杀之外，人只能稀里糊涂地过日子。加缪以“荒谬”为方法而非一种学说，他说：“我是在从事方法的怀疑，试图造成一种白板（tabula rasa）的心态，作为构建某物的基础。”“白板”（tabula rasa）的说法来自英国经验论代表洛克。洛克认为：人生下来心灵像一张白纸，经由后天经验得到印象，慢慢累积形成观念，才能逐步建构知识。加缪希望以“荒谬”为方法，消除人的主观幻想，形成如白纸一般的心态，以此为起

1 代表人物是皮浪，参见本书第五章相关部分。

点重新建构价值。

究竟什么是“荒谬”呢？加缪认为，荒谬本身并不存在，它是1+1=3的结果。“1”代表人类，另一个“1”代表世界，他说：“荒谬是一种关系，荒谬既不在人，也不在世界，而在于两者的共同出现。”人类存在于世界上，人不荒谬，世界也不荒谬，把世界和人联系起来，就构成了荒谬。“3”代表“人类”“世界”和荒谬三者同时出现。荒谬具有三种形态：

（一）荒谬是一种遭遇

加缪说：“荒谬是一种对质和遭遇（confrontation）。”人有理性可以思考，从本性上要求理解，偏偏世界是不可理喻的。比如我们组织运动会、嘉年华等活动，总希望举办期间风和日丽，但常常遇到天公不作美，狂风大作，暴雨倾盆，令人扫兴而归。这说明世界有其自身的规律，理性要求理解世界的意义，世界偏偏不可理解，不以人的意志为转移，理性和世界的“遭遇”就构成了荒谬，这是人类存在的真实处境。

（二）荒谬来自人与人之间的疏离

人与人之间本该互相理解和欣赏，偏偏每个人都站在自己的角度揣度别人的心理，常会感慨“知人知面不知心”。人与人之间的误会似乎难以避免，我认识的人只是被我认识的一部分而已，我永远不可能真正了解对方的全部。

（三）荒谬来自我与自己之间的隔阂

我真的了解自己吗？我们常常对自己感到陌生，所以德尔斐神殿的刻字永远都有启发意义：认识你自己。如果我连自己都不认识岂不荒谬？现代人就好像半夜肚子饿，起来到冰箱翻找了半天，却又不知道自己究竟想吃什么，于是什么都没吃又回去睡觉了。

加缪早期有一本书《快乐的死》，其中有句名言：“人们死了，他们并不快乐。”由此引发人们思考如何生活才能使死亡成为一种快乐，换句话说，这一生如何生活才会死而无憾？这个问题很有意义，如果我们按照别人的要求和想法去生活，显然不可能死而无憾。加缪也像其他存在主义哲学家一样，希望我们“存在”，选择成为自己。然而，我知道自己是谁吗？如果不知道的话，怎样才能成为“自己”，怎样才算属于“自己”？人一生寻寻觅觅，究竟何去何从？这是一个开放的问题，永远不会有明确的结论。

加缪在早期的创作中忠实于自身的经验和情感，他直面荒谬感受，对“荒谬”的刻画生动传神。《西西弗斯的神话》（*Le Mythe de Sisyphe*）是我年轻时特别喜欢的加缪作品，此书虽以“神话”命名，其实神话的篇幅仅占全书的4%，置于全书的最后部分，前面都是对“荒谬”的理性反省。

该书的开篇惊世骇俗，第一句话就写：“真正严肃的哲学问题只有一个，就是自杀……其余的一切——世界是否有三度空间，知性有9个或12个范畴[1]——是随后才来的。”加缪要人在离开（自杀）和留下之间做出选择，如果不离开，理由何在？如果留下，又是为了什么？以“自杀”为起点展开哲学的探讨，令人十分震撼。

《西西弗斯的神话》与《异乡人》属于加缪思想第一期的著作。人活在世上，今天依然活着，没有结束自己的生命，理由何在？加缪后面展开精彩的论证。他认为，当一个人认为某事为“荒谬”时，暗示了他知道应该怎样才是合理的，这样就可由对“荒谬”的否定转向对某些价值和意义的肯定，加缪的思想即由此出发活出积极热情。

谈到加缪思想，应特别重视从“荒谬”延伸出的三个内容：1. 我的反抗；2. 我的自由；3. 我的热情。

（一）我的反抗

我们说一样东西是“荒谬”的，代表它不合理，不能被我的理性所理解，同时也隐含了我们知道怎样才是不荒谬的。任何一种对荒谬的判断都包含了对荒谬的反面——“合理”的判断标准，这样就从否定转到了肯定。

肯定荒谬无异于表示反抗现状，人们应该团结以对抗共同的命运。能否全盘否定，认为世界一无是处，整个世界都应消失？加缪于1951年出版了《反抗者》（*L'homme R é volt é*）一书，书中认为，当我反抗时，并非完全否定，我用反抗的形式肯定了另外一面不荒谬的情况。如果全盘否定代表我认为生命毫无意义，可只要我活着就代表承认生命有某种意义，否则为什么要活着？

加缪强调：“一旦承认了绝对否定之不可能，因为只要生存就是承认此点，那么第一个不容否定的东西就是他人的生命。”我活着，也应让他人活得下去，由此加缪做出精彩推论：“我反抗，所以我们存在。”需特别注意此一判断前面的主语是“我”，后面则为“我们”。

---

1 亚里士多德将存在之物的状态分为9个范畴，加上“实体”或“自立体”；康德将知性分为12个范畴。

从前的西方哲学做类似探讨时都由“我”自己负责。中世纪早期的奥古斯丁曾说：“若我受骗，则我存在。”因为如果“我”不存在，而我以为自己存在，那我就上当受骗了，可是如果“我”不存在，那么是谁受骗了呢？这句话启发了笛卡儿提出“我思故我在”，又进而推出“我在故上帝在”。但奥古斯丁和笛卡儿两个人都仅关注于“我”。

加缪突破了自我的狭隘格局，“我”反抗并非为了个人利益，而是为了和我有同样遭遇的“我们”，为了人性共同的尊严和价值。推而广之，人类有共同的命运，都要面对痛苦、罪恶和死亡的挑战，所以我也是为了整个人类而反抗。“在荒谬经验中，痛苦是个体性的，一有反抗活动，人意识到痛苦是集体性的、是大家的共同遭遇。”由此，加缪由荒谬推演出第一个积极的成果——我反抗，所以我们存在。

（二）我的自由

如果一切都是荒谬，人才有真正的自由。“自由”有多种不同解释，加缪认为，荒谬使一切先决条件被取消，代表人不能预设任何既存的价值。比如不能一定说什么职业比较好，有多少钱比较好，做什么事比较好。这并不意味着人可以为所欲为，加缪是站在作家的立场上强调创新的力量，自由不能有任何预设条件。如果从传统中创新，仍会被传统所限制和约束。如果认为一切皆为荒谬，则连传统也是荒谬的。如此一来，就可以把传统的束缚全部清除，建立像白纸一样的心态，从零开始创造，此时你的自由没有任何限制。

譬如，金庸每部小说都会出现武功盖世的大侠，若问所有小说中谁的武功最高，则很难分出高下。小说作家在他的作品中扮演着上帝的角色，可以随心所欲，自由创作。加缪在体认荒谬的同时也发现了真正自由创作的可能。对于不从事文学创作的人们来说，至少要自己创造生命的价值，不能盲目接受传统和别人给我们的价值。

（三）我的热情

如果人生是荒谬的，那么可用生活的量取代生活的质。在荒谬的情况下，并不存在所谓的“关键时刻”或“决定性的一次”，而是越多次越好，每次都不同。所以不能用“大家”取代“我”，不能用“通常如此”取代“我的当下”，由此出现“艰难的智慧与短暂的热情”。

加缪说：“人一旦发现了荒谬，便不免想写一本幸福手册。”因为人生是荒谬的，所以幸福只能靠自己，让自己尽量在量上增加对生命的把握，每时每刻都要自己做出决定，使生命充满无限热情，避免热情昙花一现。

加缪思想之所以给人以很大的启发，在于他以荒谬为出发点，延伸出后面的推论。《西西弗斯的神话》的主要篇幅是对荒谬的理性探讨，在全书结尾处才提及西西弗斯的神话故事。西西弗斯（Sisyphus）得知了天神的秘密，告诉河神失踪女儿的下落，条件是河神要赐给人类以水源，由此得罪了天神。这个故事类似于古希腊悲剧《普罗米修斯》[1] 的情节，普罗米修斯为人类盗取火种而遭天神惩罚。

天神宙斯惩罚西西弗斯推石头上山，只要石头被推到山顶，又会滚落回山脚下，如此日复一日，永无结束之期。这很像现代人的处境，星期一上班好比推石头上山，一到周末休息像石头滚下山来，星期一再继续推石上山，工作永远也做不完。

最后的结论是：石头不知道为什么被推，但是西西弗斯知道自己为什么推石头。我们应该想象西西弗斯是快乐的。人活在世界上，要想找到真正的快乐，需要勇敢地承担责任，正如加缪所言："上帝死了，我们的责任更重了。"

第十三节　只有自杀是个问题

加缪的思想表现出一种早熟的智慧，可惜他英年早逝，年仅 47 岁就因车祸身亡。加缪的思想具有很强的生命力，他的生命和作品可以大致分为三个阶段。

（一）荒谬期（1938—1941 年）

加缪生长于法属北非阿尔及利亚，与作为法国文化核心的巴黎相比，属于文化边陲地带。加缪凭借自己的创作才华跻身法国文坛高层。他在早期作品中对荒谬感受的描述颇能反映现代人的心态。

加缪在《西西弗斯的神话》中有一段话常被引用："……吃饭，睡觉，然后是星期一、星期二、星期三、星期四、星期五、星期六，同样的节奏……"

1 参见第四章"神话与悲剧"的相关内容。

周而复始，年复一年，难道这就是真实的人生？

加缪在小说中曾描写一个大厦管理员的自杀过程，女儿五年前过世令他悲恸欲绝，这五年间他天天思念女儿，不知不觉被思念所“侵蚀”，求生的意志慢慢耗尽。直到有一天一个老朋友以漠不关心的语气跟他讲话，他心理的最后一道防线彻底崩溃，感觉万念俱灰，对世界不再留恋，于是自杀了。

人活在世界上，常常想一样东西，就会被它所侵蚀。有时一个人能活下去，就是因为有朋友可以经常联络，分享生活的点点滴滴。然而，对他人可有可无的态度会使人丧失活下去的希望和勇气。

（二）反抗期（1941—1951 年）

1942 年加缪决定到巴黎参加地下抗德运动。一个人参加什么样的活动，有什么样的生活经验，他的生命会随之改变，加缪在此一阶段中，设法从荒谬的探讨中推演出积极的反抗。

1944 年加缪出版了剧本《误会》[1]（*Le Malentendu*），主角是一位名叫詹恩（Jan）的年轻人，从小离开家乡到外地打拼，后来结婚成家，事业有成，想要回家将自己的财富与妈妈和妹妹分享。

詹恩不肯直接向妈妈和妹妹表明身份，因为他想起了《圣经》中“浪子回头”[2] 的故事。他觉得，浪子挥金如土，最后穷困潦倒地回家，仍受到父亲的热情款待，而自己功成名就，理应受到更好的接待。一个人会被内心的观念所侵蚀，产生与现实脱节的幻想，并可能导致致命的后果。“误会”反映了人的内心期许与现实之间的巨大落差。

詹恩与妻子的一段对话曾给我以深刻的启发，至今仍深深影响着我。詹恩的妻子玛莉亚（Maria）说：“我们走吧，詹恩，我们在这儿找不到幸福。”詹恩说：“我们不是来找幸福的，我们早就有幸福了。”玛莉亚说：“那我们为什么还不满足呢？”詹恩说：“幸福不是一切，人还有责任。我的责任是回到

1 该书完成于 1943 年。译文详见《荒谬之外——加缪思想研究》，傅佩荣著。

2 （《路加福音》15：11—31）耶稣说过一个浪子回头的比喻：父亲有两个儿子。二儿子向父亲要了应得的家产后远走他乡，很快挥霍殆尽。适逢当地天灾饥荒，不得已给人放猪，以猪吃的豆荚充饥，于是醒悟，回家投靠父亲，向父亲悔罪。父亲热情迎接并摆席设宴。大儿子听闻很生气拒绝回家，于是父亲说：“儿啊！你常和我同在，我一切所有的，都是你的；只是你这个兄弟，是死而复活、失而又得的，所以我们理当欢喜快乐。”

故乡及母亲身边。”的确，一个人如果完全没有责任，还有幸福可言吗？幸福和责任不可分开。

詹恩就在这样的幻想和责任感的驱使下回到了家乡，走向了自己的宿命。妈妈和妹妹开的旅馆位于欧洲中部山区，长期无人问津，生活艰难穷困。妹妹不愿自己的青春埋没于穷乡僻壤之中，为了实现住到海边的梦想，于是教唆妈妈一起谋杀单身旅客。

詹恩离家二十年，生怕妈妈和妹妹认不出自己，于是让妻子单独住另一家旅馆，自己孤身一人前往自家旅馆。后面经过层层误会，非但没有受到想象中的热情款待，反倒被自己的妈妈和妹妹所杀。

整部戏剧一方面描写了人生的各种理想，一方面又体现了命运的荒谬无情。加缪创作该剧的初衷是希望重现以命运为主角的希腊悲剧特色，这种尝试是否成功则很难判断。加缪表现出一种早熟的智慧，在年轻时代就发现了整个人类的荒谬处境，他一生的志业是为人类找到荒谬的化解之道。在“反抗期”，加缪陆续于1947年出版了《鼠疫》（*La Peste*）、1951年出版了《反抗者》（*L'homme R é volt é*）。

（三）自由期（1951—1960年）

加缪后期写了一些散文和日记。1959年他在日记中记录了创作《第一个人》（或《新人》，*Le Premier Homme*）的计划，未及完成便不幸去世。经过荒谬期和反抗期之后，面对现代人的荒谬处境和人类的共同命运，加缪努力探索如何使人获得自由的新生。

加缪晚期有一部短篇小说《乔那斯或工作中的艺术家》（*Jonas or the Artist at Work*）[1]，描写一个画家喜欢在阁楼中作画，赚钱不多，却忠于自己的创作理念，不去媚俗从众。他一直在阁楼上作画，家人偶尔送点食物上来，最后他死在上面都无人知晓。

他留下的最后的一幅画仅在一张白纸中间画了一个圆圈，圈中写了一个小字难以辨认，不知道究竟是solitaire（法文，孤独）还是solidaire（法文，团结），只有一个字母t或d之差，意思就有天壤之别。这表现出一个有良知的艺术家内心的挣扎，是要与世俗妥协、与人和谐相处，还是要保持独立、继续个人深

1 为1957年加缪出版的《放逐与王国》（*L' Exil et Le Royaume*）中收录的6篇短篇小说之一。

刻的探索？这正是加缪作品的魅力所在。

面对自尼采时代以来虚无主义的浪潮，加缪的作品已经显现出一种倾向，他说："我们要对未来抱有希望。在这些黑暗的尽头，必有一线光明出现。在废墟中，我们每一个人都在准备迎接虚无主义彼岸的新生。"人类在虚无主义的漫天飞雪中已经等待太久，应该重新走出一条希望之路。

存在主义的思想摆脱了传统学院派哲学的教条，每位存在主义哲学家都有自己的独特个性和生命体验，并由此出发，鲜明地指出现代人面临的生存困境，希望每个人回到自身，做出清晰的思考和勇敢的抉择，活出自己生命的特色。选择成为自己并非离经叛道，而是要以人类共同的价值为基础。这种探索对每一个人来说都是重大挑战，时至今日依然如此。

第十四节 心理治疗新方法

本节浅谈存在主义与心理治疗。西方心理学后来发展出心理治疗，当代西方心理学界的多位学者受到存在主义思想的启发，将存在主义对个人生命特色的剖析应用于心理治疗，可以给我们以积极的启发。存在主义心理治疗反对行为心理学和精神分析心理学的思想。

行为心理学派是在美国哈佛大学发展起来的，代表人物为华生（John Broadus Watson，1878—1958）和斯金纳（Burrhus Frederic Skinner，1904—1990）。行为心理学派认为"自由"被社会和文化条件所限制，人的行动都是被决定的。该派的特色是通过研究生物（如鸽子、白鼠）对刺激的制约反应，说明人也有类似情况，人没有真正的自由，人的自由都是被制约的。

精神分析心理学派就是弗洛伊德的思想，即人的潜意识就像冰山在水面以下的部分，非理性的趋力和往事造成的情结隐藏在潜意识深处，支配着人的行动，使人没有真正的自由。这两派的说法都否定了自由的充分意义，否定了人有自由选择的可能。

存在主义心理学派主张人是自由的，必须为自己的选择和行动负责，治疗方法是：让病患了解可供选择的范围，然后做出选择。只要病患了解自己如何被动地受制于环境，了解自己被哪些因素所控制，他就可以自觉地改变现状。

很多人都是不知不觉地被外界所控制，感到自由无法伸展，一旦了解之后，就会出现全新的机会。

这与一般的心理治疗有几分相似。好比我们在电影、电视上所见，病人躺在沙发上，医生根据受过的专业训练设法让病人说梦话，通过解析病人的梦，说明病人被哪些往事所困，梦境影射出现实中的哪些问题。病人一旦了解，就可不再受其控制，或至少减轻控制的力量。

存在主义心理治疗认为，人应该不断发现并理解自己存在的意义，应该设法回答以下问题：我是谁？我能变成谁？我从哪里来？将往何处去？为此，需要经过 6 个步骤。

（一）培养自我觉察能力

人应该觉察到生命是有限的，不可能达到一切目的。之后自主选择，采取行动，无为亦是一种选择。我在选择的时候创造了自己的一部分命运，却不可能完全创造自己的命运，譬如我的国籍和家庭都是要接受的命运安排。我有自由，愿意负责，但自由难免带来焦虑，由于不被别人了解，还会有空虚寂寞之感，甚至感到内疚和无意义。这些感受恰好表明我觉察到自己与别人不同，只有觉察自我之后，才可以设法与别人建立关系。

（二）了解自由与责任

我们前面介绍过萨特所谓的“坏的信念”，人不能以自己的家庭环境、生肖、星座等为借口，认为自己无能为力。萨特说：“我就是我自己的选择。”我今天的状态就是自己的选择造成的，“我是一个人”意味着“我是自由的”，“人被判定为自由”，有了前面的自我觉察，接着就要将自由与责任连在一起。

（三）追求自我认同与建构人际关系

我要知道自己是谁，“自我认同”就是我知道自己的本质是什么，我不再是别人思想的产物，不是别人塑造的，而要成为真正的自己。我要探索内心真正的需求，此一过程中难免有孤独之感，但不应忘记：要与别人同行，一定要自己先站稳；要与别人建立关系，一定要先与自己建立关系。我和别人的关系建立在我的自我实现上，而非自我剥夺上，绝不能为了迎合别人而丧失自我。

（四）追寻生命的意义

我要问自己一生的意义来自何处？这一生到底要做些什么？首先要放开旧的价值观，从前种种譬如昨日死；但应当注意，放开的时候立刻要用新的价值观来取代，否则会出现价值真空，令人无比困扰。有位作家说：“我一生中很担心自己就像一本书中的一页，别人匆匆翻过，没有人认真去读这一页究竟写了什么。”这句话道出了每一个人的心声。在追寻意义的过程中，要努力创造新的意义，没有全身心地投入就不可能产生意义。做事应有献身的态度，不论别人是否看重，只要自己下定决心，全力以赴，这件事对于自己就有全新的意义。

（五）发现焦虑是生存的一种现象

如果没有焦虑，我们不能算是活着，也无法面对死亡。如果没有焦虑，活着难道是在空中飘浮？面对死亡，谁又能不焦虑？自由与焦虑，就像自由与责任的关系，是一体之两面。

（六）觉察死亡和虚无

如果我们恐惧死亡，代表我们没有真实活过。一个人如果能真实地度过此生，该做的事已经做完，该跑的路已至终点，我们又何必担心死亡的来临，那是自古以来每一个人都要面对的生命关口。我们知道没有永恒的时间来完成所有的计划，因此会更加重视眼前这一刻。

以上是存在主义心理治疗的基本观念，它启发我们先具备自我觉察能力，了解自由与责任的关系，再设法追求自我认同与构建人际关系。在追寻生命意义的过程中必然遇到焦虑，最后知道一切终将结束，但是一生中能够做什么、应该做什么，还是要自己去勇敢选择。

第九章

中国哲学的起源

第一节　中国有哲学吗？

从本章开始，我们将介绍中国哲学的起源和发展。不少学者编写中国哲学史，常以道家创始人老子和儒家创始人孔子作为中国哲学的起源。然而，老子和孔子生活在距今约两千五百年前的东周春秋末期[1]，在此之前中国有资料可查的历史尚有两三千年之久，在如此漫长的岁月中，中国人是如何生活的？是否也具有一套特定的人生观和价值观？

在此首先要界定"哲学"一词的含义。"哲学"（Philosophy）一词最早出现于古希腊，源于希腊文，由 Philia 和 Sophia 两词合成，意为"爱好智慧"。将哲学定义为"爱好智慧"，体现了人的生命要追求精神境界的提升。对古希腊人来说，智慧是属灵的（spiritual），人不可能完全拥有智慧，只能爱好智慧，不断追求真理。

我们可以给哲学下个新的定义，即哲学是对人生经验做全面的反省，进而归纳总结出人生的指导原则。这样的定义更符合"哲学"一词在实际生活中的应用。

虽说人有理性可以思考，但对于远古时代的先民来说，当时的科学不够昌明，为了使人生得到安顿，人们不约而同地诉诸信仰，描绘人生有何意义；并对人生做出各种规定，什么事可做，什么事不能做，据此区分好人、坏人。这些区分和判断的背后，一定隐含着某些原则作为评价的标准。哲学的作用就是"化隐为显"，把隐藏在生活秩序中的信念以清晰的概念表达出来。

中国历史悠久，文明源远流长，其中也蕴含了一套基本观念，使中华民族得以长期存续发展，并启发老子、孔子的思想，发展至战国时代出现诸子百家争鸣的局面。中国哲学的起源问题值得我们深入探寻。

西方哲学系统完整，条分缕析。在国外大学的哲学系中，有人专门研究逻辑和知识论，逻辑是思维的方法，知识论探讨认识的范围和知识的有效性，即我们到底能够认识什么；有人专门研究形而上学，探讨宇宙万物背后是否有所

1 春秋时期（前 770—前 476 ）共 295 年，始于周平王将国都东迁洛阳。

谓的“本体”，宇宙的真相和人性的奥秘究竟是什么；也有人专门研究伦理学、美学这类将哲学应用于实际生活中的学问。

真正的大哲学家，必须将上述各部分结合在一起，构成完整系统。中国古代哲学没有类似的完整系统，不像现代人做学问这样条分缕析，通过撰写专门的论文来表达自己的观点。

西方文化从古希腊神话与悲剧、苏格拉底、伦理学一路发展到现代存在主义，不同历史时期的人们对人生的看法各不相同，其鲜明的特色是保持开放的心态，不断加以探讨。

古希腊从研究自然界着手，以万物为本，称为“物本”；一千三百多年的中世纪以基督宗教中的“神”为一切的基础，称为“神本”；文艺复兴之后，要回溯古希腊和罗马时代初期的人文精神，称为“人本”。对于不同的阶段，人的生命价值的界定各有不同的标准。

中国人谈哲学最关心“如何安身立命”。“安身”就是活下去，“立命”就是肯定自我生命的意义和人生的价值。面对“宇宙”和“人生”两大范畴，中国人逐渐形成独具特色的理解。

譬如，关于宇宙，中国人也要探寻宇宙的起源，并且参考神话资料来做进一步的解释。关于人生，中国人要问：人生是怎么一回事？人性究竟是善是恶？抑或需要不断修养？修养可以达到何种境界？哪些人堪称典范，值得后人效法和怀念？这些背后都蕴含了一套完整的思想。

从历史发展来看，中国古代原本只有统治者和被统治者两大阶层，统治者以天子为主，辅以各级官员。古代“学在官府”，知识文化只在统治阶层传播，国家负责培养行政官员和各类专业人才。到了东周时期，天子势力衰微，诸侯群雄并起。“天子失官，学在四夷[1]”，各类人才流散到民间，教育随之广为传播，优秀人才陆续从民间涌现。这些人才都有一个共同的愿望，就是希望重新找到安身立命的基础。

因此，探寻中国哲学的起源首先要肯定：任何一种文化演进到一定历史阶段，都会自然而然地发展出一套对宇宙、人生的理解，其中一定蕴含了一套完

1 出自《左传·昭公十七年》。原文：子曰：“吾闻之，‘天子失官，学在四夷’，犹信。”译文：孔子说：“我曾经听说过，‘天子丧失了自己的职守，官守的学术散落到东夷、西戎、南蛮、北狄所处之地’，的确如此。”

整的价值观，作为真假、善恶、是非、美丑的判断标准，可称之为完整哲学的雏形。

西方哲学的发展可用“江山代有才人出，一代新人换旧人”来形容，几乎每个世纪都可选出几位有代表性的哲学家，给人一种学术不断进步的感觉。而中国自汉代以来，谈哲学不是儒家就是道家，或是先秦时期的法家、名家、阴阳家，给人一种停滞不前的印象。

科学研究领域总在推陈出新，日新月异，我们要不断关注最新的科研进展。人文领域则不然，西方国家至今仍要求学生阅读古希腊《荷马史诗》，以及柏拉图、亚里士多德到近代康德等人的经典作品，因此人文领域不以年代为衡量价值的标准。

中国古代属于“早熟的文明”，我们的祖先很早就基本掌握了人生全盘的智慧，后人只需在此基础上加以应用和发展。从西方哲学来看，从柏拉图《对话录》开始，大家各抒己见，不同立场相互沟通，并不急于下结论，探索的过程配合哲学家个人生命的成长而不断发展。

接下来，我们将介绍中国哲学的特色。

第二节　分辨六家学说

关于中国哲学的起源有不少相关资料可供研究，春秋末期到战国时代诸子百家的作品都可视为中国古典哲学著作。如果想提纲挈领地了解中国古代的思想，首先应阅读三篇文章。

第一篇为《庄子·天下篇》，该文将当时的社会思潮分为七大派加以评论和研究。不少学者认为《天下篇》出于《庄子》的杂篇[1]，并非庄子亲笔所作。从内容上来看，应是庄子后学中的高明人才所著。

第二篇为荀子（约前 313—前 238）的《荀子·非十二子》。他将十二位哲学家分为六组，一一加以批评。不过令人遗憾的是，荀子为了凸显自己是儒家的正宗传人，也严词批评了同属儒家的子思[2]（前 483—前 402）和孟子（前

1 《庄子》全书共 33 篇，分为内篇 7 篇，外篇 15 篇，杂篇 11 篇。

2 子思，姓孔，名伋，字子思，孔子的嫡孙、孔子之子孔鲤的儿子。

372—前 289），将二人合称为“思孟”。子思是孔子的孙子，相传是《中庸》的作者，孟子更是后世尊崇的“亚圣”。

第三篇相对而言更具代表性，为司马迁之父司马谈（？—110）的《论六家要旨》。西汉司马迁（约前 145 或前 135—？）生于史官之家，继承父亲的太史令一职，故自称太史公，他将父亲司马谈的《论六家要旨》放在《史记·太史公自序》中。

这篇文章将先秦到汉初的重要思想归为六家，分别为儒家、道家、墨家、法家、名家和阴阳家。历史上所谓的“九流十家”或“诸子百家”（如纵横家、农家等）的思想大都缺乏系统，很容易被批判。我们介绍中国哲学，将把焦点集中于儒家和道家，在此先要简要说明为何后面四家并不值得多加介绍。

（一）墨家

墨家创始人墨翟（约前 468—前 376）是位了不起的学者，他所处的年代比孔子晚，比孟子早。其基本观念是上有“天志”（天的意志），百姓要“兼爱”，人群相处应不分差等，一视同仁，普遍平等地爱每一个人。这是很好的理想，却有违人情而难以实现。

于是他撰写《明鬼》[1]，共列了 7 个鬼故事，描写的都是社会名流做坏事后如何遭到报应，他希望借此让百姓知道善恶有报，达到教化的目的。然而，世上为恶之人数不胜数，真正善恶公平报应几无可能，仅以几则故事就希望达成教化效果，实难奏效。

墨家被认为是古代最保守的学派，他们所相信的“天”是古代的至上神，是最高的神明。“天”既然生了百姓，就希望百姓好好相处，怎能彼此伤害呢？墨家用心很好，但哲学理论难以发展。墨家后来演变成像一个特殊的帮派，其领袖称为“巨子”。巨子的命令任何人不得违抗，为了完成任务，信徒不惜牺牲生命，因此墨家思想很难传续发展。

（二）法家

法家思想在春秋战国时期大为盛行。自商鞅变法之后，秦国广泛吸纳各国法家学者，靠法家的力量兼并六国，一统天下。但秦得天下后二世而亡，仅十五年大秦帝国就土崩瓦解。法家“富国强兵”的思想可用于军事统一战争，

1 见于《墨子》第二十九到三十一篇。

却不能治理天下，因为它无法照顾百姓的需要，且有内在的理论困难。

法家代表人物韩非（前280—前233）和李斯（约前284—前208）曾经同是荀子的学生，荀子自认为承接孔子真传，却教出两位法家弟子，也反映出荀子思想有内在的缺陷。《韩非子》一书中有《解老》和《喻老》两章专门阐述老子思想，说明法家思想是由儒家、道家思想杂糅而成，本身无法构成完整系统，难以自圆其说，所以发展到后期会产生各种问题。

譬如“三纲五常”的思想，“三纲”即是法家思想，“五常”是在汉代整合而来，在原始儒家孔子、孟子的学说中不曾出现“三纲五常”的观念。

谈法家思想也要与现代所谓的“民主法治”分开，法家完全没有“民主”这种观念。

（三）名家

名家专门研究名实关系与修辞辩论，许多思想听起来很有趣。名家代表人物为惠施（约前370—约前310）和公孙龙（约前320—约前250）。惠施曾任梁国宰相，是庄子的好朋友。惠施认为“卵有毛”，鸡蛋有毛是因为孵出的小鸡有毛。乍一听似乎有理，但他忽略了时间的过程，忽略了从“潜能”到“实现”是不同的阶段，因而名家流于诡辩而无以为继。

（四）阴阳家

阴阳家受《易经》阴阳变化的启发，提出“天人感应”学说，在汉代大行其道，发展出谶纬之学。“谶”（chèn）指宗教式的预言，如“一语成谶”是指偶尔说的一句话后来应验。“纬[1]”是对儒家的“经”（经典）进行解释与比附的作品。谶纬之学讲预言应验和天人感应，各种谶语灾异之说令人目眩神迷，汉代人常因相信预言而有反常之举，甚至牺牲生命。

因此，能够穿越时空、存续至今，仍值得我们认真研究的只有儒家与道家。这两家不但有其代表性著作，而且有完整的系统。譬如《老子》一书受到西方哲学家雅斯贝尔斯和海德格尔等著名学者的重视和研究，海德格尔还曾希望把它再度译为德文。可见，儒家、道家绝非一般的思想，而是体大思精的哲学。

中国的哲学起源何在？能让儒家、道家共同学习的经典存在吗？答案是肯定的。

1 “纬”与“经”相对，“经”代表纵向，“纬”代表横向，原指织布时用梭穿织的竖纱、横纱。

第三节　永恒的理想

人活在世界上，如果希望长期存续和发展，一定需要两方面的思想：一方面，在时间之流中面对生老病死，思索如何面对刹那生灭的变化；另一方面，在变化的世界里确立永恒的信念，找寻值得一生追求的理想。中国哲学早在儒家、道家出现之前，在理念上已经肯定了一套永恒哲学和一套变化哲学，使中华文明可以历数千年而不坠。

代表永恒哲学的是《尚书》中的《洪范》，代表变化哲学的是《周易》。我们以下分别介绍：

《尚书·洪范》：永恒哲学

“洪范”意为“大的法则”，该篇文章阐述了古代国家建构与治理的基本原则，说明了国家存在的目的和政治的最高理想。《尚书·洪范》年代久远，内容丰富，资料翔实，代表了古圣先贤的高明智慧。

首先简单介绍《尚书·洪范》的历史背景。中国历史自远古伏羲氏、神农氏、黄帝[1]一直发展到尧、舜、禹时代，第一个成立的国家是夏朝，“夏”代表大，表明夏朝是由许多部落组成的大国。

夏朝存续了四百多年。约公元前1600年，商汤推翻夏桀的统治后建立商朝，存续了约六百年。公元前1122年[2]周武王（姬发）推翻商纣王（帝辛）统治后建立周朝，追封其父西伯侯姬昌为周文王，建都陕西镐京。

周武王深知，想要治理天下必须借重前朝的经验。于是他将商朝遗贤箕子（商纣王的叔父）从监狱中释放，虚心向他请教治国之策。周武王说：“上天庇荫保佑下界人民，使他们安居乐业，但我不明白其中的常法常则，请您指教。”

箕子[3]德行、能力、智慧出众，他觉得商朝近六百年基业亡于这一代，实在有愧于祖先，于是将治国方略推原于夏朝，说：大禹治水成功后，上天为褒奖

1 见本书第四章相关部分。

2 另一说法，公元前1046年周武王伐纣成功，建立周朝。

3 孔子认为箕子是仁人。《论语·微子篇》：“微子去之，箕子为之奴，比干谏而死。孔子曰：‘殷有三仁焉。’”

他的功绩，赐予他“洪范九畴”（洪范为大法，九畴为九类），其中清晰阐述了治理国家最重要的九大范畴的方针策略。大禹遵而不失，使夏朝绵延四百余年，商朝接续此一传统，使商朝立国约六百年。

西汉孔安国说，相传伏羲氏时代，有龙马从黄河出现，背负“河图”；大禹治水时，有神龟从洛水出现，背负“洛书”。河图上的数字到八，是《易经》“八卦”的起源，洛书上的数字到九，就是《尚书》中的“洪范九畴”。

《洪范》作为最古老的治国纲领性文件，阐明了国家建立的目的和治国理政的方法。后来儒家孔子提出“为政以德”的原则，孟子提出“民贵君轻”的理念，都是此一传统的发展。

古人认为天子受天所命来照顾百姓，最为尊贵，但没有百姓哪有天子。治理国家不仅需要良苦用心，还需要具体方略。孟子说：“徒善不足以为政，徒法不能以自行。”（《孟子·离娄上》）即只靠善心不足以办好政治，光有法度也不会自动运作。因此，理想的政治需要人才和法律的配合。

《洪范》是对天子和官员的最高要求。依当时的观念，百姓由于缺乏受教育的机会好比是羊群，天子、官员好比是牧羊人，政治需要上行下效，百姓要在天子和官员的引领下前进。《尚书》与《论语》中都有“风动草偃”[1]的类似说法。

今天教育普及，每个人都有自主选择的广阔空间，可自己做出选择。古代是农业社会，百姓生活简单，平时忙于耕田。帝尧时流传一首民谣《击壤歌》：“日出而作，日入而息，凿井而饮，耕田而食，帝力何有于我哉！”意思是太阳出来就去耕田，太阳落山就回家休息，口渴了就凿井饮水，要吃东西就去耕田，我做好这几件事，帝王的权威对我有什么影响呢？不论谁是天子，百姓自得其乐。

人活在世界上，不分古今中外，有两个普遍的要求：一是仁爱，希望受到好的照顾；一是正义，希望善恶有报。《尚书·洪范》很好地回应了人类的普遍要求，清晰地阐述了以仁爱和正义为原则的施政纲领。

《尚书》的“尚”代表“上古”，它是中国最古老的一部历史文献，主要记录了从尧、舜开始，到夏商周三代的历史事件及官方文书。比如分封诸侯要

1 《尚书·君陈》：“尔其戒哉！尔惟风，下民惟草。”《论语·颜渊篇》：“君子之德风，小人之德草。草上之风，必偃。”

颁布文诰，说明治国理政的方法、领导者德行修养的要求和防范邪恶的警示。随着了解的深入，我们将逐步领会《尚书》背后蕴含的永恒哲学。

第四节　最初的五行

下面我们详细介绍《尚书·洪范》的“九畴”

。

（一）五行

五行：“一曰水，二曰火，三曰木，四曰金，五曰土。水曰润下，火曰炎上，木曰曲直，金曰从革，土爰稼穑。润下作咸，炎上作苦，曲直作酸，从革作辛，稼穑作甘。”

“五行”是“水、火、木、金、土”，所指的是五种朴素的自然材料，这些也是人类生活不可或缺的凭借。“行”指“周流不息”，即随处可见，自然界会源源不绝地给人类提供这些基本材料。比如，树木砍伐之后还会再生，生生不息。这样的五行观念无疑是最古老的，并非《易经》后天八卦的“木、火、土、金、水”——可以相生相克的顺序。

《尚书·洪范》中将水与火排在最前面，正如孟子所说的“民非水火不生活”（《孟子·尽心上》）。水与火是维系百姓生存最重要的自然资源，没有火则无法煮熟食物、取暖御寒和驱逐野兽，人的生命安全无法得到保证。人的生活不能脱离自然界，因此在建立国家时，首先要能把握“五行”等自然资源，以求互通有无，均衡发展。

水的特性是向下流，最终百川归海，因而味道为咸；火的特性是向上烧，东西烧焦的味道为苦；木的特性是可以弯曲、可以伸直，可用来制作家具，树上所生的各种果实味道为酸，必须摘下放置一段时间才会变甜；金的特性是可以顺从、可以改变，通过冶炼可制成各类工具方便人的生活，冶炼中散发的味道辛辣刺鼻；土的特性是可以生长稼穑，五谷杂粮并非淡而无味，只要细加品尝就能感觉到甘甜之味，吃多了也会导致血糖升高。

了解五行可帮助人们明辨其性质，充分利用自然资源，创造对人类生活有利的条件，实现在自然界中的生存和发展。

（二）敬用五事

五事："一曰貌，二曰言，三曰视，四曰听，五曰思。貌曰恭，言曰从，视曰明，听曰聪，思曰睿。恭作肃，从作乂，明作晰，聪作谋，睿作圣。"

古代政治的基本原则是"上行下效"，百姓会效法官员的表现，因此官员应在五种人类天赋能力的基础上谨慎修养，做出表率。

第一，容貌要保持恭敬，恭敬方显严肃，身为领导者不能与百姓嬉皮笑脸，必须态度端庄而严肃；第二，说话必须使人可以做到，即出令而治，如此才可达成治理的效果；第三，眼睛观察要看得清晰明白，做到"目明"，如此才能明辨是非，不致受人蒙蔽；第四，耳朵要善于听取各方意见，做到"耳聪"，如此才能谋划完善，面面俱到；第五，思考要做到理解而通达，人有理性可以思考，思考要有逻辑，符合思维的规则，推理应当合理，前后不能矛盾，这样才能思维畅通，做事才能一通百通。

古代官员治理百姓不会要求百姓提高德行修养，因为中国广土众民，古代并不具备普遍教育的条件，以当时的生产技术水平，能做到丰衣足食、平安度日已属不易。但作为行政官员需负责沟渠、城防等公共事务，因此要以"敬用五事"来规范官员的个人修养。五事立足于人的天赋本能，使之朝正确的方向培育发展：容貌要恭敬严肃，说话要言之可行，视察要清晰明辨，听受要广纳众议、聪敏善谋，思虑要流畅通达，如此才可成为圣人。

值得注意的是，"圣"这个字并非指"人格完美的圣人"，它原来的写法是"聖"，左边为"耳"，代表与耳有关，右边为"呈"，代表发"呈"音。一个人是否聪明要看他能否听懂别人的话，理解话中蕴含的深层含义，这就是"圣"字最早的意思，指聪明通达、一点就通的智者。

"洪范九畴"先讲自然资源，其次是人力资源，目的是要培养高素质的官员以造福百姓。

第五节　政治的架构

（三）农用八政

八政："一曰食，二曰货，三曰祀，四曰司空，五曰司徒，六曰司寇，七曰宾，八曰师。”

“八政”就是八个政治部门。第一个是食，负责农业生产；第二个是货，负责财货流通；第三个是祀，负责祭祀祖先；第四个是司空[1]，负责工程建设；第五个是司徒，负责教导百姓；第六个是司寇，负责社会治安；第七个是宾，负责外交事务；第八个是师，负责国防武力。

这八政听来并不陌生，但应注意其排列顺序。

第一为“食”。民以食为天，百姓如果吃不饱则无法生存，国家亦将不复存在。《论语·尧曰篇》特别指出古代所重视的四件事情：民、食、丧、祭。首先要解决百姓的吃饭问题，然后重视丧葬和祭祀的安排。因此，“食”排第一理所应当。

第二为“货”。人类社会必须分工合作，因此应确保财物、货物的有效流通。《孟子·滕文公上》中，“农家”认为国君不应收税及建立仓库，应与百姓一起耕田才能吃饭。孟子反问：耕田人能否自己做衣服、帽子、铁锅、铁铲等工具？如果样样都亲力亲为又怎能耕田？因此，古代有“百工”之称，百货相通对于人的生活十分重要。

第三为“祭祀”，需特别注意。春秋时代的观念认为“国之大事，在祀与戎”（《左传·成公十三年》），国家重要的事情首先是祭祀，可让人们追忆祖先，第二重要的事情才是武备。古代国家的分封与祖先有关，比如鲁国人知道其祖先为周公，周公的儿子伯禽被分封在鲁国，是第一代鲁国国君；齐国人知道其祖先为姜太公[2]。祭祀活动可以使人想到彼此有共同的祖先，从而化解人与人之间的利益争夺，忘掉现实的得失成败。因此，祭祀对维护国家和民族的团结统一有重要作用。

随后的司空、司徒、司寇的“司”意为“管理”，这三种官员分属三个部门，分别负责建设城邦、教导百姓基本的生活规范、维护社会治安，让百姓能够安居乐业。

第七为“宾”，代表外交，负责接待前来朝见天子的诸侯，或各诸侯国之间的礼尚往来。

第八为“师”，代表军队。在古代社会如果武力不足，国家便很容易被兼并。

1 古代北方多凿山洞而居，故称“司空”。

2 姜姓，吕氏，名尚，字子牙，也称吕尚，俗称姜太公。辅佐周武王伐纣建立周朝。

夏朝号称万国，有一万个大大小小的诸侯国，后来不断兼并，到周朝初期剩下一千八百多国，到东周战国时代只剩下战国七雄。因此，应加强武备以保护国家和百姓。

（四）协用五纪

五纪："一曰岁，二曰月，三曰日，四曰星辰，五曰历数。"

"协用五纪"指要配合天时与节气，五纪直接决定了农业社会的生产方式与成效。今天做到"春耕夏耘，秋收冬藏"似乎并不困难，但古代没有文字，让百姓掌握时间绝非易事。

最早掌握天时和节气的是伏羲氏，他创作了"甲历"以掌握日、月、岁、时。日是一天；月是一个月；岁是一年；时是适当的时候，指春分、夏至、秋分、冬至等节气。

黄帝的时候正式使用甲子纪年。"甲"是十天干之首，"子"是十二地支之首。天干的"天"象征"树干"，地支的"支"象征"树枝"，好比树有树干和树枝。古人使用十天干、十二地支按顺序配合来计年，六十年循环一次，称为一"甲子"。现在中国的书法及绘画作品仍习惯以甲子纪年标注创作日期，但甲子六十年循环一次，时间一久，则不易分辨到底创作于哪一年，现行的公历可以避免这一问题。

五纪第一是岁（就是年）；第二是月；第三是日；第四为星辰，代表二十八宿、十二辰。古代人已经了解二十八星宿，"辰"[1]为日月的交汇点，星辰代表与星象相关；第五为历数，代表节气的规则，在不同节气各有适宜之事。

对古代的农业生产来说，"五纪"的重要性不言而喻，只有掌握了自然界循环往复的运行规律，才能更好地从事农业生产和安排日常生活。

可见，《尚书·洪范》九畴非常务实。上述四畴考虑了自然界的资源、官员的修养、政府的主要部门以及天时的循环规律。具备这些条件可以建立国家，但还称不上是理想的国家，建立理想国家的关键在于第五畴的"皇极"。

1 《左传·昭公七年》："日月之汇是谓辰。"十二辰为夏历一年十二个月的月朔时，太阳所在的位置。

第六节　最高的正义

（五）建用皇极

“洪范九畴”前四项侧重的是保障百姓生活的各种条件。第五项“建用皇极”在“洪范九畴”中位居中间，也是最为重要的一畴。清朝第二个皇帝取名“皇太极”，即来自此。

“皇极”就是“皇建其有极”，即国家最高领导人“天子”建立的标准原则和最高理想。“皇极”意为“大中”，代表绝对正义，有如房子的屋脊，左、右两边各有一个斜面，居中的屋脊使一建筑得以完成。《尚书·洪范》蕴含了一套“永恒”哲学，所指就是“绝对正义”。

君主统治百姓必须做到两点：一是仁爱，要使百姓生活无虞，即洪范九畴的前四项；二是正义，即善恶皆有适当报应。国泰民安的关键在于：天子作为国家最高领导人应如何表现“绝对正义”，才能使百姓对正义的要求得以实现，并使百姓走向至善？

《洪范》中描写“皇极”的手法十分精彩，连续用十个“无”来展现“绝对正义”。“无”即“毋”，表示“不要如何”。

西方哲学家描写上帝时，因为上帝是永远存在的完美代表，所以不能直接描写上帝是什么，标准的表述只能说“上帝不是什么”。上帝不是太阳，不是月亮，不是海洋，不是父母……用否定的方式凸显什么才是“绝对的存在”。《尚书·洪范》也采用了这种方法：

“无偏无陂，遵王之义；无有作好，遵王之道；无有作恶，遵王之路；无偏无党，王道荡荡；无党无偏，王道平平；无反无侧，王道正直。会其有极，归其有极。”

不要有偏差，不要有偏斜，要遵照王的正义；不要有自己的偏好，要遵守王的正道；不要为非作歹，要遵照王的道路；不要偏私，不要结党，王道坦坦荡荡；不要结党，不要偏私，王道平平正正；不要违反，不要倾斜，王道既正且直。所有的官员都要遵照王所规定的正义。

其中，“极”代表“中”，即“正义”；“王”指天子，应表现最高的正义；

以“无”字来说明“绝对”，代表至高无上的理想和永无止境的期许，三代王道正建基于此。

所有官员都要清楚，自己是代表天子来执行“绝对正义”的要求的，如果不能把握这一原则，官员极易出现收受贿赂、以权谋私、以私害公等问题，最终受害的是百姓。历史上伟大的帝王，如尧、舜、禹、商汤、周文王、周武王，都能自觉地执行“绝对正义”的要求，使国家繁荣昌盛。但后代继承者却逐渐淡忘此一原则，使国家陷于昏乱灭亡的境地。

“皇极”最后一段提出对百姓的要求，要顺从国家领导的要求走上正路，如此才能接近“天子之光”。“天子之光”象征光明，邪恶在天子之光的照耀下无所遁形，没有人可以欺瞒舞弊。

最后一句“天子作民父母，以为天下王”，以“天子”为百姓父母，显示出中国最早的国家观念。我们现在常说“医者父母心”，希望医生能像对待自己的孩子一样关爱病人，如此显然是病人之福。但现实是病患众多，医生常常忙得不可开交，“医者父母心”的理想无法实现。

天子要成为百姓的父母，这无疑是中国最好的政治观念。天子和官员负责国家的治理，对百姓有仁爱照顾的责任，如此才可得到百姓的“归往”。“天下王”的“王”最早代表“归往”。后来，中国百姓习惯连县太爷都称为“父母官”。一个刚考中科举的年轻人被分配到县衙当县长，即使老年人也称其为“父母官”，这是中国的优良传统。

天子作为天的儿子，表面看来无人约束，可以为所欲为；但上天赋予天子的重要职责是，代替作为父亲的“天”在人间照顾百姓、主持正义。能否做到此一要求，正是王朝兴衰的关键所在。

《尚书·洪范》的核心在于“皇极”这一畴，以前面四畴为准备，“皇极”列为九畴中的第五畴，也有居九之中位的意思。天子的统治应表现出对百姓的仁爱，照顾百姓生活；同时又能够主持绝对正义，让善恶有适当报应。二者兼顾，才能实现天下太平、国泰民安，使国家成为人间幸福的场所，这是中国人几千年来一直孜孜以求的最高理想。

第七节　分别对付善恶

（六）乂用三德

“洪范九畴”的第六畴“乂用三德”，即用三种方法治理百姓。“德”可指“好的德行”或“方法”，在这里的意思是，希望用三种方法使百姓走上正路。

自古以来，社会上只要有法律或规范，就可区分出好人、坏人。不要以为人本来都是好的，后来少数人变坏了，一个人变好、变坏有错综复杂的深层原因。

古代治理百姓有四个层次：德治、礼治、法治、刑治。

第一为“德治”，即用高尚的道德来治理国家，需要天子的德行达到如尧、舜般完美的境界。孔子曾称赞舜：“无为而治者，其舜也与！夫何为哉？恭己正南面而已矣。”[1]（《论语·卫灵公篇》）孔子所言的“无为而治”不同于道家的“无为而治”，它需要领导者态度严肃恭敬，修养自身德行。然而，随着国家疆域日益扩大，能直接接触到天子的百姓毕竟寥寥可数，大多数人终其一生也无法见到天子，因此需要礼治的配合。

第二为“礼治”，即制定礼仪等行为规范来教化百姓。礼与法的差别是：法律规定的是禁行之事，意在防范邪恶，不会鼓励你去做好人；礼仪根据你的身份，规定的是当行之事，意在正面引导，使人表现出文质彬彬的教化。因此，德治与礼治要配合运用才可取得人文化成的效果。

第三、四为“法治”与“刑治”。任何一个社会都有法律，自古以来，国家统治一定是同时使用四种方法，即使尧舜时代，只靠德治与礼治也不可能治好国家，舜的时代已有“五刑”之说。

“五刑”[2]第一种是直接对身体的处分：墨刑为在面上或额头上刺字并染上墨；劓（yì）刑为割鼻；刖（yuè）刑为砍一条腿；宫刑为阉割男性生殖器，司马迁即遭受宫刑；大辟即处死。“五刑”第二种为流放（流），舜登上帝位后流放“四凶”【共工、（驩 huān）兜、三苗、鲧（gǔn）】，到边远地区；第三种为鞭打（笞）；第四种是棍打（杖）；第五种是赎金罚款。

1 译文：无所事事而治理好天下的人，大概就是舜吧！他做了什么呢？只是以端庄恭敬的态度坐在王位上罢了。

2 又一说，上古五刑是残害肢体的刑罚，即墨、劓、刖、宫、大辟，隋唐之后，五刑指笞、杖、徒、流、死。

三德："一曰正直，二曰刚克，三曰柔克。平康，正直；强弗友，刚克；燮（xiè）友，柔克。沈潜，刚克；高明，柔克。"

当国家承平、社会安定之际，用"正直"的方法，即用正当、公平的方式来治理，使百姓循规蹈矩，社会长治久安。

"克"为"治"。刚克分两个方面：

1. *以刚克刚*。对于杀人越货、凶残暴虐之徒，绝不能手下留情，舜的时代就有"五刑"以惩治歹徒。我们常说"治乱世用重典"也有"刚克"之意。

2. *对于深沉潜退之人，要鼓励他勇往直前*。

柔克为"以柔克柔"，对和顺从命之人应以柔顺手段对待，绝不能欺善怕恶，亦即对柔顺者刚强，对刚强者退让。

由于中国幅员辽阔，各地风土人情差别极大，在自然条件艰苦恶劣的地方，生存需要竞争，往往民风剽悍；在物产丰饶之地，往往民风淳朴、乐善好施。《论语·述而篇》提到"互乡难与言"，就是说"互"这个乡的人们难以沟通，对外来之人不太友善，很可能此地民风强悍，担心外来之人抢夺本地有限的资源。

有趣的是后半句"童子见，门人惑"，童子指年龄小于十五岁者，童子来向孔子请教，孔子接见了他，为什么会引起学生的困惑呢？这里涉及《论语·述而篇》另一句常被误解的话："自行束脩以上，吾未尝无诲焉。"正确的解释为：十五岁以上的人，我是没有不教导的。

"行束脩"为古代男子十五岁以上，这一说法出自东汉著名学者郑玄[1]。这句话常被误解为孔子要收十束肉干才肯收徒，其实不然。古代男子十五岁以下进行乡村教育，十五岁以上就要跟从父亲做祖先传下的家业。对于想继续学习深造的人，孔子都悉心予以教导。互乡童子未满十五岁，孔子居然予以接见，这才使学生们感到困惑。

"三德"就是治理百姓的三种方法。承平之世采用正当及正常的方法来治理，再以刚强的手段对付忤逆不顺者，以柔软的手段对付和顺从命者，接着告诫统治阶级不可"作威""作福""玉食"，否则国家必定陷于危亡。

"洪范九畴"显示出中国古代的一套永恒哲学，它站在国家和统治者的立场上，建构了一套治国的原则规范。中国古代的情况与西方社会的背景完全不

---

1 《后汉书·延笃传》的李贤注所引。

同，直接对照西方民主的发展历程，对于了解中国古代政治的帮助不大。

第八节　人算不如天算

（七）明用稽疑

在考察疑惑时，如何辨明某一抉择是否适当？古往今来，国家领导人遇到重大困惑时，如果轻举妄动，决策失误，其后果不堪设想。所以，抉择之际要慎之又慎，方法是“择建立卜筮人，乃命卜筮”，即择用善于卜筮之人预测未来。

天子在遇到重大疑惑时需要考虑五方面的意见：“汝则有大疑，谋及乃心，谋及卿士，谋及庶人，谋及卜筮。”

1. 谋及乃心：天子身居高位，应高屋建瓴，把握全局，自己用心思考该怎么做。

2. 谋及卿士：卿士各有负责的部门，要以各自的专业视角提供建议，比如战争要问国防部门官员的意见。

3. 谋及庶人：询问百姓的看法。古代国家相对较小，可以去了解百姓的想法和愿望。

4. 谋及卜筮：卜为龟卜，即以龟甲或牛骨问卜。大致方法是杀一只乌龟，乌龟的腹部是平的，中间依天然纹路一分两半，左边刻“要打仗”，右边刻“不要打仗”，再刻上问卜时间和君王的名字，之后在火上烤，哪边先裂开就代表天意支持哪一边。

由此形成的甲骨文成为中国文化最早的文献证据，证明了古代夏朝、商朝的历史都是真实的。占问之事多为国家的重要政策事宜，包括：战争、迁都、天子的健康、天气及降水情况等。龟卜有人为操纵的可能，比如可以揣测领袖的意图，如果想发动战争，则这一边刻得用力些，使其在烘烤时先裂开。

5. 谋及卜筮：筮为占筮，即以蓍草问卜。蓍草在今日河南仍有生长，其形状特别，从根到茎为一样粗细的圆柱形，被称为“天生神物”。《易经·系辞上传》中介绍了用 50 根蓍草进行占筮的方法。用蓍草占筮，人不能干预，其结果具有高度的偶然性；但此种偶然性不是碰巧，而是“有意义的偶然”。

古代其他国家或民族也有各种预测未来的方法，但唯独《易经》附有文本作为解卦的依据。一般认为《易经》由伏羲氏画卦，周文王和周公写下卦辞和爻辞。《易经》占筮得到的结果是哪一卦、哪一爻，可以参考其卦辞、爻辞得到启发。

在“稽疑”过程中，需参考以上五方面的意见，其中三方面为“人意”，两方面为“天意”。一般采用“多数决”，即在五方面中，有三方面意见一致就可实行。可见，我们不能简单地认为古人迷信，古人清醒地认识到：人只能掌握过去和现在，不能充分把握未来；对于影响未来的重大决策，一旦失误，可能导致国破家亡的严重后果，因此决策不可不慎。古人在面临战争、灾难等重大变局时设法占问天意，这对于安定民心和鼓舞士气实有莫大的帮助。

（八）念用庶征

古代是农业社会，施政的成败和照顾百姓的成效可由农业收获作为直接的验证。是否有好的收成，有五方面的征兆：雨、旸（yáng）、燠（ào）、寒、风。

第一为雨，雨润万物；第二为旸，晴天干燥万物；第三为燠，温暖使万物得以生长；第四为寒，寒冷使万物得以完成；第五为风，风鼓动万物，使空气流通。

以上五者要配合“时”，即“适当的时候”。君王统治富有成效，则上述五种天气会适时出现，该下雨时下雨，该出太阳时出太阳，此为“休征”，即“好的征兆”。

如果君王统治有过失，则会出现大雨、干旱等“坏的征兆”，称为“咎征”。由此可见，古代社会不靠舆论宣传，而以五种气候是否各以其时（使农业丰收和百姓和乐）来评价政治的优劣，并作为决策的验证。古人顺应天时地利，与自然界保持和谐的心态十分明显。

第九节　善恶报应

（九）向用五福，威用六极

“洪范九畴”的第九畴为“五福六极”。“向”为劝导，“威”为惩戒。五福是五种福报，我们常说的“五福临门”即典出于此；六极是六种恶报。“五福六极”指人在现世会遇到的善恶报应。古代国家希望百姓行善避恶，君王只能就现实世界的福与祸来劝导或惩戒百姓。

五福："一曰寿，二曰富，三曰康宁，四曰攸好德，五曰考终命。"

第一为"寿"。古代医疗技术不发达，在自然状态下得享长寿是人生的幸福，活到百岁以上可谓长寿，家中有长寿的长辈实为一家之幸。现代科技先进，有人虽疾病缠身，却可依靠先进的医疗设备和医药维持生存，但有时求生不得，求死不能，苦不堪言。

第二为"富"。只是长寿却很贫穷，日子也十分艰难。人生在世，若能拥有充足的资源和丰厚的财产，当然是幸福的。富裕要以从事正当行业为前提，比如努力耕田，不辞劳苦，收获自然丰厚。

第三为"康宁"。健康平安当然是福报。

第四为"攸好德"。"攸"意为"所"，"攸好德"即"所爱好的是德行"。一个人爱好美德，自然与同样爱好美德之人交朋友，朋友间切磋琢磨，进德修业，气氛融洽。孔子说："友直、友谅、友多闻，益矣。"[1]（《论语·季氏篇》）结交志趣相投的朋友，实为人生幸事，但不要忘记德行修养应从自身开始做起。

第五为"考终命"。"考终命"与"长寿"有区别，长寿只是一个客观现象，考终命代表安其天年、寿终正寝。一个人的"天年"与其基因有关，用现代科学的方法能大致推测一个人的"天年"如何，比如一个人的父母各向上推三代的平均年龄大概就是此人的"天年"。因此考终命不一定多么长寿，不可能每个人都能活到 100 岁，只要安享天年、得享善终就是福报。

五福是人在现世可以看到的五种福报，这种想法十分原始与浅显，禁不起深入分析和推敲。五福中只有"攸好德"可被现代人普遍欣赏和接受。

六极："一曰凶短折，二曰疾，三曰忧，四曰贫，五曰恶，六曰弱。"

与五福相对的是六极，即六种恶报，六极使人陷入困境。

第一为"凶短折"。"凶"是指遇事皆凶，到处碰到倒霉之事，此时要问自己是否有什么地方做错了；"短"代表年不及六十；"折"代表年不及三十，即"夭折"。直至今天，一个人不到六十岁而过世只能说"得年"，六十岁以上才可说"享寿"或"享年"。孔子的学生颜渊学问和德行一流，可惜活到四十一岁就过世了，还来不及为社会做出贡献。孔子认为一个读书人具备了专业的学问和能力后，应出仕做官，设法造福百姓。

1 译文：与正直的人为友，与诚信的人为友，与见多识广的人为友，那是有益的。参考《傅佩荣译解论语》。

第二为“疾”。即经常生病。

第三为“忧”。有忧郁症，每天忧愁烦恼，心中苦闷。

第四为“贫”。即贫穷。

第五为“恶”。指相貌丑陋。《庄子·人间世》中描写支离疏长得“支离破碎”：头低缩在肚脐下面，双肩高过头顶，发髻朝着天，五脏都挤在背上，两腿紧靠着肋旁[1]。但他的修养和智慧非常人所能及，这正是道家思想的独特之处。

第六为“弱”。即体弱多病。

以这六种不好的报应作为行恶的惩戒，实为浅显之见，经不起现实的检验。比如颜渊就是一个反例。历史上多少大奸巨慝（tè），德行卑劣却得享高寿，享尽富贵荣华；多少人为国捐躯、为理想献身，却未得到应有的肯定。如果把现世的五福六极当作善恶的报应，很多时候都有失公平。因此，这种观念只是中国哲学的雏形，对今天理性昌明的时代并不适用。

“洪范九畴”体现古代建立国家的完整思维，它提醒国君：从自然资源、人事修养、政权划分到天时节气，都应认真面对；不但要使百姓丰衣足食、平安度日，更要以“皇极”展现“绝对正义”，使善恶都有适当报应。最为精彩的是连用十个否定来描写“绝对正义”的特色，其中蕴含了中国的永恒哲学。

《尚书》是中国第一部史书，孔子后来写作《春秋》，所谓“孔子成《春秋》，而乱臣贼子惧”（《孟子·滕文公下》），正是延续了《尚书》中对“绝对正义”的要求。这些作品共同构成了中国哲学的基础。

第十节　《易经》很神奇

《易经》：变化哲学

人生在世，第一个经验就是变化。昼夜交替，四季更迭，变化使人心中茫然，无所适从。变化意味着未来会变得和现在不同，不管累积多少经验，也不能保证下一刻会变成什么样子。变化使人感到不安和恐惧，我们不禁要问：活着到底是怎么一回事？

1 原文：“支离疏者，颐隐于脐，肩高于顶，会撮指天，五管在上，两髀为胁。”

《易经》位列中国古代经典“十三经”[1]之首，在时间上最为古老，历经漫长岁月才呈现出今天我们看到的模样。根据唐朝孔颖达《周易正义·序》中所述，最早制作《易经》的是距今五千多年前的伏羲氏。

根据“三坟五典”[2]的说法，按年代顺序排列依次为伏羲氏、神农氏和黄帝。黄帝是中国历史上的“文化超人”，许多文化发明都归功于他，仓颉造字就处于黄帝时期。因此，伏羲氏的年代显然还没有出现文字，无法实现经验的有效积累和传播，每个人只能凭亲身体验或口耳相传来获取经验，不可能掌握丰富的知识，无法有效地趋利避害。

伏羲氏是古代伟大的天才，《易经·系辞下传》中描写伏羲氏“仰则观象于天，俯则观法于地”，通过观察宇宙万物的存在与变化，制作了基本的符号，以符号代表实物，以符号的不同组合代表实物的变化。因此，伏羲氏所作《易经》属于一套符号系统。

何谓符号？举例来讲，小学毕业三十年后组织同学会，如果不看名字则很难认出谁是谁，三十年中，每个人的容貌都发生了很大变化，但每个人的名字不会改变，名字就是符号。

人类是唯一能够用符号代表实物的伟大生命。《易经》中有两个基本符号，一个为阳爻（⚊），一个为阴爻（⚋）。所谓“爻”，其意为“效”，即效法万物之变化。“变化”二字，“变”代表主动力，“化”代表受动力，任何变化均有主动力和受动力。《易经》就以“阳爻”代表主动力，“阴爻”代表受动力，效法变化的两种基本力量，这样的想法堪称高明。

17 世纪欧洲最有学问的德国哲学家莱布尼茨阅读了传教士用拉丁文翻译的《易经》后，设计了一部计算器，其原理“二进制”就是受《易经》启发，以阳爻代表 1，以阴爻代表 0。莱布尼茨专门撰写了一篇论文阐述“二进制”的原理，副标题就提及伏羲氏[3]。莱布尼茨是普鲁士学院的首任院长，该文至今仍保留在

1 十三经：儒家的十三部经书，即《易经》《尚书》《诗经》《周礼》《仪礼》《礼记》《春秋左传》《春秋公羊传》《春秋穀梁传》《论语》《孝经》《尔雅》《孟子》。

2 三坟：指伏羲氏、神农氏、黄帝的书；五典：指少昊、颛顼（zhuān xū）、帝喾（kù）、尧、舜的书。

3 原标题《二进位算术的阐述——关于只用 0 和 1，兼论其用处及伏羲氏所用数字的意义》。1703 年发表于法国《皇家科学院院刊》。

该学院中。

伏羲氏时期，文字尚未出现，不可能用文字记录事情，但用“阳”和“阴”两个符号可以在人群间方便地传递信息。伏羲氏创作了基本八卦（卦为挂示出来），卦象由三爻组成，上面一爻代表天，中间代表人，下面代表地。

三爻随意排列组合，只有八组卦象，代表自然界八大现象。其中，乾卦（☰）代表天，坤卦（☷）代表地，震卦（☳）代表雷，坎卦（☵）代表水，艮（gèn）卦（☶）代表山，巽（xùn）卦（☴）代表风，离卦（☲）代表火，兑卦（☱）代表泽。

伏羲氏画八卦后，又将基本八卦两两相合，成为具有六爻的六十四卦，由此形成天罗地网，把人生的可能情况都涵盖其中。

古代只有结绳记事。伏羲氏时代尚处于渔猎社会，人们以打猎为生，已经开始驯服野兽。如果发现某地水草茂盛，打猎满载而归，另一地充满危险，常常有去无回，就要设法做记号告诉族人。

古代树藤很长，可将树藤拉开，从左到右以手肘为单位，中间打结的为阴爻，不打结的为阳爻。从一头到另一头共分六段，三个阳爻代表乾卦，三个阴爻代表坤卦，只有族人懂得其中的含义。由此本族群的经验得以积累，逐渐掌握了更多生存资源。

我们的祖先伏羲氏的智慧使我们这个部族可以在与其他部族的竞争中立于不败之地，从而绵延长久。《易经》在最初使用的时候只讲“吉凶”，不谈“道义”。吉就是利，凶就是害，在原始社会阶段，只要知道利害，族人的生存就有保障，生命就有发展的机会。

《易经》的“易”代表变化。“易”字有“变易”“不易”“易简”三个意思。

第一是“变易”。即不断的变化。

第二是“不易”。变化中存在不变的规则，如阳变阴，阴变阳，就是不变的规则。

第三是“易简”。“易”表示容易，代表乾卦。乾卦六爻皆阳，主动力、创造力、生命力无比充沛，很容易就可以创生万物，乾也代表时间。“简”表示简单，代表坤卦，因为“简”与“间”相通，坤也代表空间。

乾卦展现出创造力，由坤卦配合来完成造物的过程。乾卦创造，坤卦完成，合起来称为“易简”。“大道至易”“大道至简”的说法就发源于此。

第十一节　谁写了《易经》?

《易经》始创时没有文字，后来出现了包含文字的不同版本。夏朝有《连山易》，商朝有《归藏易》，周朝有《周易》。从名字来看，夏、商两朝的版本应各具特色，可惜后来均失传了。今日学术界所谓的《易经》指的是《周易》，其中的卦辞、爻辞相传为周文王所作。

周文王在商朝时是西边的霸主，称为“西伯”，他的德行、能力、智慧均属一流。商纣王生性猜疑，他听信谗言，将周文王拘禁于羑（yǒu）里[1]长达七年之久。周文王在此期间为《易经》的每一卦写下一句卦辞，并为每一爻写下一句爻辞。

一般认为周文王没有完成全部的爻辞，剩余部分由周文王的儿子周公来完成。周武王革命成功后，短短五六年即辞世。周公辅佐周成王东征西讨，平定叛乱，后来制礼作乐，使周朝得以绵延长久。从爻辞内容来看，有两处显然描写的是周文王之后的事件[2]。也有学者认为，应该还有一位西周末年的卜官，将之前的占卜记录等资料加以整合后完成了卦辞、爻辞。

《易经》六十四卦，每一卦都用一句话来描述全卦的意义，称为卦辞，用以说明卦象对人的启发。譬如，《易经》第一卦是乾卦（䷀），六爻皆阳，象征无限的生命力。卦辞为“元亨利贞”，代表万物都由乾卦而来。

“元”代表创始，乾卦使万物得到了创造的机会，今天我们常说的“一元复始”“元旦”均含有“开始”之义。“亨”代表通达，万物因为有共同的来源——乾卦，所以彼此相通，好比一家兄弟姐妹有共同的父母而血脉相通。这也反映出中国古人独特的宇宙观，认为宇宙是一个有生命的整体，生命在其中循环不已。

最初的《周易》由三部分构成：1. 六十四卦的卦图；2. 六十四句卦辞；3. 三百八十四句爻辞。以今天的印刷方式来算，只有大约二十页篇幅。如果单

1 今河南省安阳市汤阴县北约 4 公里处有羑里城遗址。

2 《易经·明夷卦》六五爻“箕子之明夷”以及《易经·晋卦》卦辞“康侯用锡马蕃庶”，反映了周文王以后的史实。

看这部分内容，几乎无人能知晓其中的含义。

谈到周朝的祖先，可以上溯到后稷（姬姓，名弃）。后稷与大禹均为尧舜时代的大臣，大禹负责治理洪水，后稷负责教人种植五谷。尧立后稷为大农，赐姓姬[1]。

后稷后代历经千余年发展，到周文王时代成为西边的霸主。周文王名叫姬昌，一般称为西伯姬昌。他的治理卓有成效，深得民心，“三分天下有其二”。大禹治水后分天下为九州，周文王时九州中有六州归附，只有三州仍支持商纣王。但姬昌仍恪守臣子本分，尽心治理百姓，并未起而革命。

周文王德行高尚，修己治人，天下归心，以通天下之志（心意）；他能力卓越，兴修水利，造福于民，以定天下之业；他智慧出众，裁断是非，主持正义，以断天下之疑。《易经》希望领导者应具备德行、能力、智慧三项条件，今天学习《易经》，每个人都应在这三方面拓展自己的潜能。

《易经》的卦、爻辞晦涩难懂，需要借助其他材料的发挥和引申来帮助理解。孔子与后代弟子将研究心得汇集为《易传》，目的是对原始的“经”做出解释和进行发挥。

比如乾卦卦辞为“元亨利贞”，意为“创造、通达、适宜、正固”；坤卦卦辞为“元亨，利牝（pìn）马之贞”，意为“开始，通达，适宜像母马那样的正固”。乾、坤两卦的卦辞为何不同？这需要用《易传》来加以阐释。

《易经》基本八卦的每一卦都可以象征不同的事物，从而构成一套复杂的系统。

以乾（☰）、坤（☷）两卦为例。在自然界中，乾卦代表天，坤卦代表地；在一家之中，乾卦代表父亲，坤卦代表母亲；以人的身体来说，乾卦代表头部，坤卦代表腹部；以动物来说，乾卦代表马，坤卦代表牛。我们常说父母为子女“做牛做马”即来源于此。《易传》中《说卦传》详列了基本八卦的象征，有如小字典。

详细了解了八卦的象征后，将八卦应用于生活中的各个领域，都会发现有相关性。八卦两两重叠形成《易经》六十四卦，可代表整个自然界的状况以及整个人类社会的处境，使得《易经》在预测未来时形成“有意义的偶然”，供

1　参考《史记·三代世表》：“尧立后稷以为大农，姓之曰姬氏。”关于姬姓的来源，参考《国语·晋语》的说法，华夏民族的人文始祖黄帝，因长居姬水，故以姬为姓。

人们参考借鉴。

第十二节 谁来说明《易经》？

《易经》包括两部分：一是“经”，内容很少，只有六十四卦的卦图、卦辞及爻辞；二是“传”，即对“经”所做的注解。

一般认为，《易经》是经由孔子讲授，部分学生传承下来的。司马迁的《史记·仲尼弟子列传》中提到“孔子传《易》于瞿[1]，瞿传楚人馯臂子弘”，后面世代相传，至司马迁之父司马谈已是《易经》的第十代传人。由于《易经》是司马迁的家学，故传承次序记录得十分清晰。

唐代学者认为《易传》都是孔子所作，今日学者普遍认为《易传》不是孔子亲撰。《易传》很多地方与《论语》一样，以“子曰”开头，内容是学生记下孔子在教学中如何发挥《易经》的道理。《易传》应为孔子及其后学的合作成果。

《易传》共十部分，内容十分丰富，一般称为“十翼”（“翼”为“辅助”，即用来辅助解释《易经》），包括《彖传》（上、下）、《象传》（上、下）、《系辞传》（上、下）、《文言传》《说卦传》《序卦传》和《杂卦传》。

（一）《彖传》（上、下）：用来解释卦辞，并说明每一卦的卦名、卦象与卦义

“彖”（tuàn）音近“断”，意指裁断一卦之吉凶。《易经》从第一卦（乾卦）到第三十卦（离卦）为“上经”，从第三十一卦（咸卦）到第六十四卦（未济卦）为“下经”，因此解释卦辞的《彖传》也分为上、下两部分。

（二）《象传》（上、下）：说明每一卦的卦象与每一爻的爻象与爻辞，依六十四卦分为上下两篇

“大象”解释整个卦象，“小象”解释每一爻的爻象。自坤卦起，小象附在各爻的爻辞之后，都用“象曰”来表示。以乾、坤二卦为例，乾卦大象为“天行健，君子以自强不息”，坤卦的大象为“地势坤，君子以厚德载物”，这两句话

1 商瞿，字子木，鲁人，孔子的弟子，小孔子29岁。

国人耳熟能详。清华大学采纳梁启超建议，将“自强不息，厚德载物”作为清华大学的校训，传承了古人的智慧。

（三）《系辞传》（上、下）：提供《易经》的哲理阐述，因内容丰富而分上下两篇

《易经》的“经”部分，文辞古奥，晦涩难懂。比如看乾卦（䷀）卦图，我们无法理解一条条线代表的含义。看卦辞“元亨利贞”四个字则完全不知所云，如果不了解《易经》背后基本的宇宙观和人生观而直接看卦象、卦辞，实在无法理解其意义。

《系辞传》一开头就说：“天尊地卑，乾坤定矣。卑高以陈，贵贱位矣。动静有常，刚柔断矣。方以类聚，物以群分，吉凶生矣。”这里出现了“定”“位”“贵贱”“吉凶”，说明人生在世需要“观天道以立人道”，即观察万物的变化规律，然后安排人类的生活，使人们趋利避害，活得平安快乐，这就是《易传》中由《易经》而发挥的哲理。

（四）《文言传》：充分解说乾卦与坤卦

《文言传》以《易经》中最重要的乾卦、坤卦作为示范，充分解说乾、坤两卦，将两卦蕴含的道理发挥得淋漓尽致。乾卦六爻皆阳，坤卦六爻皆阴，后面六十二卦都是由阳爻、阴爻交错而成，不能一一展开阐述，否则篇幅过长。

（五）《说卦传》：有如小字典，介绍基本八卦的组合与用意，以及各卦所象征的实物、特性与处境

比如，乾卦（☰）象征马，坤卦（☷）象征牛；乾卦象征国君，坤卦象征百姓；乾卦象征白天，坤卦象征夜晚；乾卦象征金玉，坤卦象征布。每个基本八卦都有复杂的多重象征。

（六）《序卦传》：叙述六十四卦的排列顺序，找出简单的因果关系

有如看图说故事，并没有特别高深的道理。

（七）《杂卦传》：分六十四卦为三十二组，并做扼要诠释

只有一页内容，不成系统，但古人认为这份材料有保留的价值，于是流传了下来。

《易传》“十翼”就像十只翅膀来帮助人们了解《易经》的道理，其阐发的义理无不希望人们修德行善，成为君子。比如乾卦、坤卦中多次提到君子，且每每与德行修养相结合，强调德行应不断提升，体现了儒家思想的特色。

《易经·系辞上传》中提到《易经》的四种应用：

“《易》有圣人之道四焉：以言者尚其辞，以动者尚其变，以制器者尚其象，以卜筮者尚其占。”

1. 用在言语方面的人会推崇它的言辞。《易经》词句文雅凝练，联想丰富。

2. 用在行动方面的人会推崇它的变化。通过研究卦与卦之间的变化，获得启发。

3. 用在制造器物方面的人会推崇它的图像，根据卦象制作器物。比如火风鼎卦（䷱），上卦为离卦（☲），下卦为巽卦（☴），组合在一起很像一只鼎。鼎在古代用于烧火做饭，将东西煮熟了吃，既健康又美味。

4. 用在占筮方面的人会推崇它的占验。学《易经》不能忽略它的占卜，后世有人认为《易经》是迷信，这是一种误解。《易经》原本就作为解决疑惑的方法之一，在前面《尚书·洪范》的“稽疑”部分已经介绍过。

由此可知，伏羲氏画卦，周文王（周公或西周的卜官）作卦辞与爻辞，孔子及其后学充分发挥其义理，形成儒家的思想传统。三部分汇合，才形成了我们今日见到的《易经》一书。

第十三节　乾坤是硬道理

我起初完全不了解乾、坤是怎么回事，第一次接触到乾、坤两卦是在金庸的小说中。如《射雕英雄传》中丐帮的镇帮之宝“降龙十八掌”的招式有“飞龙在天”“亢龙有悔”，《倚天屠龙记》中明教教主张无忌练成了“乾坤大挪移”的功夫。

《易经·系辞下传》强调，乾卦与坤卦是进入《易经》的门径。乾卦（䷀）六爻皆阳，代表天；坤卦（䷁）六爻皆阴，代表地。由天地构建了时间与空间，万物在其中得以生存发展。本节先介绍乾、坤两卦。

（一）乾（䷀）：元亨利贞

乾卦的卦辞“元亨利贞”四字是对古代宇宙观最早的描述，有“一锤定音”之效。

1. 元：代表创始。说明宇宙万物均由乾卦创造生成。

2. 亨：代表通达。宇宙万物有共同的来源，因此万物之间彼此相通。譬如，牛吃的是草，却能产牛奶，说明牛奶中含有草的营养。人喝牛奶慢慢长大，说明人的身体有牛奶的营养；再往上追溯，人的身体也含有草的营养。这说明植物、动物和人类是相通的。

3. 利：代表适宜。万物各有适宜其生存的时空条件，有些花适宜在江南水乡生长，有些植物适宜在干旱沙漠中生存。每样东西只要存在就有适宜其生存发展的特定条件，一个地方不可能同时适宜万物生长。

4. 贞：代表正固。有人认为“贞”表示“问”，其实并非如此。“贞”表示一种特定的德行，即坚持走在正路上。“贞”代表“正”，“固”代表“坚持”。每样东西的存在都会维持或长或短的一段时间。比如，一朵花之“贞”就是一个月枯萎，一棵草之“贞”是三个月消亡。所以，对每样东西或人生每个处境来说，“正固”的含义各不相同，应区别对待。

真正进入乾卦的爻辞，会让人惊讶。从下往上看：“初九，潜龙勿用；九二，见龙在田；九五，飞龙在天；上九，亢龙有悔；用九，见群龙无首，吉。”真可谓是一套“降龙十八掌”的招式。

前面《易经·说卦传》中提到乾卦象征马，为何在这里变成龙了呢？这是因为《易经》在象征上十分灵活。乾卦六个阳爻代表人活着的时候具有无限的可能性，龙是最能体现这一特点的动物。龙可在水中游，可在地上跑，可在天上飞，变幻莫测，只有龙才能同时具有水、陆、空三栖的能力。

龙象征了人的生命力不可限量，一个小孩生下来具有无限的潜力，日后的发展总给人无限的想象空间。中国人所谓的“望子成龙”正是受乾卦的启发。乾卦的每一个阳爻分别代表一个人生命的每一个发展阶段。

（二）坤（☷）：元亨，利牝马之贞

坤卦六爻皆阴，没有任何主动力。“牝马”为母马，“利牝马之贞”意为“适宜像母马那样的正固”，这是因为坤卦必须跟随乾卦而行。古人认为“天旋地生”，乾卦刚健前行，坤卦必须像马一样紧紧追随才能跟得上。之所以称为“母马”，是因为坤卦主阴柔随顺，绝不能带头前行，一定要谦恭居下，尾随而行。

人生在世有两种处境：一种好比乾卦，居领导之位，有决策之权，带领别人前行；另一种好比坤卦，追随别人前行，听从领导的命令，一步步脚踏实地把事情做好。我们在任何团体中与人互动，只会出现这两种情况。坤卦提醒我们，

当自己不处于领导之位时，要收敛持重，修养德行，如此才是正确的态度。

坤卦自下而上，第一爻的爻辞为“履霜，坚冰至”，意为脚下踏着霜，坚冰将会到来。看到树叶飘落，就应该知道秋天已到，冬天将至。若不提前准备、未雨绸缪，真到下雪时再准备过冬就来不及了。坤卦从下而上全是阴爻，给人一种肃杀寒冷的感觉。

但坤卦第二爻却并非描写下雪。《易经》中，每一爻都有特定的位置，呈现出独立的姿态，表示生命的不同阶段或处境，每一爻都通过象征给人以无限的想象空间。

《文言传》将乾、坤两卦蕴含的义理发挥得淋漓尽致。乾卦表示生命力不断向前发展、向上提升，其中两次提到“诚”这个概念。后面介绍儒家思想，其关键就是“真诚”二字。真诚不是一句口号，如何做到真诚？《易经》给了我们重要的启示。

1.“闲邪存其诚”：防范邪恶，以保持内心的真诚。即真诚与邪恶势不两立。

2.“修辞立其诚”：修饰言辞，以建立自己的真诚。说话要使别人能够适当地了解我的心意，说话不是为了动听，而要恰到好处。

儒家正是从行为和言语两个方面修炼自己以做到真诚：行为要遵守规范，走在人生正路之上；言语要恰到好处，使别人充分理解。修养离不开行为和言语这两个范畴。

因此，能充分理解乾、坤两卦的卦辞、爻辞，掌握《彖传》《象传》《文言传》对卦辞、爻辞的发挥，就可得其门而入，进入《易经》的世界。

第十四节　居安要思危

历代学者研究《易经》，流派众多，总的来说可分为两派：象数与义理。象数根据卦象和数字预测未来，称为“占筮”，俗称“算命”。至于义理，则是指做人处事的道理和人生的应行之道。儒家的《易传》基本上都属于义理的发挥，可概括为两个基本观念：居安思危和乐天知命。

居安思危

《易经》的“易”有“变易”“不易”“易简”三义，其中“变易”为普遍现象。既然未来变幻莫测，难以预料，人又怎能高枕无忧？因此要做到“居安思危”，可由以下四方面着手：

（一）主动调整心态

《序卦传》认为六十四卦的排列顺序有其一定的道理，显示了前后相因、正反相随、循环往复之理。譬如，小畜卦与履卦相邻，小畜卦（䷈风天小畜，第九卦）是指“小有积蓄”，即人在社会上奋斗到一定阶段，事业小有成就，衣食无忧；履卦（䷉天泽履，第十卦）意指穿鞋走路，引申为要谨守分寸与规矩。两卦连起来看，提醒人们当小有积蓄之时要谨守规矩，有钱人最容易财大气粗，此时一定要主动调整心态。

孔子在《论语·学而篇》提及“富而好礼”，说明富裕之后不仅不要骄傲（富而无骄），还要主动遵守“礼”的规定。“礼”涵盖“礼仪、礼节、礼貌”三方面，如此坚持到底，才能得到履卦上九“元吉”的占验。

又如，大有卦（䷍火天大有，第十四卦）代表大有积蓄、资源丰富，紧接着出现谦卦（䷎地山谦，第十五卦），其卦象是一座山隐藏在地下，这提醒我们：即使拥有权势、财富、名望、地位、学问，仍要藏山于地下，保持谦虚的态度，使外表平易近人，有如平地一般。谦卦六爻非吉则利，是《易经》中最好的一卦。

《易经》经常出现的占验之辞是“无咎”，代表没有灾难。《易经》三百八十四爻，有九十五爻的爻辞中出现“无咎”，意味着平均占卦四次就会碰到一次“无咎”。这说明在预测未来时，结果并不一定非吉则凶，很多时候事态并没有太大的变化，没有明显变好或变坏，我们不必过于担心。居安思危提醒我们，当处境改变时，要主动调整心态。

（二）明白物极必反

我们常说“否极泰来”，但《易经》所列的卦序正相反，是先泰后否。泰卦（䷊地天泰，第十一卦）代表通顺，而否卦（䷋天地否，第十二卦）代表闭塞不通，合在一起展现了由通顺到闭塞的格局。

另有两卦更明显地展示了不同趋向的转化，合成一语是“剥极则复”。剥卦（䷖山地剥，第二十三卦）的五个阴爻一路上冲，眼见位于上九的一个阳爻朝不保夕。接着出现复卦（䷗地雷复，第二十四卦），则见初九一阳复起，重现生机。剥、复是两个极端，剥到极点就会“一元复始”，会有新的机会、新的生机出现。

这提醒我们一切都在变化，对于变化不要太过担心。当一切顺利时，反而要担心如果泰极否来该如何应对；当处处碰壁、剥到极点时，事情往往不会变得更坏，一定会有转机。

（三）必须预为筹谋

家人卦（䷤风火家人，第三十七卦）描写家人相聚之温暖：下卦是火，代表温暖；上卦是风，可将温暖传播开来。我们常说“留一盏灯给最后回家的人”，正体现了家人之间血浓于水的温情。但一家人感情再好，孩子长大后，男大当婚，女大当嫁，还是要开枝散叶，组建新的家庭。因此接着出现的即是睽卦（䷥火泽睽，第三十八卦），睽为睽别分离。只有预为筹谋，分离时才不致过于伤感。

丰卦（䷶雷火丰，第五十五卦）代表物资丰盈，随后便出现了旅卦（䷷火山旅，第五十六卦），正可谓“在家千日好，出门一时难”，人在旅途要处处小心谨慎，居安思危。

（四）保持忧患意识

《易经》有两卦提到“王假（gé）有庙”，意指君王来到宗庙举行祭祀活动，都意在提醒人们要祭拜祖先。第一个为萃卦（䷬泽地萃，第四十五卦），萃为萃聚。人群聚集时容易争夺利益，见利忘义，此时需要祭拜共同的祖先，让大家意识到彼此同根同源，不要斤斤计较，而应利益共享。第二个为涣卦（䷺风水涣，第五十九卦），人群分散之后容易忘记根源，在远离家乡、移居海外之后，要记得祭拜祖先，不要忘本。

《易经》六十四卦都在提醒我们：在人生的特定阶段、特定处境下，哪些是应该做的事，如何做到居安思危、未雨绸缪；如果能主动调整心态，明白物极必反，懂得预为筹谋，保持忧患意识，我们就可让自己时常处于顺境之中。《易经》的义理告诉我们做人处事的道理，给我们以深刻的启发。

第十五节　乐天与知命

《易经》的义理除了“居安思危”之外，还有“乐天知命”。

乐天知命

《易经·系辞上传》中说：“乐天知命，故不忧。”意为：乐天道而知天命，所以不会忧虑。

在占卦时，所得之卦代表所问事情的整体格局与大势所趋，是为“天”。每一卦有六爻，每一爻的好坏不同，占卦所得之爻代表个人目前的位置和遭遇，是为“命”。

有时占到一个好卦，代表大的格局很好，形势比人强，但同时还要看个人所处的位置。如果所处位置不佳，则大环境再怎么好也与你无关。相反，有时占到一卦很凶险，但个人所处的位置不错，就不必担心。

《易经》每一卦有六爻，最好的位置有两个，各位于上下两卦的中间，即由下往上数，全卦的第二爻和第五爻。六十四卦中，位于第二、第五爻，占验之辞好的概率超过90%，体现了中国人的“中庸之道”。譬如，我占到下卦第二爻，上有第五爻与我遥相呼应，可以作为依靠，这表明只要做人处事居中守正，始终不离人生正路，则事事平安顺利。

什么是“乐天”？举例来说，假如现在经济形势不好，这是客观事实，属于“天”的范畴，不是人可以改变的。“乐”表示要以正向而乐观的心态去面对。既然不论高兴还是难过都改变不了大的格局，何必伤心难过？不如积极面对。

什么是“知命”？就是要了解自己的遭遇和命运。事实上，命运往往是由我们的性格造成的。古希腊哲学家赫拉克利特说过：“一个人的性格即是他的命运。”所以，与其羡慕别人命好，不如了解自己的性格并加以改善。

《易经》讲究“时”与“位”：在占卦时，所得之卦代表大的格局，称为“时”；所得之爻代表个人所处的位置，称为“位”。我们做任何事都要看时机是否合适，我们所处的位置与他人的关系如何，应该发挥什么作用。

（一）如何做到“乐天”？

做到“乐天”显然需要一定的修养。当看到大的格局与趋势并不乐观时，如何还能快乐？此时唯有设法明白变化的道理，把修养的要求加于自己身上。《易经》的乾卦象征“天”，其中对人的要求就在于“诚”。

“闲邪存其诚”“修辞立其诚”，这两句话说明行为和言语都需要认真修炼，不然怎能达到“乐天”的境界？“乐天”并非率性随意的态度，而是经长期修炼形成的人生观，不可能一蹴而就。

（二）如何做到“知命”？

“知命”特别值得大家深入思考，孔子说自己：“吾十有五而志于学，三十而立，四十而不惑，五十而知天命。”孔子所谓的“知天命”，除了对自己的性格和遭遇有充分了解之外，更重要的是知道自己有什么使命。因此，首先要了解自己的性格，思考自己为什么会有这样的遭遇，如何加以改善。在此要进一步阐述儒家的思想。

“乐天知命，故不忧”的“忧”字十分关键，儒家思想的特色之一就是对于人类的存在状况感到忧虑。人虽为万物之灵，可以思考、选择和判断，但如果没有受到良好的教育，这样的生命很令人感到担忧。

《易经・系辞上传》提到“一阴一阳之谓道……鼓万物而不与圣人同忧”，一阴一阳两种力量搭配变化，就称为“道”，它鼓动万物的变化而不与圣人一起忧虑。圣人忧虑的是：如果百姓未接受良好的教育就会有偏差之念，以错为对，以假当真，以财富为人生唯一的目标，为了敛财不择手段甚至作奸犯科，到头来追悔莫及，反而错过人生真正的价值。

儒家经典都不约而同地强调“忧虑”。孔子说：“德之不修，学之不讲，闻义不能徙，不善不能改，是吾忧也。”（《论语・述而篇》）孟子说：“是故君子有终身之忧，无一朝之患也。”（《孟子・离娄下》）“无一朝之患”，说明君子并不担心每天的衣食住行，不担心得到或失去了什么外在的东西；“终身之忧”则说明儒家学者一辈子都在忧虑，只担心自己的人格是否达到了更高境界。

孟子曾引用颜渊的话，说：“舜，何人也？予，何人也？有为者亦若是。”（《孟子・滕文公上》）意思为：舜，是什么样的人？我，是什么样的人？有所作为的人也会像他那样。令儒家学者终身忧虑的始终是自己的人格不够理想。因为人性向善，所以一辈子都要担心自己是否不断朝善的方向努力，这就是人的天赋使命。

因此“乐天知命”绝不意味着无忧无虑，相反，人的心中始终要有“忧”。这种“忧”和“乐天知命”相配合，使人的生命永远有提升的空间，人格永远有更完美的境界。

“居安思危”和“乐天知命”是《易经》中义理之精华，值得我们反复思考，深入揣摩。

第十六节　占卜很准吗?

中国古代同时具备了永恒哲学与变化哲学。永恒哲学是一个民族的最高理想，成立国家和政府的目的是体现仁爱与正义。作为古代的天子，应该“作民父母”，表现绝对正义，满足人生在世对永恒的向往。另一方面，人活在现实世界里，面对变化这一普遍事实，需要《易经》这样的变化哲学，使每个人可以了解过去，观察现在，预测未来。

从古至今，各个国家和民族都有一套预测未来的方法，中国保存下来较为完整的方法就是《易经》的占筮。占筮能否准确预测未来？人类历史上既然不约而同地出现了不同的占卜方法，不同方法之间应有共通之处，不可能只有一部分人知道而其他人不知道。

探索频道曾拍摄到一只乌龟被毒蛇咬伤后，自己爬到山上寻找解药，这说明生物具有自我保护的本能，会在自然界寻找对自己有利的条件来避开危险和困境。人作为万物之灵，对于即将发生的事情理应具有更为敏锐的觉察能力。

然而自从人类发明文字之后，人对宇宙万物的了解需要通过语言、文字和思想，这无形中产生一层隔阂，使人逐渐丧失了直接感应的能力。值得庆幸的是，伏羲氏用基本八卦两两相合构成六十四卦，使远古时代的占筮方法得以保存至今。

占筮预测未来为何有效？二十世纪重要的瑞士心理学家荣格[1]曾长期研究《易经》占筮和心电感应现象之间的关系。所谓“心电感应”是指两人相距遥远，却可以相互联系，彼此感应。

有这样一个例子，妈妈在家看电视，两个孩子正坐渡轮去河对岸，此时暴风雨来袭，渡轮眼看就要沉没，妈妈心中焦急万分，大喊“座位底下有救生圈”。后来两名孩子得救，说他们听到妈妈一直在喊“座位底下有救生圈”。孩子在船上怎么能听到妈妈的喊声？如果孩子能听到，船上其他旅客为什么没有听到？荣格通过研究这类心电感应现象，提出一个心理学上的术语，称为“共时性原理”。

一般人的思维常常注意事件的前因后果，依照“过去—现在—未来”做单向

1 荣格早先师承心理学家弗洛伊德，后来自立门派。

思考，称为“历时性原理”。譬如，现在发生一件事，就要分析过去的原因；今天做了一件事，就会推测未来可能出现的结果。佛教有句名言“菩萨重因，凡夫重果”，凡夫看到结果才后悔当初不该种那个“因”，但菩萨了解“因”，因此绝不去做可能导致恶果之事。

心电感应证明“共时性原理”的存在，即同时发生之事有其内在关联。人很容易忽略身边发生的重要细节，俗话说“魔鬼藏在细节里面”。譬如，古人进京赶考，正在烦恼是否中举之际，忽然听到喜鹊的叫声，顿时觉得好兆头；另一个人听到乌鸦的叫声，心中觉得不妙，后来果然应验。

喜鹊和乌鸦怎会知道谁能中举？如果两位考生心中没有烦恼和挂碍，听到鸟的叫声也许只会觉得是否动听；但当心中充满疑惑、面临选择之际，周围出现的某些迹象就会暗示所问之事的结果如何，这就是心电感应现象，荣格称之为“有意义的偶然”。

通常我们认为“偶然”只是碰巧出现而已，没有什么特别的理由，其实天下没有偶然之事，你认为的偶然只是因为尚未找到原因，并非没有原因。比如现在读到关于《易经》的书籍纯属偶然吗？当然不是。如果你不了解《哲学与人生》整本书的体系，没有从头认真读到这里，怎么会看到上面的话呢？

了解共时性原理之后，今后碰到任何情况，我们都要留意同时发生的事件之间的内在关联，并可利用心电感应原理，根据眼前出现的端倪来预测未来的发展。

中国人认为整个宇宙是一个大的生命有机体，其中的万物彼此相通，相互感应，《易经》充分显示了这种宇宙观。《易经》中介绍的占筮方法是祖先留给我们的最好的礼物，当面临困难之际，它会给我们提供未来发展的宝贵线索，帮我们排忧解惑。

古代帝王遇到疑惑需要“稽疑”，方法之一就是用五十根蓍草占筮。蓍草为圆柱形，代表圆融的智慧，占出的卦代表所问之事处于何种格局之中，一卦六爻代表六个不同的位置。有时卦很好，但位置不好，则需慢慢忍耐，不要着急。

譬如，占到乾卦，六爻皆阳，看起来有充沛的生命力，但如果占到初九“潜龙勿用”则位置不佳。初代表开始，九代表阳爻，初九处于全卦最低的位置，从下往上看，上面全是阳爻，初九没有任何发挥的空间，好比一条龙困于水中无法施展。此时只能沉潜等待，抓紧时间培养自己的实力。乾卦最好的位置是九五“飞龙在天”。

当代西方心理学家帮我们证明了《易经》占筮的准确自有其道理。但与各国占卜方法不同的是，《易经》有文字说明。《易经》的文字内容距今已有三千多年的历史，我们今天对占筮结果解读时要进行合理的转换。

因此，《易经》占筮一方面符合全人类在心理上普遍具有的“共时性原理”，同时还保留了文本说明，这是《易经》有别于其他占卜方法的最大特色。

第十七节　解卦不容易

谈《易经》首先要记住两句话：1. 天道无吉凶；2. 占卦容易解卦难。

（一）天道无吉凶

天道是整个自然界的运作，涵盖全部六十四卦，各卦之间都有复杂的关联，彼此环环相扣，构成一个完整的整体，每卦都不可或缺，并无吉凶之分。如果我们每次占卦都要避开不好的情况，人生不经历磨炼和考验，那么即便遇到机会也会失之交臂。因此，学习《易经》不要心存侥幸，要正视现状，积极培育自己的德行、能力和智慧。

（二）占卦容易解卦难

自古以来，研《易》之人不计其数，有句流行语叫“易无定诂”，即《易经》占卦没有固定的解释。今天我们均通过文字去解释卦象，但《易经》起初没有文字，只有卦象，需要人们将问题与卦象直接联系，通过参悟得到吉、凶、悔、吝的启示。

《易经》一般不说“吉凶祸福”，而用“吉凶悔吝”代表四种占验结果，“悔”代表“懊恼”，“吝”代表“困难”。如果不参考文字，《易经》解卦就像猜谜，容易陷入迷信的窠臼。因此，应充分发挥理性的功能，掌握过去、现在的情况，预测未来时就不会偏离太远。

《礼记·经解篇》中，高度概括了古代六经（《诗》《书》《乐》《易》《礼》《春秋》）对百姓的教化效果和可能的弊端：

“入其国，其教可知也。其为人也温柔敦厚，《诗》教也；疏通知远，《书》教也；广博易良，《乐》教也；洁静精微，《易》教也；恭俭庄敬，《礼》教也；

属辞比事，《春秋》教也。故《诗》之失，愚；《书》之失，诬；《乐》之失，奢；《易》之失，贼；《礼》之失，烦；《春秋》之失，乱。”

大家耳熟能详的是“温柔敦厚，《诗》教也”，即推广《诗经》的教化，会使社会风气变得温柔敦厚。孔子说：“《诗》三百，一言以蔽之，曰：思无邪。”（《论语·为政篇》）意为《诗》三百篇，用一句话来概括，可以称之为：无不出于真情[1]。

《诗经》共305篇，分为风、雅、颂三个部分，其中“风”来自各地搜集的民谣，代表了百姓的心声，无不出于真挚情感的流露。由此可见，《诗经》可让百姓更加真诚，形成温柔敦厚的民风。

但有利就有弊，“《诗》之失，愚”，即《诗经》教化的缺点是“愚”。民风淳朴，人易流于愚昧，有人就利用你情感真挚、乐于助人的心理让你上当受骗，因此学《诗经》要避免陷入愚昧。

对于《易经》的教化，其优点为——“洁静精微”。

第一个字“洁”，代表纯洁、单纯。在研究《易经》卦爻的变化时，以及占筮后解卦过程中，心思应特别单纯，不能按自己主观愿望去解卦，不能先射箭再画箭靶。

第二个字“静”，代表心思安静。庄子说：“水静则明烛须眉。”（《庄子·天道》）即水平静时可以清楚照见胡须眉毛，更何况心静呢！心静之后可以照见万物的真相。

第三个字“精”，代表深入。通过深入了解卦象，可以清楚地发现过去忽略了哪些条件，现在哪些细节值得关注，从而使未来的发展有迹可循。

最后一个字“微”，代表奥妙。

如果推广《易经》的教化，会形成单纯、平静、深入且奥妙的社会风气，大家能够见微知著、居安思危，对未来预为筹谋。

《易经》教化的缺点在于——“《易》之失，贼”。

“贼”在此并非指“小偷”，在古代意为“伤害”，即伤害了为人处世的光明正路，变得疑神疑鬼。人有理性，应以理性为正路，研究《易经》要洁静精微，但要避免疑神疑鬼，以免不敢发挥理性的作用而变成迷信。

1 参考《傅佩荣译解论语》。

很多人以为《易经》是迷信，但恰恰相反，《易经》正是为了避免人陷入迷信，从这个角度来说，《易经》是一种非常好的学问。“十三经”中《易经》排第一位，古人显然不认为《易经》是迷信。

最后，用四句话总结《易经》的教化：存自己以诚，待别人以谦，观万化以几，合天道以德。

（一）存自己以诚

《易经》提出“闲邪存其诚，修辞立其诚”，告诫我们要防范邪恶，保持内心真诚，真诚与邪恶势不两立，并且应修饰言辞以建立自己的真诚。

（二）待别人以谦

《易经》六十四卦中最好的一卦就是谦卦，六爻非吉则利。“谦卦”意为藏山于地下，表示自己内在具有实力，外表依然平易近人。俗话说“谦虚纳百福”，人生在世，若能做到自己内心真诚，对别人态度谦虚，则堪称理想的人格。

（三）观万化以几

“万化”指万物的变化，“几”指几微。人在抉择和行动时，要察知几微的苗头，所谓“见一叶落而知秋”，看到树叶飘落就知道秋天要来了。“观万化以几”说明用占卦的方法预测未来是一种正当的途径，可弥补人们理性思考的不足。如果仅靠理性思考，即使我们充分掌握过去和现在，也不能保证未来的发展一定合乎预期。

（四）合天道以德

《易经》的义理用一句话概括就是“观察天之道，安排人之道”。一个人不管如何安排人之道以实现趋吉避凶，最后还是要回到自身的德行修养上来。若非如此，则人生只能停留在伏羲画卦的原始状态，只懂得趋利避害，却不了解人生有更为根本的价值值得追求。

《易经》经过儒家的孔子及后代弟子的努力，发挥出《易传》的义理，对人的生命做出清晰的透视，洞见人性中蕴含的最根本的力量——人性向善。

因此，谈国学传统，无论是作为永恒哲学的《尚书·洪范》，还是作为变化哲学的《易经》，归根结底是要将人生的快乐、人生的目的与德行修养相连接，如此才是人生的正确方向。

第十八节　《易经》的启示

由前文对中国哲学起源的探讨，已经可以肯定中国哲学兼具永恒义和变化义。下面简要介绍中国哲学的特质。

（一）以生命为中心的宇宙观

中国人认为整个宇宙充满生命，是生命“大化流行”的场所。不要以为一堆土、一粒石没有生命，毫无价值。当面对土石堆叠而成的高山时，每个人都能感受到巍峨崇高的力量，心中对高尚人格的向往油然而生。古代常把尧、舜比作高山，人在面对高山大海之际，都会从中得到感发。中国人普遍认为，不要说动物、植物，就连不起眼的矿物与人的生命之间都有互动的可能。

以生命为中心的宇宙观在西方属于较新的“机体论”（Organism），即把宇宙看成一个有机体。西方近代科学迅猛发展，背后的基本预设是“机械论”（Mechanism）。两者差别何在?

机械论认为，物质间只有量的差别，没有质的差别。宇宙像一部机器，有一定的能量可以自行运作，可以分成不同的部分，分别加以观察和研究，这好比黄金从中间切一半变成两块黄金，性质没有差别。

如果按照中国机体式宇宙观来看，好比一只小狗切一半，不是变成两只小狗，而是变成死狗，可谓“牵一发而动全身”。生命是一个整体，就连一根头发也是整体生命的一部分。

西方宇宙观的发展比较有趣。我们曾介绍古希腊第一位哲学家泰勒斯留下两句名言：“宇宙的起源是水”“一切都充满神明”。希腊文中神明（theos）和力量（theoi）是同一个字根，泰勒斯所谓的“水”不是一般的水，其中包含了神明的力量和活力。他的思想一般被称为“物活论”，与中国的“机体论”仍有一些差别。后来西方文化沿着“物本—神本—人本”的趋势逐步发展。

近代科学的基础是机械论宇宙观，但到了20世纪，西方出现了三个重要思潮——量子论、相对论和测不准原理[1]，三者汇合，出现了“机体论”宇宙观。

现代西方哲学家怀特海发展出一套“历程哲学”（Process Philosophy），历程就是过程。西方传统认为最后的本体（实体）是永恒不变的，而怀特海认

1　1900年，普朗克提出“量子论”；1905年，爱因斯坦提出“相对论”；1927年，海森伯提出“测不准原理”。

为实体就是历程，历程就是实体，一切都在变化中，只有在变化中才可以看到本体，离开变化则无本体可言。

中国人认为“即用显体”，“用”代表“功能”，即根据一样东西的功能来显示其本体，如果一样东西没有功能和作用，它的本体是什么亦无从得知。

怀特海在著作中指出：“分子将按照一般规律盲目运行，但是，由于每个分子所属的机体有不同的结构，使得该分子的内在性质随之不同。”

举例来说，牛吃草，代表草中某些分子能被牛吸收。这些分子原本在草中，受草的机体结构影响，表现出草的特性；一旦被牛吸收进入牛的有机结构中，则表现出牛的特性。同样的道理，小孩喝牛奶，牛奶中的分子进入人的身体后，会因为人体特定的结构而使该分子表现出人的特性，因此小孩喝牛奶不会变成牛。怀特海的想法十分精彩。

古代中国人限于当时的科技条件，无法深入研究每一个分子。但怀特海在20世纪却将西方对宇宙的理解由“机械论”转到“机体论”，与中国古代的思想不谋而合。这种想法对于现代人来说极具价值，宇宙充满生命，没有任何东西是多余的。西方人常说“自然界不跳跃”，时间与空间不会跳跃，没有所谓的真空存在，一切都是连续性的发展，不能分割开来研究。

《易经·系辞下传》中写道：“天地之大德曰生。”即天地最大的功能是创生，生生不息。但不要忘记有生必有死，“生”与“死”是相对的。“死”代表分解、消化，但死去的并未消失，仍在天地整个范围内运作。《易经》中以乾卦代表“大生”，坤卦代表“广生”，以“大”形容创生的力量源源不绝、无可比拟，以“广”形容大地广大无边、承载万物。古人认为大地广袤无垠；现代人从浩瀚的宇宙来看地球，才觉得地球十分渺小。

“机体论”在中国最明显的应用是中医和中药。中医理论认为，人的生命与万物彼此相通，生命要配合自然界的运作规律。唐朝诗仙李白（701—762）的诗意境开阔——“揽彼造化力，持为我神通”（《赠僧崖公》），要将天地造化的力量揽于自身，使之成就我的神通。李白认为，人作为天地之灵可以感通自然，自己的心灵可以与天地万物相通。

人生在世，有时会陶醉于美丽的风景而流连忘返；事实上，每一样东西都值得欣赏，宇宙里没有任何东西不让人感到惊讶。庄子说“天地有大美而不言”（《庄子·知北游》）。天地有全然的美妙，却不发一言。

中国哲学的第一个特色就是以生命为中心的宇宙观，认为整个宇宙充满生命，生命是一种“大化流行”，并且广大和谐。如果能体认这一点，人就会珍惜并肯定每一样东西，后面不论儒家还是道家都以这一思想作为前提。

第十九节　人生自强不息

中国哲学的第二个特质所针对的是人的生命，即：

（二）以价值为中心的人生观

宇宙万物的生命生老病死，循环不已，可谓“化作春泥更护花”。与之不同的是，人类的生命有其自身的特色和价值。中国哲学强调，人的生命要设法实现各种价值。

什么是价值？价值一定要经过人的选择才能呈现，一样东西如果没有人类选择便谈不上价值，这并不意味着它没有价值，而是价值无法呈现。譬如，沙漠中的一颗钻石是否有价值？对于骆驼来说，钻石就像一块石头，而且还会反光，很刺眼。

对人类之外的万物来说，没有价值的问题，只有存在的问题。万物构成庞大的食物链，每种生物都要在其中设法生存下去。但是人活在世界上，不会以吃饱喝足为满足，一定会问自己这一生到底要做什么，什么东西对于人来说是最为重要的，我们称之为“价值”。

《易经·乾卦·大象传》写道：“天行健，君子以自强不息。”问题是如何理解“自强不息”四个字？中文有很多成语朗朗上口，气势磅礴，似乎非常深刻，但我们不见得明白其究竟是什么意思。对“自强不息”的理解有以下三种可能：

1. 自强不息是否指每天锻炼身体？坚持每天慢跑锻炼无疑让人佩服，似乎可称为“自强不息”。但是乾卦六个阳爻，代表人的完整生命历程；如果将“自强不息”理解为锻炼身体，那么当人衰老之后，可能无法行动而需要坐轮椅，到那时怎样做到自强不息呢？因此，“自强不息”并非指锻炼身体。

2. 自强不息是否指每日读书、不断学习？这种说法听上去很理想，没人反对；但同样地，人衰老之后怎么办？联合国认为 21 世纪人类最大的威胁是阿尔茨海默病，即老年痴呆症。年轻时饱读诗书，衰老之后也可能统统忘记。因此，“自强不息”也不是指每日读书学习。

3. 自强不息是否指每天行善做好事？这理所当然是标准答案，但关键是人为何要日日行善，死而后已呢？这需要以儒家的人性论来解释说明。

我们举一个中国古代经典中描写孝顺最为精彩的例子。《孟子·离娄上》中提到曾家祖孙三代的故事。曾点、曾参父子二人都是孔子的学生，父亲曾点老了之后眼睛看不清楚，儿子曾参奉养曾点，每餐一定有酒有肉，曾点吃完问：“有没有多余的？”曾参一定回答“有”，然后请示父亲剩下的送给谁。曾点很高兴，因为身体虽然衰老，但每天仍然可以将酒菜送给穷人，继续行善。孟子认为曾参很孝顺，因为他做到了两点：一是养口体，让父亲吃饱喝足，身体保持健康；二是养志，志代表心意，他让父亲行善的心愿得以实现。

多年之后，曾参老了，眼睛看不清楚，其子曾元奉养他，每餐也必定有酒有肉。曾参吃完问：“有没有多余的？”曾元都会说：“没有了。”他准备将剩下的酒菜留到下一顿继续给父亲吃。孟子认为曾元不够孝顺，因为他只能养口体，不能养志[1]，父亲行善的心愿无法实现。

孟子是阐发儒家思想的关键人物，与孔子合称“孔孟之道”。我们该如何理解孟子的观点？

儒家的核心思想是“人性向善”。不管年轻还是衰老，无论健康还是疾病，人只要活着就有人性；“向”代表力量由内而发，当一个人内心真诚，就会有一种力量由内而发，希望做到“善”。所谓“善”就是我与别人之间适当关系的实现，这个定义不仅适用于儒家，也普遍适用于各种场合。“善”不能脱离人与人之间的关系，且要判断关系是否“适当”。“实现”意味着“善”一定是表现出来的“行为”。

曾家的故事启发我们，父母年老体衰之后需要子女奉养，子女让父母衣食无忧不算孝顺，真正孝顺的子女通过学习儒家思想，能够洞见人性的奥秘，父母虽然日渐衰老，但只要还活着，就一定“人性向善”，希望实现行善助人的心愿。能够帮助父母在有生之日不断实现内心行善的意愿，就是子女最大的孝

1 原文：“曾子养曾皙，必有酒肉。将彻，必请所与。问有余，必曰：‘有。’曾皙死，曾元养曾子，必有酒肉。将彻，不请所与。问有余，曰：‘亡矣。’将以复进也。此所谓养口体者也。若曾子，则可谓养志也。事亲若曾子者，可也。”

顺。这是儒家思想的关键，“自强不息”就是指有生之日不断行善。

《易经·乾卦·文言传》说：“君子以成德为行，日可见之行也。”意为君子以成就道德作为行动的目标，要体现在日常可见的行为中。这足以证明“自强不息”就是要每天行善，累积德行。《易经·坤卦·大象传》说：“地势坤，君子以厚德载物。”意为大地的形势顺应无比，君子由此领悟要厚植自己的道德来承载众人。在此，“物”指众人。中国人后来将乾卦比作国君，坤卦比作宰相，俗话说“宰相肚里能撑船”，就是指厚德载物。这些都是《易经》中包含的智慧。

因此，整个中国哲学体现出以价值为中心的人生观。人活在世界上，绝不只是一种生物而已，作为人一定要设法充分发掘自身的潜能。以儒家来说，因为人性向善，所以会反复强调人要设法行善，最后止于至善。以道家来说，它认为人最重要的是具备觉悟的能力，人生在世应努力领悟智慧的真谛。合而观之，德行和智慧无疑是人生最宝贵的价值。

第二十节　永远向上提升

中国哲学除了认为宇宙充满生命，人的生命应该实现价值之外，还有第三个特质：

（三）存在与价值向超越界开放

人的经验只能掌握两个世界，一个是自然界，另一个是人类，这两个世界是不同的。

我们可以画一个圆代表自然界，包括山河大地、鸟兽虫鱼。自然界的一切都遵循物理学、生物学等规律来运作，可称为“实然”，即实实在在的样子。

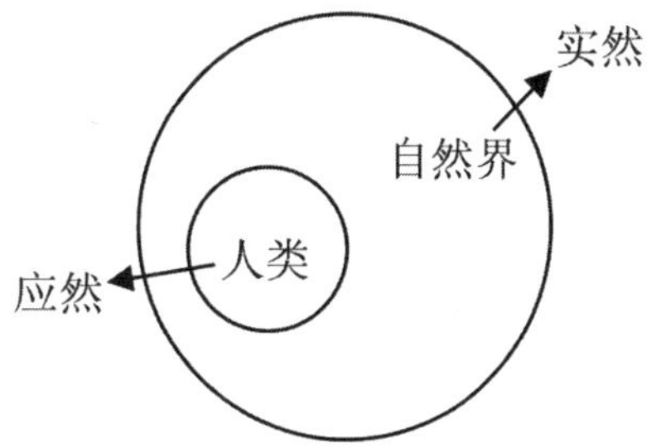

人类处于自然界中，却有别于自然界。人的身体属于自然界，不吃饭肚子会饿，不睡觉头昏脑涨；但人的特别之处在于人会思考和选择，于是就有应不应该的问题。人类可称为“应然”，即应该的样子。人的生命要实现价值，始终要面对应该如何选择的问题。

但下一步呢？如果只有自然界和人类两大范畴，则一切将归于虚无。个人的生命不过百年，自然界再怎么广大，但总归有开始，有结束。按照宇宙大爆炸或黑洞说，宇宙形成于距今约137亿年前；根据专家研究，约80亿年后宇宙会归于虚无。因此，自然界和人类的本质都是虚幻的。我们的经验和理性所能掌握的自然界和人类，称为“内存界”（Immanence）。

是否存在“超越界”（Transcendence），作为自然界和人类的来源和归宿？如果没有超越界作为最后的基础，则浮生若梦，一切好似镜花水月，就像虚拟现实（VR）中所呈现的，一切都是幻觉，如此而已。这是我们所不能接受的。

如果有人接受“一切都是虚幻”的想法，我们也不反对，但如此一来，一切不必多谈，谈问题的权利要交给那些不接受这种观点的人。所有中国重要的哲学家，像儒家、道家都不接受“一切皆为虚无”的观点；他们认为，自然界和人类之外有一个作为基础的世界，那就是超越界。简单来说，超越界不能被证实，但“被要求”存在。

前文在讲到康德的时候，提到过“超越界”的概念。康德认为人的理性无法认识三大本体（自我、世界和上帝），但是人活在世界上，普遍具有道德经验。人一旦从事道德行为，首先要肯定“自我”的存在，否则究竟是谁在做，谁来负责呢？

人愿意负责，代表相信善恶有适当的报应；但人活着的时候善恶报应绝不会圆满，因而人的灵魂在死后继续存在；同时上帝必须存在，以执行善恶报应，才能保证绝对的公平和正义。因此，上帝的存在不能被证明，只能被要求。因为没有上帝，就无法理解人为什么普遍会有道德上的自觉。

何谓“向超越界开放”？

我们学习儒家思想不能忽略孔子“五十而知天命”，这句话常被误解为孔子五十岁学会了《易经》算命，这其实是冤枉孔子。孔子曾说过：君子有三种敬畏的对象[1]，第一就是敬畏天命。“知天命”之后就要“畏天命”。究竟该怎样理解“天命”？

1 出自《论语·季氏篇》。原文：“孔子曰：‘君子有三畏：畏天命，畏大人，畏圣人之言。小人不知天命而不畏也，狎大人，侮圣人之言。’”

《中庸》开宗明义，“天命之谓性”。我们是人，都有人性，人性是向善的，这来自天的命令，因此儒家的超越界就是“天”。

如何判断一套哲学是否伟大，能否构成完整系统？关键要看在这套哲学中是否存在一个概念，它既不是自然界，也不是人类，而是作为两者的来源与归宿，这样的概念就是“超越界”。

譬如，要了解中国古人的思想可读下面两首诗。《诗经·大雅·烝民》说：“天生烝民，有物有则。”烝民指人类，“天生烝民”意为上天生下众多百姓，代表人类的来源是“天”。《诗经·颂·天作》说：“天作高山。”意为天创造了高山。高山象征自然界，代表自然界的来源也是“天”。可见，“天”既非自然界，又非人类。

值得注意的是，中国古代的“天”绝不是指会刮风下雨的自然之天，而是具有多重功能的天[1]。孔子“五十而知天命”的“天”，当然不是指自然界的天空，而是指自然界的来源，“天”就是超越界。人类社会里有没有“天”？人类社会最高只有天的儿子，称为“天子”。

道家之所以令西方学者崇拜，是因为老子提出“道”这一概念，作为万物的来源和归宿。老子强调可以用言语说清楚的就不是永恒的道，我们现在所谈论的道不是“道”的本身，只是道的名称而已，“道”的本身根本没有任何概念。“天”和“道”，正是儒家、道家思想的精彩之处。

除了儒道两家之外，墨家、法家、名家、阴阳家的哲学都有内在的限制，因为这四派哲学都没有超越界。

墨家虽然讲“天志”（天的意志），却用鬼的作为来实现上天赏善罚恶的意志，而鬼的作为就是人类期望的善恶报应。然而，真正的天意绝不等于人意，人意不论如何好、如何努力，与上天的安排也是两码事。

法家借用道家的“道”，却将“道”基本等同于“理”（规则、秩序），将老子的圣人（悟道的统治者）等同于人间在位的君王，可见法家没有超越界的概念。

阴阳家的“天”指自然界，“天人感应”指自然界与人互动，阴阳家亦没有超越界的观念。

1　古代天有五种功能：主宰者、造生者、载行者、启示者、审判者。参考傅佩荣著《儒道天论发微》。

综上所述，中国古代哲学具有三点特质：1. 以生命为中心的宇宙观；2. 以价值为中心的人生观；3. 存在和价值都向超越界开放。这意味着人生永无止境，人永远可以朝更高的目标迈进。

第十章

儒家的风格

第一节 面对虚无主义

本章介绍儒家的风格。谈到儒家，很多人心里不免有阴影，认为儒家思想有问题。中国两千多年以来，帝王专制与儒家思想紧密配合，使人感觉儒家是专制政体的守护神，是复古、保守、封建、落后的代名词。事实上，这真是冤枉！

清朝光绪皇帝实施戊戌变法失败，谭嗣同等人为之壮烈牺牲。谭嗣同在《仁学》中指出："两千年来之政，秦政也……两千年来之学，荀学也……"可见，真正的儒家思想在中国历史上从未实现过。

中国两千多年的政治都是以秦始皇为代表的帝王专制，后面从汉朝一直到清朝的帝王再怎么粉饰，也与秦始皇的作风相去不远。这绝非孔子和孟子倡导的理想政治。孟子心中的理想政治可用一句话来形容："民为贵，社稷次之，君为轻。"（《孟子·尽心下》）在帝王专制体制下，这句话无异于空中楼阁。

中国两千年的学问是荀子的学问，并非孔孟之道。有些学者会将孔子、孟子、荀子三人并举作为儒家的代表，这个说法不能成立。荀子认为自己继承孔子的真传，在自己的书中有两篇文章点名批判孟子：在《荀子·非十二子篇》中把孔子的孙子子思和孟子合称为"思孟"加以批判，又在《荀子·性恶篇》中四度点名批判孟子的"性善"是错误的。

荀子主张性恶，且教出两个学生李斯和韩非。李斯是秦始皇在位时的丞相，韩非是法家的代表。可见，中国历代帝王专制表面打着儒家的招牌，实际上儒家早已被利用，成为巩固统治的最好帮手。统治者主要采用法家的手段来治理百姓，用四个字来形容即"阳儒阴法"。

儒家由孔子所创，谈论儒家的风格，首先要了解其时代背景。

中国古代历史大致为：夏朝四百余年，商朝约六百年，周朝八百余年。周朝分为西周和东周，其中东周又分为春秋时代（前770—前476）和战国时代（前475—前221）。孔子的年代比老子稍晚，处于春秋时代末期，时逢乱世，周天子力量衰微，诸侯群雄并起，礼坏乐崩，天下大乱。

天下大乱则易出现虚无主义。虚无主义并非西方所特有，其实每一个社会都有可能出现。虚无主义有两种：

（一）价值上的虚无主义

这正是儒家要面对的危机。价值上的虚无主义有两个特色：

1. 善恶不分。人们对于是非善恶失去了判断标准，加上人们可以伪装作秀，使得一个社会分不清好人、坏人。

2. 即使分辨出善恶也没用，因为善恶得不到适当报应。

这样一来，谁还愿意行善避恶？人人如此，社会极易崩溃瓦解。这就是“价值上的虚无主义”。

（二）存在上的虚无主义

这是道家要面对的危机。“人生自古谁无死”，无论做什么，人生终将结束。在战乱年代，人活着就是受苦，与其晚死不如早死，这是更可怕的危机。

孔子觉察到社会的危机：百姓觉得做好事没人知道，即使有人知道也没有好报，那为什么还要做好事呢？儒家思想就是在这样的时代背景下出现的。

一般而言，劝人行善有三个理由：

1. 社会规范。礼仪、法律和社会舆论的压力都教育人们行善避恶，因为做坏事可能违背社会整体的利益。但天下大乱之际，社会规范已然瓦解失效。

2. 宗教信仰。信仰宗教使信徒为了死后的报应而愿意行善，如为了子孙有福报、下一世轮回有好报或死后接受审判升入天堂，人们会积极行善。但问题在于：宗教有很多种，宗教间的斗争和冲突此起彼伏，且有很多人并不信仰宗教。因此，通过宗教信仰劝人行善并非普遍有效。

3. 启发良知。使一个人的良知由内而发，主动自发地愿意行善。

孔子充分肯定社会规范（礼、法）的重要性，同时尊重、包容他人的宗教信仰。譬如，当乡里的人举行驱逐疫鬼的仪式时，他穿着正式朝服站在家里东边的台阶上，以示敬意[1]。

更为重要的是，孔子的学说旨在启发人的良知，使一个人的真诚由内而发，产生主动行善的动力。“良知”一词出自《孟子》[2]，一般称为“良心”。孔子将焦点集中于“良心”，设法通过教育的启发，唤醒每一个人与生俱来的良心。

儒家思想可用四个字概括为“承、礼、启、仁”。孔子所承之“礼”兼指“礼乐”而言。孔子平生最崇拜周公，因为周公制礼作乐，将国家导入正轨。但到

1 出自《论语·乡党篇》。原文：“乡人傩，朝服而立于阼阶。”

2 出自《孟子·尽心上》。原文：“人之所不学而能者，其良能也；所不虑而知者，其良知也。”

了孔子的时代，礼坏乐崩，大家表面上行礼如仪、奏乐如常，但内心早已缺乏真诚的心意。

因此，孔子志在传承发扬周公的礼乐教化，并在此基础上“启仁”，即面对他人的处境，通过真诚引发内心的力量，使人心甘情愿主动行善，行善的同时也需要礼仪和法律的配合。整个儒家思想的关键就在于“真诚”二字。

司马迁在《史记·太史公自序》中说：“春秋之中，弑君三十六，亡国五十二，诸侯奔走，不得保其社稷者，不可胜数。”儒家思想正是在春秋末期天下大乱的历史背景下出现的，面对“价值观瓦解”的社会现状，儒家提出一套完整的思想，试图克服时代的危机。下面将通过对孔子生平的介绍，使大家具体了解儒家思想是如何出现的。

第二节　孔子是个典型

孔子的生平很特别。他的父亲叔梁纥第一次结婚生了九个女儿，第二次结婚生了一个儿子叫孟皮，脚有残疾。古代的观念认为一定要设法生一个健康的儿子来延续祖先的祭祀，所以孔子的父亲第三次结婚，生下孔子。

孔子三岁时父亲过世，母亲颜征在将孔子带回娘家抚养成人。孔子十七岁时，母亲过世。早年不幸的遭遇并未使孔子放弃学习，他孜孜以求，不断成长。

（一）十有五而志于学

古代的小孩十五岁之前接受乡村教育，利用秋收后的农闲时间，由乡里念过书或做过官的长辈教导小孩学习。对于男孩，通常要学习：1. 文化常识。譬如鲁国人应了解自己的祖先是周公，齐国人应该知道自己的祖先是姜太公。2. 基本武艺。如射箭、驾车等。

男子十五岁之后要子承父业，跟随父亲做祖先传下的家业。孔子因为父亲早逝，没有机会上学，便自己学习古代只有贵族子弟才有机会学到的知识。孔子学习刻苦用功，常去请教有学问的长辈。没有人会拒绝勤勉上进的孔子，他的学识突飞猛进。

孔子早年遭遇虽然十分不幸，但他有着非常显赫的家族背景。商朝灭亡后，周朝将商朝后裔微子封于宋国，微子死后由弟弟微仲继承国君之位，孔子即是微仲之后。宋国因为是被打败的商朝的余裔，所以一向积弱不振。孔子的祖先弗父何本来可继承宋国国君，但他不愿意做，于是让位于弟弟厉公。

隔了五代之后传至孔子六世祖孔父嘉时，按古代礼制规定“五世亲尽，别为公族”，于是他被分出去成为公族，姓孔氏，这也是孔子姓氏的来源。孔父嘉在宋国受欺辱被杀，他的后代孔防叔（孔子的曾祖父）逃至鲁国。孔子是孔氏的第六代传人，是孔氏到鲁国的第三代传人。

孔子虽然念念不忘自己是商朝后裔，但他对周朝的文化却十分向往。他曾说：“周代的礼乐制度参酌了夏商二代，形成了多么灿烂可观的文化啊！我是遵从周代的文化的。”[1]（《论语·八佾篇》）商朝过于重视鬼神的祭祀，商朝帝王每年有112天要清晨祭祖。周朝的文化则重视人文化成，周公制礼作乐，是孔子最崇拜的古人。孔子曾感慨：“甚矣吾衰也！久矣吾不复梦见周公。”（《论语·述而篇》）

孔子一生努力求学，孔子之“学”有以下特点：

1. 学习的材料是五经六艺，都是为人处世的道理。五经是《诗经》（代表文学）《书经》（代表历史）《易经》（代表哲学）《礼经》（代表社会规范）《乐经》（代表音乐）。六艺是礼、乐、射、御、书、数，即礼仪、音乐、射箭、驾车、书写、计算六种基本技能。掌握了传统所形成的经典与技能，才能从政做官，造福百姓。

2. 学思并重。孔子说：“学而不思则罔，思而不学则殆。”（《论语·为政篇》）即学习而不思考，则将毫无领悟；思考而不学习，就会陷于迷惑。“思”包括主体的理解和反省。

3. 学习应配合德行实践。一次鲁哀公问孔子：“你的学生里面，谁是爱好学习的？”孔子回答说：“有一个叫颜回的爱好学习。他不把怒气发泄在不相干的人身上，也从不重复犯同样的过错。遗憾的是，他年岁不大，已经死了。现在没有这样的学生了，没有听说有爱好学习的人了。”[2]（《论语·雍也篇》）“不迁怒，不贰过”正说明好学应与德行修养紧密结合。

因此孔子所谓的“学习”，并非一般意义的读书而已，而是通过学习古代

1 原文：“子曰：‘周监于二代，郁郁乎文哉！吾从周。’”

2 原文：“哀公问：‘弟子孰为好学？’孔子对曰：‘有颜回者好学，不迁怒，不贰过。不幸短命死矣。今也则亡，未闻好学者也。’”

的经典和技能，经过反思有了自己的心得，同时不断实践，使自己的德行不断提升。

（二）三十而立

“立”代表“立于礼”，孔子三十岁时在社会上立足，与别人来往循规蹈矩、进退自如，此时的孔子在鲁国已经因其博学厚德而闻名。鲁国有三家大夫权势很大，其中的孟僖子参加国际交往活动时，因不懂礼仪而被嘲笑，于是让自己的儿子孟懿子拜孔子为师学习礼仪。孔子想：既然要教授讲学，不如让想学的邻居都来学。于是开始招收弟子，从事教育工作。孔子三十而立，也代表他在社会生活上有了这样的改变。

（三）四十而不惑

孔子到四十岁已没有迷惑：对内可以用理性掌控生命，不因情绪波动而陷入困惑；对外可以了解人间各种复杂的问题。孔子的博学令人难以想象，他博览群书，对当时发生的各种事情都可讲出其中的道理。

有一次季桓子挖井得到一个土罐，其中有个东西像羊，他故意去问孔子，说自己挖到狗。孔子说那是“坟羊”，是一种土中怪物。[1]（《史记·孔子世家》）

孔子在陈国，有人发现一只大鸟被箭射中。孔子认出这是东北肃慎国之箭，是周武王克商时收到的贡品，后赐给了陈国。人们到陈国故府去找，果然找到了同样的箭。[2]（《史记·孔子世家》）

吴国讨伐越国，攻下会稽城，在墙壁里发现一节大腿骨，需要一辆大车来装。吴国派使者请教孔子，孔子说：“禹曾在会稽召集各地诸侯，防风氏因到得太晚而被杀。他有三丈高，大腿骨需要用大车来装。当时最矮的人只有三尺高。”[3]（《史记·孔子世家》）由此可见孔子的博学多闻。

1 原文：“季桓子穿井得土缶，中若羊，问仲尼云‘得狗’。仲尼曰：‘以丘所闻，羊也。丘闻之，木石之怪夔（kuí）、罔阆（làng），水之怪龙、罔象，土之怪坟羊。’”

2 原文：“仲尼曰：‘隼（sǔn）来远矣，此肃慎之矢也。昔武王克商……故分陈以肃慎矢。’试求之故府，果得之。”

3 原文：“吴伐越，堕会稽，得骨节专车。吴使使问仲尼：‘骨何者最大？’仲尼曰：‘禹致群神于会稽山，防风氏后至，禹杀而戮之，其节专车，此为大矣。’……客曰：‘人长几何？’仲尼曰：‘僬侥氏三尺，短之至也。长者不过十之，数之极也。’”

（四）五十而知天命

这句话对于理解孔子的思想至为关键。孔子“五十而知天命”后，五十一岁出来做官，政绩突出。五十五岁时，因不受重用，无法施展才华，孔子于是去职离乡，周游列国，六十八岁时返回鲁国。按司马迁的说法，孔子周游列国前后一共十四年，回鲁国后担任顾问，七十三岁去世。

孔子的一生表面看来波澜不惊，没有什么丰功伟业，但司马迁说：“自天子王侯，中国言六艺者折中于夫子，可谓至圣矣。”中国历代有不少伟大的君王，但都难免于人亡政息。孔子删定、整理“六艺”（即六经），删《诗》《书》、定《礼》《乐》、赞《周易》、作《春秋》，将中国文化发扬光大，不愧为“至圣先师”，其中“至圣”二字即是司马迁对孔子的评价。

下面我们将重点介绍孔子的思想。

第三节　儒家成为学派

本节介绍儒家的外在特色和内在思想的基本主张。

中国两千多年的封建社会虽说一直都是帝王专制政体，阳儒阴法，但所有中国读书人所学习的古代经典主要是由儒家编订的，如五经（《诗》《书》《易》《礼》《乐》）。其中《乐经》早已失传，只留下一些零星的资料。

古代读书人通过学习这些经典成为学者或官员，都会认为自己属于儒家。孔子之前即有“儒”[1]的说法。《周礼·司徒》中说：“师以德行教民，儒以六艺教民。”古代由“师”与“儒”负责教化百姓：“师”负责教百姓德行，使之行善避恶；“儒”负责教百姓六艺，即“礼、乐、射、御、书、数”六种基本技能。儒者在古代也指具有专业能力的人，称为“术士”。

孔子对古代的“儒”加以改造，不再限于传授百姓基本技能，而是将“儒”的特色变成不断学习上进、有明确的个人修养目标——成为“君子”，并期望以此改善社会。

“君子”的说法由来已久，“君子”即“君之子”，代表有身份的贵族阶层，

1　参考章太炎《国故论衡》。

将来可在政治上承担治理百姓的责任。儒家把“君子”当作理想人格的典范，君子就是德行表现非常理想的人。

儒家强调“立志”的重要性，“士心”为志，“士”即读书人，读书人立志的目标是要成为君子。《论语》中“君子”一词都可理解为“立志成为君子的人”。俗话说：“君子立恒志，小人恒立志。”君子立定确定不移的目标，并为之奋斗终生；小人每天立志，无非琐碎之事，且大多无法做到。

怎样判断一个人算不算儒家，可分内、外两方面来看。

（一）外在行为表现出的特色

1. 尊重传统，代表对“过去”的肯定。儒家学者一定熟读古代经典，并对某一经典深入研究。自汉武帝设五经博士以来，想要做官必须熟悉某一种经典。

2. 关怀社会，代表对“现在”负责。儒家没有关起门的圣人，不论何朝何代，治世还是乱世，儒家学者不会离群索居，一定要打开门与人互动，因为儒家对“善”的界定是：善是我与别人之间适当关系的实现。我要修养自己，完成向善的人性，就要投入人群社会，承担社会责任。

3. 重视教育，代表对“未来”的关注。儒家学者有机会从政做官就勇于担当，没有机会做官就设法教学，将学问传授给下一代，所以后代涌现出不少书院。从朱熹到王阳明，都兴办书院、积极讲学，培养了许多年轻的学者。

以上三点是儒家学者外在行为表现出的特色，分别针对“过去、现在、未来”，表明儒家肯定人的生命在时间之流中，既可以继承先人的智慧，不断推陈出新；也能够关怀社会，承担自身责任；更应该重视教育，促成子孙幸福。

具有以上三点特色的学者不乏其人。历史上很多人自认为是儒家学者，彼此间针锋相对，甚至结成帮派、党同伐异，比如荀子就曾严词批判孟子。判断一个人是否是真正的儒家学者，更重要的是看他的基本思想是否具有下述三点主张。

（二）内在思想的基本主张

1. 人人都“可以”成为君子。

君子是理性人格的典范，《论语》中多次谈到君子的特色：“君子和而不同”（《论语·子路篇》），君子协调差异而不强求一致；“君子周而不比”（《论语·为政篇》），君子开诚布公而不偏爱同党；“君子泰而不骄”（《论语·子路篇》），君子神情舒泰而不骄傲；“君子坦荡荡”（《论语·述而篇》），君子心胸光明开朗。

儒家认为，人人皆“可以”成为君子。君子最主要的特色是能够出于真诚而不断行善，在行善的过程中不断提升人格而趋于完美。值得注意的是“可以”二字，只要是儒家，一定会对每一个人都抱有希望，相信只要有好的教育和适当的机会，每个人都可能成为君子。因此，儒家的外在行动才会表现出前面的三点特色。

2. 人人都“应该”成为君子。

把“可以”换成“应该”，代表没有其他选择的余地。人生在世只有两个选择：成为君子或不成为君子。做人就要成为君子，不成为君子意味着不是一个合格的人。

儒家认为“人性向善”，“向”代表由真诚引发内心的力量。人只要真诚，内心就会产生一种要求，敦促自己行善；如果不行善则心里不安或不忍。只要是人，都具有向善的人性，因此每一个人都“应该”成为君子。

3. 一个人成为君子一定会“影响”别人也成为君子。

这一点最为重要。一个人成为君子会不断行善，而善是我与别人之间适当关系的实现，因此，周围的人一定会受他影响，日趋于善。

历史上最有名的例子是舜的故事。舜的父亲和继母都不懂事，舜的弟弟叫象，一家三口每天都在商量如何杀掉舜。但是舜立志成为君子，照样努力做一个好儿子、好哥哥，最后其父亲、继母和弟弟都被感动和感化，都因为舜的影响而改变。

这就是儒家思想的三点基本主张。人人都应该成为君子，必要时甚至可以牺牲生命来完成生命的目的。儒家学者总是从自我要求开始，知其不可而为之，让自己坚定地走在成为君子的道路上。通过不断行善，慢慢影响周围的人朝着积极、正确的方向发展，绝不会推卸责任，随俗从众。

第四节　人性有无问题

本节介绍孔子关于人性的观点，为此先要了解孔子的学习方式。

孔子说自己“述而不作，信而好古”（《论语·述而篇》），意即传述而不创作，对古代文化既相信又爱好。且孔子认为：“我非生而知之者，好古，敏以求之者也。”（《论语·述而篇》）即我不是生来就有知识的，我是爱好古代文化，再勤奋敏捷地学习以获取知识。对孔子来说，“古”指古代经典，如《易经》《诗经》《书经》等。孔子思想承先启后，我们学习孔子思想，一定不能忽略他受到古代经典的影响和启发。

古代经典中是如何界定人性的？如果不说清何谓人性，那么要求百姓接受教育和行善避恶等于无源之水而成为教条，人们怎么会心甘情愿地接受呢？古代经典中，《书经》（即《尚书》）在这方面提供的材料最多，有助于我们了解古人是如何看待人性的。

《尚书·泰誓》说：“天佑下民，作之君，作之师，惟其克相上帝，宠绥四方。”即上天保佑百姓，替他们找到国君和老师，帮助上帝（天）来照顾四方百姓。这说明百姓靠自己恐怕很难走上人生正途，需要国君的领导和老师的教化。《泰誓》作为周武王伐纣的誓师词，做出这样郑重的声明，我们不禁要问：人性到底有什么问题？

《尚书》中反复提到一个观念，如在《君奭（shì）》中，周公劝导召公说：“君，惟乃知民德，亦罔不能厥初，惟其终。”即百姓的德行表现，开始时都能走上正途，就是无法坚持到底。一个小孩天真可爱，为何长大后会变坏？仅仅是因为受到坏的社会风气的影响吗？为何只受到坏风气的影响，却未受到好风气的影响？坏风气又是怎样形成的？

在《尚书·商书·仲虺（huǐ）之诰》中，仲虺告诉商汤说：“惟天生民有欲，无主乃乱。”百姓有欲望而没有君主统治管理，就会胡作非为，因此需要君主和老师的教导。

上述材料出自《尚书》，年代久远，均为孔子时代的学者需要学习的资料。孔子通过这些材料了解到古人对人性的认识，即世间百姓需要有人领导和教育，如果任其发展，则极易步入歧途。

因此，孔子十分崇拜周公，周公通过制《礼》作《乐》使百姓易于走上人生正途。然而面对礼坏乐崩的春秋时代又该何去何从？此时就不能只关注人类生活的纷繁表相，而要有犀利的眼光洞见人性的奥秘。唯有如此，才有可能建构具有完整系统的哲学。

孔子对人性的描述可谓一针见血：“君子有三戒：少之时，血气未定，戒之在色；及其壮也，血气方刚，戒之在斗；及其老也，血气既衰，戒之在得。”（《论语·季氏篇》）亦即要成为君子，必须警惕三点：年轻时，血气还未稳定，应该戒惕的是好色；到了壮年，血气正当旺盛，应该戒惕的是好斗；到了老年，血气已经衰微，应该戒惕的是贪求。

人有身体，随之而来就有本能、冲动和欲望，这些就是孔子所谓的“血气”。人不可能没有身体，因此人只要活着就须小心防范，戒惕谨慎。孔子对于人性的观察与《尚书》的描述相吻合，而且到今天依然有效。由此可知，孔子是一位哲学家，他不会唱高调，一定是根据实际的经验观察，做全面的思考反省，然后指出人生的应行之路。

我们今天学习儒家思想往往开始就误入歧途，把“人性本善”当成孔孟的思想。“人性本善”的说法出自南宋学者朱熹，他将《论语》《孟子》《大学》《中庸》合在一起，分章分句，加入注解，编成《四书章句集注》，该书收集了众多学者的见解，并含有朱熹自己的理学系统。

《四书章句集注》在元朝皇庆二年（1313年）被定为科举考试的主要参考书，并于明朝洪武二年（1369年）被定为科举考试教科书。此后六百多年来，中国所有读书人从启蒙开始，所学的儒家都是朱熹的注解。但朱熹的诠释能如实反映孔子的思想吗？朱熹本人是哲学家，受到北宋学者——特别是程颐（1033—1107）的启发，二程与朱熹的理学派被后代称为“程朱学派”。朱熹提出的“人性本善”的观点在《集注》中随处可见，使许多读书人先入为主地以为“人性本善”就是孔孟的思想。事实上，那只是朱熹的思想。

只要稍稍用心思考“君子有三戒”，就一定不会轻易认同“人性本善”，都会希望弄清楚“本善”是如何定义的。朱熹将人性一分为二，一半是天理，一半是人欲。称天理是天地之性，人欲是气质之性，并认为只有天理才是人性，人欲不算人性。这样对人性加以界定是宋朝学者的发明，我们暂不说对错，只是要清楚孔子、孟子并没有这样的分法。

如今流传甚广的《三字经》是南宋末年王应麟编成的儿童启蒙读物。第一句“人之初，性本善”是朱熹的说法，第二句“性相近，习相远”才是孔子的说法。朱熹本人都承认这两种说法放在一起是矛盾的，因为既然“性本善”，应该说“性相同”才对，不应该说“性相近”。

然而孔子偏偏说的是“性相近”，这表明孔子不会赞同“性本善”的观念。

学习儒家，首先要清楚分辨这一点。我们先不要管朱熹的观念是否正确，重要的是，通过阅读孔子、孟子的原话来了解他们究竟说了什么。

第五节　自我要觉醒

孔子在《论语》一书中对于人有哪些期许和要求呢？孔子思想的首要特色是“自我的觉醒”。

“自我”一词对古人来说很陌生。从《诗经》《尚书》等经典中可以看出，古代只有天子具备这种觉醒，可以自称“予一人”。古代天子的位置很特别，上有天，下有百姓，天子承上启下，作为天与人的中介者，有高度的自觉。后来不少诸侯和政府官员也逐渐觉悟到“自我”，要了解自己并对自己的行为负责，但一般人则不具有这样的自觉。

孔子身逢乱世，如果希望人们行善避恶，则必须唤醒每个人内在的良知。为此，首先必须让人觉察到“自我”是独立的个体，“自我”与他人不同，每个人都有独特的使命。

（一）打定什么主意，全靠自己

孔子说：“三军可夺帅也，匹夫不可夺志也。”（《论语·子罕篇》）三军的统帅可能被抓走，比如，金庸《天龙八部》里的萧峰凭借高超武功，可以在千军万马之中轻松抓获敌方统帅。

但重点在于后半句。路边一个普通百姓只要打定主意，就没有人可以改变他。孔子强调的是每一个人完全可以自己做主，决定这一生要怎么过。

“志”是心意，孔子教学中常常让学生谈论各自的志向，志向在哪里就代表心定在哪里。志向是由内而发的，人只要打定主意，就没有任何人能影响你，整个儒家思想就从这里展开。从前只有天子一个人有这样的自觉，孔子则根据自身的学习心得，教育每一个学生都要对自己的生命负责。

（二）要前进要停止，在于自己

孔子有一个比喻十分生动：“譬如为山，未成一篑，止，吾止也；譬如平地，虽覆一篑，进，吾往也。”（《论语·子罕篇》）意即，譬如堆土成山，只要再加一筐土就成功了，如果停下来，那是我自己要停下来的。譬如在平地上，即使才倒了一筐土，如果继续做，那也是我自己要前进的。

在古代，许多山是人工堆成的。《尚书·旅獒》中就有“为山九仞，功亏一篑”的说法。一座山标准的高度是九仞，一仞为七尺，九仞为六丈三，如果差一筐土不够六丈三，也不能算成功。“止，吾止也”“进，吾往也”是孔子强调的重点，要停下来还是要继续都是由自己决定的，这表明自己的责任重大。人生在世最易忘却自己的责任，人应该对自己的生命完全负责。

（三）走上人生正途，全在自己一念之间

孔子说：“仁远乎哉？我欲仁，斯仁至矣。”（《论语·述而篇》）孔子的思想“承礼启仁”，这句话包含“仁”这一核心概念，更直接地反映了孔子的思想，因而十分重要。

“仁”指行仁，即走上个人的人生正途。这句话意为：行仁离我很远吗？只要我愿意行仁，立刻就可以行仁。

试问，世间有什么东西是“我要”（我欲）立刻就有的？它绝不能由外而来，譬如升官、发财、友谊，所有由外而来的东西都不可能是我要就有的。现在孔子认为只有“仁”是“我欲”就可以达成的。由此可见，“仁”必定是由内而发，只要内心真诚，马上就可以行仁；如果别人勉强我做，则我只是别人行善的工具而已。

（四）走上人生正途，要化被动为主动

颜渊是孔门弟子中“德行第一，好学唯一”的人才，他来请教孔子思想的核心观念“仁”，即个人应如何走上人生正途，孔子的回答无疑代表他一生的主要心得，然而令人遗憾的是，这一章常常被人误解。

“颜渊问仁。子曰：‘克己复礼为仁。一日克己复礼，天下归仁焉。为仁由己，而由人乎哉？’”（《论语·颜渊篇》）颜渊请教如何行仁。孔子说：“能够自己做主去实践礼的要求，就是人生正途。不论什么时候，只要能够自己做主去实践礼的要求，天下人都会肯定你是走在人生正途上。走上人生正途是完全靠自己的，难道还能靠别人吗？”

许多学者会将“克己复礼”分为两截——“克己”与“复礼”，将之译为“克制或约束自己，并实践礼的规范”。这样的译法显然有问题，因为孔子在同一句话中还说了“为仁由己”，针对同一个“己”，先要“克制”自己（克己复礼），代表“自己”不好；又要“顺从”自己（为仁由己），代表“自己”

是好的，岂非前后矛盾？

“克己”的“克”代表“能够”。“克”字作“能够”解，古例甚多，如《尚书·尧典》的“克明俊德”，《尚书·康诰》的“克明德”。

根据专家研究，《论语》中将“己”放在动词后，均作为使动用法的对象，“克己”即“使己克”。因此，“克己复礼为仁”的正确译法为“能够自己做主去实践礼的要求，就是人生正途”。

《论语》中类似的用法还有三个例子，如提到舜“恭己正南面”（《论语·卫灵公篇》），“恭己”不是恭敬自己，而是使自己保持恭敬的态度。子贡请教要具备怎样的条件才可称为“士”，孔子回答的第一句话是“行己有耻”（《论语·子路篇》），指的是让自己操守廉洁而知耻。还有一次孔子评论子产的行为合乎君子的作风，其一即为“其行己也恭”（《论语·公冶长篇》）。

孔子的核心思想在“克己复礼”这句话中突显出来，即化被动为主动。我们从小都是被动地按照父母的要求和老师的指导学习礼仪规范，只有自己主动去实践礼的规范，人格才会挺立，才会赢得天下人的称赞。

后面颜渊请教具体的做法，孔子说：“非礼勿视，非礼勿听，非礼勿言，非礼勿动。”亦即不合乎礼的不去看，不合乎礼的不去听，不合乎礼的不去说，不合乎礼的不去做。先不去做那些不该做的事，然后才能转成主动积极地去做该做之事。

如果把“克己”译为“克制自己”，那么和“非礼勿视、勿听、勿言、勿动”显然语意重复，孔子不可能在回答学生的两个问题时重复同一个观点。孔子强调先从“四勿”着手，逐渐由消极转向积极，最后的修养成果是能够化被动为主动，去实践礼的规范。

“自我的觉醒”正是孔子思想的出发点。

第六节　没见过好人

人性绝非本善，人应该化被动为主动，努力修养自己成为君子。孔子非常认真地看待修养问题，他说自己经常忧虑的有四件事：“德之不修，学之不讲，闻义不能徙，不善不能改，是吾忧也。”（《论语·述而篇》）德行不好好修养，学问不好好讲习，听到该做的事却不能跟着去做，自己有缺失却不能立刻改正，这些都是他的忧虑。可见孔子对修养的重视，他念兹在兹，随时提醒自己。

《论语》中孔子常常感慨自己没有见过什么样的人，至少有七种人孔子没见过：

1.“我未见好仁者，恶不仁者。”（《论语·里仁篇》）我不曾见过爱好完美人格者与厌恶不完美人格者。

2.“有能一日用其力于仁矣乎？我未见力不足者。”（《论语·里仁篇》）有没有人会在某一段时期致力于培养完美人格呢？真要这么做，我不曾见过力量不够的。说明任何人只要愿意行仁，都有足够的力量。

3.“子曰：‘吾未见刚者。’或对曰：‘申枨（chéng）。’子曰：‘枨也欲，焉得刚。’”（《论语·公冶长篇》）孔子说：“我不曾见过刚强的人。”有人回答说：“申枨就是一位。”孔子说：“申枨有不少欲望，怎么做得到刚强呢！”一般人理解的“刚”指坚毅刚强，坚持做一件事不怕牺牲。孔子的话演变为今天的说法即“无欲则刚”。

4.“吾未见好德如好色者也。”（《论语·子罕篇》《论语·卫灵公篇》）我不曾见过爱好德行像爱好美色的人。这说明天下之人都会本能地受到美色的吸引，但喜欢美德则需要努力修炼自己，很难做到。

5.“吾未见能见其过而内自讼者也。”（《论语·公冶长篇》）我不曾见过能够看到自己的过失就在内心自我批评的人。这说明一般人有过错总是文过饰非，找借口推卸责任。

6.“未见蹈仁而死者也。”（《论语·卫灵公篇》）孔子不曾见过有人为了走上人生正途而死，即“杀身成仁”之人。

7.“隐居以求其志，行义以达其道。吾闻其语矣，未见其人也。”（《论语·季氏篇》）孔子没见过避世隐居来磨炼自己的志节、实践道义来贯彻自己的理想之人。

将上述七处“未见”放在一起，足以看出孔子对当时社会的悲观失望，社会上难以见到德行修养理想之人。然而有一个人却是例外，他就是孔子的朋友卫国大夫蘧（qú）伯玉。他们两人交情很好，孔子周游列国到卫国时就住在蘧伯玉家中。

有一次蘧伯玉派人向孔子问候，孔子请他坐下来谈话，说：“蘧先生近来做些什么？”他回答说：“蘧先生想要减少过错却还没办法做到。”使者离开后，孔子称赞使者说：“好一位使者！好一位使者！”[1]（《论语·宪问篇》）孔子也是这样时刻想要改善自己的人。

庄子是战国中期人，比孔子晚约200年。庄子说：“蘧伯玉行年六十而六十化。”（《庄子·则阳》）又说：“孔子行年六十而六十化。”（《庄子·寓言》）庄子用同样的口吻称赞蘧伯玉和孔子，说他们两人都能随年龄的增长而不断提升，德行日趋完美。

《论语》中多次出现孔子教学生提高修养的话，焦点在于“言”与“行”，即说话和做事上。他希望人从年轻时就要“敏于事而慎于言”(《论语·学而篇》)，做事手脚勤快，把该做之事尽快做完，说话则要谨慎，话不可说得太快。

孔子说：“古者言之不出，耻躬之不逮也。”（《论语·里仁篇》）古代的人说话不轻易开口，因为他们以来不及实践为可耻。孔子的学生子贡口才很好，孔子因材施教，告诉他：“先行其言，而后从之。”（《论语·为政篇》）先去实践自己要说的话，做到以后再说出来。

子贡有个毛病，喜欢“方人”，就是品评人物、比较高下长短。孔子则说：“赐也贤乎哉？夫我则不暇。”（《论语·宪问篇》）意为：赐（子贡）已经很杰出了吗？要是我，就没有这么空闲。孔子委婉地批评子贡，提醒他不要总去品评别人的优劣。

孔子的学生司马牛听到几位学长问仁，他也很兴奋地问什么是仁，孔子说：“仁者，其言也讱。”（《论语·颜渊篇》）即行仁的人，说话非常谨慎，吞吞吐吐的。司马牛确实缺乏耐心，他马上又问：“说话非常谨慎，就可以称得上行仁了吗？”他的言下之意是，说话谨慎就算人生正路，这未免太过简单了。

其实很多人一辈子就毁在说话上，要么说话太快，屡屡失信；要么批评太直接，尖刻伤人，到最后没有朋友，追悔莫及。许多人一有想法未经反省立刻说出，正所谓“入乎耳，出乎口；口耳之间，则四寸耳”（《荀子·劝学篇》）。孔子说：“道听而途说，德之弃也。”《论语·阳货篇》）听到传闻就到处散布，正是背离德行修养的做法。

人活在世界上，没有人生下来就本善。性本善是一个抽象的命题，我们暂

1 原文：“蘧伯玉使人于孔子。孔子与之坐而问焉，曰：‘夫子何为？’对曰：‘夫子欲寡其过而未能也。’使者出。子曰：‘使乎！使乎！’”

且不必理会，我们应该学习孔子的务实。《论语》中孔子不断提醒自己、教导学生，说自己没有见过真正走上人生正途的人，代表他与周围的学生、朋友一直都在努力。

孔子说：“过而不改，是谓过矣。”（《论语·卫灵公篇》）人生不怕犯错，有了过错却不改正，那才是真正的过错。又说“过则勿惮改”（《论语·学而篇》），人有了过错为什么害怕去改过呢？因为过错源自个人的性格。孔子说：“人之过也，各于其党。观过，斯知仁矣。”（《论语·里仁篇》）“党”就是“性格类别”，人们所犯的过错，依其本身的性格类别而各有不同。因此，察看一个人的过错，就知道他的人生正途何在。

老师教育年轻学生最怕他们没有任何过错，事实上，年轻人绝不可能没有任何过错。某位学生在老师面前表现不错，只能说明他比较聪明，懂得如何隐藏，这反而不好，让老师无从教起。相反，过错被人看到并指出其实没有什么关系，孰能无过？了解了自己的过错，也就知道了自己努力改善的方向。

孔子认为修养是每一个人都要认真去做的，修养的目标是成为君子。人际互动中，很多时候我们以为自己没问题，其实未必如此。《论语》一书中出现频次最多的一种情绪感受是“怨”，共出现了20次。“怨”分两种：一种是自己抱怨别人，这可通过修炼自己来改善；另一种是别人抱怨我，这就很难通过修炼自己来解决。由此可见修养的重要性，我们学习儒家绝不能忽略这一点。

第七节　总是心平气和

孔子在生活中总是心平气和，安心生活，用现代的话形容可谓“活在当下”。《论语》中有一句话：“子之燕居，申申如也，夭夭如也。”（《论语·述而篇》）孔子平日闲暇时，态度安稳，神情舒缓。千万不要忘记孔子身逢春秋末期的乱世，他在五十五岁到六十八岁期间周游列国，颠沛流离，奔走呼号，希望能够改善整个社会，别人还嘲笑他是丧家狗。然而，他在生活中照样怡然自得，他是怎么做到的呢？

关于孔子的平日生活，《论语》中有两段话要合而观之，这两句话都以“何有于我哉”结尾，不易讲清楚。

（一）子曰：“默而识之，学而不厌，诲人不倦，何有于我哉？”（《论语·述而篇》）

孔子说：“默默存思所见所闻，认真学习而不厌烦，教导别人而不倦怠，何有于我哉？”

这三件事都与善尽老师的责任有关，代表孔子这时的主要工作是教书育人，但“何有于我哉”是什么意思呢？历代以来有两种解释，但都有问题：

1. 将“何有于我哉”理解为“何难于我”。这些事对我有什么困难呢？这样的语气不太谦虚，好像这些事我全都做到了，没什么困难。这不像孔子的口吻，不符合孔子的性格。

2. 将“何有于我哉”理解为“我哪一点做到了”。代表我一点都做不到。如果完全没有做到，孔子何必说呢？

所以最早在翻译这句话时，我将之译为：这三件事，我做到了多少？代表孔子常以此三事提醒自己。我教书多年，对“学而不厌，诲人不倦”深有体会，因为我一学习就厌烦，一教书就倦怠，一开学就希望放假。许多老师恐怕都有同感，孔子能做到这三点实属不易。

（二）子曰：“出则事公卿，入则事父兄，丧事不敢不勉，不为酒困，何有于我哉？”（《论语·子罕篇》）

1. “出则事公卿”：出门在外服侍有公卿身份的人。

古代社会，有人外出做官，退休返乡后仍可穿着特制的服装，年轻人在街上一眼就看出这些老先生做过官，为国家服务过。孔子会主动帮助他们拿皮箱，扶他们上车，给他们让座。

2. “入则事父兄”：回家侍奉长辈亲人。

孔子的父亲和哥哥孟皮都很早过世，孟皮的女儿（孔子的侄女）还是由孔子做主嫁给了孔子的学生南容[1]，因此，孔子回家侍奉的长辈亲人，并非真正的父兄，而是家族里的长辈亲人。出门在外与回到家中，遇到的都是每天发生的事情。

3. “丧事不敢不勉”：为人承办丧事不敢不尽力而为。

这句话特别重要，说明孔子在相当长的时间内主要以帮助别人料理丧事为

1 出自《论语·先进篇》。原文：“南容三复《白圭》，孔子以其兄之子妻之。”

职业。许多学者对此持不同意见，认为孔子怎么可能以办丧事来谋生？

孔子年轻时曾拜访过老子，据说老子比孔子年长约三十岁（即一世）。老子在周朝的洛阳（洛邑）负责掌管国家档案馆和图书馆[1]，是周朝最有学问之人。孔子向老子请教礼仪方面的细节，正好老子负责承办丧事，就让孔子当他的助手。他们在运送棺木途中恰逢日食，太阳不见了，一片漆黑。按照规矩，晚上不能送葬，于是老子和孔子停下来商议，讨论半天也没有结果。不久太阳又出来了，然后又继续完成了葬礼仪式。

古代贵族的丧礼非常慎重，一个大夫从去世到入土需要经过大大小小五十多道手续，必须要有礼仪专家操持。孔子本人就是礼仪专家，贵族家里有丧事会请孔子来帮忙，这应该是孔子相当长时间内的主要工作和收入来源。

《论语》中还有几处相关记载。如："子食于有丧者之侧，未尝饱也。"（《论语·述而篇》）孔子在家有丧事的人旁边吃饭时，从来不曾吃饱过。贵族之家办丧事通常要两三个星期甚至以上，替人主持丧事要在别人家吃饭，不能回家。孔子是个十分真诚的人，看到别人哀痛万分，自己情绪也受到感染，所以不曾吃饱过，于是学生将孔子的表现记录了下来。

学生怎么知道老师没吃饱呢？因为孔子身高一米九二，当时人们都称他为"长人"，每顿饭至少吃四碗，但他替人办丧事只吃半碗就吃不下了。可见，孔子办丧事时不敢不尽力而为。

4."不为酒困"：不因为喝酒造成任何困扰。

孔子所在鲁国即今日山东地区，冬天很冷，每天都要喝点小酒御寒，但孔子喝酒绝不喝醉。

上述四件事放在一起，说明都是日常之事，将"何有于我哉"理解为"我都没做到"或"这些事对我来讲太容易"似乎都不对。

回到尧舜时代，尧时有一首广为流传的民谣《击壤歌》："日出而作，日入而息，凿井而饮，耕田而食，帝力何有于我哉？"这句话就是标准答案。百姓过平常的生活，自由自在，帝王的权威与我有什么关系呢？所以孔子说"何有于我哉"的意思是：把我要做的事情做完，把我该尽的责任尽到，其他一切跟我有什么关系呢？

---

1 参考《史记·老子韩非子列传》。原文："老子者……周守藏室之史也。"

这反映出孔子安心生活的心态，一个人即使身逢乱世，还是可以过得平安愉快。孔子认为做好上述七件事，社会上他人升官发财、国家兴盛衰亡，跟我有什么关系呢？每个人都有自己的身份和位置，有自己该做的事，何必杞人忧天？不如安心于自己的生活。

孟子后来说："孔子进以礼，退以义，得之不得曰'有命'。"（《孟子·万章上》）即孔子做官时要遵守礼仪，辞官时要合乎义行，能不能得到职位，就说"由命运决定"。

《论语》中鲁城的守门人对孔子的描述最为生动传神，称孔子是"知其不可而为之者"（《论语·宪问篇》）。孔子早就清楚自己的理想无法实现，但他还是全力以赴做自己该做的事，没有过多的忧虑，安心于自己的生活。由此可见，人活在世界上，应该都可以过得快乐自在。

第八节　孝顺要有智慧

儒家对"善"的界定是：我与别人之间适当关系的实现。人际互动始于我与父母的关系，如果无法做到孝顺父母，而去谈如何与天下人来往则太过遥远。《论语》中专门讨论孝顺的约有十章，孔子因材施教，对不同的学生给予不同的建议。孔子首先提醒我们，孝顺必须心存尊敬和关爱。

（一）对父母要尊敬——子游问孝

"子游问孝。子曰：'今之孝者，是谓能养。至于犬马，皆能有养。不敬，何以别乎？'"（《论语·为政篇》）

子游请教什么是孝。孔子说："现在所谓的孝，是指能够侍奉父母。就连狗与马，也都能服侍人。如果少了尊敬，又能怎样分辨这两者呢？"这说明孝顺父母，首先要尊敬父母。

可惜的是，这段话常被误解。朱熹及不少学者将之译为：现在所谓的孝，是指能够奉养父母，但是对于狗和马我们也能养育，如果缺乏尊敬，奉养父母与养育狗和马有何不同？这种翻译令人匪夷所思，竟然把养育父母比喻为养育狗和马，实在有欠妥当。

古代家庭中，狗与马是两种对人最有帮助的家畜。狗替人看门，马替人拉车，二者都能服侍人，却不会尊敬人。今天我们还在使用“愿效犬马之劳”一语，表示愿意为别人效劳来回报他人的恩情。因此，用狗和马比喻子女显然较为妥当，表示子女奉养父母时若少了尊敬，就与狗和马服侍人没有什么差别了。

可见，今天用白话文来翻译古代经典，对于正确理解古代思想是多么重要。如果只看朱熹的注解，我们不禁要怀疑这难道也算孝顺吗？为了准确理解古人的思想，必须先要学会诠释学的四个步骤：1. 它究竟说了什么？ 2. 它想要说什么？ 3. 它能够说什么？ 4. 它应该说什么？在充分掌握古代学者的研究资料后，我们还要学会判断，应该怎样翻译才合理。

（二）对父母要关爱——子夏问孝

“子夏问孝。子曰：‘色难。有事，弟子服其劳；有酒食，先生馔，曾是以为孝乎？’”（《论语·为政篇》）

子夏请教什么是孝。孔子说：“子女保持和悦的脸色是最难的。有事要办时，年轻人代劳；有酒菜食物时，让年长的人吃喝，这样就可以算是孝了吗？”

“弟子”“先生”泛指晚辈对待长辈或学生对待老师，但是对待父母不能只是如此。因为没有父母就没有我们，父母的生养之恩山高水长，侍奉父母应该保持和悦的脸色。只有对父母的爱由内而发，完全出于内心真诚的情感，才能表现为和颜悦色。然而不幸的是，生活中常见到“久病床前无孝子”，父母年老体衰、需要子女帮助之际，往往要倒过来看子女的脸色，子女这样的表现显然不算孝顺。

（三）孝顺要合乎礼制——孟懿子问孝

“孟懿子问孝。子曰：‘无违。’”（《论语·为政篇》）

孟懿子请教什么是孝。孔子说：“不要违背礼制。”

孟懿子是鲁国三家有权势的大夫孟孙氏之后，属于贵族子弟。古代贵族是统治阶级，言行皆以礼制为标准，否则不足以领导百姓。孔子以“无违”说孝顺，是指孝顺应合乎礼制或社会规范。

当时贵族权力大，钱财多，有时候会用更高规格的礼仪来对待长辈，以为这样做才算孝顺，实则与自己的身份不合，违背了礼制，造成“僭礼”。《论语》中记载，鲁国贵族季氏“八佾舞于庭”（《论语·八佾篇》）。“八佾”是一种舞名，每佾八人，八佾六十四人，是天子所享之礼乐。季氏是鲁国大夫，按礼制只能享“四佾”，即三十二人的舞蹈。但季氏以大夫的身份僭用天子之礼乐，十分过分，难怪孔子会说："是可忍也，孰不可忍也！"

（四）以适当方式尽孝

1."孟武伯问孝。子曰：'父母唯其疾之忧。'"（《论语·为政篇》）

孟武伯是鲁国大夫孟懿子之子，是个年轻的贵族。孔子深知纨绔子弟最易染上恶习，就提醒他："让父母只为你的疾病忧愁就是孝顺。"人吃五谷杂粮，生病是难免的事，而子女除了生病之外，其他任何事（如求学、交友、为人处世）都不让父母忧愁，就已经很孝顺了。可见，孔子不但因材施教，而且所言之理对一切子女都深有启发。

2."子曰：'父母在，不远游，游必有方。'"（《论语·里仁篇》）

孔子说："父母在世时，子女不出远门。如果出远门，就必须有一定的去处。"孔子并非不让子女远游，而是出行要让父母知道你的行踪。今天这个时代，有 GPS 定位系统，手机随时随地可以视频通话，出游不再是问题。

3."子曰：'父母之年，不可不知也。一则以喜，一则以惧。'"（《论语·里仁篇》）

孔子说："父母的年纪，做子女的不能不记得。一方面为他们得享高寿而欢喜，另一方面为他们日渐老迈而忧虑。"

（五）对父母要委婉劝谏

如果以为儒家要求子女对父母百依百顺，恐怕只看到一面。

"子曰：'事父母几谏，见志不从，又敬不违，劳而不怨。'"（《论语·里仁篇》）

孔子说："服侍父母时，发现父母将有什么过错，要委婉劝阻；就算看到自己的心意没有被接受，仍然要恭敬地不触犯他们，内心忧愁但是不去抱怨。"

宋朝学者罗仲素说："天下无不是的父母。"这并非孔子、孟子的说法。父母也是平凡人，每一个人只要结婚有了子女就变成父母，都有可能犯错，此时子女应委婉劝阻，但不能疾言厉色，盛气凌人。

儒家"十三经"之一的《孝经》据说是曾子所传，在《谏诤章》中，曾子问："敢问子从父之令，可谓孝乎？"子曰："是何言与，是何言与！"孔子连说两句："这是什么话！这是什么话！"孔子接着说："父有争子，则身不陷于不义。"有了敢于谏诤之子，父亲做错事的时候，儿子能够劝阻，父亲才不会深陷不义。

如果父母真的做了错事，又不听子女劝谏，子女只有默默承受。此时只有两个办法：一是设法补救父母之过，减少对别人造成的伤害；二是努力行善来弥补父母的过错。子女修德行善，尽其在我，即是孝心的表现。

儒家思想对于人际关系，只有子女对父母这一伦是唯一需要坚守的底线，并没有所谓的“三纲”，即孔子、孟子并没有“君为臣纲、夫为妻纲”之类的说法。

第九节 从政要有原则

孔子曾在鲁国为官五年，他的不少学生也都从政做官。孔子周游列国期间与各诸侯国的国君亦有频繁往来，他们均多次向孔子请教治国理政的方法。孔子非常熟悉政治的运作，人的社会不可能没有政治活动。

（一）何谓“大臣”

有一次季子然[1]请教孔子：“仲由与冉求可以称得上是大臣吗？”孔子说：“他们不能算是大臣，只能算是具臣。”具臣指具有专业能力可以尽忠职守之人。孔子用八个字形容大臣“以道事君，不可则止”（《论语·先进篇》），即以正道来服侍君主，行不通就辞职。可见儒家有坚定的原则，读书做官就是要造福百姓，如果理想无法实现就果断辞职，交由别人负责，不要贪恋官位。

（二）孔子从政的表现

孔子从政的表现可圈可点，当时鲁国三家大夫势力很大，每个大夫管辖几座城，一座城相当于现在的一个县。从政须从三家大夫所属的基层官员做起，才有机会进入鲁国的权力中心。

鲁定公九年（公元前501年），孔子五十一岁，开始正式从政，为鲁国中都宰（县长）。他制定一系列典章制度和法律规范，使中都县成为其他各县效法的模范。第二年，鲁定公提拔孔子进入鲁国中央，担任小司空（工程部副长官），不久又升任司寇（司法部门长官），负责鲁国的治安。

孔子升任司寇的命令刚一发布，市场里的不法商贩全都销声匿迹。以前卖羊的提前给羊灌水以增加斤称，如今都不敢再使用非法手段。孔子任司寇期间政绩卓越，可用八个字形容：“路不拾遗，男女分途。”有人在路上遗失物品，

1 季氏子弟。

到原地一定可以找到；男女在路上各走一边，以避免嫌疑。百姓之所以如此循规蹈矩，是因为他们知道孔子说到做到，为政严肃认真。

鲁国在孔子的管理下蒸蒸日上，使邻近的齐国感觉受到威胁。齐国在国力上和军事上向来胜鲁国一筹，然而在孔子陪同鲁定公参加夹谷会盟时，孔子大义凛然、义正词严，使齐国自觉理屈，因而归还了以往侵占鲁国的疆土以谢罪，齐国国君铩羽而归。

齐国担心长此以往，鲁国将迅速崛起，于是送给鲁国八十位能歌善舞的美女和一百二十匹骏马。鲁定公无法自持，与执政的季桓子每天不务正业，沉迷于歌舞与赛马中，不再重视孔子。

孔子五十五岁时对鲁国的政治深感失望，毅然决定离开鲁国。当时还是周朝，各国诸侯虽野心勃勃却仍承认周朝天子的地位。士人在一国发展受阻，就到其他诸侯国寻找施展才华的机会。春秋到战国一直有此风气，各国彼此竞争，延揽人才，读书人则周游四方，寻找明主。

（三）圣之时者

孔子离开鲁国时说："迟迟吾行也，去父母国之道也。"（《孟子·万章下》）我们慢慢走吧，这是离开祖国的态度。孔子年轻时去过齐国，齐景公本想重用孔子，却因为宰相晏婴的反对而作罢。孔子离开齐国时"接淅而行"，他毫不迟疑，捞起正在淘洗的米就上路，因为齐国并非孔子的祖国。

孔子的出处进退宛如艺术表演，从容自然，恰到好处，每每凭借智慧做出当下最直接与最准确的判断，孟子称赞孔子为"圣之时者也"。其他类型的圣人都有特定的风格，各有所长也各有所偏；孔子则是该清高就清高，该随和就随和，该负责就负责，可以准确把握行动的时机。所以学习儒家要特别注意"时"这个字，由此凸显出智慧的重要性。

孔子经常"仁""知"并举。"知"就是在适当的时机做适当的事，孔子说："知者乐水，仁者乐山。知者动，仁者静。知者乐，仁者寿。"（《论语·雍也篇》）都是"仁""知"并举，后来又加上"勇"，因为行仁在实践中需要勇气的配合。儒家思想发展到《中庸》，明确提出"知、仁、勇"三达德。

（四）施政原则——上行下效

孔子晚年回到鲁国，被聘为国家顾问，相当于国家的"大老"。此时执政的是季桓子的儿子季康子，他向孔子请教政治的做法，说："如果杀掉为非作歹的人，亲近修德行善的人，这样做如何？”季康子年纪轻轻就掌握生杀大权，动不动就要杀人，实在可怕。孔子回答说：“您负责政治，何必要杀人？您有心为善，百姓就会跟着为善了。政治领袖的言行表现，像风一样；一般百姓的言行表现，像草一样。风吹在草上，草一定跟着倒下。”[1]（《论语·颜渊篇》）这就是“风动草偃”这个成语的出处。

作为政治领袖，首先要以身作则。自身端正，自然上行下效；自身不正，又怎能要求百姓行为端正呢？孔子在另一次季康子问政时即如此回答：“政者，正也。子帅以正，孰敢不正？”（《论语·颜渊篇》）遵循正道、上行下效是儒家施政的基本原则，从要求执政者“子帅以正”到要求大臣“以道事君”，前后思想一脉相承。

（五）治理国家的完整构想

孔子最杰出的学生颜渊曾请教治理国家的方法，孔子的回答格局开阔，令人震撼，他说：“依循夏朝的历法，乘坐殷朝的车子，戴着周朝的礼帽，音乐就采用《韶》与《武》。排除郑国的乐曲，远离阿谀的小人。郑国的乐曲是靡靡之音，阿谀的小人会带来危险。”[2]（《论语·卫灵公篇》）

夏朝历法以农历正月为一月，合乎古代农业社会的农耕需要；商朝的车子既实用又简朴；周朝举行宗教活动时佩戴的冠冕非常庄重且华美；《韶》是舜时的音乐，《武》是周武王时的音乐，属于音乐中的上乘之作；要排除郑国的靡靡之音，远离奸佞小人。可见，孔子对政治有全盘的完整构想。他将夏商周三代的文化精华熟稔于心，再酌情损益以适应当时的情况。

鲁定公曾请教孔子：“一句话就可以使国家兴盛，有这样的事吗？”孔子说：“勉强说来有一句近似的话：‘为君难，为臣不易。’（《论语·子路篇》）”即做君主很难，做臣属也不容易。“为君难，为臣不易”这七个字正是整部《尚书》的核心思想。

鲁定公又问：“一句话就可以使国家衰亡，有这样的事吗？”孔子说：“勉强说来有一句近似的话：‘予无乐乎为君，唯其言而莫予违也。’（《论语·子

1 原文：“季康子问政于孔子曰：‘如杀无道，以就有道，何如？’孔子对曰：‘子为政，焉用杀？子欲善而民善矣。君子之德风，小人之德草。草上之风，必偃。’”

2 原文：“颜渊问为邦。子曰：‘行夏之时，乘殷之辂，服周之冕，乐则《韶》《舞》。放郑声，远佞人。郑声淫，佞人殆。’”

路篇》）”即我做君主没有什么快乐，除了我的话没人违背之外。如果说的话不对而没有人违背，不是近于一句话就可以使国家衰亡吗？

所以儒家谈政治，继承了《尚书》中的永恒哲学，以仁爱和绝对正义作为政治最基本的原则。

第十节　为什么要谈志向

中国哲学的特色是以价值为中心的人生观，人生在世绝非只是生老病死的过程而已，而是应设法实现重要的价值。掌握儒家的价值观，要从孔子与学生谈志向入手。《论语》中孔子两度与学生谈论志向，其中重要的是孔子与颜渊、子路的谈话。

“颜渊、季路侍。子曰：‘盍各言尔志？’”（《论语·公冶长篇》）颜渊与季路站在孔子身边。孔子说：“你们何不说说自己的志向？”

（一）子路曰：“愿车马衣裘，与朋友共敝之而无憾。”

子路说：“我希望做到把自己的车子、马匹、衣服、棉袍与朋友共用，即使用坏了也没有一点遗憾。”由此可见子路个性豪爽，行侠仗义，重视朋友的交情远超过财物。这样的志向很不简单，今天像子路这样的朋友难得一见。

子路有情有义，难能可贵，但还不够好，因为他只对朋友好。天下哪个人不喜欢自己的朋友？很多人为朋友两肋插刀，甚至牺牲生命亦在所不惜。

不仅中国如此，外国亦然。罗马文豪西塞罗曾说：“朋友就像阳光一样，生活中若没有朋友，就像人生没有阳光。”如果没有朋友，人生一片漆黑，没有温暖，这是西方人对友谊的歌颂。

因此，子路的志向很好，但只对朋友好，未免格局有限。

（二）颜渊曰：“愿无伐善，无施劳。”

颜渊说：“我希望做到不夸耀自己的优点，不把劳苦的事推给别人。”

朱熹和不少学者将这句话译为：“不要夸耀自己的优点，不要张扬自己的功劳。”对“无施劳”的翻译是错误的，因为：1.“夸耀优点”与“张扬功劳”两句相似，语意重复；2.颜渊只活了四十一岁，“不幸短命死矣”（《论语·雍也篇》），他没有机会做官，对社会无具体的功劳可言。古代讲功劳要么指出仕做官，造福百姓；要么指家中有钱，造桥铺路。颜渊既未曾做官，又家徒四壁，没有什么功劳可言，又怎会告诫自己不要张扬？

颜渊优点确实很多，孔子曾公开称赞颜渊了不起：“贤哉，回也！一箪食，一瓢饮，在陋巷，人不堪其忧，回也不改其乐。贤哉，回也！”（《论语·雍也篇》）生活如此困顿却能安贫乐道，可见颜渊的德行超过一般人，所以他提醒自己不要夸耀自己的优点，合情合理。

“无施劳”的“施”与“己所不欲，勿施于人”（《论语·卫灵公篇》）的“施”同义，“无施劳”即不把劳苦之事推给被人。

颜渊有优点不去夸耀，有劳苦之事则主动承担，这一来一往之间体现了颜渊志在自我修养，化解自我与他人的界限，走向无私的目标。由此可见，颜渊的境界胜过子路，子路仅对朋友有情有义，却无法兼顾其他人；颜渊消解自我，走向无私，对身边任何需要帮助之人都能伸出援手。

（三）子路曰：“愿闻子之志。”子曰：“老者安之，朋友信之，少者怀之。”

子路说：“希望听到老师的志向。”孔子说：“使老年人都得到安养，使朋友们都互相信赖，使青少年都得到照顾。”

子路这一问问得真好。孔子秉承古代老师的风范，学生有问题请教老师就像敲钟一样，你不敲他不响，轻轻敲则轻轻响，用力敲则用力响[1]。子路问及于此，孔子将心中深藏已久的人生理想和盘托出。“老者安之，朋友信之，少者怀之”仅十二个字，千古之下犹有回音，每一个中国人都应将之铭记于心。

孔子的志向描绘出一个大同社会，其中的老者、少者属于社会的弱势群体，最需要予以关照。这种理念与西方人文主义的思想相契合，即一个社会的文明程度与它对待弱势群体的态度成正比：文明程度越高的社会，越能照顾弱势群体；文明未开化的野蛮社会，则专门欺负老幼妇孺等弱势群体。

孔子在东周春秋时期就能提出这样的志向，难怪会受到西方人的广泛赞赏。西方启蒙运动时期，《论语》被翻译为拉丁文、法文、德文等各种版本，西方人读到《论语》时对孔子无不钦佩，各种“人文主义”的理想都无法超越孔子这十二个字的范围。

同时，朋友相处并不容易，很多人都有被朋友欺骗的经历。朋友之间互相

1 《礼记·学记》云：“善待问者如撞钟，叩之以小者则小鸣，叩之以大者则大鸣；待其从容，然后尽其声。”

信赖代表社会风气十分理想，社会步入正轨，百姓安和乐利，这样大家才能放心交友，“友直，友谅，友多闻”（《论语·季氏篇》），实现“以文会友，以友辅仁”（《论语·颜渊篇》）的理想境界。

孔子的志向实现了吗？没有。这个世界上曾有人实现这样的理想吗？没有。释迦牟尼、耶稣都无法实现，它在过去、现在、未来都不可能实现。但孔子无疑为人类指明了正确的方向。

孔子之志并非凭空玄想，而是基于他的人性论，其要旨如下：人有人性，人性是向善的；人在真诚时会自觉一股力量由内而发，促使自己行善；善是我与别人之间适当关系之实现；别人是谁？天下人都是我的“别人”。因此，我活在世界上，只要有能力和机会，一定尽己之力，由近及远，由亲及疏，让身边的人可以得到快乐的生活。推而广之，最终的目标是让天下人得到快乐的生活，这就是孔子的志向。儒家思想以“人性向善”为基础，可以一以贯之。

如果不讲“人性向善”，对善没有清晰的界定，我们无法理解孔子为何以根本不可能实现的目标作为自己的志向。孔子并非唱高调，他的伟大志向的背后正是以“人性向善”为基础。

总之，儒家的价值观可分为三阶段六层次。

第一阶段是“自我中心”：有“生存”与“发展”二层次。“生存”即活下去，“发展”即追求富贵，这些是人与生俱来就会追求的价值。

第二阶段是“人我互动”：有“礼法”与“情义”二层次。子路追求的即是有情有义，作为孔子的学生至少以有情有义为底线，因为守法与重礼是社会普遍遵行的价值。

第三阶段是“超越自我”：有“无私”与“至善”二层次。颜渊所追求的就是无私，孔子所表现的就是止于至善、世界大同。

我们学习儒家，应将儒家的价值观常放在心上，念兹在兹，躬行实践。

第十一节　孟子承先启后

孔子是儒家的创始人，但《论语》一书材料有限，孔子曾感慨：“莫我知也夫！”（《论语·宪问篇》）没有人了解我啊。孔子最出色的学生颜渊先于孔子两年过世，后来不少学生从政，表现不俗，却很少有人专就孔子的思想深入研究，真正将孔子的思想发扬光大并使之成为完整系统的是孟子。

孟子的年代处于战国时代中期，比孔子晚179年，与古希腊哲学家亚里士多德处于同一时代。可见不论中国还是西方，在处于困境的时代，均不约而同地涌现出重要的思想家。儒家面对的是价值上的虚无主义，如何让百姓重新愿意行善避恶，使社会恢复稳定以继续发展？孟子无疑要回应时代的挑战。孟子的思想具有以下特色：

（一）孟子要学习效法孔子

孟子为自己没有机会亲耳聆听孔子的教诲而深感遗憾，他广泛收集了大量关于孔子的材料。《孟子》一书中引述孔子的言论有二十九句，其中取自《论语》的只有八句。可见孟子时代仍能看到很多《论语》中未收录的其他关于孔子的材料，可惜这些材料没有全部流传下来。我们通过《孟子》书中对孔子思想的引述，可以进一步了解孔子的思想。

（二）孟子将孔子的思想发展完善，使孔子的一贯之道清晰可辨

通过《论语》我们了解到孔子强调自我的觉醒，希望每个人通过真诚使力量由内而发，这是人性向善的思想。孟子将此思想进一步发展，强调认识人性不能只看外在表象，而要注意到人在自然状态下内心表现出的原始动力，称为“心之四端[1]”，即四种开端或萌芽。顺从“心之四端”的要求加以实践，就会做到“仁义礼智”四种善。孟子对人性的剖析非常深刻。

（三）孟子的历史观是认为每隔几百年就会有圣人出现

好比天下分久必合，合久必分，孟子认为每隔几百年就会有圣人出现来照顾百姓。孔子自述“五十而知天命”（《论语·为政篇》），孟子加以发挥，提出“天将降大任于是人也”（《孟子·告子下》）。上天不会随便赋予一个人重任，必定先让他承受各种考验、挑战和磨炼，在此过程中使他修养自己，充分发挥德行、能力、智慧方面的潜能，方可承担天之重任。当然，最重要的仍是德行的修养。

（四）孟子提出“民贵君轻”的政治观

中国古代有“民惟邦本，本固邦宁”（《尚书·五子之歌》）的观念，认

1 所谓“心之四端”，是指人有“恻隐之心，羞恶之心，辞让（或恭敬）之心，是非之心”。这四心其实是同一个心的四端。参看《国学与人生》，傅佩荣著，东方出版社。

为百姓为国家的根本。孟子进一步提出“民为贵，社稷次之，君为轻”（《孟子·尽心下》）的思想，认为百姓最值得肯定和尊重，政治应为百姓服务。

孟子曾引用《尚书·泰誓》的说法：“天降下民，作之君，作之师，惟曰其助上帝，宠之四方。”（《孟子·梁惠王下》）天降生万民，为万民立了君主也立了老师，就是希望国君和老师可以协助上帝来爱护百姓。可见孟子传承古人的智慧和孔子的理念，将之发展为一套完整的思想，十分精彩。

（五）孟子批判异端，辩才无碍

孔子面对礼坏乐崩的时代，要设法“承礼启仁”。孟子的时代，除了孔子的思想外，逐渐出现了墨家、名家、农家等学说，众说纷纭，莫衷一是。孟子针锋相对，视之为“异端”而加以批判。

“异端”[1]一词曾在《论语》出现过，指与我的立场不同的主张，本来没有贬义，孟子则用“异端”指“异端邪说”，即对人心、对社会有害的学说。

孟子对时代的危机深感忧虑，因为异端邪说会影响有权力的国君，如果将偏差的思想应用于实际政治会造成诸多后遗症。后来法家思想大行其道，用于兼并统一战争十分奏效，却造成了极大的后患，使整个社会几乎陷入危亡的困境。

孟子面对各家学说的挑战，从容以对，毫不畏惧。他对孔子的思想了解得非常透彻，形成了完整的体系，遇到不同思想便相互对照，品评高下，表现出辩才无碍的才华。

（六）理想难以实现

孟子周游列国之际，受到各国礼遇，比孔子风光多了。孔子曾于五十五岁到六十八岁期间周游列国，颠沛流离，被人嘲笑为丧家狗，孔子也坦然承认自己是丧家狗，但如果孔子不知家在何方而无家可归，这个世界上还有谁会知道呢？一般人只是从表面看，以为孔子四处谋求官位却有志难伸，其实孔子五十而知天命，六十岁能够顺应天命，他清楚地了解自己的使命何在。

孟子处于战国中期，当时的风气很特别。各诸侯国的国君为了在兼并战争中获胜，纷纷“卑礼厚币”，用谦卑的态度和优厚的待遇来邀请孟子之类的国际知名学者。《孟子》第一篇《梁惠王篇》就记载了孟子与当时的大国君主，

---

1 参考《论语·为政篇》。原文：“攻乎异端，斯害也已。”译文：批判其他不同立场的说法，难免造成争论不休的祸害。

如梁国（即魏国）的梁惠王和齐国的齐宣王之间的对话。

孟子提倡仁政，希望将人心导向正途，由此恢复社会安定，使天下归心，重现商汤、周文王、周武王的“王道”理想，不费太多力气，可以一统天下，这无疑是儒家的政治理想。然而，当时各国都在谋求“富国强兵”，大国争雄的形势不容许施行仁政，因为仁政不但旷日持久，且效果难以验证。

《孟子》一书与《论语》完全不同，《论语》是由孔子学生的学生根据前辈的资料整理编订而成；《孟子》一书则是孟子晚年归隐家乡时亲笔所著，并由其学生帮忙修订完成。因此，《孟子》一书比较完整地表达了孟子的思想，包含了翔实的资料。我们今天学习儒家，主要是指“孔孟之道”，如果没有孟子，孔子的思想恐怕只剩下零星的只言片语，正是孟子将儒家发展为体大思精的思想体系。

第十二节　养浩然之气

孟子学生众多，周游列国时声势浩大，远超孔子的规模。孟子的学生彭更对于如此盛大的场面心存疑惑，于是问孟子：“后车数十乘，从者数百人，以传食于诸侯，不以泰乎？”（《孟子·滕文公下》）跟随的车子几十辆，随从的人员几百位，由这一国招待吃喝到那一国，不是太过分了吗？的确，孟子到梁国、齐国都受到隆重的欢迎，但孟子更看重的是自己的思想主张能否让一个国家的国君和百姓受益。

一次，孟子的学生公孙丑忍不住问孟子：“请问先生的优异之处在哪里？”当时不但各种学派并立，儒家内部亦有不同派别各自发展。孟子认为自己与别人有两点不同：“我知言，我善养吾浩然之气。”（《孟子·公孙丑上》）

第一点：“我知言”，即能辨识言论。通过听别人说话，可以了解这个人的情况如何。譬如：“偏颇的言辞，我知道它的盲点；过度的言辞，我知道它的执着；邪僻的言辞，我知道它的偏差；闪躲的言辞，我知道它的困境。”[1]

第二点：“我善养吾浩然之气。”这一点更为重要，培养“浩然之气”可

1 原文：“诐（bì）辞知其所蔽，淫辞知其所陷，邪辞知其所离，遁辞知其所穷。”

使其充满天地之间。南宋末年爱国诗人文天祥（1236—1283）被捕入狱后所作的《正气歌》，第一句“天地有正气”就是受孟子的启发。

如何培养浩然之气？“气”原指宇宙万物中存在的阴气、阳气两种力量，二者构成万物变化的基础。“气”与“身体”有关，孔子说人有“血气”，是指随身体而来的本能、冲动和欲望；孟子所说的“气”充满在人的身体中，代表人的生命力。通过修炼，可使身体的“气”和内心（可以思考、判断及选择）的“志”合二为一，此即“身心合一论”。

孟子所谓的“气”的修炼，并非道教中意在全身保真、羽化登仙而修炼的气功。学生进一步问：“到底什么是浩然之气？”孟子说：“难言也。”孟子口才出众，却承认“浩然之气”难以说清，因为凡是谈到修养或觉悟的问题，没有实际修行体验的人，只是听别人讲述，好比隔靴搔痒，抓不住重点，这需要个人亲身体会，孟子对此了然于心。但他还是勉强描述了一下，并提出修养的三个要点：

“其为气也，至大至刚，以直养而无害，则塞于天地之间。其为气也，配义与道；无是，馁也。是集义所生者，非义袭而取之也。”

意为：那一种气，最盛大也最刚强，以正直去培养而不加妨碍，就会充满在天地之间。那一种气，要和义行与正道配合；没有这些，它就会萎缩。它是不断集结义行而产生的，不是偶然的义行就能装扮成的。

（一）以“直”来培养

“直”就是真诚。人所能做的就是“真诚”，即按照自己所知的善恶，坚定地站在正确的一边。人之所以会为恶，是因为内心缺乏真诚，计较利害。《易经·乾卦·文言传》说：“闲邪存其诚。”即防范邪恶以保持内心的真诚。这说明真诚与邪恶势不两立，人只要真诚，内心自然向善。真诚就是心思纯粹，做人处世没有复杂的念头，保持单纯而正向的动机，去做该做之事。

（二）配合“义”

“义”字原指“宜”，有“适当”与“正当”两重含义。同一句话不一定对每个人都适宜，同一个行为不一定在各种情况下都正确，所谓“彼一时，此一时也”（《孟子·公孙丑下》）。因此，“义”需要配合智慧的判断。

（三）配合“道”

“道”是人类共同的正路。《论语》中“仁”与“道”多次出现，孔子既说过“志于仁”（《论语·里仁篇》），又说过“志于道”（《论语·述而篇》）；既可以为“仁”牺牲生命（“杀身以成仁”——《论语·卫灵公篇》），也可以为“道”死而无憾（“朝闻道，夕死可矣”——《论语·里仁篇》）。“仁”与“道”的区别在于：“仁”是个人的正路，每个人的人生正路各不相同；“道”是人类共同的正路，对大家都一样。

我们从小先要懂得做人之“道”，长大后，则要根据个人的情况寻找个人的正路，设法求“仁”。孟子所谓的“义”，就是每个人在行仁时根据自身情况所做的考量。“善”是我与别人之间适当关系的实现，而我与别人的关系时常在变化之中，此关系是否适当则需要智慧的判断。

综上，修养的关键有三点：

（一）直：要真诚

人不能一味计较利害，要根据自己的身份、角色、位置等考虑自己的责任，完全出于真诚，做自己该做的事。

（二）义：要适宜

与他人来往，要考虑对方对自己有何期许，我做的事对方能否接受，我说的话对方是否明白，所以“义”是一种权衡。

（三）道：要合礼

道是人类共同的光明大道，《中庸》一书中直接说“道”就是“礼”。“礼”是人类相处时共同的规范，包含礼仪、礼节、礼貌，长幼尊卑各有一定的规格，我们要遵守社会共同的礼仪规范。

可见孟子修养的秘诀在于真诚，与别人的关系设法适当，并走上人类共同的光明大道。

孟子进一步强调要不断集结义行（集义），使生命实现由量变到质变的飞跃，不是偶然的义行（义袭）就能装扮成的，偶尔穿一件道义的外衣，内心缺乏修养则好似无源之水。

孟子认为要打定主意培养浩然正气，但不可操之过急。孟子以“揠苗助长”的故事为譬喻：宋国有个人担心禾苗不长而去拔高，回家后十分疲惫地对家人说：“今天累坏了，我帮助禾苗长高了。”他的儿子赶快跑到田里一看，禾苗都枯槁了。

培养浩然之气不能着急，要日积月累，长期坚持。久而久之，生命将进入“上下与天地同流”（《孟子·尽心上》）的境界，即无论身处何方，与何人来往，通过修养展现出的浩然之气，会使自己到处受人尊敬和欢迎，到处行得通。浩然之气充满天地之间，与天地相通，将人性最可贵的向善的潜能完全发挥出来。这种境界通过循序渐进的修炼而达成，丝毫不会让人觉得勉强。

修养的效果可以影响、感化身边相关的人，达到“君子所过者化”（《孟子·尽心上》）的神妙境界，实现“化民成俗”（《礼记·学记》），使百姓不知不觉中被感化，潜移默化地成就良好的风俗。

孟子这一段描述，是儒家关于修养方法最为完整的阐述。

第十三节　人心的力量

孟子在人性论方面，对孔子的观念进行了充分的阐发，使之形成完整的系统。孟子强调人心有“四端”，即四个开端：

看见有人受苦，心里觉得不忍；看见有人为恶，心里觉得可耻；看见长辈前辈，心里想要退让；看见好事坏事，心里想要分辨。

上述四种心态均是人心在自然状态下的自然反应。

譬如我走在街上，看见有人被车撞伤，心里一定觉得不忍，孟子称之为“恻隐之心”。孟子使用的比喻所针对的是古代社会的情形，他说：现在有人忽然看到一个孩童快要掉进水井里，都会出现惊恐怜悯的心，不是想借此和孩童的父母攀结交情，不是想借此在乡里朋友中博取名声，也不是因为讨厌听到孩童的哭叫声才如此[1]（《孟子·公孙丑上》）。没有任何理由，不去计较利害，看到孩童爬到井边有危险，心中自然就觉得不忍。

这个比喻在今天不太有说服力，因为现在水井已不多见。因此，我们要将孟子的比喻理解为，在任何情况下：

看见有人受苦，心里觉得不忍。比如看到电视新闻中非洲某国出现灾荒，小孩忍饥挨饿、骨瘦如柴，心中就会不忍。此时伸出援手，努力赈灾，就称为“仁”。

看见有人为恶，心里觉得可耻。按照心中的要求，一方面我绝不为恶，一

1 原文：“人皆有不忍人之心……今人乍见孺子将入于井，皆有怵惕恻隐之心，非所以内交于孺子之父母也，非所以要誉于乡党朋友也，非恶其声而然也。”

方面对可耻行径严加批判，这就是“义”，代表正当的、符合道义之事。

看见长辈前辈，心里想要退让。由此表现出的行为就称为“礼”，包括礼仪、礼节、礼貌。

看见好事坏事，心里想要分辨。我不去当“乡愿”（好好先生），而去分辨是非，就称为“智”。

孟子说人心有四种开端，如果按照“心之四端”所要求的去做，行为的结果是“仁义礼智”四种“善”。因此，“善”是后天行为，并非与生俱来，这样的解释符合孟子的原意。

然而，历代不少学者包括朱熹都误认为孟子讲“性善”是指“人性本善”，“仁义礼智”是人生下来就具备的，这显然并非孟子的原意。如果说“仁”与“义”与生俱来，人生下来就有分辨善恶、行善避恶的愿望，将愿望和实现连在一起，勉强说得通。

但是“礼”需要学习各种社会规范，人怎么可能生下来就具有“礼”呢？另外，人生下来只有分辨是非的心，不可能生下来就能将一切是非分辨清楚。人需要不断学习，保持真诚，才能正确分辨是非，如此才能称为“智”。

之所以不少学者误解孟子的原意，是因为《孟子》书中有两段话提到“心之四端”，说法略有不同，要合而观之，仔细分辨。

1.“恻隐之心，仁之端也；羞恶之心，义之端也；辞让之心，礼之端也；是非之心，智之端也。”（《孟子·公孙丑上》）

2.“恻隐之心，仁也；羞恶之心，义也；恭敬之心，礼也；是非之心，智也。”（《孟子·告子上》）

要搞清楚这两句话的含义，先要分辨“等于”和“属于”的不同。古文肯定语句的表达方式常引起人们的误解，我们先举个简单的例子：

1. 孔子者，儒家之创始人也。意为孔子“等于”儒家的创始人。

2. 孔子者，圣人也。意为孔子“属于”圣人这一范畴。

因此，古文中的肯定语句包含“等于”和“属于”两种含义，分辨不清则极易混淆。古代名家代表人物公孙龙最著名的“白马非马”的说法，就是利用这个技巧来混淆视听。

说白马是马，黑马是马，所以白马就是黑马，这怎么可能？说“白马”时只包含白马这一种马，而说“马”时则包含白马、黄马、红马、黑马，所以说“白马”不是“马”，但这也不能成立。问题的关键在于，他混淆了“等于”和“属于”。说白马是马，意思是白马“属于”马，而不是白马“等于”马，白马等于马，黑马等于马，则白马等于黑马就构成了矛盾。

将孟子的两段话合而观之，就会发现孟子在表达中使用了两种不同的方式。第一句“恻隐之心，仁之端也”，是说“恻隐之心”等于“仁之端也”，即恻隐之心是行仁的开端。第二句“恻隐之心，仁也”，则是说“恻隐之心”属于“仁”这一类善行，由恻隐之心所实现的善即是仁。每个人生下来就有恻隐之心，但并非生下来就有仁。这样理解这两段话才不会产生矛盾。

关于孟子的人性论，最为生动形象的描述是“牛山之木”的比喻：牛山的树木曾经很茂盛，由于它邻近都城郊外，常有人用刀斧砍伐，这样还能保持茂盛吗？它黄昏晚间在生长着，雨水露珠在滋润着，不是没有嫩芽新枝发出来，但紧跟着就放羊牧牛，最后就成为现在光秃秃的样子了。人们看见那光秃秃的样子，就以为它不曾长过成材的大树，这难道是山的本性吗？[1]

孟子的比喻说明山的本性是什么？第一个选择，山的本性是茂密的树林，因为本来有树林，后来被砍光、吃光了，变成秃山，这相当于“人性本善”的说法；第二个选择，山的本性是光秃秃的，相当于“人性本恶”的说法。但是，两种说法都不对。

山的本性是“能够”长出花草树木，只要给它机会，在自然的、正常的情况下，总有萌芽发出来。人性亦如此，只要给它机会，一个人就“能够”变得真诚，自然喜欢“理义”。

孟子说：“理义之悦我心，犹刍豢之悦我口。”（《孟子·告子上》）意即任何合理而正当的言行都会使我心感到愉悦，正如肉类料理使我口感愉悦一样。“理”为“合理性”，“义”为“正当性”。口喜欢料理，但不能说口中自有料理；心喜欢理义，也同样不能说心中自有理义。

孟子又以水来比喻人性。水的本性是向下流，但可以用后天的力量使之改变。比如：用手泼水让它飞溅起来，可以高过人的额头；阻挡住水让它倒流，

1 出自《孟子·告子上》，原文：“牛山之木尝美矣，以其郊于大国也，斧斤伐之，可以为美乎？是其日夜之所息，雨露之所润，非无萌蘖之生焉，牛羊又从而牧之，是以若彼濯濯也。人见其濯濯也，以为未尝有材焉，此岂山之性也哉？”

可以引上高山。这难道是水的本性吗？这是形势造成的[1]。

因此孟子说："人性之善也，犹水之就下也。人无有不善，水无有不下。"（《孟子·告子上》），即人性与善的关系，就像水向下流，人性没有不向善的，水没有不向下流的。孟子用水具有向下流的动态趋势来说明人性具有向善的力量。

人只要在真诚、自然的情况下，一定希望行善，否则心里就会不安和不忍。这就是孟子对儒家"人性向善论"做出的最为完整的阐述。

第十四节　真诚是关键

明白了孟子的"心之四端"之后该如何行善？关键在于真诚。人只要真诚，遇到任何状况，心中自然而然会出现善的开端，顺此方向去实践，就会做到四种"善"。需要特别留意的是"仁义礼智"才是善，"心之四端"只是善的开端。

因此，孟子十分强调"充"与"养"二字，"充"指扩充、充分开展；"养"指存养，不仅包括养气（即与身体和行为相关的浩然之气），也包括养心。而"养心莫善于寡欲"（《孟子·尽心下》），养心最好的方法就是减少欲望。

儒家不会将身、心割裂开来思考，因为身与心是合一的，二者分开不符合人的真实情况。但身与心的关系如何？孟子认为：身是小体，心是大体，无论大小都属于个人的组成部分，小代表次要，大代表重要。

明明身体很高大，为什么反而说身是小体呢？因为人的身体具有本能，动物也有本能，所以身体是次要的。孟子说："人之所以异于禽兽者几希。"（《孟子·离娄下》）人与禽兽不同的地方只有一点点，就是"心"。人心虽然看不到，真诚时虽然只表现出一点端倪，并不明显，然而那才是作为人最重要的部分。所以养心和养气要兼顾，人要从真诚而向善出发，不断择善，才能逐渐止于至善。

人生之路究竟该怎么走？《孟子·离娄上》有一段详细的说明：

"身居下位而得不到长官的支持，是不可能治理好百姓的。要得到长官的支持有方法，如果不被朋友信任，就得不到长官的支持了。要被朋友信任

---

1 出自《孟子·告子上》，原文："今夫水搏而跃之，可使过颡；激而行之，可使在山。是岂水之性哉？其势则然也。"

有方法，如果侍奉父母未让父母高兴，就不会被朋友信任了。要让父母高兴有方法，如果反省自己不够真诚，就无法让父母高兴了。要真诚反省自己有方法，如果不明白什么是善，就不能真诚反省自己了。”[1]

孟子不断向前追溯，指出人生最根本的是要有一颗真诚的心，同时要明白什么是善。真诚绝不是主观的一厢情愿，真诚与邪恶势不两立，要做到真诚必须先要了解善的标准何在。若不能分辨善恶，则真诚无从谈起。

孟子十分了解人的生命特色，如果不去教化百姓，任其自然发展，则很难走上人生正路。孟子说：“人之有道也，饱食暖衣，逸居而无教，则近于禽兽。”（《孟子·滕文公上》）人类生活的法则是：吃饱穿暖，生活安逸而没有教育，就和禽兽差不多。由此可见，虽然《孟子》一书中两次提到“性善”的说法，但他的意思绝非人性本善，人没那么容易走上人生正路，孟子也没那么天真。

孟子接着说：“圣人有忧之，使契（xiè）为司徒，教以人伦，父子有亲，君臣有义，夫妇有别，长幼有序，朋友有信。”（《孟子·滕文公上》）圣人又为此忧虑，就任命契为司徒，教导百姓伦理关系：父子有亲情，君臣有道义，夫妇有内外之别，长幼有尊卑次序，朋友有诚信。

契为商朝的始祖，在舜的时代被任命为司徒，专门负责教化百姓，教育的内容主要为“五伦”，即上述五种人与人之间的适当关系。由此推而广之，可将“善”推扩到各种人与人之间的适当关系。我们就是根据孟子的这段话得到儒家对“善”的定义——善是我与别人之间适当关系的实现。契为司徒教百姓什么是善，从此百姓才脱离了禽兽的世界，明善之后才可以真诚行善。

孟子谈“人性向善”最深刻的一段是对舜的描述。舜的身世很坎坷，很小的时候母亲过世，父亲娶了后母，生了个弟弟叫“象”，是个顽劣不堪的人。象长大后觉得舜对自己是一个大的威胁，于是象和父亲、后母三人联合起来要杀舜。舜在这种家庭环境中仍然尽其在我，继续孝顺父母，友爱兄弟。尧听说舜德行出众，就把自己的两个女儿嫁给他，让他做“代理天子”，后来舜将天下治理得非常好。

孟子实在是一个天才，他不可能亲眼看见舜当时的情况，但他的描述生动

1 原文：“居下位而不获于上，民不可得而治也。获于上有道，不信于友，弗获于上矣。信于友有道，事亲弗悦，弗信于友矣。悦亲有道，反身不诚，不悦于亲矣。诚身有道，不明乎善，不诚其身矣。”

传神："舜之居深山之中，与木石居，与鹿豕游，其所以异于深山之野人者几希。及其闻一善言，见一善行，若决江河，沛然莫之能御也。"（《孟子·尽心上》）舜住在深山里的时候，与树木、石头做伴，与野鹿、山猪相处，他与深山里的平凡百姓差不了多少。等到他听到一句好的言语，看见一种好的行为，学习的意愿就像决了口的江河，澎湃之势没有人可以阻挡。

那些说出好的言语、做出好的行为之人，本身不一定知道那就是善，但是舜由于真诚到了极点，听到善言、见到善行之后，立刻深受感动，心中与之呼应。由此可见，舜并非"性本善"，他是因为听到善言和见到善行，引发了内心的力量。因此，舜是"向善"，而明善的关键在于"真诚"。

孟子说："是故诚者，天之道也；思诚者，人之道也。"（《孟子·离娄上》）这是儒家对人性的标准说法。"天"代表自然界，"诚"代表实实在在的样子。宇宙大化流行遵循一种规律，只有唯一的版本，宇宙自然界没有选择的可能。

但是人与万物不同。作为万物之灵，人可以思考，可以选择，人一旦计较利害就不再真诚，后面就会误入歧途，往而不返，一发不可收拾。孟子就是在告诫人们：让自己真诚才是人生的正道。整个儒家的教化就是设法使人真诚，并通过教育使人明白什么是善。真诚与明善相结合，人生就有了稳固的基础。

孟子对人性的看法由"心之四端"层层向上回溯，说明人生在世要对自己负责，就要让自己真诚。人只要真诚，面对周围的人发生的各种状况，内心自然而然会产生一种力量，要求自己去做该做之事。这种力量称为"向"，该做之事称为"善"。善是我与别人之间适当关系的实现，如何判断是否"适当"？只有接受教育才能做出准确的判断。这一整套思想就是儒家的人性向善论。

历史上首次将孟子的"性善"说成"人性本善"并加以批判的是比孟子晚五十年的荀子。荀子专门写作《性恶篇》，其中四度点名批判孟子的"性善"讲错了，他故意将孟子的"性善"说成"人性本善"。荀子批驳的理由很简单：如果人性本善，人为何还要接受教育？为何还需要礼仪、法律的约束？可见"人性本善"实在不能成立。荀子批判得很在理，但他批判的并非孟子的思想，孟子的"性善"是"人性向善"而非"人性本善"。

今天所谓"性本善"的说法来自南宋王应麟编写的童蒙读物《三字经》，这其实是宋朝学者的心得，并非孔子、孟子的思想。

第十五节　君子的三乐

学习儒家哲学之后，实践的效果就是快乐。如果学习儒家之后身心疲惫，觉得人生了无乐趣，岂非自讨苦吃？真正的儒家一定充满喜悦和快乐。

《论语》第一句话："学而时习之，不亦说乎？""说"即喜悦；第二句"有朋自远方来，不亦乐乎？""乐"即快乐，说明喜悦和快乐是儒家思想非常好的验证；第三句"人不知而不愠，不亦君子乎？"别人不了解你，而你并不生气，不也是君子的风度吗？立志成为君子，内心应有定见，不必担心别人是否了解自己。

孟子如何看待快乐？他的一段话令人十分惊讶。孟子说君子有三种胜过当帝王的快乐，我们不免很好奇，很想立刻知道是什么，但听完后又吓一跳，似乎没什么复杂的。

（一）"父母俱存，兄弟无故"（父母都健康，兄弟无灾难）

我每次在公开场合介绍儒家思想时，都会问："具备'父母俱存，兄弟无故'这八个字的请举手。"举手的往往一大片。我再问："认为自己比当国家领导人快乐的请举手。"往往一个举手的都没有。

孟子的话不能仅从字面上将之理解为狭隘的家庭主义。父母是否健在，是否健康，兄弟姐妹是否平安无事，每个人情况各不相同，也不是自己可以决定的。以这八个字为标准，认为它产生的快乐胜过当帝王，显然并非字面的意思。

孟子认为，如果一个人父母俱存，当他出门在外遇到其他老人，就可以比较容易地将对父母的亲爱尊敬之情推广出去，即"老吾老，以及人之老"，尊敬自己的长辈，然后推及尊敬别人的长辈。看到自己的父母渐渐衰老，我在车上就会自然地将座位让给陌生的老人，看到老人摔跤，也会自然地愿意去搀扶，这都是自然的情感推广。相反，如果自己父母已过世，在外面看到别的老人可能就没有特别的感觉。

同样，如果我的兄弟姐妹平安无事，我在外读书有同学，做事有同事，生活有朋友，我就可以很容易地把对兄弟姐妹间的手足亲情推广到与其他人的相处。相反，如果是独生子女，由于缺少与别人分享的经验，将来与人相处可能就会遇到困难。

因此，“父母俱存，兄弟无故”使我有更多机会和家人之间产生亲密的情感，一旦出门在外，与其他人交往，我可以比较容易地将家人之间的情感由近及远、由亲及疏地推广出去，从而实现我与别人之间适当的关系，也就是比较容易做到“善”。这样会满足我的人性向善的要求，使我的人性潜能得以开发，因而会觉得快乐。这种快乐胜过一切，当然超过当帝王的快乐。

（二）“仰不愧于天，俯不怍于人”（对上无愧于天，对下无愧于人）

“俯不怍于人”较容易理解，英国作家查尔斯·兰姆（Charles Lamb，1775—1834）曾说：“别人说我是好人但我自己不觉得，想了很久才知道为什么说我是好人：1. 我从未欠钱不还；2. 我从不打扰别人的聚会；3. 我从不扭断小猫的脖子。”做到这三点就可以被称为好人，可见英国人的格调并不高。人活在世界上，要周围的人称赞你是好人并不难。

第一句“仰不愧于天”则比较令人费解。请问谁抬头看天空会觉得惭愧？出门赶上下雨，我们不会觉得惭愧，只要打伞就好了。孟子所说的“天”与“天空”“天气”无关，孟子的“天”与《中庸》所说的“天命之谓性”的“天”息息相关。我作为一个人有人性，人性要求我行善，而我的人性是与生俱来的，是上天赋予的，我之所以抬头看天不觉得惭愧，是因为我一直在真诚地行善中，没有违背上天赋予的人性的要求。

以“人性向善”为基础来看第二句话，意义就比较丰富，不会局限于英国作家的狭小格局。我和每一个人来往，如果按人性向善的要求做我该做之事，做到“内心感受要真诚、对方期许要沟通、社会规范要遵守”三点，自然问心无愧，胸怀坦荡，如此才是真正的快乐。

（三）得天下英才而教育之

英才是指重点高中、重点大学的学生吗？当然不是。儒家的英才向来与考试无关，与是否获得博士学位无关。儒家的英才只有唯一的标准：有心上进者就是英才。

一个人无心上进，头脑再聪明、IQ 再高也没用，这样的人与别人相处时缺乏真诚之心，不愿意了解什么是善，对社会毫无帮助。他个人也许有所成就，可以获得富贵，但他只是一个自私自利的人。

一个人从出生开始，三岁才能离开父母的怀抱，从小受到父母的养育、老师的教导、长辈的照顾，如果到了可以在社会上立足之际却不能回馈社会，不能成为有用之才而使社会实现更好的发展，这样的人实在不值得我们羡慕。他只是一个人的富贵，对社会来说无关痛痒。

孟子关于快乐还有另外一段话："万物皆备于我矣。反身而诚，乐莫大焉。"（《孟子·尽心上》）一切在我身上都齐备了，反省自己做到了完全真诚，就没有比这更大的快乐了。但是什么叫作万物在我身上都齐备了？这句话应该从"我对万物一无所缺也一无所需"来理解，人生在世需要的物质资源其实非常之少，当我对万物一无所需时，才会有独立的人格。

孔子学生众多，他只称赞颜渊"一箪食，一瓢饮，在陋巷，人不堪其忧，回也不改其乐。"（《论语·雍也篇》）颜渊一贫如洗，每天只吃一竹筐饭，只喝一点白开水，住在简陋的屋子里，却依然快乐。孔子称赞颜渊了不起，孟子的说法可与之遥相呼应，我对万物一无所需，只要做到真诚，就没有比这更大的快乐。

真正懂了儒家，人生的快乐将如影随形，一个人无论遇到什么情况都会体会到发自内心的快乐。

第十六节　修养有六境

如果学习儒家，会发现《孟子》书中有不少观点以前从未出现，属于孟子的原创。孟子对"圣人"的界定就与孔子不同。孔子在《论语》中提到的"圣人"主要指古代的圣王，如尧、舜、禹、商汤、周文王、周武王、周公等。一般人通过修养只能成为君子，要成为圣人则需继续努力，并需要有合适的机缘。孔子说："若圣与仁，则吾岂敢？"（《论语·述而篇》）像圣与仁的境界，我怎么敢当？孔子不敢自居圣人或仁者，因为圣人和仁者一定要盖棺定论。

（一）四种圣人

孟子说圣人有四种，把"圣人"的门户打开一些，扩大了"圣人"的范围，让每一个人都有希望通过修养成为圣人。

1. 圣之清者（清高）

以伯夷、叔齐两兄弟为代表。他们本是商朝末年孤竹国国君的两个儿子，因为互相谦让谁也不愿继承国君之位，都向西跑到周国投靠周文王。周武王伐纣，二人扣马谏阻，反对革命，希望维护已近六百年的商朝统治。周武王灭商后，他们不再吃周朝的粮食，饿死在首阳山上。孟子说："伯夷叔齐不在恶人的朝廷做官，不与恶人交谈。"[1] 孟子认为他们是圣人中最为清高的。

2. 圣之和者（随和）

以柳下惠为代表。他不在乎别人如何，只管把自己的事情做好。柳下惠说："你是你，我是我，你即使在我旁边赤身裸体，又怎能玷污我呢？"[2] 孟子认为柳下惠是圣人中最为随和的。

3. 圣之任者（负责）

以伊尹为代表。伊尹是商汤的宰相，只要给他工作，他一定尽力做好。伊尹说："我是天生育的百姓中先觉悟的人，我将用尧、舜的这种理想来使百姓觉悟。"他觉得天下的百姓中，如果有一个男子或一个妇女没有享受到尧、舜的恩泽，就像是自己把他们推进山沟里一样。[3] 孟子认为伊尹是圣人中最负责任的。

4. 圣之时者（时宜）

以孔子为代表。"时"即适当的时机，孔子做任何事都选择最适当的时机，该清高就清高，该随和就随和，该负责就负责。孟子认为孔子可谓"集大成"，是圣人中最难做的，因为"时"需要两方面的配合：一方面是行仁，即不断行善、做好事；另一方面是智慧，判断是否合乎时宜一定需要智慧的配合。

（二）人生六境

更进一步，孟子谈到人生修养有六个境界，这是孟子思想中最为重要、最具特色之处。

"可欲之谓善，有诸己之谓信，充实之谓美，充实而有光辉之谓大，大而化之之谓圣，圣而不可知之之谓神。"（《孟子·尽心下》）

1. 可欲之谓善

可以让我欲求的，就是善。将"善"排在首位，是因为人性向善，喜欢善

---

1 出自《孟子·公孙丑上》，原文："孟子曰：'伯夷，非其君不事，非其友不友。不立于恶人之朝，不与恶人言。'"

2 出自《孟子·公孙丑上 / 万章下》，原文："尔为尔，我为我，虽袒裼裸裎于我侧，尔焉能浼我哉？"

3 出自《孟子·万章下》，原文："'予，天民之先觉者也。予将以此道觉此民也。'思天下之民匹夫匹妇有不与被尧舜之泽者，若己推而内之沟中……"

的言论和行为，本来就是人很自然的表现。孟子说“可欲之谓善”省略了主词，所以容易引起误会。一位研究儒家的美国学者将孟子的话进一步发挥，说：“可欲之谓善，所以牛排是善的。”牛排很好吃，大家并不反对，但牛排的“善”和孟子所说的“善”是两码事。

孟子认为人的身和心是合一的，身称为“小体”，心称为“大体”。孟子所说的“可欲之谓善”不是指“身体”的可欲，而是指“心”之可欲。我的心对于“善”有一种直接的、自然的、本能的愿望，在任何地方看到有人做好事都觉得很喜欢。

2. 有诸己之谓信

“信”为“真”，只有在自己身上实践了“善”，才是真正的人。因为人性向善，所以当看到别人行善时，我的心里自然觉得很喜欢，这是对善的肯定；当我真的实践了善行，成为一个善人，才可算是真正的人。

3. 充实之谓美

“充实”是指在任何时候、任何地方、任何情况下，我都能行善。“美”在此指值得欣赏的人格之美，即人格有完美之表现，并非指艺术之美。

4. 充实而有光辉之谓大

人格表现完美，并且发出了光辉，即人格的光芒能照亮每一个阴暗的角落，所到之处没有任何黑暗和阴影，这样的人可称为真正的“大人”。

5. 大而化之之谓圣

“大”仅有光辉，“化”则代表有“化民成俗”的力量。人生修养抵达圣人的境界，不仅人格完美而展现光辉，还会表现出力量。譬如孟子形容伯夷、叔齐可以“廉顽立懦”[1]，伯夷、叔齐的作风，可以让贪婪的人变得廉洁，懦弱的人立定行善的志向。孟子所说的四种圣人都可谓“大而化之”，可以感化百姓，使之振作，从而形成良好的风俗。

6. 圣而不可知之之谓神

这是孟子思想中最为特别的一句话，让我们不得不佩服孟子的高明。

“神”代表神妙的境界，不是指神仙。“神”的境界比“圣”还高，而且“不可知之”，说明人的生命是个奥秘，人永远不要给自己设限，不要认为自己只

1 出自《孟子·万章篇下》。原文：“故闻伯夷之风者，顽夫廉，懦夫有立志。”

能做一个普通读书人、普通上班族，或者最多只能做一个君子。

佛教里用“不可思议境界”形容最高的境界，孟子则说“圣而不可知之”，表明不能用任何言语和概念描写那种神妙的境界。人生抵达此一境界将与万物合而为一，与天地相融无间。

可见，儒家绝不是只关注现实生活。教书、做官、造福百姓，只是儒家横的侧面；“善、信、美、大、圣、神”的人生六境，展现了儒家纵的侧面。作为“天地之心，五行之秀，万物之灵”的人，每个人都是宇宙神妙的产物，每个人都有一颗心，只要真诚地将此心存养存扩，生命就会抵达与整个人类合而为一的神妙境界，这正是孟子思想中最令人赞叹之处。

第十七节　诚意的方法

介绍完孔子、孟子的思想之后，我们接着介绍《大学》一书。所有中国读书人都知道《论语》《孟子》《大学》《中庸》合称“四书”，它由南宋学者朱熹合编而成并加上完整注解，于元朝皇庆二年（1313 年）被列为科举考试的主要参考书。此后六百余年，所有中国人学习儒家都通过朱熹的注解去了解这四本重要经典。

《大学》和《中庸》本来不是两部书，而是《礼记》[1] 中的两篇文章，《大学》只有一千多字而已。这里面有几个值得思考的问题：

（一）《大学》在说什么？

《大学》成书在汉代，属于儒家思想逐渐形成的时期。儒家学者在学术传承中主要负责古代经典的编辑和讲解，司马迁为此十分推崇孔子，认为中国古代的“六经”（《诗》《书》《礼》《乐》《易》《春秋》）由孔子所折中选定。孔子删《诗》《书》，定《礼》《乐》，赞《周易》，作《春秋》，其学生及后辈代代相传。

古代“大学”被称为大人之学，只有王公贵族的子弟满十五岁才有资格进入。孔子的后代弟子大部分做了老师，且对古代经典非常熟悉，于是撰写了一篇文

1　《礼记》是由汉朝学者所编纂，所以很多人认为《礼记》是后来才有的，但实际上里面的材料还是古代的东西。

章作为大学的基本教材，教导可以世袭官位的贵族子弟如何进行修养，以及将来如何做个好官。

因此，《大学》一书在古代是专供那些有世袭官位、将来准备从政的年轻贵族子弟所使用的教材，一般人看了也没用，因为《大学》中有八条目——格物、致知、诚意、正心、修身、齐家、治国、平天下，一般人只能做到修身。“齐家”的“家”在古代指大夫之家，并非指普通百姓的家庭，能有“齐家”的机会已经很难得，自古以来只有极少数人有机会去治国、平天下。

（二）如何理解《大学》第一句话“大学之道，在明明德，在亲民，在止于至善”？

1. 对“在明明德”的理解有很大的争议。

朱熹是南宋学者，比孔子晚1600多年，他纯粹以宋朝学者的观点来说明什么是“明明德”：第一个“明”是“彰显”；对于第二个“明”，朱熹认为人性本善，所以“明德”代表人生来就具有的光明的德行。

在此，“明德”有两种选择，一是“光明的德行”，一是“高明的德行”，哪个对？

《大学》最晚可能是汉代学者所著，我们不能从一千多年后的南宋学者的注解中去了解“明德”一词的含义，而要从更早期的《尚书》之类的古代经典中去了解。

《尚书》中“明德”出现九次，有两义：一是以“明”为动词，指君王“彰显”其德行；二是以“明德”为术语，指君王“高明伟大的德行”。需要注意的是“明德”指“高明”的德行，而不是“光明”的德行。“光明”描述的是每一个人生下来心中就有光明的品德，“高明”指只有天子和诸侯这些统治者才可能表现出的高明的德行。德行只有高低之分，伟大与平凡之别。如果说光明的德行，难道还有不光明的德行吗？

在《尚书》中，“明德”的具体表现就是好好照顾百姓。因此，“明明德”就是要贵族子弟通过学习，了解古代的圣王贤君如何表现出高明的德行，了解他们是如何善待百姓、开展德治教化的。

2.“在亲民”，就是亲近照顾百姓。

朱熹和王阳明为此针锋相对。朱熹直接说“亲”就是“新”，即让百姓革新。然而什么才是革新百姓的最好方法？还是要回到“亲”，从亲近照顾百姓着手。

为政的关键是“上行下效”，官员自身德行杰出，亲近百姓，百姓自然受到感化而跟着行善自新。因此，“亲民”可以包含“新民”，但“新民”不一定能反过来包括“亲民”，仅要求百姓革新，未必能做到亲近照顾百姓。

今天读《大学》一书，要记得这本书当时并不是给普通人念的，而是特别针对贵族子弟，让其了解到自己的责任是什么。书中的观点与《尚书》一脉相承，让统治者明白自己应表现高明的德行，善待百姓；然后要以身作则，亲近照顾百姓；最后才能实现“平天下”的伟大目标，即“止于至善”。

（三）诚意是修养的关键

一般人学《大学》，只有格物、致知、诚意、正心、修身是普遍适用的，修养的重点在于诚意。介绍孔子、孟子的部分曾多次提到“真诚”，对于“真诚”最好的修炼建议就在《大学》诚意一章。诚意有三个重点：

1.“毋自欺”，即不要欺骗自己。人有时可以欺骗别人，却很难欺骗自己。若要真诚，则需要先了解什么是善。如果一个人不了解什么是善，就没有自欺和欺人的问题；一旦了解，就会分辨自己的意念是善还是恶。此时不要违背自己早已知道的善恶，替自己找借口。

2.“自谦（慊，qiè）”，即对自己满意。有时候天下人都对我满意，我却对自己不满；有时候天下人都对我不满，但我却对自己满意。肯定自己的意念符合所知的善，不欺骗自己，就会觉得问心无愧，心安理得，这就是自谦（慊）。

3.“慎独”。做到毋自欺并不容易，其功夫在于慎独。一个人独处时也要十分谨慎，要像曾子所说的“十目所视，十手所指”，好像身边有五个人盯着你、指着你，不要以为自己独自一人就可以放肆。独自一人时若能做到慎独，出门在外、与人来往时自然中规中矩。否则，一个人独处时忘乎所以、为所欲为，与人来往时还想表现出适当的分寸，不仅虚伪，而且临时伪装也十分困难。

《大学》一书对现代人最大的启发即在于如何让自己做到真诚：不要自欺，对自己满意，独处时要特别谨慎。修炼自己做到真诚，可以从以上三点出发。

第十八节　中庸是用中

本节介绍“四书”的最后一本《中庸》。谈到《中庸》一书，很多人第一个就要问："中庸是什么意思？"中国人常说"中庸之道"，听起来像是不温不火，不走极端，无过无不及，总给人含糊其词之感。北宋学者程颐将"中庸"解释为"不偏之谓中，不易之谓庸"，即不偏向任何一个方面就称为"中"，"庸"为"平常"，不要有特别的作为就称为"庸"。但是，这样的解释等于没讲，还是不够清晰。

（一）中庸就是用中

我们可以直接就《中庸》的内容来解释"中庸"一词的含义。

《中庸·第六章》以舜为例，说他"执其两端，用其中于民"。舜对于百姓的事情都要把握事情的正反两端，再将合宜的做法加在百姓身上。"用其中于民"是关键，"中"代表适中合宜、恰到好处，亦即代表"善"；"用"是设法选择适中合宜的做法（善）加在百姓身上。

因此，"中庸"应倒过来看，"中庸"就是"用中"。"中"代表善，即真诚由内而发，做事恰到好处。"庸"与"用"通，有两层含义：1. 明善，只有先知道什么是善才能"用"；2. 择善，"用"的时候需要选择。

"中庸"即"用中"，可进一步解说为"择善固执"。《中庸·第二十章》说："诚之者，人之道也。"又说："诚之者，择善而固执之者也。"因此，"择善固执"就是"人之道"，这是《中庸》一书的重点。

（二）中庸开宗明义

中庸开宗明义，开篇三句话精彩之至："天命之谓性，率性之谓道，修道之谓教。"即天所赋予的就称为本性，顺着本性去走的就称为正路，修养自己走在正路上就称为教化。

我年轻时读儒家著作，看到第二句"率性之谓道"就觉悟到儒家认为人性是向善的。上面已得知"择善固执"是"人之道"，这里又说"率性"（顺着本性的要求去走）就是"人之道"。因此，"率性"（顺着本性的要求去走）就是"择善固执"，这就像数学推理：A=C，B=C，所以 A=B。

如果人性本善，为什么还需要"率性"，需要人顺着人性的要求去走？同时，如果人性本善，又何必择善？既然人生正路需要"择善固执"，那么人性当然是向善的。

不过"向善"仍有前提。《中庸》强调人要"真诚"，并且要"明善"，只有知道什么是善，才能去择善。

（三）中庸将儒家思想发挥到极致

一般认为儒家思想以人为中心，道家思想则不以人为中心。《中庸》一书的最大贡献是将原本以人为中心的儒家思想扩充出去，设法涵盖整个自然界。

《中庸·第一章》说："喜怒哀乐之未发，谓之中；发而皆中节，谓之和。"喜怒哀乐尚未表现出来时，称之为中，"中"代表均衡的状态。比如我刚起床，与别人未曾见面，喜怒哀乐还没表现出来，此时的心态是稳定的均衡状态。

表现出来都能合乎节度，称之为和，"和"代表"和谐"。虽然我会发怒或悲哀，但可以恰到好处，该发怒就发怒，该悲哀就悲哀，能够适可而止。

随后一句话的境界令人难以想象："致中和，天地位焉，万物育焉。"天下众人完全做到中与和，天地就各安其位，万物就生育发展了。这里由人类社会跳跃到涵盖天地万物的广阔境界，孔子、孟子并未扩展到如此境界。

《中庸》的特别之处即在于：将个人的生命、人类的生命和宇宙万物结合在一起，最后可抵达"赞天地之化育"（《中庸·第二十二章》）的程度。能抵达此一境界的人是真诚到极点之人，显然还需有帝王的身份。如果不是帝王，即使真诚到极点也无法影响到广大百姓。如果帝王能真诚到极点，在他的带领下社会面貌将焕然一新。

在此首先要说明"真诚"。《中庸》一书的核心即是"诚"，《中庸·第十六章》第一次出现"诚"[1]这个字。人平日有时心不在焉，以为神不知鬼不觉。然而当人在宗教祭祀时，会相信鬼神无所不在，"洋洋乎如在其上，如在其左右"，鬼神好像洋溢在我们的上方，好像洋溢在我们的左右，此时此刻，人当然能够觉察到内心是否真诚，有没有自欺。

自《中庸·第十六章》以后，就开始发挥"诚"这个字，最为精彩的是《中庸·第二十二章》：

"唯天下至诚，为能尽其性；能尽其性，则能尽人之性；能尽人之性，则能尽物之性；能尽物之性，则可以赞天地之化育；可以赞天地之化育，则可以与天地参矣。"

意即，只有在全天下真诚到极点的人，才能够充分实现他自己本性的要求。能够充分实现自己本性要求的人，才能够充分实现众人本性的要求。能够做到

1 原文："《诗》曰：'神之格思，不可度思，矧（shěn）可射思。'夫微之显，诚之不可揜（yǎn）如此夫！"

这一点的，当然只有帝王一人。儒家强调上行下效，帝王如能像尧舜般尽善尽美，百姓就能把他们的人性发挥到极致。

能够充分实现众人本性要求的人，才能够充分实现万物本性的要求，使动植物都能顺利成长发展，虽然自然界的食物链不可避免地造成了生存竞争，但万物整体上处于和谐状态。

能够充分实现万物本性要求的人，才有可能助成天地的造化及养育作用。“赞”代表助成。

可以助成天地的造化及养育作用的人，就可以与天地并列为三了。“参”代表“参与”，也代表人与天、地鼎足而三，形成天、地、人三个层次。

中国人一向认为人生于天地之间，天地变化有一定的规律，有时需要依靠人的力量使天地万物更为和谐。其实，天地万物本来没有“不和谐”的问题。本书第四章讲到神话时曾说，上帝创造万物，人类出现后才有了各种灾难和问题。只要人类不去干预，宇宙万物的和谐更易达成。

《中庸》是儒家思想的结晶，它将儒家从以人为中心推扩到整个自然界，使宇宙万物形成和谐的整体，要求最高领导人做到“天下至诚”。这是多么大的要求，多么高的期许啊！

这正是儒家思想的伟大之处，即使理想的帝王不会出现，当每一个人读到这部经典时，都会对自己的生命产生全新的看法。我们的生命何其珍贵，我们要不断修养自己、教育自己，以期达到最高的人生目标。

第十九节　修炼的秘诀

我们可用四句话总结儒家思想：1. 对自己要约；2. 对别人要恕；3. 对物质要俭；4. 对神明要敬。“自己”和“别人”合在一起涵盖了整个人类世界，“物质”可以涵盖整个自然界，“神明”（包括我们的祖先和天地的神明）涵盖了超越界。这四句话可以进一步概括为四个字：约、恕、俭、敬。

（一）对自己要约

儒家一定强调个人修养，在《论语》中谈修养常针对人的“言”与“行”，人在说话和行动两方面容易过度，需要约束自己。

孔子说："道听而途说，德之弃也。"（《论语·阳货篇》）听到传闻就到处散布，正是背离德行修养的做法。孔子认为一个人如果不知自我约束，无法做到真诚，很可能变成乡愿。"乡愿，德之贼也。"（《论语·阳货篇》）不分是非的好好先生，正是败坏道德风气的小人。

因此，德行修养一定需要约束自己，因为人性有其弱点。真要学习儒家思想，要将宋、明学者"人性本善"的观点放在一边，应就《论语》《孟子》本身的材料加以了解。孔子一直强调人要修炼自己，有过则改，当然对人性的弱点有非常深刻的认识。

《论语》一书中多次出现"怨"这个字，第一种指我抱怨别人，第二种指别人抱怨我。如果是我抱怨别人还容易改善，可以要求自己不要抱怨；如果是别人抱怨我则较难避免，人与人之间常因误会而互相抱怨。

如果想做到"对自己要约"，该从何下手？读《论语》会发现，一般人常常"有怨而无耻"。"耻"意为"有羞耻心"，这个字十分重要。有一次子贡请教孔子："要具备怎样的条件，才可称为士？"孔子回答的第一句话就是"行己有耻"（《论语·子路篇》），即本身操守廉洁而知耻。由此可知，人生的自我约束和修养应从"无怨而有耻"入手，修炼自己做到对任何人、任何事都没有抱怨，同时让自己具备羞耻心。如此一来，人格水平自然非同一般。

（二）对别人要恕

如心为"恕"，即将心比心，换位思考。《大学》一书谈到治国、平天下之道时，特别提出了"絜矩之道"：厌恶上位者所做的，就不要以此使唤属下；厌恶属下所做的，就不要以此事奉上位者；厌恶在前者所做的，就不要以此交代在后者；厌恶在后者所做的，就不要以此跟从在前者；厌恶右边的人所做的，就不要以此对待左边的人；厌恶左边的人所做的，就不要以此对待右边的人。这称为衡度言行规矩的方法。可见"絜矩之道"对于上下、前后、左右六个方面都要换位思考，用孔子的话说就是"己所不欲，勿施于人"。

"絜矩"就是衡量该怎样与别人来往，等于"将心比心"。譬如我不喜欢上级领导对待我的方式，我就要想到如果我以同样方式对待下属，他也一定不喜欢。如果每个人都为他人设想，都有体谅他人的心态，这个社会该多美好！又譬如，有的学生因为疲倦而上课打瞌睡，如果老师不加体谅，直接批评说打瞌睡的都是坏学生，那么老师上课时偶尔讲错了，学生也不加以谅解，如此一来，人与人之间怎能好好相处？所以“对别人要恕”就是对别人要多加体谅。

（三）对物质要俭

对平常所用之物要节俭。我由于从小家里经济困难，一张白纸、一支铅笔已属难得，所以直到今天，我仍保留着一个习惯，只要一张纸背面是白色的就舍不得丢弃，仍会用来记笔记或打草稿。古人提倡“敬惜字纸”，即用尊敬之心珍惜写字的纸。如今环保问题日趋严重，如果对物质不加节俭，势必会对大自然造成更严重的危害。

对物质节俭的观念在《论语》中也多次出现。孔子的学生林放请教礼的根本道理，孔子回答：“礼，与其奢也，宁俭。”（《论语·八佾篇》）一般的礼，与其铺张奢侈，宁可俭约朴素。古代社会重视礼仪的规格，只有财力雄厚的贵族才能面面俱到，一般百姓的财力根本无法负担。孔子强调节俭，意在使有限的资源供更多人使用，这是很好的观念。

（四）对神明要敬

神明包括我们的祖先在内。古代社会有三祭：天子祭天地，诸侯祭境内山川，百姓只能祭祖先。帝王专制政体瓦解后，天子、诸侯已不复存在，只保留了百姓祭祀祖先的仪式。西方学者研究中国的宗教，说中国的宗教就是祖先崇拜，此一说法虽符合经验上的观察，但祭祀祖先其实只是中国祭祀活动的一部分。

中国人的祖先崇拜是一个优良的传统，一个人如果祭拜祖先、尊敬祖先的话，他做任何事都会比较收敛。《诗经·小雅·小宛》提到“无忝尔所生”，即不要让你的父母和祖先蒙羞。在古代社会教育不普及的情况下，《诗经》中这些简单的话使大家懂得收敛，尊敬祖先，做一个好人。

“约、恕、俭、敬”四字，对于二十一世纪的我们来说，仍然适用。我们如果将这四个字放在心中，就更容易把握《论语》《孟子》《大学》《中庸》等儒家著作的重点。“对自己要约，对别人要恕”涵盖了人类世界；“对物质要俭，对神明要敬”涵盖了自然界和超越界。神明除了包括祖先之外，还可包括孔子所说的“天”、古人所说的“上帝”或宗教信仰中的至上神。以这样的视角来思考，对于生命就能获得完整的理解。

第二十节　向善的人性

本节将儒家思想做一下总结。

（一）儒家重视学习

儒家从一开始就肯定人具有与生俱来的能力，即人有理性可以学习和思考，学习不但可以使自己的生命潜能得以发掘，对整个社会而言也具有正面价值。如果大家都能拓展理性的能力，整个社会将逐渐走上人类的光明大道。

人有理性可以思考，在面临众多选择时，究竟应该怎样做才最为恰当？我们可以广泛地借鉴历史经验：夏朝草创之际励精图治，传至夏桀暴戾恣睢导致灭亡；商汤一心为民，传至商纣荒淫无度而灭亡；周朝传至周厉王、周幽王陷于昏乱，平王东迁建立东周，后来周天子失势，群雄争霸，导致东周瓦解。一个人的生命经验常局限于狭小的范围内，人可以通过学习获得丰富的知识和经验，不必凡事亲身经历。

孔子在教学中就以古代经典作为教材，使学生懂得了许多为人处世的道理。人的一生时光短暂，一去不返，怎可浪费大好时光？人应该不断学习，并在实际生活中发挥理性，学以致用。

（二）儒家重视真诚

儒家重视学习，但另一方面也清醒地意识到，不可能每个人都有机会接受良好的教育，良师益友极其难得，所以儒家十分重视真诚。一个人如果真诚，即使没有良师益友，只要他善于观察和学习，人生还是大有希望。

《孟子》书中，记录了曹交和孟子的对话。曹交可能是曹国国君的子弟，有一定的家世背景。曹交请教孟子说："每个人都可以成为尧、舜，有这样的说法吗？"孟子说："有的。"曹交说："我听说周文王身高十尺，商汤身高九尺，现在我有九尺四寸高，却只会吃饭而已，要怎么办才好？"[1]

这样的说法让我们觉得曹交很可爱，很坦诚地说自己只会吃饭；但他的思考能力显然有问题，又不是打篮球，身高和成就怎么会有关系呢？曹交希望留在孟子门下学习，孟子委婉地拒绝了他，孟子说："子归而求之，有余师。"（《孟子·告子下》）你回去自己寻找，老师多得很。孟子告诉曹交只要自己

1 出自《孟子·告子下》，原文："曹交问曰：'人皆可以为尧、舜，有诸？'孟子曰：'然。''交闻文王十尺，汤九尺。今交九尺四寸以长，食粟而已，如何则可？'"

用心观察身边，处处可见善行。

（三）好善优于天下

孟子的学生很多，可惜没留下具体的著作，很难判断他们的成就如何。孟子的学生在为官方面也乏善可陈，只有一个学生叫乐正子，鲁国有意让他治理国政，孟子说："我听了这个消息，高兴得睡不着。"学生公孙丑问："乐正子刚强吗？有聪明谋略吗？见多识广吗？"孟子都说不是。孟子解释说："其为人也好善。"（《孟子·告子下》）孟子认为乐正子这个人喜欢听取善言，喜欢看到善行。又说："好善优于天下。"（《孟子·告子下》）即喜欢善言善行，以此治理天下都绰绰有余。

一个人在国家担任要职，最重要的是乐于发现优秀人才，喜欢听取好的建议。我们今天还在使用"集思广益""群策群力"这些成语，任何社会要实现良性发展、国家政治要上轨道，绝不能靠一己之力，一定需要大家同心协力，围绕共同的理想和目标去奋斗。

后来孟子对乐正子的表现很失望，因为乐正子为了保持富贵，向齐国的权臣王驩（huān）靠拢（《孟子·离娄上》）。对此孟子显然不满意，因为作为儒家学者，要考虑一横一纵两个侧面。

（四）人生应考虑一横一纵两个侧面

1. 儒家注重人生的横侧面：关怀社会，希望将自己的能力推广出去，照顾更多的人。

《孟子》书中有许多相关的精彩格言：

"居天下之广居，立天下之正位，行天下之大道；得志，与民由之；不得志，独行其道。富贵不能淫，贫贱不能移，威武不能屈，此之谓大丈夫。"（《孟子·滕文公下》）

居住于天下最宽广的住宅，站立于天下最正确的位置，行走于天下最开阔的道路；能实现志向，就同百姓一起走上正道；不能实现志向，就独自走在正道上。富贵不能让他耽溺，贫贱不能让他变节，威武不能让他屈服，这样才叫作大丈夫。

孟子还说："穷则独善其身，达则兼善天下。"（《孟子·尽心上》）孟子这些话掷地有声、荡气回肠，让我们感到一股"浩然之气"，人生充满理想。但如果结合自己的具体情况，这些话真的能做到吗？这当然是美好的理想。

横的侧面关注于人类社会，其中政治是关键。孟子谈到古代圣人伯夷、伊尹和孔子的共同点时，说："行一不义，杀一不辜，而得天下，皆不为也。"（《孟子·公孙丑上》）这十六个字无疑是中国历史上关于政治的最高典范：如果他们做一件不义的事，杀一个无辜的人，即便因此得到天下，他们都是不会去做的。

请问在中国古代历史上谁做到了这十六个字？为了争夺政治权力，我们见过太多的以子弑父、以弟弑兄的人伦悲剧，一家人尔虞我诈、相互残杀的不计其数。孔子的节操令孟子为之深深感动，这说明儒家确实有崇高的理想，但想要实现却十分不易。

2. 儒家也注重人生的纵侧面：人要对天（超越界）负责。

孟子的德行、学识出众，但他的主张无法得到当时诸侯国君们的重视。孟子辞官离开齐国时，学生充虞在路上问孟子，说："先生好像有些不愉快的样子，以前我听先生说过：'君子不怨天，不尤人。'"孟子说："夫天未欲平治天下也，如欲平治天下，当今之世，舍我其谁也？"（《孟子·公孙丑下》）"当今之世，舍我其谁"八个字真是豪气干云，但是奈何天还不想让天下太平，我又能有什么办法？

儒家思想与墨家不同，儒家认为天和人的想法一定有落差。人可以理解天命，明白上天赋予了我们向善的人性，一辈子努力行善；但却不能认为自己已经做得很好，埋怨上天不给我们当帝王或帝王之师的机会，没让我们真的改善世界。天命难测，人永远只能负责自己能掌控的部分，却不能倒过来埋怨天不公平。人只能尽其在我，对自己负责，我生在这个时代，没有机会便罢，有机会则一定要做到尽善尽美。

这就是中国读书人两千多年来一直抱有的理想，我们学习儒家思想要始终将这样的观念置于心中。儒家有横侧面，自己对天下人都有责任，所以孔子的志向是"老者安之，朋友信之，少者怀之"（《论语·公冶长篇》）。如果没有施展才华和抱负的机会，儒家还有纵侧面，让自己知天命、敬畏天命、顺从天命，使自己的生命抵达圆满的境界，如此才能无愧此生。

第十一章

道家的智慧

第一节　另一种虚无主义

这一章介绍道家的智慧。中国哲学发展到东周春秋时期出现了儒家和道家。面对天子失德、礼坏乐崩、天下大乱、民不聊生的社会局面，究竟该何去何从？许多学者纷纷挺身而出，运用他们的学识和智慧，提出各种建议，希望借此改变社会的混乱状况，使天下重获安定。概括而言，当时有两种情况特别令人担心，都可称为“虚无主义”。

（一）两种虚无主义

1. 价值上的虚无主义，这是儒家要面对的危机。

价值上的虚无主义是指百姓不知为何要行善避恶，因为善恶无从分辨，根本不知道谁善谁恶；即使分辨出来也没用，因为善恶没有适当的报应。

儒家设法唤醒个人内在的良知，使人真诚由内而发，觉察到内心有向善的力量，从而愿意自发地行善避恶，这是人性的内在要求，是人的“天命”所在。

2. 存在上的虚无主义，这是道家要面对的危机。

道家与儒家不同。道家认为无论人怎样设法改善，终究差别不大，只是以五十步笑百步而已。天下分久必合，合久必分，一治一乱，总在循环往复之中。道家提出一种更为根本的看法，因为道家要面对的是“存在上的虚无主义”。

“存在上的虚无主义”简单说来就是一句话：“人生自古谁无死。”在乱世里很多人受苦受难、死于非命，既然人迟早会死，晚死、早死都是死，与其活着受苦，不如早点解脱。这种想法会使人觉得活着了无生趣，要么自杀，来个痛快了断；要么颓废度日，过一天算一天。

道家面对这样的危机，提出的化解方案是：设法让人认识到，人生绝非偶然和无意义，因为人的生命来自“道”。

道是什么？简单来说，自然界的一切，并非没有来源，不是莫名其妙地偶然出现。有人会糊里糊涂地认为：一百多亿年前，地球不存在，再过几十亿年，地球终将毁灭，人类生活在地球上，过去不管有多么辉煌的功业，如今早已成为历史遗迹；今天不管有多么伟大的发明与建树，在时光之流中也终将湮灭。如此一来，人还要做什么呢？世间又有什么好在意的呢？面对虚无主义的挑战，道家设法让人了解：这一切并非虚幻，万物一定有其来源和归宿。

（二）道家的特色

为了认识道家的特色，我们先讲一个古代的寓言故事[1]，故事分为三段：

1. 楚王失弓，楚人得之

楚国国君楚恭王喜欢打猎，他有一把天下闻名的宝弓，只要打猎，一定随身携带。有一次，楚王打完猎在返回都城的途中，将弓交给部下看管，走着走着，弓不见了，不知在谁手上，怎么找也找不到。最后楚王只好说："不要找了，楚王失弓，楚人得之。"楚王遗失宝弓，但毕竟还在楚国境内，只要弓还在楚国人手上，就不必太计较。

今天世界上有两百多个国家和地区，某些国家领导人恐怕正是如此心态：个人有些损失无所谓，我的百姓多一点收获也没关系，但不能让外国人拿去。

2. 王失弓，人得之

孔子听说此事，就说："何必曰楚？王失弓，人得之。"孔子代表儒家，是标准的人文主义。弓不见了，只要人捡到就好，何必一定是楚国人呢？不管是越国、吴国、齐国、鲁国，还是今日世界的欧洲、美洲、非洲，不管是哪国人，只要是人都是平等的。

儒家可以跨越国家、种族的限制，显示人人平等的胸怀。所以，不要小看儒家，即便是国家领导人，如果没有学过儒家，也未必懂得这个道理：人类是一个族群，人与人是平等的。

3. 失弓，得之

最后，老子听说此事，就说："何必曰人，失弓，得之。"为什么一定是人捡到才好呢？难道猴子不能捡去玩耍吗？蚂蚁不能将它搬回去吗？这把弓只要还在地球上存在就好。老子为何这样说？因为他反对儒家以人的价值观来衡量万物。

我到各地演讲，常见到演讲台上摆盆花，从来没有人在桌上摆一盆草，草充其量只能作为花的陪衬。其实草亦有草的特色，只不过人觉得花好看，经过人的区分，就认为草比较卑微，花比较贵重。我们一般人不都如此吗？

对于动物来说，人类特意加以保护的都是看起来可爱的动物，比如大熊猫。

1 此寓言在《孔子家语・好生》《吕氏春秋・孟春纪・贵公》《说苑》中均有记载。

许多动物外形丑陋，甚至对人有害，如果动物可以选择，它也要选择当熊猫，谁愿意选择当蟑螂呢？

这就是道家思想出现的背景，道家认为儒家太过于以人为中心，以至于无法正确认识万物自身的价值。儒家以人为中心来思考一切，道家不以人为中心来思考，二者针锋相对。道家要设法化解儒家以人为中心的执着。

（三）儒家和道家的三点差异

儒家和道家至少有三方面差异：

1. 儒家以人为中心，道家不以人为中心。

2. 儒家把一切的来源称为“天”，道家则以“道”代替“天”。

儒家认为自然界和人类的来源是“天”，人间的帝王帮助“天”来照顾百姓，称为“天子”。道家认为天子也是人，也可能出问题，如天子失德，因此以“道”来取代“天”，这一点十分重要。

20世纪80年代，我在美留学期间，阅读了大量西方学者关于中国经典的研究著作，对其中的一段话印象深刻：“中国古代的学派中，最具有革命性的就是道家。”我当时吓了一跳，从来没有人把“革命”二字和道家连在一起，因为一谈到道家，就是顺其自然、无为、不争之类的观点，道家怎么会有革命性呢？

读了作者的解释后发现，他的话的确有道理：中国古代人普遍信仰“天”，所以称帝王为“天子”；道家提出最高位阶不是“天”，而是“道”，用“道”代替“天”，这不是革命吗？而且这个革命十分重大。道家把“天”“地”两个字合在一起，上有天，下有地，将天地与万物合称“自然界”，而将万物真正的来源称为“道”。如此一来，展现出全新的境界。

3. 儒家认为人生的最高境界是“天人合德”，道家认为是“与道合一”。

对于儒家，我们尽量不要说“天人合一”，因为“天人合一”的说法出自《庄子》[1]，属于道家思想。这里的“天”指自然界，“人”指人类。其实，自然界和人类从来没有分开过，本来就是一个整体。对于儒家一定要讲“天人合德”[2]，

---

1 《庄子·山木》中“人与天一也”是“天人合一”的最早说法，参见《傅佩荣译解庄子》，东方出版社。

2 “天人合德”的说法最早出自《易经·乾卦·文言传》：“夫大人者，与天地合其德，与日月合其明，与四时合其序，与鬼神合其吉凶。”

因为上天赋予了我向善的人性，我只有修德行善，才能符合天的要求。

对于道家要讲“与道合一”，因为讲“天人合一”谈不上有多高的境界，天是自然界，人是人类，人死之后回归自然的怀抱，尘归尘，土归土，这种“天人合一”并没有什么高深境界可言。“与道合一”意味着：人活着的时候只有一件事值得去做，就是设法悟道。如此一来，虽然道家的思想和表现与儒家截然不同，但同样会给我们深刻的启发。

第二节　悟道的是圣人

了解道家思想有一个简单的顺序：1. 天下大乱；2. 圣人出现；3. 道是什么？ 4. 人要怎样悟道？

上节我们介绍了春秋时期天下大乱的时代背景，社会上出现了许多需要面对和解决的问题。“圣人”的出现是关键。很多人会奇怪：儒家的孔子、孟子多次提到圣人，为什么道家也说圣人？事实上，“圣人”一词在古代经典里出现频次最高的，就是《老子》这本书。

《老子》一书又称为《道德经》，后世出现的道教尊奉老子为开山祖师，因而将此书作为道教的经典而称为“经”。《道德经》共八十一章，仅五千多字而已。第一章到第三十七章为《上经》，第一章的开头是“道，可道，非常道”，故又称为《道经》；第三十八章到第八十一章为《下经》，第三十八章第一句话为“上德不德，是以有德”，故又称为《德经》。

《道德经》所说的“道德”与一般所说的“行善避恶”“仁义道德”完全无关。根据《老子》一书，“道”是指万物的来源与归宿；“德”即“得”，古代这两个字相通，指一个人了解了圣人的理想后，修炼有了某种具体的心得，行为表现得更加完美，也称为“德行”，“德行”就是修道的心得。

《老子》全书共八十一章，“圣人”一词在二十四章里出现，占了近三分之一的篇幅；还有十二章出现“圣人”的同义词，如“吾”“我”“有道者”“善为道者”等。《老子》中提到“圣人”及其同义词时，相应地就会提到“民”。“民”就是百姓，因此“圣人”就是统治百姓的人，指“悟道的统治者”，与儒家所谓“大而化之之谓圣”的圣人（德行修养抵达完美境界之人）并没有直接关系。

《尚书·洪范》在谈到官员必须修炼的“五事”（貌、言、视、听、思）时，说：“思曰睿，睿作圣。”即思考要做到理解而通达，如此才可成为圣人。繁体的“聖”字左上为“耳”，代表一听就懂，智慧极高，所以“圣”的本意代表聪明睿智到极点。《老子》中的“圣人”就是指聪明至极、智慧过人、能够悟道之人，更合古意。那么老子为什么要谈圣人呢?

与儒家的孔孟类似，道家也以二人为代表，即老子和庄子。老子的年代比孔子稍早，庄子与孟子同时，庄子和孟子的著作中都谈到梁惠王。庄子是隐士，把自己隐藏起来不太和别人来往；孟子则是当时的知名学者，周游列国，找机会做官造福百姓，他们二人当时并没有来往，十分可惜。

《庄子》书中很喜欢谈圣人，还有真人、神人、天人和至人，与之相对的，就是我们一般人，是尚未悟道之人。相对于真人，我们一般人就是假人；相对于神人，我们一般人就不够神妙；相对于天人，我们一般人则不合乎自然；相对于至人，即抵达最高境界之人，我们一般人只能算是平凡人。庄子关于人有这么多说法，正好提醒我们一点：要好好努力，绝不能只做一个自然人。

需特别注意的是，很多人讲道家喜欢说“顺其自然”“无为”。比如上课时有学生打瞌睡，我问是什么原因，学生说他最近正在学道家，要顺其自然；有学生不写作业，理由也是最近正在学道家，要无为。道家思想被误解，最后竟变成懒惰主义者的借口。

真正的道家思想绝非此意，老子提出“圣人”的概念就是一个明显的例子。圣人是“悟道的统治者”,既要悟道,又聪明到极点,如此才可能扮演关键的角色。老子为什么无缘无故谈圣人呢? 因为当时要让一个国家上轨道，绝不能只靠百姓，而要靠统治者，统治阶级跟一般的百姓之间有很大差距，统治者如果可以悟道，实为百姓的幸运。

圣人的做法可以反映出悟道后的具体表现。我们最熟悉的话是“生而不有，为而不恃，长而不宰”（《老子》第十章、第五十一章，以下只写章数），意即生养万物而不据为己有，作育万物而不仗恃己力，成就万物而不自居有功。这三句话不止一次出现。圣人没有刻意要做什么事，最后统统做成了，这就是圣人的表现。

我们学习道家，这简单的三句话就很有启发性，比如对于子女能否做到“生养子女而不据为己有，作育子女而不仗恃己力，引导子女而不加以控制”，我们不能因为子女是我所生，便大包大揽。我们也是父母所生，也不喜欢什么事父母都替我们决定。对于将来考哪所大学、念什么科系、找什么工作，每个人都想自己做出选择。

真正的圣人具备高明的智慧，了解万物的特性，可使万物依本性自由发展，所以真正的“无为”是“无心而为”，而不是简单的无所作为。什么是“无心而为”？就是不要刻意去做任何事，为还是为，还是正常的上班下班、上学放学，但是不要存有刻意的目的。如果念书一定要考第一名，上班一定要业绩最佳，非但辛苦，到头来还可能起反作用，后面一辈子不喜欢学习，或者忘记了工作的乐趣和自我的成长，那就太可惜了。所以学习道家不能忽略“圣人”及其独特的表现。

今天我们又不是统治者，为什么要学道家呢？今天学习道家并非要统治别人，而是要做自己生命的统治者，通过智慧的觉悟，我们可以管理自己，使生命展现出不同的境界和美感。

第三节　试着说说道

本节谈一谈“道”是什么。如果念过《老子》第一章“道，可道，非常道”，就会明白“道”十分抽象，没办法说清楚，因为可以用言语表述的“道”就不是永恒的“道”。

我念大学时，有位老师教我们道家的《老子》。第一天上课，这位老师在讲台上来回走了五分钟，同学们都莫名其妙地看着他，不知道怎么开始上课。老师发现同学们都在注意他的时候，就停下来说：“各位同学，我们这门课叫作《老子》，老子说‘知者不言，言者不知[1]’，知道的人不说话，说话的人不知道，所以我今天教大家《老子》，不知道该不该说话了。”这当然是开玩笑，但是老子真的说过这句话，那么教书时要怎样教呢？

（一）道是万物的来源和归宿

人类在说话时使用的概念，就是通常我们所说的词汇，都来自生活经验中

1 出自《老子》第五十六章。译为：了解的，不谈论；谈论的，不了解。

的材料。“道”却无法从生活经验中取材。如果有人问：“道”是什么？标准答案就是：道是万物的来源和归宿。

人为什么要在乎万物的来源和归宿呢？因为若非如此，则人生在世，有生有死，几十年前没有我，几十年后也没有我，我怎么知道自己真的存在呢？正可谓浮生若梦。人生不过百年，短暂的人生要追求什么、选择什么、坚持什么？似乎都没有理由。这样的人生好似南柯一梦，这就是典型的虚无主义。

所以要爱好智慧，一定要问这一切从何而来，要往哪里去，不然应该如何度日呢？譬如，按照儒家的方式去行善的话会很辛苦，那为什么要行善？儒家将其归结为“天命”，即行善是上天赋予人的使命，儒家的“天”指的就是万物的来源和归宿。

道家不喜欢被“天”所束缚，因为提到“天”就会想到“天子”，历史上大多数天子都不够理想。于是老子就以“道”作为万物的来源和归宿，并虚拟了一个理想的领导者叫作“圣人”（悟道的统治者），以他作为道的化身。

如果万物有其来源和归宿，人生在世就不必担心自己会莫名其妙、糊里糊涂地过一生。既然这一生从道而来，又要回归于道，那么人生有何目的？人生唯一要做的事，就是要设法悟道，让自己的生活完全符合“道”的安排，即符合“规律”。

很多人把“道”当成万物运作的规律，但没有万物怎么会有规律呢？所以把“道”当作规律是相对贴切的意思，不是最根本的意思。最根本的意思一定是：道是万物的来源和归宿。

万物在道里发展，道就是万物所遵循的规律。人悟道之后，遵循自然的规律，生命就会平安喜乐，这是道家最吸引人之处。人生在世总会感觉到压力。儒家以人为中心，从小念书、升学、就业、结婚、生子、教育下一代，如果不了解这一切的原因，则会感到十分辛苦。辛苦之余，人很容易发现生命最后终将结束，一切似乎都是虚幻的。道家的目标就是要化解存在上的虚无主义，使人从另外的角度重新发现生命的意义，不再为虚无主义所困扰。

（二）道的特性：超越性和内存性

进一步要问，为什么说“道”是万物的来源和归宿呢？《老子》第二十五章说：

“有物混成，先天地生。寂兮寥兮，独立而不改，周行而不殆，可以为天下母。吾不知其名，强字之曰‘道’，强为之名曰‘大’。”

意为：有一个浑然一体的东西，在天地出现之前就存在了。寂静无声啊，空虚无形啊，它独立长存而不改变，循环运动而不止息，可以作为天下万物的母体。我不知道它的名字，勉强把它叫作“道”，再勉强命名为“大”。

后来庄子把“混”说成“浑沌”（《庄子·应帝王》），代表时间、空间上没有任何区分，上上下下完全混作一团，一切都无法分辨。

“独立而不改，周行而不殆”这句话精彩至极。一方面说明“道”是唯一的，不因任何缘故而变化，代表道是超越的；另一方面说“道”普遍存在，循环运行而不止息，代表道是内在的。前面讲道的超越性，后面讲道的内存性（或内在性）。

我们谈宗教时一定会谈到“超越界”（Transcendence），为了弄清楚人活在世界上到底是怎么回事，需要对“超越界”加以解说。同时，老子说：“大道氾（fàn）兮，其可左右。”（第三十四章）即大道像泛滥的河水，周流在左右，人根本不知道哪边是左，哪边是右。可见，道的力量无所不在。

为什么我们无法了解道呢？因为我们在道里面。苏轼的《题西林壁》说：“不识庐山真面目，只缘身在此山中。”如果想了解一座山，一定要站在更高的角度，譬如坐飞机在高空鸟瞰；仅在山中观察便无法掌握山的全貌。道遍在一切，包含一切，所以人永远无法彻底了解道，只能慢慢、逐步去了解。

老子接着说：“这是天下万物的根源所在，我不知道它的名字，勉强把它叫作‘道’。”老子对道所做的说明正好是没有说明，因为道没有名字。之所以勉强称之为“道”，是因为“道”原义指“路”。每个人都要走路，凡存在之物皆有其固定的发展途径，用“道”这个字比较容易表现出它是一条路，进而引申出“道”可以作为一切的基础、一切的来源、万物的规律等含义。

老子勉强将“道”命名为“大”。凡是人能看到、想到的都不能称为“大”。老子接着说：“大曰逝，逝曰远，远曰反。”（第二十五章）它广大无边而周流不息，周流不息而伸展遥远，伸展遥远而返回本源。“大”代表远到不可测度，最后再返回本源，可见“道”包含一切。

《老子》中的“道”指万物的来源与归宿，“道”无法用言语准确描述，不管怎样翻译，老子对“道”的描述都显得极为特别。西方重要哲学家在读到《老子》翻译本的时候，均大为震撼，觉得不可思议，好像老子早已了解西方哲学两千多年以来一直在探索的“存在本身”（being）。人所见的万物是存在之物（beings），存在之物与存在本身（being）不同：存在之物可多可少，可有可无；存在本身永远没有任何变化。

（三）道如何生出万物

如果进一步问：道如何生出万物？就要参考《老子》第四十二章的描述：

“道生一，一生二，二生三，三生万物。”

这句话很简单，却很难说清楚。其实并不复杂，因为老子接下来就说出了答案：

“万物负阴而抱阳，冲气以为和。”

“生”不一定指“生育”，在此可译为“展现”。

道展现为统一的整体，可称之为元气。统一的整体展现为两种力量，即阴阳二气，阴和阳又以某种比例调和在一起而构成万物。万物的来源相同，但它们的阴阳比例不同。比如人的阳占90%，阴占10%，故为万物之灵；石头的阳占1%，阴占99%，故为矿物。用这种方式来解释“万物负阴而抱阳，冲气以为和”就非常清楚。

老子对万物出现过程的思考，在今天看来仍富有启发性。

第四节　认知可以提升

在道家看来，天下大乱来自人类的偏差欲望，而欲望又源自人的认知能力。人具有认知能力，这是人作为万物之灵的特色，但偏偏就是这种能力造成了诸多复杂问题。如何让天下恢复平静安宁？解铃还须系铃人，问题的焦点在于如何使人的认知能力提升到理想状态。人的认知有以下三个层次：

（一）区分之知

小孩启蒙之际，我们都要教他看图识字，比如画一只猫，旁边注明“猫——可爱的宠物”；画一只狮子，旁边写上“狮子——可怕的猛兽”。小孩开始以为猫和狮子差不多大小，等到了动物园，他会一眼认出这是狮子，并意识到真正的狮子体形庞大，十分凶猛，真是可怕的猛兽。为什么小孩从小就要学习区分什么是可爱的，什么是可怕的？

我在乡下念小学时，老师警告我们小心附近有蛇，蛇分两种：一种蛇有毒，头为三角形；一种蛇无毒，头为椭圆形。后来在户外玩耍的时候，有的同学看到蛇，竟然去量蛇头是不是三角形，如今想来真有点害怕。老师所说的三角形和椭圆形绝不是教科书上的标准图案，这只是一种勉强的描述，目的是让学生学会区分，以避开可能的危险，但小孩都执着于区分。

人活在世界上，想要活下去首先必须学会区分，否则怎能活得平安长久？但麻烦的是，区分之后就有好坏的差别，烦恼和痛苦由此而生。老子说："天下皆知美之为美，斯恶已；皆知善之为善，斯不善已。"（第二章）即天下人都知道怎么样算是美，这样就有了丑；都知道怎么样算是善，这样就有了不善。

以前没有选美比赛，每个人都过得开心自在。一个人生长在乡下，并不知道什么是美，后来总听别人夸自己美，于是觉得自己确实与众不同，如此反而造成了诸多困扰。后来选美比赛风起云涌，电视、手机和各种媒体极大地促进了信息流通，公众对美的看法逐渐形成了特定的标准。

古今中外，对美的判断标准各不相同。有一次我去某地讲国学，接待我的是两个单位的职员，有四个人陪我一起吃夜宵，其中一位男士为了对另两位女士表示善意，对我说："傅教授，您很幸运啊，有两位美女来接您。"但他随即犯了一个严重的"错误"，他说："两位美女环肥燕瘦。"中国古人用环肥燕瘦形容两种典型的美女，分别指杨玉环的丰腴之美和赵飞燕的骨感之美。偏偏有一位女士长得比较丰满，她立刻翻脸，问"环肥"是指谁，弄得场面十分尴尬，最后不欢而散。

区分之后，大家都要追求好的，从而引发了争夺和灾难。为了获得钻石与金银财宝，这个世界上有多少人死于非命！人类的区分往往着眼于现实的利益，局限在有形可见之物上，并没有掌握到真正的重点。其实一切都在道里面，本不需要加以区分。

（二）避难之知

人如果调整认知方式，学会用较为长远的眼光来看问题，就会设法保全自己，避开灾难。譬如一个人熟读历史故事，就会洞察兴盛衰亡的契机，目前的情况看似顺风顺水，其实暗藏风险，后面恐怕会有灾难，于是会设法在当前处境中趋吉避凶。老子说："将欲取之，必固与之。"（第三十六章），即我要夺取一样东西，必须暂且将它给人。这些话看似权谋机变，但确实是老子长期观察世间现象的心得。

学习历史真的能避开灾难吗？德国哲学家黑格尔曾说："人类从历史中学到的唯一教训，就是人类无法从历史中学到任何教训。"（《历史哲学》）历史上的错误和灾难不断重演，想要避开灾难恐怕也十分不易。

（三）启明之知

解决认知问题的关键在于从认知层次提升到启明的层次。今天用"启明"一词可能令一些人感到不快，因为有的学校专门招收有听力障碍的学生，叫作启聪学校，有的学校专门招收有智力障碍的学生，叫作启智学校，但此处的"启明"并非指人的视力有问题。

老子喜欢用"明"这个字代表觉悟，一个人获得启明后，将不再从个人和外在事物的关系的视角来看问题，而会改由道的视角来观看万物。人作为万物之灵具有认知能力，一定要设法追求启明与觉悟。

所谓"觉悟"就是指可以从道的视角来观看万物，《庄子》书中对此有直接描述。庄子说："以物观之，自贵而相贱。"（《庄子·秋水》）即从万物的立场来看，是以自己为贵而互相贱视。比如一些中国人会觉得中国菜美味可口，外国菜难以下咽；常觉得中国服装落落大方，外国服装难登大雅之堂。

但是，"以道观之，物无贵贱"（《庄子·秋水》），即从道的立场来看，万物没有贵贱之分。这话很有道理，每样东西既然在特定时空中存在，一定都有其特定的价值，人类不能将自己的喜好作为标准强加于万物之上，宇宙中没有任何东西是完全的废物，因为一切来源于道。

如果以道的视角观看，就会发现一棵树、一朵花、一株草，甚至包括微生物、细菌在内，没有任何东西是完全无用的，每样东西都是生态平衡中不可或缺的一环。《庄子》书中曾提及，一个人生病的时候，要用一味十分常见、价格低廉的药材作为药引，才能让整服药的功效充分发挥，正是此意。

道家的目标是设法从人的认知能力这一根源着手，解决天下大乱的问题。人具有可贵的理性认知能力，但许多人的认知水平一辈子只停留在"区分"的层次。将认知提升到"避难"的层次仍然不够，要进一步设法提升到"启明"的层次，让自己学会从道的视角来观看万物，如此可使内心长久地保持安宁与和谐。

第五节　练习用减法

老子的“圣人”具有启明的智慧，究竟如何修养才能成为圣人？我们今天学习圣人的修养，并非想成为悟道的统治者，我们的目标是成为自己生命的统治者，管理自己的生命，使它不再陷于复杂的区分和相对的价值观，避免受到外界太多的干扰以致浪费生命。

《老子》第十章和第十六章，专门谈到圣人的修炼方法。

（一）虚和静

“致虚极，守静笃。万物并作，吾以观复。”（第十六章）

意为：追求“虚”，要达到极点，守住“静”，要完全确实。万物蓬勃生长，我因此看出回归之理。“虚”和“静”到底在说什么？

1. 第一个字，“虚”。

老子说：“虚其心，实其腹。”（第三章）即要简化其心思，填饱其肚子。心如果被各种纷繁复杂的念头充满则很麻烦，每时每刻都在区分，一天到晚比较谁高、谁帅、谁富，如此怎会快乐？因此心要“虚”。

怎样理解“心虚”？这里显然不是“做贼心虚”的意思。这就是今天用白话文来准确翻译古代经典的挑战，老子所说的“虚”是指“单纯”，有如小孩般天真。

每次经过幼儿园，听到里面欢声笑语，我们难免好奇，为何小孩会如此快乐？因为孩童十分单纯，只要看到父母，就觉得天地间无限美好。然而这种好景恐怕难以为继，进小学后一旦面临考试测验的压力，笑声就减少了；到了中学，很少有人笑的，哭的倒是很多，尤其是高中阶段，面临千军万马过独木桥的高考，学生始终背负着沉重的压力。大学里每年有学生跳楼已不再是新闻，大学生患忧郁症的更为多见，学生们不再单纯，懂得越多、越复杂，就会面临更多的选择，生出更多的烦恼。

单纯并非指年纪大了还天真幼稚，而是在充分了解外在世界、实现生存发展的同时，内心仍保持孩童般的单纯。孟子也说过类似的话：“大人者，不失其赤子之心者也。”（《孟子·离娄下》）即德行完备的人，不会失去婴儿般纯真的心思。老子强调“复归于婴儿”（第二十八章），就是希望人心能返回到婴儿般的单纯状态。

该怎样练习心思单纯呢？比如以我写作的经验来说，如果同时构思三篇文章，则思路混乱，连一篇都写不成。最好的状态是，我好像只为了一篇文章而活，心无旁骛，志虑单纯，一气呵成。之后就把它放在抽屉里，完全抛在脑后，再开始构思下一篇文章。我写了上千万字，出版的书超过一百种，没有别的秘诀，只是心思单纯，一次只做一件事，在此期间绝对不想其他任何事，即使天塌下来也不管，这就是学习道家的收获。

2. 第二个字，静。

“静”可分为三个层次：第一是安静，代表外面没有声音；第二是平静，代表内心不起波澜；第三是宁静，即宁静以致远，代表在宁静中孕育动力，将一切了解透彻后再重新出发。

庄子充分体悟了老子的境界，他说：“水静则明烛须眉。”（《庄子·天道》）即水平静时可以清楚照见胡须眉毛。古人家里很少有钱可以买得起铜镜，想知道自己长什么样子并不容易，可以倒一盆水，让水面平静，照见须眉。须代表男生的胡须，眉代表女生的眉毛。水平静时可以像镜子一样，何况人的心呢？人心宁静的话，可以看透宇宙万物的真相。

因此，老子的修养方法简单说就是第十六章的“虚”和“静”两个字。

（二）修养的六个阶段

第十章对修养的阐述则相对复杂，将修养分为六个阶段。

“载营魄抱一，能无离乎？专气致柔，能如婴儿乎？涤除玄览，能无疵乎？爱国治民，能无为乎？天门开阖，能为雌乎？明白四达，能无知乎？”

1. 精神形体配合，持守住道，能够不离开吗？

这是说身心不要分裂，身心合一后要谨守住道。道代表唯一的根源，简单说来，道就是“一”。在静坐之类的修行方法中，要求眼观鼻，鼻观口，口观心，心观丹田，可见修行中一定要使注意力凝聚在某一个焦点上。

2. 随顺气息以追求柔和，能够像婴儿一样吗？

气息要像婴儿一样随顺柔和，婴儿的呼吸平稳而深长，生命仿佛有丰富的底蕴。一般人走路、说话常气喘吁吁，我们能否学习婴儿，让自己的气息变得柔和呢？

3. 涤除杂念而深入观照，能够没有瑕疵吗？

前面三点都是有关身心的具体修炼。

4. 爱护人民与治理国家，能够无所作为吗?

第四点开始显示出圣人的特色。在此"无所作为"(无为)是指"无心而为"，即不要刻意让百姓变成什么样。刻意去做有可能忽略自然的条件，有心而为即使成功也会有后遗症，更有可能事与愿违，未蒙其利已先受其害。能够爱民、治国说明一定具有圣人的身份。

5. 天赋的感官在接触外物时，能够安静保守吗?

设法使我们的感官在与外物接触时不受干扰，能够安静持守，收敛自己返回内心。

6. 明白各种状况之后，能够不用智巧吗?

智巧是指卖弄聪明和投机取巧的想法，希望借此取得某种好处。

上述六点都涉及身体或心智的修炼，只有爱民治国中提出的"无为"很特别，在此指"无心而为"。《老子》书中两次提到"无为而无不为"(第三十七章、第四十八章)，即没有刻意做任何事，而所有的一切都已经做好了。相反，如果刻意去做某事，一定会忽略其他事，最后即使做成一件事，其他事说不定早已错过时机，无法顺利发展完成。

从第十章和十六章介绍的修炼方法来看，老子讲道家绝不是空洞的理论，他告诉我们：化解存在上的虚无主义要设法找到根源。我们和宇宙万物并非莫名其妙地存在，这一切的背后有"道"作为其来源和归宿。老子关怀整个社会，因此特别提出圣人(悟道的统治者)供人们效法。

我们今天学习道家并非要让自己成为悟道的统治者，而是要统治自己的身心，让自己的生命获得智慧的启明，使整个生命可以由领悟真实而孕育审美感受。

第六节　老子的警句

谈到道家思想，常使人感觉很抽象，很玄虚。事实上，《老子》共八十一章，只有五千多字，里面很多句子短小精悍，以之作为格言或座右铭，可以给我们以深刻的启发。我们试举几例，由此进入老子的世界。

（一）“轻诺必寡信，多易必多难。”（第六十三章）

意为：轻易就许诺的，一定很少能守信。看事情很容易的，一定先遇上各种困难。

我们年纪稍大一点就会对这句话深有体会。年轻时自以为豪爽，有朋友说：“有件事情需要你帮忙。”我马上回答：“没问题！”就为这一句话，自己可能要忙碌半年。年纪稍长后才发现，轻易承诺别人，表明考虑得不够周全。后来只要有人找我帮忙，我都会说：“我要先想一想，研究一下。”我会认真考虑自己在这段时间内是否有空，是否有更重要的事情尚未完成。

孔子说过一句类似的话：“人无远虑，必有近忧。”（《论语·卫灵公》）一个人不做长远的考虑，一定很快就有烦恼。答应别人时头脑发热，验收成果时难免尴尬，承诺无法兑现该如何是好？很多人做事慎终谋始，思虑周详，让人感觉放心可靠，因为他们从来不把任何事情看得很容易。若非如此，后面往往会出现意想不到的困难。

（二）“甚爱必大费；多藏必厚亡。”（第四十四章）

过分爱惜必定造成极大的耗费；储存丰富必定招致惨重的损失。

爱一个人或一样东西太过度的话，势必耗费许多精神、力气或金钱。比如汉武帝年轻时曾说：“如果能娶到阿娇，要盖一座金屋来藏她。”[1]后来，“金屋藏娇”就演变为一个成语。现在很多人关注拍卖市场，一个古代的花瓶被很多人看中，它的价钱会一路飙升，如果爱不释手，志在必得，势必要付出高昂的代价。

如果收藏很多宝贝，一旦遇到变故则损失惨重。我哥哥年轻时做生意，喜欢收藏国外旅馆的玻璃杯，陈列在家里的酒柜中。以前很多旅馆自己设计玻璃杯，样式美观，各具特色。他每到一个旅馆，就请求酒店将玻璃杯送给他当纪念品。有的旅馆很大方，慷慨赠送；有的旅馆很小气，只好花钱购买；有的旅馆既不送也不卖，他只好离店时冒险带一个。家里的酒柜摆满了各式玻璃杯，灯光一打，熠熠生辉。后来碰到大地震，整个酒柜倾倒，辛苦收藏的玻璃杯全部破碎，正可谓“多藏必厚亡”。

1 出自东汉·班固《汉武故事》：“若得阿娇作妇，当作金屋贮之也。”

由此可见，老子的生活经验非常丰富，观察非常细腻。

（三）“知人者智，自知者明。”（第三十三章）

了解别人的是聪明，了解自己的是启明。

了解别人和了解自己有很大的不同吗？让我们用《世说新语》的一段故事来说明两者的差别。曹操自封为魏王后，大权在握，权倾朝野。有一次，匈奴派使者拜见魏王，曹操很爱面子，他知道自己形貌丑陋，不足以威慑远方的国家，于是他找了一个叫崔琰的帅哥，让他穿上自己的衣服，坐在魏王的位置上；曹操自己则穿上武士的衣服，假扮卫士，握刀站在崔琰旁边。

接见完毕，曹操立刻派间谍问匈奴使者：“你对魏王的印象如何？”使者是外交官，阅人无数，见多识广，他说：“魏王当然是相貌堂堂，不过真正的英雄是他旁边的捉刀人。”匈奴使者和假魏王谈话时，每逢关键问题，假魏王都要看旁边卫士的脸色，明眼人一看就知道魏王是假扮的，真正的一把手是旁边那个卫士。

曹操得知自己的计谋被人识破，恼羞成怒，立刻派人追去杀了这个使者。[1]匈奴使者肯定没有读过《老子》，他是“知人者智”，却没有做到“自知者明”，不知道自己处于危险的境地。

（四）“胜人者有力，自胜者强。”（第三十三章）

胜过别人的是有力，胜过自己的是坚强。

我们都希望成为真正的强者。一个人年轻力壮，武功高强，能够胜过别人，这只能算“有力”，即力量过人，并非真正的强者。一个人能够战胜自己，做自己的主人，内心有主见，不随俗从众，可以克制欲望，化被动为主动，如此才是真正的强者。

我在中学时代虽然很少接触老子的思想，但是老子有一句话对我影响很大。我在念高一时，有一天，语文老师在黑板上写下老子的一句话“强行者有志”（第三十三章），即坚持力行的是有志。

当时我的理解比较浅显，将这句话理解为：勉强自己往前走就是有志向。年轻人听到“志向”二字就热血沸腾，总想树立远大的志向。这句话令我深

1 出自《世说新语·容止第十四》。原文：“魏武将见匈奴使，自以形陋，不足雄远国，使崔季珪代，帝自捉刀立床头。既毕，令间谍问曰：‘魏王何如？’匈奴使答曰：‘魏王雅望非常，然床头捉刀人，此乃英雄也。’魏武闻之，追杀此使。”

受启发，从此以后我就养成一个习惯：我读中学期间住校，每晚同学们都睡觉了，我再念书十分钟，勉强自己往前走；遇到寒暑假，同学们都休假了，我一定再念一个星期，勉强自己往前走；从中学一直到去美国念书，我都保持着这个习惯，勉强自己往前走。

老子这句话究竟是不是此意，我当时无从分辨，只能就字面来理解，认为每个人都有惰性，要想在竞争中胜出，就要勉强自己多走几步，日积月累，自然会取得优势。

《老子》一书由一人独自撰写的可能性不大，很可能是一群隐居的人，经过长期的生活、观察和体会，各自记下心得，再由后人汇编成书。《老子》只有短短五千多字、八十一章，里面至少有三段内容基本一样。如果是一个人写的，不大可能在如此短的篇幅内还有重复。可见，《老子》应是集体智慧的结晶，对我们一般人而言，自然会有深刻的启发。

第七节　一定要觉悟

今天谈老子，一定要设法将道家拉回人间。老子的思想绝不是只几句“道，可道，非常道”之类的很抽象的话，没人讲得清楚；老子的思想充满了对人间的深入观察和深刻体会。下面再举几个例子，由浅入深，逐步深入老子思想的精髓。

（一）“少则得，多则惑”（第二十二章）

少取反而获得，多取反而迷惑。学习上也是如此，如果学的东西少就会有心得，学的东西多就会感到迷惑。

1997—1998 年，我在荷兰的莱顿大学教书。在外国教书很轻松，每周只有三节课，半天就能上完，有大量业余时间可以看书或者旅游。荷兰美术馆众多，有一次我去参观一座美术馆，欣喜地发现里面正在展出六十幅世界名画，感觉如获至宝。但我只有三个小时，要看六十幅世界名画，每幅画平均只能看三分钟。于是我只好走马观花，看得云里雾里，这就是“多则惑”，看多了反而迷惑，难有什么心得。

另外一次我去参观一座美术馆，正好赶上美术馆整修，只展出一幅画。既来之，则安之，我用三个小时的时间认真欣赏一幅画，最后终于看懂了，此后终身不忘，这就是“少则得”。

今天谈国学、谈哲学也是如此，我们不是大学里相关专业的研究生，我们是好学上进的知识分子，即孟子所谓的英才，所以要把握一个原则：读书在精不在多。

如果对国学感兴趣，我最多只会推荐七本书，儒家的《论语》《孟子》《大学》《中庸》，道家的《老子》《庄子》，如果还有时间，年纪稍大一些，可以学习《易经》。学国学，这七本书是不能跳过去的，别的像诗词歌赋、散文小说，都可随个人兴趣，作为业余消遣。但学国学，如果不懂儒家、道家和《易经》，你无法想象我们中国人的祖先依靠什么信念活在天地之间。

作为中国人，最值得自豪的当然是中国的传统文化，儒家、道家可谓中国人的任督二脉，一定要设法了解掌握。把这七本经典真正学通之后，我们会发现，其他各种文学、历史作品，都是以这两家的思想为基础，再结合当时的具体情况进行应用和发挥。

（二）“不出户知天下；不窥牖（yǒu）见天道”（第四十七章）

不出大门，可以知道天下事理；不望窗外，可以看见自然规律。这两句话该怎样理解呢？

1. 不出户知天下。

古时候没有手机、电视、报纸，不出门如何知道天下事？古代都是大家庭，一家祖孙三代很常见，因此可以就近观察家人之间如何互动，社会上人际互动的模式则与之类似。西方人常说“魔鬼藏在细节里”，通过观察一样东西的细节就可以了解整体。只要是人类社会，团体虽有大有小，但互动的模式都相仿。

有位记者采访一个五世同堂的大家庭，记者很好奇地问家里最老的老爷爷，怎样做才能让五代人生活在一起？老先生没讲话，只是在一张白纸上写了一个“忍”字。“忍”字就是一把刀插在心上。尽管一家人血浓于水，相处时照样要忍，否则，即使亲如兄弟姐妹、父母子女，关系也很难长期维系。

在家懂得了“忍”字，到学校念书、在社会上工作、和别人往来也是同样的道理。我们乘飞机误点，发脾气也没有用，为了安全只有忍耐；和别人约好的事情被爽约，我们要体谅别人的苦衷，能够理解这是人之常情，仍然需要忍耐。在社会上生活，没有人可以随心所欲。

2. 不窥牖见天道。

只有打开天窗，才能观察白天黑夜、日月星辰等变化，了解天体运行的规律；不开窗怎样了解自然规律呢？

西方哲学家也有类似的观点，近代哲学家斯宾诺莎曾说过：“给我一块木头，我可以告诉你整个世界。”任何一块木头都曾生长在某棵树上，这棵树一定在某一地域生长，仔细研究木头上的年轮，可以了解这棵树长了多久，长在什么地方，生长期间的气候情况如何，这就是见微知著。

类似的例子数不胜数。英国哲学家休谟讲过一个故事，一个家族世代都以品酒为业，家里兄弟二人都是优秀的品酒师。有一天，一个贵族打开地窖里珍藏多年的好酒招待客人，并请两兄弟共同品鉴。打开第一桶酒，第一杯酒给了哥哥，哥哥喝了一口后说：“酒是好酒，不过酒里有皮带的味道。”客人哄堂大笑，葡萄酒里怎么会有皮带的味道呢？看来哥哥今天不在状态。

第二杯酒给了弟弟，弟弟喝了一口说：“酒是好酒，不过除了有皮带的味道，还有铁锈的味道。”大家笑得前仰后合。大家一边喝酒，一边取笑两兄弟，等到这桶酒喝完之后，两个兄弟笑了。原来在酒桶底部发现了一条皮带，皮带上的铁环已然锈迹斑斑。这就是专家，可以通过细节掌握整体的情况。

（三）“既以为人己愈有，既以与人己愈多”（第八十一章）

尽量帮助别人，自己反而更充足；尽量给予别人，自己反而更丰富。

这句话在《老子》一书的最后一章出现，是老子思想的关键。什么东西尽量给予别人，自己反而更丰富？这显然不可能是物质，而是指精神方面的能量。我给别人的帮助越多，自己的收获越多，当我帮助别人、关心别人的时候，我心中涌动的爱的力量会源源不绝。

因此，人的生命更像是一个能量系统，它需要不断得到能量的补充，能量的来源就是“道”。一个人如果能经常返回根源，就可以从“道”那里获得充足的能量，通过不断给予别人能量，自己会收获更多能量。老子的思想绝不是唯物论，可以说是唯道论，道是一切的根源，人的生命从道获得能量之后可以充分发挥，可见人的本质更接近于精神方面的能量。

第八节　三个法宝

老子思想能否应用于政治?《老子》第三十章、第三十一章专门讲反对战争，天下本无事，何必庸人自扰？一旦发动战争，阵亡和伤残的都是年轻人，实在没有必要走上这条路。

（一）最好的统治者

《老子》只有第十七章与政治明确相关：

“太上，下知有之；其次，亲而誉之；其次，畏之；其次，侮之。”

意为：最好的统治者，人民只知道有他的存在；次一等的，人民亲近他并且称赞他；再次一等的，人民害怕他；更次一等的，人民轻侮他。

老子的描述虽十分简略，但依然可以让我们有所领悟。最高明的统治者，使百姓只知道有他存在，却不觉得自己被人统治或管理。这是因为统治者能够配合各种既定条件，按照百姓的需求，选择最自然的路线，也就是“无心而为”，没有刻意的矫揉造作，如此一来百姓自然觉得开心自在。

这段话最后的结论是：“功成事遂，百姓皆谓：我自然。”即等到大功告成，万事顺利，百姓都认为：我们是自己如此的。

《老子》书中“自然”一词出现五次，没有一次指外在的自然界。“自然”一词保留了最原始的含义：“自”就是自己，“然”就是样子。任何东西，包括人在内，只要保持自己的样子，就是自然。

百姓看到一切水到渠成，就说：“我们是自己如此的。”可见，百姓丝毫没有觉察到有人在统治。这样的统治者非常伟大，好像天地一样。天地没有特别用心，春夏秋冬四季交替，百姓顺着季节变化安排各自的生活，春耕夏耘，秋收冬藏，一切都像自己如此的样子。

（二）圣人的三宝

谈到政治或是管理的方法，老子第六十七章特别提到“三宝”：

“我有三宝，持而保之。一曰慈，二曰俭，三曰不敢为天下先。”

意即：我有三种法宝，一直掌握及保存着。第一是慈爱，第二是俭约，第三是不敢居于天下人之先。

1. 第一个法宝：慈。

“慈”原本用于形容母爱。无论孩子聪明与否、成就如何，母亲认为只要孩子存在就好，母亲对孩子永远是完全的接纳和包容。西方人在母亲节的庆祝仪式上很喜欢讲一句话:“上帝不能照顾每一个人，所以赐给每个人一位母亲。”万物由道所生，老子多次将“道”比作母亲，因此作为政治上的领袖，要效法道的作为，第一个法宝便是慈。

老子接着说：“慈故能勇。”一个人真正有慈爱之心才能表现出勇敢。西方有句话说得很好：“女子虽弱，为母则强。”一个女孩平时看上去娇滴滴的，还需要别人照顾；一旦成为母亲则完全不同，马上变成女强人。不管家里遇到什么困难，不管孩子遭遇何种状况，母亲都好像家里的顶梁柱。很多人都会回忆起这样的动人画面：小时候感冒发烧，半夜醒来时发现母亲依偎在床边睡着了。母亲可以整夜不眠不休地照顾孩子，的确堪称强者。

想要成为悟道的统治者，就要向道学习，万物皆由道所生，因此皆应受到宽待和爱护。假如你是一家公司的老板，就要把员工都当成子女：对于表现欠佳的员工，要给他机会改善；对于表现出色的员工，要鼓励他继续努力。员工因为有像母亲一样慈爱的老板，彼此之间很容易相亲相爱、互相照顾，生出手足之情。

2. 第二个法宝：俭。

节俭所针对的是自然界的万物。老子又说：“俭故能广”，广就是推广，只要节俭，有限的资源就可以被更多的人使用，产生更广泛的效用。

当前很多国家选择了市场经济，追逐时尚潮流，刺激消费，由此产生的最大社会问题是贫富差距过大，有钱人花钱如流水，一顿饭的花费够穷人吃半年。在这样的社会环境中，每个人更要节俭，这样大家都够用，都能活得下去。

很多人有仇富心态，看到有钱人就讨厌，看到有人开双 B 轿车（奔驰、宝马）、各种跑车就生气。其实，对于有钱、有地位之人而言，只要手段正当，那是别人该得的，旁人大可不必生气；但是如果有钱而不知节俭，富二代、富三代生活太过奢侈的话，就令人难以忍受。

3. 第三个法宝：不敢为天下先。

很多人对这句话都有意见，认为今天要鼓励创新，勇敢创造，敢为人先。老子的话和勇于创新并没有矛盾。老子的话意在告诫统治者，绝不可作威作福、锦衣玉食、高高在上，而要以服务代替领导。

真正优秀的领导一定处处替别人着想，不给别人压力，不需要别人的伺候和奉承，反而像母亲一样，效法道的作为。好的领袖并不认为自己应该站在众人的前面，但是当没有人愿意牺牲奉献之际，他能够挺身而出，主动为大家服务，通过积极协调，使大家通力合作，从而实现更高的效率。

老子所讲的无为而治需要高度的智慧，能够把握公司或团队的全局，充分了解公司每位员工的才华，做到量才适用。只要把适当的人才放到适当的位置上，根本不用事事亲力亲为，劳心伤神。

古代圣明的天子，从尧、舜，到后来的商汤、周武王，都十分重视人才的选拔和任用，无不留下君明臣贤的佳话，他们所用之人都是各领域的专业人才。天子重在选贤任能，把人才放在适当的位置后，放手让大臣们尽量发挥，天子自然无为而治。如果从上到下，通通什么都不做，岂非回到了原始社会？这显然并非老子的本意。

因此，老子认为统治者要向道学习，有三个法宝：第一个是慈，要像母亲一样，关爱百姓；第二个是俭，要节俭和收敛欲望，不能炫富，更不能陷于物质欲望而不能自拔；第三个是不敢为天下先，让百姓活在道的世界里，感觉不到领导和属下的区分。

第九节　道法自然

我在各地讲国学的时候，谈到道家思想有两句话最常被人引用。

（一）上善若水

譬如在首都国际机场三号航站楼的二楼餐厅，我看到有一面屏风上就写着“上善若水”四个字。“上善若水”听上去很美，“善”使人们心生向往，“水”又给人以柔和清爽之感，但“上善若水”究竟是什么意思呢？越是美妙动听的话，越要将它的意思研究透彻。“上善若水”出自《老子》第八章：

“上善若水。水善利万物而不争，处众人之所恶，故几于道。”

意即：最高的善就像水一样。水善于帮助万物而不与万物相争，停留在众人所厌恶的地方，所以很接近道。

老子给出的理由兼顾自然界和人类两方面，这是老子的特色。

首先对自然界万物来说，所有的生物都需要水分，水对万物都有利，却不与万物相争。你需要它，它就提供滋养；不需要它，它就流走。再回到人类世界，水停留在众人所厌恶的低处。俗话说："人往高处走，水往低处流。"没有人喜欢停留在低处，但是水不在乎。

最高的善就像水一样，对自然界万物都有帮助，在人类社会却处在最卑微的地方。"故几于道"，"几"意为接近，就是和道很相似。"道"看不到、摸不着，让人觉得抽象玄虚，水的两个特性很接近道。这说明道无所不在，没有任何东西可以脱离道的范畴。

英国科学家李约瑟一生致力于研究中国科技和文明的发展历史，在其编著的 15 卷本《中国科技文明史》的第二卷中，他提出一个新颖的观点：中国的科学思想和科学精神来源于道家，因为道家认为道无所不在，不会像常人一样区分美丑香臭。譬如去医院看病需要化验大小便，如果医生嫌脏、嫌臭，则无法诊断出我们的身体究竟哪里出了问题。对于科学家来说，不论美丑香臭，只要值得研究就会认真对待。中国的科学精神就是由道家的思想孕育产生的。

后面的发展很有趣，老子、庄子后几百年，到东汉末年、魏晋时代出现了道教，以老庄思想作为教义的基础。道教分三派，其中一派称为丹鼎派，以炼制金丹、得道成仙为目标，并研究"黄白之术"。黄指黄金，白指白银，黄白之术就是将很多金属一起熔炼，设法点化金银的法术。为了迎合帝王长生不老的愿望，道士们炼出许多特制丹药供皇帝服用，汉代以来有许多相关记载。丹药的效果不好验证，但提炼丹药需进行大量的化学试验，这促进了中国的化学等科学的发展。

"上善若水"以水做比喻，借此帮助人们了解道的特性：道接纳万物，不排斥任何东西；任何东西的存在都需要以道作为基础，获得道的加持，否则它不可能存在。

（二）道法自然

第二句流传甚广的话是"道法自然"。这四个字让人感觉轻松愉快，道虽然崇高而神秘，却"道法自然"。一般人照字面理解，以为"自然"是指自然界，其实并非如此。要准确理解这四个字就要回到《老子》第二十五章：

“人法地，地法天，天法道，道法自然。”

第一句“人法地”。我们要理解“道法自然”就要从第一句话说起。“人法地”是指人所取法的是地理条件。俗话说：“靠山吃山，靠水吃水。”山与水就是地理条件，住在山边就打猎，住在水边就捕鱼，住在平原就耕田，人的生命不能脱离其所处的地理环境。

第二句“地法天”。同是土地，为什么有沙漠和绿洲之分？为什么有适宜植物生长和适宜动物生存之别？地所取法的是天，即地理条件的差别来源于天。古人谈到“天”最常见的有两个意思：1. 代表天体，包括日月星辰等；2. 代表天时，即春夏秋冬四季的运行。所以“地法天”就好比说，一地之所以为沙漠，是因为天不下雨，一直炎热干旱的缘故。

第三句“天法道”。这句话较难解释。为什么春夏秋冬依时序排列，日月星辰按规律运行？人们找不到理由，便把天的表现归因于道，以道作为根源。

第四句“道法自然”。此处的“自然”不能理解为自然界。“人法地”的“地”代表土地，“地法天”的“天”代表天体、天时，天与地合称自然界。“天法道”说明天（自然界）取法的是道。如果“道法自然”指道取法的是自然界，就形成循环定义而无效。

《老子》书中“自然”一词的含义是“自己如此的样子”。道就是根据万物自己如此的样子来运作。离开万物则无法了解什么是道。中国有句话说得很好，叫作“即用显体”，“用”代表功能作用，人无法直接看到本体，因此，要就一样东西的作用来了解它的本体是什么。因此，对“道法自然”可以做这样的理解：宇宙万物保持自己如此的样子，道就在其中。

“道法自然”并非让我们欣赏大自然，而是要活出自己本来的样子。就外表来说，不要动太多的手术，如果整形得父母都不认识自己了，那就不自然了，不是自己本来的样子；从内在来说，不要有太多稀奇古怪的想法，要顺着人类社会一般的情况去发展，不要标新立异。

“道法自然”提醒我们每一个人都要保持自己本来的样子，但究竟什么才是一个人本来的样子，这反而是更为复杂的问题，值得大家用心思考。

第十节　困境助人觉悟

我们谈到儒家时以孔子和孟子为代表，谈到道家时以老子和庄子为代表，双方各有两位代表人物，可谓旗鼓相当。然而历代众多哲学家中，受误解最深的是孟子，被严重忽略的是庄子。

（一）被人忽略的庄子

历代许多人认为孟子所言“性善”是指“人性本善”，这是天大的误解。孟子所谓的“性善”是指：人只要真诚，内心会产生一种力量，要求自己去行善，可以称为“人性向善”。

历代哲学家中最常被人忽略的是庄子。司马迁在《史记·老子韩非列传》中对庄子的思想和生平做了极为扼要的介绍。《老子韩非列传》其实是老子、庄子、申不害、韩非子四人的合传，但前三人的篇幅加起来还不到韩非子的一半。我们不能否认，韩非子对于现实政治，特别是对于秦始皇统一六国以及后代帝王专制的影响很大；但庄子这么重要的人物，篇名中连名字都不提，仅用二百三十五字便打发了，未免过于夸张了。

司马迁说庄子“著书十余万言”，即十几万字，今天我们看到的《庄子》版本是由晋代学者郭象所删定，原文将近七万字，可见司马迁所见的《庄子》已经与今天我们所见的版本有很大不同。

《庄子》全书共三十三篇，分为内篇（七篇）、外篇（十五篇）和杂篇（十一篇）三大部分：内篇代表内在的，是庄子本人的思想；外篇是对内篇思想的发挥，应是庄子后学的成果；杂篇里可能混杂了其他学派的思想，但是既然放在《庄子》书中，显然和庄子有关。

司马迁介绍《庄子》一书时，只提到《渔父》《盗跖》《胠箧》三篇文章。《胠箧》属于外篇，大意是为了防备盗贼，将家里的珠宝箱捆得很紧，然后锁起来；但是强盗一来，连箱子整个搬走，生怕没有锁紧。这个寓言反映出有些人考虑得很多，却没注意到会被坏人利用。《渔父》和《盗跖》属于杂篇，尤其《盗跖》将孔子描写得十分不堪。盗跖是柳下惠的弟弟，是江洋大盗，孔子劝盗跖不要当强盗，盗跖反将孔子数落一番，使得孔子仓皇遁走。

司马迁介绍《庄子》的文章，只提到以上三篇，完全没有涉及《庄子》的内篇，即我们熟知的《逍遥游》《齐物论》《养生主》《人间世》《德充符》《大宗师》

《应帝王》，这七篇才是庄子思想的精华所在。可见，司马迁并未把握庄子思想的重点，对庄子的了解有其局限性。但是，司马迁有两点评论是对的：第一，庄子的思想以老子思想为基础；第二，庄子“其学无所不窥”，即庄子遍观古代书籍，学识十分渊博。

（二）无意做官，明哲保身

庄子是战国中期宋国蒙县人。宋国一向积弱不振，在战国时代曾四度作为其他国家交战的战场，导致宋国百姓困顿，民生凋敝。庄子曾短期为官，担任蒙县的漆园吏。漆在古代是一种黏剂，以漆树的汁液为原料，用来黏合家具；吏表明只是基层小公务员。庄子无意仕途，没多久便弃官归隐田园，靠自己的力量谋生。

《庄子》书中有不少关于庄子生活的描述：他经常去钓鱼（《秋水》），用来给家人补充营养；出门常带一个弹弓，偶尔打几只鸟加菜（《山木》）；他一贫如洗，一度向人借米、借钱来维持生计（《外物》）。庄子生逢乱世，一生穷困潦倒；但庄子深知，在乱世中无论经商还是做官，风光无限的背后往往潜藏着更大的风险。

庄子有个朋友叫惠施，惠施与公孙龙同为名家的代表人物。《庄子》全书七万多字，关于庄子的朋友只提到惠施一个人的名字。惠施当过战国时期梁国梁惠王的宰相，仕途得意，但庄子却不愿做官。惠施能言善辩，常与庄子辩论，在《庄子》书中至少出现五六次，惠施屡战屡败，屡败屡战。

楚国国君楚威王听说庄子智慧过人、才华横溢，便派两位大夫前去拜访。庄子正在濮水边钓鱼，两位大夫说：“希望把国家大事托付给您。”庄子手持钓竿，听口音就知道是楚国使者，头也不回地说：“我听说楚国有一只神龟，已经死了三千年；楚王特地用竹箱装着，手巾盖着，保存在庙堂之上。这只龟，是宁可死了，留下骨头受到尊贵待遇呢，还是宁可活着，拖个尾巴在泥地里爬呢？”两位大夫说：“宁可活着，拖个尾巴在泥地里爬。”庄子说：“你们请回吧！我还想拖个尾巴在泥地里爬呢！”（《秋水》）

两位大夫显然没有完成任务。司马迁在《史记》中亦有类似记载，说明庄子才华出众，只是完全没有机会施展抱负。

（三）庄子思想的特色

庄子思想的特色可简单概括为：上承老子，下启禅宗，旁通儒家，对照西方。

上承老子。庄子思想上承老子，对“道”另有独树一帜的看法。

下启禅宗。禅宗属于中国佛教[1]的一派，主张“不立文字，教外别传”。庄子的思想多借由寓言故事阐发，虚实结合，真假难辨，从而超越了文字的限制，避免陷于执着。

旁通儒家。《庄子》书中多次谈到儒家，观点非常中肯，且引用的材料在其他先秦典籍中难得一见，我们在学习《论语》《孟子》时经常需要对照并观。

对照西方。今天已经进入后现代社会，庄子思想可以给现代人以深刻的启发。

综上所述，庄子思想堪称“大观园”“万花筒”，令人感觉天地无限宽广。庄子的智慧着实令人赞叹，古今中外的各种思想均难出其右。但可惜的是，自司马迁开始，《庄子》一书就受到冷落与误解，今天，这座智慧的宝藏正等待着我们重新发掘。

第十一节　怎样才会逍遥？

庄子思想的精华在于内篇，第一篇《逍遥游》一开头就让人惊艳：“北海有一条鱼，名字叫鲲。鲲的体形庞大，不知有几千里。”真可谓语不惊人死不休，哪里有几千里这么大的鱼呢？什么样的海才能装得下？你千万不要执着，接下来更有趣：“鱼变化为鸟，名字叫鹏，鹏的背部宽阔，不知有几千里。它拍翅盘旋而上，飞到九万里的高空。”[2]我们乘坐的国际航空的班机最多爬升到一万多米，大鹏鸟飞到九万里高空，早就到外太空了，请问：庄子说的是什么呢？

庄子所说的当然是一种比喻，是寓言故事。庄子的思想上承老子，老子说“道大，天大，地大，人亦大”（《老子·第二十五章》）。说道大，因为道是万物的来源，当然广大无边；说天大地大，我们都有切身感受；但是说人亦大，这就很奇怪了，人明明很小，比起大象都显得小，更不要说坐飞机从高空俯

1 中国佛教八大宗派并立，包括：天台宗、三论宗、唯识宗、华严宗、净土宗、禅宗、律宗、密宗。

2 原文：“北冥有鱼，其名为鲲。鲲之大，不知其几千里也。化而为鸟，其名为鹏。鹏之背，不知其几千里也。怒而飞，其翼若垂天之云。”

瞰时，人微小如蚂蚁，为什么老子说人亦大呢？

庄子通过寓言想告诉我们：人之大不在于身体，而在于人的心灵。《庄子》一开篇就承接老子的“人亦大”，只有人可以理解从鱼变成鸟的象征：鱼不能脱离水，生存受到限制；变成鸟就比鱼自由多了，可以在空中自由翱翔，这象征着人的心灵可以提升转化。

大鹏鸟飞到九万里高空，将整个世界尽收眼底。从地面看天空，觉得天色苍茫，蓝天白云，十分美丽，庄子设想从天空看地面也应该一样美丽。但是当时的人怎么可能到天空去看呢？所以庄子让大鹏鸟飞到九万里高空，往下一看，地球真美。

这样的美景为美国宇航员亲眼所见，他们登上月球之后感叹说“地球真美”。太阳系八大行星[1]中最美的就是地球，蔚蓝的海洋、绿色的原野、白雪皑皑的高山、黄色的沙漠，构成了多姿多彩的地球。保持距离就容易产生美感，道家思想就是让人把心胸放宽放大，最后就会发现一切都值得欣赏，一切都很美。

庄子在《逍遥游》里提到的“大”至少有四方面的用意：

（一）超越时间的限制

一般人活在世界上，短短几十年，就以为自己懂得很多，庄子则不以为然：“朝生暮死的菌虫不明白什么是一天的时光，春生夏死、夏生秋死的寒蝉不明白什么是一年的时光。”[2]（《庄子·逍遥游》）；“夏虫不可以语于冰者”（《庄子·秋水》），夏天的虫不可以同它谈冰，因为它到秋天就死了，从没见过冬天的冰。所以从时间上来说，人不要以为短短几十年就可以掌握很多东西。

（二）超越空间的限制

《庄子》书中最让人震撼的描述出于外篇中的《秋水》，庄子说：秋天雨水随着季节来临，千百条溪流一起注入黄河，河面水流顿时宽阔起来，黄河之神河伯得意扬扬，以为天下所有的美好全在自己身上了，河伯顺着水流向东而行，到了北海，朝东边看过去，却看不见水的尽头。河伯最后感叹：中国存在于四海之内，就像小米粒存在于大谷仓里。苏轼的《前赤壁赋》中“渺沧海

1 2006年8月24日，第26届国际天文学联会通过决议，将冥王星划为矮行星，从此太阳系从九大行星变成了八大行星。

2 出自《庄子·逍遥游》，原文：“朝菌不知晦朔（shuò），蟪（huì）蛄（gū）不知春秋，此小年也。”

之一粟”的说法显然受到了庄子的启发。

中国如此之大，居然被比作仓库里的一粒米，可见庄子视角之开阔，完全超越了空间的限制。如果有这样的空间观念，又怎会在意自己住的房子有多少平方米，自己的车子有多大呢？

（三）突破义和利

人的心灵如果经由提升而展现开阔的格局，不仅可以超越空间和时间，还可以突破义和利的局限。通常儒家主张见利思义，见到利益就要想该不该得。在人间的范围内区分义和利，设定善恶是非的标准，不仅十分辛苦，且格局实在有限。如果放宽心胸将整个宇宙纳入视野，人间的义利之分则难免显得格局太小。

（四）超越生死

庄子认为生与死都是气的变化，这一点我们在后面再详细阐述。

庄子作《逍遥游》目的何在？他连用三段内容相同、表达方式不同的大鹏鸟的寓言，想要表明的是同一个道理：人要让自己的心胸如天地般宽广，最终目标则是要悟道，使心胸像道一样广大无边。

庄子描述了修行的三重境界，先不说最高的和第二层境界，单说第三层境界都令人难以想象：即使天下人都称赞，他也不会特别振奋；即使天下人都责备，他也不会特别沮丧[1]。对于我们教书之人，不要说天下人，班上五十位同学下课时给我鼓掌，就会令我欢欣鼓舞，看来自己的格局还是太小。

我在美国念书时就遇到过一个鲜活的例子。在美国，学生上课很少给老师鼓掌。我的指导教授擅长讲宗教哲学，有一次他的课讲得特别精彩，下课时一百多人一起鼓掌，教授吓了一跳，高兴到不行。从此以后就麻烦了，每次下课后他都要稍微等待，期待有人鼓掌，如果没人鼓掌，他就神情沮丧地回到研究室。我由此联想到庄子说的：天下人都称赞你，不会让你更振奋。我们要把别人的称赞当成身外之物。

倒过来，即使天下人都批评我，也不会让我特别沮丧。别人批评是别人的自由，世俗的评判标准常常变化，今天有人批评，说不定明天就有人称赞。如果轻易受他人影响，这样的生命还有自主性和自由选择的可能吗？

---

1 出自《庄子·逍遥游》，原文：“且举世誉之而不加劝，举世非之而不加沮。”

我们从《庄子》第一篇《逍遥游》可以看出：庄子将老子的“道”充分消化吸收之后，再应用于自己的观念和生活中，展现了开阔的思想格局。庄子让我们的生命在精神层面可以不断地提升转化，最后将产生无限的审美感受。

第十二节 有用真的有用吗?

《庄子》中有一个常见的重要话题：什么是有用，什么是无用？庄子和他的朋友惠施经常就这个问题展开辩论。惠施在梁国当宰相，当然很有用；庄子则穷困潦倒，小小的公务员也不做，回家自己种田，打猎，钓鱼，勉强维持一个小家庭的生活，看起来好像很无用。

如果认为庄子与人辩论只是让人不要做有用之人，而要做无用之人，这样的结论显然太过简略，完全没有掌握庄子的思想。庄子绝不是反对有用，他希望人们了解有用、无用的判断标准和人生的最终目的，这些才是重点。

庄子首先肯定任何东西都有用，不能采用单一标准。庄子在《逍遥游》中举了一个例子：宋国有人世代都以替人洗衣服为职业，古代洗衣服要在河边拿木棒敲打，冬天河水冰冷刺骨，手极易皲裂，有一户人家有祖传秘方可以让手不会皲裂。

一位客人听说此事，愿意出一百金购买其药方。洗衣人于是召集家族会议说：“我们世代替人洗衣服，所得不过数金而已；现在一旦卖出药方就可以赚到一百金，就卖给他吧！”可见一百金显然是很大一笔钱，远远超过洗衣服获得的收入。药方卖给客人是否会带来同行竞争，洗衣人一时也顾不了那么多。

客人拿了药方，便去游说吴王，声称自己有办法打败越国。吴越两国长期交战，此时恰逢越国兴兵来犯，吴王于是派他担任将领，冬天与越人在江上作战，结果大败越军。因为冬天交战，吴国士兵手上都涂了药膏而不皲裂，越国士兵的手则全部冻裂，连武器都抓不住，完全无法和吴军对抗，客人因而得到封地作为奖赏，加官晋爵。

同样是不让手皲裂的药方，有人只能世世代代替人洗衣服，有人却可以用它裂土封侯，这说明任何东西要设法应用得恰到好处。由此可知，庄子并非反对有用，而是主张不要仅局限在小的方面发挥功用，让自己累得要命，要设法将自己的才华用于大的方面。

《庄子·秋水》列举了不少例子，说明一样东西只能针对特定方面“有用”，无法面面俱到。譬如，一根很粗的树干可以冲撞城门，却堵不住老鼠洞，堵老鼠洞一根树枝就够用了；千里马可以日行千里，但是捕捉老鼠的本事不如野猫与黄鼠狼。

对于人的世界，庄子特别提醒人们注意：有些人固然是人才，可以为人所用，发挥才干，但到头来可能提早结束生命；另外的人可能算不上人才，却说不定可以安其天年。

有关“用”的话题，最精彩的故事是在《庄子·山木》中讲述的。庄子带了一群学生上山，看见一棵大树，枝叶十分茂盛，伐木工人在树旁休息却不加砍伐。庄子问他什么缘故，伐木工人说：“这棵树没有任何用处。”伐木工人很有经验，一看就知道这棵树里面是空的，连最普通的窗户、门板和桌子都不能做。

庄子一行人从山里出来后，借住在朋友家中。朋友很高兴，吩咐童仆杀鹅来款待客人。童仆请示说：“一只鹅会叫，另一只不会叫，请问该杀哪一只？”主人说：“杀不会叫的那只。”我小时住在乡下，所以知道村里不一定非要养狗，可以养鹅替人看门，陌生人来了，鹅会大叫着追赶，所以不会叫的鹅没有用。

第二天，弟子请教庄子说：“昨天山中的树木，因为无用而得以保存；现在主人的鹅，却因为无用而被杀。老师打算如何自处呢？”庄子说：“我将处在有用与无用之间。”这是标准答案，如果能确保安全，该有用就有用，该无用就无用。

想要达到庄子所说的境界，需要具备两方面的智慧：一是了解人情世故和生存的安危法则；二是能够根据情况做出准确判断，针对不同处境有不同的表现。庄子并非要人完全无用，他所说的重点是：全身保真，保全生命，真正做自己。

关于“有用无用”的判断，一般人都把“有用”界定为升官发财，而庄子则提醒大家思考：为了升官发财所付出的代价是否太高？如果为此付出高昂的代价，人生将得不偿失。庄子对于“有用无用”的看法可概括为以下几方面：

1. 不要追求特定的有用。特定的有用可能会让人付出高昂的代价。

2. 要化解对有用的执着。大家都想去重点学校读书，都想毕业后在大公司和前景好的行业里工作，赚很多钱，认为这些很有用。我们千万不要人云亦云，因为光鲜亮丽的背后总要付出相应的代价。

3. 要安于自身的条件。我们每一个人都处在特定的时代和社会，不能为了追求有用，为了具备某种专长或能力，就不顾一切。

4. 珍惜此生，乐天知命。

我们要了解世间万物都有用，但只有人能做出选择，人会选择在什么情况下、为了什么理由而让自己变得有用，此时就要衡量得到与付出是否成比例。

庄子“无用之用”的说法很有深意，我虽然一无所用，但我也因此一无烦恼。这绝不是懒惰者的借口，人生在世要安于现有的条件，脚踏实地，就地取材，自得其乐。每个人都有其特定的条件和处境，人不可能在每一方面都有用，所以该发挥时则发挥，但要适可而止；无法发挥时就欣赏别人发挥，这样才是对有用、无用的正确认识。

第十三节　见利要思害

将儒家和道家对照比较，可以帮助我们理解得更为透彻。儒家强调见利思义，看到有利益就要想该不该得，如果明知不该得还非要去争取获利，就会心生不安，社会亦有舆论压力。但是庄子不同，他强调见利思害，看到有利益就要想到它的害处和弊端是什么，天下没有一件事是完全有利而无害的，即便是最容易的事情也要花时间去做，这不也是一种付出吗?

说到见利思害，大家常用“螳螂捕蝉，黄雀在后”来形容。这一成语出自《庄子 · 山木》，原文是“螳螂捕蝉，异鹊在后”，异鹊是指奇怪的鹊鸟。既然我们今天学习《庄子》，就要尊重原文的记载。

完整的故事是：庄子经常一个人在山上闲逛，有一次他正在欣赏一座漂亮的栗园，忽然从南方飞来一只奇怪的鹊鸟，鸟翅膀居然擦碰到庄子额头。庄子吓了一跳，心想：“一般的鸟都会避开人类，这是什么鸟啊? 翅膀大却飞不远，眼睛大却看不清。”庄子提起衣裳快步上前，拿着弹弓静候时机。他顺着鸟飞去的方向看，发现在树荫底下有一只蝉高唱着“知了，知了……”十分开心；一只螳螂躲在隐蔽的树叶中，盯着这只蝉正要下手；这只从南方飞来的怪鹊盯着这只螳螂，弓起了背准备攻击，这就是“螳螂捕蝉，异鹊在后”。

庄子很聪明，立刻想到："天下的人和物都是只看眼前利益而不知自己身处险境，这只大鸟原本应该害怕人类，却因贪图一只螳螂，忘了猎人就在身边；我是猎人，如果一心只注意这只异鹊，那么身后是否有人要对付我呢？"想到这一点，他吓出一身冷汗，立刻丢掉手里的弹弓以避免嫌疑，仓皇跑出栗园。但为时已晚，栗园的管理员在后面一边追赶，一边大喊："小偷别走！"

好好的却被人冤枉是小偷，庄子回家之后三天都不开心。他想到：万物都是如此，每一样东西都只注意到自己的需要，却忽略了随之而来的危险和灾难，自己一时之间竟然也陷入了迷惑。

当人们一门心思想要获取的时候，也是最危险的时候，此时往往疏于防范或麻痹大意，一心盯着眼前的目标，结果就会出问题。这个故事说明天下没有免费的午餐，要得到任何东西都要准备好付出代价。

有些人常常觉得自己怀才不遇，自己是千里马却没有遇到伯乐。《庄子·马蹄》里讲述了伯乐和千里马的故事：伯乐很厉害，可以训练千里马，但是在训练过程中，经过层层筛选，很多马被淘汰，马要死一半以上才能挑出几匹好马，被选出的马后面恐怕面临更大的压力，要不断面对赛事和表演。

《庄子·山木》中举了很多类似的例子，将见利思害和有用、无用的判断相结合。大狐、花豹十分警惕，却仍然无法避免机关罗网，这是因为它们的皮毛太漂亮了。如果没有那么漂亮的皮毛，它们肯定可以活得更加自在，更为长久。

《庄子·徐无鬼》中讲述了猎人打猎的时候，一定以身手最敏捷的猴子为目标。古人狩猎喜欢打猴子，今天还有耍猴戏表演，中国古代将马戏团称为猴戏团，因为猴子是灵长类，比马灵巧得多。笨拙的猴子无法引起猎人的兴趣，身手敏捷的猴子则是更好的狩猎目标。人间的很多事情都是如此，有利就有害，获利的时候千万不要以为没有后患。

《庄子·列御寇》中讲述了一头用于祭祀的牛，披的是纹彩刺绣，吃的是青草大豆，等它被牵到太庙待宰的时候，即使它拼命哭喊，想做一头孤单的小牛，也不可能再有机会了。

庄子深知获取利益的同时往往要付出很大的代价，因此他安于贫穷的生活，他的贫穷令人深感同情。《庄子·外物》中讲述庄子有位老朋友是监河侯，负责治理水患，所以可向沿岸村落收税。有一次庄子想跟他借些钱或米，监河侯说："过几个月收到税之后，借给你三百金。"庄子一听，气得脸色都变了，立刻给监河侯讲了一个故事。

庄子说："我昨天来的时候，半路上有人喊我，我回头一看，在车轮轧凹的地方有一尾鲫鱼，鲫鱼说：'我是东海的水族之臣，现在快渴死了，有没有一升一斗的水可以救我？'我说：'好，我将到南方游说吴国、越国的君主，引进西江的水来迎接你。'鲫鱼气得立刻变了脸色，对我说：'等你开凿运河把水运来，我早就变鱼干了，还不如早一点去干鱼铺找我算了。'"

庄子听到朋友找借口不愿借米给他，脸色立刻变了；有趣的是，他讲的寓言里的鱼也会立刻变脸色。他意在责怪朋友：我生活穷困而向你借米，而你作为朋友竟然百般推托。

所以，庄子确实了解生活贫穷的困窘，借米不是为了自己而是为了家人。人生在世难免会有委屈，不过庄子清楚地知道，这种委屈是他自己的选择。如果他不肯受委屈而去做官或是经商，付出的代价恐怕更高，利益背后的危害恐怕难以承受。由此可见，庄子并非只讲一些消极无奈的话，他是希望人们对人情世故能有更加透彻的了解。

第十四节　与自己要安

谈到道家思想，我们可以用"安、化、乐、游"四个字概括，即：

1. 与自己要安：与自己相处，不管遭遇什么状况，要安心接受。

2. 与别人要化：与别人相处，要做到"化"，即"外化而内不化"。

3. 与自然要乐：与自然界相处，要体味快乐。

4. 与大道要游：悟道之后，要设法与道同游，即逍遥之游。

本节我们先谈第一点：与自己要安。

每个人都有不一样的人生遭遇，我们不必羡慕别人，因为我们不可能成为别人。"与自己要安"是说，任何事情发生在自己身上，都能安心接受。

譬如，我们生活在二十一世纪，我们面临什么样的社会环境和国际局势，我们会遇到哪些内外考验，我们身边的家人、亲人、朋友是哪些人，诸如此类的很多事情都不是我们可以自由选择的。因此，对于我们所遇到的各种情况，先不要判断好坏，而要安心接受。

（一）安于现状

我曾在比利时鲁汶大学和荷兰莱顿大学教书，在荷兰莱顿大学执教一年，时间较长。其间我留心观察荷兰人的生活，发现在特定的时空环境之下，荷兰人表现出的生活态度居然和道家的说法很接近，荷兰人能够安于他们的生活情况。

欧洲国家众多，荷兰的综合实力排名位居第六，德国、英国、法国一定排前三名，意大利第四，西班牙第五。所以荷兰人很少有非常远大的志向，从来没听荷兰人说过“下一个世纪是荷兰人的世纪”之类的豪言壮语。荷兰人自知不可能在欧洲拔得头筹，更不要说在整个世界上领先了，久而久之，便形成了安于命运的心态。

譬如，英文中有一句成语“go Dutch”，意为按荷兰人那一套。如果约人喝咖啡时说“go Dutch”，代表各自买单，即现在所谓的“AA 制”。平均分摊，谁也不吃亏，如此相处才能长久，这就是从荷兰人那里学来的。

我在荷兰教书时，有一次下课后几个教授凑在一起，其中一位教授提议说“喝咖啡去吧”，这绝不代表他要请客。这与中国的情况完全不同，中国人在一起聊天，谁提议“喝咖啡去吧”就代表他要付账，这是约定俗成的。在荷兰喝咖啡，AA 制是约定俗成的，不用再说“go Dutch”。

在咖啡店，我看到两个教授商量半天，原来是一块蛋糕太大，两人要一人一半、共同分享；付账时一半是多少钱，算得清清楚楚。我们看了会觉得荷兰人太小气，其实，荷兰的人均国民收入很高，很多年前就达到三四万美元，但是他们知道在欧洲多国竞争的环境下，生活不易，因此要存钱，要安于实际的状况。

（二）退一步想

荷兰人“与自己要安”的心态，还反映在另外一句口头禅上：“还好事情没有变得更坏。”荷兰人看待任何事都会退一步想，从更坏的角度来审视现在的情况，从而更容易感到庆幸和满足。

比如，一个中国人和一个荷兰人开车，都发生了车祸，中国人可能会说：“真倒霉，我的车撞坏了。”荷兰人则会说：“太幸运了，我没有受伤。”中国人看到损失的，而荷兰人会看到获得的。车祸之后，如果两个人不幸都断了一条腿，中国人可能会说：“完了，只剩下一条腿。”荷兰人则会说：“太幸运了，还有一条腿。”这并非开玩笑，而是荷兰人的真实想法。

对于已经发生的事，与其抱怨“早知如此，何必当初”，不如直面现状，安心接受。只要还活着，便可寻找有利的条件，继续勇敢地活下去。当然，中国人看重损失的心态从另一个角度来看，也有可取之处，这样会提醒自己下次更加珍惜、更加小心。

（三）自得其乐

在荷兰，晴天出太阳是件非常愉快的事情。荷兰素以风车闻名于世，代表荷兰常有很大的风雨。我在荷兰时住在临街的公寓，到学校上课需步行十分钟，如此短的路程，有一回竟然碰到雨时下时停了三次。一旦出太阳，荷兰人便把椅子搬出来，在院子里晒太阳，享受难得的阳光，很是惬意。

荷兰地势很低，近一半的国土低于海平面，城内的运河星罗棋布，运河上设有拱桥，方便行人通过。有一次下课回家途中，我看到一位年轻人坐在一个拱桥上钓鱼，不免好奇，心想：“这里的水不太干净，真的会有鱼吗？”于是，我就站在他身后十米开外的地方，等着看是否有鱼上钩。这个年轻人发现我在看他，便回头笑着对我说：“先生，我的竹竿上没有线。”我听了之后吓一跳，心想这个境界太高了。以前只听说过姜太公钓鱼用直的鱼钩，现在一位荷兰年轻人钓鱼，竟然连鱼线都不用。这说明荷兰人能够自得其乐。

作为一个荷兰年轻人，难得碰到天气不错，他没有幻想着如何征服世界、建立丰功伟业，却自己玩起了 VR（虚拟现实），坐在桥上拿一根竹竿，想象自己在钓鱼，结果竟然让我信以为真，他能如此自得其乐，我当时深受触动。

的确，人活在世界上，为什么一定要活在一个伟大的时代，从事一项伟大的工程？难道不能安于现状，就身边现有的条件，跟周围的人好好相处吗？我们完全可以就现有的条件，把今天该做的几件事做好。出太阳的时候，就惬意地享受阳光；下雨的时候也不必抱怨，可以用心感受雨中的浪漫情调。

我们以荷兰人为例并不代表荷兰人都懂得道家，荷兰人具有独特的生存条件，长期的潜移默化的影响造就了荷兰人安分守己、自得其乐的心态。所以，若想过得快乐，一定要学会就地取材，享受当下的快乐，生活中的一点小确幸就可以使平淡的日子充满乐趣。

人活在世界上，不正需要这样的心态吗？这样的心态无疑将给我们的人生带来积极的影响，这是我们从道家得到的启发，对待自己，要做到“与自己要安”。即使升官、发财，也照样可以“安”，你不需要向别人炫耀或与人攀比，要设法为自己找到一个恰当的生活态度。

第十五节　与别人要化

谈到道家思想给我们的启发，第二点是“与别人要化”。“化”这个字很重要，《庄子·知北游》中提到古代人的处世原则是“外化而内不化”，可见“化”分为两个方面：1. 外化，外表与别人同化；2. 内不化，内心完全没有任何变化。

（一）外化：外表与别人同化

“外化”是指外在的生活习惯、言谈举止与别人同化，即要入境问俗，入乡随俗，尊重他人的生活方式，避免引起别人的侧目。在这一方面，道家充分掌握了儒家的优点。儒家强调“善是我与别人之间适当关系的实现”，因此与人相处要谨守规矩，以礼相待，道家对此并不排斥。学习道家思想后，如果行为举止变得稀奇古怪，与社会格格不入，不能算是学会了道家；相反，在任何地方不会被人认出是道家，才算掌握了道家的特色。

《庄子·天运》中有一段谈到孝顺，显得比儒家更为深刻；但是儒道两种思想出发点不同，并不能简单地评判高下。儒家谈孝顺强调两点：第一，尊敬父母；第二，爱护父母。其他的都是围绕这两点的具体表现。庄子在此基础上，将孝顺进一步分为六种境界：

第一种，尊敬父母。

第二种，爱护父母。

第三种，子女孝顺父母的时候，忘记父母是父母，即把父母当成朋友。

做父母的都知道，子女进入中学之后，会变得难以沟通，从前子女对父母无话不谈，现在变成只向朋友和同学倾诉。如果子女能敞开心扉，把父母当成朋友，实属孝顺。

第四种，子女孝顺父母的时候，让父母忘记子女是子女，即让父母把子女当成朋友。

如果子女通过孝顺父母，能让父母把子女当成朋友，则更加难得。比如我们小时候回家，常碰到父母正在聊天，一看到我们回来就戛然而止，还说“大人的事小孩别管”，让我们别瞎打听。能做到第三、第四种孝顺，已经可以算是“外化”了。

第五种，孝顺父母的时候忘记了天下人。

我们熟知的“父子骑驴”的故事显然没做到这一点。爸爸和儿子牵着一头驴进城赶集，半路上有人说：“有驴不骑，不是浪费吗？”爸爸觉得言之有理，爸爸疼爱儿子，就让儿子骑到驴背上。走了一段，又听到有人说：“儿子骑驴，让爸爸走路，太不孝顺了。”儿子马上下来，让爸爸骑上去。过了一会儿，又有人说：“爸爸骑驴，让儿子走路，太不慈爱了。”于是父子二人一起骑在驴背上。走了一段，又有人说：“父子两人都骑在驴背上，这不是虐待动物吗？”最后，父子二人干脆抬着驴进城。这说明太在意别人的看法，自己反倒会缺乏主见。真正的孝顺要忘记天下人，孝顺是真诚之心的自然流露，只需尽其在我，不必在意别人怎么说。

《二十四孝》故事中，老莱子“戏彩娱亲”的故事也反映了同样的道理。老莱子七十岁时，奉养九十多岁的父母，他回家后换上五色彩衣，挥舞彩带，像幼儿园小朋友一样，唱歌跳舞给父母欣赏。有一次给父母送水，又假装摔倒在地，装出婴儿的哭声，让父母笑得前仰后合、乐不可支。别人可能会觉得老莱子有问题，这么大岁数了还假装小孩，但是他喜欢这样做，父母喜欢看，就不必在意天下人怎么看，这才是孝顺。

第六种，孝顺的最高境界是让天下人都忘了我在行孝。

这种境界实在令人难以想象，借庄子的话来形容叫作“相忘于江湖”（《庄子·大宗师》）。鱼在江湖里悠游自在，完全忘了同伴；人间孝顺的最高境界则是完全忘了彼此之分。否则，一天到晚循规蹈矩，区分长幼尊卑，被繁文缛节所束缚，不觉得累吗？

庄子描述的“外化”的境界令人难以想象，这正是道家的精彩所在：外表与别人同化，不去刻意改变社会现状，不让别人有突兀之感，尊重别人的生活方式。

（二）内不化：内心完全没有任何变化

更重要的是“内不化”三个字，即内心完全没有任何变化。对一个人来说真正可贵的是，无论财富、名声、地位、学问如何，个人的内在完全不受影响，这正是道家强调的重点。人生在世努力奋斗，难免会有“时也，命也，运也”的感慨，努力未必会有成果，面对外在的各种情况要学会淡然处之、逆来顺受。

《庄子》多次提到“不得已”，此一说法十分重要。庄子所谓的“不得已”并非指被迫无奈、不得已而为之，而是当发现各种条件都成熟时，要顺其自然。所以“不得已”非但不是委屈无奈，反而是顺其自然，其关键在于判断条件是否成熟。

（三）适合学习道家的三种人

学习道家，需要对人情世故有非常深入透彻的了解，有三种人适合学习道家：

第一种是年纪很大的人。像老子一样，饱经沧桑之后，看透人情冷暖、世态炎凉。

第二种是失意之人。就像庄子，人只有在失败的时候，在极度困顿中才能看破世间浮华的表象。如果从未失败，怎能真正了解成功是什么？

第三种就是智慧极高之人。世界上的人分为两种，用佛教的术语来说，一种叫作“利根”，一种叫作“钝根”。“利根”代表冰雪聪明、一点就通之人；“钝根”代表反应迟钝、需要慢慢磨炼之人。“利根”之人适合学习道家，道家强调智慧的觉悟，道家的智慧只有一个标准：能够悟道才是智慧。一旦悟道，从道的角度来看万物，一切都好像是透明的，一目了然。

庄子是宋国人，常常提到宋国国君宋元君。《庄子 · 田子方》中讲到，有一次宋元君打算画些图样，公告一出，全国有名的画师都赶到宫廷集合，一下子把宫廷塞得满满的，画师们站立等候，有一半的人都站到门外去了。有一个画师稍晚才到，悠闲地走进来，行礼作揖之后也不站立恭候，直接就到画室去了。宋元君派人去察看，他已经解开衣襟，袒露上身，盘腿端坐着，准备开始绘画。宋元君说：“好，这才是真正的画师。”

这个故事影响了晋代大书法家王羲之。东晋时代，王家是一个显赫的大家族。郗太傅派使者去王家挑选女婿，丞相王导对使者说：“我家子侄众多，你到东厢房随意挑选吧。”王家的年轻人听说郗太傅要选女婿，个个盛装打扮、精神抖擞。唯独靠墙的床上躺着一个年轻人，袒胸露腹在睡午觉，好像什么事都没发生似的。使者回去报告之后，郗太傅说：“就找这个人。”这个人就是王羲之，成语“东床快婿”就出自这个故事。王羲之为人真诚，完全不考虑外在的得失荣辱，将来结婚之后自然容易相处。

谈到道家的智慧，与别人来往要做到“化”，虽然只有一个“化”字，但其中的内涵却十分丰富，值得我们用心体会。

第十六节　与自然要乐

道家思想给我们的第三点启发是“与自然要乐”，此处的“自然”指自然界。《老子》书中的“自然”指万物保持自己如此的样子；到《庄子》成书的时代，“自然”一词业已成为术语，所指为自然界。

（一）自然界的公平

人间最大的烦恼和痛苦，往往在于人感觉不到公平和正义，这并非全由昏聩的统治者所造成的，即使像尧、舜这样英明的帝王，也不可能让所有百姓都觉得公平。每个人都会拿自己和别人进行比较，相形之下总觉得自己受到委屈，如此一来，公平和正义难有客观、统一的标准。

自然界会带给人快乐，因为自然界总能让人感到公平。比如一阵清风吹来，无论有钱人还是穷人，都会觉得凉快；如果风吹过来，有钱人觉得凉快，穷人觉得很热，那一定是人们想象出的，不是真实的情况。

自然界的表现符合客观规律，可以预测。《庄子・则阳》中说：“我深耕田地，仔细锄草，稻谷就繁荣滋长，定以稻谷丰收回报我；相反，耕地时动作鲁莽，锄草时草率，到最后长不出好稻谷，又能怪谁呢？”同样地，我种一盆花，每天细心浇水，修剪枝叶，花期一到，它就会开出美丽的花朵回报我。

自然界的特色是有付出必有收获，并且付出与收获成正比。人类社会则不然，有些人生下来应有尽有，不劳而获；有些人奋斗到老还一文不名，劳而无功。人类社会中找不到公平正义，这时就要拥抱大自然，在自然中重新发现公平，因为大自然本就如此。

苏东坡（1037—1101）文采斐然，他在《前赤壁赋》中写道：“惟江上之清风，与山间之明月，耳得之而为声，目遇之而成色，取之无禁，用之不竭。”再多的人欣赏明月、享受清风，明月照样皎洁，清风依旧凉爽，大自然对人类十分慷慨，绝不吝啬。

（二）排除刻意的目的

人活在世界上，为什么要经常亲近大自然呢？因为大自然没有人为的刻意安排。道家思想讲“无为”，所指是“无心而为”，即不要有刻意的目的。刻意去实现某个特定目标，常常会牺牲其他目标，原本可同步达成的其他目标，现在则被完全抛弃。特定目标即使达成，通常也会引起反弹，从而构成更大的问题。自然界没有刻意的安排，这正是自然界的可贵之处。

我有一个朋友家里养着十条狗，我问他：“家里为什么养这么多狗？”他说：“我喜欢看狗脸胜过看人脸。”人是有表情的，当看到别人全身名牌，我们可能会两眼放光，羡慕不已；当看到炫酷跑车呼啸而过，我们可能会自叹不如。动物则不会如此，一条狗从小被人养大，一定会对主人忠心耿耿，绝不会嫌贫爱富、看到开奔驰的就跟着跑了，因为狗把主人当作生命的寄托。

植物和动物都属于自然界，大自然中完全没有人类的矫揉造作和人际的复杂关系，人在自然中可以完全回归自己本来的样子，这正是自然带给人的快乐。

庄子认为天下人所看重的是财富、显贵、长寿和名声，一心追求这些东西，会带来诸多问题，从而失去自然之乐。（《庄子·至乐》）

1. 财富

“富有的人，劳苦身体，辛勤工作，累积大量钱财而不能充分享用，这样对待自己的生命，也太见外了！”有钱人积累的财富几辈子也用不完，他们的子孙不劳而获，继承大量财产后，必然失去奋斗的动力，后代家道中落的情形不难想象。

2. 显贵

“显贵的人，夜以继日，思索考虑决策的对错，这样对待自己的生命，也太疏忽了！”有时看到古装剧中的雍正皇帝，喜吃素食，自奉简约，却每天通宵达旦地批改奏折。对于整个国家而言，他当然很重要；但是没有他，国家就一定无法发展吗？可见他对自己太疏忽了，所以后来年寿不长。

3. 长寿

“人活在世间，与忧愁共生，长寿的人烦恼特别多，长期忧愁又死不了，何其痛苦啊！这样对待自己的生命，多么痛苦啊！”如果懂得道家思想，长寿而且活得快乐，当然是好事；但很多长寿之人，为了子孙而长期忧愁，烦恼不已。

4. 名声

每个人都喜欢好名声，但庄子以伍子胥为例，说明“烈士受到天下人称赞，可是却无法活命”。伍子胥对吴王夫差忠心耿耿，却被小人进谗言，最后自刎身亡，尽管有好名声，却活不长久。

（三）活出自己生命的特色

庄子博学多闻，言语诙谐，举了很多古代贤士的例子，挑战儒家思想。儒家教人忠孝节义，但是庄子指出这些古代贤士都死得很悲惨。《庄子·盗跖》以尾生为例：“尾生与一名女子相约在桥下见面，女子没来，下大雨洪水涌至他也不离开，抱着桥柱淹死了。”尾生十分守信用，宁可在桥下抱着柱子被水淹死，也不肯失信而上桥。

庄子把这些例子当作反面教材，说明守信用固然很好，但不能过于执着，不知变通。人间许多既定的规则不是我们能够改变的，与其为了名利权位等利益付出惨痛的代价，还不如活出自己生命的特色。

所谓的自然，还有回归原始之义，回归自己本来的样子，保持自己如此的状态。当与大自然亲密接触时，植物动物、日月星辰、山河大地、鸟兽虫鱼，每样东西都能让我们感到快乐，只要敞开心胸，很容易自得其乐。

很多人都喜欢“采菊东篱下，悠然见南山”的田园诗意，陶渊明的另一句话“勤靡余劳，心有常闲”（《自祭文》）则很适合作为座右铭。每天辛勤工作，不遗余力，但是内心经常保持悠闲；虽然恪守本分，努力工作，却不为工作劳心伤神，做到形劳而心闲，忙而不乱。我们也可以用同样的方式与他人相处，往来酬酢中让内心保持悠然自得。

第十七节　与大道要游

道家思想给我们的第四点启发是“与大道要游”。但问题是：“道”在哪里？如果不了解道在哪里，又该如何与道同游呢？

（一）道无所不在

《庄子·知北游》中东郭子就向庄子提出这样的疑问：“所谓的道，在哪里呢？”一般谈到一样东西时总要说明它具体在哪里，这样才好被人认识。

我有位朋友在香港教书，他在女儿七岁的时候，第一次带她坐飞机。飞机飞到高空之后，女儿一直很认真地盯着窗外看，他就问："你在看什么？"女儿说："我在找上帝。"朋友顿愕。又问："为什么在窗外找上帝呢？"女儿说："老师说上帝存在，而且就在天上。"女儿信以为真，第一次坐飞机就希望看到上帝是什么样子。爸爸听了女儿的话不免心惊胆战，心想：万一找到了该如何是好？

其实这种担心是多余的，哪里有天上、地下之分？地球是圆的，从这边看是天上，从另一边看就是地下。人们认识事物时，往往要先知道它的位置后，才能接受它存在的事实。但是，道或上帝不占空间，没有具体的位置可言。

那么，庄子对东郭子的问题是如何回答的呢？

东郭子请教庄子："所谓的道，在哪里呢？"

庄子说："无所不在。"（这是标准答案，道家认为"道"无所不在，每个地方都有道。）

东郭子说："一定要说个地方才可以。"

庄子说："在蚂蚁中。"

东郭子说："为什么如此卑微呢？"（一般人认为，"道"应该在终南山之类的名山大川中，怎么可能在不起眼的蚂蚁身上呢？）

庄子说："在杂草中。"

东郭子说："为什么更加卑微呢？"

庄子说："在瓦块中。"

东郭子说："为什么越说越过分呢？"

庄子说："在屎尿中。"

东郭子不出声了。

庄子智慧过人，他的回答完全超出一般人的想象，他说"道"在蚂蚁、杂草、瓦块、屎尿中，这是按照动物—植物—矿物—废物的逻辑顺序。庄子的意思是：连最低贱卑微之物都有"道"在其中。

庄子接着说："先生的问题，本来就没有触及实质。有个市场监督官，名叫获的，他向屠夫询问检查大猪肥瘦的方法，屠夫的回答只有四个字'每下愈况'。"

"每下愈况"稍微调换一下字序，就变成今天我们常说的"每况愈下"，比如说美国经济每况愈下，是指美国经济越来越差，庄子的意思显然与此不同。庄子所谓的“每下愈况”是指，每次用脚踩在猪腿上，愈往腿下的部分而有肉，这只猪就愈肥，“每下”就是每一次用脚往下踩。

一头猪通常比人重几倍，古代没有大的磅秤，猪不像鸡鸭可以称重，人们就通过用脚踩猪腿的方式来判断肥瘦。踩的时候不能踩大腿，因为猪大腿上的肉很多，不好分辨；要踩小腿，越肥胖的猪，小腿的肉越多；最好踩猪蹄，连猪蹄上都长满肉，才是真正的肥猪。

为什么庄子回答“道在哪里”时，以卖猪为譬喻呢？庄子是想借此说明：你不要执着在一个地方，你用脚踩的任何地方都是道，道无所不在。认识到这一点，我们的人生观将发生明显的改变。

（二）“无所不在”不等于“无所不是”

庄子分辨出道和万物的区别：万物可以消长、衰退或消失，而道没有任何消长变化，更不会消失；万物充满变化，用佛教的术语来形容就是“成住坏空”，但是道完全不受任何影响。道是使万物成为万物的力量，但这个力量本身从来不会有任何变化，这正是老子所说的“独立而不改，周行而不殆”（《老子·第二十五章》），意即：道独立长存而不改变，循环运行而不止息。

同时，“道无所不在”不等于“道无所不是”。只有分辨清“在”与“是”的差别，才能体现出道的超越性。

如果说“道无所不是”，就会变成西方的泛神论。“是”意为“等于”，“道无所不是”意为“道就是万物”，也可说成“道等于万物”，这样说会出现困难。据科学研究，月球和地球是在大约40亿年前出现的，有出现就会有发展，有结束。如果道等于万物，而最终万物全部消失，道难道会随万物一起消失？不管万物如何变化生灭，道完全不会受到任何干扰，所以绝不能说道是万物，只能说道遍在万物，万物都在道中。

用“在”可以同时体现出道的超越性和内在性。道的超越性是指：道不随万物的变化而变化。道的内在性是指：道无所不在。万物虽然纷繁复杂，有大小、贵贱之分，但道就在万物之中，没有任何地方、任何东西能够离开道的范畴。

（三）身边的一切都值得欣赏

如果真正懂得道家，根本不需要去九寨沟、黄山、美国大峡谷等风景名胜，因为以道的角度来看，身边的一切都值得欣赏。如果缺少这样的眼光，认为一定要去旅游胜地才能欣赏到美景，那么除了旅游的短暂时光，其他大部分时间都无法有审美的感受。

由此可见道家的智慧。万物中都有道的存在，你有善观的眼，就能从万物中看出道的光辉，就连我们自己也在道里面，这样一来，内心很容易产生一种安定的力量。

一个人学习道家之后，生活可以平平淡淡，对万物都乐于接受、能够欣赏，原因就在于他觉悟了“道”是什么。人一旦觉悟，将表现出完全不同的生命态度。

总之，道家给我们的启发是：与自己要安，与别人要化，与自然要乐，与大道要游。对照儒家给我们的启发——对自己要约，对别人要恕，对物质要俭，对神明要敬，我们会发现：讲道家的启发，第一个字是“与”，讲儒家的启发，第一个字是“对”。“对”有针对性；“与”有整体性，“与”代表我与他人、与万物都有共同的来源——道。

第十八节　生死是一体

本节介绍道家的庄子对于生死问题的看法。

生死问题是最根本的问题。没有人不怕死，没有人不喜欢活得长久，在中国古代的《尚书·洪范》里谈到五种好的报应（五福），第一就是长寿。好生恶死是一种本能的想法，任何生物都如此。

庄子如何看待生死？《老子》里相关的题材很少，《庄子》里则讲述了很多有趣的故事。谈到生死问题，《庄子》里有一句话可以作为他的基本立场：“善吾生者，乃所以善吾死也。”（《庄子·大宗师》）意为：那妥善安排我的生命的，也将妥善安排我的死亡。

人并非通过自己的努力而降生世间，而是莫名其妙地来到了这个世界，没有人知道缘由。出生之后，如何度过此生是我们可以自己把握的。生命终归结束，人要怎样面对最后的结束呢？庄子告诉我们：不必担心，是道让你活着，道也会妥善安排你将来怎样结束。

然而我们仍不免好奇：道家究竟是如何面对死亡的？庄子说：“死生为昼夜。”（《庄子·至乐》）即死生的变化就像昼夜的轮替一样，有生就有死，这是最自然的发展过程。

《庄子 · 至乐》讲述了庄子如何坦然面对妻子去世的故事。庄子的妻子过世，朋友惠施到家中吊丧，一进门吓了一跳，庄子正蹲在地上，一面敲盆一面唱歌。惠施心情不快地说："你一辈子那么穷，妻子与你一起生活，她把孩子抚养长大，现在年老身死，你不哭就罢了，竟然还要敲着盆子唱歌，不是太过分了吗？"

庄子说："你先别怪我。当她刚死的时候，我又怎么会不难过呢？后来我经过省思，察觉到她起初是没有生命的，只是荒郊野外的一股气而已，这股气的变化赋予了她生命，她出生长大后嫁给我过了一辈子，现在她死了又回到那股气里面，死亡好比是回家。我觉悟之后就不再伤心哭泣了。"我们今天说"视死如归"让人感到万分悲壮，似乎只有军人才能做到；庄子则认为每个人看待死亡都应该像回家一样，是值得高兴的事。

《庄子·齐物论》里有一段话读后让人有醍醐灌顶之感："我怎么知道贪生不是迷惑呢？我怎么知道怕死不是像幼年流落在外而不知返乡那样呢？"庄子举了一个例子，他的例子常有相关的历史背景，但并非真实的历史事实，很多时候是他自己杜撰的寓言故事。

晋献公有次巡视边疆，发现边疆官的女儿丽姬长得非常漂亮，相貌倾国倾城，是《庄子》书中四大美女之一，晋献公立刻要迎娶她回王宫。丽姬从小在边疆长大，不知道王宫的富丽堂皇，她一想到要离开父母，哭得眼泪沾湿衣襟，至少流了一升的眼泪；等她进了王宫，与晋献公同睡在豪华舒适的大床上，共同享用满桌的山珍海味，这才后悔当初哭泣。因此庄子说："我怎么知道那些死去的人不后悔当初的求生呢？"庄子的寓言故事让人感到十分震撼，使人深受启发。庄子认为，人活在世界上，正好像年轻时离家出走，所以死亡就是回家，回家应该感到快乐才对。

《庄子·至乐》有一段庄子和骷髅头的对话，十分有趣。庄子身逢乱世，当时正处于战国中期，战火频仍。庄子来到楚国，看见路边有一副空的骷髅头，形骸已经枯槁。庄子用马鞭敲击它，然后问道："你是因为贪图生存、违背常理，才变成这样的吗？还是因为国家败亡、惨遭杀戮，才变成这样的？还是因为作恶多端，惭愧自己留给父母妻子耻辱而活不下去，才变成这样的？还是因为挨饿受冻的灾难，才变成这样的？还是因为你的年寿到了期限，才变成这样的？"

庄子的话反映了当时人们死亡的五种原因，大都是天灾人祸或做了坏事，只有最后一种才是寿终正寝，说明当时天下大乱，大多数人死于非命。

后来庄子枕着骷髅头睡着了，在梦中和骷髅头开玩笑说："我叫管地府的官恢复你的生命，你愿意这样吗？"骷髅头皱起眉，忧愁地说："我在这里睡得好好的，不需要吃东西，可以暖暖地晒太阳，自由自在，就算让我当帝王我也不干，我又怎么会再回到人间受苦呢？"想成为杰出的帝王十分辛苦，殚精竭虑；昏庸的帝王固然可以享乐，但人的欲望无限，追逐物欲享受只会带来更大的痛苦。由此可见，庄子对死亡不存成见，人没有必要刻意抗拒死亡。

隔了几年，庄子自己天年已尽，《庄子·列御寇》记载了此事。庄子学识渊博，有几个学生跟在他身边，学生们认为老师一生很委屈，于是想要为庄子安排厚葬。庄子说："千万不要厚葬，就把我丢到旷野好了。我把天地当作棺椁，把日月当作双璧，把星辰当作珠玑，把万物当作殉葬，我陪葬的物品难道还不齐备吗？还有什么比这样更好呢？"学生说："我们担心乌鸦与老鹰会把先生吃掉。"庄子说："在地上会被乌鸦和老鹰吃掉，在地下会被蚂蚁吃掉，从那边抢过来，送给这边吃掉，真是偏心啊！"

庄子的话令人哭笑不得，但他的话自有道理。据探索频道介绍，地球上曾经生活过的人将近一千亿，现在活着的有七十多亿，可见，死去之人早已尘归尘、土归土，重新回归自然，变成地球的一部分。百年之后，我们不也是其中之一吗？

所以，死亡是自然现象，何必大兴土木、建造陵墓来厚葬。很多帝王建造了奢华的陵寝，用无数金银珠宝陪葬，这样反而更可怜，隔了几百年还要被盗墓，死后不得安宁。庄子把自己当作素材，意在化解我们对生死的执着。

古希腊哲学家苏格拉底说："你不要害怕死亡，因为你不了解什么是死亡。如果你害怕死亡，就好像把你不了解的东西当作你了解的东西，这是自欺欺人。"一个人害怕死亡，好像他知道死后很惨似的。然而我们真的知道死后是怎么回事吗？我们何以得知？又该如何证明？其实我们对死后的认识完全出于自己的主观想象。

道家思想深具智慧，对生死问题的看法十分豁达，既不悲观也不乐观，而是达观，即能够对事实做完整而透彻的了解。学习道家思想后，人绝不会有偏激的观念或行为，反而可以将许多事情看得很透彻，坦然面对；既不会人云亦云，也不会标新立异，能做到“外化而内不化”。这是因为人一旦悟道，就会对许多事情持有定见。

第十九节 智慧的顶点

儒家强调德行修养，道家强调智慧觉悟，谈道家最后不能避开的问题是：什么是最高的智慧？庄子的思想上承老子，下启禅宗，旁通儒家，对照西方，其中“对照西方”就是针对智慧而言的。

《庄子》书中关于最高智慧的描述让一般人不知所云，他至少三次提到古代人的智慧抵达最高的境界，用“至矣，尽矣，不可以加矣”（《庄子·齐物论》）来形容，即这种智慧到了顶点，到了尽头，无法增加一分。我们当然很好奇，什么是古代人的最高智慧呢？

古代人能够认识到“未始有物[1]”就是最高智慧。“未始有物”就是从来不曾有万物存在过。前面介绍过，道家要克服的是“存在上的虚无主义”；现在说最高的智慧就是认识到从来不曾有万物存在过，这岂非虚无主义？其实并非如此。

庄子所说的“物”指万物，说万物从来不曾存在过，因为从头到尾存在的只有“道”。“未始有物”的说法宛如置之死地而后生，只有了解万物在本质上是虚幻的，才能真正觉悟“道”是存在本身，是永远的本体。

将庄子的说法与西方对照，西方2600多年的哲学一直在探讨一个问题：为什么是有而不是无？万物一直在不断变化生灭中，纷纷纭纭，可见万物的本质是虚无的；那万物为什么“有”（存在）呢？万物是“无”（不存在）比较合理。譬如，一百年前没有我，一百年后也没有我，我在本质上是虚无的。万物都在时间过程里出生和结束，从永恒来看，没有任何东西存在过。

西方的这个问题等于是在问：世界上为什么会有万物呢？既然万物存在，就需要解释。万物的本质是无，是存在本身（存在的基础）使万物得以存在，万物有生有灭，但存在本身没有改变，没有消失，所以万物的存在让人惊讶。

1 “未始有物”的说法见《庄子》中的《齐物论》《庚桑楚》《徐无鬼》和《则阳》。

古希腊的柏拉图曾说："哲学起源于惊讶。"譬如，看到一朵花开了，这朵花是去年那朵花吗？当然不是。既然不是去年那朵花，为什么也叫玫瑰呢？这就是哲学的开始。万物本身根本没有存在的理由，万物的本质是虚幻的，但是它现在居然存在了，这就需要解释。西方哲学就是在不断解释，为什么万物不断变化却一直存在？万物背后的存在本身究竟是什么？这些探讨构成了西方的形而上学，即本体论。

我们了解了西方的思维模式后一定十分惊讶，因为早在庄子的年代，就已经指出智慧的最高境界是认识到"未始有物"，即从来没有东西存在过。将庄子思想与西方哲学对照，让我们兴奋不已，西方哲学悬而未决、直到今天仍在探讨的问题，庄子早就讲了。

我们都很熟悉禅宗六祖慧能大师的四句偈："菩提本非树，明镜亦非台。本来无一物，何处惹尘埃。""本来无一物"和庄子所说的"未始有物"的意思相同，都是说从来不曾有任何东西存在过。

道家绝不会让人陷入虚无主义，道家希望人们了解：唯一存在的是"道"，它妥善安排我们的出生，也将妥善安排我们的死亡，我们可以放心地生活；不要逐物而不返，不要计较人间的得失成败，如果把自己的生命只放在这个世界上、放在人类社会中，实在很累，往往会错过真正重要的东西。

真正重要的东西就是悟道，一旦你觉悟什么是道，整个生命将豁然开朗，一切得失成败根本不会放在心上。道家所谓的无为是指无心而为，"为"这个字代表还是要努力生活，但是不存刻意的目的，千万要避免"我一定要如何"的执着，如果非拿第一不可、非得金牌不可，到最后非死不可。道家最高的智慧就体现于此。

庄子继续说："有些人达不到最高的智慧，他们认为有万物存在，但是万物之间未曾区分。"他们不会区分这是天、那是地、这是人、那是物，这样的人至少心态上比较平静和谐。

"还有一些人认为万物之间有区分，但是未曾有谁是谁非的争论。"他们不会评论"今天天气很好""今天不应该有雾霾"，因为他们不会去评判是非好坏。

但是人类社会出现之后就开始评判是非，到底是成王败寇还是坚守仁义，儒家和墨家到底谁对谁错，这些辩论受到庄子的批评，因为辩论需要先设定标准，但问题是人间没有客观普遍的标准。

《庄子 · 齐物论》是全书最难读的一篇，齐物就是万物平等的意思。万物都来自道，所以万物是平等的，将万物分出高下、好坏的是人类。《齐物论》中庄子举了一个很有趣的例子来说明世间没有普遍的标准。

庄子说："假设我同你辩论，是我对还是你对呢？我们要找裁判，可是我要请谁来裁判呢？请与你意见相同的人来裁判，既然与你意见相同，怎么能够裁判？请与我意见相同的人来裁判，既然与我意见相同，怎么能够裁判？请与你我的意见都不相同的人来裁判，既然与你我的意见都不同，怎么能够裁判？请与你我的意见都相同的人来裁判，既然与你我的意见都相同，怎么能够裁判？"

这说明世界上出现争议时，没有任何人可以当裁判。如今，不要说法院，一般同学间的争论都有裁判，裁判需要裁断的标准，但是很抱歉，世界上没有客观普遍的标准。这种观念与后现代的思潮十分契合，"后现代"的特色是：对所有过去接受的标准都要质疑，并重新讨论，要问为什么如此，为什么跟我的想法不同，每一个人都可以参与讨论。

道家的智慧抵达了人类智慧的最高点，所有的一切都在变化之中，人生只有一个目的：设法找到永远不变的、作为存在本身的"道"。

道家不仅对中国人非常重要，对西方人也一样深有启发，西方人听到老子、庄子描述的道，认为那就是他们在形而上学中一直讨论和追求的存在本身。对于基督徒来说，道可以等同于宗教信仰里超越一切的上帝；对于佛教徒来说，道可以等同于他们一直追求的不再轮回的涅槃境界。道家思想的普遍性、有效性由此可见一斑。

第二十节　与道教不同

在此我们对道家做一下总结。

道家思想出现的时代背景是，中国古代社会进入礼坏乐崩的乱世。儒家面对"价值上的虚无主义"的危机，希望人们重新行善避恶，方法是设法使人的真诚由内而发，对别人的遭遇感到不安和不忍，由此产生内在的行善动力。儒家把"善"界定为"我与别人之间适当关系的实现"，因此儒家是标准的人文主义。但如此一来也有盲点，一切以人为中心，那万物怎么办？

学习道家有两个基本观念可作为出发点：

1. 人和万物平等，两者有共同的来源，都来自道；

2. 人和万物不同，只有人可以悟道。

学习道家之后，人就会走上一条特别的道路，这条道路偏重于智慧的觉悟。

与儒家对照就会发现道家的不同：道家不以人为中心，道家尊重万物本身存在的特性。一切都来自道，人没有权利以自己的喜好作为真假、是非、美丑的唯一标准。古往今来，人们对于价值的判定标准各不相同，如果非要统一标准，反而乱成一团，道家从根本上化解了这一难题。

道家思想后期的发展有两方面值得注意。

（一）道教的出现

道教出现于东汉末期，始于民间信仰，在魏晋时代逐渐发展成为有规模的宗教，并以老庄思想作为理论基础。老子的年代早于道教七百多年，庄子早四百多年，所以并非老庄创立了道教，而是道教成立后借用了老庄思想。我们要尊重历史发展的事实，一定要分辨道家不是道教。

道教是本土宗教，包含三大系统：第一是符录派，这是典型的民间信仰，当人遇到困难或疾病等状况，利用符录来驱鬼捉妖，消灾解厄，恢复健康；第二是丹鼎派，研究炼丹、黄白之术，促进了中国古代化学的发展；第三是性命派，通过心性修养，希望得道成仙。

道教只是从道家思想中借用了一些概念。道教将许多修行的出家人称为真人，譬如大家都熟悉的丘处机（1148—1227），据说他曾劝告成吉思汗不要再打仗杀人，所以被称为丘真人。但要成为庄子所谓的“真人”谈何容易！

《庄子·大宗师》开头用很长一段话来描写真人的表现，其中有八个字令人印象深刻——“其寝不梦，其觉无忧”，即睡觉时不做梦，醒来后没烦恼。我每一次读到这句话都深感自卑，我一睡觉就做梦，一醒来就烦恼，只能算是一个假人，两脚根本没踩在道上，完全没有悟道。庄子意在提醒你，要设法悟道，悟道后就会有真人超凡脱俗的表现。

除了真人以外，庄子还描述了神人，其文笔极大地启发了后人的灵感，创造了大量神仙题材的小说。譬如《庄子·逍遥游》中描写：“藐姑射之山，有神人居焉。肌肤若冰雪，绰约若处子；不食五谷，吸风饮露。”这样的神人令人难以想象。

我们要分辨道家和道教的关系，才能保证道家思想可以给人以永恒的启示。道教已经演化为宗教，有自身完备的仪轨和理论系统，同样值得尊重。

（二）宋朝学者对道家的批判

宋朝的学者主要是儒家，他们吸取了历史上儒家失势的教训。譬如，唐朝皇帝姓李，道家创始人老子同样姓李，叫李耳，因此唐朝特别推崇道家和道教。西汉后期佛教传入中国，唐朝十分重视佛教的发展，比如我们都听过玄奘西行取经的故事，唐代还组织过《佛经》的大规模翻译工作，佛教在唐朝发展到了非常完备的程度。

唐代的韩愈（768—824）作为儒家知识分子对此难以忍受，就劝说皇帝将政治和宗教分开。宋朝建立之后，儒家学者吸取了历史教训，都有强烈的危机意识，都主动争取儒家的正统地位。他们清楚，如果再不掌握发言权，儒家思想将渐趋没落，被人遗忘。

宋朝的儒家学者好学深思，博览群书，他们年轻时都或多或少地接触过佛教、道家或道教的思想，但在立场上始终坚定地维护儒家的正统地位。考虑到当时的时代背景，他们的表现情有可原，但他们都犯了一个错误，就是所有儒家学者都不约而同地批判“二氏”。

“二氏”是一种不太礼貌的说法，就像是说“佛教和道教这两家东西”。这些儒家学者虽然学过不同学派的经典，但他们对于佛教、道家或道教，包括老庄的思想，一概加以批判，不免使人深感遗憾。

如果看《宋元学案》《明儒学案》，会发现儒家学者对道家的批判头头是道，说道家逃避现实世界，讲“无”很虚幻，与佛教的出世幻灭的想法很接近，不像儒家注重实实在在的生命，在时间之流里发展个人的生命潜能，并努力造福社会，儒家的理论很容易被广泛认同。

宋朝学者提到老子，批评最多的就是《老子》第四十章的一句话：“天下万物生于有，有生于无。”《易经・系辞上传》中说：“《易》有太极，是生两仪。”宋朝学者认为：宇宙大化流行，一路发展，一定有一个作为根源的起点；老子却说“有生于无”，等于说一切都来自虚无，这令学者们无法接受。但是，这显然是当时学者对道家的误解。

这些学者批评庄子时，认为庄子讲天地、生死、空间、时间，虚无缥缈，大而无当，怎么看都觉得不切实际，对于实际人生未免太过玄虚，对于青少年难有正面启发。他们无法理解和欣赏庄子，十分可惜。

今天再回头看宋朝到明朝的儒家学者，由于他们对于道家思想总体持批判态度，因而无法把握道家思想的精彩之处，无法从老庄的思想出发，返回“道”这个根源。

《老子》虚拟了一个“悟道的统治者”（圣人），希望以“圣人”来示范该怎样照顾百姓。庄子教人在乱世里如何过一种自在的生活，因为所有的一切都是可有可无、可多可少，但对于生活的态度要能够自己负责。

道家思想强调智慧的觉悟。西方学者的很多观念，以及宗教里描述的人生最高境界——与万化的根源合一的境界，都能在《庄子》书中找到相关的线索。因此《庄子》一书值得我们在空闲时反复阅读和思考，一定会给我们以深刻的启发。

第十二章

艺术与审美

第一节　美是什么?

通常我们会认为艺术与审美同自己的生命没什么直接关系，我们最多只是艺术的欣赏者而已；而专业艺术家很早就按他们的兴趣进入专门的领域，如从事音乐、美术、雕塑、诗词、小说等创作，却未必能够了解艺术的整体意义所在。

在此先对“美是什么”做一大致说明。关于中文里“美”字的由来，根据字形结构有两种说法：

1. 羊大为美。这说明美来自我们的感官（如口中的味觉），属于人的自然的感性能力。

2. 羊人为美。从甲骨文的字形来看，“人”字像是人的侧面，好比一般百姓。在“美”这个字中，上面“羊”，下面“人”，这里的“人”是人的正面，也就是大人。“羊人为美”代表巫术时代在图腾、舞蹈里展现出的人类审美，反映出人的精神能力和人使用符号的特色。

所以，中文里“美”这个字，一开始就与人的感性能力和精神需求两方面有关。审美最直接的途径当然是用眼睛看、用耳朵听、用嘴品尝，由此“感觉”到愉快；但是人类的审美可以超越“感觉”的范畴，通过审美发现自己的生命特色。这是从字源的角度来分析“美”的大致起源。

在西方，“艺术”“审美”“美学”等词的字根均与“感觉”相同，可见，“美学”是一种与感性有关的学问，人人都具备这样的能力。另一方面，既然美是通过感性表现出来的，那么显然不是一般人可以轻易掌握的，必须经过长期的技术训练才能了解。正如古希腊强调的——美是一种技术或技艺，这些技艺后来逐渐演化成为审美的对象。

“庖丁解牛”（《庄子·养生主》）的故事广为人知。庖丁是一名厨师，文惠君观看他杀牛的过程，感到美不胜收，伴随着庖丁的动作而发出的声响无不切中音律，既配合《桑林》舞曲，又吻合《经首》乐章。文惠君从中受到启发，领悟了养生的原则：不要违背普遍的规律，同时要掌握个体的特性。庖丁肢解过数千头牛，而刀刃还像新磨过的一样，被肢解的牛似乎也没有感觉到痛苦，“游刃有余”的说法就来源于此。庖丁将“技术”提升为“道”，也可以说从“技术”

提升到“艺术”。艺术家正是经过长期的苦练，才能抵达技艺精湛的境界。

中国画家的境界可用“外师造化，中得心源”[1]来形容，即画家在观察自然界的万千变化时，内心要有觉悟的能力。如果只是描摹，怎么画也不如拍照更逼真。画家需要从特定视角发现山水之中蕴含的独特魅力，引发观赏者对美的向往。

西方近代哲学家黑格尔认为，整个宇宙都是绝对精神的运作过程，绝对精神为了回归自己而暂时走出自己，从而呈现出整个自然界。换句话说，自然界本身没有特别的价值，它只是一个过场而已。因此，黑格尔反对“自然美”的说法。

如果问这里的风景美吗？关键要看是谁在欣赏。对一条鱼或一只猴子而言，风景没有美不美的问题，只有是否适合生存的问题。如果人类认为某地风景很美，一定需要某种框架或特定视角，就好比拍照时一定要有取景的范围和焦点，如果以某座山为相片的焦点，其他山峰可能就被排除在外了。类似的，一幅风景画一定会有一个主题，主题之外的素材就会被舍弃。所以黑格尔认为没有“自然美”这样的概念，所有的美都是人类精神的投射，这进一步界定了艺术的范畴。

我们一般人显然不会对“美”做如此精细的分辨。黑格尔的说法有一定道理，美属于一种价值，任何价值（包括真善美）都需要有评价者，否则没有美不美的问题。对万物来说只有是否存在或是否实用的问题，只有人类会问：除了存在和实用之外，还有哪些价值？

对人类来说，实用性包括两方面：

1. 认知。认知是人类的明显特色。人有理性，总希望知道画上的苹果产自何处，它的外观有何特别之处，如何分辨这个苹果和其他苹果的不同。

2. 意愿。当看到一幅画上的苹果时，如果突然觉得肚子饿了，想吃这个苹果，代表这个苹果让我产生了食欲，此时这个苹果已不再是审美的对象。

人类若要产生审美感受，必须排除各种实用的考虑。

在拍卖市场，很多人只是用价格来衡量艺术品的价值，越贵的代表越多的人认为它很稀有。但把艺术品买回家之后，大多数人恐怕只是想方设法保值而已，不见得能从艺术品本身获得审美感受。

1 唐代画家张璪所提出的艺术创作理论。

可见，艺术一定是艺术家展现出来的心得。我们每一个人都有审美能力，在欣赏艺术品时都会产生审美感受。接下来我们就要从这两方面出发，展开深入的探讨。

第二节　艺术家在做什么？

谈艺术最好的切入点是艺术家，哪些人可以被称为艺术家？艺术家有何特色？

（一）艺术家以直接的途径，展现新形式与新象征

直接的途径是指感性可及的范围，譬如音乐家通过声音，画家通过色彩，雕塑家通过造型……艺术家使用世间的各种材料进行艺术创作，使每一个人都可以直接体会到美感。如果只是心中有某种感受却无法表达，别人则无从欣赏。艺术家的挑战在于能否运用感性可及的素材，展现新的形式和新的象征。

1. 新的形式

什么是新形式？“形式”与“内容”是相对的。古往今来，人类的生活经验相差无几，可以用“生老病死、喜怒哀乐、恩怨情仇、悲欢离合”16个字概括，这些生活经验就是内容。艺术家能够创造新的形式来表现相似的生活内容，使人受到启发。

2. 新的象征

人类的语言就是一种象征。譬如，我说“有一座山”，“山”是一个概念，它只是真实的山的一种象征，我们不可能真的把山搬到眼前。

什么是新的象征？比如，很多人会说“母亲像月亮一样”，第一个使用这个比喻的人就是艺术家，后面再用的则是模仿者。我们一般人都是模仿者，当听到一句话很贴切，就会模仿别人的说法；模仿得好也不容易，如果经常模仿别人，至少表明见多识广，如果运用得恰到好处也会得到别人的赞赏。

但是只有展现新形式、新象征的人，才能被称为艺术家。像中国的唐诗、宋词、元曲，这些作品所展现的生命形态（人的情感、诉求、委屈、体会）都彼此相似，但语言的结构形式在不断变化，新的象征亦层出不穷。创造性地提出新的象征会被认为是天才。

每一个人都有创造的冲动，为什么只有艺术家才有特别的表现呢？因为艺术家具有入门的知识和独特的人生体验，他们熟知已有的形式和象征，并使自己与真实的世界保持距离。庄子说：“天色苍苍，那是天空真正的颜色吗？还是因为遥远得看不到尽头的结果？从天空往下看，你会发现地球同样很美。”[1]（《庄子·逍遥游》）正是因为有距离，不太考虑实用的需要，所以才会孕育美感。

到底是先有艺术家才有艺术品，还是先创作出艺术品才能被称为艺术家？艺术家很容易与外界隔绝，他们聚在一起，形成社会上一个特殊的群体，有独特的压力、挑战和快乐。

一件东西被称作艺术品是由场所决定的吗？纽约大都会博物馆曾举办过一场艺术展览，其中有一件作品很有特色：一棵白菜被包在塑料袋里面，底下有艺术家的签名。有个农夫看到后心想：“这个我也会啊！”第二天，他就拉了一卡车白菜，分别装在塑料袋里，到博物馆前面宣称艺术品大甩卖。但是别人不会认同其价值，因为农夫的白菜无法让人产生美感。

博物馆展出的白菜因为艺术家的签名而成为艺术品，这对一般人来说似乎不太公平，好像艺术家拥有某种特权一样。由此可见，一件东西是否称为艺术品是由展览场所决定的，或是由艺术家所认定的。一般人没有艺术家的资格，无论自己再怎么喜欢，都只是个人的感受而已。

艺术家要展现出新的形式或新的象征是非常困难的。最令荷兰人引以自豪的艺术家当数凡·高，然而他的一生失意委屈，年仅 37 岁就自杀身亡。凡·高生前只卖出过两幅画作，还是弟弟帮他找的买家，其他画作根本无人问津。

荷兰因为错过凡·高这样的大艺术家而备感遗憾，为此设立了许多鼓励艺术创作的基金。有位心理学教授需要经费，于是以艺术创作为名申请资助。一年后，政府要验收艺术创作的成果，他就在研究室前搭了个小平台，自己站在上面，摆了一个姿势，旁边写着：“我就是艺术品，因为我是独一无二的。”审查委员认为他的做法颇有创意，就通过了验收。这是我在荷兰教书时碰到的事，此事一度传为美谈，但如果别人效仿他，明年再摆一个姿势，则没有人会接受。

1 原文：“天之苍苍，其正色邪？其远而无所至极邪？其视下也，亦若是则已矣。”

可见艺术的一个重要特色就是创新。时下流行的“创造”“创新”“创收”这些字眼，通常是指通过产品创意吸引顾客眼球，促进经济效益的提升；然而，艺术的创新和经济效益无关。

艺术家如果对象征所代表的“真实”缺乏深刻的了解和切身体会的话，又怎能表现出创造性呢？在别人创作的基础上，如果只在外形上稍加改变，很难创造出上乘的艺术品；然而在相似的艺术品中，也不乏灵感闪现、巧夺天工的佳作。可见，艺术家和一般人确实有不一样的思维和体会。

第三节　共同的感受

（二）艺术家表达某种集体潜意识，使个人可以过渡到群体

瑞士心理学家荣格经常使用“集体潜意识”(the Collective Unconscious)一词，他年轻时曾是弗洛伊德的学生。弗洛伊德最大的贡献是在心理学领域提出“深度心理学”，他通过分析人的梦境，发现人普遍具有潜意识，每个人的潜意识都是黑暗的世界。弗洛伊德将复杂的潜意识化约为性冲动，他认为每个人在童年时期性欲均受到压抑，长大后就会以各种方式宣泄出来。

荣格认为这样的解释太过简化。每个人对艺术品都会有自己的欣赏角度，但处在同一个国家或地区的人们，因为有相似的历史背景和社会环境，会自然而然地形成“集体潜意识”。通过艺术品，个人可以过渡到群体。

唐诗就是一种艺术品，中国的孩子从小背诵《唐诗三百首》，久而久之便会形成集体潜意识。中国人见面，寥寥数语就能达到很好的沟通效果。

记得刚去美国耶鲁大学报到时，面对未来的诸多不确定性，我不免忧心忡忡。忽然听到身后有人用中文叫我的名字，原来是一位曾在台湾大学攻读哲学硕士的美国同学。他一开口就说：“他乡遇故知。”外国人的中文可以如此地道，着实令人惊讶，他的这句话让我备感温暖。集体潜意识可以让我们快速融入社会，与人群和谐相处。

艺术品可以形成某一国家或地区的集体潜意识，甚至可以形成整个人类的集体潜意识。马塞尔曾说：“任何人只要听到贝多芬的第九交响曲《欢乐颂》，都会放下一切的烦恼，大家变成了‘命运共同体’，感觉到生而为人是多么幸运。”

中国人听《欢乐颂》未必如此感动。但不管你是否信仰宗教，宗教音乐都会让人感到平静喜悦，心中的向往之情油然而生。

宗教重视艺术是正确的方向，宗教不能只让人诉诸信仰，还要对信徒的日常生活加以引导。欧洲很多建筑内部都有彩绘，主题多为希腊神话或基督宗教的典故，目的是让人们思考神话背后蕴含的深意。西方通过建筑、雕塑、音乐、绘画等艺术形式，孕育出西方人的集体潜意识，凝聚成西方人对人生的共同态度。

当艺术家的作品展现出集体潜意识时，会引起大家的“共鸣”。人本来以为自己的生命是完整的，当你看一幅画、听一段音乐时，忽然会有怅然若失之感，好像自己遗忘了生命中重要的东西，欣赏完毕之后才觉得生命又恢复了圆满。这很像恋爱时的感觉，我们从小按部就班地生活，在没有遇到生命中的另一半之前，不觉得自己缺少什么；那个人一旦出现，会忽然觉得自己的生命不够完整，若有所失。

欣赏艺术品能够让人回忆起遗忘多时的美好之物，让生命重新恢复完整。人不能每天只追求实用的效果，要把一些美好的东西珍藏在内心的角落，当面临外界压力的时候，可以到内心的角落里稍事调整，这就是艺术的重要作用。

《论语·阳货篇》中，孔子说：“同学们为什么不学《诗》呢？《诗》，可以兴，可以观，可以群，可以怨。”[1]

“兴”就是引发真诚的情感。人到了一定年纪，可能早已忘记了年轻时纯真的理想和抱负，读《诗经》可以使人恢复真诚的情感。孔子说：“《诗》三百篇，用一句话来概括，可以称之为：无不出于真情。”[2]（《论语·为政篇》）只有真情能够引发真情，读《诗经》可使人意识到自己不是孤单的一个人，而是整个人类大家庭中的一员，如此一来便会产生共鸣。

“观”是指观察个人的志节。也有人认为“观”是指观察社会，但观察社会比较复杂，观察个人志节则比较可行。通过与诗中的情境对照，观察自己一路走来是否远离了自己的初心和根源。

“群”是指与人交际，这句话开始涉及我和人群的关系。我们既然生活在同一个社会中，就会有共同的遭遇，像政治是否清明、官吏是否公平、税负是否沉重之类的问题，彼此都会有共同的感触。“群”也意味着合群，大家可以

1 原文：“子曰：‘小子！何莫学夫《诗》？《诗》，可以兴，可以观，可以群，可以怨。’”
2 原文：“子曰：‘《诗》三百，一言以蔽之，曰：思无邪。’”

通过情感交流实现和谐共融。

“怨”是指疏解委屈怨恨。人生在世，怎能事事如意？人难免抱怨，读了《诗经》才发现，多少人条件比我好，但遭遇比我差，又有什么好抱怨的呢？人的情感需要有抒发的途径，读《诗经》时，可以把内心郁结的不满和惆怅全部发泄出来，让内心重新恢复平和。

艺术家的作品能使个人过渡到群体，唤醒每个人心中的集体潜意识，这是艺术家对人类的特别贡献。

第四节　文化的雷达

（三）艺术家有如雷达观测站，对人类文化的病症提出预警

人类文化也会生病。文化是人类生活的表现，人类生命的问题层出不穷，因而人类文化也会随之有兴盛衰亡等各种问题。战争中的雷达可以在空袭到来前给人预警，提醒人们及时避难，艺术家对于人类文化的病症也可起到类似的预警作用。

尼采曾说：“哲学家是文化的医生。”可见，文化会生病，而哲学家可以像医生一样诊断文化的病症。哲学就是爱好智慧，智慧的特色是完整而根本。哲学家看问题的视角比一般人更为完整而根本，因而能有洞见，很早就能看出事情的端倪和发展趋势，可以预先采取防范措施或对症施治。

尼采对人类文化的最大贡献是——他早在十九世纪就预言了虚无主义时代的来临。尼采说：“上帝死了！”他要重新为人类找到价值的基础。尼采发现：世界逐渐变成人类表现的场所，人们丧失了对上帝或超越界的信仰，社会活动变成赤裸裸的政治活动，其本质就是虚无主义。人们只顾眼前，追逐权力，没有人去思考人类生命真正的价值何在，拥有权力等于拥有一切，权力失去了约束和限制。尼采很早就看到虚无主义的危机。

艺术家和哲学家有类似的作用。艺术家的心灵极为敏感，观察入微，可通过作品展现出未来的变化趋势。以毕加索（Pablo Picasso，1881—1973）为例，他于1957年在纽约展出生平画作，将他的作品分成数个阶段，以下介绍比较重要的三个阶段：

1.1924 年以前（古典时期）

1924 年毕加索 43 岁，这个时期他的画作充满唯美色彩，是一种希腊人物的反射。古希腊时的雕像创作会选取希腊最美的男女作为模特，最知名的雕像当数《断臂的维纳斯》，后来很多艺术家尝试将其双手复原，但无论怎么拼接都有画蛇添足之感，说明当时的创作确属神来之笔，很难模仿和超越。

毕加索早期的作品有很多是描绘俊男美女在海滩追逐嬉戏的场景，反映的是欧洲第一次世界大战（1914—1918）前后的情景。那时的毕加索比较年轻，且一战所造成的伤害还不算太严重，所以当时的画风较为缓和。

2.1925 年至 1936 年（蜕变时期）

20 世纪 30 年代左右，已接近第二次世界大战（1939—1945）的爆发，当时整个欧洲的气氛变得十分诡谲，各种消息纷至沓来，强人政治在德国出现，希特勒令人难以预测，到底这个世界何去何从，人们对未来普遍感到彷徨不安。这一时期毕加索的画作充满了人间存在的不确定性。

3.1937 年至 1953 年（“二战”前后）

“二战”前后，毕加索的画都以灰色为主调，灰色是当时坦克和枪支的颜色，这种暗色系让人感到压抑。1937 年西班牙内战爆发之际，毕加索创作了《格尔尼卡》（*Guernica*）这幅经典画作，画中的人物全部是扭曲的，完全被割裂后重新拼凑，根本找不到视觉的焦点。此一时期毕加索的作品大都没有名称和主题，只有编号。

当时整个世界被战争完全撕裂，人类向往的和平遥不可及，人性的价值被完全摧毁。艺术家的作品能够提前告诉人们：照此情势发展，危险即将来临，千万不要大意。

艺术家为什么能够感知未来呢？我们打个比方来说明。人活在世界上感到一片漆黑，虽然我们有眼睛，但是只能看到方圆十里之内的事物，不仅范围有限，还多带有虚幻色彩。谁能看懂世界如何运作？谁能看到神明和人的灵魂？谁能看到什么是人间真正的价值？这样的世界对于心灵来说等于一片漆黑。

忽然一道闪电划过夜空，刹那间，世界完全呈现，但是短暂的光明过后又是一片漆黑。艺术家就是在闪电的刹那间看到光明的人，他们用自己的方式，比如绘画、音乐、诗词歌赋，将刹那间看到的真实景象展现了出来。

将艺术家比作雷达观测站意味着艺术家看到了整体。一般人都活在狭小的范围内，艺术家看到完整世界后不忍心一人独享，他们认为自己肩负着重要使命，要让真实世界以适当的形式得以呈现，让他的同胞也可以分享他的睿智，不再浑浑噩噩地随俗浮沉。艺术家内心的这种愿望，很像柏拉图“洞穴比喻”中的苏格拉底[1]。

我的老师方东美先生喜欢将诗人、哲学家、先知三种人合而为一，诗人代表艺术家，哲学家代表爱好智慧之人，先知指宗教里的先知。一个人如果兼具这三种生命特色，既有艺术家的才情，又有先知的预见性，同时又像哲学家一样能以开放的心灵不断探讨真理，就可以作为人类先驱的理想代表。

第五节　反叛死亡

（四）艺术家在人与神之间挣扎，以创造力反叛死亡

西方常以希腊神话中的普罗米修斯（Prometheus）作为艺术家的象征。普罗米修斯对人类在地球上的悲惨遭遇十分同情，人类因为没有火而不能驱赶猛兽和煮熟食物，生命受到很大限制。普罗米修斯就到天上为人类盗取火种，由此触怒了天神宙斯（Zeus），宙斯判他有罪，并把他绑在高加索山上，让老鹰啄食他的肝脏作为惩罚。

普罗米修斯很像加缪笔下的西西弗斯（Sisyphus），可谓“求仁而得仁，又何怨？”（《论语·述而篇》）既然愿意为人类做这件事，受到惩罚也心甘情愿。但是老鹰每天啄食他的肝脏，第二天早上肝脏又长出来，普罗米修斯的肝脏变成老鹰固定的早餐，他的痛苦永无止息。

如果没有火，人类实在不是猛兽的对手，生存概率也将大大降低。火可用来冶炼金属，人一旦掌握了火的使用，随后便进入了青铜器和铁器时代，冶炼出的工具可以耕田、打仗，对付猛兽更不在话下，所以西方人视普罗米修斯盗火为人类文明的开端。后来西方人常以普罗米修斯作为艺术家的原型，很多艺术家都有与之类似的遭遇。

加缪曾描写一位画家生活清苦，整天在阁楼上进行创作。他常常想：“算

1 参见第二章“洞穴假象”的相关描述。

了，不要再当画家了，不仅自己活不下去，还连累一家人跟着我受苦，明天一早就去街上找个工作，哪怕是小商店的售货员也有固定的薪水，总比画家要好。”打定主意就睡觉了，第二天早上起来好像“肝脏又长出来了”，画家想：“人生苦短，艺术创作才有真正的价值！”如此周而复始。加缪创作中参考的原型就是普罗米修斯。

学哲学的人常会发愁未来的出路，也经常萌生类似的念头：“不如学学经商，做点小生意，总可以勉强维持生计。”但是第二天早上起来，爱好智慧的心依然存在，还是要继续努力开展自己的研究。

如今，凡·高画作的拍卖价格高得令人难以想象，但在凡·高生前，他一心为了艺术，连能否活下去都成了问题。凡·高后来自杀不完全是情感上的原因，跟他的身体状况也有很大关系。他曾把颜料当成酱油去烧菜，身体不出问题才怪！

1997 年我在荷兰教书时，有一天一位教授带我去参观凡·高美术馆，馆内展出一百多幅凡·高的真迹，每一幅作品都强烈地表现出凡·高独特的艺术魅力。这位教授还讲了一个故事：凡·高死后大约二三十年，他的画作开始广为人知，一对富有的夫妇就把能找到的凡·高作品全部买来，并在荷兰中部的森林里盖了一座美术馆，专门用于收藏凡·高的画作。这对夫妇过世后将美术馆捐给国家，作为荷兰人共同的智慧财产开放给世人欣赏。这位教授说有时间带我们去参观，后来因为工作繁忙而没能成行。

凡·高当然希望别人能了解自己作品的价值。后来有记者找到曾住在凡·高隔壁的一个小女孩，接受采访时她已年过花甲，记者问她：“你是否还记得年轻时隔壁有人每天在画画？”老太太说：“我记得是有这么个人，天一亮就出去画画，风雨无阻。”记者于是十分兴奋地问她对画家的印象如何，老太太想了想，说：“他是神经病！”这就是一般人对艺术家的理解。

一般人只看外表，难以了解艺术家的心灵。大家都循规蹈矩地过日子，一代代人都有类似的生活轨迹。凡·高年纪轻轻，每天只知埋头作画，更何况他的画还无人问津。凡·高给自己的画开的价码很低，他说：“只要出的价格让我有钱买一幅新画布，我就卖。”充其量 100 美元一幅，而如今凡·高的画作动辄能卖到几千万美元。

凡·高在意的不是他的画值多少钱，而是希望通过绘画展现自己生命的价值，他希望用自己的创造力来反叛死亡。人的生命在时间的长河里终将结束，死亡使人无法接触到永恒，然而艺术家要留下永恒的作品以反叛死亡，这实在是巨大的挑战。艺术家就是要“知其不可而为之”，用天赋的艺术灵感去创作不朽的艺术作品。

凡·高美术馆展厅的终点处写着凡·高的一句话：“我画了这么多作品，最后发现自己的一生是完全的失败。”凡·高作为画家，原以为自己可以把握永恒之美，但一路画到最后才发现，自己距离最初的目标还有十万八千里，由此觉得自己的一生是彻底的失败。这就是一个真正艺术家的心声，他们永远在追求完美，但是在这个世界上，完美偏偏难以企及。

第六节　高昂的代价

艺术家将永恒之美带到人间，与此同时他们也面临着很大的困境。有这样一段有趣的故事，海菲兹（Jascha Heifetz，1901—1987）是当代世界第一流的小提琴家，有一天英国幽默文学家萧伯纳（George Bernard Shaw，1856—1950）给他写了一封信，内容如下：

“海菲兹先生雅鉴：

内子与我对阁下的演奏会赞叹备至。如果您继续演奏得如此美妙，将难免于早夭。没有人可以演奏得如此完美，而不致激起诸神的嫉妒。我诚心奉劝阁下，每晚临睡前胡乱演奏一些曲子……”

中国亦有“自古美人如名将，不许人间见白头”之说，人间的完美转瞬即逝，艺术家为了把握完美，需要承受常人难以想象的压力，常会陷入罪恶感、精神失衡和自杀倾向这三种困境。

（一）罪恶感

艺术家为何会陷入罪恶感？就像普罗米修斯盗火之后，产生了复杂的后果：人类从此突破限制，火可用于冶炼兵器、发动战争，让无数人死于非命。可见，善意的动机也可能导致负面的结果。艺术家原本希望将永恒之美带到人间，一旦创作出完美的作品又好似泄露了神明的秘密，由此产生强烈的罪恶感。完美的艺术品是否更加反衬出世界的不完美？艺术真的对人类有帮助吗？艺术家们常会思考这些问题。

（二）精神失衡

很多艺术家特立独行，与社会主流格格不入。在人们心中，画家或音乐家总是一副蓬头垢面、不修边幅的样子，如果一位艺术家穿戴整齐，我们反而会觉得他不像是艺术家，似乎艺术家就应该与众不同，有独特的生命格调。

然而一个人外表与众不同，举止惊世骇俗，则很容易和别人产生隔阂而受到排斥，因此艺术家极易患上精神官能症。在现代社会，精神官能症已成为常见疾病，根据调查测算，世界上精神官能症患者大概占总人口的五分之一到四分之一，轻者表现出厌食、失眠等症状，严重的还会形成躁郁症或忧郁症。

艺术家不但与外在世界格格不入，其内外自我也很难平衡。艺术家的精神向往着永恒，可他的身体必须活在世间，所以需要各种刺激来麻痹自己，比如酗酒等。早期很多作家喜欢抽烟，就用“烟丝波里存”来翻译inspiration（灵感），不抽烟怎么会有灵感呢？饮酒也是一种方法，半醉半醒之时，意识会松懈，潜意识将发挥作用，从而展现出创意。但长期处于这种身心状态，艺术家很容易精神失衡。

（三）自杀倾向

艺术家为艺术倾尽心力，好像活着的唯一目的就是为人类找到永恒的精神寄托。陆游说：“文章本天成，妙手偶得之。”（《剑南诗稿·文章》）艺术家特别容易有江郎才尽之感，一旦觉得自己丧失了巧夺天工的能力，便会觉得生命失去了意义。艺术家往往孤芳自赏，看到有人比自己更杰出时，内心会有强烈的失落感，因而艺术家自杀的例子屡见不鲜。

美国著名作家、《老人与海》的作者海明威（Ernest Miller Hemi ngway，1899—1961）和日本作家川端康成（Kawabata Yasunari，1899—1972）都是诺贝尔文学奖得主，他们最后都选择以自杀的形式来结束自己的生命。

川端康成有一部短篇小说很有趣，讲一个男人长得很丑，婚后生了一个女儿，结果发现女儿很像他，因此内心陷入了挣扎，该作品可能是从《庄子》中获得了灵感。《庄子·天地》中描写一个女人很丑，她半夜生下一个孩子，赶紧点亮蜡烛去看，生怕孩子长得像自己。[1]她生的孩子当然像她，但她明知自己

1 原文：“厉之人夜半生其子，遽取火而视之，汲汲然唯恐其似己也。”

很丑，却不能接受自己的现状，显然内心已经陷入矛盾。

艺术家很容易体会到内在生命的分裂，从外表到内心都觉得自己与社会格格不入，许多事情与自己的理想都有明显的落差。日本著名作家三岛由纪夫（Yukio Mishima，1925—1970）同样选择了自杀来结束自己的生命。艺术家为艺术付出了高昂的代价，他们牺牲了自己的生活品质甚至生命，只希望为人类留下永恒的艺术作品。然而，艺术品的保存十分困难，频繁的战乱将许多人间的艺术杰作毁于一旦，将艺术家用生命进行的创作化为虚无。

我们不仅要感谢艺术家的创作，更要懂得欣赏艺术作品，因为欣赏也是一种创作，这让艺术家的心灵不再孤单。每个人都有创作的冲动和需要，我们在欣赏艺术品时，比如听音乐、看画册等，每一次都要设法以新的视角来欣赏，这同样是一种创作。以前欣赏过的画，隔几年再看时体会完全不同，这是因为我们的生命有了新的经历和体验。

艺术家的创作并非为了自己，而是为了全人类。人类需要永恒的信念，艺术家在一瞬间看到了光明，就以感性所及的方式创作出各类艺术作品，将人类对永恒之美的认识留存了下来。我们要把自己当成另一种形态的艺术家，把欣赏当成一种创作，如此才不会辜负艺术家的良苦用心。

第七节　美有什么用?

美到底是什么？美有什么作用？古希腊两位重要的哲学家柏拉图和亚里士多德对美有不同的评价。

（一）柏拉图对美的评价

柏拉图对艺术家的批评直接而明确。在他的著作《理想国》中，他设计了一个理想的城邦，城邦中的每个人都要接受完整的教育，从而表现出善良的行为，成为城邦的栋梁，并代代相传。在谈到教育时，柏拉图特别指出应排除艺术家，即画家、戏剧家等，他认为艺术家离真理很远。

什么是真理？我们用感官掌握的一切都充满变化，这背后是否有真实的东西存在呢？如果没有，则人生如梦，一切都不必多谈；如果有，该如何掌握？柏拉图的基本出发点是用理性掌握事物的本质，因为用感官掌握的是变化的世界，都不可靠。理性就是理解，比如要认识什么是桌子，天下没有两张一样的桌子，必须用理性才能掌握桌子的本质。

柏拉图认为真理就是理型，先有理型之后才有具体的东西。比如牛的理型是完美的牛，人亲眼所见的牛只是一头具体的牛，已经距离真实（牛的理型）有一定距离；画中的牛与真实的牛又隔了一层，因此，柏拉图认为画家离真实很远。戏剧与真实的生活亦有距离，日常生活中一个男人失声痛哭会被认为缺乏男子气概，但演戏时哭得再伤心也无可厚非。

柏拉图认为，把艺术作品当作儿童教材，等于是教孩子不要追求真实而去追求幻觉，久而久之，大家会对真实视而不见，这是不好的教育，所以柏拉图要把艺术家赶出理想国。

我们常会听到"为艺术而艺术"的说法，似乎艺术家完全不用考虑道德价值或社会责任，纯粹为了艺术而艺术，为了创作而创作，其实这句话很难成立。纯粹的艺术该怎样界定？如果每个人都各行其是，完全按照自己的意愿写作、绘画、演奏音乐，不为他人考虑，这样的艺术难免走入误区。

柏拉图的思想倾向于为社会而艺术。人不能脱离社会，所以艺术品一定要有正面的意义，可以用来教育下一代，或有助于在社会上推广善良的风气。比如宗教题材的绘画可以让人产生崇敬虔诚之心，历史题材的绘画可以让人产生精忠报国之心。有些画的主题完全是负面的，使人心生歹念，尽管画家技艺高超，可以把坏人的嘴脸画得生动传神，但也不能不加分辨地"为艺术而艺术"，只看绘画技巧或表现手法。柏拉图认为艺术不能脱离社会，不能背离社会共同肯定的价值。他的说法有一定的道理。

（二）亚里士多德对美的评价

柏拉图对美的评价不多，对美谈得较多的是他的学生亚里士多德。亚里士多德写过一本书叫《诗学》，他所谓的"诗"并非指诗词歌赋，"诗"的古希腊文是 poiesis，代表广义的创作，包括戏剧、诗歌、绘画等创作在内。谈到有关绘画的部分，亚氏特别提出美是秩序、匀称和明确。

1. 秩序：比如画中人物围桌而坐，应错落有序，通过画面布局，突出主要人物。

2. 匀称：整幅画应结构完整，图像和色彩搭配和谐，给人浑然天成之感。

3. 明确：一幅画要有明确的主题，比如要表现几个人在一起聊天的场面。

亚里士多德较为务实，他认为变化的世界并非虚幻，要设法找出变化背后的规律。亚氏关于审美的观点一般被称为客观主义。客观主义认为美有客观的标准：譬如一幅画只要色彩和谐、结构对称、主题明确、各方面搭配得恰到好处，就可以说这幅画是美的；一首乐曲只要有起承转合的结构、悠扬的旋律、明快的节奏，就可以说这首乐曲是美的。

客观主义的说法显然有一定漏洞。因为不同时代、不同社会的集体潜意识不同，所以人们对美的看法也不尽相同，不可能有一幅画所有人都觉得美。对于艺术欣赏我们不必人云亦云，一定要忠实于自己的内心感受。就拿《蒙娜丽莎的微笑》这幅画来说，我并不觉得它有多美，若想了解此画有何特别之处，就要回到文艺复兴时代的历史背景，体会达·芬奇创作时的用心所在。

因此，很难说美有什么客观标准。但能否就此说美是完全主观的呢？是否自己认为美就是美呢？从艺术欣赏的角度来看，这种说法较容易说得通，但要注意不要用“美”这个字来评价。“美”代表一种价值判断，当你说“美”时，代表你希望别人能接受你对美的判断，这样一来又陷入了客观主义。

对于美是什么，美有什么作用，大家一直争论不休。后面将要介绍艺术家到底有怎样的心路历程，他们是如何创作出艺术品的，我们可以更容易从中获得启发。

第八节　与美游戏

席勒（J. C. F. von Schiller，1759—1805）是西方哲学界在美学领域的一位重要学者，他和歌德是朋友，两人所处年代相仿，都处于西方浪漫主义时期。席勒的思想可用“与美游戏”四个字来形容。

“游戏”通常很有趣，去做一件没有实际需要或效益的事就是游戏。譬如，一棵树的叶子长得十分茂盛，远超过根部需要被遮蔽的范围；一只小猫无聊时追逐自己的尾巴，绕圈跑半个小时也不停歇；一条狗见到有人扔飞盘，就高兴地去追逐。一切生物都会有富余的能量超过生命当下的需要，游戏就是生命力过于丰富的表现。

人经常会觉得自己的一生受到限制，自己的家庭背景、教育程度、和谁交友、从事什么职业，好像没有其他可能性，由此产生抑郁之感；而具有多种可能性才会让人感到自由和快乐。游戏则与现实生活脱节，使人摆脱现实的种种限制，生命在游戏时好似重新开始，出现了新的希望，显示了新的格局。比如下棋时，不管对手是帝王将相还是贩夫走卒，在游戏规则面前人人平等。

游戏中每个人的机会都是均等的，只要掌握规则、运用智慧，就能获取胜利、感受快乐。我初中时开始学下象棋，用以缓解升学的压力。大家都是从零开始，我用心研究了《橘中秘》等残局棋谱，掌握了基本技巧，再加上临场的随机应变，于是常常获胜；虽然并没有赢得金钱或荣誉，但每当我回忆起那段时光，都会感到特别快乐。有些人每周约朋友打桥牌也会有同样的感受。游戏时不要用金钱作为赌注，以避免复杂的后遗症。

席勒比康德年轻，康德之后的哲学家通常都非常熟悉康德的思想，并以之为出发点而继续发展。康德哲学如何谈论美呢？在康德看来，“美”是无目的的目的性，即美没有任何目的，却恰好符合目的。

譬如，当我看到一幅画上的苹果，我既没有求知欲，不想了解苹果的产地、价格、营养成分等信息，也没有食欲。康德称之为“无私趣”的态度，即没有个人的兴趣或利益；但是画中的苹果的摆放、光线、构图和色彩都配合得天衣无缝，让人觉得浑然天成，这叫作合乎目的性。我对这个苹果本来没有任何目的，但是它又自然合于某种目的，使我产生愉悦的审美感受。

席勒受康德启发，认为人有理性的冲动和感性的冲动：理性的冲动注重形式，要人中规中矩、符合逻辑；感性的冲动注重质料和内容。这两种冲动彼此矛盾，不易找到平衡点。席勒特别提出人还有第三种冲动——游戏的冲动，目的是要显示丰富的生命力，将理性和感性融合为一。席勒认为游戏有三个特色：

1. *游戏本身是严肃的*。因此不能说“只是玩游戏而已，何必当真”。

2. *游戏本身就是目的，没有其他外在的目的*。赌博则违背了这一原则。

3. *游戏有不断创新的可能性*。每一盘棋都是全新的局面，随时可以展现新的创意。

席勒进一步指出，真正的游戏是“与美游戏”，借此产生“有生命的形式”。“有生命的形式”意味着将理性的冲动和感性的冲动完美结合。一般而言，形式意味着冰冷、僵化的结构，感性所面对的则是活泼的生命力，人要通过游戏设法使形式充满活力。席勒接着说：“唯有如此，才能产生审美感受，唯有通过审美，才有完整的人。”

我们在社会上工作，每个人都有固定的职业，如教师、会计、军人、商人、消防员等，每个人的生命都像被割裂了，只能发挥某种特定的功能，如何恢复生命的完整性？人只有在游戏时，才仿佛又回到了童年。小孩玩游戏时不知疲倦，完全忘记了时间，充分享受游戏的快乐，游戏让孩子的生命有完整感。

“只有当人是完全意义上的人，他才游戏；只有当人游戏时，他才完全是人。”这句话席勒在《审美教育书简》[1]中反复重申。席勒认为一个社会要进步，一定要在矛盾中取得统合。如果一个社会只注重规矩，会让人觉得冰冷而乏味；如果完全不要规矩，让每一个人自由发展生命中的欲望，社会就会陷入分裂和混乱。如何让一个社会既有规矩又充满活力，这正是席勒提出“与美游戏”的目的。

由此可见审美教育对社会进步的重要意义。美育可以使人在提升生命能量的同时兼顾形式，这种形式并非死板的规定，而是使人在一定范围之内，实现理性和感性的协调。席勒的这些说法不太好理解，因为这些学者在谈论审美感受时，往往针对的是他自己熟悉的审美对象。譬如，某些乐曲虽有严格的韵律和整齐的音阶，但其中展现的活力可以让人感受到奔放的生命力。西方的美学观念颇有特色，我们下节将介绍尼采怎样看待艺术。

第九节　比真理更重要的

尼采关于艺术的观念同样值得我们参考。尼采年轻时对古希腊的文学和思想有非常深入的研究，他第一本著作名为《悲剧的诞生》，原名为《悲剧从音乐精神中诞生》。尼采说：“如果没有音乐，人生将是一种错误。”人生在世，如果没有音乐将会极其单调无聊。纠正这一错误并不难，只需培养欣赏音乐的习惯即可。

尼采认为希腊艺术绝不是一种欢乐的表达，而是源于希腊人内心的痛苦和冲突，他们明白了人生的悲剧性，因而设法用艺术来拯救人生。希腊艺术展现

1 席勒为了感谢丹麦奥古斯登堡公爵对他的资助，前后共写了二十七封信，阐述其美学思想，后汇总为《审美教育书简》。

出两种精神，第一种是日神阿波罗（Apollo）代表的理性、形式与限制，第二种是酒神狄俄尼索斯（Dionysus）象征的无限奔放的生命力，两者搭配才能产生艺术。一般人认为日神象征着光明和理性，注重形式，因而与艺术无关，尼采则认为不然。

尼采解释说，日神状态是艺术趋向幻觉的一种力量，酒神状态是艺术趋向放纵的一种力量。在幻觉中，人的理性能够想象完美的形式，如想象最美的人或风景，艺术趋向幻觉最明显的表现是造型艺术，包括建筑、雕刻等；艺术趋向放纵最明显的表现是音乐艺术，包括悲剧、抒情诗等，可以让人摆脱形式的约束。

人同时需要这两种力量。日神的状态使人理性，一个人可借着外观的幻觉来满足自我肯定的冲动，人活着必须首先肯定自我的存在，了解自己的长相、身高、外形等情况；酒神的状态带来放纵，使人否定自我，返回到世界本体的冲动。人在清醒时有清晰的人我界限，一旦喝醉酒就会忘记彼此的区分，酒神状态可以解除个体的束缚，使人回到原始的自然状态。

对任何个体来说，个人生命的瓦解无疑是最大的痛苦，但这样恰恰可以化解一切痛苦的根源。人的痛苦大都来自自我的执着，我们在与他人比较时会发现自己的不足，由此产生痛苦。人一旦肯定自我，就会立刻发现非我的存在，这个世界有 70 亿人，就有 70 亿的非我存在，这样的对比使自我显得十分渺小。尼采所讲的并非佛教中的破除我执，不过从尼采的角度来看，人生的痛苦确实与自我有关。

如何消解自我？通过艺术品，特别是音乐，可以让人在优美的旋律中好像喝醉酒一样，冲破平日的束缚，去除自我的界限，实现与整体合而为一。经过痛苦之后将会发现，与世界本体融合是最高的欢乐，所以酒神的状态是痛苦和狂喜交织成的一种癫狂状态。希腊悲剧的起源就与酒神崇拜有关，为祭祀酒神狄俄尼索斯，人们围绕着葡萄园载歌载舞，一个人戴着山羊面具与歌舞队长展开对话，讲述一段故事，这就是希腊悲剧的最初形式。

尼采说：“只有作为一种审美现象，人生与世界才有其充足理由。”即世界和人生只有从审美的角度来看才有意义。春夏秋冬，每个季节都有独特的风景；年轻到年老，人生每个阶段都有不同的韵味：世界和人生充满了美感。一旦考虑具体的利害关系，人与人的相处就很累，有人得意就有人失意，有人心想事成，就有人面临灾难。

尼采说：“艺术是人生命的最高使命与生命本来的形而上活动。”生命的最高使命就是要抵达艺术的境界，任何个体的生命终将消失，因而要追求个体与整体的融合；“形而上活动”就是希望人通过艺术的接引，返回自己的根源。

尼采说：“日神精神使人停留在外观，可以看到自己的外表，认清自己的形式。”然而形式就是限制，我是我自己就不是别人，就不能探寻世界与人生的完整真相。艺术与真理是对立的，真理仅是理性的对象，“艺术胜过真理，比真理更有价值”。

关于什么是美，尼采认为，美是人的自我肯定，但又不能说“自在之美”，因为人是美的原因，世界与美无关。可见，美是因为人而出现的，世界本身无所谓美。他显然受到了黑格尔的启发，黑格尔认为没有“自然美”的概念，所有的美都是人的精神运作的结果，只存在“艺术美”，目的是让人的有限精神回归到无限的绝对精神，整个宇宙的真相就是绝对精神。

尼采认为康德提出的“审美的无私趣态度”和叔本华的“审美的默观”都过于安静和退缩，缺乏力量；真正的美应是强烈生命力的表现，生命的目的就是要突破自我的局限，返回到原始生命的整体之中。尼采对美的看法独树一帜，他认为美是一种力量，美是一种真理。

第十节　全方位的遭遇

艺术家究竟是如何创作出艺术作品的？人的创造力与潜意识密切相关。意识的领域好比冰山，潜意识好比冰山在水面下的一大片体积，人的潜意识往往是创造力的来源。

（一）遭遇实在界，达到主客融合之境

实在界是指真实存在的领域，包括实际存在的一切。遭遇就是遇到，我在路上碰巧遇到朋友就是一种遭遇；反复欣赏一幅画或一首音乐是一种更深刻的遭遇，它会深入到个人的生命经验中。艺术家的“遭遇”更为深刻，他们将整个生命全部投入而与实在界产生碰撞。

在校园里常看到美术专业的学生练习写生，不出两三个小时就能惟妙惟肖

地画出校园一角，一看就受过专业训练，但这种画不能称为艺术。那么什么样的画才能称为艺术呢?

法国著名画家塞尚（Paul Cézanne，1839—1906）曾花了一年的时间画一棵树。有人问他为什么画一棵树要这么久，他回答说：“树在春、夏、秋、冬四季展现出不同的姿态，如果不观察一年，怎么知道它真实的生命是什么样的？”他花了一年的时间认真观察，然后才下笔。

塞尚画中的树怎么看都不像一棵树，这棵树颜色特别，树上分布着神经和血管，甚至连树根都可以看到。但当人们面对这棵树时，会感受到它涌动着生命的活力：在春天欣赏，它充满朝气；在夏天欣赏，它热情奔放；在秋天、冬天欣赏亦各有风采。塞尚不仅看到了这棵树的外表，还看到了树里所蕴含的生命，他用神经、血管等比拟的方式，展现出树的蓬勃生机，塞尚真正“遭遇”了树的本身。

在艺术家眼中，万物都是有生命的，一般人却不易察觉。我在1989年底到德国进修，住在德国南部一个名为施瓦本哈尔（Schwäbischhall）的偏僻小镇。小镇只有三万多居民，但基本文化设施一应俱全，不但有图书馆、美术馆、演奏厅，还有一座有三百年历史的圣米迦勒大教堂。“二战”期间，德国遭到全面轰炸，全国只有两座教堂得以保留，该教堂便是其中之一。

有一次小镇美术馆举办了一场以“树木”为主题的展览，我好奇地进去参观。观众入场后要戴上耳机，绕着展馆中央的树环行一周，行进至不同的方位，耳中就会听到不同的声音，有时好似低声轻唱，有时好似唉声叹气，有时好似高兴欣喜，有时好似悲伤哭泣。绕行一圈回到原点后，我感觉到这棵树是有生命的。从此以后，每次当我看到树的时候，都会觉得它们是有生命的。

一般人只看树的表面，这棵树是什么品种，有多高，是否健康，会不会结果；艺术家则会让人意识到树是有生命的，它可以与人的生命相呼应，由此增进了人们对大自然的了解和珍惜。艺术家在创作中运用象征的手法，让人发现生命的不同维度，这就是艺术家的伟大之处。

象征就是符号，符号（symbol）与记号（sign）不同。记号的特点是一一对应，譬如，路上的绿灯代表可以通行，红灯代表禁止通行。动物也可以理解记号，狗看到绿灯也会走，看到红灯也知道停。

符号则是一种象征。譬如，国旗就是一种符号，它代表你对国家的情怀。

当你看到别人对本国国旗致敬，会心生自豪；当看到别人烧毁本国国旗，这时燃烧的不只是一块布，而是你的爱国之心，这会让你无法忍受。这就是符号的象征作用。象征会随着人的生命历程而改变，一个人服过兵役、上过战场之后，再看到国旗时，心中的激动之情会溢于言表。

真正的艺术家能使我们在平凡的世界中体会到超凡脱俗的境界，这一点在诗词之类的文学作品中表现得尤为明显。平常我们对风和月亮没什么感觉，但听到苏东坡说“惟江上之清风，与山间之明月，耳得之而为声，目遇之而成色，取之无禁，用之不竭”，从此就觉得清风和明月有了特别的韵味。

通过音乐、绘画、雕刻等艺术形式，人会感到与对象之间恢复了亲密和谐的关系。本来我是我，树是树，但是经过艺术家的接引之后，我和树可以融合为一，去掉主客对立，不再互相竞争。我们前面谈过萨特，他无法忍受别人的注视，这会让他觉得自己被视为没有生命的物件，失去了自己的主体性，这就是主客对立的感受。

除了艺术品，我们身边的每一个人或每一样东西都可以和我们的生命形成互动，给我们以启发。只要找到关键的钥匙，就可以解除限制，实现超越。道家思想能让人产生审美的感受，道家认为一切来自“道”，道无所不在；一切本来没有区分，是人的意识能力造成了主客对立，从而形成了人间的各种困扰。当然，人一定要先学会区分才能正常生活；但是人的认识更应提升，要学会从整体和永恒的角度来观看，体会到我们与万物不再是主客对立，而是融合为一，一切都在“道”之中。

艺术家遭遇实在界而达到主客融合为一的境界，我们在欣赏他们的艺术作品时，可以从中得到很好的启发。

第十一节　潜意识没有冬眠

谈到艺术家如何创作艺术作品，第二点是：

（二）洞见闯入潜意识

“洞见”的英文是insight，可理解为“看进去”。一般人只看到事物的表面，能够看到事物的本质则称为洞见。

“洞见”可用于形容对某人的了解。比如一般人只认识张三的外表，但我可以看透张三的内心，就可以说我对他有某种洞见。魏晋时代《世说新语》中常用“千人亦见，万人亦见”形容某人长相俊美，在成千上万人中一眼便可以看到他。我们在车站的人潮中也可以一眼看到自己的朋友，如果向警察描述朋友的身高、外貌等特征，警察找起来也有一定的困难，因为外貌不能仅靠描述来加以认识，而要通过观看来直接把握，这种感受与洞见相类似。

人平时的意识作用很明显，内心受到很多束缚，较难获得洞见。比如我们从小按照老师教的方法解决数学问题，以为只能如此，其实还有许多更快捷的算法。

科学研究亦需要洞见。譬如，美国纽约有一位化学教授主持了一项重要实验，他一直努力寻找能够与实验结果吻合的化学公式，却未能如愿。一天晚上他突然梦见完整的公式，于是兴奋地从梦中醒来，立刻找了一张纸把它记下来。睡醒后发现那张纸撕裂了，什么也看不清楚，这令他非常沮丧。从此以后他每晚都在床边放一个笔记本，希望能再做同样的梦。

几天之后，同样的梦又出现了，真可谓“日有所思，夜有所梦”，他赶快把公式记下来，后来居然因此获得了诺贝尔化学奖。这是一个真实的故事。为什么这位教授白天不管怎么做实验都无法找到完美的公式？这是因为人的意识在白天一直保持警觉，反而像一堵墙一样把潜意识阻挡在外；夜晚睡觉时意识松懈，潜意识突然冒出来，这就是“洞见闯入了潜意识”。

潜意识有一种完形（Gestalt）作用，它会自动运作及组合，使人透过局部的结构可以看到整体的形态，这称为完形心理学。

在现象学中的“啊哈经验”[1]与之类似。比如我在草原向远处眺望，看到远方有一个尖尖的角，我无法判断那是一只犀牛角还是一座教堂的塔尖。我朝它走过去，当到达某个临界点时，我会说：“啊哈，原来是一只犀牛！”我可以通过一个角分辨出那是犀牛而不是教堂。

不论大人还是小孩都喜欢玩拼图游戏，如果根据图纸去拼，则没什么乐趣。真正富于挑战的玩法是直接面对一大堆碎片，不依赖任何提示，自己慢慢去拼，拼到中间你会忽然发现那是什么图案，再往后拼就容易多了。

1　参见本书第二章。

完形心理学表明人的内心具有一种完形能力。你在布置任务时不必详述所有细节，接受任务的人会自动融合他过去的经验，将任务的要求补充完整。这说明人的潜意识里早就埋藏了许多内容，这些内容在清醒状态下不易察觉，在梦中则可能忽然出现。

人的快乐和痛苦往往与潜意识有关。根据专家研究，人在五岁左右开始形成潜意识，孩子表现欲望时会受到大人的警告和约束，随之产生的压力会进入潜意识而形成复杂的情结。这些情结彼此之间会有机组合，慢慢衍生出很多有趣的故事，这些故事可能根本不曾发生过。

每个人都有丰富的潜意识，这正是创造力的源泉。当我们试图穿透意识的阻碍而深入认识某些现象时，应设法把握意识松懈的关键时刻，使潜意识得以自由呈现，此刻我们将获得洞见，我们能清楚地看到内心的真正诉求，得到艺术创作的灵感。

美国心理学家、哲学家威廉·詹姆斯（William James，1842—1910）说过许多有趣的话，比如："我们在夏天学习溜冰，在冬天学习游泳。"他是不是讲反了？事实上他是对的，我就有过类似的经验：我在小学暑假时开始学骑自行车，冬天由于雨水较多而无法练习；到第二年夏天再骑车时，我发现自己的车技显著提升。在不知不觉中，潜意识已经在协调我的四肢来适应骑车的动作。冬天学游泳也是一样的道理：虽然整个冬天没有游泳，但潜意识会自动协调手脚来配合泳姿；第二年夏天一下水，泳技会有明显提升。溜冰亦然。

可见，我们的潜意识具有丰富的潜能，艺术家能够在关键时刻展现这些能量。一般人只能看到片段，艺术家则可以看到完形，他们的作品好像触碰到我们心中的潜意识，使我们受到深深的震撼。

第十二节　刹那的灵光

（三）创意往往在意识转换之刹那展现

我们都有这样的经验：当注意力集中一段时间后，在意识转换的一刹那经常会出现创意。爱因斯坦曾说："为什么我最好的灵感都在刮胡子的时候出现呢？"这是因为在修剪胡须时，他可以完全停止物理学的思考，摆脱其他杂事的干扰，将意识转换到另外一个频道；这反而打开了潜意识的大门，创意和灵感随之展现。

人要让自己的意识不断转换，才能长期从事专业性的工作。《易经·系辞下传》提到恒卦时说："恒，杂而不厌。"杂就是复杂、混杂，将不同类型的工作穿插进行就不易感到厌倦，可以长期做下去，这体现了古人的智慧。如果一个学生一整天只念数学则极易感到厌烦，如果将数学、语文、英语等科目交替进行，学习效果将有明显的改观。同样地，如果我们每天的生活有不同的内容，则趣味盎然，充满新意；如果从早到晚重复做一件事则令人难以忍受。

美国一位作家在家中特别设计了一个没有窗户的房间，关上门里面一片漆黑。每隔两三个月他就要把自己关在里面一个下午。平时我们能看到一样东西，是因为有光线的照射而使之呈现，一片漆黑则意味着一切存在之物都无法彰显。这位作家借此让自己返回原始的混沌，好像回到了生命的最初阶段，回到了母亲的怀抱之中，让生命有了重新开始的机会。

创意意味着从头开始、重新创造，不能因袭模仿。随着年龄的不断增长，创意会越来越难以展现。以写作为例，今天借助现代科技，很容易判断一部作品是作家在哪个年龄阶段创作的。我们可以将这位作家的全部作品转换成电子文档，用软件分析出常用的转接词，再根据他不同年龄阶段的用词习惯，判断出作品的创作时间。

人在写作时，文章如何起承转合，如何表达感叹语气，通常都有固定的习惯，很少能彻底改变。如果一个人经常发表文章，即使偶尔用笔名写作，熟悉他的读者也很容易判断出作者是谁。譬如专家通过研究发现，《红楼梦》最后四十回并非曹雪芹所著，因为与前八十回的用词习惯多有不同。

美国这位作家保持创意的做法很值得我们参考。定期远离光明，把习惯的做法统统抛诸脑后，让自己完全回到黑暗；当再度走出房间，好似重获新生，创意层出不穷。

宗教中也有类似做法，早期天主教刚刚兴起时的受洗仪式与今天的做法不同。现在该仪式通常在教堂内举行，由神父在受洗者额头上洒几滴圣水代表他接受了洗礼。耶稣曾在约旦河里受洗，当时的普遍做法是：施洗者将受洗者完全浸入水中，待水面恢复平静后念一段祷词，再把受洗者从水里拉出来。这象征着新生命的诞生，受洗者洗净了过去的罪过，从此可以重新做人。

让一个人彻底改变思维模式和表达习惯显然困难重重，逐渐改变则较为可行，通过不断学习和细心观察，可使自己的知识和阅历逐渐丰富。真正优秀的作家能够同时描写多个不同的角色，并使每个角色都符合其身份地位和性格特征。譬如《红楼梦》这部小说中，每个人的言谈举止都刻画得恰如其分，远远胜过某些拙劣的小说，那些小说中“千人一面”的人物描写就好像现代城市千篇一律的建筑风格，不能称为艺术。

艺术家要让意识回到最原始的状态，关键是在意识转换的一刹那，使“今日之我”和“昨日之我”彻底决裂，从而产生创意。但是困难在于“习惯是人的第二天性”，人们往往习惯于按固定的模式生活，总希望未来可以被预测，从而获得安全感。

作为艺术家，每隔一段时间就要设法打破自己的习惯视角，改变使用创作工具（如声音、文字、色彩等）的方式，这绝非易事，甚至有些强人所难。但最难的还是思想上的创见，通常我们只是把其他哲学家的思想加以提炼后，再用自己的话重述一遍。古往今来，不同哲学家所表达的往往都是相同的道理，都是用自己的话再说一遍。

总之，对艺术家来说，每一天都是新的一天，也是唯一的一天；每一次创作都是新的创作，也是唯一的创作。作为观赏者，我们要设法体会艺术家的苦心孤诣，不断从新的视角欣赏艺术作品，让自己从单纯的欣赏者转变为创作者。

第十三节　审美的创意

本节开始介绍艺术的审美效果。艺术家该如何表现才能够让处于不同时代、不同社会的观赏者得到正确的理解？作为观赏者应该如何欣赏艺术作品？

（一）表现感情要超过模仿自然

黑格尔认为没有“自然美”，所有的美都是人的精神力量的投射。如果一件作品简单地模仿自然，则称不上艺术品。一幅画即使画得和实物一模一样，也不如拍照更加精确；如今手机拍照后还可以美化处理，使照片中的人更加漂亮：这些都属于模仿。真正的艺术作品需要艺术家在充分认识现实世界的基础上，通过特殊手法表现出内心的情感。模仿只是一种技术，还需要进一步提升到艺术的境界。

有一次我坐计程车，司机只用一根手指驾驶，吓得我闭上了眼睛，司机则若无其事地说："先生，别担心，我开车已经30年了。"他已经将驾驶技术变成了艺术。

将严格的外在行为规范内化为生命的本能就可以称为艺术。学习任何一门艺术在入门阶段都要掌握一定的规范，比如学乐器要先掌握基本的乐理和演奏方法，学绘画就要先掌握线条和颜色的表现手法。有些人从未受过专业训练，仅靠天赋和热情进行艺术创作，我们一般称之为素人艺术家。他们的作品不乏天才的表现，但恐怕难以为继，因为若没有严格的规范作为限制，艺术才华就像河水缺少两岸的约束，泛滥无所归，风吹日晒之下很容易枯竭。

因此，用艺术表现感情需要扎实的基础训练。我们常说："文穷而后工。"这句话既可以理解为一个人在困穷中才能呕心沥血地创出佳作，也可以表示一个人熟练掌握了艺术创作的基本功之后，才能进入更高的艺术境界。

要想在艺术品中表现感情，需要艺术家与所表达的对象合二为一。一个人如果没有遭遇过不幸，他的作品不太可能深刻而感人。有位作家为了写一部战争题材的作品，访问了很多受害者，完稿之际便罹患忧郁症而自杀。这位作家是一位真正的艺术家，他将受访者的生命经验转变成自己的内心体会，对受害者的痛苦感同身受，在创作中耗尽了自己的生命。

（二）创造性的表现应该有目的性的结构

艺术并非单纯模仿，要表现出创作者的感情才会有审美效果。同时，艺术是一种创造性的表现，需要有目的性的结构。头痛就喊一声"好痛"，肚子饿就喊一声"好饿"，这只是感情的随意抒发，不能称为艺术。

什么是目的性的结构？"起承转合"就是一篇文章的结构。如果文章只有精彩的语句，没有合理的结构，则无法表达完整的思想内容，小说、诗词都是如此。音乐方面的作曲更需要结构，否则听众无从欣赏。

《论语》里描写孔子在齐国听到《韶》乐之后，三个月不知肉味，并说："想不到制作音乐可以达到这么完美的地步。"[1]遗憾的是古代没有像今天这样的录音设备，我们无法得知舜时代的《韶》乐究竟是如何演奏的。

1 出自《论语·述而篇》，原文："子在齐闻《韶》，三月不知肉味，曰：'不图为乐之至于斯也。'"

优美的音乐能够影响人的整个生命，美的体会不是一种“感觉”而是一种“感受”。“感觉”只是感官直接感知到声音、图像或味道；“感受”是被动的，整个生命会不由自主地沉浸到美妙的情境之中，使人不由得感慨“此曲只应天上有，人间能得几回闻”[1]。

孔子后来跟鲁国的乐师说：“音乐是可以了解的。开始演奏时，众音陆续出现，显得活泼而热烈；发展下去，众音和谐而单纯，节奏清晰而明亮，旋律连绵而往复，然后一曲告终。”[2]（《论语·八佾篇》）我们虽无法再度听到当时的乐曲，但是孔子的描绘显示出乐曲具有完整的结构，包括序曲、和声、节奏、旋律等，由此构成完整的音乐艺术。

我们现在处于所谓的“后现代社会”。艺术本来要展现审美情操，但如今很多艺术品不再关注美丑，而是追求真实，希望人们借此摆脱事物虚伪的外表。比如，有人居然把厕所里的马桶当作艺术品，通过绘画或雕塑展示出来，目的是让人了解真相。所谓香臭美丑恐怕只是人们的主观想法，客观事物的真实面目可能早已被遮蔽。也有人把战争地区的几百个骷髅头叠在一起作为艺术品，那是一种让人震撼的真实，人们自以为身处现代文明社会，可事实却未必如此。呈现真实成为后现代艺术创作的一种目的，这使得艺术不再局限于审美，艺术欣赏也变得更加复杂。

第十四节　情感的升华

（三）艺术不只是情感的宣泄和净化，而是升华

艺术有情感宣泄和净化的作用，最早提出这种观点的是古希腊的亚里士多德，他认为悲剧可以引发怜悯和恐惧的情感。

人活在世界上，与别人来往时常常缺乏怜悯之心，对他人态度冷漠，甚至有时会幸灾乐祸——看到别人受苦受难，自己反而有一种安全感。当看到悲剧

1 出自唐代诗人杜甫的《赠花卿》。原文：“锦城丝管日纷纷，半入江风半入云。此曲只应天上有，人间能得几回闻。”

2 原文：“子语鲁大师乐，曰：‘乐其可知也。始作，翕（xī）如也；从之，纯如也，皦（jiǎo）如也，绎如也，以成。’”

的主人公受到命运的宰制、遭遇了诸多不幸时，观众会感到同情和怜悯；在感慨命运无情之际，观众会联想到，发生在别人身上的不幸遭遇也可能发生在自己身上，命运之手随时可能伸向自己，从而感到恐惧。

悲剧的作用是引发观众的怜悯与恐惧的情绪，然后加以净化，使人可以重新开始，回到人与人之间单纯的互助友爱的状态。

在这个世界上没有真正的自由可言，只有在审美的世界，才有真正的自由。譬如在马路上开车必须遵守交通规则，如果随意逆行则会引发车祸。社会上的任何事都有一定的规范。

有人认为道德意味着自由，人可以自由选择行善还是为恶；但既然区分了善恶，则只有行善才可称为自由。按康德的说法，只有理性给自己立法，使个人的行为准则成为人类普遍的法则，才能说自己是自由的；换言之，我的理性告诉自己，如果我要做一件事，就要允许任何人在同样情况下都可以这样做，这才是道德上的自由。这种自由不但听起来复杂，而且还涉及责任，并非完全的自由。

我想自由地念书，可许多地方未必能理解，以为自己理解了，却未必符合作者的原意。我想自由地和别人交谈，却未必能彼此沟通。

真正的自由只有审美的自由。我可以自由地欣赏音乐，感受其中的美妙，不用考虑专家的意见或评奖的结果。我可以自由地观赏喜欢的电影，不必在乎它是否获得过奥斯卡奖，两三个小时的电影，只要有一句话让我体会到人生的真谛就够了。

譬如，有一部电影叫作《肖申克的救赎》（*The Shawshank Red emption*，又名《刺激 1995》），讲述了一位银行经理被冤枉谋杀了妻子和妻子的情人而入狱，别人问他犯了什么罪，他说自己是被冤枉的，罪犯们都笑了，监狱里每一个人都觉得自己是被冤枉的。

有一天，他得到监狱长官的信任而进入播音室，恰好看到莫扎特的《费加罗的婚礼》（*Le Nozze di Figaro*）的唱片，他非常高兴，就用扩音器播放了出来。那一瞬间，监狱里所有的犯人都愣住了，扩音器里传出的一向是粗俗的喊话，现在居然播出如此美妙动听的音乐，令人十分震撼。因为此事，他被罚关禁闭两周，别人问他："为了听一首曲子付出这么大代价，值得吗？"他说："当然值得。监狱只能关住我的身体，音乐可以使我得到真正的自由。"

艺术使人的情绪得以升华，暂时忘记生命的限制和不幸的遭遇，这一刻我们拥有完全的自由。通过艺术作品，我们从被动变成主动，使生命力重新凝聚而产生新的动力。年轻时欣赏艺术可能感触不深，随着生命的不断成长，多年后再次欣赏就会有不一样的体会。

我在美国留学期间，为了在四年内完成学业，每天读书至少十二小时，非常辛苦。每当夜深人静，电台中传来芭芭拉·史翠珊（Barbra Streisand）演唱的《回忆》（*Memory*）时，我都会深受感动，忽然之间忘掉一切，即使天下人都不了解我也没关系，至少这首歌曲能打动我的心。这种感觉可以用阿拉伯诗人纪伯伦（Kahlil Gibran，1883—1931）的话来形容："美，就是你见到它，甘愿为之献身，甘愿不向它索取。"

我们平常做任何事都会有所保留，不会让自己太累，心里想着何必为此卖命呢？而且一旦付出就要求回报。但审美时的情形与之不同，美本身就是最好的回报。每当悠扬的乐声响起，当下便会觉得生命不再有遗憾。

对于艺术品和艺术家也应稍作区分。艺术家尽心做好自己的工作，扮演好自己的角色，值得我们尊敬，但我们不必崇拜艺术家。安德烈·波切利（Andrea Bocelli，1958—）是我非常喜欢的盲人声乐家，每当听到他的歌声便会觉得自己很幸福。有一次，朋友邀请我去听他的演唱会，我婉言谢绝了，能听到他的CD，我已经心满意足。艺术家有其独特的生命格调，不一定喜欢他的歌就要和他做朋友。对艺术家来说，我只是千千万万的听众之一，我只要尽好听众的责任，买一张正版CD常常去欣赏就好了。

这就好比作家写作，读者并不需要了解作者是谁，重要的是能否从作品中获得启发，使自己对生命的了解达到新的高度。对艺术家的个人崇拜只会让我们陷入幻想，并承受幻想破灭后的痛苦，我们还是要设法让自己的生命充满创意。

第十五节　真正的自由

（四）通往自由之路，恢复完整生命

艺术能帮助我们通往真正的自由，恢复生命的完整性。我们的生命经常处

于分裂状态，每个人通常只有一种身份，如学生、工程师、老师、警察等。人类社会的分工合作使个人的生命极易被功能化，仅根据一个人的能力和作用来界定他的本质，这既不合理亦不公平。人活在世界上，除了从事专业工作外，还有对生命完整性的要求。

为什么我们会在放假时觉得特别开心呢？假期（holiday）一词在西方有两个意思：1.holiday 的字根 holy 有神圣之义，西方人在每个星期天都要做与神明有关的事，如去教堂，这是宗教徒共同遵守的规范；2.holy 也可理解为完整，我们在假期可以做一些上班不能做的事，使生命不再受到限制，从而恢复完整性。

人通过艺术可以快速地恢复生命的完整性。很多地方会在假日举办嘉年华活动，参加者忘了自己的身份和地位，一个个盛装打扮、载歌载舞，人与人之间打成一片，每个人都像重新回到了童年，自由自在地玩耍：有的追着牛跑，忘了受伤的危险；有的互相泼水，弄得浑身湿透；还有的互丢番茄，搞得一片狼藉。各种民俗活动都有一个共同目的，就是希望人们在这个特殊的日子里恢复生命的完整性。

一个人如果想通过艺术作品体验审美的愉悦，可选择的范围十分广阔，包括音乐、舞蹈、绘画、小说、戏剧、诗或电影等。现代人经常看电影，但好电影其实并不多，很多电影都采用类似的桥段，剧情也不够完整，为了迎合观众而哗众取宠，难以让观众产生共鸣。

人有审美感受时会觉得非常幸福，真正的自由就是做自己，减少被其他因素干扰和限制。真正的审美感受可用一句话来描述：“能够欣赏这样的艺术作品，就算人生再苦也值得。”人不能脱离社会，无论从事任何行业都会有压力，感觉受到各种束缚；但只要有审美的趣味，人生再苦也值得。

每个人都要设法找到让自己快乐的秘密武器，譬如珍藏一些自己最喜欢的曲子、电影、小说、画作或诗词等，在心情郁闷时拿来调节自己的情绪。选择时不必和别人商量，若你接触这些作品时内心会产生“再苦也值得”的感受，仅凭这一点就可以取之。在艺术的世界里不用请别人当裁判，对美的判断不需要借助理性的概念，你只要心思单纯、用心感受即可。

欣赏艺术作品时通常会有两种体会：一方面觉得自己与艺术作品融为一体；另一方面觉得这些作品打开了生命中被闭锁的能量，自己重新成为一个完整的人，不会再以职业成就或财富地位去判断别人，而是从更完整的角度去欣赏他人，对别人的遭遇感同身受。

法国的加缪是我年轻时颇为欣赏的作家，他于 1957 年获得诺贝尔文学奖。1953 年，加缪在接受一场名为《艺术家与时代》的访谈时提出，他反对两种类型的文学作品：

1. *反对神话式的未来*。神话是有关神明的故事，当人的理性尚未昌明时，需要通过神话来掌握世界的结构和生命的意义。如果艺术家为了让人们忍受痛苦而将未来描绘得无限美好，这相当于用神话来糊弄大众。艺术欣赏采用感性所及的方式，如果在欣赏的当下无法得到快乐，谁又能保证将来会有快乐呢？

2. *反对浪漫主义*。浪漫主义只注重生命的动态层面。加缪显然受到了尼采的启发，尼采提到生命有两种力量：一种是日神，重视形式，与人的理性要求相配合；一种是酒神，重视生命力的无限跃动，与人的感受能力相关联。浪漫主义把艺术变成逃避现实苦难的避风港，这是不切实际的。我们宁可将目光返回自身，让自己有能力面对人生的各种挑战，而把艺术作为一种调节自己情绪的方法。

加缪强调，艺术既要了解现实的状况，还要展现创造的作用。现实生活反映出人性的宝贵，创造过程则体现了艺术的价值。艺术家不能脱离现实世界，应该关注普通百姓的生活，直面他们遭到的迫害、羞辱和不幸；但艺术家也不能完全沉浸于现实世界中，自古以来人间就缺乏仁爱和正义，艺术家要给人们带来希望和力量，引领他们进入艺术的世界。人必须同时接纳痛苦与美丽，只要美丽、不要痛苦仅仅是一种幻想。加缪最后的结论是："在面对压迫时，打开监狱之门，为悲伤者带来希望，为一切人带来欢欣，这就是艺术家的伟大使命。"

第十三章

宗教与永恒

第一节　好好批判宗教

自古以来，人类社会一直存在着宗教现象，如教堂、寺庙、出家的僧侣、传经布道活动以及宗教音乐等。

什么是宗教？中文里“宗教”一词出现较晚，是从西方翻译而来的。宗教的英文是religion，其字根在拉丁文中包含两个意思：第一指捆绑，人的生命在不同时空中极易分散，以至于忘了自己是谁，“宗教”意味着将个人生命捆绑起来，使之不再分散；第二指重新与神建立关系，神是人类生命的根源，某种缘故，人与根源分裂了，宗教要使人与根源重新建立联系。两种解释彼此相通，人只有把自己捆绑起来，使内在形成统一的自我，才能联系到根源。

中国很早就有与宗教相关的巫术和神话，古代有专门的神职人员负责与鬼神沟通，女的称为巫，男的称为觋（xí），他们使人的世界与鬼神的世界可以相通。

世界文明的发展造就了当今世界的几大宗教，这些宗教说的是什么？宗教还能继续存在吗？我们首先要探讨宗教面临的挑战。

（一）自然科学的挑战：无对象可言

很多人都认为随着自然科学的发展，宗教将无法继续存在。然而，自然科学研究的对象十分明确，一定是有形可见、充满变化的物质世界；并且科学研究分门别类，有天文学、地质学、物理学、化学、生物学、医学等。科学研究的目的是帮助人类更深刻地了解自然界，那么自然科学的发展可以驳斥宗教的存在吗？

早期宗教经典中关于宇宙和人类起源的描述，显然与后面的科学发展相矛盾。西方最早对宇宙的看法是公元二世纪时出现的托勒密天文学，认为地球是宇宙的中心，包括太阳、月亮在内的其他星球均围绕着地球不断旋转。《圣经·旧约》中提到上帝创造了世界和人类，地球是宇宙的中心，人类是万物之灵。

但是后来科学的发展清楚地证实：地球非但不是宇宙的中心，反而只是绕太阳旋转的行星之一；根据达尔文的进化论，人类也不是上帝特别制造的万物之灵，反而变成万物演化的末端环节。在自然科学明显的证据面前，对于如何看待宇宙和人类生命的起源问题，宗教面临着巨大的挑战。

事实上，自然科学与宗教未必矛盾。宗教的核心问题是：宇宙是否有起源？答案是有。如果宇宙没有起源，说明宇宙本身是永恒的，但从宇宙内部不断变化来看，这个说法不能成立。变化代表有生有灭，不断变化的东西不可能永远存在，宇宙内部有生有灭，宇宙整体也在变化之中，因而宇宙本身不可能是永恒的。关于宇宙的起源，科学界主张的“黑洞说”或“爆炸说”都代表宇宙有开始。那开始之前是什么？什么力量使它开始？可见，科学对于宇宙起源的主张与宗教里的神并没有直接的矛盾。

另一方面，人的生命特色与万物不同，人的生命是否有特殊的起源和特别的目的？简而言之，人从哪里来？要往哪里去？人的生命有没有特殊的价值？这是宗教特别关注的地方。而科学家应该谨守本分、实事求是，有几分证据说几分话。因此，在自然科学领域，没有任何学科可以宣称神或涅槃境界不存在，因为根本没有专门研究这些问题的学科。

伟大的科学家爱因斯坦曾说：“一个人对于宇宙和人生，一定要存有敬畏之心，因为其中充满了奥秘，而这些奥秘永远不能被解释清楚。”爱因斯坦是犹太人，犹太民族具有强烈的宗教性格，对任何事都喜欢探求根本。学习哲学意味着爱好智慧，智慧的特色是具有完整性和根本性，而根本性亦是宗教信仰的特色。

哲学与宗教有何关系？答案很简单：宗教与哲学的方向一致，方法不同。宗教和哲学的方向都是要探寻最后的真理或真相。宗教的方法是信仰，只要你相信，所有的问题统统解决；而哲学的方法是理性，要敞开心胸，不断提问，希望通过逻辑思考找到言语无法描述的东西，因而哲学家只能说自己爱好智慧，而不能说已经拥有了智慧。

自然科学否定或批判宗教无疑是选错了对象，真正的科学家对于宗教应该存而不论、保持缄默，因为他们知道自己对于宗教问题没有发言权。科学家只能说地球绕太阳转、人类从其他生物进化而来，只能到此为止。

这两点科学发现在今天的宗教界也可以得到解释，比如基督宗教现在也承认地球绕太阳转。《圣经》里描述的毕竟是三千年前的宇宙观，不能苛求当时的人根据《圣经》的启发就能知晓一切。有关人类起源的问题，上帝造人本来就是一个奥秘，是上帝直接造人还是上帝先造其他生物再慢慢演化出人类，一个直接，一个间接，两种说法并没有必然的矛盾。可见，自然科学确实取得了长足的进步，但对于宗教存在的必要性或宗教涉及的根本问题则应谨守分寸。

第二节 社会的工具吗？

（二）社会学的批判：社会之工具

社会学家对宗教的批判要比自然科学家更为有力，自然科学只研究有形可见的物质世界，而社会学研究的是人类群体的现象，这与宗教的关系显然更为密切。在批判宗教的社会学家中，最具代表性的当数法国社会学家迪尔克姆[1]（Emile Durkheim，1858—1917），其代表作《自杀论》（*Le Suicide*）时至今日仍有广泛的影响。

迪尔克姆对宗教的批判可用一句话概括："宗教是社会的工具。"这种说法的根据是：组成社会的是个人，每个人都有自私自利的倾向，很容易以私害公而忽略整个社会的需要。为了避免社会分崩离析，必须"发明"宗教里的上帝或鬼神来约束个人的欲望，使其不会过度扩张而破坏社会正义。同时，很多国家或团体也希望借助宗教的力量使社会秩序变得更好。

上述说法有一定道理，但不能因此说宗教只是社会的工具，我们可从三方面加以反驳。

1. 宗教的戒律远远超过法律的要求。

法律无疑是社会最主要的工具，社会制定各种法律来约束个人。但法律只能约束人的行为，如果只是心生歹念而尚未付诸行动，甚至已经作恶而未被发现，法律也无可奈何。但宗教的戒律比法律更严格，它直指人心，在起心动念之际就已经开始分辨善恶，而不必等到付诸行动。所以宗教显然不是社会的工具，社会不可能管控到每个人内心的欲望。

2. 宗教的诉求针对的是普遍的人类。

宗教一定是面向所有的人，而不会只针对特定的人群。古往今来，人类社会总是多元共存，今天虽说是"地球村"，但社会仍处于明显的分裂状态。宗

---

1 又译"杜尔克姆"，旧译"涂尔干"。（编者注）

教的诉求针对的是普遍的人类，能够跨越不同的民族及不同的时代，并非某一个国家或民族的工具。目前世界上几大宗教都有普遍的诉求，希望全世界每个人都能信仰。

宗教“信仰”和用理性“理解”是两回事。可以被理解的是学识，人越有学问就越难信仰宗教，因为学问针对的是现实世界，了解得越多越会耽溺其中；但宗教涉及的是根本的奥秘，人有再多学识也无法对死亡有透彻的认识。死亡是一个奥秘，人只能和它一起生活，对死亡秉持着某种特定的态度。

3. 当宗教与社会抗衡时，反而更增活力；当两者和谐时，却隐藏了俗化的危机。

以西方天主教为例，耶稣过世后的三百多年中，信徒饱受迫害，随时面临生命危险，耶稣的门徒彼得和保罗都被迫害致死。当时罗马帝国规定，任何人检举基督徒即可获得被检举人的全部财产，当时检举基督徒成了发财的最好机会。被抓到的基督徒除非发誓放弃信仰，否则就被烧死、钉死或送进斗兽场喂狮子。

然而，天主教非但没有因此消亡，信徒反而觉得自己肩负着特殊使命而备感荣耀，他们相信作为殉道者能直接实现灵魂进入天堂这一最高目标。基督徒一个个视死如归，他们被抓进斗兽场，不但没有痛苦求饶，反而拥抱亲吻狮子；他们被钉死或被烧死时，还高唱凯旋之歌。他们的表现令当时的罗马人受到强烈的震撼。

公元 313 年，罗马皇帝君士坦丁大帝（Flavius Valerius Constantinus，280—337）公开承认宗教信仰自由，并成为第一位加入天主教的罗马皇帝。公元 380 年，天主教进一步成为罗马帝国的国教，这反而让天主教迅速腐化堕落。

到了十二至十四世纪，经过近一千年的发展，天主教人多势众、财大气粗，凌驾于各诸侯国的王权之上。当时不管是德意志、日耳曼、法兰克还是盎格鲁-撒克逊，各国国王的加冕都要得到罗马教皇的首肯，由教皇或大主教主持加冕仪式。

十四世纪末期，天主教严重腐化，居然同时出现了三位教皇，背后各有支持的国家，为了利益而争战不休。此后愈演愈烈，到十六世纪终于出现马丁·路德倡导的宗教改革运动。

可见，如果宗教与社会配合得太好，反而有俗化的危机；宗教与社会有矛盾冲突反而使宗教可以保持自身的斗志和纯洁性，对信徒修行的要求也特别高。中国历史上也出现过类似的情况，当佛教或道教与朝廷的关系太过紧密时，很容易出现宗教腐败的现象。

社会学家的观点有一定道理，人毕竟是社会性的动物，不能否认宗教对社会确实有相当大的影响和帮助，但是不能仅把宗教当成社会的工具，宗教还有其独特的使命。

第三节　心理的拐杖吗？

心理学对宗教的批判显然比自然科学、社会学的批判更为深入。

（三）心理学的批判：心理上的拐杖

每个人心中具有的内在世界称为心理。心理学对宗教的批判以弗洛伊德的一句话最具代表性——“宗教是人类心理上的拐杖”，就好像我们在脚受伤后需要拐杖的帮助一般，宗教信仰只是人类心理上的依靠。

早期的心理学属于哲学的范畴，古希腊谈到人的生命状态时，认为人有灵魂，“灵魂”（Psyche）一词和“心理”一词在古代经常通用。谈哲学时会顺便提及人的心理状态，譬如人的情感相当复杂，人要学会调整自己的心态。

心理学（Psychology）虽是当前很热门的学科，但直到1879年，德国心理学家冯特（Wilhelm Wundt，1832—1920）在莱比锡大学设立心理学实验室后，心理学才正式成为一门独立的学科。冯特以自然科学为标杆，注重实证和重现性，试图改变人文学科众说纷纭、难以验证的局面，从此心理学获得长足发展。心理学在开始阶段主要通过观察人的外在行为来推测人的内心状态，因而显得较为浅显和粗糙；直至弗洛伊德发展出深度心理学，通过对梦的解析，探知人普遍具有潜意识，心理学才变得较为完整和深刻。

心理学和哲学的差别在于：心理学的命题都是假言命题，哲学基本上属于定言命题。

所有心理学命题无一例外都是假言命题。假言命题就是假设命题，一定先假设某种情境，然后教人“应该”如何反应，以期达到理想的效果。例如，“假如你要出国念书，就应该学好英文”，但问题是如果不出国，是否就不必学英文了？或者“如果你希望别人喜欢你，就要关爱他人”，但如果我不在乎别人是否喜欢我，是否就不用关爱别人呢？这是心理学的困难所在，如果没有条件的制约，则无法确定人应该做什么。

哲学命题称为定言命题。定言命题需要先给事物下定义，一样东西只能按照它的性质发挥作用而不能谈条件。比如先确定一只动物是牛还是马，如果是马，就应该具备马的功能；如果是牛，就应该具备牛的功能，牛与马之间不能混淆。

哲学家探讨“人性”的问题费力不讨好，还经常会使自己陷入困境；但若不清楚界定人性是什么，便无法要求一个人应该怎样度过一生。心理学家认为人性是一张白纸，人出生后进入社会便会受到社会的影响，可谓“染于苍则苍，染于黄则黄”（《墨子·所染》）。也有人主张人性本善，但“本善”的“善”根本无法界定，譬如，孝顺应该是“善”，但没有人一出生就能做到孝顺。心理学的观点反而显得更具说服力，因为人都会受到环境的影响。

心理学认为宗教是人类心理愿望的投射。人在主观愿望无法满足时，便会设法将愿望投射出去，譬如当人遭遇挫折、心力交瘁之际，就会希望有全知、全能、全善的上帝或神，能够超越人的局限。如果到一座庙里找十个僧人，虽然他们有同一位师父，讲同一部佛经，但由于每个僧人的心理状态不同，他们所描述的佛或涅槃境界也不尽相同。可见，人描述的神明的确与人的心理需求有关，反映了人的心理愿望。

不过，我们可举一例来反驳这种观点。意大利人马可·波罗（Marco Polo，约 1254—1324）在元朝时曾造访中国并做官，回国后撰写了《马可·波罗游记》，说中国繁荣富庶，人民谦恭有礼，社会一片和谐。此时的欧洲刚刚经历了大瘟疫，生灵涂炭，民生凋敝，于是欧洲人把中国想象成美好的乐土。马可·波罗描绘的完美中国显然不存在，但这并不代表真实的中国也不存在。同理，宗教信徒描述的完美的神、佛不存在，并不代表真正的神、佛也不存在，真正的神、佛未必像人期望的那样完美和圆满，但照样可能存在。

宗教信仰当然不能脱离人的心理状态，一个人很容易将内心的愿望投射到信仰的对象上。很多人相信大慈大悲的观世音菩萨，说明他们内心希望有慈悲的神明来保佑自己。西方也有类似的现象，天主教特别推崇耶稣的母亲马利亚，他们认为上帝讲求正义而过于严肃，耶稣的母亲一定是慈悲的，向她祷告比较容易得到帮助。

然而，就此认为“宗教只是人类心理需求的投射和满足”显然有问题，人的主观愿望与超越界是否存在是两回事。人所想象的完美天堂不存在，并不代表宗教里描绘的超越的境界也不存在。宗教信仰的神明并非理性的对象，心理学不足以解释宗教的所有现象。

第四节　空话连篇吗?

（四）语言学的批判：无意义的话

语言学对宗教的批判以英国哲学家艾耶尔（Alfred Jules Ayer，1910—1989）为代表，他认为宗教语言是无意义的话，《圣经》、佛经所用的文辞令人不知所云。

艾耶尔等学者通过“检证原则”（Verification）来判断一句话是否有意义，他认为只有在以下两种情况下，一句话才有意义：

1. 合乎感觉经验。一句话有意义，是因为可以立刻用感官加以验证。比如说“外边在下雨”，你可以立刻到外面看，如果真在下雨，则这句话有意义；又如“社会上有许多人挨饿”，你也可以立刻去检验，如果真是如此，则这句话有意义。

2. 合乎数学与逻辑。合乎数学规律的命题有意义，譬如一加一等于二，或按规则进行的四则运算。合乎逻辑的言语有意义，譬如可由“天下雨，所以地上会湿”，推出“地上没湿，所以天没下雨”，这合乎“否定后项才能否定前项”的逻辑规则；但不能推出“天没下雨，所以地上一定不湿”，因为洒水也会使地上变湿。逻辑是哲学入门阶段的必修课。

能够应用检证原则的言语范围显然太过狭窄，且“只有合乎感觉经验或合乎数学和逻辑的语言才是有意义的”这句话本身又该如何验证？后来该派学者退一步说：“一句话有没有意义要看其上下文的脉络。”我们可举几个相关的例子来说明宗教语言的特色。

道德语言是否有意义？“一个人不应该撒谎”是道德语言，但这恰恰表明很多人会撒谎，否则根本没必要这样说，这就好像人们不会说“一个人不应该飞上天”，因为人本来就不能飞上天。道德语言的意义不在于让人获得知识，它往往只是表达说话者的意图（intention）。比如我说“做人不能欺骗别人”，代表不管别人如何，我都要诚实做人，不欺骗别人，同时希望谈话的对方也能够诚实做人。

审美语言是否有意义？人们很难界定什么是美，当说“这幅画真美”或“海面波澜壮阔，十分壮美”时，通常只是表达个人的直观感受，反映出个人的审美特色。

宗教语言是一种形而上的语言，它的对象无形可见。检证原则只适用于人的基本认知，如外面的天气如何、一个人长什么样子等，并不适用于宗教语言。宗教语言在它的脉络里自然有意义，因为它可以表达信徒的意图或感受。

后来，社会学家卡尔·波普尔（Karl Popper，1902—1994）又提出“否证原则”（Falsification），即对于一句话，如果不能用任何方式否定它，则这句话没有意义。

否证原则对宗教的挑战很犀利。举例来说，如果“神爱世人”四个字有意义，则一定要具备某些条件，如神不让无辜的人蒙难，才可说神爱世人。但事实上，每天都有许多无辜的人因车祸而丧生，如果神爱世人，神又是全能的，为何不设法阻止灾难的发生？宗教信徒会解释说，这是为了激发他人的同情心。但是神为何不直接赋予他人同情心，而非要以无辜的人作为代价不可呢？如果进一步解释说，神的爱很神秘，不管发生什么，神都爱世人，这意味着“神爱世人”违反了否证原则，它在一切条件下都成立，从而变成无意义的话。

然而，宗教语言的意义在于它会引发特殊的行为。耶稣说：“不是凡向我说‘主啊！主啊！’的人就能进天国；而是那承行我在天之父旨意的人，才能进天国。”（《马太福音》，7：21）其他宗教亦然，如果说得天花乱坠、头头是道，却不能身体力行，那说的话还有什么意义呢？

对于宗教信仰，人都会保留一些怀疑的空间，并非一旦相信后就可以一劳永逸，所有信仰都含有冒险的成分。克尔恺郭尔将信仰比作在弥天大雾中站在悬崖边上，犹豫是否要跳过去，也许前面就是万丈深渊，跳下去会粉身碎骨。这样看来，宗教信仰仍有一定的条件，只是对于不同的信徒，条件各不相同，因而宗教语言仍可满足否证原则。

宗教语言从上下文的脉络来看，可以表达信徒的意图和感受，同时会使信徒的行为发生改变，因此还是要肯定宗教语言的意义。虽然经历了自然科学、社会学、心理学、语言学等学科的挑战，宗教信仰依然存在，宗教依然拥有众多信徒，原因就在于此。

第五节　信仰有三种

宗教与信仰密不可分，每个人心里都有某种信仰，信仰至少包括以下三种类型：

（一）人生信仰

人生在世很容易接受某种观念，如以某句格言为座右铭，从此矢志不渝。孙中山先生曾说："人生以服务为目的。"这是标准的人生信仰，但这句话没有说明服务的对象是谁，因此显得较为浮泛。如果只为自己的亲朋好友服务，格局显然有限。

很多人将环保作为人生的信仰。我有一位朋友，她在十来岁时，按照当地习俗要为已故的祖母开棺验骨，她吃惊地发现，祖母的尸体早已腐化，但脚上穿的尼龙丝袜子却完好如初。她意识到，如果人类大量使用无法分解的材料，势必会引发生态灾难，从此她有了坚定的人生信仰，立志一生从事环保事业。

有一些环保主义者在海上与捕捞鲸鲨的船只对峙搏斗，冒着生命危险去保护海洋生物，不免令人肃然起敬。民间亦有各种社团，有的以服务社会为目的，有的以提倡行善为宗旨，这些都属于人生信仰。人生信仰通常比较浮泛，在人生的不同阶段有可能调整或改变。

（二）政治信仰

政治信仰在世界各地广泛存在，譬如美国有民主党和共和党两大党派，民主党偏向自由主义，共和党偏向保守主义，各有不同的政治信仰。政治信仰常表现为崇高的理想，为了信仰可以抛头颅、洒热血，众人精诚团结，目标是要获得政治权力、照顾百姓。但权力使人腐化，政界人物除非具有良好的个人修养，否则很难做到不忘初心。各类政治团体的信仰值得尊敬，但关键要看获得权力之后如何造福百姓，这才是对信仰的真正验证。

（三）宗教信仰

宗教信仰一方面可使人全力以赴地朝神圣目标前进，化解对人间名利权位的执着，具有超越性；但另一方面，人类一半以上的战争都与宗教有关，不同教派之间彼此仇视、难以融合。宗教信仰越虔诚，在内聚力增强的同时，排他性也越强，似乎世界上的宗教越多，反而距离世界和平的目标越遥远。

宗教信仰有以下三点基本特色：

1. 独特的辨认

一般人对世界的认识大都停留在表面，总希望飞黄腾达，害怕坎坷磨难。中国古代有“积善之家，必有余庆，积不善之家，必有余殃”（《易经·坤卦·文言传》）的说法，意即积累善行的人家，必定会有多余的吉庆庇荫后代，使其得享福报（《尚书·洪范》中提到五福：寿、富、康宁、攸好德、考终命）；积累恶行的人家，必定会有多余的灾祸殃及子孙。但以家庭作为善恶报应的单位，显然太过浮泛，因为行善或为恶的主体是个人。

宗教信仰需要有独特的辨认，每个人都要自己负责。历史的兴衰总是浮于表面，宗教信仰则使人清楚地了解到什么是永恒和真实，人不应追求身心方面的愉悦享受，而应重视灵性的修养，改变自己的生命方向，这就是独特的辨认。

2. 全盘的付托

人一旦有了独特的辨认，就会发现人生的真相——一个人真正的自我是内在的灵魂，由此便会有全盘的付托，为了理想而倾尽全力。孔子曾说：“笃信好学，守死善道。”（《论语·泰伯篇》）即以坚定的信心爱好学习，为了完成人生理想可以牺牲生命。又说：“朝闻道，夕死可矣！”（《论语·里仁篇》）即早晨听懂了人生理想，就算当晚就要死也无妨。孔子将自己的生命全部寄托于“道”（人类共同的正路）之上，具有伟大的宗教情操。

3. 普遍的传扬

人一旦悟道，就会全力以赴地实践，用实际行动来传扬自己的理想。孔子奔走呼号，就是希望每一个人都能体会到生命有无限提升的可能，内在自我要不断成长，个人生命并非孤立的，要与人群融为一体。

孔子的言行表明，儒家虽不是宗教，却能引发人的宗教情操。一个人一旦认同儒家“人性向善”的立场，内心就会产生一种力量，让人不断向上提升超越，就像孔子十五岁立志求学，三十而立，四十而不惑[1]……一路向上，每隔十年就

1　出自《论语·为政篇》。原文：“子曰：‘吾十有五而志于学，三十而立，四十而不惑，五十而知天命，六十而（耳）顺，七十而从心所欲不逾矩。’”

会脱胎换骨，展现出新的生命特色。

信仰可以分为人生信仰、政治信仰和宗教信仰三种类型，宗教信仰在三者之中最为纯粹和完整。

第六节　专门回应难题

到底什么是宗教？什么是信仰？如何证明信仰是可靠的，而不是个人的幻觉？

（一）宗教是信仰的体现

宗教与信仰的关系可用一句话来概括：宗教是信仰之体现。宗教的核心是信仰，信仰的具体体现就表现为宗教。所有宗教都具有时代的特征和地区文化的特色。同样是佛教，印度、东南亚、中国西藏以及中国东部地区的寺庙建筑风格就有很大差异。宗教不能脱离特定的时空条件和文化背景，西方的宗教亦然。

（二）信仰是人与超越界之间的关系

什么是信仰？信仰是人与超越界之间的关系，这种关系一旦建立，个人生命便会随之改变。譬如，说“张三有了信仰”，代表他和超越界建立了某种关系，最明显的证据是他的生命开始不断向上超越。

与超越界相对的是内存界。人生在世，通过感觉和理性思考所能掌握的范围称为内存界，包括自然界和人类两个领域。自然界和人类都充满变化，人有生老病死，物有成住坏空，季节有春夏秋冬，国家有兴盛衰亡，变化的一切是否有其来源与归宿？譬如，道家就认为“道”是万物的来源与归宿。超越界就是指自然界和人类的根源。

超越界的存在无法被证明，譬如我们无法证明鬼神的存在；对于超越界，我们只能从不同角度加以描述，比如说“这是鬼屋”“这个地方阴气较重”，这都是提供了某种解释，却无法客观地说明鬼神究竟为何物。超越界虽不能被证明，却被要求存在，以回应人间的痛苦、罪恶和死亡这三大奥秘。

1. 痛苦

人并非只有生病或饥饿时才会感到痛苦，很多人吃饱喝足照样痛苦。美国有调查显示，富人自杀的比例超过穷人，这着实令人费解。富人虽有丰富的物质享受，但内心极易感到空虚，他们缺少真正的朋友，备感苦闷和无奈。现代社会的最大问题是越来越多的人罹患忧郁症，患者大多家境富裕，很少有社会底层的工人。由此可见，痛苦是难以解说的奥秘。

2. 罪恶

为什么有人非要去做杀人放火、贩毒诈骗等伤天害理之事不可呢？正常人很难理解罪犯的心理，因为我们没有处在相同的环境里。有一句话非常生动：“好人不知道坏人有多坏，坏人不知道好人有多好。”每个人都习惯站在自己的角度去观察别人，很难真正做到换位思考，除非我们在读书、看电影或是实际生活中常常留心观察、用心揣摩，才能逐渐对他人体贴入微。

许多人明明什么都不缺，却显示出残忍的本性，比如很多人并非为了生存的需要而去打猎，他们伤害其他生物只是为了娱乐。我们该怎样解释人性中的阴暗面呢？这类现象其实很普遍，西方中世纪哲学家奥古斯丁在其代表作《忏悔录》中写道，他家附近有一座果园，墙上明明写着“不准偷窃”，他偏要进去偷摘果子，摘了也不吃而直接丢掉。如果偷果子充饥还可以理解，但奥古斯丁的行为显然是出于叛逆的心理。

有人无聊时专门喜欢搞恶作剧。多年前，有位加拿大的朋友向我讲了他和哥哥的恶作剧，哥哥先给一位陌生人打电话说：“这里有没有彼得先生？”对方说：“你打错了。”哥哥每半小时重打一次，这家人觉得莫名其妙。傍晚时，弟弟再打过去说：“你好，我是彼得，今天有没有人打电话找我？”弄得这家人几近崩溃。可见，罪恶的问题非常复杂，以至出现了像“罪恶心理学”这类专门研究犯罪心理的学问。

3. 死亡

死亡既神秘又特别，令人感到十分困惑，似乎只有宗教才能解释。当家中有长辈过世，由于目前没有合适的丧礼规范，很多人便会请宗教界人士来安排丧礼。丧礼在中国古代是最为重要的礼仪，具有悠久的传统，《礼记》对此有详细记载。因此，对于目前的中国社会，国家应设计一套完整的丧葬仪式，以使生者的情绪可以适当调节，死者的亡灵能够得以安息。

信仰是人与超越界之间的关系，超越界无法被证明，却被要求存在。理性无法解释人间为何有痛苦、罪恶和死亡三大奥秘，超越界的存在正是为了回应这些难题。

第七节　想到终极关怀

基督宗教的上帝、伊斯兰教的安拉、儒家所谓的天、道家所谓的道、印度教的梵、佛教的涅槃境界或一真法界，都可作为超越界的名称。西方如何证明超越界的存在呢？

（一）万物存在之充足理由

哲学上常使用“充足理由原理”来证明超越界的存在，即任何东西的存在都有充足理由，绝不会无缘无故地存在。譬如看到墙上开花，就知道一定是种子飘落到墙缝中，否则墙上不可能开花，除非是假花。宇宙万物有生有灭，每样东西的存在都有充足理由，否则为何是它而不是别的东西存在呢？

西方最推崇《易经》的科学家、哲学家莱布尼茨（1646—1716）根据充足理由原理，推出有趣的结论：“我们所在的世界是所有可能的世界中最完美的。”但因为没有其他世界作为对照，因而很难界定什么是完美。他认为上帝所造的这个世界是最完美的，否则上帝没有理由造它。超越界的存在，使得世界上的一切都能得到合理的解释。

（二）使个人产生绝对依赖感的对象

人在某种情况下会出现“绝对依赖的感受”（the feeling of absolute dependence），这一概念由德国著名神学家施莱尔马赫（Friedrich Daniel Ernest Schleiermacher，1768—1834）提出，他与黑格尔所处年代相仿。感受与感觉不同：感觉来自感官，比如觉得很冷、很亮，或声音很大；感受则是整个生命沉浸于某种状态之中，有身不由己之感。

人都需要有所依赖，可谓“在家靠父母，出门靠朋友”，但人间的各种依赖（父母、朋友、金钱等）都是相对的，没有真正的可靠性。相对的依赖可以找到化解的方法，比如在沙漠中快渴死了，忽然看到前面有人，可以向他买水或借水，这就是相对的依赖。

人常常会感到自己生命的基础是落空的，一想到“人生自古谁无死”，难免会有万念俱灰、无依无靠之感。著名学者王国维先生（1877—1927）曾说：

“人间事事不堪凭，但除却“无凭”两字。”[1]即人生什么事都靠不住，只有“靠不住”一词是例外。这与“世界上唯一不变的只有变化”的说法很类似，这句话生动地描述了他内心无依无靠的感受。像他这样学识渊博、智慧超群的学者，只活到50岁便因无法接受时代的沧桑巨变而自杀，实在令人扼腕叹息。

一般人很难想象屈原投江自尽时的心态，但每个人都可能在特定情况下产生孤独无依的感受，此时会迫切地需要找到绝对的依赖。超越界的存在使人的生命感到安稳，就算失去一切，依然可以自我安顿。

（三）人需要终极关怀

“终极关怀”（the Ultimate Concern）这一概念是由西方近代神学家蒂利希（Paul Tillich，1886—1965）提出，许多人用“终极关怀”来形容宗教的特色。与终极关怀相对的是非终极关怀，即相对的、短暂的关怀。

人生在世有许多阶段性的关怀。譬如我是中学生，就要设法考入理想的大学，这是相对的关怀。高考犹如千军万马过独木桥，必须锁定目标，全力以赴，放弃一切娱乐和爱好，好比赛马时用布遮挡住马匹向两侧的视线，使它不要东张西望，而要勇往直前。进入大学后，很少有人一门心思读书，大家往往忙于交友恋爱、考研出国；进入社会后则忙于成家立业、谋求发展。这些都属于阶段性的关怀。

终极关怀意味着最后的、唯一的、最重要的关怀，可以作为一个人的主心骨，为其生命提供真正的支撑。如果没有终极关怀，这一生相当于在平面上打转，在欲望和无聊间摆荡，最后只会觉得空虚茫然。现代人普遍有茫然无归之感。

许多人以赚钱为终极关怀。在这个世界上，钱似乎是万能的，俗话说“有钱能使鬼推磨”，更夸张的说法是“有钱能使磨推鬼”。古往今来，许多人都会把金钱作为人生的唯一目标。耶稣曾说，有钱人进天国比骆驼穿针孔还难。这句话听起来很刺耳，但有位专家经过研究认为，耶稣所说的“针孔”其实是耶路撒冷的一个很小的门，骆驼大概要练缩骨功才能穿过去，这表明有钱人进天国虽说很难，但只要经过修炼还是有可能的。

超越界的存在有三种原因：1. 充足理由原理；2. 人有绝对依赖的感受，需

1　出自王国维的词《鹊桥仙》。原文：“沉沉戍鼓，萧萧厩马，起视霜华满地。猛然记得别伊时，正今夕邮亭天气。北征车辙，南征归梦，知是调停无计。人间事事不堪凭，但除却“无凭”两字。”

要绝对的依赖对象；3. 人要找到正确的终极关怀，使人的精神不断地向上提升超越，而不致沉迷于具体的物质世界之中。

第八节　超越界是什么？

使用“超越的力量”一词可以更好地形容“超越界”的特色。在古希腊，神（theos）与力量（theoi）是同一字根，神一定会显示出某种力量，否则人没有必要崇拜它；“力量”代表生命的来源和成长发展的动力。

对“超越的力量”有两种不同的理解：一种称为“超越界”，这一说法使人感到超然物外，好像进入某个完美的领域，譬如佛教用“涅槃境界”或“一真法界”形容觉悟后的完美境界，由此得以摆脱六道轮回之苦；另一种称为“超越者”，这一说法使人感觉神像人一样具有位格，类似于主宰者、审判者之类的说法。两种理解的区别在于是否显示人的位格性（Personality）。

“位格”（person，拉丁文 persona）一词最早出现于罗马时代，原指面具，演员演戏时佩戴不同的面具以扮演不同的角色，后引申为人的位格。“人有位格”意味着人有能力根据不同的对象显示不同的面貌，比如，见到孩子，我成为父亲；见到父母，我成为儿子；见到朋友，我成为朋友；见到学生，我成为老师。位格有三方面的作用：

1. 能够认知。能知道来者何人，和自己有什么关系，譬如面对士兵就会展现出将军的威严，面对敌人就会展现出克敌制胜的勇气。

2. 具有情感。能表现出喜怒哀乐的情感才可以说具有位格，动物无法表现人类所能理解的认知和情感，所以不具有位格。

3. 具有意志。意志代表可以自由做出选择。

“超越者”的说法表明，神像人一样能够认知，具有感情和意志，可称为“有位格的神”；而“超越界”的说法则不显示位格性。因为人类具有位格，神也相应地具有位格才能与人沟通；但就神本身来说，至少包含三个层次：

（一）超位格的部分（Super-personal）

神具有超出人的理解能力的部分。西方虽然长期信仰像“耶稣基督”这样有位格的神，但依然承认真正的神是“奥秘难解的神”（Deus absconditus）。

神一定具有超越位格的部分，完全不同于人类的逻辑，人的理性永远无法彻底了解。

与西方对照来看，中国墨家的学说显然缺乏超越性。墨家讲“天志”（天的意志）本应具有明显的超越性，但接着在《明鬼》一章中用鬼故事来体现善恶的报应。墨子用心良苦，他把“天”看成“超级的人”，具有像人一样的爱心，天既然生养了众多百姓，就希望大家相亲相爱、避免战争、和谐共存；但如果天的表现和人类的期望完全相同，天就不再具有超越性。人类永远要保持谦卑之心，我们永远无法彻底了解神或佛的最高境界。

（二）位格的部分（Personal）

神具有与人的位格对应的部分，因此可与人类沟通和建立关系。很多人信仰神、佛或菩萨，正是因为他们觉得自己可与神明沟通，可以向神明倾诉或接收神明的旨意。

（三）非位格的部分（Impersonal）

神也具有非位格的部分。山河大地、日月星辰、花草树木、鸟兽虫鱼，神造出的矿物、植物和动物都是没有位格之物，可见神一定具有非位格的力量。人不可能真正了解石头、树木或小狗之类的非位格之物，我们常以为自己了解，其实都是出于自己的想象，真实的情况究竟如何，我们永远无法验证。

根据对超越力量的不同理解，可将宗教分为两大派：第一派是“有神论”的宗教，以西方的基督宗教（包括天主教、东正教、基督教新教）为代表，信徒普遍相信耶稣是人也是神，耶稣明确显示出神的位格性；另一派是“非神论”的宗教，以东方的印度教和佛教为代表，“非神论”表示不以神为中心。

印度教、佛教不能称为“无神论”，在宗教界说自己是“无神论”属于自相矛盾的说法。“神”代表在身、心层次之上的精神层次的存在，譬如，认为祖先死后有灵就不是无神论。真正的无神论通常都有特定的批判对象，譬如近代欧洲的无神论，就是要反对犹太教、基督宗教中上帝的存在。

说自己是“非神论”则意味着：你所谓的神和我所了解的境界不相契。印度教或佛教不以神为中心，而以人的内在觉悟能力为中心，甚至会说“众生皆有佛性”，众生包括所有的有生命之物。

总之，宗教是信仰的体现，信仰是人与超越力量之间的关系，超越力量表现为超越者或超越界两种形态，二者的区别在于是否具有位格，由此形成以基督宗教为代表的“有神论”的宗教，和以印度教、佛教为代表的“非神论”的宗教。

第九节　独断的教义

宗教需要五个条件：教义、仪式、戒律、传教团体和学理，本节先说明宗教的教义。

教义

“教义”的英文 dogma 与 dogmatic（独断的）字根相同，教义不讲理由、不谈条件而直接宣布真理，这与学术界用理性探讨学问的方式完全不同。人的理性无法理解独断的教义，因此需要借助于信仰。

西方中世纪关于天主教教义出现过各种争论。天主教认为：耶稣基督是救世主，他是人亦是神，死后第三天复活，复活后第四十天升天，耶稣的母亲马利亚是童贞生子……这些说法令人难以理解，甚至令人觉得匪夷所思。当时关于信仰有两句话广为流传，直到今天仍有参考价值：

（一）我相信，因为那是荒谬的

荒谬意味着不合理，如果合情合理，人可以直接用理性去认知，而不必让自己“相信”。譬如百科全书中的知识都很合理，人可以用理性来理解而不必借助于信仰。所有宗教徒听到这句话，都会觉得“于我心有戚戚焉”，譬如佛教讲六道轮回、三世因果，由三世一直推下去就变成无穷世，难免让人觉得不合理，所以只能“相信”。

（二）我相信，是为了可以理解

人一旦相信了宗教的教义，便能很容易地理解。比如，基督宗教认为耶稣是神的儿子，因为人类有原罪，所以耶稣降世替人赎罪。人类为何有原罪？《圣经·旧约·创世纪》中提到，亚当和夏娃由神所造，他们违反了同神的约定，得罪了神，人类从此便有了原罪。亚当和夏娃的罪过让后代继承，这似乎不合理，但原罪反映的是：人性具有自由，同时就有犯错的可能性。

为何神不直接原谅人类？因为人是神造的，人没有能力直接向神赔罪，只有神才能弥补神，所以神派自己的儿子来替人赎罪。如果相信就会觉得这很合理，否则就觉得很荒谬，这显示了宗教教义的特色，它直接宣布真理，不容商量，要么信，要么不信，没有中间地带，与哲学讨论或科学思考的特性完全不同。

佛教创始人释迦牟尼又被称为佛陀，意为“觉悟之人”，他智慧极高，很擅长用比喻来阐释佛教教义。有弟子问他宇宙从何而来，他用比喻回答：“譬如一个人被毒箭所伤，别人要救他时，他先问：‘是谁射的箭？用的什么毒？为什么射我？’全部了解清楚后，早就毒发身亡了。”

人生在世，如果非要探究宇宙的来源、人生的意义和目的不可，等全部搞清楚之后恐怕早已衰老。释迦牟尼的回答体现了宗教的智慧，不要问理性无法找到标准答案的问题，而要问如何摆脱人生的痛苦。佛教认为众生皆苦，提出苦、集、灭、道“四圣谛”，即四项最根本的真理。

第一就是苦谛。为何众生皆苦？原因在于人有生命，一定要消耗其他生命才能维持自己的生存，由此产生自我的执着。生命是欲望不断实现的过程，欲望尚未满足则会苦恼，欲望实现之后又产生新的欲望，因此，众生皆苦是普遍现象。

集谛就是找出苦的原因。佛教有“十二因缘”之说，归根结底是因为无明、缺乏智慧，把假的当真的，把错的当对的，生活在颠倒错乱的世界里，从而产生无尽的痛苦。十二因缘表明人会不断地轮回再生，只有通过修炼实现觉悟，才能摆脱轮回之苦。这些都属于教义。

对于最聪明的哲学家、教育家所不能回答的问题，宗教可以一语道破。如果信仰宗教，那么对于人为什么活在世界上，可以给出两种答案：第一，人要恭敬上帝，拯救自己的灵魂；第二，人要设法觉悟，进入涅槃境界。这分别代表了基督教和佛教两大宗教的观点。

一般人如果仅用理性思考而没有宗教信仰，通常无法接受这样的答案，理性会提出许多反驳意见。譬如，既然神造了人类，为何会让人类不恭敬神或不相信神？神岂非自找麻烦？对于轮回的问题，既然我不知道我的前世是谁，又何必在乎我的来世是否继续轮回？如果大多数人都无法觉悟，我又何必一定要在今世觉悟呢？提出这些问题说明你尚未信仰宗教；宗教对于世界的来源、人生的意义和目的、得救或者觉悟的方法，已经在教义中讲得清清楚楚，你只要相信就不会再感到疑惑。

很多人在信仰宗教之后，生命会发生彻底的转变，他们发现应该修炼的不是身或心，而是灵的层次。身体必然衰老；人可以求知，但有可能得健忘症；人有情感，但最后恐怕有心无力；人可以自由选择，但选择总会受到各种约束和限制；只有进行灵性修养才是人生正途。

宗教的第一个条件是教义，教义直接宣布真理，它完全超乎人的想象，人仅凭理性无法理解，因此要借助于信仰。教义是独断的，不谈条件，不容商量与讨论，与一般的知识或学术理论截然不同。

第十节　巧妙的仪式

仪式

宗教的第二个条件是仪式。仪式（有时也称仪轨）是在进行宗教活动时表现出来的礼仪。

仪式与神话密不可分。神话是有关神的故事，每个民族在早期阶段都有神话，通常与古代的宗教信仰有关。神话是说出来的，仪式是做出来的，必须两相配合。当举行仪式时，需要神话解释其中蕴含的道理，否则人们无法了解仪式究竟代表什么。这好比观看古代巫术表演，巫师左边转三圈，右边转三圈，中间点着火，如果没有解说，观众只会觉得一头雾水。

人有感官，需要通过仪式获得直观的感受。亲眼看到规模宏大的庙宇会使人信心倍增，寺庙或教堂属于宗教仪式的静态表现。亲耳听到诵经声或宗教音乐会使人感受到超越的力量，圣诞节来临前一个月，已经随处都能听到圣诞音乐了。

仪式借助身体的连续动作，让古代的神话故事或宗教大事再次上演，使人获得身临其境的感受。神话通常都以“在起初”三个字开头，仪式让“在起初”发生的事情得以重现，不管你处于生命的哪个阶段，都可以借助仪式回到原点、重新出发。

与一般场所不同，宗教场所用来举行各种宗教仪式，因而属于神圣空间，置身其中会有明显的庄严肃穆之感。宗教中还有许多神圣的节日，如基督宗教的圣诞节、复活节，佛教的浴佛节、盂兰盆节[1]等，各种节日当天都属于神圣时间。

1　浴佛节，每年农历四月初八，佛祖释迦牟尼诞辰。盂兰盆节，每年农历七月十五，用于追荐祖先。

人活在平凡的时空当中，如何理解神圣空间和神圣时间？神圣意味着唯一的、不可替代的，平凡则意味着可以替代。譬如，如果觉得会议室太小，可以换一个房间开会，两个房间没有本质的差别；但如果在寺庙中举行宗教仪式，即使场地狭小也不能随便换成体育馆，因为体育馆不是神圣空间。

同样地，在浴佛节当天如果天降大雨，也不能换到明天再举行，因为节日当天属于神圣时间，不能随便替换。其实，没有所谓的“平凡时间”，每一天都是不可替代、不能重来的，今天的会议改到明天举行看似差别不大，但一天之内，可能会有许多人离开这个世界，许多人生变故就在一秒内出现，所以时间和空间的性质是有差别的。

宗教仪式可以很好地安顿人的生命，通过仪式使神话得以重现，目的是使人永远回到神圣的空间和时间，回到一切最开始的阶段，回到神话原型刚刚建立之际，这称为永恒回归。人生在世，时间一去不复返，难免会觉得生命越来越黯淡无光，宗教最为可贵之处就是通过宗教仪式，使人永远可以回到出发点，永远能感觉到全新的力量。

天主教有很多仪式，包括受洗仪式、坚振仪式[1]、婚礼仪式和去世前的终傅仪式等，人生就在重要的仪式中不断开展。最常见的仪式为“望弥撒”和“办告解”。

“办告解”是一种很重要的忏悔仪式。人难免犯错，如果违背了教规、法律或社会规范，伤害了他人，就要通过告解把自己的罪过向神父坦白地说出来。神父接受过教会的训练，对于信徒在告解中承认的任何罪过都要绝对保密，否则将被永远革除教籍。神职人员或出家人都需要有极高的修养，否则他的心理无法承受世间的众多罪恶。

办完告解后，人会觉得内心十分清爽，好像又回到了婴儿时期，生命仿佛重新开始，人生又有了新的契机，这就是忏悔仪式的明显作用。宗教给人忏悔的机会，本意是要人改过迁善，但由于人性的软弱和懒惰，许多人非但没有悔改，反而利用宗教的这种设计而一再犯错，这种现象在任何宗教中都普遍存在。

佛教的天台宗有五种忏悔仪式（忏悔法门）：

第一步是忏悔。定期对自己的过错加以忏悔。

1 参见第四章。

第二步是劝请。因为我一个人力量不够，所以劝请诸佛、菩萨一起来加持我。

第三步是随喜。在任何地方，只要看到别人有善的行为，我就应该和他一起高兴。

第四步是回向。我将来如果行善，要回向到十方众生。

第五步是发愿。面对自己的过错，发誓以后不再重犯。

人犯错后即使能被原谅，仍会觉得一个人的力量很单薄。天台宗的“五悔”则非常完备：一个人犯了错，除了自己忏悔，还需要诸佛、菩萨一起来加持，看到别人行善要随喜，将来如果自己行善要回向。这都表明个人是软弱的，需要借助大家的力量来护持，以使自己能够站得更稳，最后发愿将过去的错误完全改正、不再重犯。

仪式对于宗教来说非常重要、不可或缺，我们在参加或观看宗教仪式时一定要心存敬意。《论语·乡党篇》记载：“孔子看到乡里的人举行驱逐疫鬼的仪式时，他穿着正式朝服站在东边的台阶上表示尊重。”[1]这体现出儒家尊重他人信仰的基本态度。

第十一节　深刻的戒律

戒律

宗教的第三个条件是戒律。宗教戒律与法律不同：法律用于规范人的外在行为，宗教戒律则是从起心动念处开始要求，比法律更为严格和深刻。人常会心随念转、念随境转，心很难安定下来，如果一个人谨守宗教戒律，则会轻松地满足法律的要求。《大学》中提到修身的关键在于“诚意”，这正是从起心动念之处着手修炼。

宗教的戒律十分深刻，耶稣曾说：“凡注视妇女，有意贪恋她的，他已在心里奸淫了她。”（《马太福音》，5：28）这显然非常严苛，我在路上看到漂亮的少女，只要心中有复杂的念头，即使什么都没做，也已经犯罪了，这句话对西方人的心理造成了不小的影响。弗洛伊德作为犹太人对西方的宗教非常

1 原文：“乡人傩（nuó），朝服而立于阼阶。”

熟悉，他曾说：“很多人因为有罪恶感而去犯罪。”乍一听会以为他说反了，人应该先犯罪才会有罪恶感，如果没犯罪又怎会有罪恶感产生呢？

罪恶感就是来自耶稣讲的那句话，很多男人看到女人会产生非分之想，虽然自己什么都没做，也相当于犯了罪，由此会产生罪恶感；既然做与不做同样有罪，人很有可能因此而真的犯罪。弗洛伊德的观察非常深刻，直接触碰到人内心最隐微的地方。宗教修行要在起心动念处下手，这谈何容易？但正因为困难，才更需要修炼。

佛教有一个故事可以说明心念的重要性。一个老和尚和一个小和尚在河边遇到一位美少女，少女不敢独自过河，就对两位和尚说：“你们谁可以背我过河？”小和尚心想：“我们出家人怎能背你过河呢？”老和尚听了，说：“我来背你过河。”说完就把美少女背过了河。回到庙里，小和尚愤愤不平，到晚上终于忍不住质问老和尚：“今天你怎么可以背那位女生过河呢？”老和尚说：“我把她背过河就放下了，你到现在还没放下。”

老和尚的境界显然较高，在他眼中没有美或丑、男人或女人的分别，任何人需要帮助，他都会伸出援手，体现了慈悲为怀的态度。小和尚则修行尚浅，因为他对年轻或年老仍有分别心。背谁过河并不重要，重要的是心中的意念。

天女散花时，小和尚拼命躲闪，却落得满身是花；老和尚不动如山，结果花全部滑落到地上，这说明心中的意念和动机的重要性。宗教戒律并非说说而已，它要求人从根本上改变对世界和人生的看法，否则，心魔总会在关键时刻让人轻易陷落。

传教团体

宗教的第四个条件是传教团体，即在寺庙、教堂、修道院中修行的僧侣阶层，他们要负责研究和宣传教义、主持宗教仪式、督导戒律的执行并亲身示范。宗教修行十分困难，需要经过长期的锻炼。譬如一个人要成为天主教神父，通常先念哲学，再念神学，至少要花十年的时间。哲学研究思维的法则，神学研究神的学问，主要依据是《圣经》，神父只有对《圣经》非常熟悉，才能针对信徒的疑问给予清晰的解答。

在国外的大学，如英国的伦敦大学、剑桥大学、牛津大学都设有“三一学院”。“三一”是“三位一体”的简称，这是基督宗教中最为奥妙的道理。“一体”代表只有一个神而不是三个神；“三位”代表神有三个位格，分别是父、子，以及由父子之爱产生的力量。这种力量被称为灵，父、子、灵构成三位一体。

三位一体表明神并不孤单，神是爱，两个不同位格之间有互动关系才能称为爱，没有关系则谈不上爱；这就好比一个人爱自己不叫爱，一定要有爱的对象，在彼此互动中才能不断产生爱的力量。神创造了人类，又派子来拯救世界，后来子也升天了，现在世界上只剩下由父子之爱孕育出的灵的力量。可见，传教团体需要经过长期训练才能胜任传教工作。

学理

宗教第五个条件是学理，即学说或理论，如基督宗教中的神学或佛教中的佛学，均以一般人可以理解的方式阐明宗教的道理，使宗教得以传扬和推广。

对宗教有一定程度的了解之后，个人就要决定是否去信仰。信仰是超越理性的一种抉择，它永远是一种冒险，有的人可能某天发现自己受骗了，有的人希望人生能够重新开始，从而改变了信仰（也称为改宗）。改宗的情况多有发生，因为人在生命的不同阶段会有不同的体验。

以上就是宗教必须具备的五个条件。

第十二节　儒家是宗教吗？

儒家是一种宗教吗？很多西方学者在讨论“中国宗教”这个题材时，很喜欢说中国有儒、释、道三教。释指佛教，佛教从印度传到中国，发展出具有鲜明中国特色的大乘佛教；道教由东汉时期的民间宗教演化而来，将道家的老庄思想融入其中。佛教、道教都具有教义、仪式、戒律等宗教必备的条件。

西方学者称儒家为“国家宗教”，认为中国具有政教合一的特色。早在西汉时期，汉武帝听从董仲舒“罢黜百家，独尊儒术”的建议，儒家便成为统治者利用的“术”，儒家经典成为百姓共同遵守的教条。后来国家建立了文官考试制度，一个人若想从政，必须了解儒家思想。儒家慢慢展现出与宗教相似的格局：皇帝就像教主，大臣就像僧侣阶级，百姓就像信徒。西方人看中国显得旁观者清，他们的说法并非毫无根据。

自秦汉以来，皇帝高高在上，大臣都要俯首称臣、三叩九拜。自夏朝以来，帝王就被称为天子，意即皇帝是天的儿子而并非常人，天是古代中国人共同信仰的对象，人类和万物均由天所造。因此，国家的政治活动很像宗教仪式。

古代官员对皇帝叩拜时高喊“吾皇万岁万岁万万岁”，动不动就说“微臣罪该万死”，后来演变出“君要臣死，臣不得不死”等更可怕的说法。古代大臣多是饱学之士，德行出众，爱国爱民，为何会说出这些话呢？

事实上，大臣往往无罪，罪责多在皇帝。只有把这些话当作宗教语言才能被人理解，如果不是把君王当作全知、全能、全善的“上帝”，怎会有“君要臣死，臣不得不死”这样的无理要求？与西方的情况进行对照，理解起来会更容易。

《圣经·旧约·创世纪》记载，犹太人的祖先亚伯拉罕快90岁了还没有儿子，但他相信唯一的神——耶和华，神对他说：“你将来的子孙像天上的星辰那么多。”他的妻子觉得自己不可能再生孩子，于是就把自己的婢女给了丈夫做妾。结果婢女真的生了一个儿子，从此变得很骄傲，看不起亚伯拉罕的妻子，后来神又对亚伯拉罕说：“你的妻子也会给你生一个儿子。”

亚伯拉罕的妻子后来果然生了一个儿子，取名叫以撒。家中两个女人经常发生争执，亚伯拉罕就让妾生的儿子到外面谋生。妾生的儿子就是阿拉伯人的祖先，妻子生的儿子以撒就是犹太人的祖先。犹太人和阿拉伯人之间的矛盾难以调解，正是因为他们有很深的历史积怨。

以撒十岁左右，上帝试探亚伯拉罕说：“明早把你的儿子带到山上，把他献祭给我。”亚伯拉罕居然接受了，这在常人看来简直违反人伦；但宗教和伦理属于两个范畴，亚伯拉罕相信，自己的一切都是上帝所赐，所以“上帝给的，上帝拿走”。第二天清早，他就带儿子以撒上山，让以撒背一捆木柴，以撒很聪明，问祭祀的羊在哪里，他说上帝自有安排。上山之后，他把儿子捆起来，正举刀要宰献以撒时，上帝说：“不要伤害他，我知道你是信赖我的。”附近有一只羊，羊角被荆棘缠住了，亚伯拉罕就用它代替了自己的儿子，这就是“替罪的羔羊”。

“上帝给的，上帝拿走”就是宗教语言，“君要臣死，臣不得不死”的说法与之类似，所以西方人认为儒家是“国家宗教”有一定的道理。但问题是，历史上国家经常改朝换代，天子频繁换人，让人无所适从，说儒家是宗教显然十分勉强。清朝灭亡后，中国的帝王专制制度随之瓦解，有的学者认为“儒家从此成为游魂”，找不到寄宿的主体，这种说法有一定道理，但并不全面。

世界上只有印度尼西亚曾把儒家作为宗教，在苏加诺（Bung Sukarno，1901—1970）总统执政时期，华侨要成立孔教的提议得到了总统的首肯，孔教成为印尼的八大宗教之一。宗教合法的唯一条件是信徒不能是单一种族，所以当地华侨每逢周日就邀请印尼人聚会，由专人讲解儒家的四书，大家跟读，并一起向孔子祷告。苏加诺下台后，孔教很快便被取缔，因为大家都知道，儒家不是宗教，孔子也不是教主。

儒家有教义吗？孔子向来不谈生前死后，他明白地告诉子路："没有办法服侍活人，怎么有办法服侍鬼神？没有了解生的道理，怎么会了解死的道理？"[1]（《论语·先进篇》）这说明孔子虽有自己的信仰，但并不把自己视为宗教的教主。

儒家没有神话，因此也没有仪式。后来有人用神话来描写孔子，是想利用孔子达到类似宗教的效果。儒家要求人们修身养性，《大学》中还谈到"格、致、诚、正、修"，但这都算不上戒律。基督宗教、犹太教有"十戒"，佛教有"五戒"，各大宗教的戒律都十分明确，儒家却从未有诸如不能喝酒之类的明确戒律。

今天有人想把儒家转变为儒教，从宗教所需的条件来看，这是不容易成立的。儒家讲究真诚，而所有宗教都不能脱离真诚，因此儒家可作为所有宗教的沟通平台。儒家谈论的不是生前死后的真理，而是生死之间的整个人生，儒家思想如果能被清晰阐明，会受到所有宗教的欢迎。以儒家思想为基础，不同宗教之间可以展开深入的沟通。

第十三节　注意低级宗教

宗教可分为高级宗教和低级宗教。英国历史学家汤因比（Arnold Toynbee，1889—1975）对历史的研究非常深入，他有一本代表作叫作《历史研究》（*A Study of History*），他曾研究历史上的宗教，指出宗教之高级和低级的三个判断标准：

（一）人性不完美

高级宗教承认人性不完美，人生有缺陷。因此，人们才需要信仰宗教。如

1 原文："季路问事鬼神。子曰：'未能事人，焉能事鬼？'曰：'敢问死？'曰：'未知生，焉知死？'"

果认为人性是完美的，人生没有缺陷，人生还有何烦恼？所有高级宗教都会认识到人性不完美的事实：人很软弱，很容易犯错，人无法理解为何会有痛苦和罪恶，更无法超越死亡的限制。

低级宗教则认为人性是完美的，人生没有缺陷，这显然与事实不符。我一直反对宋朝学者将儒家说成“人性本善”，这明显违背了事实。钱穆先生是学问大家，他在著作中不止一次提到“人性本善是一种信仰”，这表明“人性本善”不是哲学。哲学一定要从经验出发，对人生经验做全面的反省，从中归纳出生活的指导原则。基督宗教认为“人有原罪”，相当于说“人性本恶”，如果我们坚信“人性本善”就成了一种宗教信仰，但儒家不是宗教而是哲学。

善恶是一种行为表现，没有人生下来便会区分善恶。人有理性可以学习如何分辨善恶，人有意志可以自由选择，明知是恶的我偏要去做，或知道是善的我努力去做，这样一来才有责任问题。对于还不会分辨善恶的孩子来说，我们不能评断他的行为是善还是恶，也无法要求他承担责任。

高级宗教面对经验的事实，了解人性的真实状况，认为人性不完美、人生有缺陷，因此才需要宗教信仰。宗教是信仰的体现，信仰是人与超越界之间的关系。人生在世，一切问题都来自自我的执着，一切以自我为中心，无法超越自我，到最后损人利己，甚至损人也不利己。高级宗教会提醒人们，要超越自我的执着，不要执迷于物质享受和名利权位，要爱人如己，不断把爱心推广到更大的范围。

（二）对罪恶的反抗

高级宗教反抗人间的一切罪恶，绝不与罪恶妥协。人类社会有两个领域绝不能腐化：一是教育界，它覆盖了从小学到大学的广阔范围，每一代人都要接受教育，教育界出现腐化对整个社会而言意味着灾难；另一个是宗教界，如果宗教和社会保持和谐，社会出现问题，宗教随之一起腐化，则后果不堪设想。

人在挫折困顿、愤懑失意之际可以从宗教中寻找依靠，使自己的内心恢复平静。譬如，一个人到庙里或教堂里静静地思考人生，宗教会给其一种力量，使人直面人间的罪恶，保持行善的勇气，坚决向罪恶宣战，这就是高级宗教的表现。

低级宗教则会随俗从众，向罪恶妥协。以前某地出现一个邪教，说加入该教可以帮人投资股票、发财致富，一时竟有多人跟风，这就是标准的低级宗教，非但不能帮助人们化解执着，反而刺激了人的欲望，当然难以为继。

（三）对痛苦的态度

高级宗教对痛苦有两种态度：第一种是像基督宗教一样，要求信徒跟随耶稣背负十字架，承受痛苦并把它当作一种磨炼，以便替自己赎罪；第二种是像佛教一样，把痛苦当作执着的结果，要设法靠智慧的觉悟而实现解脱。佛教的四圣谛“苦、集、灭、道”，是要让人先明白众生皆苦，再去找到痛苦的原因并设法消除，痛苦自然随之瓦解，人生就此走上正道。高级宗教在面对痛苦时，或是把痛苦当作自己罪过的补赎，或是把痛苦当作自己觉悟的机缘，两者都有正面的意义。

低级宗教则要人逃避痛苦，既不去勇敢面对，也不去寻求解脱。有的宗教专门以气功治病、强身健体为号召，恐怕走错了方向。宗教并非解药，其目的不是让人解除身体、心理上的痛苦。如果一个团体组织各种业余活动，使人暂时忘记烦恼和孤单，这样的团体只能称为俱乐部。宗教的目的是让人返回生命的原始状态，恢复自己的本来面目，使人通过修炼抵达生命的更高境界或实现智慧的觉悟解脱。

汤因比教授对于高级宗教和低级宗教的区分体现了宗教的核心价值。人活在世界上不能总想着逃避，马克思曾说：“宗教是人民的鸦片。”他所讲的只是宗教的负面表现，宗教的积极意义在于帮助人们提升自己的生命境界，超越人间的是非恩怨。

第十四节　小心迷信陷阱

宗教和迷信有时难以分辨，很多人披着宗教的外衣，所做之事却违背宗教的精神。到底什么是迷信？迷信大致有以下四点特征：

（一）出于恐惧

人有欲望，一方面害怕得不到自己想要的，欲望满足后，又害怕失去已经拥有的，由于患得患失而产生恐惧心理。有些迷信无伤大雅，比如很多孩子升学考试前吃三样东西——包子、蛋糕和粽子，代表“包高中（zhòng）”，孩子吃了心里笃定，老师或家长也认为有益无害，希望孩子有更好的临场发挥，这些迷信的表现都出于恐惧心理。

很多人在考试前到庙里烧香拜佛，祈求佛祖保佑。文殊菩萨掌管智慧，因此香火最旺，他的神像前堆满了准考证的复印件。一般人都会有心理依赖，依赖有绝对依赖和相对依赖，祈求考试高中属于相对依赖，这只是把拜佛祈福当作一种手段，一旦目的达成，就会把佛祖抛诸脑后。

在真正的宗教信仰中，超越界好比是巨大的“能源”，人一旦与其建立了关系，就好比接通了能源，由此获得源源不绝的能量，使人的生命不断向上提升，心中充满了慈悲和博爱。信仰使人产生真正的爱心和向上超越的力量，能帮助我们消解自身的欲望、化解自我的执着，产生耶稣所说的“爱人如己”的胸襟，或抵达佛教所谓的“无缘大慈，同体大悲”的境界。

出于恐惧的迷信显然无法产生同样的效果，恐惧使人慢慢收敛，以至于一切仅以个人需求为考量。人在信仰宗教时要扪心自问：我是因为害怕下地狱才信的，还是超越界使我的生命向上提升，使我的内心充满喜乐，使我的心中有无限的能量可以关爱他人？

（二）崇拜个人

这里的“个人”指活着的人。释迦牟尼和耶稣在生前也受到不少弟子或门徒的崇拜，这在当时也属于一种个人崇拜，因而遭到诸多批判：释迦牟尼怎能认定自己就是佛陀（觉者）？耶稣更是莫名其妙，怎能宣称自己就是救世主？

但真正重要的是崇拜之后的行为表现。我曾很欣赏声乐家安德烈·波切利，我通过欣赏他的音乐而获得了审美感受，化解了生命当下的困难，我十分感谢他，但并不会因此而崇拜他个人，我对于他个人的生活特色没什么兴趣。

崇拜活人会有很大的问题，西方有句话说得很客观：“作为一个人就可能犯错。”如果张三还活着就说“张三不可能犯错”，我们不免要怀疑张三是真正的人吗？人会思考，有选择的能力，谁能保证自己不会想错？谁能保证自己的选择不会给别人带来伤害？人可以自由选择，但是谁也不能保证这一次选择善行后下一次还会选择善行，因为我们还没有遇到足够的诱惑。我们千万不要以为自己练就了金刚不坏之身而处处逞强，功夫再高的武林高手也有罩门。

因此，不要崇拜活着的个人，因为他也是人，只要是人就有可能犯错，真正要崇拜的是他的精神。佛教有一句话说得好：“依法不依人。”我们要以佛说的道理为主，而不要执着于传教者个人。

（三）增强欲望

迷信会使一个人的欲望越来越强，有个邪教以教人投资股票、发财致富为号召，这显然是一种迷信，真正的宗教应该帮助人们克服诱惑、消解欲望、超然物外。

（四）过于执着

迷信会使人陷于执着，从而产生强烈的排他性。一个人信仰宗教本来是好事，但任何宗教都有原教旨派或基本教义派，认为只有经典中的话才是唯一的真理，将其他说法一概视为异端邪说而加以排斥，甚至对持不同意见的人加以迫害，在我看来这是标准的迷信，这些人完全忘记了宗教创始人慈悲为怀、普度众生的超然心态。

真正重要的不是经典说了什么，而是如何通过自身的实践使真理得以呈现，使自己的生命表现出超越的性格，从而回到灵的层次。对于身、心、灵三个层次的特点可以概括如下：

1. *身体方面，人与人互相排斥*。这个座位你坐了我就不能坐，这些钱你赚了我就赚不到。

2. *心的方面，可以互相沟通*。我们一起上课、一起读书，经过讨论可以达成共识，甚至可以成为默契的朋友，这说明身体会互相排斥，而心灵可以互相沟通。

3. *灵的层次，打成一片*。进入灵的层次则完全没有人我之分，真正的宗教不排斥任何人，而迷信往往会过于执着。

迷信具有上述四点特征，我们在选择自己的信仰时要避免出现类似的问题。

第十五节　宗教还有用吗？

自古以来，宗教的多元化现象一直存在，不同宗教未来统一的可能性并不大。宗教是人类社会的产物，宗教为人而设，并非人为宗教而生。人是会思考的主体，很容易发现自己生命的局限性，因而有寻找根源的愿望，宗教符合人性最深的要求。各种宗教虽然存在差异，但亦有相通之处。

（一）宗教对人生价值的判断

《圣经·新约》记载，有一次，耶稣面对银库坐着，看众人怎样向银库里投钱[1]，有许多富人投了很多，后来来了一个穷寡妇，只投了两毛钱。耶稣对他的门徒说：“这个穷寡妇比其他所有向银库里投钱的人，投得更多。”（《马可福音》，12：43）富人捐的钱对他拥有的财富来说只是九牛一毛，而寡妇捐的两毛钱是她的全部财产。宗教只看人心，而不看捐钱的数量，重“质”而不重“量”。

我小时候看过一部印度电影，对其中的一幕仍记忆犹新。印度是一个多神教的国家，主要有三大主神[2]。古时候没有电灯，人们晚上去庙里祷告要自带蜡烛，一个人所带蜡烛的大小与他的财富成正比，有钱人带的蜡烛要几个仆人来抬，一个寡妇只带了一根很细的蜡烛。正祷告时，恶魔化作一阵狂风吹过，其他的蜡烛从大到小全部熄灭，只有寡妇的蜡烛还亮着，在一片漆黑之中显得分外明亮。

古代社会以男性为中心，寡妇没有谋生能力，通常还要照顾孩子，属于古代社会中最弱势的群体。宗教就是要给孤苦无依的人带来希望，因为宗教是为人而设的。

这两个故事反映出宗教对人生价值的独特判断：生命的价值不在于拥有富贵，而在于是否虔诚，不在于“量”而在于“质”。真正的虔诚意味着超越有形可见的物质世界，全心全意地对神奉献，奉献本身就是超越的过程，这正是所有宗教的相通之处。

（二）宗教的最高境界——密契经验

所有宗教抵达最高境界时都会有“密契经验”，也有人把它译为“神秘经验”，但“神秘”一词给人一种神秘兮兮、不够光明正大的感觉，因此最好译为“密契经验”。

密契经验是指信徒与他祷告的对象合而为一，完全忘了自己是谁，自己的小我融入大我之中，成为一个密接契合的整体。密契经验是所有宗教共有的最高境界，无论你信什么宗教，只要谨守戒律、认真修行，抵达最高境界后就会

---

1 犹太人在安息日（星期六）都要去会堂侍奉神，并捐钱祭献，一般要将每月收入的十分之一献给教会。

2 三大主神在印度诸神中地位最高，分别指梵天（Brahma）、湿婆（Shiva）以及毗湿奴（Vishnu）。

产生密契经验。密契经验有以下四点特色：

1. 超言说性（Ineffability）。密契经验无法用言语来表达，正可谓“道可道，非常道”，那是合一的经验，好像一滴水回归大海，与大海融为一体。

2. 被动性（Passivity）。密契经验不能主动安排。如果某次祷告时体会了密契经验，不代表以后在类似情况下一定会再有这种体验。密契经验会让人感到身不由己，一切都不受自己控制，好像自己完全坠入其中。

3. 知悟性（Noetic quality）。经过密契经验，人将获得某种洞见，产生某种觉悟，对世界和人生有了“独特的辨认”，能够看到自己生命的不同维度，让自己走向不一样的世界。

4. 暂现性（Transiency）。密契经验暂时出现，通常不会超过两小时。在这段时间里，人会感觉在刹那间离开变化的世界而进入永恒的世界，由此品尝到永恒的美妙滋味。清醒后，整个生命充满力量，好像接通了生命的能源，可以源源不断地获得能量。

各大宗教都有密契经验，但因为无法衡量、无法说清，所以各大宗教对密契经验都不多谈，这属于个人修行的领域。

对于人的精神所能抵达的最高境界，整个人类应该是相通的。庄子说：“天地与我并生，而万物与我为一。”（《庄子·齐物论》）意即天地与我同时存在，万物与我合为一体。西方学者研究道家思想，在介绍庄子时一定会提到这句话，认为庄子的表现是一种密契经验。

与万物合而为一的方法就是消解自我的界限。人好像一滴水，风吹日晒，水很快蒸发，人生也很快就会结束。如何让一滴水永远不会消失呢？答案是把它丢到大海里，大海就是“道”或超越界，个人的生命在其中能得到完全的安顿。

有一位哲学家不信仰宗教，却对宗教有很细腻的观察，他说：“宗教对人类至少有一点启发，它把人类社会上的大人和小孩永远看成是一样的。”大人像小孩一样容易犯错，也一样可以改过，大人也需要安慰和鼓励。这种看法颇有道理，宗教对所有人都一视同仁，我们生活在同一个世界上，都要在短暂的生命里寻找人生的意义，人生的最高目标究竟何在？宗教信仰可以给我们提供一种参考。对于宗教，我们一方面要知道它的价值，同时也要避免陷入迷信的陷阱。

第十四章

教育与自我

第一节　合作的大业

一谈到教育，大多数人都会备感压力。人需要通过教育来发展自己的专长，学习做人处世的道理，但如何才能将教育办好，自古以来都是一个很大的问题。关于教育理念有不少动听的说法，比如自我教育、终身教育、全人教育、适性教育等，那么到底什么是教育呢？

西方谈到教育通常有两种思考方向：一种是由内而发，设法激发人的内在潜能，譬如教人制作手工制品；另一种是外加规范，譬如教人掌握驾驶技能。

学校教育也可分为两个方向：首先人要接受社会化教育，掌握专业技能，学会如何与人相处，以更好地融入社会；一旦进入社会后则要接受个体化教育，否则人的一辈子只是芸芸众生之一，很难找到自己生命的方向。学校既要教会学生向外与社会融合，亦要使其向内找到个人生命的特色。

教育的内容主要包括两方面：一方面是生活技能，这属于经济方面，基本的生活技能使人有特定的专长可以在社会上谋生；另一方面是为人处世，这属于德行方面，即人的"应然"，每个人都知道应该行善，但究竟什么是善？为何行善？这些问题都需要通过教育来使人了解。

孟子曾引用《尚书·泰誓》的话："天降下民，作之君，作之师，惟曰其助上帝，宠之四方。"（《孟子·梁惠王下》）意即上天降生万民，为万民立了君主也立了师父，要他们协助上帝来爱护百姓。"君"代表政治上的领袖，"师"代表老师。百姓若无人领导，则无法团结一心，共同抵抗猛兽和其他族群的侵扰；百姓若无人教导，则不知该如何为人处世，就会和禽兽差不多。古人根据经验观察，对教育的重要性已有清醒的认识，于是舜任命契（xiè）（商朝的祖先）为司徒，教导百姓五种人与人之间的伦理关系[1]。

西方认为，有三种工作需要合作才能有成效：

第一种是农夫。不管农夫种田多么努力，如果没有天气的配合也不会有好

1　出自《孟子·滕文公上》，原文："人之有道也，饱食暖衣，逸居而无教，则近于禽兽。圣人有忧之，使契（xiè）为司徒，教以人伦，父子有亲，君臣有义，夫妇有别，长幼有序，朋友有信。"

的收成，早在《尚书·洪范》就已经提出农业丰收所需的五种条件：雨、旸（yáng）、燠（ào）、寒、风[1]。

第二种是医生。即便华佗再世，如果病人不遵照医嘱按时服药或定期复检，疗效也不会显著。孔子曾引用南方人的话："人而无恒，不可以作巫医。"（《论语·子路篇》）这句话很容易受到误解，正确的理解应该是：一个人没有恒心的话，连巫医也治不好他的病。一个人若缺乏恒心，本来已经占了卦却不断变卦，本来已经开了药却不遵医嘱，再好的巫师和医生也拿他没有办法。

第三种是老师。对同一班学生，老师同样用心去教，但不同学生之间的学习效果会有明显差异。孔子在教学中特别重视启发式教学，培养学生举一反三的能力，他说："不愤不启，不悱不发，举一隅不以三隅反，则不复也。"（《论语·述而篇》）意即不到学生努力想懂而懂不了，几乎快要生气了的程度，我不去开导；不到他努力想说而说不出，脸都快要涨红了的程度，我不去引发。告诉他一个角落是如此，他不能随之联想到另外三个角落也是如此，我就不再多说了。这说明教育需要学生主动配合、积极求知、努力实践，所有的教育都是自我教育。

人通过受教育，要避免两种文盲：第一种文盲是没有文化，古人由于缺少受教育的机会，很多人只能子承父业，虽然也能生存，却无法不断进步；另一种文盲是"意义上的文盲"，这种人可以读书识字，却无法全盘地理解人生，他不知道快乐从何而来、痛苦为何而生，在人际交往时常常陷入困境。

人通过学习要使自己的生命呈现出立体的层次。人不能只知扩充生命的横向发展，一味追求知识渊博、见多识广。对于人来说，更重要的是生命境界的不断提升，应积极寻找良师益友，充分开发生命的潜能，这就是"全人教育"的目标。

人生在世，最重要的任务是要找到人生的方向，要问自己：我这一生究竟要成为什么样的人？这个问题是对每一个人的试炼。人与万物最大的不同是：万物生下来本性就已确定，只有人能够不断改善。

马克思曾说："再好的蜘蛛所结的网，也比不上一个最差的工人所造的房子。"蜘蛛结网是它的本能，历经千年而不改；但是人盖房子会慢慢积累经验，日臻娴熟。但最重要的还是要问自己：随着年龄的增长，自己在为人处世和德

1 参见本书第九章。

行修养方面有没有提高？

第二节　怎样教孩子？

学校教育可以分为小学、中学和大学三个阶段。英国哲学家怀特海是著名哲学家罗素的老师，他对教育很有研究，将教育分为三个阶段：浪漫期、精密期和展望期。

浪漫期

小学阶段属于浪漫期。处于此一阶段的孩子对世界只有模糊的认识。复杂的社会、多样的文化、浩瀚的宇宙，就连大人也很难有全盘的了解，更何况是孩子。这一阶段的孩子通常具有丰富的想象力、强烈的好奇心和惊人的敏感度，适合阅读童话、漫画和卡通之类的虚拟故事。这类故事有开始也有结局，可以帮助孩子建立对人生的全盘理解。

孩子无法接受新闻之类的不完整信息，西方有研究表明，电视新闻中有70%的内容令人沮丧，看后使人感到压抑和不满，这显然超出孩子的心理承受范围。

童话故事一般以“很久以前”作为开头，说明它不是历史上发生的真实事件，往往以“好人得到好报”“王子和公主从此幸福地生活在一起”作为结局。童话故事帮助很多孩子建立了人生的基本价值观念。

譬如，很多人相信“邪不胜正”，所以不管坏人多么猖狂，我们的内心仍会保持继续奋斗的勇气。也有很多人坚信“善有善报，恶有恶报”，这里所谓的“善”通常很具体，比如诚实、勇敢、忠诚一类的优秀品格。在童话故事里，只要坚持这些优秀的品格，最终就能获得成功和好报。孩子长大进入社会后发现，现实世界并不像童话世界那样单纯，可能会调整自己的观念，但童话故事塑造的典型已深深地铭刻在孩子们的心中，使他们在面对复杂的现实状况时，依然有信心可以坚持下去。

谈到西方的教育思想不能忽略柏拉图的观点，他并未像怀特海一样将教育细分为三个阶段。有趣的是柏拉图从未结婚生子，他又是如何谈论教育的呢？

柏拉图说：“教育孩子不能依靠法律，而要靠劝告和训诫，因为教育的场所是家庭。”孩子从小要靠父母的训诫才能成长。譬如，父母告诫孩子：“火很烫，不能碰！”孩子一定要碰一下才知道什么是烫，由此才会相信大人的话不是骗人的。父母的训诫能帮助孩子慢慢建立基本的生活规范。

柏拉图强调，教育孩子要避免溺爱和虐待两种极端。

一方面不能溺爱孩子。溺爱会让孩子脾气暴躁，与其他人难以相处。柏拉图严肃地指出：“要伤害一个孩子，最好的办法就是让他心想事成。”一个孩子从小要什么就有什么，他就不会懂得“只有努力付出才有回报，任何欲望的满足都需要付出相应的代价”，这样的孩子将来难以成长。电视剧中常说：“慈母多败儿。”母亲常常以为自己对孩子很慈爱，后来孩子误入歧途，母亲才追悔莫及。

另一方面也不能虐待孩子。古希腊在雅典有大量奴隶，必须对主人唯命是从。虐待孩子会使他觉得自己就像卑微的奴隶一样，从小形成被动接受命令的心态，对孩子的成长很不利。

柏拉图认为，要注意孩子身体和心灵两方面的培养，因此他特别强调体育和美育。身体健康是心理健康的基础，孩子应加强体育锻炼，如果缺乏运动会使孩子变得弱不禁风，性格也会因而变得懦弱。体育锻炼和饮食营养要密切配合，把孩子的身体底子打好，身体是一个人实现人生理想的重要基础。

美育则更加重要，音乐可使孩子心灵和谐，诵读健康向上的诗词可帮助孩子建立正确的人生观。但孩子的心智水平显然还无法理解悲剧这一类的艺术题材。

孩子处于人生的初始阶段，柏拉图说：“一棵小树，如果不帮它修剪枝叶，它不可能长高、长大。”如果任由孩子自由发展，到最后可能一事无成。人生从小就要练习选择，任何选择必定有所放弃，譬如有十个选择，选择一个就意味着放弃了九个，所以练习选择就是练习割舍，要让孩子了解为何要如此选择，培养他对一件事情的全盘理解。

在小学阶段尤其要养成良好的习惯。古希腊的亚里士多德说过：“习惯能造就第二天性。”中国古代《尚书·太甲上》也说：“习与性成。”即习惯与本性互相配合才能成就一个人。德国哲学家康德的生活非常严谨，他每天去朋友家聊天，晚上七点一定按时回家。后来，小镇上的居民问：“现在几点钟？”别人回答：“应该还不到七点，因为还没有看到康德教授从这里经过。”德国人普遍具有严谨的态度，这与德国哲学家倡导的风气密切相关。

我们今天强调要实事求是，如果孩子从小养成实事求是的习惯，将来必会受益终身。小学阶段属于浪漫期，通过体育教育可使孩子身体健康，通过音乐教育可使孩子心灵和谐，只有在这两方面打下坚实的基础，孩子进入中学阶段后才会有更出色的表现。我们要配合孩子在不同阶段的生命特色来展开教育，让孩子慢慢改善。如果急于求成，让孩子很小就学习各种外语，到最后孩子可能连母语和基本思维能力都掌握不好，恐怕会事倍功半。

第三节　中学怎么念书？

精密期

中学阶段称为精密期，就好比装配机械零件要力求精确，否则整部机器将无法运作。小学阶段要注重体育和美育，使孩子身体健康、心灵和谐。中学阶段则要注重群育和智育，使孩子既能融入群体，又能在知识方面打下扎实的基础。

合群需要规矩。“规矩”就是儒家所说的“善”，即我与别人之间适当关系的实现。首先必须遵守法律，法律禁止一个人做出不正当的行为。作为中学生一定要了解规则、遵守纪律、尊重他人。柏拉图的《理想国》中有专门的卫士阶级负责维护治安，他们有严格的纪律，一丝不苟。

除了严格遵守法律之外，还应做到守“礼”，包括礼仪、礼节、礼貌，守礼可以使人际关系逐渐改善。法律只能禁止不良的行为，礼仪则可以引导行为朝积极的方向发展。

孩子在精密期如能掌握礼与法这两个方面，则可以建立良好的行为规范。孔子说自己“三十而立”，就是指“立于礼”，从此可以在社会上立身处世。孔子曾问儿子孔鲤：“学礼了吗？”孔鲤回答说：“没有。”孔子说：“不学礼，无以立。”（《论语·季氏篇》）意即不学礼，就没有立身处世的凭借，无法与人长期互动。社会需要大家的通力合作，靠一个人单打独斗不太可能成功，因此学会谨守规矩、与人和睦相处就显得尤为重要。

中学是学习知识的重要阶段，绝不能有半点松懈。中学生学习的科目很多，常会熬夜苦读，虽然艰苦，但对于今后的发展却十分必要。人们常说“学好数理化，走遍天下都不怕”，其实语文同样非常重要。

柏拉图认为孩子超过12岁之后要开始学习数学，数学是哲学的预备学科。柏拉图在40岁时返回雅典创办一所学院，这是欧洲的第一所大学，学校门口写了一行字：“不懂几何学的人，谢绝入内。”数学里的代数和几何都属于纯粹抽象的学问。一个人若只能凭感官去感知现象而缺乏抽象思维能力，则无法进行深入的思考，因为思考需要使用抽象的概念。学习数学可以培养学生的抽象思维能力，为进一步掌握哲学所需的辩证思维能力打下扎实的基础。

柏拉图提到很多学科，包括代数、平面几何、立体几何、天文学以及和声学[1]。天文学实际上是指动力学，主要研究宇宙万物运动的法则。和声学属于音乐，探讨何种数学上的对称和比例可以产生和谐的声音。年轻人在20岁时，优秀人才会被选拔出来作为国家未来的领导阶层；30岁进行第二次选拔，获选者将学习辩证法；这才是真正意义上的哲学。

中学阶段的主要任务是准备高考，因此学习要力求精确。我曾到德国进行过四个月的德文进修，每天早上背20个新单词，晚上复习，一个月能背600个单词，四个月能背2400个单词，以此为基础，可以进行简单的德文对话和基本阅读，遇到不会的单词再去查字典。

学习任何外语都可采用背单词的方法。很多大学生非常用功，每天早上六点就起床到校园里背单词。我的朋友去法国或美国留学，也都采用这一方法。具备一定词汇量之后，在课堂上就能听清老师说的每一个字，这样才能进一步思考老师说话的用意。

知识浩如烟海，不可能样样精通，但一定要有自己的专长，对于专业领域的每一个字词和每一个重要学者都要非常熟悉。我在美国留学四年，对于哲学和宗教方面的英文书比较有把握，但如果看《纽约时报》或《时代周刊》也有很多字不认识，这时候就要查字典。

我们要习惯查字典。其实，国学也是一个非常广阔的领域，我在阅读古代经典时，遇到任何疑问都要查字典，并把查到的内容记到专门的笔记本中，晚上睡前复习一遍，每周再复习一遍，久而久之，对于很多奇特的字词都能掌握，

---

1 参见《柏拉图哲学》，傅佩荣著，东方出版社。

不这样的话很容易闹笑话。

我参加哲学会议时遇到过两个笑话。一个人长期在海外教书，很多汉字不会读，他说："很多人谈这个问题是隔化（靴误读为化）搔痒。"有人成心看笑话，让他再念一遍，他还是读成隔化搔痒，引得大家哄堂大笑。还有一个教授将《庄子》中"虚与委蛇"的蛇（yí）读成（shé），让大家吓了一跳。其实不必笑话别人，很多汉字我们都会念错。中文相当复杂，有"平上去入"四声，声调读错都不行，加上各地方言又有很大差别，真可谓学无止境。

我们要在自己的专业领域打下扎实的基础，确保知识的精密。譬如我会下功夫记住中外哲学家的生卒年代，如康德、王阳明。如果不下这些笨功夫，在学术界一辈子都会觉得心虚。

中学阶段的教育属于精密期，在群育方面，要学会与他人和睦相处，以便在社会上生存和发展；在智育方面，要专心伏案读书，确保知识的精密，丝毫不能马虎。

第四节　大学要高瞻远瞩

展望期

怀特海将大学阶段称为展望期。对于这个阶段的学习，他说："你不应该再埋首于书堆，而要抬起头来高瞻远瞩。"傅斯年（1896—1950）担任台湾大学校长时，曾特别引用荷兰哲学家斯宾诺莎的话来勉励全校师生："我们贡献这个大学于宇宙的精神。"

上下四方曰"宇"，代表空间；往古来今曰"宙"，代表时间。宇宙是时间、空间的整体。可见，大学绝不是要培养工人或技术员，每个大学生都应敞开心胸，走出自我的范围，把个人同人类社会以及整个宇宙联系起来，甚至要同超越界建立联系。

大学是教育的最高阶段，因此十分重要。柏拉图认为学习的最后阶段要掌握辩证法，即学会以逻辑的方式进行思考和表达，由此才能领悟"理型"。合乎逻辑意味着根据前提可以做出合理的推论，前后不能自相矛盾，用今天的话说，就是对于任何事都要"给一个说法"。现代社会教育普及、尊重人权、重视民主，每个人都可以表达自己的想法，因此任何政治举措都要通过合理的“说法”来达成广泛的共识。

柏拉图认为真正存在的是“理型”，大学的目的就是让学生能够领悟“理型”。“理型”就是宇宙万物永远不变的原始形态，类似于我们说的“原型”。譬如根据预先设计的机器人的原型，我们就可以大量生产机器人的复制品。柏拉图希望人能超越感觉的范围，使认识不断向上提升，用理性掌握住事物的原型，这样才能按照理想的方式去生活。

最高的理型是真善美的统一，人可以通过辩证法来接近真善美。柏拉图的代表作是《对话录》，对话一定有正反双方，将双方的观点截长补短、取精用弘，可以达到更高的“合”的层次。但是，一旦有明确的“合”的立场，立刻就有与其相反的立场出现。通过对话，认识可以不断向上提升，对话的目标是要找到最高的统合力量，这就是辩证法的来源。

对于知识的学习，中学只是打基础而已；大学分科分系，才真正进入到了培养专业人才的阶段。但大学的问题在于“分而不合”，而“哲学”的目标就是要让人具有统合的人生观念。

美国的耶鲁大学、哈佛大学等一流大学都设有核心课程，或称通识课程，所有大学生在大一、大二阶段都要修习。以哈佛大学为例，学生在入学后要读完二十五本书的重点篇章节选，以此了解西方文明的发展脉络。其中主要是哲学作品，如柏拉图的《对话录》、亚里士多德的《伦理学》和康德的《纯粹理性批判》等，以此锻炼学生的辩证思维能力。

怀特海曾说：“西方两千年来的哲学，只不过是柏拉图思想的一系列注脚而已。”换言之，柏拉图思想好似万花筒，内容无所不包，后来西方哲学的发展只是将《对话录》的部分内容抽取出来，详加讨论而已。譬如，“知识论”就是探讨人类怎样建构知识，除了要研究基本的逻辑（思维的方法）之外，还要进一步探讨人的认识能力和范围；在理性认知的基础上还要配合修炼，才会有更高层次的领悟。

苹果公司的创始人乔布斯在波特兰的里德学院读了一年便辍学去研究电脑，但他说：“我愿用一生的成就和财富，换取与苏格拉底共处一个下午。”可见，西方的通识课程有一定的成效。

但是，大学生在校期间却不一定用功读书。美国一所大学曾做过实验，暑假开始后一个月把上学期各班考试第一名的同学重新召集起来，将上学期期末考试的题目重考一遍，结果没有一个人及格。这就是今天教育的问题，学生死记硬背以应付考试，放假一个月便统统忘光。怀特海提醒大学生不要死记硬背，要设法理解所学的内容，他说："一定要等到课本不见了，笔记被烧了，你为了考试而记在心中的所有细节全部忘光了，剩下的东西，才是你学到的。"

我在耶鲁大学期间，有位校长在某次毕业典礼[1]的致辞中说："同学们到学校要记得三件事：要学习，要理解，要品味。"学习不仅仅是听老师讲课和自己看书，还要设法理解为什么要这样讲，慢慢培养自己判断对错的思辨能力，更重要的是通过亲身实践去细细品味。

孔子说："知之者不如好之者，好之者不如乐之者。"（《论语·雍也篇》）意即了解为人处世的道理，比不上进一步去喜爱这个道理；喜爱这个道理，比不上更进一步乐在其中。我们在大学阶段应高瞻远瞩，最后的目标则是"文质彬彬，然后君子"（《论语·雍也篇》）。

第五节　全人教育可能吗？

除了正式的学校教育之外，人还需要进行自我教育。人生发展分纵向和横向两个方向，纵向指不断提升自己，充分发挥自己的潜能；横向主要指如何在社会上谋求发展。纵向发展对于一个人来说更为重要。

全人教育包括人才教育、人格教育和人文教育三个方面，分别对应于人的身、心、灵三个层次。学习哲学与人生，掌握思想的架构最为重要。人才教育与人的"身体"有关，人需要具有专业技能才能在社会中生存；人格教育属于"心"的层次，人要学会自己做出抉择；人文教育与"灵"的层次有关，它可以帮助人们化解生命中的各种困境，这些就是思考的架构。

（一）人才教育

人才教育的特点是"用之于外"，人应有自己的专长，以便用于社会。以孔子为例："达巷党人曰：'大哉孔子！博学而无所成名。'子闻之，谓门弟

1　在美国，毕业典礼都称为开学典礼，这意味着毕业生从此要步入社会，毕业是另一种意义上的开学。

子曰：‘吾何执？执御乎？执射乎？吾执御矣。’”（《论语·子罕篇》）意即，达巷地区有人说：“伟大啊，孔子这个人，学问真是广博，没有办法说他是哪一方面的专家。”孔子听到这话，就对学生们说：“我要以什么作为专长呢？驾车吗？射箭吗？我驾车好了。”对于古代的“六艺”（礼、乐、射、御、书、数），孔子每一样都很精通，所以别人才会说他好像没有特定的专长。

具有一定的专长才能在社会上立足。孔子三十岁左右，鲁国大夫孟僖子参加国际交往活动时，因不懂礼仪而被嘲笑，于是让自己的儿子孟懿子拜孔子为师学习礼仪。孔子让想学的邻居一起来学，对于十五岁以上的年轻人，只要想学，孔子没有不教的。

孔子自己是人才，又将很多学生培养成才。司马迁在《史记》中为孔子的弟子专门写了一篇《仲尼弟子列传》，并在《史记·孔子世家》中说：“孔子以诗、书、礼、乐教，弟子盖三千焉，身通六艺者七十有二人。”孔子学生中人才辈出，孔子在世时就有好几人做官，且有不错的表现。可见，人才教育和社会群体有直接的关系。

（二）人格教育

人格教育的特点是“求之于内”，即由自己来做出抉择。卓越的人格显然需要道德实践。道德实践不能仅靠法律和礼仪等外在规范，行为主体一定要有自我的觉醒，意识到自己是一个独特的人，要对自己的行为负责。

美国曾统计某一年某搜索引擎搜索的关键词，结果有两个词出现频次最高：一个是 tsunami，另一个是 integrity。Tsunami 指海啸，因为那一年印尼发生海啸造成多人罹难，所以大家都很关心海啸到底是怎么回事，这是自然界的现象。Integrity 这个词则很难翻译，通常指一个人有整体性、表里如一、说话算数、能够负责，这是人类社会的现象。Integrity 能成为高频搜索词，说明这一点其实很难判断，更难以做到，以至于很多人对此都充满困惑。

我长年教书，经常帮学生写推荐信，只要用 integral 来形容某位学生，代表这位学生人格完整，这可以算是很高的评价了。老师教一个学生两三年，对于学生的人格并没有十足的把握，不能轻易替他打包票。一个人在没有遇到真正的考验之前，我们很难判断他的人格到底如何。人格教育的关键在于诚实守信。孔子多次强调人一定要有信用，否则很难与人来往。

除了守信之外，人还要不断完善自己。孟子曾给予子路很高的评价，他说：

“子路，人告之以有过，则喜。”（《孟子·公孙丑上》）意即子路，别人指出他的过错，他就欢喜。我们一般人则是闻过则怒，听到别人说我的毛病，顿时火冒三丈，不知反省自己，反而责怪别人。孔门弟子中德行最出色的是颜渊，他能做到“不贰过”，即对于任何过失绝不犯第二次，这就是人格教育的明显成效。

（三）人文教育

人文教育要实现的目标是“当下即化”。人经常会面对各种困难，比如受到批评而心情不佳，或是心中有很大压力，人文教育可以帮我们提升自身的人文素养，从而化解当下的困境。提升人文素养有两种途径：一种可通过审美和艺术的修养，另一种可通过宗教信仰或宗教情操。心情不佳时，我们可以选择自己喜欢的音乐来调节情绪；逆境出现时，我们可以通过个人的信仰使生命回到原点。这个世界本来就有很多麻烦和问题，人怎么可能希望在这个世界上得到真正的平安呢？

怀特海认为“教育是风格之培养”，风格就是个人为人处世所表现出来的特色。古希腊哲学家赫拉克利特曾说：“人的性格即是他的命运。”性格包括性向和风格。教育通过培养风格，可以塑造人的性格，从而改变一个人的命运。中国宋朝的学者喜欢讲“变化气质”，教育的目的就是变化气质，一个人懂得道理之后还要勤加实践，使整个生命不断提升到更高的层次。可见，东、西方关于教育的很多观念都是相通的。

第六节　文化资源可贵

人活在世界上，首先要明白人生究竟有哪些重要范围。人生有四大领域：群体、自我、自然界、超越界。以下分别详细介绍。

群体

人不能离开群体而生活，但是群体也会带来压力。现代人容易患忧郁症、精神官能症等心理疾病，就与群体带来的压力有关。每个人都在社会中成长，需要学习这个社会的语言，了解它的传统和规矩，接受社会带来的压力。

中华文明源远流长，有五千年的文化积累，各种规矩名目繁多，难免给人带来压力。今天的中国社会比起清朝末年已经有了很大进步，当时的社会可以用“礼教吃人”来形容。礼教的出发点很好，希望人懂得礼仪之后，生活有一定的规范；但后来逐渐僵化，变成只注重外在要求，而忽略了礼仪的内在精神。像妇女缠足、男人三妻四妾等，都是礼教吃人的表现。

特别是“三纲五常”的说法，如果对其缺乏深入的理解，很容易变成僵化的教条，变成儿子对父亲要百依百顺，无论父亲对错都要绝对服从。然而在《孝经》中，孔子明白地说：“故当不义，则子不可以不争于父。”（《孝经·谏诤章第十五》）即父亲有错，儿子一定要劝阻。

孔子也说过：“事父母几（jī）谏，见志不从，又敬不违，劳而不怨。”（《论语·里仁篇》）即服侍父母时，发现父母将有什么过错，要委婉劝阻；就算看到自己的心意没有被接受，仍然要恭敬地不触犯他们，内心忧愁但是不去抱怨。由此可见，儒家讲孝顺绝不是单向的、无条件服从。君臣关系和夫妻关系也一样，都不是单向的要求。

中国人从小便接受社会的各种规矩，也不知为何要接受。外国人看上去没那么多规矩，好像很自由。事实上，外国人有外国人的规矩，每个人在人群中都会有特定的压力。群体固然给个人带来压力，但群体也有很大的优点，它储存了人类社会长期以来所生产的文化资源。

“二战”期间，德军占领波兰后追捕犹太人。一家犹太人在逃亡时，把十岁的儿子寄养在朋友家的阁楼上。这个阁楼非常小，隐秘性很好，小男孩在阁楼上藏了四年也没有被人发现。四年下来，他变成终身驼背；然而，他每天在阁楼上阅读世界名著，后来居然成为著名的作家。人活在群体中，当发生战争时，即使呼天抢地也没有人能拯救你，但是人类的文化资源却可为我所用。我们如果有心学习，许多伟大的著作都能给我们的心灵带来慰藉，让我们觉得作为一个人是值得的。

音乐的影响范围更是无远弗届。今天我们接触最多的是电影，现在市面上很多电影都是闹剧，缺乏深刻性。我很喜欢看根据经典著作改编成的电影，不仅剧情引人入胜，更重要的是从中能够看到人生的逻辑，即所谓的善恶报应。现实社会中，没有人是完全善的，也没有人是完全恶的，在现实生活中讨论善恶报应的问题会十分困难，但从电影中却可以看到人性的细微之处，看到善恶的报应。

实际的人生不可能像电影一样丰富多彩。我一辈子在学校教书，不可能像军人一样冲锋陷阵，不可能像工程师一样设计房屋，也不可能像商人一样经历“商场如战场”般的商业竞争，通过小说、电影和戏剧，我可以体验不同的人生遭遇，感受到人类共同的快乐，这是一种深刻的体验。

人群给个人带来压力，个人一定要遵守社会的规矩，不能想当然。有个印度人准备到英国留学，与印度不同的是，英国开车都靠左行驶，于是他在印度练习靠左行驶，结果发生车祸而无法到英国留学。每个社会都有特定的规范，我们可通过阅读了解其他社会的习俗，真遇到相关情况时也能较快适应。如果不读书，真是人生的一大损失。

人生在世若想得到快乐，就不能离开群体。孔子认为有三种快乐对人有益：“乐节礼乐，乐道人之善，乐多贤友，益矣。”（《论语·季氏篇》）第一种快乐是以得到礼乐的调节为乐。“礼”区别长幼尊卑，借此可以实现人与人之间的适当关系；“乐”可以使人群的情感交融和谐。第二种快乐是以述说别人的优点为乐。与别人来往时称赞别人的优点，代表自己愿意向他学习，彼此之间则更容易建立起良好的关系。最后一种快乐是以结交许多良友为乐。孔子提到的三种快乐均未脱离人与人之间的关系。

一个人当然可以自得其乐，但离开社会群体，个人将无法生活。孟子说：“且一人之身，而百工之所为备。”（《孟子·滕文公上》）即一个人身上的用品，要靠各种工匠来制作才能齐备。人的衣食住行、生活的方方面面，都需要有专门的人员帮我们准备。

可见，群体既会给个人带来压力，也有丰富的文化资源。我们要善用社会的各类文化资源，充分发挥群体的优点以弥补其不足。闲暇时买一张 CD，陶醉于悠扬的乐声中，不与任何人发生冲突，完全可以自得其乐。群体与自我合起来构成了整个人类的世界，以此为出发点，可以更好地认识自然界和超越界。

第七节　从学习到品味

自我

“自我”对人而言是非常重要的核心概念。人一旦肯定“自我”的存在，就要面对70亿的“非我”，一个人如果缺乏内在的修炼，根本无法抵挡外在的压力，更无法建构内在的价值。因此，对自我的认识和修炼是人生的重点。

每一个人的生命都可分为身、心、灵三个层次，这是心理学的通行划分方法，古今中外任何一位深思熟虑的哲学家都会有与之类似的看法。

譬如孔子认为人的生命有三个层次：

第一层是血气。“君子有三戒”[1]所针对的就是血气的问题，人有身体就有血气，如果不加约束，经常会出乱子。

第二层是心。孔子说：“回也，其心三月不违仁，其余则日月至焉而已矣。”（《论语·雍也篇》）即颜回的心可以在相当长的时间内，不背离人生正途；其余的学生只能在短时间内做到这一点。

第三层是灵。孔子一直强调的“仁”就对应于“灵”这一层次。灵是看不到的，仁也一样，如果不去行仁，则“仁”这一概念显得很抽象，难以被人理解。

身、心、灵三个层次中，关键在于“心”的层次。如果谈“身”的层次，每个人都有身体，可用“生老病死”四个字来概括。《礼记·曲礼上》中有“欲不可从（纵）”“乐不可极”的说法，纵欲则伤身，乐极则生悲，身体的欲望如果过度，就会产生诸多病痛和后遗症。“灵”的层次则较为抽象而不易说清楚，所以我们重点来谈“心”这个范畴。

人作为万物之灵，与其他生物的最大区别在于：人的心跨过反省的门槛，因而具有自我意识，能够以自我为核心思考各种问题。我们已经知道“位格”是指具有知、情、意三种能力的主体，知、情、意就是人的“心”所表现出来的特色。

为了解“知”的特色，我们先引用诗人艾略特的一首诗：“我们在信息里面失去的知识，到哪里去了？我们在知识里面失去的智慧，到哪里去了？”这两句话恰好点出了我们现代人的通病。

所谓“信息”是指每天随处可看的各类资讯，通常都是零星片断的消息，缺乏完整性。我于2006年在新浪开设了博客，前几年读者增长很快，每年新增100万阅读点击量，当时发表的文章都是几千字的。后来随着微博的流行，博客的点击量显著下降，当时微博一次最多只能发布140个字，这就是信息，

1 出自《论语·季氏篇》。原文：“孔子曰：‘君子有三戒：少之时，血气未定，戒之在色；及其壮也，血气方刚，戒之在斗；及其老也，血气既衰，戒之在得。’”

缺乏知识的系统性。

信息给现代人的生活带来了不少乐趣，我们可以随时关注热点、发现趣闻；但随之也带来了诸多困扰，各种信息难辨真假，各类新闻频繁刷新，人的注意力无法集中，我们无法从中获得有价值的知识。

知识是对某一专门领域进行深入研究后给出的理论解释。孩子在中学时代要刻苦努力，为进一步的专业知识学习打下扎实的基础。知识都要划分专业，可谓“隔行如隔山”，学天文的不见得懂地理，学地理的不见得懂化学，学化学的不见得懂电机，学自然科学的不见得懂文学。可见，知识的特色是能分工却不能合作。

智慧与知识不同，哲学就是爱好智慧，智慧的特色是具有完整性和根本性。我们不可能在大学阶段就能领悟完整而根本的人生道理。那么求知的目标何在？

求知的目标可分为两方面：首先要具备系统的专业知识，合乎人才教育的要求；更重要的是培养自己的判断力，知道如何选择价值，这代表你的“知”在慢慢接近智慧。我们不能奢望自己拥有智慧，只能勉励自己爱好智慧，始终保持好奇心，不断接纳更有价值的信息，形成完整的人生观和价值观，这样才能达到integrity的要求，即具备完整的人格，与人来往时能够言而有信、言行一致。

在“知”这一层次，我们要不断学习，学习之后要理解，理解之后要实践，实践之后要品味。求知的过程其乐无穷，学习如果有明确的目的则会带来压力，最好的方式是养成终身学习的习惯，通过阅读增添生活的乐趣，效法伟人的言行示范，想象人生的最高境界。

自我的修炼可以从求知开始，从信息提升到知识，再从知识不断提升到接近智慧的层次。学海无涯，永无止境，我们只有下定决心、合理规划，才能达成此一目标。

第八节　利己与利他

自我的修炼要注重“心”这一层次，心有知、情、意三种能力。对于“知”，要使认知从信息提升到知识，再到接近智慧。“情”包括人的情感、情绪反应和情操。“情”的特色是从“利己”开始，如果一件事让我觉得开心，我当然很欢迎这件事。

人生在世都希望得到快乐，快乐主要与情感有关。与求知的快乐不同的是，情感的快乐一定不能脱离他人。一个人听音乐很快乐，主要是因为音乐的旋律可以让他联想到与他人交往时的情绪感受。

人都是利己的，这是探讨情感问题的基本出发点。我们赶时间时，总希望火车或飞机能准点出发，不会考虑别人能否赶上，如果火车或航班延误就心生抱怨，这些都是以自我为中心的考虑。以自我为中心是生命的常态现象，符合人的求生本能。

我们要设法将“利己”推到“利他”。有位美国教授上课时一再强调人都是利己的，从没有利他的。有一天，他在街上掏出五美元给了路边的乞丐，恰好被学生看到，学生赶忙上前请教：“老师，您说人都是利己的，您为何给乞丐五美元呢？”教授说：“我走在路上本来心情愉快，可是乞丐在路边拼命大声喊‘可怜我吧，给我点钱吧’，破坏了我的好心情，为了恢复我的好心情，设法让他闭嘴，我才给他五块钱，所以人归根结底还是利己的。”

这个例子说明利己与利他并不矛盾。如果整条街的人都在哭，我一家人也高兴不起来。要让自己快乐，就要设法让全家人快乐，由此推广到让整条街、整个乡、整个国家甚至全世界的人都快乐，如果有外星人，则希望他们也快乐，这样我个人的快乐才有保障。

然而人的思考范围有限，力量更是有限，很多时候考虑不到那么广的范围。有些人缺乏修养，甚至会把自己的快乐建立在别人的痛苦上面，这就是人性的弱点。人活在世界上，一定要培养博爱的情操，要常常想到：别人和我一样是人，我们享受共同的空气、水源和公共设施，只有与别人互相感通，才能拥有真正快乐的生活。

中国哲学非常强调人与人之间的感通。孔子强调的“仁”这个字，左边是“人”，右边是“二”，意味着两人相处才有行仁的机会。孔子说过“己所不欲，勿施于人”，就是希望我们推己及人，从身边的人开始做起，进一步想到更多的人，从利己到利他，进一步到博爱。宗教强调的慈悲、博爱的精神也都是从情感出发。

“情”又可以细分为三种：

第一种是亲情。家庭成员间的关系称为亲情，这是命定的。孔子说：“兄弟怡怡。”（《论语·子路篇》）“怡”指脸色和悦，即兄弟之间应和睦共处。

第二种是友情。友情是自己选择的，要自己负责。孔子说：“益者三友，损者三友。”（《论语·季氏篇》）即三种朋友有益，三种朋友有害。孔子又说：“朋友切切偲偲。”（《论语·子路篇》）“切切偲偲”指切磋琢磨，兄弟之间应和睦共处，不必相互期许达成什么目标；朋友之间则应互相切磋勉励。如果朋友在一起只是吃喝玩乐，从不勉励对方进步，这样的朋友就是“损友”。曾子说得很好：“君子以文会友，以友辅仁。”（《论语·颜渊篇》）“文”包括文艺、文学、文化，即君子以谈文论艺来与朋友相聚，再以这样的朋友来帮助自己走上人生正途。

第三种是爱情。爱情要靠机缘，对于爱情要记住这样一句话：有什么样的人格就有什么样的爱情，爱情不能使人格伟大，但人格可以使爱情发光。

亲情、友情、爱情虽各有特色，但都不能脱离“情”这个字。“情”既然需要与别人互动，就有可能产生负面情绪，我们可用审美的情操来调节个人的情绪，提升审美的品位。

不管去哪里，我总会随身携带几本自己喜欢看的书，有段时间很喜欢看法国作家蒙田的《随笔集》，里面介绍了古希腊和古罗马时期的很多重要观念和故事，读来十分亲切。一个人的生命经验难免有限，如果能敞开心胸、放开眼界，古今中外的文化资源都可以为我所用。

有不少中国古籍也很有趣，可以在旅行时随身携带，随时翻阅。因为带整部书通常很重，所以我习惯将自己感兴趣的部分摘录成笔记。我对哲学、教育、宗教、文化各个领域都很感兴趣，所以记了很多本笔记，出门时随便挑一本，路上便可以随时复习和回味。

我们介绍过纪伯伦的话：“美，就是你见到它，甘愿为之献身，甘愿不向它索取。”因为美本身就是最高的回报。人活在世界上，在获得审美感受的一刹那，便会觉得一切都值得。人生不怕受苦，就怕受苦而觉得不值得。我们要设法找到让我们觉得“再苦也值得”的法宝，以便随时可以调控自己的情绪。

我们为子女付出是应该的，每当孩子表达感恩时，我们便会觉得再苦也值得；我们的工作可能很辛苦，但当有人向我们表达感激之情时，我们也会觉得再苦也值得。

第九节　自己做选择

人的“心”具有知、情、意三种能力，“意”代表意愿或意志，一个人可以自主做出选择，这是人最明显的特色。在选择方面，大部分的人都是被动的，很多人一辈子都没想过要主动做什么事，有哪些事是我真心愿意做的？有哪些事即使付出任何代价我也觉得很值得？

要做出选择首先必须对事情有透彻的了解，这属于“知”的范畴，我们常以为自己只有一个选择，其实是因为认知有限，不知道还有其他选项。其次，还要问自己是否喜欢这一选择，这属于“情”的范畴，如果只是听别人的，并非自己心甘情愿做出的选择，则很容易心生抱怨。

关于意志方面的选择，关键要化被动为主动。但是，很多时候我们要守规矩、尽责任，这些都是被动的。如何能化被动为主动呢？有一些很好的方法可供参考。

我教书近四十年，有时难免感到身心疲惫，但我在上课前常对自己说：“这是我第一次上课。”此时，心中立刻充满了新鲜感和创造力。我会关心学生听课的感受，设法让内容更贴近学生的生活，让理论能与人生实践相配合。我的方法简单说来，就是把“应该”变成“愿意”，应该做的事是被动的，愿意做的事是主动的，人生的秘诀就在这里。

孔子最好的学生颜渊请教孔子如何行仁，即怎样才能走上人生的正路，孔子的回答简明扼要，重点就是四个字“克己复礼[1]”（《论语・颜渊篇》）。但“克己复礼”常被误解，根据我的研究，这四个字的意思是指“能够自己做主去实践礼的要求”。

孔子在同一句话中，还说了“为仁由己，而由人乎哉？”即走上人生正途是完全靠自己的，难道还能靠别人吗？“由己”（靠自己）代表主动，“由人”（靠别人）则代表被动，因此“克己”是指能够自己做主，这样孔子的这句话才不会前后矛盾。否则，如果将“克己”理解为克制自己，则与“由己”（靠自己）

1　原文：“颜渊问仁。子曰：‘克己复礼为仁。一日克己复礼，天下归仁焉。为仁由己，而由人乎哉？’”

相矛盾。

另外，颜渊是孔子的学生中最没有欲望的，孔子教学的特点是因材施教，不可能对最没有欲望的学生还强调要克制或约束自己，这不合常理。孔子向最好的学生阐述自己的核心观念——“仁”，一定是用尽浑身解数，把自己的思想用一句话概括，就是要化被动为主动。人不可能不受时代的限制，在社会上工作不可能没有责任和压力，如果能够化被动为主动，把应该做的事变成自己愿意做的事，则压力至少能化解一大半。

孟子一再强调舜的伟大，有一段话特别令人感动，孟子说：“舜之饭糗（qiǔ）茹（rú）草也，若将终身焉。”（《孟子·尽心下》）舜年轻时家里很穷，每天到田里耕种，吃干粮，啃野菜，就像打算一辈子这么过似的，坦然接受自己的命运。

舜德行出众，父亲、后母和弟弟合起来要杀他，他照样孝顺父母、友爱兄弟。尧听说舜的事迹，便把自己的两个女儿都嫁给舜，让自己的九个儿子都听舜的命令，让舜做代理天子管理文武百官。孟子接着说：“及其为天子也，被袗衣，鼓琴，二女果，若固有之。”即等舜当上天子，穿着麻葛单衣，弹着琴，尧的两个女儿侍候着，又像本来就享有这种生活似的。

舜一贫如洗时，安心过自己的生活，没有任何抱怨，这是因为他能够化被动为主动，把应该变成愿意，觉得自己能活在世间就很值得高兴；后来舜当上天子，为民父母，他照顾百姓，尽天子之责，这时他穿着麻葛单衣，相当于今天的名牌，以手抚琴，十分高雅。他拥有了最好的物质条件，却没有因此而骄傲，更不会志得意满、追求享受，而是“若固有之”，好像本来如此，内心非常安稳，这是舜最令人感动之处。

孟子称赞舜是最孝顺的人，因为舜“五十而慕”（《孟子·万章上》），即舜到了五十岁还经常思慕父母，对父母嘘寒问暖。可见，舜是一个极其真诚的人，能够逆来顺受。“顺受”并非委屈接受，而是坦然面对。生活艰辛时，舜没有抱怨和不满；号令天下时，他善尽责任，以平常心面对，对外在的名利权位，全然不放在心上。

舜为何能有如此表现？孟子所说的“万物皆备于我矣”（《孟子·尽心上》）可以作为最好的解释，意即我的内心一无所需也一无所缺。一个人活在世界上，能够思考，能有情感，能做出选择，这是多么快乐和幸福的一件事！孔子身逢乱世，照样可以做到“申申如也，夭夭如也”（《论语·述而篇》），即孔子在闲暇之际，态度安稳，神情舒缓，不会整天愁眉苦脸，遇到任何情况，都能坦然接受。

一个人无法选择时代和社会，无法选择家庭和遭遇，只有修养自己的内心，使内心拥有稳定的力量。孔子说得好：“三军可夺帅也，匹夫不可夺志也。”（《论语·子罕篇》）即军队的统帅可能被劫走，一个平凡人的志向却不能被改变。

我们每个人都一样，如果打定主意，下决心做一个正直的人、善良的人，没有任何人能够改变我们的选择。其他的一切都是外在的，外在的可得可失、可有可无，内在的没有人能拿走，这是人生哲学中最核心的观念。如果没有建立这样的观念，没有人可以保证你的快乐；一旦建立了这种观念，也没有人可以夺走你的快乐。

第十节　自然界可爱吗？

自然界

对人生来说，“群体”和“自我”构成人类的世界，人生的第三个领域是自然界。

自然界最主要的特色是公平，人间的公平则很难成立，因为每个人都有自己的标准和要求。耶稣说：“（上天）降雨给义人，也给不义的人。”（《马太福音》，5：45）自然界对人没有任何偏差的看法，不论好人坏人，下雨的时候都会被淋湿，不会因为你是好人就不会被淋湿，坏人就被淋成落汤鸡。

但是，我们也不能把自然界想得太容易，人对自然界要采取四种态度：

1. 竞争。人与自然界始终存在竞争关系。在“物竞天择，适者生存”的古代洪荒世界，人类因为学会使用火，所以才可以团结起来，抵御洪水、猛兽等自然界的侵袭。21 世纪的今天，我们仍要对自然界保持戒心，遇到毒蛇、虎头蜂等动物的攻击，不能还想着保护野生动物、与之和谐共处，而要赶紧躲避，确保自己的安全。自然界有食物链，我们要避免成为食物链的末端。

2. 利用。人类需要利用大自然，从中取得生存所需的资源。《尚书·洪范》

中提到的“五行”（水、火、木、金、土）就是人赖以生存的五种自然界的资源。《易经》中出现最多的动物是马、牛、羊、猪，这些动物原本都是野生的，人类发现它们适合被利用，就将其驯化为家畜。今天的地球之所以能够养活70亿人，全在于农业科技的进步。人类可以利用自然界实现自身的生存和发展，这也是人的生物本能之一。

人类应运用自己的智慧，设法实现可持续发展，而不要竭泽而渔。孟子曾说：“不要耽误百姓耕种及收获的季节，粮食自然吃不完；细密的渔网不放入水池捕捞，鱼鳖自然吃不完；砍伐树木按照一定的时间，木材自然用不尽。……鸡、小猪、狗与大猪这些家禽家畜的畜养，不错过繁殖的季节，七十岁的人就可以有肉吃了。”[1]

可见，人永远不能脱离他的母体——自然界。在古代各国的神话中，都有把大地当作母亲的神话，大地养育了我们这些子女，使人类得以生存和发展。

3. 保护。人类在利用自然的同时，也要注意保护自然。自然界虽然保持着生态平衡，有完整的食物链，但自然灾害也会导致某些动植物的灭绝。譬如有人统计过，在《诗经》中，草有113种，木有75种，鸟有39种，兽有67种，虫有29种，鱼有20种，其中很多动植物早已灭绝，今天只是空有其名，我们已经无法想象它们究竟长什么样子了。

因此，我们要更加用心地保护自然资源，为子孙后代留下更好的生存条件。在《中庸》一书中提到，人最伟大之处在于：人可以在实现自我（尽己之性）、照顾人类（尽人之性）的基础上，进一步助成天地的造化和养育作用（赞天地之化育）。我们应该对自然界善加保护，帮助万物各自繁荣发展。

4. 欣赏。今天人们热衷于欣赏自然，譬如出国观光一定要去风景区。风景有两种：一种是人文景观，欣赏时需要了解相关的历史背景或专业知识；另一种是自然景观，对于夕阳、河流或山谷等自然之美，每个人都可以直接感受。

但在欣赏自然景观时，不要忽略人和自然之间的“竞争”关系，我们可能会遇到毒蛇、蜜蜂、细菌的侵袭，甚至还有自然灾害的威胁。人在自然界中，只有兼顾竞争、利用、保护、欣赏四个方面，才能最终达到欣赏自然的目的。

---

1 出自《孟子·梁惠王上》，原文：“不违农时，谷不可胜（shēng）食也；数（cù）罟（gǔ）不入洿（wū）池，鱼鳖不可胜食也；斧斤以时入山林，材木不可胜用也。……鸡豚（tún）狗彘（zhì）之畜（xù），无失其时，七十者可以食肉矣。”

自然界并非一成不变，而是始终处于周期循环之中。中国人将自然的周期和人文的节庆相配合：春节是新的一年的开始，大地春回，万象更新；端午、清明、中秋、重阳……每个传统节日既配合自然的节气，又兼具人文的内涵，让生活可以配合自然界的规律，让生命能够定期感受到新的希望，这充分体现了中国人的智慧。

儒家对于自然界的态度比较明确，孔子提到自然界，总是用比喻的方式来启发人生。道家对自然界多采取纯粹欣赏的态度，但偶尔也会将自然与人类相类比，譬如庄子形容鱼是“穿池而养给”（《庄子·大宗师》），一条小鱼不需要大海，只要有一个小水塘让它自在游动，就供养充足了；人也一样，人在“道”中可谓“无事而生定”，只要悟道，闲居无事便会觉得心中平静而安定。

在欣赏自然时，可以参考许多聪明学者的建议，从不同角度去品味自然的美妙，但最后还是要设法回到自己的生命，使生命的境界可以不断向上提升。

第十一节　我需要超越界吗?

超越界

人生四大领域最后一个是超越界。在谈到宗教时，我们已经对超越界做了详细的描述。人在身、心之外还存在“灵”的层次，它属于人生命中超越的成分。人的“灵”、我们的祖先、鬼神以及宗教信仰的对象都属于超越界。

瑞士心理学家荣格长期为欧洲上层社会的人士治疗心理疾病，有超过 30 年的临床经验，他最后归纳说：“来进行心理治疗的很多病人，他们身体健康、心智正常，但是并不快乐。”

身体健康说明这些欧洲的社会名流并无身体方面的疾病，心智正常说明他们可以读书、交友、旅行，知、情、意三方面能力都很正常，可以过正常的社会生活。可是他们并不快乐，这说明在人的身、心之外，还有一个元素能够决定一个人是否快乐，按照心理学的说法，称之为“灵”。

“灵”并不神秘，它是每个人生命都具有的成分，虽然“灵”不像身体一样可以看到，不像心智的表现一样可以察觉，但是“灵”确实存在。比如，我们常说某人很勇敢、很谦虚、有修养、有牺牲奉献精神，这都属于“灵”的层次。

我们可用三句话来描写身、心、灵三个层次的差异：

1. *身体互相排斥*。你用了这张桌子，我就不能用；你赚了这笔钱，别人就赚不到。与生活相关的、有形可见的一切，如车子、房子等，都与“身”这一层次有关。

2. *心智可以沟通*。我们共同读一本书、听一场演讲，彼此之间就可以通过沟通达成共识。

3. *灵性打成一片*。西方心理学最新发展出超个人心理学（Trans personal Psychology），它超越个体，把所有人当成一体来看，人与人融为一体，体现出“灵性打成一片”的观念。

我们应如何面对超越界呢？我们曾用四句话总结儒家的立场：“对自己要约”指的是自我这一领域，“对别人要恕”指的是人群这一领域，“对物质要俭”指的是自然界这一领域，“对神明要敬”就是对超越界应有的态度。

“敬”不仅意味着尊敬、敬畏，更代表了一种宗教般的虔敬态度。超越界是生命的另一个层次，祖先、神明和个人生命的“灵”都处于这一层次之中，每个人都必须回应超越界对自己的要求。这种虔敬的态度能帮助我们超越身体的欲望，化解心智的执着，使我们不再受困于世间的名利权位，不再羡慕人类心智的天才表现。

谈超越界很容易联想到宗教领域。一个人没有受过教育，身体有疾病或缺陷，在宗教中反而会受到特别的关怀。超越界就是要设法超越人间的差异性，体现人与人之间的平等性。只要是心智正常、有情绪感受、能做出抉择的人，彼此之间就是平等的。人活在世界上，如果缺乏灵性层次的修炼和觉悟，就很难体会到人与人是平等的。佛教讲“众生平等”，认为所有生命都是平等的，则是更高的境界。

如果一个人没有超越界的观念，也没有宗教信仰，又该如何提升自我呢？事实上，这个世界上真正的无神论并不多，只要承认人的生命有“灵”的层次，就不是无神论。譬如，中国人在清明节都会祭祖，只要承认祖先存在，进行祖先崇拜和祭祀，就不是无神论。

中国人有“祭天地、祭祖先、祭圣贤”的传统，天地是万物的来源，祖先是个人生命和家族成员生命的来源，圣贤是我们为人处世的典型标杆。天地、祖先、圣贤，在我看来都接近超越界的层次，中国人不一定有特定的宗教信仰，只要进行这“三祭”，就能让自己更加虔敬，使自己的生命不再局限于计较当下的利害，而能向上提升超越。

关于如何证明超越界的存在，我再补充两点：

一个是美国心理学家、哲学家威廉·詹姆斯的说法，他的家庭有宗教信仰的背景，但他承认，他的一生从未有过神魂超拔或与神合而为一的“密契经验”。他在研究了人类的历史后认为，有神论更能合理解释人类在地球上的行为。人在艰难困苦中依然要坚持活下去，在资源丰富时会充满感恩之心，与他人分享，只有承认人死后有灵魂存在，才能解释人类的这些行为。虽然我们无法证明神的存在，但人类的内心对于超越界和死后的世界，一直都有一定的要求和向往。

心理学家弗兰克（Viktor Emil Frankl，1905—1997）是犹太人，他在“二战”期间被关入集中营，亲戚朋友全部罹难，只有他九死一生，侥幸存活。他在集中营时便开始思考：“为什么许多人在等死的时候还坚持活下去？”他从这个问题出发，发展出一套“意义治疗法”：你为什么要活着？难道不怕受苦吗？只要人生有意义，即使受苦也没关系。

所谓“意义”就是理解的可能性。你理解人为什么要这样生活吗？人的死亡并不意味着结束，死后一定还有另外的生命形态存在，人一生的言行表现将会受到准确的评判和适当的报应，这是人类自然的愿望和要求。有超越界存在才能让我们的生命更加完整。

第十二节　我认识自己吗？

人的一生大致可分为少年、青年、中年和老年四个阶段，每个阶段各有一项重要任务，即：自我认识、自我定位、自我成长和自我超越。

自我认识

少年阶段是人的一生中可塑性最强的时期，父母望子成龙，通常会让孩子学习各种技能和才艺。但到了一定阶段，孩子还是要自己决定这一生究竟要走什么路线。

古希腊德尔斐神庙上面刻着一句话：“认识你自己。”自我认识是人生的出发点，也是一项高难度的挑战。我们小时候在学校里都做过性向测试，这是西方心理学发明的一种简单的测试方法。通过这一测验，我们可以了解自己的兴趣和特长，确定自己适合学文科还是理科。

后来开始流行用星座、生肖或生辰八字来测试性格，了解自己性格的优势和不足，从而扬长避短。然而，生命是动态的过程，我们不能仅根据性格测试结果就认定自己无法改变。这个世界有 70 亿人，如果按照 12 星座来划分性格类型，每种星座都有将近 6 亿人，我们不可能和 6 亿人的性格完全相同。所以，根据星座等方法归纳出的性格只是一个大致的分类。

中国人在小孩出生满周岁时有抓周的习俗，也有“三岁看老”等说法，这些方法或观察仅能了解孩子的大致性格。年轻人应设法认识自我，知道生命是动态发展的过程，人活着就要不断塑造自己的生命，找到自己的天命所在。孔子所说的“天命”是指一个人在世间的使命，西方人会用 calling 表达类似的意思，形容自己听到了某种召唤，好像有人打电话来找我去做什么事。

年轻人可以多读一些名人的传记，如果喜欢读爱迪生、居里夫人等科学家的传记，代表自己的兴趣偏向自然科学领域；如果喜欢读帝王将相如何建功立业的传记，代表自己对社会科学感兴趣；如果对音乐家、艺术家、教育家、哲学家一类的传记着迷，说明自己热衷人文科学。人的发展大致可分为自然科学、社会科学和人文科学三个方向。

古希腊时期，人们相信每个人的内心都好像有一个精灵（Daimon），当你看到感兴趣的书籍时，内心的精灵会发出呼唤，此时，人好似听到了鼓声，会不由自主地向前迈进。每个人的兴趣都不同，对于自己不感兴趣的书籍，白送你也不会看；对于感兴趣的书籍则会四处寻找，一旦发现，如获至宝，由此可以反映出一个人的性向。

除了名人传记，年轻人还可读一些励志作品。有些人批评励志作品是心灵鸡汤，但鸡汤对身体有进补作用，励志作品则可让人鼓起勇气，勇往直前。当然，励志作品无法从根本上解决问题，年轻人还是要不断寻找生命的可靠基础。

除了上述方法，我们还可以问自己以下三个问题：

1. 什么事会让我感动？在电视新闻或报纸中，某些人的特殊表现会让我们深受感动，产生“有为者亦若是”（《孟子·滕文公上》）的想法，希望自己也能有类似的表现，这样才会对自己满意。但通常感动来得快，去得也快，好似无源之水，很快就会干涸，所以最好把令我们感动的事记下来。我喜欢看电影，电影中有些话配合着情节的铺陈和人物的遭遇，会让我觉得今天很有收获、深有感悟，我就会把它记下来，留待日后慢慢品味。

2. 谁的作为让我羡慕？譬如每当遇到自然灾害时，常会看到有钱人慷慨解囊，我们不免心生羡慕，希望自己也能变成有钱人，从而有能力帮助更多的人。

3. 我对自己满意吗？人活在世界上，常会对自己不满意，有时会觉得自己只会念书，别的什么都不懂；有时会埋怨自己为什么做事总出差错，与人来往时总有误会。

人只有认清自我，才能更好地选择未来的发展方向。人生如同航海，即使如泰坦尼克号般的巨轮，在茫茫的大海上也只如一叶扁舟，如果没有罗盘指引方向，则无法顺利抵达对岸。人在年轻时需要对人生做出全盘的思考，正所谓“独上高楼，望尽天涯路”[1]。人生的目标和方向一旦选错，损失的不仅仅是时间，还会因此丧失奋斗的勇气。

认识自己是人生的出发点，年轻人可以通过上述方法找到自己的天命所在。人生有如拼图，如果无法认清自我，最后很难拼成一幅完整的图案。人生的起步阶段非常艰难，却又非常重要。孔子在教学中十分重视立志，我们当然要立志成为君子，也要同时立志成为专业领域的人才，还应兼具文质彬彬的人文表现，这样才能达到“人才、人格、人文”全人教育的理想目标。

第十三节　我往何处去？

自我定位

“定位”包含两个意思：一是“位置”，即你在哪里；一是“方向”，即你要往何处去。两者分别代表现在和未来。人生是动态开展的过程，需要将二者结合起来进行思考。

我们要常常问自己：“我在哪里？我为什么会在这里？”1980 年我在美国

1 出自北宋词人晏殊（991—1055）的《蝶恋花》。

耶鲁大学，每天读书12小时以上。耶鲁大学位于美国东北角，一年中有四五个月在下雪，我从亚热带气候来到冰天雪地中，刺骨的寒冷让我难以适应。有时半夜一觉醒来，不知自己身处何方。我问自己："我为什么会在这里？"我给自己的理由是：若想在大学教书，需要有博士学位，否则难有长远发展。知道了理由就能接受各种考验与挑战。

我最近十年在各地讲国学，四处奔波。有时在宾馆半夜醒来，还要想一想："自己现在在哪一座城市？我为什么要来这里？"我的理由是：推广国学是我的天命。孔子所谓的"天命"是指一件事非你做不可。中国疆域辽阔、人口众多，推广国学需要很多人一起努力，我就是其中的一员。

如何界定天命？如果有人邀请我讲国学，说明我讲的别人可以听懂，这种邀请就是使命的呼唤。我当然可以闭门谢客、修炼自身，中国有很多人就在名山古刹中安静清修，与世无争；然而，作为儒家学者就不能置身事外，我们要追随孔子的脚步，"知其不可而为之"，做多少算多少。

有人批评说："你再讲也没有用，社会还是这么乱。"但换一个角度来看，如果我不讲，社会可能更乱，这当然无法用实验来证明，但重要的是自己知道这样做的理由，就会不辞辛苦。有时航班延误，抵达目的地已过午夜两点，第二天七点仍要起床，九点准时上课。因为有清晰的自我定位，我知道自己在做什么，所以并不觉得苦，从美国留学到今天一直如此。

另一方面，要问自己：我要往何处去？方向正确吗？如果知道自己的目标正确，值得为之奋斗，那么再苦也值得，对痛苦会毫不在意。在家虽然舒服，却会使人发胖、变得懒惰；在外奔波劳碌，却能不断运动、保持健康。正所谓"衣带渐宽终不悔，为伊消得人憔悴"。"伊"本指中意之人，这里指人生的目标。人生是不断选择的过程，只有自己选定目标，才能化被动为主动，让自己无怨无悔。

我在美国读书期间，偶尔会有"壮年听雨客舟中，江阔云低，断雁叫西风"[1]的凄凉感受。我那时30岁，正值壮年，一个人旅居海外，就像乘着小船在他乡漂泊，天气阴霾，下着雨，天上的大雁找不到同伴，孤单地号叫，像是在叫西风。中国人认为西风从沙漠吹来，代表着肃杀之气，有如"古道西风瘦马，夕阳西下，

1 出自南宋词人蒋捷（约1245—1305后）的词《虞美人·听雨》。

断肠人在天涯”一般的凄凉。

人如果有明确的目标，打定主意为之奋斗，则一切苦难都不会放在心上，我们不会白费力气，一切努力必有成果。基于这样的信念，我在美国念书才会如此拼命，人生就是要拼一个值得不值得。俄国小说家陀思妥耶夫斯基说：“我最害怕的是人生受这么多的苦，最后发现是白白受苦。”人生不怕吃苦，只要你认为值得，再苦也不会在乎。

孔子是我们学习的楷模，他“五十而知天命”，随后顺应天命，周游列国。孔子在去郑国途中与学生走散，学生到处打听老师的下落，一个郑国人对子贡说，有人站在东门那里，长相、脸形、身高有明显的特征，就像丧家狗似的。子贡把这些话转告孔子，孔子听后欣然一笑，说：“不用理会别人怎么形容我的外貌，但说我像丧家狗，确实如此！确实如此！”[1]

在人类历史上，比孔子更了解自己的天命和人生方向的人寥寥无几。除了苏格拉底、佛陀、孔子、耶稣这四大圣哲，世界上大部分人都不清楚自己身处何方、目标何在、为了目标值得付出怎样的代价。

大学生处于青年阶段，不仅要有清晰的自我认识，还要有明确的自我定位。生活在 21 世纪，我们不能不切实际地幻想汉唐盛世，而要老老实实地了解当今时代和社会的特色，设法充分释放个人的生命能量，并带动他人一同发展，这正是人类生命的伟大之处。

如果一个人多才多艺、能力出众，就应该意识到：上天造就我是为了让我服务更多的平凡之人，服务他人是人生的价值所在，“人生以服务为目的”是正确的前进方向。一个人如果自私自利，一切只为自己考虑，这样的人生格局未免太过狭隘。人在青年阶段要有清晰的自我定位，知道自己在哪里，要往何处去，正确的方向何在，应立志为人类做出真正的贡献。

1　出自《史记·孔子世家》，原文：“孔子适郑，与弟子相失，孔子独立东郭门。郑人或谓子贡曰：‘东门有人，其颡似尧，其项类皋陶，其肩类子产，然自要以下不及禹三寸，累累若丧家之狗。’子贡以实告孔子。孔子欣然笑曰：‘形状，末也。而谓似丧家之狗，然哉！然哉！’”

第十四节　越大越懂事

自我成长

人生步入中年阶段需要自我成长。很多人成家立业后就停下了脚步，平凡度日，几十年没有什么改变。其实，中年阶段正是自我成长的重要时期，这种成长不再指身体的成长或知识的增长，而是自我生命的成长和发展。

我们常听到“人到中年万事休”的说法，好像人到中年不会再有什么发展，这种想法并不正确，应该改成“人到中年万事新”，因为中年人具备了独立自主的条件，能够真正做出自己的选择。

人在年轻时往往都是被要求的，一路发展会受到种种约束和限制，难有真正的自由和创新，创新一定需要与自由相配合。人到中年时则会具备一定的经济基础和社会地位，可以带领一个团队进行创新。所谓创新，就是找到不同的可能性，使原有的工作达到更高的水平，实现更好的效果。因此，自我成长需要与前期的个人发展相配合。

我看过一部名为《城市乡巴佬》（*City Slickers*）的电影，描写的是几个四十岁左右的美国中年男子去西部体验牛仔生活的故事。他们都已成家立业，却遭遇中年危机，深感迷茫，不知人生的意义何在，于是效法美国早期西部拓荒者的事迹，加入从墨西哥到科罗拉多的赶牛队，体验儿时当牛仔的梦想。刚穿上牛仔服、骑上马时，几个人兴奋异常，但很快就累得要命。

有一天晚上，他们聚在篝火旁聊天，谈到小时候崇拜父辈的成就，希望做一个顶天立地的男子汉。长大后，儿时的梦想一一实现，却并没有得到想象中的快乐和成就感，到底什么样的人生才有意义呢？大家讨论了很久也没有答案。

这时，作为领队的老牛仔走了过来，他从小放牛牧羊，没念过什么书，却宣称自己知道人生的意义何在，他举起一根手指，说：“人生的意义就在于‘一’，就是选定一个目标并坚持奋斗。”老牛仔的答案可谓返璞归真，他一辈子赶牛，谈不上有多大成就，可是他内心安稳、目标专一、心无旁骛。人受教育的程度越高，就越容易被社会同化，离自我越来越远。人在不断社会化的同时，要设法找到自己的人生之路，找回你自己。

自己和人群是相对的。如果孩子刚一出生，父母就对他说“要做你自己”，孩子根本无法理解，因为他还不知道什么是“别人”。孩子接受教育，逐步融入社会，在社会中扮演某个角色，这就是社会化的过程。但年轻人进入社会后，应该通过观察、学习和思考，逐步建立自己的价值观，找寻自己生命的意义。否则，人到中年很容易随俗浮沉、随波逐流，偶尔午夜梦回时便会自问：这就是我要的人生吗？

人步入中年后，实现自我成长是可能的。有很多书，小时候阅读无法深入理解，中年再看就会有深刻的体会。譬如我小时候喜欢读金庸的武侠小说，如果你没读过，别人说你是岳不群，你以为岳不群是华山派掌门人，好像别人在夸你，其实别人在嘲讽你是伪君子，小说的典故已经融入了日常生活的语言。通过阅读，我们可以更好地理解别人的话。

我年轻时读金庸的小说，会忙着分辨谁是好人、谁是坏人。后来发现，好人也有缺点，坏人也有优点。这时我就会问：到底什么是正义？善恶的报应公平吗？善恶不可能一刀切，人间不可能黑白分明，天下没有如此简单的事情。

中年再看金庸的小说或是由小说改编成的电视剧，就会思考：如果我是剧中的某个人物，我会怎么做？慢慢就会发现人的生命有其发展的逻辑。譬如东邪黄药师之所以性情古怪，是因为他在年轻时有特殊的家庭背景和人生经历。这样一来，我们就能分辨，他的哪些行为出于无奈，可以被谅解；哪些行为属于自由选择的范围，他应该为之承担责任。此时对人生的理解就会更加完整，不会像小时候那么片面。

我记得小时候看电影，一进场就会问父母谁是好人、谁是坏人，小孩都天真地以为世界上只有这两种人。慢慢我们就会发现，其实每一个人都非常复杂，不能简单地判定好坏。譬如前面介绍过英雄和圣人的差别，一个人在关键时刻做了一件正确的事，就可成为英雄；而要成为圣人则必须经过长期的修炼，在任何情况下都能做出正确的选择，天下恐怕没有几个人能达到这样高的目标。

中年人若想实现自我成长，一定要继续读书。哲学类的书籍比较适合中年人，因为哲学书侧重于阐释道理，描述的是生命的普遍现象，包含了许多人生经验和感悟。人都希望安身立命，确立自己的人生观，找到人生的目的和意义，哲学能够提供思考的方法、架构和线索。很多哲学家的话值得反复回味，一旦想通便有豁然开朗之感，能帮助我们实现自我的成长。

第十五节　老了也开心

自我超越

人步入老年阶段要进行自我超越。印度教将人的生命分为四个阶段[1]：

1. 学徒期（8 ～ 20 岁）。学生住在老师家中，接受老师的言传身教，学习如何为人处世。

2. 家居期（21 ～ 40 岁）。人要成家立业，养儿育女，进入社会奋斗。处于家居期的人是一个社会的中坚力量，具有三点特色：第一，有能力在社会上立足，取得成就；第二，结婚生子，得享天伦之乐；第三，承担社会责任。

3. 林栖期（41 ～ 60 岁）。待孩子成熟后，要把家让给孩子，自己住进树林里，认真思考：我是谁？人生有何意义？印度文化同犹太文化和中国文化一样源远流长、特色鲜明。印度重视对人生的规划，人一过 40 岁就开始思考人生意义的问题。

4. 云游期（61 ～ 80 岁）。人到老年要云游四方，关键要设法让自己从 somebody 回归到 nobody。Somebody 指有名有姓、有头有脸的重要人物，nobody 指无名小卒。这种回归可谓是返老还童或返璞归真。

印度教的人生规划令人感动：年轻时努力拼搏，争取各种成就；年老后放下一切，返回生命最原始的阶段。世界的不同文化都希望人能够实现自我超越，而超越的关键在于从身、心层次走向灵的境界，化解自我的执着。

西塞罗是罗马著名的文人，在他生活的年代，基督宗教尚未出现。西塞罗在《论老年》一文中，指出老年人的四点优势：

1. 很多人认为老年人很可怜，不能再从事重要的工作，但西塞罗认为，伟大的工作不是靠体力和速度完成的，而要靠思想、性格和判断，老年人思想更成熟，性格更圆融，判断更精准，更富有远见。年轻人做事，很可能出现“眼看他起朱楼，眼看他宴宾客，眼看他楼塌了”[2]的局面，老年人出谋划策则会更加稳健。

---

1 参见美国学者休斯顿・史密斯（Huston Smith）的著作《人的宗教》（*The World's Religions*）。

2 出自清代戏曲家孔尚任（1648—1718）所作《桃花扇》中的一段唱词。

2. 很多人认为老年人体力衰弱，不能再参与竞争和斗争，但此时正好发挥心灵的力量。老年人适合当顾问，指导后生晚辈从事实际的工作。俗话说“家有一老，如有一宝”“不听老人言，吃亏在眼前”，老年人的建议往往非常可贵，如果置若罔闻，将来很可能追悔莫及，所以年轻人对老年人应该保持尊重。

3. 还有人说，老年人无法享受身体的快乐。“身体的快乐”是指食、色方面的享受。然而，纵欲则伤身，食和色给人带来快乐的同时也伴随着痛苦和后遗症。人老后食欲和性欲会下降，人正好得以摆脱身体方面的快乐和欲望对自己的束缚，从而获享心灵的自由，发挥心灵的力量。

4. 很多人认为，老年人接近生命的终点，来日无多，会感到死神的威胁。西塞罗则认为，对于死亡不用太担心，他引用苏格拉底在接受审判时提出的对死亡的看法，认为死亡只有两种可能：要么死亡意味着生命完全消失，人不再感到痛苦，既然这是所有人甚至所有生命的最后结局，就无所谓好坏；要么死后灵魂存在，灵魂摆脱身体的束缚而重获自由，可以抵达另外的境界，说不定可以得到更大的快乐。

西塞罗是古罗马时代的文学家，算不上可以建构系统的哲学家。与西塞罗所处的时代接近、能称得上哲学家的是斯多亚学派的几位代表，包括罗马帝国的皇帝奥勒留（Marcus Aurelius Antoninus，121—180）、罗马大臣塞涅卡（Seneca，约前 4—65）以及奴隶出身的爱比克泰德（Epictetus，约 50—约 138）。

西塞罗的话提醒我们不要对老年太过担心，老年反而会让人有从身走向心、从心走向灵的层次，生命最后复归于平淡，正可谓“流水落花春去也，天上人间”[1]，慢慢感觉到生命的每一刹那、每个当下都很开心，更容易体会到高峰经验。

高峰经验（Peak Experience）是美国著名心理学家马斯洛（Abraham Harold Maslow，1908—1970）提出的概念。马斯洛提出了人的“需求层次理论”[2]，将“自我实现”分为若干层次，他在晚年又提出了“自我超越”。所谓的“高峰经验”是指，人在某一刹那，忽然觉得天地无限美好，存在的一切都恰到好处，无论自己多么辛苦劳累，看着眼前这平静的刹那，当下就好似永恒。这种感觉就像到了一望无际的高原，视线不再受到任何阻碍，很容易体会到生命的真正

1 出自五代十国时南唐最后一位国君李煜（937—978）的《浪淘沙令・窗外雨潺潺》。

2 马斯洛于 1943 年在《人类激励理论》论文中提出“需求层次理论”之说。

乐趣。

人走到生命的最后阶段要问自己：一路走来可有遗憾？若有遗憾，就要提醒后生晚辈不要重蹈覆辙，如果自己有能力补救，则尽力弥补缺憾；若没有任何遗憾，就要充满感恩之心，完整地走完此生。

第十五章

文化的视野

第一节 有人有文化

本章的主题是文化的视野。有些人将“horizon”（视野）译为“视角”，但horizon原指地平线，好比人在草原上放眼四顾所能看到的范围，因此译为“视野”更为贴切。文化是人类创造出的最特别的东西，它具有四点特色：

1. 异于自然。文化与自然有显著的不同。

2. 形成传统。文化历经岁月的积淀而形成传统。

3. 自为中心。每种文化都认为自己处于中心位置。

4. 兴盛衰亡。文化像人的生命一样，有兴盛衰亡的生命周期。

异于自然

文化不同于自然，有人类才有文化的创造。文化是人类生活的全部，古人生活留下的任何遗迹，都是考古学家研究的内容。人类的遗迹非常特别，与自然现象有明显的不同。

自然界包括日月星辰、山河大地、花草树木、鸟兽虫鱼，自然界的运作符合规律，可以预测，因此可以说“自然的就是必然的”。如有例外，可以修正原有理论，使人类对自然界的认识更加完整。

自然界的特色可以用“直”来形容，这出自《易经·坤卦》六二的爻辞“直方大，不习，无不利”。《易经》乾卦代表天，坤卦代表地。每一卦下面两爻代表地，中间两爻代表人，上面两爻代表天。《易经》将人置于天地之间，通过观察天地变化的规律来合理安排人类的生活。坤卦的六二爻最能代表大地的特色，“直”即直接产生，可见古人确实智慧超凡。

与“直”相对的是“文”，“文”字由两条直线交错而成，“文”就是错画[1]，只有人类才有能力交错。人有理智，可以利用自然、改造自然，使之更适合人类生存的需要，这就是人类文化的开始。

很多专家研究发现，黑猩猩、猴子等灵长类生物也可以使用工具，但却无

1 出自《说文解字》。原文：“文，错画也。象交文。凡文之属皆从文。”

法改进工具。比如黑猩猩研究专家珍·古道尔（Jane Goodall，1934—）博士[1]通过多年研究发现，黑猩猩可以使用竹棍把蚂蚁从窝里挑出来吃，却无法改进竹棍。人类祖先开始可能也利用竹棍简单地获取食物，后来则不断改进，造出锄头、扁担等各类工具，使人类的生存条件不断改善。

如果你到海边散步时捡到贝壳，说："大海真好，能长出美丽的贝壳！"每个人都会赞同；如果捡到一块手表，说："大海真好，居然长出手表！"别人肯定觉得很荒谬，手表属于精密仪器，没有人的精心设计绝不可能面世。如果在原始森林中看到一张桌子，代表一定有人来过，因为两棵树绝不可能自行交叉组合成桌子。可见，人类的文化极具特色。

德日进在研究了地壳的构造后认为，地球从里到外分为若干层，人类的出现显著改变了地球的面貌，在地球最外层形成了"心灵层"。美国宇航员曾声称在月球上能看到中国的万里长城[2]，长城是古代中国人为了抵御北方游牧民族的侵略而修建的，它使地球的外貌变得不同。

今天地球上生活着 70 亿人，世界各地已很难再找到原始的自然生态。人类创造文化，目的就是使人的生活更方便、更愉快。如果问宇宙有意义吗？假如世界上没有人类，就不涉及意义的问题。所谓"意义"就是理解的可能性，一定要有像人一样有理解能力的生物，才会出现意义的问题。

人类尚未出现时，恐龙曾是陆地上的霸主，各种生物构成食物链，彼此间展开生存竞争，宇宙日复一日地运转，千年如一日，没有所谓"意义"的问题。人类出现后，就要问，这一切是怎么回事？有什么意义？文化创作使人类生活显示出某种特定的价值，这些价值就构成了文化的内涵。早期人类以狩猎为生，后来发展出农耕文明，通过对古代遗迹的考古发掘，我们很容易判断出哪些是人类祖先留下的遗迹。

人类的特色在于人有理性能够思考，可以自由做出选择，因而不可预测，这与自然界"符合规律、可以预测"的特性完全不同。"不可预测"意味着人不一定能走上正路，如果缺乏适当的教育，后果恐怕难以设想，文化可能面临

1 1965 年，珍·古道尔因其对黑猩猩群体生态学的观察和研究成果，被英国剑桥大学授予博士学位。

2 这是一名美国宇航员以个人的名义随意说的，经中国科学院研究确认，人在太空中凭借肉眼无法看到长城。

危机。地球上曾出现过多种不同的文化，能流传至今的则寥寥可数。我们后面还要对文化的兴衰问题做进一步的探讨。

第二节　传统行不行

形成传统

文化的第二个特色是形成传统。传统与时间密切相关，在时间的过程里，文化从开始创造，到逐渐改善和发展，最后才形成某种传统。任何一群人久居某地都会留下某些遗迹，后人可以据此判断：这些人如何与自然相处，是过放牧生活还是以农耕为生；他们如何与别人相处，有什么礼仪、风俗或信仰。这些就构成了传统。

个人的生命非常脆弱，只有处于某一传统之中，才能顺利成长和发展。但传统也会给人带来压力，任何传统都有某些禁忌，规定某些事不能做。这些禁忌非常重要，如若违背，可能会影响到整个族群的生存。

传统的好处是给人提供思考的立足点，使人对于自然和社会的各种现象具备基本的判断能力。人在思考判断或表达观点时，一定需要切入点，就好比一个圆形的东西，若无切入点，则只能从表面观察，无法得知内部是什么情况。如果没有特定的切入角度，一个人无法对任何事情表达任何意见。

譬如阅读有关中国文化的书籍，随手翻阅就会看到“孝顺”一词，外国文化对于孝顺显然不像中国人这般重视。这说明，中国的传统文化在看待宇宙和人生的问题时，会从孝顺这一角度切入。

“天人合一”的说法对中国人来说也耳熟能详，但是其含义却不易说清楚。有人将“天人合一”理解为人与自然要和谐相处，但“和谐”与“合一”显然不同；有人将“天人合一”理解为人死后尘归尘、土归土，重新与自然融为一体，这样的“合一”也谈不上任何高明的境界。

世界各国的文化传统都有看待宇宙和人生的特定角度。譬如印度人，除了有包头巾的传统外，还有严格的种姓制度[1]（Caste System），将印度人分为四

1　1947 年印度独立后，立法废除了种姓制度，但在实际社会生活中，该制度仍扮演着相当重要的角色。

个阶级：

1. 婆罗门。地位最高，由宗教中的僧侣阶级构成。

2. 刹帝利。即武士阶级，佛教创始人释迦牟尼佛的父亲就是古印度迦毗罗卫国的国君，属于武士阶级。古代印度时有战争，武士阶级的势力就会趁机迅速扩张。

3. 吠舍。即平民百姓，包括农、工、商等。

4. 首陀罗。即奴隶，古代印度种族众多，有很多小国，战争后便出现大量奴隶。

除此之外，还有不属于这四种阶级的“贱民”。我们不必担心印度社会不和谐，因为他们有自己的传统和信仰。一位企业家到印度旅游时乘坐当地的人力车，看到车夫拉车时笑得很开心，便好奇地问他：“你这么辛苦地拉车，为什么还能笑得如此开心？”车夫说：“我们相信人是会轮回的，虽然我拉车很累，但一想到下辈子你替我拉车，我就觉得很开心。”

印度人的信仰帮助他们化解了人生的许多困扰。人只要能理解为何受苦，就能逆来顺受，承受一切挑战，这就是传统的力量。宗教信仰是印度传统的重要组成部分，印度人口超过十亿，很多人很贫穷，如果没有这些传统，我们无法想象他们如何活得下去。

中东地区信仰伊斯兰教，有些女性出门要戴面纱、头巾，我们不必为她们抱屈，她们可能觉得甘之如饴。遵守这些规矩表明她们不是普通人，而是属于某个特殊阶层，她们认为抛头露面对女性来说并不合适。不同国家和地区的传统各不相同，我们要“入境问俗”，免得引起当地人的侧目或排斥。

人类文化传统中最主要的内容是语言和文字。许多地方只有语言，没有文字，这样的文化通常很脆弱，不如有文字的族群，可以充分借鉴祖先留下的思想和观念。

譬如中国人讲究的“孝顺”用西方的语言则很难翻译。除此之外，东西方文化还有一个明显差异。西方人强调“罪恶感”，西方的宗教信仰使人相信：人是由神创造的，是受造物，人的生命很脆弱，有开始亦有结束；然而，人有时居然自以为是、妄自尊大，基督宗教认为人有七大死罪，第一就是骄傲。对于神来说，人根本就是微不足道的，但是人居然以为自己了不起，可以自己做主来决定任何事情，甚至想变成和神一样，这是不可饶恕的罪过。

中国受儒家思想的影响，不谈罪恶感，而强调羞耻心，受中国文化影响的日本、韩国、越南等国家亦然。羞耻心在古代只有一个判断标准，就是儒家所谓的“德行”，如果德行不如人会觉得很丢脸。从《诗经》《尚书》到后来重要的哲学派别，都强调人要行善避恶，不要让自己的父母和祖先丢脸。所谓的“光宗耀祖”只有一个原则，即行善避恶，而非升官发财。现在的中国人以赚钱比别人少、衣食住行不如人而感到羞耻，这并非中华民族的优良传统。

传统就是一群人久居某地后，形成一定的生活习惯和价值观念。传统给后代子孙提供了基本的立足点，帮助他们进行人生的重要判断。形成传统是文化的第二个特色。

第三节　各自有中心

自为中心

文化的第三个特色是自为中心，认为自己居于中心地位，而非东南西北四方的边缘地带。

古希腊时期的雅典人就认为自己的文明最为开化，与苏格拉底同期的执政者伯里克利（Pericles，约前495—前429）曾在讲演中自豪地说：“雅典是全希腊的学校。”他认为雅典不仅是地理上的中心，更是文化的中心，雅典四周都是野蛮人。

世界各地的少数民族都有自己的神话和信仰，否则极易被其他民族同化，无法继续生存和发展。神话中一定会提到，虽然本民族人数不多，但我们的祖先与神明有某种特别的关系，譬如犹太人相信祖先与神明订立了契约，因而本民族要保持自身的纯粹性，不能随便被其他民族所同化。同样地，虽然中国汉族人数众多，但也无法把其他少数民族全部同化，即使想用汉字取代少数民族的文字也不容易做到。

每个国家和民族都需要“自为中心”，最明显的例子是犹太人。其祖先可以推到距今三千多年前的亚伯拉罕，他坚定地信仰唯一的神——耶和华，由此开启了犹太人的信仰传统。

犹太人有三种称谓，一是希伯来（Hebrew）人，意为从河对岸过来的人。

亚伯拉罕的祖先曾在两河流域放牛牧羊，亚伯拉罕带领他的家人渡河迁居到迦南地，被当地人称为希伯来人。二是以色列人。亚伯拉罕的孙子雅各曾在夜晚与天使打架，于是被天使称为“以色列”，意为和天使搏斗的人（《创世纪》，32：29）。三是犹太人。公元前 1004 年，大卫王建立以色列王国，后来于公元前 933 年分裂为北方的以色列国和南方的犹大国，北方的以色列国于公元前 722 年先灭亡，犹太人便前往犹大国避难，公元前 586 年南方的犹大国也灭亡了，后来便有了“犹太人”的称谓。

虽有三个名称，但重要的只有一点，犹太人相信自己是上帝的选民，他们为此而饱尝艰辛。雅各的儿子约瑟在埃及任宰相期间，犹太人迁居到埃及以避开灾荒，约瑟过世后，犹太人沦为奴隶，在埃及做了 430 年的苦役。

后来摩西带领犹太人离开埃及[1]。如果今天沿着当年犹太人离开埃及的行进路线，步行 11 天即可到达迦南地（今天的巴勒斯坦地区），但当时犹太人走了 40 年之久，他们认为这是上帝在考验他们。在埃及出生的犹太人有根深蒂固的奴隶观念，在沙漠中行走 40 年，所有在埃及长大的犹太人几乎全部过世，就连摩西也没能进入迦南地，最终抵达的犹太人大部分是在沙漠中出生的。

成为上帝的选民要接受严峻的考验，但犹太人也因此变得与众不同。“二战”期间，被希特勒屠杀的犹太人将近 600 万，直到 1948 年，犹太人才重新建立了以色列国。他们之所以能在敌对民族的包围中坚持下去，正是因为他们相信自己居于中心地位。

中国早在孔子所在的春秋时期就有“夷夏之辨”。“夏”表示“大”和“光明”，代表中国；“夷”代表位于边缘地区、文明尚未开化的少数民族。《论语》一书中，孔子特别推崇管仲，认为他以外交手段避免了战争，维护了中国的统一，使少数民族不敢侵犯中原地区；若没有管仲，中国人很可能被少数民族征服而被迫“披发左衽”[2]了。披散着头发，衣襟向左边开，这是少数民族的风俗。可见，中国人对自己的文化有充分的肯定。

中国的“中”字代表“中心”。古代是图腾社会，以龙、熊、蛇等图案的旗子作为部落的象征，部落领袖所在地插一面旗子，代表部落的中心，以此区

1 参见本书第四章。

2 出自《论语·宪问篇》。原文：“子曰：‘管仲相桓公，霸诸侯，一匡天下，民到于今受其赐。微管仲，吾其被发左衽矣。’”

分东南西北四方。风吹时，旗子两边飘扬，就演变成“中”这个字。“中”字的字源还有别的说法，但此说最合理。

更有趣的是，“中”字与“史”字很像，“史”字的上半部分就是“中”，代表历史记载要秉持正确、正义、正当的原则，这体现了中国的文化传统。中国古人认为中国就是天下，后来即便知道有世界各国的存在，中国人依旧认为自己讲究礼仪和道义，是泱泱大国、礼仪之邦。可见中国古代对“中”这个字有相当的肯定。

外国人不太可能认同中国的中心地位。罗马帝国时期，西方人与秦国有了交流沟通，便用“秦”（qín）字的发音代表中国。后来宋朝盛产瓷器，就用china表示瓷器，以此代指中国。但是瓷器很脆弱，中国后来的国势积弱不振，以China一词来了解中国，并不能体现中国的文化特色。

《左传》中有“民受天地之中以生”[1]的说法，认为人处于天地的中间，后来进一步肯定人是“万物之灵”“五行之秀”。《汉书》有“建大中，以承天心”[2]的说法，“大中”就是《尚书·洪范》中的“皇极”，意即只有“绝对正义”，才能承继上天的心意。中国的“中”字并非指地理位置的中间，而是指人生正道和绝对正义，这才是“中”字的真正内涵。

第四节　文化也会老

兴盛衰亡

文化的第四个特色是具有兴盛衰亡的生命周期。一种文化在兴起之际，就像年轻人一样具有丰沛的生命力，接着便会“盛”行于世，对周围文化产生重大影响，甚至征服其他文化。古代社会中，一种文化兴盛后通常会以武力掠夺资源。

古希腊曾取得了辉煌的文化成就，但由于它由分散的城邦所构成，并经历了长期内战，罗马帝国一旦兴起，古希腊根本不是它的对手，很快便被罗马帝

1 出自《左传·成公十三年》。原文：“刘子曰：‘吾闻之，民受天地之中以生，所谓命也。’”

2 出自《汉书·谷永传》。原文：“窃闻明王即位，正五事，建大中，以承天心，则庶征序于下，日月理于上。”

国所征服。古代帝国如长江后浪推前浪，新兴的帝国不断用武力征服没落的帝国。但俗话说得好："马上得天下，不能马上治天下。"武力征服之后，还是要坐下来认真研究，如何让百姓安居乐业。

文化兴盛期过后，便会盛极而衰。《易经·系辞下传》中提到："穷则变，变则通，通则久。"文化若缺乏变通，则难逃衰亡的命运。变通不能依靠武力，不能只注重外在的形式，变通一定需要以智慧来洞察人性的奥妙。

英国历史学家汤因比在其代表作《历史研究》（*A Study of History*）一书中，研究了历史上出现的21种较有影响力的文化，发现世界上现存的文化均是历史上某种文化的延伸或调整后的形态。所有文化都要经历兴盛衰亡四个阶段，每种文化都会面临挑战，只有适当地回应挑战，才能长期存续和发展。大多数文化只有一度生命，即经历一个兴盛衰亡的周期后便彻底消亡，被其他文化所吸收或取代。汤因比认为，中国文化的特别之处在于它有二度生命。

中国文化自商周时期一路发展，到春秋战国时期形成百花齐放、百家争鸣的局面。当时的中国社会从表面看来动荡不安，但正是危难激励了有理想的知识分子提出各种观念，设法救亡图存，让中国人继续活在天地之间。中国文化由此推陈出新、发展壮大，经过两汉、魏晋、隋唐的发展，直到唐朝末年五胡乱华，外族文化侵入中原，中国文化第一度走向衰亡。

经过五代十国的战乱，宋朝兴起后又大力弘扬中国文化，到后来历经元、明、清等朝代，中国文化经历了第二度兴盛衰亡的周期。1919年五四运动提出"打倒孔家店"，20世纪60年代又经历了"文化大革命"的浩劫，汤因比很担心中国文化将再度衰亡。

如果汤因比活到现在，肯定会承认中国文化确实非常特别，它再度兴起而开始了第三度生命。文化的兴盛衰亡一般以几百年为一个周期，盛极而衰似乎是一种不可避免的宿命。因此重要的是，我们要了解如何才能让文化长盛不衰。

以罗马帝国为例，它一度非常强盛。罗马帝国有一座城市叫庞贝城（Pompeii），位于维苏威火山（Vesuvius）附近。庞贝城的遭遇很不幸，火山突然爆发导致整座城市被火山灰所埋没。对后人来说，这反倒成了很好的考古材料，地下出土的场景好似时间定格一般：许多人正在街上奔跑逃难而被熔岩烧焦，有些人吃了东西还未完全消化。整座城市完整地保留了当时的原貌。

考古工作者发现很多大户人家的门口都放了一口缸，通过研究缸里面的物质，才知道原来这是吐缸。当时的有钱人吃饱后强行吐掉，以便能继续吃喝玩乐。罗马帝国鼎盛时期，到处征税，搜刮财宝，有钱人骄奢淫逸，三日一小饮，五日一大宴，人生的快乐只剩下食、色两个方面。但食、色的欲望满足后，刺激便会递减，不断需要更强的刺激，于是便出现了吐缸。这听起来很恐怖，那个时代的人简直和动物没什么差别。

为什么会出现这种局面？因为在兴盛阶段若缺乏人文方面的修炼，人的生命便无法转向更深刻的要求和更高远的理想，难免往下堕落而寻求身体的当下满足，类似现象在各种文化中普遍存在。罗马文化为何会衰亡？罗马帝国靠掠夺他国资源实现富强，之后便乐不思蜀，安于享受，不再思考更复杂的问题，民众每天到斗兽场观看血腥的角斗比赛。如果偶尔为之，也许还有一定乐趣，天天如此则令人难以忍受。

罗马帝国盛极而衰，很快便分裂为东、西罗马帝国。西罗马帝国位于今天的西欧、北非一带，于公元476年灭亡；东罗马帝国位于意大利以东地区，于公元1453年被信仰伊斯兰教的奥斯曼土耳其人所灭。

现代人提到罗马文化，只知道罗马的法律很有名。罗马神话大部分是抄袭古希腊的神话，将希腊神话中的宙斯（Zeus）改名为朱庇特（Jupiter），将厄洛斯（Eros）改名为丘比特（Cupid）。罗马信奉的神明也与古希腊类似，每个神明各有其功能，最后甚至演变成功利性的，只要多加祭拜便有更多好处，连宗教领域也一起堕落了。罗马文化留给人类的文化遗产相当有限，除了希腊文化遗产的延续发展和天主教的异军突起之外，其他方面几乎是一片空白。

文化不同于自然，它形成传统，以自己为中心，有兴盛衰亡的生命周期。到底什么因素决定了文化的兴衰，这是本章将要探讨的核心议题。

第五节　越方便越好

文化是人类生活的全部表现，为了说明文化的内涵，我们需要对文化做结构上的分析。文化有三个层次：器物层次、制度层次和理念层次，分别对应人的身、心、灵三个层次。人有身体，需要器物满足衣食住行的需求；人有“心”的层次，需要制度的规范；人有“灵”的层次，需要理念的指引。我们先谈器物层次。

器物层次

孔子在55岁到68岁时周游列国，历经十四个年头，不过走了今天中国的三个省而已。现在交通发达，绕中国一圈可能用不了三个星期。在器物层次，古代与现代完全无法相提并论。

唐朝诗人杜甫在《春望》一诗中写道："烽火连三月，家书抵万金。"当时在战乱中收到一封家信实属难得；现在不管在世界的哪个角落，随时都可与家人视频通话，现代科技的发展是古人做梦都想不到的。我们生活在现代，在器物方面应充满感恩之情，科技的发展促使经济繁荣、国民收入提升，衣食住行各方面愈加便利。

有一次我做完国学演讲后，一位听众问："今天提倡国学，请问您是否赞成恢复汉朝的服装？"我听后觉得很诧异，现在都什么年代了，居然还要恢复汉朝的服装？单独定制不仅价格昂贵，而且活动起来也不方便。

我在比利时鲁汶大学教书期间，有一次到布鲁日（Bruges）观光旅游，这座城市完整地保留了中世纪后期的建筑风格，每天都有上千名游客慕名而来。绕城游览时，我觉得这里古色古香，不免发思古之幽情，想象着中世纪骑士在其中战斗和生活的场景。忽然想上卫生间，进去一看，卫生间内部完全是现代化的设施，非常干净整洁。虽然现代人喜欢怀旧，但真要回到古代，恐怕难以忍受当时的生活条件。可见，器物层次越先进越好。

古代传递信息需要飞鸽传书，传递紧急军情有六百里加急，甚至八百里加急，途中可能累死好几匹马；今天用手机短信，轻松一按，立刻收到。古代是农业社会，人们"日出而作，日入而息"，每日疲惫不堪，根本没有时间休闲。古代要走几个月的行程，现在一天就能抵达。在器物层次，人类将科技应用于衣食住行等各个方面，让个人的身体得到安顿，使现代人拥有了大量的休闲时间，但是用这些时间来做什么，反倒成了一个大问题。

谈到器物层次，很多人认为西方的科技一直领先，中国只是在人文领域有较高水平，事实并非如此。英国科学家李约瑟长期研究中国科技的发展历史，编著了7卷34分册的《中国科学技术史》。我们看到这部著作时难免感到惭愧，身为中国人竟然不知道原来这么多东西都是中国人发明的。

李约瑟在历史研究中借鉴了化学中的"滴定法"（Titration），将各种发明放在一起，根据相互之间的因果关系，确定发明的先后顺序。中国人一般只知道指南针、火药、造纸术和印刷术这四大发明，其实这些只是九牛一毛。李约瑟指出：在公元1500年之前，中国的科技领先于世界；在此之后，以欧洲为代表的西方世界则全面超越了中国。

自公元1500年开始，西方出现了科学革命，从此西方科技一路领先，至今已有五百多年。现代科学革命为何会在西欧而不是在中国出现？中国领先了1500年，为何无法继续领先？

在历史上，欧洲经常处于分裂和战乱之中，从来没有像中国一样能够绵延两千多年并基本保持统一，中国只有朝代更迭而没有国家的真正灭亡，中国的科学技术得以延续发展，这是中国的优势；中国社会的稳定也产生了一些缺点，即科学难免沦为服务政权的工具。譬如，新的帝王登基之后，很多科学家会迎合朝廷的需要而"改正朔"，重新确定正月初一是哪一天，颁布新的历法，这样就丧失了科学研究的求真精神。

如果西方没有发生科学革命，中国的科技水平可能依旧领先。但科学革命后，西方人对宇宙和万物的了解可谓一日千里；中国诗歌却仍在赞美太阳从东方升起、西方落下，中国人的认识水平仍停留在太阳绕地球转这种原始阶段。科学革命使西方人的观念发生了天翻地覆的变化，太阳和地球主客易位，使得整个自然界的境界变得十分开阔，中国人只能瞠乎其后，时至今日仍在追赶之中。

现代人在器物层次明显超越了古代的水平，这使我们拥有了更多的休闲时间，但是该如何充分利用这些时间，则是一个更重要的问题。

第六节　人都考虑自己

制度层次

什么是制度？任何文化传统都有一些必须遵守的"禁忌"（taboo），规定了禁止做的事情，譬如不准近亲通婚、不准吃人肉等。人有自由可以选择，如果没有禁忌，往往形成以强凌弱的局面，后果不堪设想。

人类社会需要制度，主要是因为人有"心"的层次，具有思考和选择的能力，因此需要制度来加以规范。西方只要谈到伦理学，谈到人需要遵循的行为规范，出发点一定是“从自己的角度来思考”（self-regarding），任何人都会如此。

譬如，我家里养一条狗，因为人在冬天怕冷，所以觉得狗也会怕冷，于是帮狗穿上衣服。我们以为自己是替狗着想，实际上则过于主观，狗毛可以御寒，帮它穿衣服反而不好。美国社会近来兴起了一种新的行业——宠物心理治疗，人帮狗穿衣服、给狗取名字，使它分不清自己到底是狗还是人，导致很多狗出现了心理问题。同样地，父母出于关爱之心对子女大包大揽，以为这样对孩子好，其实未必如此。

社会之所以需要制度，因为人很容易以权谋私、以私害公。在宗教一章[1]我们讲过，社会学家认为宗教是社会的工具，社会要利用宗教的上帝和善恶报应来约束个人。社会制度通常始于风俗习惯和禁忌，之后逐渐演化为宪法和各种法律，成为一个社会的具体规范。

制度没有绝对的好坏之分，只要能够正常运作，就表明大家都接受了这一规则。制度是否公平一般很难界定，因为每个人都站在自己的角度来评判，譬如你高考中榜，会认为这很公平；另一个人落榜了，就认为这不公平。因此，公平很难有让所有人都认可的标准。

世界上没有完美的制度，任何制度都离不开特定的社会条件。譬如中国与西方从前都有专制政体，但两者之间存在着显著差别，历史学家钱穆（1895—1990）先生认为中国的帝王专制有两点特色：一是监察权，一是考试权。

所谓监察权，是指中央政府设立以御史大夫为首的监察系统，对百官实施监督，对皇帝直言进谏。这表明中国的皇权不是绝对的无上权威。其实，西方的皇权也有限制，如中世纪后期欧洲国家的皇权均受到罗马教皇的制约。可见，各种文化在制度上都有它的特色。

中国古代的考试权也很有特色。中国古代本来没有从民间选拔人才的机制，各种官位都由子孙世袭，像孔子本来也没有机会做官。但春秋末期天下大乱，贵族子弟世袭官位、不学无术，根本没有能力治理国家，为了在兼并战争中获胜，各诸侯国只好从民间选拔人才，孔子和他的学生才有机会做官，成为“布衣卿相”。后来民间人才不断涌现，于是需要制度来加以规范。

1 参照本书第十三章。

汉朝为了培养和选拔人才，设立了太学和“五经博士”。当时采取“举贤良方正”和“举孝廉”等方法，要求地方推举品学兼优、孝顺廉洁的正人君子到中央做官。后来，推举制度演变成门阀士族垄断官位，平民百姓中的人才失去了从政机会。所以，隋唐时期开始出现科举考试制度，以此网罗天下人才。此举不仅使民间人才有上升机会而得以安顿，而且由于民间人才了解各地的风土人情，更容易使全国百姓安居乐业。

科举制刚出现时促进了社会的进步，演化到后来则出现严重后遗症，到明清时期出现了“八股取士”之风，即让考生严格按格律做文章，内容却是陈词滥调，只要把《文选》[1]背熟，依葫芦画瓢，就有可能高中状元。这样的状元可能只会背书，未必有实际的行政能力；只是文章写得漂亮，满口仁义道德，却未必有实际的德行修为。

今日社会普遍推崇民主制度，但英国作为欧洲最早的民主国家，到现在仍保留着女王；日本作为亚洲最早的民主国家，到今天还保留着天皇。可见，追求好的制度不见得要与传统完全决裂，重要的是通过教育和宣传，使民众对新制度形成广泛共识。

世界上没有哪种制度能适用于所有的国家，我们真正要掌握的是某些重要的价值，譬如社会主义核心价值观提出了十二点价值[2]，其中的民主、自由、平等、法治等价值观普遍适用于各个社会。只要在制度设计中坚持这些核心价值观，由此形成的制度一定可长可久，使天下人才各就各位，充分发挥各自的能力来为人民服务。政治是众人之事，需要民间人才不断涌现，有机会施展抱负，将学习心得应用于实际工作中。

西方有很多制度的设计初衷是防范弊端。西方的宗教传统认为人有原罪，权力越大越要防止以权谋私。我们中国人如果相信人性本善，不重视对官员权力进行监督和约束，未免太过冒险。制度不是为某一个人而设计，好的制度应该为整个社会提供公平合理的运作模式。制度层次是文化的第二层，它对应于人的“心”这一层次。

---

1 南朝梁萧统（501—531）编选先秦至梁的各体文章，取名《文选》，分为三十八类，共七百余篇，为我国现存最早的诗文总集。

2 社会主义核心价值观：富强、民主、文明、和谐；自由、平等、公正、法治；爱国、敬业、诚信、友善。

第七节　没理想没未来

理念层次

文化的第三个层次是理念层次。理念就是理想和观念。人活在世界上，对未来的憧憬、对人生的理想以及言行表现出的价值观和人生观，都属于理念的范畴。我们只能看到人的“身”“心”的层次，譬如一个人的想法会表现为具体的作为，却无法看到理念的层次。文化中的理念到底有多重要呢？

欧洲的丹麦、瑞典，以及亚洲的日本等先进国家，普遍面临着自杀率居高不下的问题。这些国家在器物方面非常丰盛，国民年均收入超过三万美元，在制度层面亦非常完善，为什么还有人不想活了呢？

有一年在瑞典发生了一起枪杀案，一个狂人杀了十几个孩子，他被抓到监狱后接受电视节目采访，任何人看后都会愤愤不平。瑞典监狱的内部设施几乎相当于四星级酒店的标准，可杀人犯还在抱怨电视画面的色彩不佳。一个凶残的杀人犯居然受到这么好的待遇，可见瑞典对人权的保障远远超过一般人的想象。

然而，对那些无辜的受害人，我们该如何交代？西方的宗教信仰使人能够接受不幸的遭遇，虽然无法理解神为何如此安排，但既然人已经走了，活着的人也只好收拾自己的悲伤，继续面对未来。西方的宗教情操固然有其特色，但我们不能忽略理念的重要性。为什么有人完全不顾惜别人的生命，甚至也不顾惜自己的生命？西方有人做过统计，富人患忧郁症或自杀的比例均超过穷人。为什么在物质丰盛、制度完备的社会，人们会自寻短见？原因就在于他们的理念已经空洞化了。

现代社会的发展使宗教信仰慢慢空洞化。人们发现，很多人信仰其他宗教，也像自己一样虔诚、快乐，对于死后升天堂或是进入极乐世界、涅槃境界亦深信不疑。以前认为自己信仰的神是唯一的，现在面对多元化的信仰，不能再自以为是，于是对自己的信仰产生了怀疑。

由于现代科技的发展，电视、手机等各种媒体使信息飞速传播，真假、善恶、美丑等价值完全混淆，连实际生活的规则都变成相对的，所有的价值都被质疑。

难道所有的理念都是虚拟的，只是被设计出来用于教育下一代？其实我们要问，长辈要求我们做的事和我们身为一个人应该做的事是否矛盾？长辈要求我们孝顺、讲道义、守信用，这违背了我们的人性还是符合它的发展要求？这时就需要有一套哲学来加以解释。

其实，文学、艺术和宗教也能提供某种解释，但只有哲学的表述最为完整和抽象，不涉及具体情况。否则，一旦涉及具体情况，很多人就有了逃避的借口，他们会认为："你提供的解释只是个案，并不适合于我的情况。"

文学作品可以表现是非、善恶、美丑等价值观，因而受到大众的喜爱。今天的文学作品从广义上讲可以包括诗词、小说、电视剧、电影等形式。文学作品的特色是将人无法实现的愿望加以投射，使人产生"于我心有戚戚焉"的共鸣：一方面描绘出一个理想的世界，使人憧憬并为之奋斗；另一方面也会赤裸裸地揭示现实，使人了解人性的复杂和残酷。文学基本上要通过故事来表达，但任何故事都有其特定的时空背景而无法普遍化。我们看古人的故事也许会深受感动，却未必能将这种感悟应用于日常生活中。

欣赏艺术要通过视觉、听觉、触觉等感性可及的方式，去体会艺术家创造的新形式和新象征，但有些人缺乏直接感受能力，无法体会艺术家的良苦用心。

宗教是一种图画式的思考，宗教中的故事好像图画一样，使人产生丰富的联想。唐朝画家吴道子（约680—759）曾在长安寺庙的墙壁上画过一幅《地狱变相图》，描绘了十八层地狱的恐怖景象，画好后一个月内无人犯罪。但一个月后，坏人看习惯了就不再恐惧，于是故态复萌。因此，宗教的影响力也有其限制。

著名物理学家杨振宁在35岁时就获得了诺贝尔物理学奖，他在70岁时出版了自传，其中有一句话令人印象深刻："我30岁之后做人处世全靠《孟子》。"在父母的教导下，杨振宁很小便会背诵《孟子》。《孟子》强调人格的修养，通过培养浩然之气，使自己既要有勇气坚持正确的立场，又能时常自我反省，避免自以为是。杨振宁由此学会了保持谦虚、尊重他人、替他人考虑，找到了做人处世的依据，这充分体现了哲学的重要作用。

在文化的三个层次中，理念最为重要，因为它决定了人生的意义和方向。学习中国文化要掌握其核心理念，即儒家和道家的思想，这两个学派的创始人对人生有非常清晰和透彻的看法，掌握了完整而根本的智慧。

理念可以指引人的生命不断向上提升，它与人的“灵”（或称为精神）的需求有直接的对应关系。了解了文化的三个层次之后，将来遇到任何文化现象，我们都能准确地判断出它属于哪一层次。

第八节　怎么看宇宙?

既然探讨文化的视野，就须追溯现代文化是如何演变形成的，近代以来的几次革命使现代人经历了重重考验。

天文学革命

天文学革命以哥白尼的“地动说”（地球围绕太阳转）为标志，这使信仰天主教的欧洲人受到了极大震撼。《圣经》指出，地球是宇宙的中心，人类是上帝在地球上用心造出的，是万物之灵。哥白尼的说法被认为大逆不道，如果地球只是一颗运动中的行星，又该如何解释上帝造人的特殊意义呢？哥白尼迫于宗教压力，直到死前才敢发表他的著作。哥白尼之后的伽利略通过望远镜观察和数学建模，建构了近代机械论的宇宙观。天文学革命对人类的影响非常深远。

为何科学革命会在欧洲出现？中国的科技水平在公元1500年之前一直领先，为何在这之后会被西方赶超？西方学者怀特海在他的代表作《科学与现代世界》[1]一书中对此提出了三个理由：1. 希腊的悲剧；2. 罗马的法律；3. 中世纪的信仰。这三点都属于人文的领域，似乎与科学毫无关系，但是西方人经过这三方面的长期熏陶，培养出科学研究所需的实事求是的心态。

1. 希腊的悲剧。希腊悲剧的主角不是帝王将相，而是命运。命运有其既定的轨迹，不以人的意志为转移。希腊悲剧几百年的熏陶，使西方人能够冷静地看待命运的无情安排。自然界的规律与命运相似，不因人的需要而改变。譬如我们举办奥运会都希望举办期间风和日丽，但无论如何祷告，自然界该下雨就会下雨，任何人工干预的方法即使奏效也可能有后遗症。在浩瀚的宇宙中，地球微乎其微，正如庄子形容的“中国在四海之内，就像谷仓里的一粒米而已”[2]

1 该书被认为是继笛卡儿的《方法论》之后讨论人的思维方法的最重要著作。

2 原文：“计中国之在海内，不似稊（tí）米之在太仓乎？”

（《庄子·秋水篇》），向奥林匹斯山诸神祷告不过是人的一厢情愿而已。

2. 罗马的法律。罗马法律的特色是采用演绎法，规定了基本原则后，不会因为个别情况而改变，王子犯法与庶民同罪，从而形成天罗地网，完全没有任何遗漏。科学亦有类似特色，科学理论必须保证在任何时空条件下，实验结果都具有重现性。如果出现偏差，则需进行理论修正，以确保其普遍适用。

3. 中世纪的信仰。这是指天主教的信仰，即耶稣在《圣经》中的各种言论。耶稣说："两只麻雀不是卖一个铜钱吗？但若没有你们天父的许可，它们中连一只也不会掉在地上。就是你们的头发，也都一一数过了。"（《马太福音》，10：29 ~ 30）宗教信仰使人慢慢相信，整个宇宙都被一种无形的力量牢牢掌控，没有任何东西会偶然出现，所谓"偶然"只是尚未找到原因而已。墙上不会偶然长出小草，我和朋友也不会偶然相遇，天下所有事情都被宇宙的自然规律所控制。

怀特海的解释颇有道理，西方人经过这三种人文因素的长期熏陶，养成了实事求是的心态，从而得以跨过科学世界的门槛。我们很喜欢说"实事求是"，其实人很难站在客观的立场上看问题，一定是先由主观的立场切入，再设法超越原先的主观立场。

我曾碰到过这种情况，开会时有两种立场针锋相对，双方争论不休，有位同事到最后总是说："不要吵了，听我说，我这个人最客观。"其实，这样的说法本身就不够客观，因为这个世界上没有人能做到完全客观。

文化形成的传统可以为人的思考提供一种切入角度，没有切入角度则不可能深入到事物内部，更不可能看到事物的整体。在思考中，关键要随时提醒自己，不要被这一出发点所困，不要被自己的角度所限制，这样才能做到相对的客观。我们不要幻想完全的客观，完全的客观意味着不能采取任何立场，因而不能发表任何评论。

牛顿于1687年发表的《自然哲学的数学原理》（*Philosophiae Naturalis Principia Mathematica*）为古典物理学奠定了坚实的基础。牛顿在西方的影响力之大，远远超过我们的想象。英国诗人亚历山大·蒲柏曾在诗中写道："上帝说：让牛顿诞生吧，于是一切显现光明。"这样的描写震撼人心，似乎牛顿出生之前，人类一直处于黑暗之中。

人们从前一直以为，太阳从东边升起、西边落下，太阳升起是为了向人类致敬。现在说地球绕太阳转，为什么人们不觉得头晕呢？牛顿通过万有引力定律和运动三大定律给出了合理的解释。这样一来，人类才能够安心地住在地球上，相信地球绕太阳转，并进一步探索宇宙的奥秘。

现代人遇到的第一个考验就是天文学革命，我们由此扩大了宇宙观，产生了人类生命共同体的感受。地球在浩瀚的宇宙中是如此的渺小，我们生活在同一个地球上，还有必要再纷争不断、动乱不止吗？

第九节　社会是丛林吗？

生物学革命

对现代人的第二个考验是生物学革命，以达尔文的进化论为代表，但中国人不大容易接受这样的说法。在科学上为了解释某些现象，提出一种未经充分证实的观点就称为假设，假设经过实验的反复验证后才能成为确定的理论。“人是由高级灵长类生物演化而成的”的说法只是一种假设，不过，它已经受到了广泛的肯定和推崇。

现代社会，很少有人再相信“上帝造人”的说法，有一种解释更为合理：上帝创造了万物，其中部分生物具有演化的潜能，慢慢演化为人类，这也能说明人为何具有生物的特质。

即使进化论的假设最终被证实，也并不影响中国人把人看作“五行之秀”“万物之灵”的观念。如果进化代表进步，人类确实比较进步，人类跨过了反省的门槛，可以思考和选择，并承担相应的责任，其他万物则只能靠本能生活。人与万物截然不同，不愧为万物之灵。

进化论的观念被普遍接受，可能带来两种影响：

1. 人与其他生物的关系可能变得更亲密。一旦接受进化论的观点，我们就会意识到人与其他生物关系密切，特别是与灵长类动物同根同源，人类的祖先曾与这些动物同时生活在地球上，共同分享自然资源，今天我们仍应如此。

儒家对于人的生命状态有相当深刻的观察，孟子说：“人之有道也，饱食暖衣，逸居而无教，则近于禽兽。”（《孟子·滕文公上》）即人类生活的法则是：吃饱穿暖，生活安逸而没有教育，就和禽兽差不多。孟子又说：“人之所以异于禽兽者几希。”（《孟子·离娄下》）即人与禽兽不同的地方，只有很少一点点。孟子多次使用“几希”来表示“一点点”的差别。人和禽兽的一点点差别并不在于“量”的差别，而在于人能否发挥“真诚”这一生命特色。

万物之中只有人类有是否真诚的问题。《孟子》和《中庸》都提到“诚者，天之道”[1]，即真诚是天的运作模式，这里的“天”包括天地万物和人的身体，“诚”就是“实”，即实实在在的样子。只有人可以思考和选择，因此人需要“思诚”，更直接的说法是“诚之”，即设法让自己真诚。孟子认为，如果人忽略了真诚这一特色，就与禽兽差不多了。

2. 人与其他生物的关系可能变得更血腥。也有人会认为，既然自然界的法则是“物竞天择，适者生存”，人类对其他动植物就不必客气，不必同情与怜悯。

儒家认识到人类在万物中的特殊地位后，便积极地希望人类能够承担更多的责任。《中庸》提出人应该“赞天地之化育”（第二十二章），“赞”就是帮助，对于濒临灭绝的生物，人类要设法加以保护。人对自然界有四种态度：竞争、利用、保护、欣赏。儒家比较强调对自然界的保护和欣赏。即使进化论是事实，人类还是要承担自身的责任，这是比较正面的看法。

西方则转到另一个方向，西方近代提出“社会学上的达尔文主义”，把人类在原始丛林中与其他生物竞争的法则应用于人类社会。人类在自然界的生存竞争中已经打败了所有生物，如今又把社会当作丛林，把其他人当成竞争对手，一个人的成功可能意味着许多人的失败甚至灭亡。

西方自古希腊时起，就有“强权即是公理”的观念。后来，马基雅维利（Niccolò Machiavelli，1469—1527）在《君主论》（*Il Principe*）中更是明确地说，达到和平的手段是战争，只要能取得胜利，就可以不择手段。

现代社会虽然不见得有战争，但“商场如战场”的观念深入人心，为了取得商业竞争的胜利，人们不择手段，诸如商业间谍之类的问题层出不穷。就算在大学教书也要竞争上岗，人们不得不使出各种手段。斗到最后，我们不禁要问：别人到底是我的同伴还是敌人？为达目的能否不择手段？我这样对付别人，别人是否也会以牙还牙？生物学革命让我们更清楚地看到了人性的阴暗面。

从儒家的视角来看，生物学革命具有积极的意义，人在进化过程中，慢慢

1 《孟子·离娄上》原文：“是故诚者，天之道也；思诚者，人之道也。”《中庸》原文：“诚者，天之道也；诚之者，人之道也。”

发展出属于人的特性，应该予以充分发挥。孟子强调人心有特殊的作用，如果真诚地进行自我反省，立刻便有行善的要求，这样的心是上天所赐，是人类天生具备的能力。人只要内心真诚，看到别人受苦，心里便会觉得不忍。别人是我的同类，发生在别人身上的灾难同样可能发生在我或亲朋好友身上，我又怎能袖手旁观呢?

现在的人类对于其他生物来说，已经占据了绝对优势，未来是依旧采用古代自然界的竞争法则还是要再前进一步呢？有两句话可分别代表两种观念：一句话是我的老师方东美先生上课时很喜欢说的："做人就是要做神一样的人。"（To be human is to be divine.）西方有句话说得更为直接，也更贴近事实，即"人都是会犯错的。"（To be human is to err.）这两句话体现了不同的思维和视角，唯有二者兼顾，才能对人性有更为完整的理解。

第十节　内心很复杂

心理学革命

心理学革命的代表人物是弗洛伊德，天文学、生物学、心理学三重革命的说法正是弗洛伊德提出的见解。弗洛伊德曾与学生荣格一起到美国访问，轮船抵达纽约之际，受到岸上人群的热烈欢迎。弗洛伊德对荣格说："如果人们知道我们带来的是什么，一定会吓得跑光了。"

弗洛伊德不再通过人的行为来推测人的内心想法，他发展出深度心理学，发现潜意识的存在。弗洛伊德认为，潜意识无法被看到，里面一团混乱，有很多打不开的情结（Complex）。人从五岁起，当愿望不能实现而受挫时，内心就会产生一个结。这些情结可能一直无法被解开，使人一辈子都不快乐。

于是，弗洛伊德开始为病人做心理分析，找到病人小时候发生过哪些事引发了今日的烦恼，从而帮助病人解开谜团，减轻其心理负担。弗洛伊德把复杂的潜意识简化为"性需求"，再辅以生存及死亡需求，用以说明人类的一切行为。

潜意识的发现使平面心理学发展为深度心理学，确实具有革命性。但弗洛伊德习惯从病人的角度来分析正常人，他认为每个人都有心理问题，这些问题只是暂时得到压制或缓解，尚未充分暴露而已。在心理医师眼中，每个人都或多或少患有精神官能症。根据调查测算，世界上精神官能症患者大概占总人口的五分之一到四分之一，轻者表现出厌食、失眠等症状，严重的还会形成躁郁症或忧郁症，甚至可能自杀。

精神官能症可能表现为人格分裂，即在不同情境下会表现出不同的人格特质。有一部电影描写一个人居然有24种分裂的人格，他说话做事的风格会瞬间转变，突然间好像变了一个人，让熟识他的好友感到难以置信。在有关犯罪的新闻报道中，常听到有人说："我认识他几十年，没想到他是这样的人。"通常我们只能认识到一个人正常的一面，却难以了解他内心的每一个角落。其实，我们对自己都很难有全盘的了解。心理学革命给人类带来了很大的压力。

弗洛伊德的学生阿德勒（Alfred Adler，1870—1937）调整了老师的学说，认为不能用性欲来解释潜意识，他提出一种新的理论——自卑之超越[1]。每个人小时候身体都很柔弱，看到大人高大的身躯就会产生自卑感。在我的记忆中一直保存着这样一幕画面：父亲伸开双臂，我在上面可以像猴子一样翻跟头。长大后发现，父亲比我矮也比我瘦，可见人在小时候很容易自卑。人的一生都在追求自卑之超越，由此出现了各种文化和文明产品。

阿德勒关于家中排行的理论更广为人知，比如家中有五个孩子，排行第几有什么样的心态？谁的压力最大？谁更容易成功？他的分析很有特色，分析中大量使用了西方文化的资料作为佐证。

后来，马斯洛发展出需求层级理论，得到了很多人的肯定。马斯洛用"需求层级表"来说明人有不同层次的需求，自下而上分别是：生理需要、安全与保障的需要、爱与归属的需要、自我尊重与受人尊重的需要，以及位于最高层的自我发展的需要。这些构成了自我实现的层级。

值得注意的是，马斯洛在研究中所选的样本都是杰出人士，这与弗洛伊德学派的研究方向不同，我认为这是一条正确的途径。如果试图寻找人性的弱点则数不胜数，杰出人士身上亦有不少弱点，但这些人通过奋斗取得了非凡的成就，实现了自我，这更值得我们借鉴。马斯洛的理论被称为优质心理学，展现了人的优良品质，与病态心理学完全不同，西方很多心理学家都选择了类似的途径，如弗兰克、罗洛·梅（Rollo May，1909—1994）等。

---

1 他的代表作为《自卑与超越》，又译为《生命对你意味着什么》（*What Life Should Mean to You*）。

中国儒家经典《中庸》一书中，认为孔子“祖述尧舜，宪章文武”，即孔子遵循并讲述尧舜的理想，取法光大文王武王的德政，从这句话我们就知道孔子属于哪一派心理学。儒家以尧、舜、周文王、周武王作为推崇的对象和表彰的楷模，意在鼓励每个人都成为君子。成为帝王需要具备一定的条件，成为君子则是每个人都可以实现的目标。

人生难免遇到苦难、挫折等考验，孟子说：“故天将降大任于是人也，必先苦其心志，劳其筋骨，饿其体肤，空乏其身，行拂乱其所为，所以动心忍性，曾（zēng）益其所不能。”（《孟子·告子下》）这是对儒家心理学最好的一段描述。

人生在世不可能一帆风顺，即便一帆风顺也未必会觉得快乐。除非一个人自己懂得如何快乐，否则想让他快乐比登天还难。没有人可以保证让别人永远快乐，这是不切实际的幻想，很多人曾努力尝试却均以失败告终，而且还无法得到别人的感谢，“爱之适足以害之”的例子不可胜数。

对于西方心理学革命，我们要设法使之转向优质心理学，以成为君子作为人生的目标。

第十一节　新的挑战来了

信息化革命

信息化革命直接导致了信息泛滥。如今，电脑、手机以及人工智能（Artificial Intelligence，AI）的表现令人惊讶，阿尔法围棋（AlphaGo）通过“深度学习”，打败了世界上所有的围棋高手。信息化革命对人类造成了重大影响，科技发明的本意是帮助人类延伸自己的力量从而掌控世界，结果人类反而被自己发明的工具所控制。

有位朋友一天上班忘了带手机，结果一整天坐立不安、魂不守舍，生怕别人找不到自己而误事；回家一看，只不过有三个不太重要的电话而已。还有人用三部手机与不同的人联络，貌似掌握了更多资源，实际上“拥有即是被拥有”，他完全失去了主宰自己生命的能力。有很多人离开手机就找不到路、乘不了车、买不到东西，连能否活下去似乎都成了问题。

信息化革命还产生了虚拟现实（VR）技术，它能在游戏中营造逼真的场景，正应了《红楼梦》的那句话："假作真时真亦假，无为有处有还无。"真假虚实完全混在一起，使人产生真切的感受，真正的生命经验反倒变得不再重要，因为经验能留下的也只是一些感受而已。

沉醉于虚拟的世界中，人分不清到底什么才是真实的生活，也不知道要对什么事情负责。现在有很多宅男、宅女可能一个月足不出户，通过网购让自己吃饱喝足，每天活在虚拟的世界中，看似自得其乐，却远离了整个社会。人是社会性的动物，每个人的成长都离不开长辈的照顾和社会的教育。如果人到了可以独立的青年、中年阶段，完全不与别人来往，这样的社会恐怕难以继续发展。

有人开玩笑说，有三个苹果对人类影响巨大：第一个是伊甸园里亚当和夏娃吃的苹果，两人因此被逐出伊甸园，成为人类的祖先；第二个是掉到牛顿头上的苹果，牛顿通过思考苹果为什么不往天上飞，推导出万有引力定律，彻底颠覆了人类对宇宙的认识；第三个是乔布斯创立的苹果公司，它作为信息技术的代表，显示出信息化革命给人类造成的深远影响。

信息化革命让现代人一天内接收的信息量相当于从前的人很长时间接收的信息量。你的内心有多少内在的能量可以承受如此多的信息？信息大都是碎片化的，不成系统，这会造成人格的分裂。比如我看电影时沉浸在虚拟的世界中，看完后很短时间内又要切换成其他角色。现代人虽然有身份证（ID），却很难有自我认同。

信息化革命给人类带来的冲击仍在不断深化中，未来如何发展，我们很难预测。现在又出现了虚假信息泛滥的问题，许多虚假消息四处蔓延，也不知道是谁最先捏造的，让人惶惶不可终日，这将导致人与人之间的信任危机，这是更大的社会问题。

基因学革命

谈到基因学革命对人类的影响，大家都知道现在有转基因食品，很多人反对这项技术，认为食用转基因食品对健康有很大的风险，很多专家清楚地展示了相关证据。

但更麻烦的是克隆人的问题。克隆技术在动物上的应用已经屡见不鲜，有人觉得自己的狗很可爱，在它老死或病死之后，便花钱克隆一只完全一样的狗，克隆的订单源源不绝。1996 年，经过 277 次实验，全球首只克隆动物多利羊诞生，这意味着前面276次实验都失败了，很多胚胎可能发育成畸形羊，身体残缺不全。如果克隆人也出现残缺不全该怎么办？克隆人的出现还会引发一系列复杂的伦理和社会问题。

譬如，有些人年轻时身体健康，但老了之后会出现某种病症，根据他的细胞复制的克隆人，老了之后也会得类似的疾病，这个克隆人岂不是很“委屈”？有些人有心理障碍，根本搞不清楚自己是谁，由他复制的克隆人会出现更大的麻烦，他根本无法实现自我认同，“我是我本身还是别人的分身？”

克隆人在伦理学上也会出现问题。如果克隆人犯了罪，到底该由谁负责？克隆人很容易把责任推给他的原版，如果原版的人已经过世了，就不知道该由谁负责了。而且，克隆人的来源很难确定，我们不知道他来自哪里，若要结婚则很难界定是否属于近亲关系，结婚后下一代有什么问题就更难说了。

科学为人而设，所有的科学都应该为世人谋福利，而不能倒过来“为科学而科学”。如果科学的发展导致出现变种的妖怪、恐怖的野兽，人类的未来又该何去何从？

近代以来，人类经历了多重革命的冲击，每一次革命都给人类带来极大震撼。我们要换一个角度思考，设法让各种革命产生积极的正面影响，这是我们今天必须面对的挑战。

第十二节　后现代的困扰

“后现代社会”一词有特指的含义，西方把18世纪启蒙运动之后的社会称为现代社会。启蒙运动充分肯定理性，代表人物有我们熟悉的作家卢梭、伏尔泰等人，他们对于人的未来非常乐观，认为人类开始用理性思考，用合乎逻辑的方式互动，一切以理性为基础，人们不再受到宗教的束缚，不再陷于迷信的深渊，从此可以顶天立地。这些乐观的想法在20世纪两次世界大战中受到严峻考验而几近崩溃。于是，20世纪后期进入了“后现代社会”，不再纯粹用理性来建构社会价值。

每个社会都有传统的理念，如若违背就会受到社会的压力。做人循规蹈矩、遵守规范、敬老尊贤、公平竞争等都属于理性的范畴，但理性显然没有这么大的约束作用。后现代社会在人的认知、情感、意愿方面显示出三点特色：

（一）知识碎片化

在认知方面，每个人都希望学习知识，最好能拥有智慧。后现代社会中，系统的知识已经不复存在，只有碎片化的知识。任何知识都有基本的立场，一有特定的立场则代表不见得完全正确。譬如，文学家看到月亮，会说："月亮真美，充满光明，让人产生各种想象。"科学家则认为月亮只是一个星球而已，没什么特别的。对同一样事物，不同行业有不同的说法，世界上没有哪种知识具有普遍的价值。

英国近代哲学家培根曾说："知识就是力量。"他所谓的"力量"不是指可以惩罚别人的政治权力，而是指广义的"能力"。譬如，有一辆汽车，只有掌握了驾驶和维修等相关知识的人，才有能力开车，知识就是能力的体现。知识也代表权力，我负责开车便可以决定开往何方。

尼采说得更清楚："这个世界上所有的知识都是重新做一种解释。"掌握权力的人会通过重新解释来巩固自己的权力。因此，每个国家在编写教科书时，都会根据政权的需要，对古代历史和英雄人物重新加以解释，使百姓相信当前政权的合法性，古今中外无一例外。

两国交战，两国各自写的战争史则完全不同，每个国家都会挑选对自己有利的素材，用以教育下一代。可见，世界上没有客观的真理。后现代社会将过去累积的知识加以汇总，导致知识碎片化，无法形成一套既有客观价值又能普遍适用的知识。

（二）情感瞬间化

人的情感本该深沉厚重，与别人交往时应情深义重，现在却变得"瞬间化"，只顾当下的快乐，不考虑如何与人长期互动，情感变化很快，还以"彼一时，此一时也"为借口。情感瞬间化表明生命陷入激情的旋涡，完全无法自主，这是一种非常原始的生命状态。这种现象越来越普遍，人与人之间的感情失去了以往的深刻脉络，不易长期维持和发展。

（三）意愿虚拟化

现代人有很多时间处在虚拟世界中，对于自己的选择无须承担责任。人的任何选择都会带来某种后果，人要为之承担责任。如果选择后不用负责，意味着选择的自由是假的自由。

教育孩子有一个重点，就是孩子做出选择后要自己负责。如果大人总是在孩子做错事后帮忙善后，这样的孩子永远也长不大，他永远都是小孩的心态，不能自己负责。将来他拥有了权力或财力之后，很可能铸成大错。

如今意愿虚拟化的情况越来越普遍。各类电子游戏使人长期处在虚拟世界中，四处攻击直到出现“Game Over”，游戏结束后又可以从头开始。如果有一天在街上看到别人开枪杀人，也感觉好像是个游戏。如果面对真实的人，你没有信守承诺会受到别人的责怪，而在游戏中守不守信用最后都一样，一切都会重新开始。久而久之，人在意愿方面便可能无法落实。

后现代社会的普遍口号是：所有被接受的价值都要重新接受质疑[1]。对此可做如下理解：

1. 一切归零。文化不是零，文化的重要性在于，它为人们了解现实世界提供了特殊的切入角度。没有文化作为基础，人不可能了解任何东西。然而，后现代社会将一切价值归零，过去的都不再考虑，让人设法从零开始。

2. 从当下的感觉开始。现在觉得快乐就是快乐，谈过去或未来都没有意义，现在的感觉是最直接的体验，即使感觉常常变动也无所谓，人就是在感觉的旋涡中打转。

3. 随时更换。我可以随时更换我的价值观，对一个人的好恶态度可以随时改变。

这些表现正是现代人的危机所在。任何社会的存续都要依靠这个社会的中间阶层——年轻人，如果他们太早接受了后现代社会的观念，我们无法想象未来的世界会变成什么样。哲学好像航海的罗盘，可以为我们的人生指明前进的方向，如果让一个孩子从零开始，恐怕他连基本的思考都会变得非常困难。

第十三节　休闲生活

谈到文化与人生的关系，有位西方学者写过一本书，提到人生有五种快乐：

1. 从事创造性的工作。譬如作为工程师设计一座新的城市，作为建筑师盖

1 出自法国哲学家利奥塔（Jean-Francois Lyotard，1924—1998）的《后现代状况》。

一幢房子，或是作为老师遇到天资聪颖、善于思考的学生，都属于创造性的工作，人在其中可体会到自我实现的快乐，很多人都有类似的经验。

2. 健全的人际关系。与别人相处的快乐不言而喻。我们常说，饭菜是否丰盛并不重要，重要的是与谁一起分享。好友相聚时，即使简单的食物也会吃得津津有味，彼此间深有默契，可谓“相视而笑，莫逆于心”（《庄子·大宗师》）。亲情、友情、爱情都会给人带来快乐。当你心情愉快地乘车，看到全车人都平安健康，一瞬间会觉得人生很美好，作为一个人很幸福。

3. 休闲生活。本节将着重探讨休闲生活的快乐。休闲意味着没有特别的压力，不用上班工作，没有承担特别的责任。此时该如何安排时间？做哪些事情才会快乐？为何会感到快乐？我们在飞机上常会看到旅行团，只要做好计划、一帆风顺，一次可以游览很多地方，旅游是一件轻松愉快的事，如果经济条件宽裕则更加舒心。

4. 艺术欣赏。艺术欣赏代表审美的快乐。

5. 性爱。这一点年轻人很容易体会。

一个人如果不懂得如何安排自己的休闲生活，可能会出现以下三点问题：

1. 生活懒散，不求上进。有些人在工作中一有机会就偷懒休息。然而，休息不等于休闲，休闲一定要有具体的内容。

2. 喜欢说闲话。闲暇时，几个人聚在一起聊天，不到三分钟就开始聊“八卦”消息，对别人衣食住行的各种细节都要评头论足，这就是海德格尔所批评的“说闲话”，它分散人的注意力，使人不再注意到自己，因为一旦注意自己，便会遇到“我要过什么样的生活”“这是正确的选择吗”等令人烦扰的问题。

3. 耽于逸乐。整天沉溺于生活的享受。

孔子也说过：“三种快乐对人有害，以骄纵享乐为乐，以纵情游荡为乐，以饮食欢聚为乐，那是有害的。”[1]（《论语·季氏篇》）这些事情虽然快乐，对人的成长却没有帮助，沉溺多年后蓦然回首，除了变老了，没有任何长进，岂不可惜？

我在美国念书是在 20 世纪 80 年代，有一天我在宿舍里问一位黑人女清洁工：“学生放暑假后，你去做什么事？”她说：“出国观光旅游。”我吓了一跳，

---

1 原文：“孔子曰：‘益者三乐，损者三乐。乐节礼乐，乐道人之善，乐多贤友，益矣。乐骄乐，乐佚游，乐宴乐，损矣。’”

想不到外国人的福利这么好，连清洁工都能在放假时出国旅游。经济发达后才发现，这本来就是正常的休闲生活，只是在几十年前我们还不敢如此想象。

1997到1998年，我在荷兰教书，这才真正领教了什么是休闲生活。荷兰人每周休息两天，周六上午，全家进行大扫除，妈妈和女儿清理家中的卫生，爸爸和儿子修理自行车。荷兰当时的人口有1600万，自行车有1500万辆，把婴儿都算上，几乎平均每人一辆，每家有两三辆自行车不足为奇。骑自行车既环保又健康，到周末则要修理维护。周六下午，荷兰人通常进行大采购，超市里人满为患。

周六晚上是互相拜访的时间。有人过生日，则亲戚朋友都来为他庆祝。做客时一定要带三样东西之一：一束鲜花、一瓶葡萄酒或一盒巧克力。这些都是荷兰盛产的物品，所以价格并不贵，如果三样都带，主人一定非常开心。聚会从晚上七八点钟开始，不到午夜不会散场。

荷兰人都有宗教信仰，周日早上要上教堂，在新的一周开始时让自己能够收心，反思最近是否有亏欠别人之处，以求改善。周日下午，街上充满了欢声笑语，祖父母带着孙子孙女，父母带着子女，全部出来逛街。街上有很多复古的游戏：投一枚硬币，就有小玩偶跳出来唱歌；街边卖着棉花糖……我不禁感慨，荷兰不愧是发达国家，懂得如何休闲生活。

真正的休闲生活需要达到三个目标：

1. 安静。安静不仅意味着没有声音，还包括内心的平静和宁静，使人蓄势待发。通过休闲使自己安静下来，准备重新出发，这是生命化被动为主动的关键。

2. 庆祝。假期是最好的休闲时间，通常都有多姿多彩的庆祝活动，很多国家都有特定的民俗，如西班牙有奔牛节，一大群人被牛追赶，跑得慢的还可能被牛顶伤，其他地方还有番茄采摘、泼水节、各种嘉年华等活动。人生在世，工作和人际互动会带来很大的压力，通过过年、过节的庆祝活动，压力可以得到适时的疏解。

3. 整全。现代人要上班工作，与别人交往时还要扮演特定的角色，我们好像只是具备某种专长的工具而已。休闲生活可以帮助我们恢复生命的完整性。

一个国家的经济发展到一定程度，人们就会走向休闲生活。出国观光只是一种选择，它耗费大量的金钱和体力，不见得就符合休闲的本意。真正的休闲可以让人有力量重新出发，产生源源不绝的创意，并进而感觉到人活在世界上是一件快乐的事。

第十四节　重建概念

本节再介绍一下人文主义的思想。人文主义并非某种特定的主张，而是一种普遍的心态。西方近代最重要的哲学家康德认为，绝不能只把别人当作手段来利用，同时也要把别人当作目的来尊重。这句话是对“人文主义”的最佳定义。人文主义很容易被忽视，因为在这个世界上，人们已经习惯于讲求功利和效用。

契诃夫（Anton Pavlovich Chekhov，1860—1904）曾写过一部短篇小说《苦恼》，描写一个马车夫的儿子去世了，马车夫对每一个乘客都说：“我儿子过世了。”有些客人觉得马车夫莫名其妙，于是很不耐烦；有些客人会简单问一下是什么情况，客气地安慰两句。最后马车夫回到家，对他的马说：“马儿啊，马儿啊，只有你了解我！”

小说很短却发人深省。人与人本是同类，却不如人与马之间容易沟通，马不会讲话，却能倾听马车夫的心声。为什么有很多人喜欢 Hello Kitty 的玩具猫？因为它不会说话，你可以尽情向它倾诉却不用担心它会讲话。每个人都希望别人能倾听自己的心声，却没有想过自己也可以倾听别人的心声。在当今世界，人与人之间的关系特别值得我们用心思考。

探讨人与人的关系就会提到人文主义，人文主义究竟该向何处发展？我们讲到儒家思想时，一再强调“善”的定义，即善是我与别人之间适当关系的实现。从我的家人、亲戚、朋友到天下人都是“别人”，在判断关系是否适当时，需要考虑三点：内心的感受要真诚，对方的期许要沟通，社会的规范要遵守。我们要真诚地面对我和别人的关系，通过沟通了解对方的期望，避免自以为是，并遵守社会的既定规范。我们要把儒家的人文主义思想置于今日的思维框架之中。

谈到人与人的关系，有一位哲学家特别值得注意，他就是列维纳斯（Emmanuel Levinas，1906—1995），出生于立陶宛的一个犹太家庭。犹太民族十分特别，他们有深刻的宗教信仰传统，具有很强的内在反省能力，从整个民族到每个犹太人都饱经忧患。列维纳斯自幼接受俄国文化教育，大学期间熟读法国哲学，曾师从胡塞尔，并结识了存在主义学者马塞尔和萨特等人，他们都属于法语系哲学家。他后来研究犹太教经典，并长期执教于巴黎大学。

列维纳斯认为，西方传统的形而上学为了追求整体性而把“他者”化约为“同一”，因而错估了差异性。形而上学的目的是探求宇宙万物的本体，只有当本体是一个整体时才能被人的理性所掌握。“他者”（others；the other）就是别人，现在已变成哲学术语。把“他者”化约为“同一”是指：把别人看成和我一样，别人就是另外一个我。

列维纳斯认为“他者”有两种：一是可以被化约为自我的相对他者，比如，当我在街上看到一个人过马路有危险，我会想到我有危险时也一定希望别人来帮忙，把别人看成和我一样；二是绝对的他者，不能被化约为自我或同一。

我们以前说“把别人看成和我一样”“己所不欲，勿施于人”，都是强调对别人要尊重，别人和我是平等的，应互相关怀。列维纳斯认为，他者不是另外一个我，而是我所不是的。天下没有任何人和你完全一样，世界上有70亿人，这个世界无疑是多姿多彩的。“他者”这一概念的出现是为了强调人的差异性，保护他者免受“同一”的侵害。

因此，我与他者的关系不是融合，而是“面对面”，他者显示了不同的“面貌”，面貌是不可把握的，它把我引向彼岸。这样就把人文主义中对他人的尊重提升到更高层次。每个人都不再被化约为人类的一员，每个人都是一个独特的人，有其特殊的面貌。他者有如神明显示，看到任何人都要想到他的背后有神明（或道、梵）的显示，每个人都充满神秘的力量。我对于别人，同样也会显示出特别的力量。

此时与别人建立关系，不再是把别人当成自己来对待，而是将其转向生命的不同层次。耶稣说的“爱人如己”在历史上从来没有人能真正做到，它只是一个努力的目标。列维纳斯由此建立起他所谓的伦理学，并肯定“伦理学是第一哲学”。

关于上帝，他说：“我是通过人与人的关系来确定上帝的，而不是采取相反的途径……当我应该对上帝说些什么时，我总是从人的关系出发。”他把人与人的关系推到人与上帝的关系，“上帝”可以理解为道家的“道”或儒家的

“天”，人与人的关系由此超越了我们生活的平面世界，而展现出全新的维度。

列维纳斯的说法肯定了人类生命的神秘性，他人不仅仅是一个具有法律地位的个体，每个人都具有无限的可能性和广阔的发展空间，这被称为开放的人文主义。与之相对的是封闭的人文主义，主张人是唯一的实在，譬如萨特曾说：“我们自己要成为神。”对这些说法我们大概无法苟同。我们要设法在人与人的关系中将彼此的关爱之情提升到更高层次。

第十五节　让自己开放

关于文化的视野，最后要谈如何重建文化理念。面对方兴未艾的“国学热”，我们在理论和实践上究竟该做些什么？首先在理论上要解决三个问题，否则谈国学不易有开创性。

（一）设法跨越两千多年帝王专制对儒家思想的扭曲

今天谈国学若不能扭转这一局面，中国文化难以重见天日。国学最宝贵的价值在于先秦时代由儒家、道家发展出的理念。但中国自秦始皇到清朝末年经历了两千多年的帝王专制，儒家思想没有得到适当的研究和发展。自汉武帝采纳董仲舒“罢黜百家，独尊儒术”的建议之后，儒家变成儒“术”（统治的技术），形成了“阳儒阴法”的局面：表面打着儒家的招牌，以古代经典教育百姓；但在实际统治中，采用法家的手段维持帝王专制的格局。

儒家的人文思想在历史上从未被充分推广，但儒家关于教育的相关材料却被反复利用，“三纲五常”即是最好的证据。孔子、孟子从未提过“三纲五常”的说法，自西汉的董仲舒（前 179—前 104）到东汉的班固（32—92），用了近两百年时间才确立了这一表述。后来很多人就把儒家思想等同于“三纲五常”的规定和要求，这些说法其实只是为了维护帝王专制统治的需要，“君为臣纲”表现得最为明显。

宋朝虽有很多学者对儒家的文本进行了深入思考和重新诠释，但依然无法跳出帝王专制的格局。中国自隋唐之后便有了科举制度，朱熹的《四书章句集注》于元朝皇庆二年（1313 年）被列为主要参考书，于明朝洪武二年（1369 年）又被确定为科举考试的教科书，在之后长达六百余年的时间内，所有中国人学习儒家，首先看到的都是朱熹的注解。朱注采用宋代的文言文，相较于孔孟的原话更容易理解。然而朱熹注解的儒家，并不等于孔孟的儒家。

朱注有两个最明显的问题：一是朱熹在注解中始终强调“人性本善”，这并非孔孟的想法，我们已多次论证过这一点，不再赘述。二是朱熹一贯认为孔子是天生的圣人，但孔子说：“我非生而知之者。”（《论语·述而篇》）即我不是天生就有知识的。他又说：“吾少也贱，故多能鄙事。”（《论语·子罕篇》）即我年轻时贫困卑微，所以学会了一些琐碎的技艺。最明显的证据是，孔子亲口说：“若圣与仁，则吾岂敢？”（《论语·述而篇》）即像圣与仁的境界，我怎么敢当？孔子绝非天生的圣人，他是通过修德行善慢慢修养自己，最后抵达超凡入圣的境界。如果孔子是天生的圣人，我们平凡人反正也做不到，又何必向他学习呢？

朱熹注解的影响长达六百余年，使后代所有读书人都先入为主地接受了不正确的观念，如此一来，儒家思想该如何开展？

（二）设法跨越和修正宋朝以后的儒家学者对于佛教和道家的批判

宋朝以后的儒家学者年轻时都听过许多佛教、道家或道教的思想，后来因为要争夺儒家的正统地位，便对佛、道思想展开了批判，《宋元学案》和《明儒学案》中有很多相关的材料，从周敦颐（1017—1073）到王阳明及其学生，一直到明朝末年一向如此。

然而，这些批判中有很多曲解和误解。北宋学者程颐的学生就直接指出，前辈不念佛书，批评没有把握到重点；他甚至说程颐不念《庄子》，批评时口气却很大，把庄子说得很浅显，好像没什么了不起。显然程颐对庄子的思想也只是道听途说。中国文化的传统除了先秦的儒家和道家思想，还应包括大乘佛教。佛教传入中国后，在隋唐时期发展出了大乘佛教，亦有很多精彩的表现。今天谈国学，要设法跨越宋明学者对佛、道思想的误解。

（三）要回应西方文化对理性思维的要求

今天若想把中国文化介绍给西方和全世界，要有合理的思维和表达，别人才能听得懂。如果沿袭以前的说法，则不易被重视理性思辨的西方人所接受。

发扬中国文化，在实践方面应做好两件事：

1. 重新编辑《三字经》

《三字经》朗朗上口，适合于孩童启蒙，但《三字经》是由南宋学者王应麟所编，依据的是当时的时代背景和思想需求，而元明清直到近代的七百多年历史无法编入，这恰好是离我们最近的一段历史，如果孩子完全不了解，实属可惜。其实，西方文化也有很多观念非常适合孩子的启蒙教育。因此，当代学者应合作重编《三字经》，让处于记忆黄金期的孩子熟读成诵，直接掌握正确的宇宙观、人生观和价值观。

2. 重订生命礼仪

现在人们如果家中亲人过世，几乎都要找佛教、道教等宗教界人士来安排后事，好像中国文化本身没有礼仪一样。其实，中国古代最讲究礼仪，周公制礼作乐，丧礼、祭礼、婚礼、成年礼是古代最重要的礼仪。我们不能直接照搬古代礼仪，而要像孔子一样斟酌损益，以适合新时代的需要。中国文化源远流长，中国被称为“礼义之邦”“礼仪之邦”，我们今天应重建礼仪的价值，让人们在婚丧喜庆等重要的生命关口，通过恰当的礼仪形式，展现出内心的真诚情感。

以上便是在重建文化理念的过程中，在理论上和实践上需要考虑和解决的问题。

第十六章

拓展生命

第一节　人不应该自杀

最后一章的主题是拓展生命，涉及两方面问题：1. 人生的意义何在？ 2. 如何进行自我修炼？关于人生的意义，心理学家弗兰克的说法非常可取，他认为可以经由三条途径肯定人生的意义，即：有工作可以做，有人可以关怀，有痛苦可以受。

（一）有工作可以做

思考人生问题，要从人的身、心、灵三个层次考虑。“工作”针对的是人的身体这一层次。我曾到一所养老院演讲，那里的老人平均 85 岁，院长向我介绍，他们做过一个简单的实验，把老年人分为两组：第一组每人负责照顾一盆花；第二组什么都不做，纯粹养老。在身体状况相似的情况下，第一组负责照顾花的老人，平均多活两年以上，其中原因何在？

第一组老人有属于自己的工作，虽然只是简单地为花浇水、修剪枝叶，但老人因此产生了责任感，希望把事情做好，从而激发了生命的能量；第二组老人什么都不用做，纯粹养老，这反而使他们丧失了奋斗的意志。

人活在世界上，想要发挥身体的能力，就要融入人类社会。一个人上班期间可能非常辛苦，但一想到社会的发展与自己的努力密不可分，便会觉得生命的价值得以实现。因此，寻找人生的意义，有工作可以做是一个最基本的出发点。

在 2008 年汶川地震后两周，我进入四川绵阳灾区给北川中学的学生演讲，学生们受到了很大鼓励，第二年再度邀请我去演讲。这次我吓了一跳，第一排的学生全部坐着轮椅，这些学生不仅要承受与亲人生离死别的悲伤，还要承受身体伤残的痛苦。

演讲完毕后是公开提问时间，第一个问题就是“人为何不能自杀？”我结合自己多年学习哲学的心得，给出了三个理由：1. 人的生命并非自己努力争取来的，而是父母所给的礼物，对于礼物，我们只能充分使用、尽量发挥，却无权消灭；2. 人有理性，理性应帮助自己解决困难、化解痛苦，不能倒过来把自己“解决”了，自杀违反了人的理性；3. 任何人离开世界，都会有人为之难过，为了自己的解脱而不顾别人的痛苦，这是不道德的行为。

在场的上千名同学听后都觉得很有道理，但如果深入分析，这三个理由都有进一步的探讨空间。不过，世界上没有圆满的答案，没有任何一种理由可以完全化解别人轻生的念头，除非他自己体会到个人的生命与人群密不可分。

我们是父母爱情的结晶，从小在父母和长辈的关爱中慢慢成长，经过学校的教育，最终进入社会，找到一份工作。工作使我们的内心感到踏实，所谓“三百六十行，行行出状元”，我们未必是最成功的，但每个人都可以脚踏实地，成为最快乐的。

人不可能随心所欲、拥有想要的一切。马克思年轻时喜爱作诗，写过许多关于神仙、仙女的唯美诗作，充满了浪漫的情怀。他后来提倡共产主义，目的是希望每一个人都能拥有完全的自由：想打猎时就当一名猎人，想写诗时就当一名诗人，想耕田时就去享受田园生活……这当然是人们内心的普遍愿望，不过显然太过理想化。一个人只要在世界上有一份工作，有一个固定的角色，就会使他感到自己的人生是有意义的。

当我们试图了解人生时，首先要考虑如何让我们的身体变得有用，身体是必要的，所谓“必要”是指“非有它不可，有它还不够”。我们通过工作赚钱，可以买车买房、成家立业，这些都是工作的成果，是必要的，但只有这些还不够。除了身体之外，我们的生命还有心和灵的层次，我们思考的架构要有助于发挥生命的全部潜能。针对身，要有工作可以做；针对心，要有人可以关怀；针对灵，要有化解痛苦的方法和信念。这样思考，便会在每一个层次上都能发现生命的意义。

如果没有工作使自己朝积极的方向发展，没有建立人与人之间的适当关系，生命可能会变得消极。如果别人问你：“你每天不工作，怎么没有患忧郁症？”你回答说：“我每天都从网络、电视上看到很多八卦消息和稀奇古怪之事，觉得世界好复杂、好混乱；相比之下，自己的生活虽然平淡，但却很安稳。”靠别人的不幸遭遇来肯定自己的安全和快乐是非常危险的，久而久之，人会养成幸灾乐祸的习惯。

人到中年最怕“重复而乏味”，如果时常感慨“年复一年，马齿徒增[1]，生活不断重复，未来不过如此”，则很容易患上忧郁症。要问人生怎样才能有意义，

1　意为：马的牙齿有多少，就可以知道它的年龄有多大。比喻自己年岁增加，学业或事业却没什么成就。

首先要“有工作可以做”，对于青少年到中年阶段，都可将之作为基本的答复。工作可以使人积极地承担责任，并从中发现人生的意义。

第二节　有人关心真好

（二）有人可以关怀

人与人相处的情况各不相同，十分复杂。法国社会学家迪尔克姆的代表作《自杀论》（*Le Suicide*）出版已逾百年，至今仍有借鉴意义，他将自杀分为三种类型：

1. 利己型。原本对自己有利的条件全部消失，从而失去活下去的勇气。

2. 利他型。为了群体的福祉而牺牲自己的生命，如在战争中加入敢死队，明知九死一生，却义无反顾，这样的人堪称英雄，不过较为少见。

3. 断裂型。遭遇时代的重大变化，自己熟悉的时代一去不复返，因而不愿继续存活。

中国近代著名学者王国维先生只活了50岁便自杀，令人深感遗憾。他生于清朝末年，二三十岁时便有机会在清廷负责文书方面的工作。清朝的灭亡使他产生了断裂之感，他不愿再受割据军阀的侮辱，于是选择自杀，这属于断裂型的自杀。

明朝末年有许多学者同样遭受了国破家亡的痛苦却没有自寻短见，他们坚决不在清朝做官，埋头读书著述，反而取得了很高的学术成就。隔了两三代之后，他们的子孙生在清朝，还是要出仕做官，在社会上发展自己的潜能。

人的自杀大多属于利己型和断裂型，一旦遭遇亲朋好友的生离死别，人往往会备感孤独，有些人无法化解便可能自杀。因此，人活在世界上一定要互相关怀。

大人常常为孩子崇拜影视明星、运动员而烦恼，这些明星都是由镁光灯和宣传包装打造出来的大众偶像，孩子不好好读书却崇拜偶像，着实令人担心。不过从另外的角度来看，孩子从小受到家庭和学校的压力，到中学、大学阶段，内心往往有孤独无助之感，如果有自己崇拜的偶像，跟着偶像一同喜怒哀乐，生活会变得充实、有趣，进而体会到关怀别人的快乐。

2003年4月香港影星张国荣跳楼自杀后，香港在九小时内有六人跳楼自杀，这些人都是张国荣的铁杆粉丝（fans的音译，即影迷歌迷），他们过去之所以能活下去就是因为偶像的存在，如今偶像离去，他们便不想活了。可见，偶像不是孤身一人，公众偶像肩负着很大的社会责任。但社会上各个领域的偶像有不少人只关注自我，以自我为中心，不去考虑对众多粉丝的责任。

1999年台湾发生“9·21”大地震后，台湾电信局发布消息说，地震发生后十分钟，电话和手机线路几乎全部塞爆。危难之际人们纷纷想到要关心自己的家人和朋友，其实平时就应该多去想一想。

人活在世界上无论遭受什么样的苦难，只要还有一个人关怀我，或者还有一个人值得我关怀，就有勇气可以撑下去。美国发生过一个真实的故事，一位二十出头的女孩因心情抑郁而投河自尽，一位素不相识的男生情急之下跳到水中去救她，不过这个男生不会游泳，于是在水中拼命挣扎，这个女孩会游泳，便把男生救上岸。女孩觉得：一个素昧平生之人都愿意舍身相救，我不是更应该珍惜自己的生命吗？于是放弃了自杀的念头。

一个陌生的路人看到有人轻生，心生不忍，竟然忘记自己不会游泳，跟着跳下去救人，这说明只要机缘成熟、时机配合，每个人都可能成为你的朋友。当然，如果不小心也很容易得罪别人，搞得彼此间不好相处。

我们要经常问自己：这一生中有哪些人照顾过我们？对于从小到大教过我的老师，我一辈子心怀感恩，他们的言传身教奠定了我这一生为人处世的基础。后来研究国学，我对中国古代哲人也充满了感恩之情，学习儒家、道家的思想让我深感幸福。身为中国人，从小以中文作为母语，无疑是十分幸运的。长大后我们通过阅读中国的经典，可以感受到中国文化深刻的人文情操与人道关怀，进而惊喜地发现，原来我们生活在一个有情有义的世界之中。

如果与人交往时流露出真诚的情感，一定会得到别人真诚的回应。我们不能像孩子一样总是等待别人的关爱，一旦站稳脚跟，就要回馈社会、照顾他人。我平均每月都会收到两三封世界各地的来信，人们通过网络看到我有关儒家、道家和《易经》的讲座，听懂之后感觉受益匪浅，便寄信致谢，这让我十分高兴。我一向把自己当作桥梁，希望通过我的介绍，所有人都能准确无误地接触到古人的智慧。我永远都把自己当作一名学生，要求自己不断努力求学。对于西方哲学亦然，我希望自己能把西方深刻的思想讲得更清楚，可以分享给更多的朋友。

今天若想找到可以互相关怀的人，最好的办法是在家庭和社会之间建立一些“中介团体”，这类团体可分为三个领域：1. 求知类，可以参加求知类型的团体，大家有共同的兴趣，一起研究某一门学问，不一定非要研读古代经典不可；2. 审美类，可以参加与审美有关的团体，如合唱团，有些朋友退休后参加合唱团，每天过得很开心；3. 行善类，可以参加行善的组织，与他人一道做好事。人与人之间互相关怀，这样的人生将会非常充实。

第三节　受苦助人成长

（三）有痛苦可以受

人生的意义在于“有痛苦可以受”，这样的说法不易被人接受，难道受苦受难的人生才有意义吗？很多时候，人经过苦难的煎熬后，才会发现其中蕴含的意义。所谓“意义”就是理解的可能性，一件事之所以有“意义”，是因为它让我理解了某些道理。

我家有七个兄弟姐妹，我母亲年轻时太过劳累，50 岁以后便半身不遂。母亲生命的最后一段时光是在医院中度过的，我们兄弟姐妹各自成家，平时少有来往，在母亲住院的半年内，我们每周都会相聚。母亲去世后，我们才理解母亲受苦的意义，原来母亲希望我们在这段时间内经常相聚，恢复过去的手足之情。

人生是不断转变的过程，不管你喜欢与否，许多事情该出现就会出现。一位女作家到邮局领取汇来的稿费，邮局服务员认出她的名字，羡慕地说：“您是有名的作家，我读过您写的小说。”女作家说：“会写小说有什么用？头发都白了。”邮局服务员说：“我不会写小说，头发也会白啊！”人总是会随着时光的流逝而慢慢老去，但如果为了值得奋斗的目标而主动承受痛苦的考验，这样的苦难便能激发我们生命的潜能。

这个世界上凡是有所成就之人，年轻时无不经历痛苦的磨炼，否则怎能激发潜能而出类拔萃？这就是痛苦带给人生的意义。如果一个人含着金汤匙出生，像温室的花朵般受到呵护，人生一帆风顺、心想事成，他只是一个被豢养、被过度保护的宠物而已。父母长辈能保护他多久呢？一旦进入真正的世界，他能承受日晒雨淋吗？

对于痛苦我有切身的体验，我常在各地授课和演讲，别人觉得我的表达能力还算可以，当听说我小时候曾有口吃的经历，便问我后来是怎样治好的。我从小学三年级到高二，有九年时间在教室内一言不发。我小时候本来可以正常说话，后来因为邻居家小孩口吃，我一学他，想不到自己也变得口吃了。

此后每逢老师叫我朗读课文或回答问题，我便成了全班嘲笑的对象。我于是拼命念书，用优异的学习成绩来平衡内心深深的自卑感。我当时最喜欢考试，因为考试时不准讲话，我便没有了心理压力。

高二时，在老师的建议下，我参加了口吃矫正班，老师教会我如何克服口吃：一方面要克服心理障碍，要告诉自己，听我说话的人都是善意的，大家都是朋友，这样一来便不再紧张；另一方面，某些字的发音容易卡住，要设法避开。经过两个月的训练，我逐渐克服了口吃的问题。对于青少年来说，九年的时间十分漫长，长期的痛苦使我有了两个改变：

1. 我这一生都不会嘲笑别人。我从小在别人的嘲笑中长大，很了解被嘲笑的痛苦，很容易有同理心。同理心（Empathy）和同情心（Sympathy）不同，譬如我走在路上，有个乞丐大声喊：“可怜我吧！”我掏出硬币丢给他，这属于同情心。如果看到乞丐后，我开始设想：假如我是他，希望别人怎么对我？是把硬币乱丢一地，还是轻轻地放在碗中？这就属于同理心，它与同情心的差别就在于“假如我是他”这五个字，这正是儒家强调的“恕”，用今天的话说叫“换位思考”。假如我是他，我希望自己有何表现？

2. 我非常珍惜说话的机会。教书是我的职业，只要有机会上课或与人交谈，我都会设法让别人听懂我在说什么。哲学这门课不好教，学生经常会感到难以理解，如果我卖弄玄虚，多说一些“道可道，非常道”之类的话，很容易让大家一头雾水。

我教书四十年，给自己定的目标是：我讲出来的每一句话都要让别人听懂。因此，我会运用各种比喻和故事来加以说明。但是，对于很多复杂高深的道理，光靠说是不够的，随着听者生命经验的不断累积，他才能慢慢体会。因此，我也只能陈述自己的经验，随时观察听众的反应，尽力而为。

台湾电子业有位企业家四十来岁时身患癌症，治愈之后，他把自己资产的一大半捐给了一个宗教团体，经过病痛的折磨，他看透了人生应该追求什么。患病前，他是一个纯粹的商人，将本求利，一心赚钱，常与其他有钱人比较，看谁的财富更多；癌症的威胁使他觉悟，钱是身外之物。不过，这句话对很多人来说并不适用，因为他们并没有多余的财力来做自己想做的事。

人活在世界上，不可能不受苦。痛苦的范围很广，欲望无法实现也是一种痛苦。痛苦有两种：一种是被动的、无奈的，比如人都会慢慢变老；另一种是主动的、积极的，这正是我们在本节所强调的，当我们被人冤枉、受人欺负或遭遇不幸时，特别容易激发我们生命的潜能，苦难的考验会让我们变得更加强壮，正如尼采所说："凡是不能使你致命的，都将使你变得更强壮。"[1]

第四节　什么是重要的?

在肯定人生有意义之后，重要的是如何进行自我修炼。人生有两个方向：1. 横向，你一生到过多少地方、认识多少人、做过多少事，这些都属于横向，即人生的宽度如何；2. 纵向，你向上提升或往下扎根都属于纵向，即人生的高度或深度如何。人的生命包括身、心、灵（精神）的层次，在个人修炼的过程中，关键要设法掌握精神的层次，了解人生的意义何在。如果只关注身和心的层面，希望通过养生活得更老，希望广交朋友而心情愉悦，这样是远远不够的。为什么要发展灵性（精神层次）的生命？有以下四点理由。

（一）界定身心活动的意义

只有依靠精神层次的活动才能界定身心活动的意义。从文化的视野来看，很多文化在器物层次非常丰盛，在制度层次非常完善，却有很多人自杀，这说明在理念层次已经空洞化了。从个人来看亦然，有些人信仰宗教是因为师父治愈了他的病痛，这只是在身体层面让自己活得更久，这样的信仰并不能使自己理解人生的意义。

我先说明三个观念：身体健康是必要的，心智成长是需要的，灵性修养是重要的。用"必要""需要""重要"分别对应人的生命的三个层次。所谓"必

1 出自尼采所著的《善恶的彼岸》。

要”就是“非有它不可，有它还不够”，身体的层次也包括各种有形可见、可以量化的成就，这些都是必要的，没有车则出行不便，没有衣服则无法保暖，但是仅有这些是不够的。

心智成长是需要的。首先在认知上要记得：活到老，学到老。随着年龄的增加，我们应不断学习，提升认识水平，逐渐接近智慧的境界，不能总是原地踏步、毫无长进。古人云：“三日不读书，便觉面目可憎，言语乏味。”[1]与之形成鲜明对照的是：“士别三日，当刮目相看。”这说明一个人通过读书学习可以不断进步。

在情感上，人可以从“为自己考虑”逐渐提升到“利他”，最终抵达“博爱”的境界。在意志上，人可以化被动为主动，自主做出选择，从而表现真正的自由，使自己更加真诚，有更强的力量行善。

灵性修养之所以重要，是因为它为身心活动提供了目的和意义。

如果问一个人：“你活着有什么目的？”假如他有孩子，八成会说：“我活着的目的就是给孩子最好的教育，让他得到更好的照顾。”很多人为了孩子的教育而移民，想方设法把孩子送出国。但是曾几何时，我们自己也是父母的目的，如果将人生的目的全部放在另一个人身上，恐怕并不稳妥。

我们一生努力工作赚钱、任职服务百姓、不断学习进步、保持良好的人际关系，这些身心活动目的何在？《红楼梦》第一回的《好了歌》[2]提到一般人追求的四种目标：功名、金银、娇妻和子孙。然而到最后你会发现，这些都是身心活动的成果，都是靠不住的，一切都会过去，生命终将结束。人生在世，谁也无法保证自己一定能活多久。很多年轻人为了理想而献身，很多人在乱世中仍见义勇为，为了报效国家不惜牺牲生命，也有人为了保全自己的家族和自己的爱人而牺牲。

身心活动总有它的极限，关键要问自己：我这一生是为了什么？很多孩子

1 出自《黄庭坚文集》，原文：“士大夫三日不读书，则义理不交于胸中，对镜觉面目可憎，向人亦语言无味。”

2 原文：“世人都晓神仙好，惟有功名忘不了！古今将相在何方？荒冢一堆草没了。世人都晓神仙好，只有金银忘不了！终朝只恨聚无多，及到多时眼闭了。世人都晓神仙好，只有娇妻忘不了！君生日日说恩情，君死又随人去了。世人都晓神仙好，只有儿孙忘不了！痴心父母古来多，孝顺儿孙谁见了？”

天资聪颖，对任何事都喜欢问为什么，他会问父母为什么把他生下来，这是根据现在的结果向前追溯过去的原因。我们在思考时要加一个字，进一步问：“我活着是为了什么？”

人生总要有个目的，对未来总要有一定的期许。所有伟大的老师，譬如孔子，在教学生时都会强调要立定志向，所谓“志向”就是问自己“为了什么”“未来要往哪里走”。如果没有明确的目标，遇到选择时就会迷茫，很容易人云亦云、随俗浮沉，人生在不知不觉中已荒废了一大半。

如果想让自己的人生过得充实，一定要开始思考“这一生是为了什么”，什么样的目标才是值得奋斗一生的，为了这个目标，再苦也值得。

人生中有很多考验都是自己选择的，我三十岁时到美国念书，正是“自讨苦吃”，但我觉得受这样的苦是值得的，因为我的目标是要留在学校教书、做学术研究，为了在学术界能有长远发展，必须拿到博士学位。为了用四年的时间拿到博士学位，在美国受了多少苦，我至今都不愿回想。但是当时的我甘愿受苦，因为我知道苦不是目的，而是过程，“不经一番寒彻骨，怎得梅花扑鼻香。”

我在学校教书至今已逾四十年，我可以一直专心做研究，并与其他人分享我的研究心得，觉得十分快乐，可见年轻时的选择是正确的。我这一生一路走来，因为有明确的目标，所以自己的身心活动基本可以算是走在光明的坦途之上。

第五节　不被盲点所困

（二）化解潜意识盲点

弗洛伊德将复杂的做梦现象用潜意识来解释，他的说法有一定根据，可以被接受。潜意识中蕴藏着丰富的内容，亦有很多盲点。人在 5 岁左右可能遇到一些特殊的生活经验，由于年龄太小，无法充分消化，更无法反抗，只能被动接受，于是在潜意识中便会形成很多个“结”。

譬如，一位女孩告诉心理医师，每次看到黑色维尼熊玩具时就会感到害怕，医生帮她催眠，设法让她回忆起小时候的经历。原来在她 5 岁的某天，她和维尼熊玩过家家时忽然被一阵雷声吓到，从此以后，每当她看到黑色维尼熊便会感到恐惧，这个心结一直无法解开。

心理治疗虽然有一定的作用，但其效果也不宜过分夸大。心理医师也是人，他们接受了专业的训练，每天帮助心理疾病患者进行治疗，久而久之自己的心理也可能会出现问题。《沉默的羔羊》（*The Silence of the Lambs*）等许多美国电影就是描写心理医师有心理疾病的故事。

美国有本书叫《前世今生》（*Many Lives,Many Masters*）讲述的就是一个典型的心理治疗的案例。一位女病人通过医生的催眠和引导，在梦中讲了各种故事，医生根据她的描述，认为她曾经轮回了 86 次。最后结论是：许多人在不断轮回中又不断相聚，这是为了清偿前世的恩怨。

这就好比说，你在工作中总和一个同事吵架，原因是你们俩在前世曾有某种特定的关系，你欠他的债没有还清，所以轮回时再度相遇。而且每一次轮回时，彼此的角色各不相同。从这位病人的讲述中可知，她的男朋友在几世前曾经是她的爷爷，她的老板在几世前曾经被她所杀。这简直太可怕了，有谁知道过去几世我们和周围的人之间发生过什么事情？这本书出版后搞得大家人心惶惶，吃不下饭，睡不着觉，常常会想：我身边的这个人对我这么凶，到底我前世欠他什么？我为此专门写了好几篇文章，指出该书的问题所在。

书中这位女士的年龄和我相仿，进行心理治疗时大概三十岁，她在叙述自己轮回的经历时，说她曾经是十三四个国家的人，她当过古埃及人、希腊人、西班牙人、日本人……但她轮回了 86 次，居然没有一次成为中国人，这很值得怀疑。中国人口众多，按概率总该轮到一次，她为什么能轮到做日本人，却没有轮到做中国人呢？原来，在她四五岁时，日本偷袭珍珠港，她当时住在美国乡下，周围的人提到日本人都很害怕，这种感觉就进入了她的潜意识。

潜意识就像一个剧场，它从不同渠道获得信息，然后把这些材料进行有机组合，编成有头有尾的剧情后再上演。潜意识像一个很大的黑箱子，把人的意识中的信息全部收集起来，然后混合重组，使很多事好像真的发生过一般。

有一次我到瑞士苏黎世出差，下飞机后吓了一跳，看到山上的美景，我确信自己来过这里，可我是第一次到苏黎世，以前不可能来过。仔细回想才隐约记起，小时候家里挂的月历上印有世界各国的风景图片，其中一张图片就和我后来实地看到的一模一样，连取景角度都很一致。我在五六岁时看到的这幅画面进入了我的潜意识，让我感觉自己好像来过这里。

可见，潜意识中有许多盲点，如果全靠心理医师来帮忙化解，未免太难为他们了。美国的心理医师有很多都会出现心理问题，所以美国多个州规定：凡在本州领有执照的心理医师，每半年必须互相分析一次，确认心理正常后才能继续执业。否则，若心理医师自己心理变态，对病人来说就太可怕了。

因此，求人不如求己。如果一味地向潜意识深处挖掘，找出个人的特殊遭遇，则很容易自怜，觉得自己很不幸。越向下挖掘，越容易注意到人和人之间的差别，使得自己不知该何去何从。

所谓“求己”就是通过灵性修养，让自己的生命向上提升，慢慢化解自己的偏见和执着。人生是一个趋势，是由不断的选择所构成的，每次选择都是重新开始的机会，通过不断的选择，我们可以改变自己的生命，这才是对人生的正确态度。

我们不要再向下挖掘了，小时候发生的事已经过去，父母和其他长辈的某些做法造成了你的心结，他们可能也是无心的，他们有自己的痛苦和烦恼，你则被牵连到其中。我们不断成长，当自己可以独立思考后就要向上提升，寻找自己和别人的相同之处，不要只关注自己和别人的不同之处。慢慢我们就会发现：原来没有一个人是完全幸福的，也没有一个人是完全无辜的。

黑格尔在他写作的《哲学史讲演录》的序言中说：“万物中只有人不是完全无辜的。”人可以通过思考做出选择，我们属于人类的一员，对于人类造成的所有灾难，我们都有一部分责任，就算不是直接责任也有间接责任，因为我们毕竟没能阻止灾难的发生。

将生命向上提升后就会发现，我们每一个人都有共同的命运，与其在潜意识里自怜，不如向更高层次去发展。

第六节　勇于承担使命

（三）将命运转化为使命

发展灵性修养，可以将命运转化为使命。每个人活在世界上都有某些既定的条件，你出生在什么时代、社会和家庭，成长环境如何，上什么学校，遇到哪些老师和朋友，这些条件大多数都不是自己能完全左右的。命运就是一种遭遇，它是盲目的、被动的、无奈的，既然碰上了就只好接受。

我们千万不要随便羡慕别人。有个小孩的鞋磨破了，脚拇指都露了出来，他觉得自己很可怜。他在公园看到一个小男孩穿着漂亮的衣服和鞋子，十分羡慕，觉得命运很不公平。这时有人推轮椅来接小男孩上车，原来小男孩的脚有问题，不能走路。比起小男孩不能走路，自己没有好鞋又何必抱怨呢？

类似的故事有很多。有个人因为没钱买鞋而难过，忽然看到马路对面一个人没有脚，撑着拐杖仍面带微笑。人活在世界上，对于命运要了解而不要抱怨，抱怨于事无补，不如去了解实际的情况，接受不幸的遭遇。譬如，比起前辈，我们没有遇到战争，这不是很幸运吗？如果和下一代比：他们生下来就有各种优越的条件，但由于生活标准的普遍提高，他们可能觉得自己还不够好、不够幸福；我从小在乡下长大，光着脚到处跑，说不定反而更健康。

古希腊哲学家赫拉克利特说："人的性格即是他的命运。"因此，要想改变命运，首先要改变性格。然而"江山易改，本性难移"，改变性格谈何容易！我们需要通过教育，特别是自我教育来改变自己。只要每天读书，接受新的观念，人生就会不同。并非因为我是读书人便有责任劝人读书，我自己确实从读书中受益匪浅。

西方有句话说得很生动："一个人有什么样的观念就有什么样的行为，有什么样的行为就养成什么样的习惯，有什么样的习惯就塑造什么样的性格，有什么样的性格就决定有什么样的命运。"因此，好的命运来自好的观念，而观念来自阅读。

阅读要养成记笔记的习惯。我会把阅读中看到的有趣的笑话、名言警句或精辟论述都记下来。人很健忘，有时刚刚看过一转头就忘记了。我的手边会准备几个笔记本，分类记录整理，每周、每月翻阅复习，使笔记变成自己的心得，成为自己记忆库的素材。有些人博学多闻，令人羡慕，他们也只是在这方面做得更加到位而已。

谈到将命运转化为使命，到底什么是使命？使命有三种形态：第一种是群体所赋予的，譬如你担任某个官员，承担一定的职责，这是别人赋予你的；第二种是个人所规划的，譬如我从小立志要当飞行员、工程师，这属于追求自我的实现；第三种是自觉有某种使命，其来源既非群体也非自我，而是为了更高的理想。

譬如孔子为何如此关怀社会？打个比方来说，国家好比一辆游览车，国君好比司机，他要开车载着国人去一个风景美好的地方，一个流着牛奶和蜜的地方。但车开到一半，司机突然心脏病发作而倒下，此时谁有使命和责任继续开车？自然是懂得怎样开车的人。知识分子的使命感不是别人赋予的，而是特定的时代背景决定了他必须有这样的自觉。

能够理解这一点，便不会误会儒家学者是狂妄之人。孔子在匡地被围困，随时有生命危险，他说："天之未丧斯文也，匡人其如予何？"（《论语·子罕篇》）即天如果还不要废弃这种文化，那么匡人又能对我怎么样呢？还有一次，宋国的司马桓魋（tuí）要杀孔子，孔子说："天生德于予，桓魋其如予何？"（《论语·述而篇》）即上天是我这一生德行的来源，桓魋又能对我怎么样呢？这些话并非虚张声势，而是孔子认为自己肩负了上天赋予的文化传承的使命，使命未完成之前，他相信自己不会莫名其妙地遭遇不幸。

孟子亦然，他离开齐国时，学生充虞在路上问："先生好像有些不愉快的样子。以前我听先生说过：'君子不怨天，不尤人。'""不怨天，不尤人"最早是孔子说的，孟子也用这句话来教导学生。孟子说："夫天未欲平治天下也，如欲平治天下，当今之世，舍我其谁也？"（《孟子·公孙丑下》）这就是儒家学者的使命感，他们不是为了争权夺利，而是因为自身具备了专业的知识、德行和能力，便希望替百姓服务。

有一次史学家钱穆先生到军中演讲，他对着几百个士兵说："一个士兵如果在站岗时全神贯注、全力以赴，比上将站得更好，他就是'小兵的圣人'，也是'圣人的小兵'。"他的比喻非常恰当，只是忽略了一点，上将是不用站岗的。"小兵的圣人"是说虽然你现在是小兵，但你依然可以努力做到最好；"圣人的小兵"意味着成为圣人之后，即使做小兵，也一定做得很好。

可见，做"什么"事并不重要，重要的是你"如何"做这件事，"如何"代表了你的态度。人生在世，不可能变成和别人一样，每个人都有自己的命运，关键是如何将自己的角色扮演得尽善尽美。成功的人生不在于握有一副好牌，而在于如何把一副烂牌打得可圈可点。将命运转化为使命，化被动为主动，这样的生命才更有价值。

第七节　信仰有正途

（四）宗教信仰的正途

发展灵性修养是宗教信仰的正途，由此可以避开迷信的陷阱。在人生信仰、政治信仰和宗教信仰三者之中，宗教信仰最为纯粹，我们不必闻之色变。信仰是人与超越界之间的关系，它是宗教的本质所在，可以让人的生命超越身和心的局限而不断向上提升。从“身”来看，人生不过百年；从“心”来看，发展情感或做出选择会受到诸多限制。如果发展灵性修养，宗教信仰正好可以帮助人向上提升超越，做到慈悲、博爱，这是人生的正确方向。

宗教信仰和人的“灵性”层次密切相关。耶稣说过，真正朝拜的人不用在耶路撒冷，而是用你的心灵（你的精神）去朝拜神（《约翰福音》，4：23）。基督宗教（包括天主教、东正教、基督教）是目前世界上最大的宗教，信徒超过25亿人，耶稣这句话令我们警醒：不用急着到处朝圣，如果精神没有提升，即使到耶路撒冷也未必有什么成效；还不如帮助身边那些需要帮助之人。帮助别人意味着走出自己，化解自我的执着，随着我与别人关系的逐渐改善，我与超越界的关系也将变得更加完善。

佛教《金刚经》提出“无我相、无人相、无众生相、无寿者相”[1]，即在四方面都要超越：“无我相”即化解自我的执着，不要以自我为中心，这样才更容易与别人相处；“无人相”即不要把别人当别人，其实别人和我一样都是生命体，同属于“人”，不要刻意分辨好人、坏人、美人、丑人；“无众生相”即不要将各种生物区分贵贱，众生是平等的；“无寿者相”是说不要认为活得久就一定更好。

这些说法都在提醒我们要化解各种执着。不过，《金刚经》最后一句话“一切有为法，如梦幻泡影，如露亦如电”，念多了也会变得消极，如果一切都是梦幻泡影，人生又该如何安顿？对于宗教教义，我们在尊重的基础上，要学会选择那些可以帮助我们向上提升的观点。

宗教对于超越界的描述有三个特色：

1. 关系性。信仰是人与超越界的关系，所以要从自己和神、佛的关系上来

1 出自《金刚经·第十四品离相寂灭分》。

说明，不谈关系而空谈神、佛是什么，那只是很抽象的概念，没有人可以理解。

2. 功能性。我们不能说“请把神、佛找出来让我看看”“把涅槃境界说出来让我听听”，人无法掌握超越界的本体，只能看到超越界的功能，这就是所谓的“即用显体”，即通过它的功能和作用使本体得以显示，天下没有任何东西可以脱离功能而直接显示。

3. 象征性。宗教中有关神明、菩萨、佛的描述都是象征语言。

从上述三点来理解宗教，就能避免执着。尼采认为“上帝死了”，他反对宗教，并说：“所有宗教设立的偶像，目的就是要被打破。”[1]他认为自己正是打破偶像者。人有感官和各种具体的需求，因此需要偶像。没有偶像，人活着并不容易，譬如青少年就需要有崇拜的偶像。西方学者卡莱尔（Thomas Carlyle，1795—1881）在他写的《英雄与英雄崇拜》（*On Heroes and Hero-Worship and the Heroic in History*）一书中说：“每一位英雄在年轻时都会崇拜另外一位英雄。”我们从关系性、功能性、象征性来理解宗教信仰的最高对象时，便不会陷于迷信的困境。

如果希望与超越界建立关系，就要努力培养自己的精神层次。要常问自己有哪些终极关怀，是否有绝对依赖的感受，把握雅斯贝斯（Karl Jaspers，1883—1969）所谓的“界限状况”，在生命的某些关键时刻，让自己勇敢抉择而不要退转。

人生会遇到很多关键时刻，它逼着你面对自己、认真思考。海德格尔强调“向死而生”，当人面对死亡时，才会认真看待自己的生命，不会再随随便便地过日子。生命应该有所成就，不是向外追逐，不是横向发展，而是向上提升。

儒家的思想不是宗教，却具有明显的宗教情操。儒家认为人只要真诚，内心就会产生一种力量，要求自己去行善。人性向善的“向”至为关键，它代表永无止境，只要还活着，就一直有向上提升的空间和要求，这就称为“宗教情操”。人最怕说“我退休了，这一生已经到顶了”“我的身体不行了”之类的话，身心状态只是提供存在的条件，真正存在的价值在于通过灵性修养使自己不断向上提升。

道家的思想展现出宗教的维度（宗教向度），只要听到“道”这个字，马

1 出自尼采所著的《偶像的黄昏》。

上就能感觉到一个广大无穷的世界，那是万物的来源和归宿之所在。人只要花点时间稍微思考一下“道”，就会觉得好像一滴水回到大海，生命由此找到了很好的归宿，不用再为任何事担惊受怕，你只会觉得安全自在，好像回到童年，回到了母亲的怀抱。老子正是用母亲来比喻“道”。

人为什么要进行灵性修养？因为灵的层次是身心活动的意义所在，灵性修养可以帮我们化解潜意识的盲点，将命运转化为使命，并提供宗教信仰的正途。

第八节　情商可以提高

人的生命有纵、横两个侧面，我们多次强调要从纵侧面向上提升，但亦不能忽略横侧面——拓展生命的宽度，本节从智商和情商的角度来简单加以说明。

大家对智商（Intelligence Quotient，IQ）并不陌生。我小时候在学校做过“智商测验”，如果我今年 10 岁，达到同龄孩子的平均智商水平，我的智商就是 100，如果智商达到 120 则可以念大学。如今大学教育普及化，智商不够 120 也有机会上大学了。若要小学毕业，需要智商达到 75。

在由奥斯卡影帝汤姆·汉克斯主演的《阿甘正传》（*Forrest Gump*）中，阿甘的智商就是 75，虽然他的智商只够念到小学毕业，但他对自己认定的事能够坚持到底，譬如他练习打乒乓球就比一般人更为认真，最后成为国家队选手而被总统召见，其他方面也有很多超越常人的表现。可见，智商只能决定孩子是否适合念书，人只靠智商是不够的。

传统的智商测验只能测试出一个人适合读文科还是理科。1983 年美国教育心理学家加德纳（Howard Gardner，1943—）提出多元智能理论（The Theory of Multiple Intelligences），将智能分为五种：一是语言和文字的理解能力；二是数学和逻辑的推理能力；三是对空间的图像或形象的掌握能力，此方面能力出众者将来可以做建筑师；四是肢体活动的协调能力，有这方面天分的人将来可以做舞蹈家；五是音乐方面的天赋。因此，如果孩子念书成绩不好，父母不必太过担心，孩子的智能发展有很多途径。

相对于智商来说，情商（EQ）显然更为重要。《情商》一书又称作 *Emotional Intelligence*，意即情绪方面的智商，现在普遍译为情商。一个人若能合理调节自己喜怒哀乐的情绪，在适当的时候流露出适当的情感，就是情商高的表现。高智商只能让一个人考上重点大学而成为专业方面的人才，但如果情商不高则会显得性格孤僻，不善于与别人相处及合作。

我们要学会如何自己化解负面情绪的困扰，情绪不佳时不必非要找人倾诉不可，互相诉苦有时只会徒增烦恼。《情商》一书给出了五种调节情绪的方法：

1. 运动。心情不佳时，换上球鞋去跑步、打球，全身心投入其中，让自己满身大汗，烦恼自然被抛在脑后。人的很多烦恼都是杞人忧天，有些专家的研究结论很有趣：人们烦恼的事情中，真正会发生的往往不超过三成，其余七成都是自寻烦恼。运动很容易调适心情，疲劳也容易改善睡眠质量，通常一觉醒来，负面情绪便会有明显的改善。

2. 善待自己。譬如平常为控制体重不敢吃巧克力，情绪低落时就吃一块吧。不过吃后一定要增加运动，不然会越来越胖。

3. 改变观点。烦恼往往来自互相比较，有一句话尽人皆知，“比上不足，比下有余”，真正做到的人却不多。总和比自己更幸运、更杰出的人去比较则难有快乐，但只向下比较则会使自己志得意满而止步不前。最好和自己的同行比较，譬如我升正教授时拖了一年，于是很抱怨，后来发现有人比我拖得更久，所以不要总觉得别人比你更幸运。不过因为我姓傅，所以永远都被人称为“副（傅）教授”，也只好接受了。改变观点之后，心情立刻能得到调整。

4. 帮助别人。心情不好时要记得帮助别人。虽然自己心情不佳、自顾不暇，不过别人需要的帮助对你而言可能只是举手之劳，帮助别人时你会发现自己还有内在的能量。有时我心情不好，遇到游客向我问路，我忽然觉得自己很有用，至少可以做一张活地图。帮助别人会让我们走出自怜、自叹的情绪。

5. 信仰宗教。不要把宗教当作迷信，我对信仰宗教一向有两个看法：

第一，信仰宗教一定要自己深受感动才去信。不要有从众心理，看到周围的人都信，自己也跟着信。宗教中有各种团体的仪式和活动，但就信仰本身来说，需要以真诚之心为基础，需要将个人的身份与超越界建立关系，因此绝不能盲目跟随大家一起信教。

譬如我觉得有几个宗教都不错，正考虑要信哪个，有一天忽然被一个人的行为深深感动，别人不愿做的事他去做，别人争夺的他不争，他之所以有这样与众不同的表现，是因为背后有宗教信仰的支撑，这时我就可以考虑接受他所信仰的宗教。社会上常看到很多人在传教，其实传教的最好方法是信徒的实际行为。很多人传教时自以为是，一再强调自己信仰的宗教是唯一的真理，说得再多也不能令人感动，这种情况下就不宜轻信。

第二，信仰宗教需要有适当的机缘。一旦机缘成熟，你就会自然而然地接受。

我们可通过上述五种方法调节自己的负面情绪，我们要相信自身具备这样的能力，要靠自己把负面情绪适时予以化解。对于人生的横侧面，我们通过 IQ 来选择适合自己的工作，通过 EQ 来调控自己的情绪，实现与别人的良性互动，如此一来，一个人就会站得很稳。下一节我们继续介绍 AQ，即逆境智商。

第九节　逆商可以改善

人生在世不可能一帆风顺，遇到逆境时该怎么办？西方在智商（IQ）、情商（EQ）的基础上，发展出逆境智商（AQ），即 Adversity Quotient。

世界上的人大致可分为三类：

第一种是止步不前的放弃者。看到一座高山，觉得自己爬不上去便放弃攀登，在山脚下很轻松，何必爬山呢？

第二种是半途而废的中辍者。他们开始时努力攀爬，爬到山腰发现一处休息的平台便不想继续前进，觉得在这里盖个房子、看看风景也很好。人到中年，很容易觉得自己好像到了山腰，再努力也不过如此。也许我们正处在人生横侧面，即财富、名位方面无法超越前辈的成就，不过依然可以在人生的纵侧面努力向上攀登。

第三种是永不退缩的攀登者。他们一直努力爬到山顶，实现既定的目标。

人生正如爬山，只有少数人能够登顶，当他们遇到困难和逆境时，知道目标在更高的地方，不会稍有成就便安于享受。联合国第二任秘书长达格·哈马舍尔德（Dag Hammarskjöld，1905—1961）曾说：“不要衡量一座山的高度，除非你已经到达山顶。”人生就是不断成长的过程。

增进自己逆境智商的方法称为 LEAD，四个英文字母各有其含义：

L（Listen）代表聆听。要聆听自己对逆境的反应，是惊慌失措还是镇定沉着？

E（Explore）代表探索。要探索自己和逆境的关系，逆境的原因何在？该由谁负责？这一点很重要。譬如我被朋友排斥感到非常难过时，要先反思自己是否有不当的言行，不要总认为责任都在对方，很多时候我们都是作茧自缚，令自己陷入困境。

A（Analyse）代表分析。要分析找出的证据，哪些证据证明逆境的起因？哪些证据证明这个逆境需要更多时间才能化解？

D（Do）代表行动。最后要以行动面对挫折。对于因自己性格缺陷导致的不当言行，应勇于承认，朋友看到你有诚意，一般都会谅解。

对于好朋友的毛病，如果不管怎么劝他都不改，我们只好包容。不过，很多毛病如果任其发展会导致严重后果，令人追悔莫及，人都应该对自己负责，真正过生活的是自己，如果自己不能从挫折中汲取教训，谁劝也没有用。

如果真的遇到逆境，还有以下四种方法能帮助我们化解：

1. 让自己喘一口气。

比如，已经和别人约好了时间，但车开到一半抛锚了，或航班临时取消了，该怎么办？先不要着急，让自己喘一口气。这种情况下，生气、抱怨都无济于事。你要问这个困境是不是自己造成的。如果因为下大雪而高速封闭，或因为飞机故障而航班取消，这并非自己的责任，别人也一定会谅解。人活在世界上，不需要那么紧张，没有什么事非今天做不可，不管错过了多么重要的事，明天太阳依旧升起。美国人常说“Give me a break”，就是让我喘一口气，暂时避开眼前不利的情况。

2. 凡事有因必有果。

现在遇到的困境一定有其原因。佛教有句名言：“菩萨重因，凡夫重果。”一般人往往在事情发生后才会寻找原因，感慨“早知如此，何必当初”，结果总是一而再、再而三地重蹈覆辙。我们要慢慢练习，从逆境中吸取教训，提前预防，避免类似情况再度出现。

3. 站在局外人的角度看问题。

如果在家中看到新闻说美国某处发生雪崩、欧洲某处发生地震，你不太会放在心上，最多觉得他们很不幸。同样地，当灾难发生在自己身上时，别人也是类似的心态。不要认为自己是宇宙的中心，我遭遇了不幸，天好像也要塌下来，全世界都要和我一起悲伤，其实别人照样过他的生活。

因此，当遇到灾难时，如果能站在局外人的角度看自己，则很容易化解。一旦跳出自己的视角便会有轻松之感，有时候还会觉得很幽默而发出会心的微笑，既然别人也可能遭遇这样的灾难和困境，自己又何必太过担心呢？这样一来，自身承受的压力便得以释放。

4. 一切复归于平淡。

虽然春天里姹紫嫣红，但到最后“也无风雨也无晴”[1]，一切终将归于平淡。无论你如何在意，最终总要面对逆境，逆境也终将过去。重要的是，我们从逆境中学到了什么？摔跤不要紧，但一定要问自己为什么摔跤，并提醒自己今后不要再犯同样的错误，不要再陷入同样的困境。如果以这样的态度面对逆境，我们的逆境智商将会不断提升。

第十节　哲学给人方向与希望

我们都听说过“心理治疗”，当心情不好、人生充满困惑时，可以找心理医师来帮助自己。近十几年来，欧美等先进国家兴起了一种新的学问——哲学治疗学，使用的方法叫作 PEACE，可译为平安法或宁静法。

在心理治疗中，心理医师通过催眠和对梦的解析，也许能找出病人小时候哪些遭遇在他的潜意识里造成了情结，却不一定能够化解病人的苦闷。这就好比一个人出门时一脚踩在铁钉上，鞋子被戳破，脚被戳伤而非常痛苦，他于是想：是谁故意害我，把钉子放在我门口的？为什么我的鞋底不够厚，不能防扎呢？就算找到了答案，脚痛的问题依然没有解决。同样地，就算心理医师找到了痛苦的原因，但痛苦的事实依然存在。

在这种情况下，哲学治疗法应运而生。PEACE 五个字母分别代表不同的含义：

P（Problem）代表难题。“难题”与“问题”不同。一般，演讲结束后都有问答时间，英文用 Q&A 表示。任何问题（Question）都预设了答案（Answer），一旦找到答案，问题便迎刃而解。但人生不是“问题”，而是“奥秘”，因此

1　出自宋代文学家苏轼的《定风波·莫听穿林打叶声》，末句为“回首向来萧瑟处，归去，也无风雨也无晴”。

用难题（Problem）更能体现人生的复杂性，人生的难题一直存在，因为它的症结在内不在外。

E（Emotion）代表情绪反应。遇到难题，我心情激动或沮丧，需要医生帮我疏导。

A（Analysis）代表分析。针对问题和情绪，分析是什么原因导致我目前的心理状态。

前面这三步与心理治疗并无差异，心理医师也很擅长分析问题，后面两步则有明显不同。

C（Contemplation）代表沉思冥想。通过沉思冥想，理解自己目前的状况。哲学治疗不采用催眠的方法，而是由澄清概念着手，参考古今中外各派哲学家的观点，以此作为沉思冥想的材料，汲取前人的智慧。

E（Equilibrium）代表平衡。一般用balance形容静态的平衡，这里的equilibrium则指动态的平衡，即理解当前的状况，找出未来行动的契机，从而保持一种动态平衡。

对于PEACE的后两步，通过举例说明更容易理解。有一家公司，办公室的座位都采用现代化的隔屏互相隔开，公司允许座位靠墙的职员可以任意布置邻近的墙壁，以使办公环境更加轻松活泼。有位男职员找了一幅高更[1]的《海滩裸女图》的复制品挂在墙上，认为这是世界名画，应该没问题。不到一个月，老板便要求他把这幅画摘掉，因为很多女同事因为这幅画而投诉他性骚扰。老板警告他："要么把画拿掉，要么就辞职。"这让他心情十分郁闷，心理几近崩溃。

如果这时去找心理医师，心理医师则会给他催眠，问他："你几岁时第一次看到裸女？小时候发生过什么？"用这种方法找出他喜欢裸女的原因，但这并不能从根本上解决问题。

哲学治疗师则会问他："你有什么感觉？""我感觉不公平。""我们来分析一下什么是公平。苏格拉底一生没做过坏事，却被人诬告，70岁时被判死刑，这公平吗？耶稣33岁被人冤枉，告他煽动群众、亵渎神明，而被钉死在十字架上，这公平吗？在这个世界上，有谁觉得自己受到了公平的待遇？不

1 保罗·高更（Paul Gauguin，1848—1903），法国后印象派画家、雕塑家，与凡·高、塞尚并称为后印象派三大巨匠。

公平是普遍现象。”这样分析便能化解他的负面情绪。

接下来，再分析什么叫“性骚扰”。根据法律的界定，性骚扰不见得是有意为之，只要让别人感到不舒服，别人就有权抗议。女同事只是对这幅画感觉不舒服，不代表她们讨厌你。

经过这样的分析，这名职员自然觉得豁然开朗，心情平静了许多，但问题仍未彻底解决，最后一步要设法达到动态平衡，找到因应的方法。可以给他如下建议：选十幅你最喜欢的世界名画，请同事们从中挑选出能接受的，把最多人接受的那幅画挂出来，就不会有问题了，大家皆大欢喜，办公室的气氛也会明显改善。这样便通过观念的接引使问题得以解决，体现了哲学的特色和价值。

本书探讨了很多有关西方哲学和中国国学的内容，最后为大家推荐我写的几本书。

如果对西方哲学感兴趣，可以参考《西方哲学与人生》一书，我在其中特别介绍了 24 位西方哲学家。我在介绍西方哲学时不敢有什么创见，只是设法做到忠实，忠于西方哲学家原初的想法，并尽量设法表达清楚。

如果对国学感兴趣，可以参考《国学与人生》一书，对于中国的国学，从古代的《易经》《书经》《诗经》……一直到王阳明的思想，该书都做了简明扼要的介绍。

如果对个人心灵的修炼感兴趣，可以参考《心灵的旅程》一书，对于个人生命的身、心、灵如何实现全方位的发展，该书做了较为完整的介绍。

希望本书只是爱好智慧的开始，未来我们继续一起学习、一起进步，共同感受生命的真善美！